大学物理基础教程

孙卫卫　龙玉梅　李　涛　主　编
黄　魏　孙晓博　张存涛　副主编

天津大学出版社
TIANJIN UNIVERSITY PRESS

图书在版编目(CIP)数据

大学物理基础教程 / 孙卫卫, 龙玉梅, 李涛主编
. -- 天津 : 天津大学出版社, 2021.6
ISBN 978-7-5618-6847-8

Ⅰ. ①大… Ⅱ. ①孙… ②龙… ③李… Ⅲ. ①物理学
－高等学校－教材 Ⅳ. ①O4

中国版本图书馆CIP数据核字(2020)第253306号

出版发行 天津大学出版社
地　　址 天津市卫津路92号天津大学内(邮编:300072)
电　　话 发行部:022-27403647
网　　址 www.tjupress.com.cn
印　　刷 廊坊市海涛印刷有限公司
经　　销 全国各地新华书店
开　　本 185mm×260mm
印　　张 22.75
字　　数 568千
版　　次 2021年6月第1版
印　　次 2021年6月第1次
定　　价 49.00元

编委名单

主　编　孙卫卫　李　涛　龙玉梅

副主编　黄　巍　孙晓博　张存涛

编　者（排名不分先后）

张　恒　吴　滨　尹延生　何纪达　李生宝

李　铁　袁海轮　胡　永　魏　华　彭双仓

陈晓辉　黄正玉　陆伟东　刘　杰　彭　静

前　言

大学物理是工程技术类专业一门十分重要的基础课。为适应教学改革的新形势,根据教育部高等学校物理基础课程教学指导分委员会 2011 年《理工科类大学物理课程教学基本要求》,结合编审人员多年的教学经验以及当前国内外物理教材改革的动态,数位教师讨论并编写了本书。

物理学研究的是物质的基本结构及物质运动的普遍规律,它是一门严格的、精密的基础科学。物理学的新发现、所产生的新概念及新理论常常发展为新的学科或学科分支。它的基本概念、基本理论与实验方法向其他学科或技术领域的渗透总是毫无例外地促成该学科或技术领域发生革命性变化或里程碑式进步。历史上几次重要的技术革命都是以物理学的进步为先导的,例如,电磁学的产生与发展导致了电力技术和无线电技术的诞生,形成了电力与电子工业;放射性的发现导致了原子核科学的诞生与核能的利用,使人类进入了原子能时代;固体物理的发展导致了晶体管与集成电路的问世,进而形成了强大的微电子工业与计算机产业;激光的出现导致光纤通信与光盘存储等一系列光电子技术与产业的诞生。微电子、光电子、计算机及与之相匹配的软件正在使人类进入信息社会。

目前中国各项科技技术日新月异,大部分领域在世界上已经处于先进地位,但是某些项目一直被"卡着脖子",鉴于此,国家推出"强基计划",清华大学、北京大学等高校顺应号召成立一批新的学院来选拔和培养强基计划人才。

本书的内容紧紧围绕大学物理课程的基本要求,并以工程技术,特别是新技术中广泛应用的基本物理原理为依据,尽量做到科学性和思想性相统一,理论联系实际,侧重知识的应用性、启发性和趣味性相结合的原则。为此,在编写过程中,适量引用了相关的物理学史资料,其中包括重要的物理实验和有关科学家的思想和贡献。这样可增强物理学理论的真实感和生动感,有助于学生形成科学的学习方法和研究方法,有利于激发学生的学习兴趣和培养学生的创新能力。本书的编写特点如下。

1. 注重科学思维,整体架构清晰

物理学科在普通高等院校理工科专业是基础课程,它的主要任务就是通过此课程的学习培养学生的科学思维品质和理性的、逻辑的思维。因此,本书在结构和内容的安排上力求具有较强的逻辑性,从而给学生一个完整的知识体系框架和清晰的脉络层次。本书共分 13 章,内容包括力学、振动和波、气体动理论热力学基础、电磁学、波动光学狭义相对论和量子物理等内容。

2. 注重精讲多练,突出重点内容

"以学生为中心"的教学法是本书的编写初心。本书的编写依据讲练结合的教学法,根据教学需要精选重点内容,在博采众家所长的基础上,针对学生的基础和学习特点,采用最优化方案精讲重点内容。总的教学指导思想是:多形象分析,少抽象推演;多用通俗易懂的语言描述,少用深奥晦涩的术语论证。讲练结合体现在多介绍知识在生产生活中的应用,多讲解每类典型问题,同时训练掌握知识的灵活性。

3. 立足理工物理,兼顾强基计划

编写中渗透了数位教师的经验心得,注重物理概念的阐述,定理、定律等表述准确、清楚、简洁,文字流畅,易教、易学。注重区分层次,适应不同学生。便于大学生的自学、理解与掌握,又便于中学教师备课及有志于强基计划的中学生备考、拓展与拔高。

本书由孙卫卫、李涛、龙玉梅担任主编,黄巍、孙晓博、张存涛担任副主编,参与编写并给与指导意见的还有张恒、吴滨、李轶、何纪达、李生宝、尹延生等老师。

在本书的编写过程中,编者们参阅了许多国内外优秀教材和教学参考资料,恕不一一列出,谨在此一并致谢。尽管本书的编写凝聚了编者们多年来积累的丰富教改研究和教学实践经验,但由于时间较紧且学识所限,疏漏和不妥之处在所难免,期望读者谅解并指正,垦请专家批评并赐教。

编者

目　　录

第 1 章　质点运动与牛顿运动定律

自然界的一切物质都处于永不停止的运动和变化中。尽管物质的运动形式千变万化，但最简单、最基本、又最为人们所熟悉的运动是**机械运动**。而在机械运动中，质点的运动又是最为基本的运动形式。

本章主要讨论质点力学，其内容主要包括**运动学、动力学**，在这方面中学已有很多讨论。运动学解决如何描述物体的运动状态变化，而动力学解决物体运动状态变化的原因。还有一类**静力学**问题，主要研究物体受力平衡。

1.1　质点的位置矢量与运动学方程

1.1.1　质点

质点是力学中最简单、最常用的物理模型。通常当物体运动时，物体的各个部分的位置改变不尽相同。然而，当研究物体运动时，如果只考虑物体的整体运动情况，或者物体的大小和形状可以忽略不计，那么可认为质量集中到一个点上，该物体可视作**质点**。

例如，地球虽大，但在研究其绕太阳公转时，即可将其视作质点。当只研究汽车沿公路的运动情况时，我们也可以将汽车看作质点。但如果是想研究地球的自转，或者汽车的轮胎打滑轨迹，则不论大小我们都不能将其看成质点了。所以，将物体看成质点，主要由所研究运动的性质决定，即取决于研究问题的角度。同一物体在某个问题中可被视作质点，而在另一个问题中，却不一定也可以被视作质点。

如果所研究的系统不能当作一个质点来处理，则可以将它分割成许多小部分，每一部分由于足够小而可以视为质点，这就是**质点系**。任何一般物体都可以看作由无数个质点组成的质点系。我们可以先分析单个质点的情况，再来进一步讨论质点间因相互作用而构成的整体。这在数学上体现为积分法。从理论上讲，当分析清楚每一个质点的运动情况时，整个系统的运动情况也就清楚了。故而质点运动也是研究物体运动的基础。

1.1.2　参考系和坐标系

机械运动是一个物体相对于另一个物体位置的改变。因此，在描述物体的机械运动时，必须选定一个标准物体（或几个相对静止的物体）作为参考，而这个被选作标准的物体或物体系，就是**参考系**，也称为**参照系**或**参照物**。

对同一物体的同一运动过程选择不同的参考系，描述结果一般是不同的。以嫦娥一号（图 1-1）的运动为例。以地心系为参考系，卫星是做圆周运动（图 1-2）的；若以太阳为参考系，其轨迹却是螺旋线，即绕地球旋转和地球绕太阳公转这两种运动的叠加。

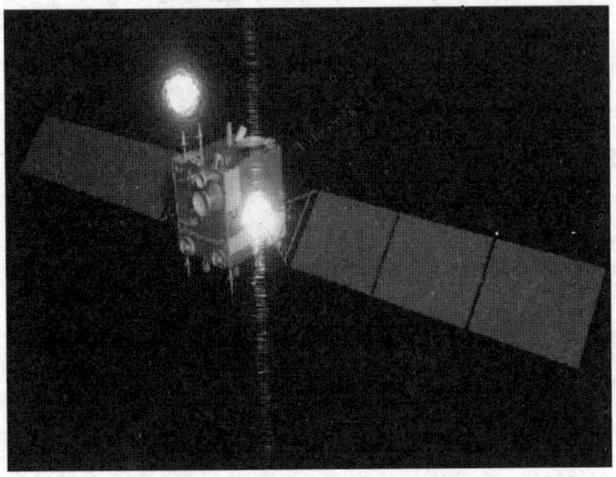

图 1-1 嫦娥一号卫星图

图 1-2 卫星绕地球运动

参考系的选择可以是任意的，一般以对问题的描述、研究和求解最为方便和简捷为选择的基本原则。通常当研究地球上的物体运动时，选择地球作为参考系最为方便；当研究人造卫星的运动时，选择**地心系**作为参考系最为方便；当研究行星的运动时，选择太阳作为参考系最为方便。

选择了参考系后，要想定量地描述物体的运动，就必须在参考系上建立一套度量系统或标尺来对物体的运动进行测量。这种带有度量系统的参考系称为**坐标系**。在物理学中，常用的坐标系是直角坐标系(x, y, z)。此外，根据所研究的问题的不同，还有平面极坐标系、柱坐标系、球坐标系和自然坐标系等。

选择不同的坐标系，得到的描述物体运动的变量和函数形式会不同，但运动性质是不会改变的。坐标系的选择只会影响求解的过程(选择不恰当会导致问题难以求解)，不会改变物体的运动性质。

1.1.3 位置矢量

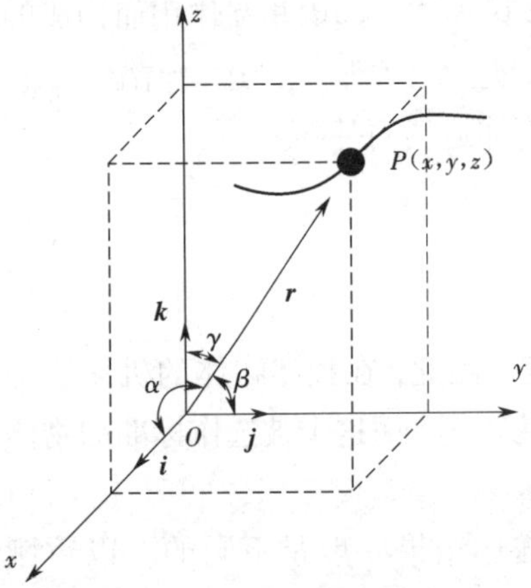

图 1-3 位矢和直角坐标

从坐标原点到质点所在位置的有向线段称为**位置矢量**(简称**位矢**或**矢径**)，用矢量 $\boldsymbol{r}$ 表示。在图 1-3 的三维直角坐标系 $Oxyz$ 中，质点 P 的位置可以用它在坐标系中的三个坐标(x, y, z)来确定，坐标(x, y, z)就是位矢 $\boldsymbol{r}$ 在三个坐标轴上的分量：

$$\boldsymbol{r}=x\boldsymbol{i}+y\boldsymbol{j}+z\boldsymbol{k} \tag{1.1}$$

其中，$\boldsymbol{i}, \boldsymbol{j}, \boldsymbol{k}$ 分别为沿 x, y, z 轴正方向的**单位矢量**。位矢 $\boldsymbol{r}$ 的大小为

$$r=|\boldsymbol{r}|=\sqrt{x^2+y^2+z^2} \tag{1.2}$$

方向余弦为

$$\begin{cases}\cos\alpha = \dfrac{x}{r} \\ \cos\beta = \dfrac{y}{r} \\ \cos\gamma = \dfrac{z}{r}\end{cases} \tag{1.3}$$

在二维（平面）、一维（直线）坐标系中，位矢 $\boldsymbol{r}$ 分别为

$$\boldsymbol{r}=x\boldsymbol{i}+y\boldsymbol{j} \tag{1.4a}$$

$$\boldsymbol{r}=x\boldsymbol{i} \tag{1.4b}$$

1.1.4　运动学方程

质点在空间的运动就是质点的位置（或位矢）随时间变化的过程。质点的位矢 $\boldsymbol{r}$ 以及坐标 x, y, z 都是时间 t 的函数。而表示位置随时间变化的具体函数关系就称为**运动学方程**（或**运动学函数**），可以表示为

$$\boldsymbol{r}=\boldsymbol{r}(t) \tag{1.5}$$

其分量形式为

$$\begin{cases}x = x(t) \\ y = y(t) \\ z = z(t)\end{cases} \tag{1.6}$$

知道了质点的运动学方程，就能确定任一时刻质点的位置，从而确定质点的运动。如果从质点的运动学方程式中消去时间 t，就可以得到质点三个坐标之间的函数关系，称为质点的**轨道方程**。

力学的主要研究任务之一，就是根据各种问题的具体条件，求解质点的运动学方程。

1.1.5　位移

如图 1-4（a）所示，质点沿任一曲线运动，质点从 P_1 位置（t 时刻）沿曲线运动到 P_2 位置（$t+\Delta t$ 时刻）。两点的位矢分别用 $\boldsymbol{r}_1=\boldsymbol{r}(t)$ 和 $\boldsymbol{r}_2=\boldsymbol{r}(t+\Delta t)$ 表示，则在时间间隔 Δt 内，质点**位矢的变化**

$$\Delta\boldsymbol{r}=\boldsymbol{r}_2-\boldsymbol{r}_1 \tag{1.7}$$

就称为**位移**。它是初位置指向末位置的有向线段。位移是描述物体位置改变的大小和方向的物理量。

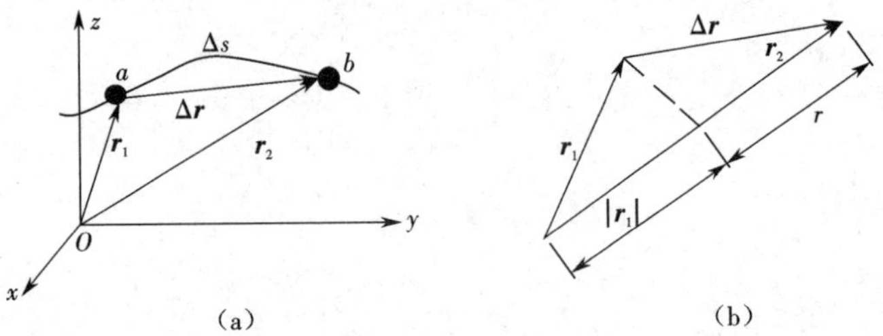

图 1-4 质点的位移

在三维直角坐标系中，

$$\begin{aligned}\Delta \boldsymbol{r}&=\Delta x\boldsymbol{i}+\Delta y\boldsymbol{j}+\Delta z\boldsymbol{k}\\&=(x_2-x_1)\boldsymbol{i}+(y_2-y_1)\boldsymbol{j}+(z_2-z_1)\boldsymbol{k}\end{aligned} \tag{1.8}$$

有两点要注意。首先，**位矢改变的大小**（即位移的模）$|\Delta \boldsymbol{r}|$ 与**位矢大小的改变** Δr 是不同的，$\Delta r=|\boldsymbol{r}_2|-|\boldsymbol{r}_1| \neq |\Delta \boldsymbol{r}|=|\boldsymbol{r}_2-\boldsymbol{r}_1|$，如图 1-4（b）所示。其次，位移表示物体位置的改变，并不是物体实际所经历的路程。在图 1-4（a）中，位移是有向线段 ab，它的大小 $|\Delta \boldsymbol{r}|$ 为直线 ab 的长度。而路程是指物体实际所经过的轨道的长度，它是一个非负标量，一般用 Δs 表示，在图中即曲线 ab 的长度。通常 $|\Delta \boldsymbol{r}|$ 与 Δs 不一定相同（除非是单向直线运动），且

$$\Delta r \leqslant |\Delta \boldsymbol{r}| \leqslant \Delta s \tag{1.9}$$

但对于无限小位移，有

$$\mathrm{d}r \leqslant |\mathrm{d}\boldsymbol{r}|=\mathrm{d}s \tag{1.10}$$

且位移 $\mathrm{d}\boldsymbol{r}$ 的方向沿质点运动轨道的切线，指向质点向前的方向。

一个有限运动过程总可以分为相继的几个子过程，从而总位移等于各段位移的矢量和，如图 1-5（a）所示。若把整个过程细分为无穷多个无限小时间间隔 $\mathrm{d}t$，就得到在 $\mathrm{d}t$ 时间内的无穷小位移 $\mathrm{d}\boldsymbol{r}$。此时总位移等于大量的无穷小位移的矢量和，如图 1-5（b）所示。对于第一种情况，有

$$\Delta \boldsymbol{r} = \Delta \boldsymbol{r}_1 + \Delta \boldsymbol{r}_2 + \Delta \boldsymbol{r}_3=\int \mathrm{d}\boldsymbol{r}$$

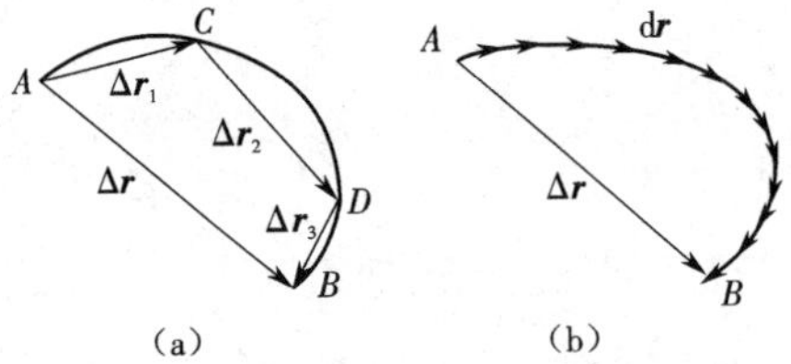

图 1-5 位移的合成与分解

（a）各段位移的矢量和 （b）无穷小位移

1.2　速度与加速度

1.2.1　速度

速度表示质点运动的快慢。位移 $\Delta \boldsymbol{r}$ 和发生这段位移所经历的时间之比叫作质点在这一段时间内的**平均速度**，记为 $\overline{\boldsymbol{v}}$，有

$$\overline{\boldsymbol{v}}=\frac{\Delta \boldsymbol{r}}{\Delta t} \tag{1.11}$$

平均速度是矢量，它的方向即位移的方向。平均速度依赖于过程，图 1-6 中绘出了多个过程。与之相应的平均速率，即路程与时间的比值：

$$\overline{v}=\frac{\Delta s}{\Delta t} \tag{1.12}$$

由于 $|\Delta \boldsymbol{r}| \leqslant \Delta s$，所以有 $|\overline{\boldsymbol{v}}| \leqslant \overline{v}$。

平均速度粗略地描述了 Δt 这段时间内物体的运动快慢和运动方向。要得到细致描述，必须采用极限方式。图 1-6 中，在质点从 a 点趋向 b 点的过程中，对于不同的位置可以得到不同平均速度：

$$\frac{\Delta \boldsymbol{r}_1}{\Delta t_1},\frac{\Delta \boldsymbol{r}_2}{\Delta t_2},\frac{\Delta \boldsymbol{r}_3}{\Delta t_3},\cdots$$

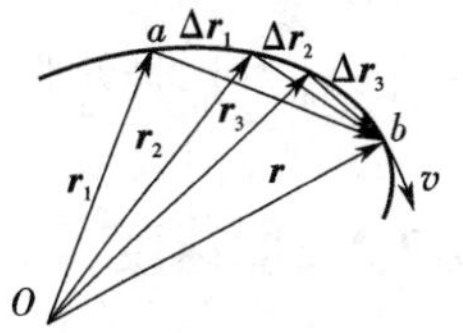

图 1-6　平均速度的极限

虽然 Δt 在不断减小，但同时 $|\Delta \boldsymbol{r}|$ 也在不断减小，所以比值通常不会浮动很大。而且，质点越接近 b 点（Δt 越小），平均速度越能反映质点在 b 点的运动情况。于是，Δt 趋于零时比值 $\Delta \boldsymbol{r}/\Delta t$ 的极限就应该准确反映质点在 b 点的运动情况。式（1.11）的极限，即质点位矢对时间的瞬时变化率，叫作质点在时刻 t 的**瞬时速度**，简称**速度**，记为 $\boldsymbol{v}$。于是，

$$\boldsymbol{v}=\lim_{\Delta t\to 0}\overline{\boldsymbol{v}}=\lim_{\Delta t\to 0}\frac{\Delta \boldsymbol{r}}{\Delta t}=\frac{\mathrm{d}\boldsymbol{r}}{\mathrm{d}t} \tag{1.13}$$

速度的方向，就是当 Δt 趋于零时位移 $\mathrm{d}\boldsymbol{r}$ 的方向。由图 1-6 可以看出，当 Δt 趋于零时，a 点向 b 点趋近，位移 $\Delta \boldsymbol{r}$ 的方向就趋于运动轨道在 a 点的切线方向。所以，质点的**速度方向沿轨道切线且指向质点前进的方向**。

虽然 $|\overline{\boldsymbol{v}}| \leqslant \overline{v}$，但由于 $|\mathrm{d}\boldsymbol{r}|=\mathrm{d}s$，故

$$|\boldsymbol{v}|=\frac{|\mathrm{d}\boldsymbol{r}|}{\mathrm{d}t}=\frac{\mathrm{d}s}{\mathrm{d}t}=\lim_{\Delta t\to 0}\frac{\Delta s}{\Delta t}=v$$

即瞬时速度的大小等于瞬时速率。

需要注意的是，由于位矢改变的大小 $|\Delta \boldsymbol{r}|$ 与位矢大小的改变 Δr 一般不相等（$\Delta r \neq |\Delta \boldsymbol{r}| \approx \Delta s$，$\mathrm{d}r \neq |\mathrm{d}\boldsymbol{r}|=\mathrm{d}s$），因此，

$$v=\left|\frac{\mathrm{d}\boldsymbol{r}}{\mathrm{d}t}\right| \neq \frac{\mathrm{d}r}{\mathrm{d}t}$$

对于二维运动，在直角坐标系中，将式（1.1）代入式（1.13），并考虑到坐标轴的单位矢

量为常矢量，不随时间改变，因此有

$$\boldsymbol{v}=\frac{\mathrm{d}x}{\mathrm{d}t}\boldsymbol{i}+\frac{\mathrm{d}y}{\mathrm{d}t}\boldsymbol{j} \tag{1.14}$$

上式可推广到三维坐标系。速度 $\boldsymbol{v}=v_x\boldsymbol{i}+v_y\boldsymbol{j}$ 的两个分量分别为

$$v_x=\frac{\mathrm{d}x}{\mathrm{d}t} \tag{1.15a}$$

$$v_y=\frac{\mathrm{d}y}{\mathrm{d}t} \tag{1.15b}$$

速度的模（大小）为

$$v=|\boldsymbol{v}|=\sqrt{v_x^2+v_y^2} \tag{1.16}$$

其方向用 $\boldsymbol{v}$ 与 x 轴正向的夹角 α 表示，则

$$\tan\alpha=\frac{v_y}{v_x} \tag{1.17}$$

如果速度随时间的关系已知，那么坐标随时间的变化可以通过积分来得到，例如

$$x=x_0+\int_{t_0}^{t}v_x\mathrm{d}t \tag{1.18}$$

其中，x_0 为 t_0 时刻的坐标。

1.2.2 加速度

速度矢量发生变化，可以是运动快慢的变化，也可以是运动方向的变化。一般情况下，速度的方向和大小都可以变化。速度矢量变化的快慢就是**加速度**。如图 1-7 所示，在时刻 t，质点位于 P_1 点，速度为 $\boldsymbol{v}_1$，在时刻 $t+\Delta t$，质点位于 P_2 点，速度为 $\boldsymbol{v}_2$，则在时间 Δt 内，质点速度的增量为 $\Delta\boldsymbol{v}=\boldsymbol{v}_2-\boldsymbol{v}_1$。类似平均速度的定义，可以定义时间 Δt 内的**平均加速度**为

$$\bar{\boldsymbol{a}}=\frac{\Delta\boldsymbol{v}}{\Delta t} \tag{1.19}$$

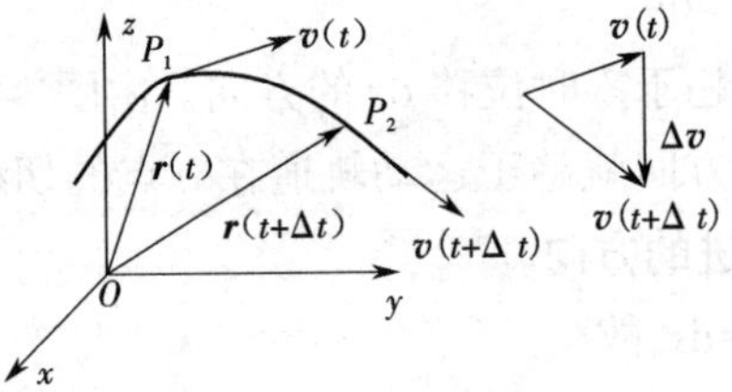

图 1-7 速度的变化

平均加速度只是反映在时间 Δt 内速度的平均变化率。为了准确描述质点在某一时刻的速度变化快慢，可让时间间隔 Δt 趋于零。此时，平均加速度式的极限，即速度对时间的瞬时变化率，称为质点在时刻 t 的**瞬时加速度**，简称**加速度**：

$$\boldsymbol{a}=\lim_{\Delta t\to 0}\frac{\Delta\boldsymbol{v}}{\Delta t}=\frac{\mathrm{d}\boldsymbol{v}}{\mathrm{d}t}=\frac{\mathrm{d}^2\boldsymbol{r}}{\mathrm{d}t^2} \tag{1.20}$$

加速度也是矢量。在二维直角坐标系中，将速度的表达式代入式(1.20)，有

$$\boldsymbol{a}=\frac{\mathrm{d}v_x}{\mathrm{d}t}\boldsymbol{i}+\frac{\mathrm{d}v_y}{\mathrm{d}t}\boldsymbol{j} \tag{1.21}$$

上式可推广到三维坐标系。加速度的两个分量分别为

$$a_x=\frac{\mathrm{d}v_x}{\mathrm{d}t}=\frac{\mathrm{d}^2x}{\mathrm{d}t^2} \tag{1.22a}$$

$$a_y=\frac{\mathrm{d}v_y}{\mathrm{d}t}=\frac{\mathrm{d}^2y}{\mathrm{d}t^2} \tag{1.22b}$$

加速度的大小和方向可用下式计算：

$$a=|\boldsymbol{a}|=\sqrt{a_x^2+a_y^2} \tag{1.23}$$

$$\tan\alpha=\frac{a_y}{a_x} \tag{1.24}$$

如果加速度随时间的关系已知，那么速度随时间的变化可以通过积分来得到，例如

$$v_x=v_{x0}+\int_{t_0}^{t}a_x\mathrm{d}t \tag{1.25}$$

其中，$\boldsymbol{v}_{x0}$ 为 t_0 时刻的速度。

例 1.1　已知质点的运动学方程为 $x=3t-3t^2$，$y=t-4t^3/3$(SI)，求 $t=1$ s 时质点的速率与加速度的大小。

解　把质点的运动学方程对时间求一阶导数，得到质点的运动速度为

$$v_x=3-6t$$

$$v_y=1-4t^2$$

对其再求导，得到质点的加速度为

$$a_x=-6$$

$$a_y=-8t$$

由质点运动的速度和加速度分量，可以得到速率和加速度的大小为

$$v=\sqrt{v_x^2+v_y^2}$$

$$a=\sqrt{a_x^2+a_y^2}$$

将 $t=1$ s 代入上式，得到

$$v=3\sqrt{2}\ \text{m/s}$$

$$a=10\ \text{m/s}^2$$

例 1.2　一质点沿 x 轴运动，其加速度为 $a=4t$(SI)，已知 $t=0$ 时，质点位于 $x_0=10$ m 处，初速度 $v_0=1$ m/s。试求其位置坐标与时间的关系式。

解　由题意，根据式(1.25)，速度为

$$v=v_0+\int_0^t a\mathrm{d}t=1+\int_0^t 4t\mathrm{d}t=1+2t^2\quad(\text{SI})$$

又根据式(1.18)，有

$$x=x_0+\int_0^t v\mathrm{d}t=10+\int_0^t(1+2t^2)\mathrm{d}t=10+t+\frac{2}{3}t^3\quad(\text{SI})$$

例 1.3 跳水运动员以 v_0 的速度入水后受阻力而减速,加速度与速度成正比,比例系数为 k,则其入水深度是多少?

解 以水面为原点,竖直向下为 x 轴正方向。依题意,有

$$\frac{\mathrm{d}v}{\mathrm{d}t}=-kv$$

由于 $\frac{\mathrm{d}v}{\mathrm{d}t}=\frac{\mathrm{d}v}{\mathrm{d}x}\frac{\mathrm{d}x}{\mathrm{d}t}=v\frac{\mathrm{d}v}{\mathrm{d}x}$,代入上式得

$$\frac{\mathrm{d}v}{\mathrm{d}x}=-k$$

对上式两边进行积分,得

$$\int_{v_0}^{0}\mathrm{d}v=-\int_{0}^{h}k\mathrm{d}x$$

故深度为

$$h=\frac{v_0}{k}$$

1.3 匀变速运动与圆周运动

1.3.1 匀变速运动

匀变速运动是一类最简单的运动,其加速度为常矢量。依据加速度方向与初速度方向是否共线,其轨迹可以是直线或抛物线。后者虽是曲线运动,但可以与前者统一处理。

根据加速度的定义式,有 $\mathrm{d}\boldsymbol{v}=\boldsymbol{a}\mathrm{d}t$。由于 $\boldsymbol{a}$ 是常矢量,对 $\mathrm{d}\boldsymbol{v}=\boldsymbol{a}\mathrm{d}t$ 两边进行积分,可得

$$\boldsymbol{v}=\boldsymbol{v}_0+\boldsymbol{a}t \tag{1.26}$$

其中,$\boldsymbol{v}_0$ 为积分常数,在这里的意义是初速度。又根据速度的定义式(1.13),有

$$\mathrm{d}\boldsymbol{r}=\boldsymbol{v}\mathrm{d}t=(\boldsymbol{v}_0+\boldsymbol{a}t)\mathrm{d}t。$$

对上式两边再进行积分,得位移

$$\boldsymbol{s}=\boldsymbol{r}-\boldsymbol{r}_0=\boldsymbol{v}_0t+\frac{1}{2}\boldsymbol{a}t^2 \tag{1.27}$$

式(1.26)和式(1.27)是匀变速运动的基本公式。根据式(1.27),位移 $\boldsymbol{s}$ 是常矢量 $\boldsymbol{v}_0$ 和 $\boldsymbol{a}$ 的线性组合,故 $\boldsymbol{s}$ 始终处在 $\boldsymbol{v}_0$ 和 $\boldsymbol{a}$ 所确定的平面内。

如果把式(1.26)和式(1.27)消去初速度 $\boldsymbol{v}_0$,即得

$$\boldsymbol{s}=\boldsymbol{v}t-\frac{1}{2}\boldsymbol{a}t^2 \tag{1.28}$$

若消去加速度 $\boldsymbol{a}$,即得

$$\boldsymbol{s}=\frac{1}{2}(\boldsymbol{v}_0+\boldsymbol{v})t \tag{1.29}$$

如果把式(1.29)两边分别点乘 $\boldsymbol{a}=(\boldsymbol{v}-\boldsymbol{v}_0)/t$的两边,即得

$$2\boldsymbol{a}\cdot\boldsymbol{s}=\boldsymbol{v}\cdot\boldsymbol{v}-\boldsymbol{v}_0\cdot\boldsymbol{v}_0=v^2-v_0^2 \tag{1.30}$$

式(1.26)至式(1.30)共五个公式，分别不含 $\boldsymbol{s}$, $\boldsymbol{v}$, $\boldsymbol{v}_0$, $\boldsymbol{a}$, t 五个量中的一个，构成一个有机整体。

匀变速运动的一个常见特例是地球表面的**抛体运动**。如果高度不太高，而空气阻力可以忽略，则抛射体的加速度就始终为重力加速度（即 $\boldsymbol{a}=\boldsymbol{g}$）。取平面直角坐标系，坐标原点为 $t=0$ 时的抛射点（即 $r_0=0$），x 轴和 y 轴分别沿水平方向和竖直方向，$\boldsymbol{v}_0$ 在该平面内，如图 1-8 所示。设 θ 为抛射角，则有

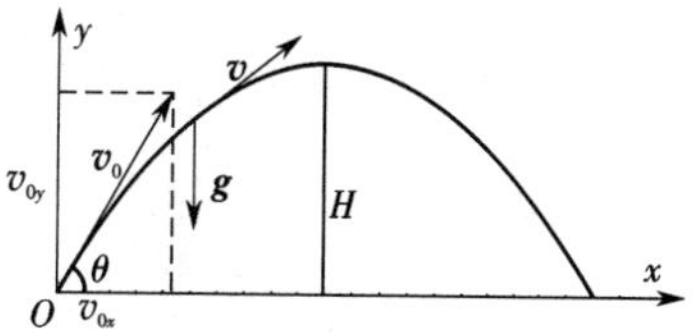

图 1-8　抛体运动

$$\boldsymbol{v}_0=v_{0x}\boldsymbol{i}+v_{0y}\boldsymbol{j}=v_0\cos\theta\boldsymbol{i}+v_0\sin\theta\boldsymbol{j}$$

物体所受的加速度为

$$\boldsymbol{a}=\boldsymbol{g}=-g\boldsymbol{j}$$

根据式(1.26)，可得物体在空中任意时刻的速度为

$$\boldsymbol{v}=v_0\cos\theta\boldsymbol{i}+(v_0\sin\theta-gt)\boldsymbol{j} \tag{1.31}$$

根据式(1.27)，物体在任意时刻的位置为

$$\boldsymbol{r}=v_0t\cos\theta\boldsymbol{i}+\left(v_0t\sin\theta-\frac{1}{2}gt^2\right)\boldsymbol{j} \tag{1.32}$$

此即物体的运动学方程式(1.5)，其分量是

$$\begin{cases}x=v_0t\cos\theta\\ y=v_0t\sin\theta-\dfrac{1}{2}gt^2\end{cases} \tag{1.33}$$

由式(1.33)可知，抛体运动是由沿 x 轴方向的匀速直线运动和沿 y 轴方向的匀变速直线运动叠加而成的。由其消去时间 t，可以得到物体运动的轨道方程

$$y=x\tan\theta-\frac{1}{2}\frac{gx^2}{v_0^2\cos^2\theta} \tag{1.34}$$

由于 v_0 和 θ 是常数，显然该方程表示通过坐标原点的抛物线。

1.3.2　圆周运动

1. 圆周运动的角量描述

如图 1-9 所示，质点的位置可用角度 θ 表示，而角度 θ 从 x 正半轴量起，逆时针方向为正方向。θ 唯一确定质点的位置，故而称为**角坐标**。此时的运动学方程为

$$\theta=\theta(t) \tag{1.35}$$

完全跟一维运动类似，角位移为 $\Delta\theta$，而角速度 ω 和角加速度 β 分别为

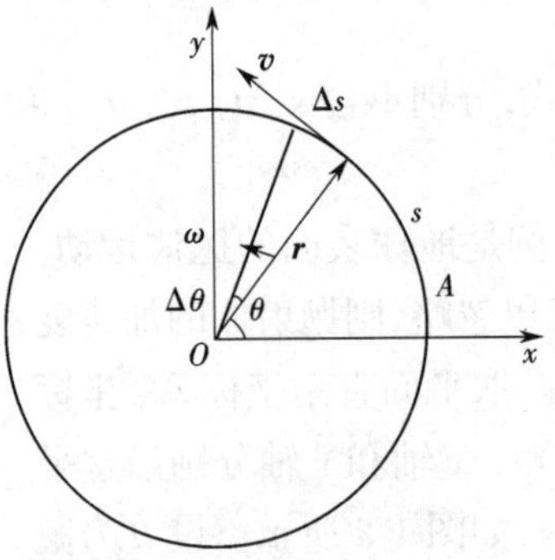

图 1-9 圆周运动的角量描述

$$\omega = \lim_{\Delta t \to 0} \frac{\Delta\theta}{\Delta t} = \frac{d\theta}{dt} \tag{1.36}$$

$$\beta = \frac{d\omega}{dt} = \frac{d^2\theta}{dt^2} \tag{1.37}$$

角坐标 θ、角位移 $\Delta\theta$、角速度 ω 和角加速度 β 都是代数量。例如，$\omega<0$ 表示反向转动，$\beta<0$ 表示正向转动时角速度在减小，或反向转动时角速度在增加。

角坐标、角速度和角加速度之间的关系，与质点一维运动时的坐标、速度和加速度的关系完全平行。将式(1.36)和式(1.37)对时间进行积分，即得

$$\theta = \theta_0 + \int_0^t \omega dt \tag{1.38}$$

$$\omega = \omega_0 + \int_0^t \beta dt \tag{1.39}$$

因此，若已知角加速度与时间的关系以及初始角速度和初始角坐标，那么就可以得到运动学方程式。对于匀加速转动，β 为常数，此时有

$$\begin{cases} \omega = \omega_0 + \beta t \\ \theta - \theta_0 = \omega_0 t + \dfrac{1}{2}\beta t^2 \\ \omega^2 - {\omega_0}^2 = 2\beta(\theta - \theta_0) \end{cases} \tag{1.40}$$

角度的国际单位是弧度(rad)。要注意的是，弧度不是通常意义上的单位，在中间计算过程中不要计入该单位，仅在最后结果中依情况判断是否需要添加 rad。例如，角速度和角加速度的国际单位分别是 rad/s 和 rad/s^2，但计算过程中应分别写为 $\boldsymbol{s}^{-1}$ 和 $\boldsymbol{s}^{-2}$。

角速度可以赋予一个方向，成为一个矢量。其方向就是垂直于轨道平面，沿转轴方向，并且与转动方向构成**右手螺旋关系**。在本书附录 1 有提及，并非有大小和方向就是矢量。角速度在被赋予了方向后，可以证明其合成满足平行四边形法则，这才使得角速度成为矢量。

质点的**线速度**为

$$v = \omega r \tag{1.41}$$

在定义了角速度矢量后，上式可以改写为矢量形式：

$$\boldsymbol{v} = \boldsymbol{\omega} \times \boldsymbol{r} \tag{1.42}$$

其中，$\boldsymbol{r}$ 为原点到质点的位矢。利用角速度矢量，可以同时给出速度的大小和方向，使公式表示得简洁明了。

2. 用切向和法向分析圆周运动

质点运行到圆周上任一点时，沿切线方向的单位矢量记为 $\boldsymbol{\tau}$，沿指向圆心的法线方向的单位矢量记为 $\boldsymbol{n}$，则质点此时的运动学量都可按这两个方向分解。

质点的速度沿切向：

$$\boldsymbol{v}=v\boldsymbol{\tau} \tag{1.43}$$

即速度没有法向分量。实际上，切向可定义为速度方向。

对于加速度，先考虑匀速圆周运动。此时，质点速度大小不变，但方向时刻改变。在式（1.43）中就体现为 v 是常数但切向单位矢量 $\boldsymbol{\tau}$ 随时间而变。故而质点加速度不为 0。如图 1-10（a）和（b）所示，质点在 t 时刻和 $t+\Delta t$ 时刻的速度大小相同，但方向旋转了角度 $\Delta\theta$，导致速度改变了 $\Delta\boldsymbol{v}$。我们的目的是要分析矢量 $\Delta\boldsymbol{v}$ 的大小和方向。

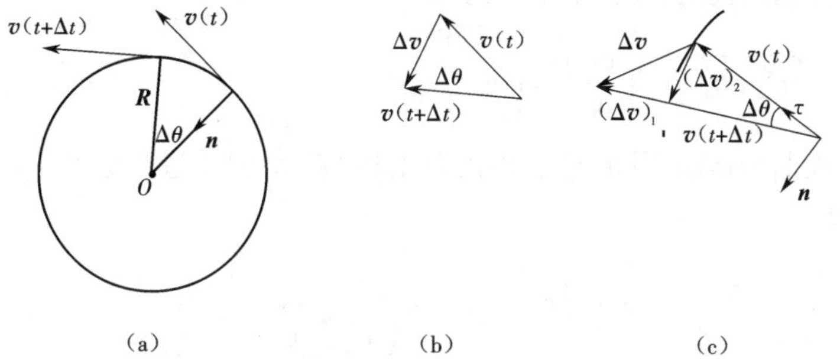

图 1-10　圆周运动

（a）匀速圆周运动中位置的变化　（b）匀速圆周运动中速度的变化　（c）变速圆周运动中速度的变化

先看方向。可以看出，当 Δt 趋于零时，$\Delta\theta$ 也趋于零，从而 $\Delta\boldsymbol{v}$ 的方向趋于跟 $\boldsymbol{v}(t)$ 垂直，即趋于 1-10（a）图中 $\boldsymbol{n}$ 的方向。再看大小。图 1-10（a）和（b）中的夹角都是 $\Delta\theta$，故有

$$\frac{v\Delta t}{r}=\omega\Delta t=\Delta\theta\approx\frac{|\Delta\boldsymbol{v}|}{v}$$

即

$$\frac{|\Delta\boldsymbol{v}|}{\Delta t}\approx\frac{v^2}{r}$$

方向、大小都已得出，故当 Δt 趋于零时，加速度为

$$\boldsymbol{a}=a_n\boldsymbol{n} \tag{1.44}$$

$$a_n=\frac{v^2}{r}=\omega v=\omega^2 r \tag{1.45}$$

这就是**向心加速度**或**法向加速度**。

对于变速圆周运动，除了速度方向变化，还有速度大小变化。此时速度变化如图 1-10（c）所示。在矢量 $\boldsymbol{v}(t+\Delta t)$ 上截取一段等于 $|\boldsymbol{v}(t)|$，作矢量 $(\Delta\boldsymbol{v})_1$ 和 $(\Delta\boldsymbol{v})_2$。其中，$(\Delta\boldsymbol{v})_2$ 就对应刚才的法向加速度，而 $(\Delta\boldsymbol{v})_1$ 则表示速度大小的改变。当 Δt 趋于零时，$(\Delta\boldsymbol{v})_1$ 的方向趋于切线法向 $\boldsymbol{\tau}$。故而此时的切向加速度为

$$\boldsymbol{a}_\tau=\lim_{\Delta t\to 0}\frac{(\Delta\boldsymbol{v})_1}{\Delta t}=\lim_{\Delta t\to 0}\frac{\Delta v\boldsymbol{\tau}}{\Delta t}=\frac{\mathrm{d}v}{\mathrm{d}t}\boldsymbol{\tau}$$

也就是说,加速度的切向分量为

$$a_\tau=\frac{\mathrm{d}v}{\mathrm{d}t} \tag{1.46}$$

当 $a_\tau>0$ 时,表示速率随时间增大,$\boldsymbol{a}_\tau$ 与速度 $\boldsymbol{v}$ 同向;当 $a_\tau<0$ 时,表示速率随时间减小,$\boldsymbol{a}_\tau$ 与速度 $\boldsymbol{v}$ 反向。将式(1.41)代入式(1.46)可得

$$a_\tau=r\frac{\mathrm{d}\omega}{\mathrm{d}t}=r\beta \tag{1.47}$$

综合上面的讨论,最后有

$$\boldsymbol{a}=a_\tau\boldsymbol{\tau}+a_n\boldsymbol{n}=\frac{\mathrm{d}v}{\mathrm{d}t}\boldsymbol{\tau}+\frac{v^2}{r}\boldsymbol{n} \tag{1.48}$$

这就是圆周运动加速度的表达式,其中,**切向加速度表示速度大小变化的快慢,而法向加速度表示速度方向变化的快慢**。加速度的大小为

$$a=|\boldsymbol{a}|=\sqrt{a_\tau{}^2+a_n{}^2}=\sqrt{\left(\frac{\mathrm{d}v}{\mathrm{d}t}\right)^2+\left(\frac{v^2}{r}\right)^2} \tag{1.49}$$

对于一般平面曲线运动,其加速度也由式(1.49)表示,只不过要把半径 r 换为曲率半径 ρ,如图 1-11 所示。

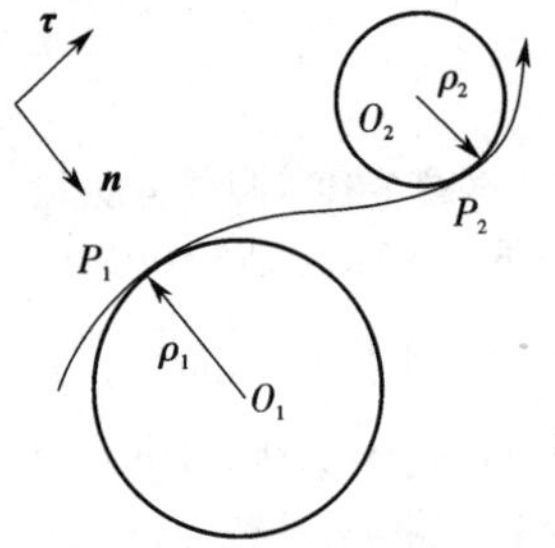

图 1-11 平面内一般曲线运动

1.4 牛顿运动定律及其应用

以上主要讨论了质点运动的描述问题,但这不是力学的核心内容。**力学的核心内容是研究力与物体运动的关系**。研究这种关系的分支称为**动力学**。质点动力学研究质点在给定条件下将产生什么样的运动,以及相反的问题——要产生某种运动需要什么样的条件。研究动力学问题的基础是牛顿运动定律。以牛顿运动定律为基础的力学称为牛顿力学或经典力学。

1.4.1　牛顿第一定律与惯性参考系

既然力学的核心问题是力与运动的关系，那么这种关系是什么呢？人类对该问题的最初回答是亚里士多德的观点：力是物体运动的原因。这种观点应该说还是比较符合日常经验的，否则也不可能维持近两千年。然而，该结论是针对复杂的实际情况观察来的，没能采用“抽象”的方法摒除干扰因素。抽象和理想实验方法的采用才是科学的开始。伽利略的理想实验导致完全不同的结论，最后被牛顿所总结。

牛顿第一定律的内容是：**任何物体都保持匀速直线运动或静止状态，除非有外力迫使它改变这种状态为止。**

牛顿第一定律指出了任何物体都具有保持原有运动状态的特性，这一特性被称为物体的**惯性**，因此牛顿第一定律又被称为**惯性定律**。物体保持原有运动状态不变的运动称为**惯性运动**。惯性是物体的固有属性。

牛顿第一定律指出，运动状态的维持不需要原因，而要想改变物体的运动状态，必须靠作用在物体上的力，或者说靠其他物体对这个物体产生的作用。也就是说，**力不是物体运动的原因，而是改变物体运动状态的原因**。这是对力学的核心问题——力与运动的关系——的首次回答，也是初步和定性的回答。

如果一个物体不受任何其他物体的作用，或者其他物体的作用可以忽略，这个物体就称为**孤立物体**。孤立物体是一个理想模型，因为任何物体都或多或少地受到其他物体力的作用。**所有的理想模型都是实际情况的某种“可望而不可及”的极限状态**。但如果作用在物体上的力恰好可以互相抵消而平衡，物体的运动状态就可以保持不变。

惯性定律只能在某些特殊参考系中成立，比如对加速运动的汽车参考系并不成立。问题的关键其实在于：**对于一个自由的孤立物体**，虽然在一些参考系中其加速度不为 0，但**一定存在一个参考系，在其中该物体的加速度为 0，而且其他的孤立物体也保持静止或匀速直线运动状态**。这种特殊的参考系称为**惯性参考系**，简称**惯性系**。而且，**相对于一个惯性系做匀速直线运动的平动参考系也是惯性系**。因此，确定了一个惯性系，就确定了一组惯性系。

在惯性系中，惯性定律以及整个牛顿力学体系得以成立，因此，惯性系在牛顿力学中具有重要的意义。惯性系的选择主要依据观察和实验。通常讨论地表物体的动力学问题时，可以认为地球是一个近似程度很好的惯性系，因为其公转加速度（5.9×10^{-3} m/s^2）和自转加速度（3.4×10^{-2} m/s^2）都很小。

在研究人造卫星的运动时，地球的自转就不能忽略了。此时较好的惯性系是**地心系**，由地心引出三根相互垂直的射线指向远处确定的恒星，就构成了地心系。

在研究太阳系行星的运动时，惯性系最好选择**太阳系**，即以太阳为原点、以太阳与远处恒星的连线为坐标轴的参考系。虽然太阳也在绕银河系中心转动，但其加速度约为 10^{-10} m/s^2。在研究太阳系内的天体运动时，这个加速度产生的效应完全可以忽略。

在研究恒星运动时，常用的实用惯性系是 **FK4 系**。它以选定的 1 535 颗恒星的平均静止位形作为基准，比前面的参考系更精确。

1.4.2 牛顿第二定律

牛顿第一定律指出任何物体都具有惯性。惯性大小的量度是**惯性质量**，简称**质量**。质量大的，惯性大，反抗外力、保持原有运动状态（速度）的能力就强，相同的作用下速度的改变就会慢；质量小的，惯性小，在外力作用下就会比较容易改变状态，相同的作用下速度的改变比较快。而在前面已经知道，速度变化的快慢用加速度来表示。

牛顿第二定律的内容是：物体受到外力作用时，它所获得的加速度 $\boldsymbol{a}$ 的大小与合外力的大小成正比，与物体的质量成反比，加速度 $\boldsymbol{a}$ 的方向与合外力 $\boldsymbol{F}$ 的方向相同。写成数学形式为

$$\boldsymbol{F}=m\boldsymbol{a} \tag{1.50}$$

力的单位在国际单位制（SI）中为牛顿（N）。

牛顿第二定律是对力学的核心问题——力与运动的关系——的再次回答，而且是定量回答。它给出表征外界作用的力、表征惯性的质量和表征运动状态改变快慢的加速度三者之间的定量关系，是整个牛顿力学的基本定律。

牛顿第二定律只适用于质点，而且只适用于惯性系，其中的加速度就是在惯性系中测量的。牛顿第二定律说明的是力的瞬时效应：力和加速度同时产生，同时变化，同时消失，无先后之分。

1.4.3 牛顿第三定律

牛顿第三定律的内容是：物体间的作用力总是成对出现的，其被称为**作用力和反作用力**。它们大小相等，方向相反，且作用在同一直线上。用数学公式表示为

$$\boldsymbol{F}_{12}=-\boldsymbol{F}_{21} \tag{1.51}$$

且

$$\boldsymbol{F}_{12}/\!/\boldsymbol{r}_{21} \tag{1.52}$$

其中，$\boldsymbol{r}_{21}\equiv\boldsymbol{r}_2-\boldsymbol{r}_1$ 为质点 2 与质点 1 之间的**相对位矢**。

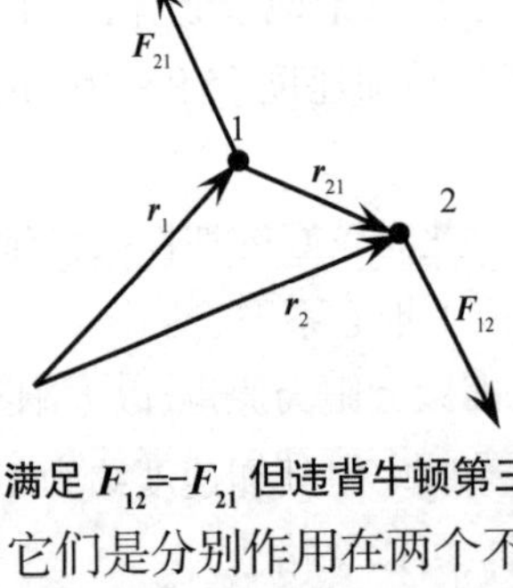

图 1-12 满足 $\boldsymbol{F}_{12}=-\boldsymbol{F}_{21}$ 但违背牛顿第三定律一例

通常仅把 $\boldsymbol{F}_{12}=-\boldsymbol{F}_{21}$ 称为牛顿第三定律，这是不完整的，只反映了其中“等大、反向”的内容，加上第二式 $\boldsymbol{F}_{12}/\!/\boldsymbol{r}_{21}$ 才能把“共线”包括进来。这一点也是证明质点系角动量定理的一个关键条件。图 1-12 给出了满足 $\boldsymbol{F}_{12}=-\boldsymbol{F}_{21}$ 但违背牛顿第三定律的一个例子。

几点说明：①作用力和反作用力不是一对平衡力，它们是分别作用在两个不同物体上的；②作用力和反作用力总是成对出现的，它们在本性上必然同时出现，同时变化，同时消失；③作用力和反作用力属于相同性质的作用力。

与牛顿第一、第二定律不同,牛顿第三定律适用于一切参考系,包括非惯性系。它在从质点动力学到质点系动力学的跨越中起着重要作用——简化动力学方程,恰是作用力和反作用力把质点系中的各个质点联系起来。

1.4.4 几种常见的力

重力是由地球对地表物体的吸引而产生的。在地球表面附近,任一物体所受的重力 $\boldsymbol{G}$ 为

$$\boldsymbol{G}=m\boldsymbol{g} \tag{1.53}$$

其中,$\boldsymbol{g}$ 为重力加速度。重力的方向称为竖直向下。

万有引力是任意两物体之间都存在的力,决定于二者的质量。质量为 M 的质点施给质量为 m 的质点的万有引力为

$$\boldsymbol{F}=-G\frac{mM}{r^2}\boldsymbol{e}_r=-G\frac{mM}{r^3}\boldsymbol{r} \tag{1.54}$$

其中,$\boldsymbol{r}$ 为由 M 指向 m 的矢径;$\boldsymbol{e}_r$ 为 $\boldsymbol{r}$ 方向的单位矢量。

原则上,这里出现的质量与惯性无任何关联,因为它只是表明产生引力场的能力和决定处于引力场中时所受引力的大小,故而称为**引力质量**。(作为类比,电量只是表明产生电场的能力和决定处于电场中时所受电场力的大小,当然就跟惯性无关。)但大量实验证明,任何物体的引力质量与惯性质量的比值都相等,故而可以将引力质量等同于惯性质量。(与此相反,不同粒子的电量与质量的比值不一定相同。)

物体发生形变后,产生一种要恢复原状的力,称为**弹力**。当弹性形变不太大时,弹簧产生的弹力为

$$F=-kx \tag{1.55}$$

其中,k 为弹簧的劲度系数;x 为弹簧端点的形变。这就是**胡克定律**。由式(1.55)可知,弹簧产生的弹力总是和弹簧的形变方向相反。

两个物体相互挤压,在接触面上有相对运动或相对运动趋势,就会在接触面之间产生一对阻止相对运动(或相对运动趋势)的力,称为**摩擦力**。它们分别作用在两个物体上,其方向总是与物体的相对运动方向(或相对运动趋势的方向)相反。

摩擦力分为**静摩擦力**和**滑动摩擦力**两种。两者都与两物体接触面之间的正压力 N 有关。静摩擦力是指两个物体接触面之间没有相对运动,只有相对运动的趋势而产生的摩擦力。它的大小由这种相对运动趋势的强弱决定,介于 0 和某个最大值之间。最大静摩擦力的大小为

$$f_0=\mu_0 N$$

其中,μ_0 为**静摩擦系数**。滑动摩擦力是指两个物体接触面之间有相对运动时而产生的摩擦力,它的大小为

$$f_k=\mu_k N$$

其中,μ_k 为**滑动摩擦系数**。通常而言,μ_0 略大于 μ_k,但在一般计算中可以认为二者相等。

要注意的是，没有“滚动摩擦力”这种摩擦力。滚动摩擦是一种包括滚动摩擦力矩和摩擦力在内的组合效应，针对质点不能谈论，只能针对有形变（但不大）的（近似）刚体才能谈论。

1.4.5 牛顿运动定律的应用

牛顿运动定律的应用主要以牛顿第二定律为主。运用牛顿运动定律解决的力学问题分为两个基本类型：一类为**已知物体的受力，求解物体的运动**；另一类为**已知物体的运动，求物体的受力**。对于第一类问题，可由牛顿第二定律求其加速度，通过积分方法和初始条件求得质点运动的速度和运动学方程。对于第二类问题，可从质点的运动学方程出发通过求导方法求得加速度，从而由牛顿第二定律得到受力情况。

应用牛顿运动定律解题要遵循以下步骤。

1. 确定对象

先要弄清楚题目要求什么，确定研究对象，分析已知条件。明确物理关系，弄清物理过程。进行运动分析，即分析对象的运动状态，包括它的轨迹、速度和加速度。涉及几个物体时，还要找出其速度或加速度之间的关系。

2. 受力分析

找出研究对象所受的所有外力，采用“隔离法”对其进行正确的受力分析，画出受力图。所谓**隔离法**就是把研究对象从与之相联系的其他物体中“隔离”出来，再把作用在此物体上的力一个不漏地画出来，并正确地标明力的方向。

3. 罗列方程

根据实际情况，选好坐标系，将牛顿运动方程在坐标系上投影，把矢量方程写成标量方程，可能还要辅以其他必要方程。所列方程总数应与未知量的数目相匹配。在质点受多个力时，式(1.50)左边的 $\boldsymbol{F}$ 应理解为合外力，$\boldsymbol{F}=\sum_i \boldsymbol{F}_i$。牛顿第二定律在平面直角坐标系中的分量形式为

$$\begin{cases} F_x = ma_x \\ F_y = ma_y \end{cases} \tag{1.56}$$

在平面自然坐标系中的分量形式为

$$\begin{cases} F_\tau = ma_\tau = m\dfrac{\mathrm{d}v}{\mathrm{d}t} \\ F_n = ma_n = m\dfrac{v^2}{R} \end{cases} \tag{1.57}$$

4. 求解结果

解方程时，一般先进行文字符号运算，然后代入具体数据得出结果。若可能，还需对结果进行必要的讨论。

例 1.4 如图 1-13 所示，细绳跨过一个定滑轮，绳的两端分别挂有物体 m_1 和 m_2，且 $m_1<m_2$。设绳不可伸长，绳和滑轮的质量以及滑轮的阻力可忽略。试求两物体的加速度。

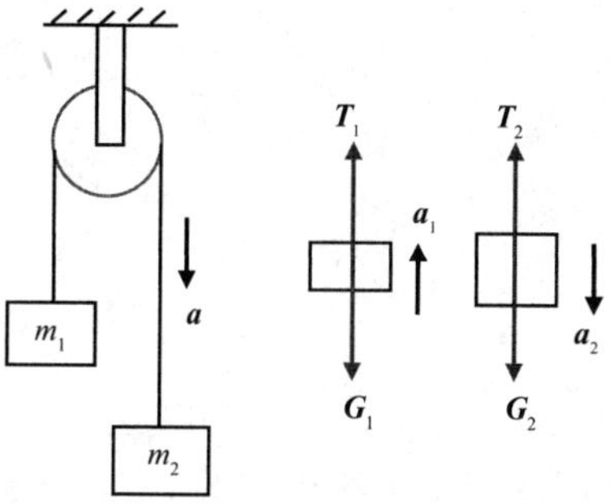

图 1-13　例 1.4 图

解　对 m_1 和 m_2 分别作受力图。分别写出它们的运动方程为

$$T_1-m_1g=m_1a_1 \qquad T_1-m_1a_1=m_1g$$

$$m_2g-T_2=m_2a_2 \qquad T_2-m_2a_2=m_2g$$

由于绳不可伸长，绳和滑轮的质量以及滑轮的阻力可忽略，则有

$$T_1=T_2=T$$

$$a_1=a_2=a$$

联立求解以上方程，可得

$$T=\frac{2m_1m_2}{m_1+m_2}g$$

$$a=\frac{m_2-m_1}{m_1+m_2}g$$

例 1.5　一辆质量为 m、沿直线以速度 v_0 匀速行驶的汽车所受的空气阻力 f 满足 $f=-kv^2$（k 为常量）。在发动机关闭后，求：（1）汽车速度与时间的关系；（2）汽车速度与位移的关系。忽略其他阻力。

解　根据牛顿第二定律，有

$$m\frac{\mathrm{d}v}{\mathrm{d}t}=-kv^2 \tag{1.58}$$

（1）分离变量，得

$$\frac{\mathrm{d}v}{v^2}=-\frac{k}{m}\mathrm{d}t$$

对上式两边进行积分，考虑到初始条件 $v|_{t=0}=v_0$，得

$$\int_{v_0}^{v}\frac{\mathrm{d}v}{v^2}=-\int_0^t\frac{k}{m}\mathrm{d}t$$

故

$$v=\frac{mv_0}{m+kv_0t}$$

（2）要求速度跟位移 x 的关系，可以先根据上式得到 x 跟 t 的关系，然后消掉 t 得到 v 跟 x 的关系，但比较曲折。也可以这样做：式（1.58）两边同乘以 $\mathrm{d}x$，并注意到 $\mathrm{d}x/\mathrm{d}t=v$，有

$$mv\mathrm{d}v=-kv^2\mathrm{d}x$$

分离变量，得

$$\frac{\mathrm{d}v}{v}=-\frac{k}{m}\mathrm{d}x$$

对上式两边进行积分:

$$\int_{v_0}^{v}\frac{\mathrm{d}v}{v}=-\int_0^x\frac{k}{m}\mathrm{d}x$$

得

$$v=v_0\mathrm{e}^{-kx/m}$$

注意:该题的这个技巧在例 1.3 中也出现过。

1.5 相对运动

描述物体的运动必须在一定的参考系中进行。选取不同的参考系,对同一物体运动的描述就会不同。当研究行驶着的火车内的物体运动时,站在地面上和坐在车厢内,所看到的物体运动情况是不相同的。

通常把地面选为**静止参考系**,把随火车一起运动的车厢选为**运动参考系**。由于运动的相对性,这里的“静止”和“运动”都只有相对的意义。一旦选定了静止参考系和运动参考系,对于一个运动的物体,把它相对于静止参考系的运动称为**绝对运动**,把它相对于运动参考系的运动称为**相对运动**,同时把运动参考系相对于静止参考系的运动称为**牵连运动**。

如果用得到 $\boldsymbol{v}$、$\boldsymbol{v}'$、$\boldsymbol{v}_0$ 分别表示**绝对速度**、**相对速度**和**牵连速度**,那么

$$\boldsymbol{v}=\boldsymbol{v}'+\boldsymbol{v}_0 \tag{1.59}$$

上式的另一常用形式是

$$\boldsymbol{v}_{\mathrm{AC}}=\boldsymbol{v}_{\mathrm{AB}}+\boldsymbol{v}_{\mathrm{BC}} \tag{1.60}$$

其中,$\boldsymbol{v}_{\mathrm{AC}}$ 为物体 A 相对于物体 C 的速度,其余类似。式(1.60)的好处是不用区分“相对”“绝对”。

例 1.6 某人向东行进,当行进速度为 5 km/h 时,感觉风从正北方向吹来;当行进速度为 10 km/h 时,感觉风从正东北方向吹来。试求风相对于地面速度。

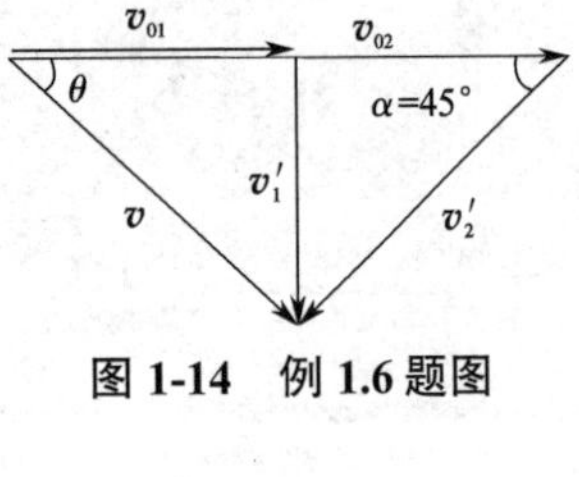

图 1-14 例 1.6 题图

解 选地面为静止参考系 S,人为运动参考系 S'。在两种情况下,人相对于地面的牵连速度分别为 $\boldsymbol{v}_{01}$ 和 $\boldsymbol{v}_{02}$,风相对于人的相对速度分别为 $\boldsymbol{v}'_1$ 和 $\boldsymbol{v}'_2$,风相对于地面的绝对速度为 $\boldsymbol{v}$,如图 1-14 所示。则由式(1.60)可得

$$\boldsymbol{v}=\boldsymbol{v}_{01}+\boldsymbol{v}'_1$$

$$\boldsymbol{v}=\boldsymbol{v}_{02}+\boldsymbol{v}'_2$$

此外,根据已知条件 $\boldsymbol{v}_{02}=2\boldsymbol{v}_{01}$ 和 $\alpha=45°$,由几何关系易得

$$\theta=45°$$

$$v=\sqrt{2}v_{01}=5\sqrt{2}\ \mathrm{km/h}$$

即风是正西北风。

由此例可以看出，解题中的关键是画出矢量图，然后物理问题就可以转化为几何问题了。

习　题

1.1　某质点做直线运动的运动学方程为 $x=3t-5t^3+6$（SI），则该质点做（　　）。

A. 匀加速直线运动，加速度沿 x 轴正方向

B. 匀加速直线运动，加速度沿 x 轴负方向

C. 变加速直线运动，加速度沿 x 轴正方向

D. 变加速直线运动，加速度沿 x 轴负方向

1.2　一质点做直线运动，某时刻的瞬时速度 v=2 m/s，瞬时加速度 a=−2 m/s²，则 1 s 后质点的速度（　　）。

A. 等于零　　B. 等于 −2 m/s

C. 等于 2 m/s　　D. 不能确定

1.3　质点沿半径为 R 的圆周做匀速率运动，每 T s 转一圈。在 $2T$ 时间间隔中，其平均速度大小与平均速率大小分别为（　　）。

A. $2\pi R/T$，$2\pi R/T$。　　B. 0，$2\pi R/T$

C. 0，0。　　D. $2\pi R/T$，0

1.4　在升降机天花板上拴有轻绳，其下端系一重物，如题 1.4 图所示。当升降机以加速度 a 上升时，绳中的张力正好等于绳子所能承受的最大张力的一半，升降机以加速度（　　）上升时，绳子刚好被拉断。

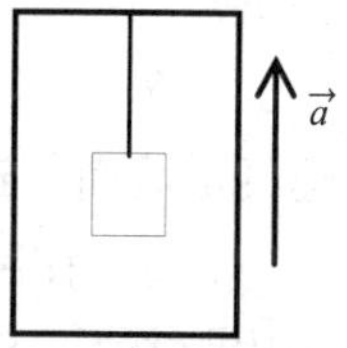

题 1.4 图

A. $2a$　　B. $2(a+g)$

C. $2a+g$　　D. $a+g$

1.5　在相对地面静止的坐标系内，A、B 两船都以 2 m/s 速率匀速行驶，A 船沿 x 轴正向，B 船沿 y 轴正向。今在 A 船上设置与静止坐标系方向相同的坐标系（x、y 方向单位矢用 $\boldsymbol{i}$、$\boldsymbol{j}$ 表示），那么在 A 船上的坐标系中，B 船的速度（以 m/s 为单位）为（　　）。

A. $2\boldsymbol{i}+2\boldsymbol{j}$　　B. $-2\boldsymbol{i}+2\boldsymbol{j}$

C. $-2\boldsymbol{i}-2\boldsymbol{j}$　　D. $2\boldsymbol{i}-2\boldsymbol{j}$

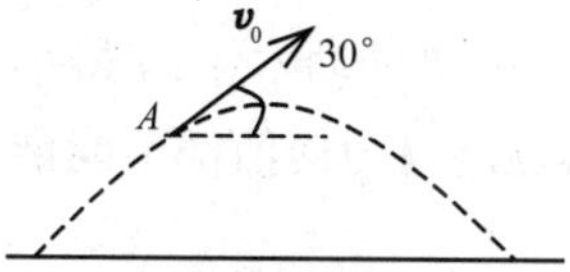

题 1.6 图

1.6　一物体做如题 1.6 图所示的斜抛运动，在轨道 A 点处速度的大小为 v，方向与水平方向夹角成 30°。则物体在 A 点的切向加速度为_______，轨道的曲率半径为_______。

1.7　一质点沿 x 方向运动，其加速度随时间变化关系为 $a=3+2t$（SI），如果初始时质点的速度 v_0 为 5 m/s，则当 t 为 3 s 时，质点的速度 v =_______。

1.8　质量为 m 的小球，用轻绳 AB、BC 连接，如题 1.8 图所示，其中 AB 水平。剪断绳 AB 前后的瞬间，绳 BC 中的张力比 $T : T'$ =_______。

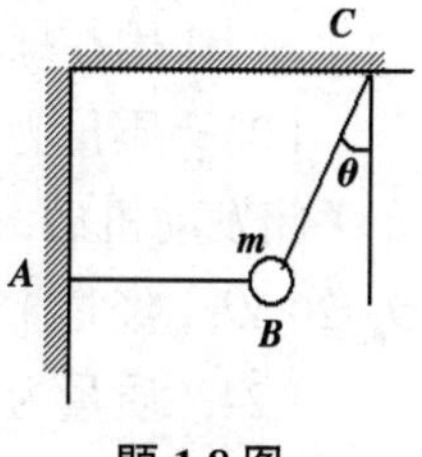

题 1.8 图

1.9　质点的运动学方程为 $\boldsymbol{r}(t)=\boldsymbol{i}+4t^2\boldsymbol{j}+t\boldsymbol{k}$（SI）。求质点的速度、加速度和轨道方程。

1.10 有一质点沿 x 轴做直线运动，t 时刻的坐标为 $x = 4.5t^2 - 2t^3$（SI）。试求：（1）第 2 s 内的平均速度；（2）第 2 s 末的瞬时速度。

1.11 质点在水平方向做直线运动，其运动学方程为 $x=4t-2t^3$（SI）。试求：（1）开始的 2 s 内的平均速度和 2 s 末的瞬时速度；（2）1 s 末到 3 s 末的位移和平均速度；（3）1 s 末到 3 s 末的平均加速度；（4）3 s 末的瞬时加速度。

1.12 做直线运动的质点的加速度为 $a=4+3t$（SI）。初始条件为 $t=0$ 时，$x=5$ m，$v=0$。求质点在 $t=10$ s 时的速度和位置。

1.13 在质点运动中，已知 $x=ae^{kt}$，$\frac{\mathrm{d}y}{\mathrm{d}t}=-bk\mathrm{e}^{-kt}$，$y|_{t=0}=b$，其中 a,b,k 为常数。求质点的加速度分量和轨道方程。

1.14 质点以初速度 v_0 做直线运动，所受空气阻力与质点运动速度成正比。求当质点速度减为 $\frac{v_0}{n}$ 时（$n>1$），质点走过的距离与质点所能走的总距离之比。

1.15 质点沿 x 轴做直线运动，加速度和位置的关系为 $a=2+6x^2$（SI）。求质点在任意位置时的速度。已知质点在原点处的速度为 10 m/s。

1.16 质点沿半径为 1 m 的圆周运动，运动学方程为 $\theta=2+3t^3$（SI）。求：（1）当 $t=2$ s 时，质点的切向加速度和法向加速度；（2）当加速度的方向和半径成 45° 角时，角坐标是多少？

1.17 一长度为 5 m 的直杆斜靠在墙上。初始时，顶端离地面 4 m，当顶端以 2 m/s 的速度沿墙面匀速下滑时，求直杆下端沿地面的运动学方程。

1.18 在离水面高度为 h 的岸边，有人用绳子拉船靠岸，收绳速率是恒定的 v_0，当船离岸边距离为 s 时，试求船的速率与加速度。

1.19 靶子在离人水平距离 50 m、高 13 m 处，一个人抛一个小球欲击中靶子。该小球最大的出手速率为 $v=25$ m/s，则他是否能击中靶子？在这个距离上能击中的靶子的最大高度是多少？

1.20 一斜面的倾角为 α，质量为 m 的物体正好沿斜面匀速下滑。当斜面的倾角增大为 β 时，求物体从高为 h 处由静止下滑到底部所需的时间。

1.21 用力 f 推地面上的一个质量为 m 的木箱，力的方向沿前下方，且与水平面成 α 角。木箱与地面之间的静摩擦系数为 μ_0，滑动摩擦系数为 μ_k。求：（1）要推动木箱，f 最小为多少？使木箱做匀速运动，f 为多少？（2）证明当 α 大于某值时，无论 f 为何值都不能推动木箱，并求 α 值。

1.22 质量为 5 000 kg 的直升机吊起 1 500 kg 的物体，以 0.6 m/s² 的加速度上升。问：（1）空气作用在螺旋桨上的升力为多少？（2）吊绳中的张力为多少？

1.23 质量为 m 的汽车以速率 v_0 高速行驶，受到 $f=-kv^2$ 的阻力作用，k 为常数。当汽车关闭发动机后，求：（1）速率 v 随时间的变化关系；（2）路程 x 随时间的变化关系；（3）若 $v_0=20$ m/s，经过 15 s 后，速率降为 $v_t=10$ m/s，则 k/m 为多少？

1.24 质量为 m 的质点以初速度 v_0 竖直上抛，设质点在运动中受到的空气阻力与质点的速率成正比，比例系数为 $k>0$。试问：（1）质点运动的速度随时间的变化规律；（2）质点上升的最大高度。

1.25　质量为 m 的质点在恒力 F_0 的作用下一直沿 x 轴运动，若当 $t=0$ 时，质点具有初速 v_0，今将质点速度增到 v_0 的 n 倍，问需多长时间？

1.26　半径为 r 的圆盘绕其中心轴在水平面内转动，质量分别为 m_1 和 m_2 的小木块与圆盘之间的静摩擦系数均为 μ，现用一根长为 $l<2r$ 的绳子将其连接，如题 1.26 图所示。试问：（1）m_1 放在圆心，m_2 放在距圆心 l 处，要使物体不发生相对滑动，圆盘转动的最大角速度是多少？（2）将 m_1 和 m_2 位置互换，结果如何？（3）两小木块都不放在圆心，但连线过圆心，结果又如何？设 m_1 离圆心的距离为 l_1。

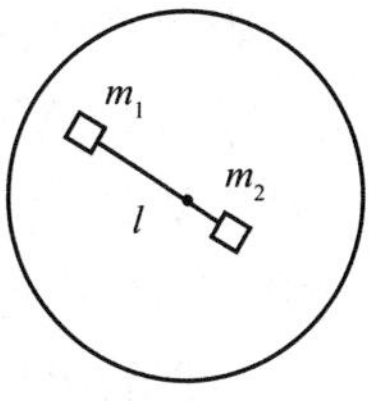

题 1.26 图

1.27　汽车以 5 m/s 的速度由东向西行驶，司机看见雨滴垂直下落。当汽车速度增至 10 m/s 时，看见雨滴与他前进的方向成 120° 角下落。求雨滴对地的速度。

1.28　甲船以 10 km/h 的速度向东，乙船以 5 km/h 的速度向南同时出发航行。从乙船看，甲船的速度是多少？方向如何？

1.29　设河面宽 1 km，河水以 2 m/s 的速度由北向南流动，小船相对于河水以 1.5 m/s 的速率从东岸划向西岸。（1）当船头与正北方向夹角为 15° 时，求船到达对岸的时间以及船到达对岸的地点；（2）要使船到达对岸的时间最短，求此最短时间以及船到达对岸的地点。（3）要使船相对于河岸走过的路程最短，求船头与河岸的夹角、所用时间以及船到达对岸的地点。（到达对岸的地点用沿流速方向的位移表示）

1.30　电梯以 1.2 m/s² 的加速度下降，某人在电梯开始下降后 0.5 s 在离电梯底面 1.5 m 高处释放一小球。求此小球落到底面所需的时间和它对地面下落的距离。

1.31　火车以 5 m/s 的速度沿 x 轴正方向行驶，站台上一人竖直上抛一小球，相对于站台小球的运动学方程为 $x=0$，$y=t-5t^2$（SI）。（1）求火车中的观测者看到的小球的运动学方程。（假设运动坐标系 x' 轴和静止坐标系 x 轴同向且重合，y' 轴与 y 轴平行，当 $t=0$ 时，两个坐标系的原点重合）（2）求在运动坐标系中，小球的运动轨道。

第 2 章　动量守恒和能量守恒定律

力学研究力和物体运动的关系。对此问题的基本回答是牛顿第二定律。理论上,由此动力学定律,配以初始条件,可以解决一切质点运动问题。但鉴于实际情形的复杂性,在考虑动力学关系时不使用牛顿第二定律,而是依情况使用其各种逻辑结论,这就是动量定理、动能定理和角动量定理三大推论。

我们的研究对象也不仅限于质点,而要包括质点系。由质点飞跃到质点系,牛顿第三定律起到关键作用——极大地简化了质点系动力学方程。我们还将在下一章研究一种特殊的质点系——刚体,这是牛顿力学的重要应用。

2.1　动量定理和动量守恒定律

动量是对物体运动状态的一种描述方式。力可以改变物体的运动状态,当然也就可以改变物体的动量,只是这种改变是通过力的时间积累——冲量来改变的。所以,动量定理也是对力学的根本问题——力与运动的关系的定量回答。

2.1.1　冲量与动量定理

在物体的碰撞中,会发生机械运动的转移现象,人们逐渐认识到一个物体对其他物体的冲击效果,与这个物体的速度以及质量都有关系。所以,我们把物体的质量和其速度的乘积称为该物体的**动量**:

$$\boldsymbol{p}=m\boldsymbol{v} \tag{2.1}$$

动量 $\boldsymbol{p}$ 为矢量,方向与速度 $\boldsymbol{v}$ 相同。动量的单位是 $kg\cdot m\cdot s^{-1}$。

为什么会有这个概念? 为什么不将其定义为 $m^2\boldsymbol{v}$? 答曰:实验表明 $m\boldsymbol{v}$ 是有意义的,而 $m^2\boldsymbol{v}$ 没什么用。但物理学是一门使用逻辑和实证的学科。能否从尽量少的实验定律出发,利用逻辑推演表明这一点?

我们用牛顿第二定律 $\boldsymbol{F}=m\boldsymbol{a}=m\mathrm{d}\boldsymbol{v}/\mathrm{d}t$ 来回答。由于质量 m 是一个常数,故有

$$\boldsymbol{F}\mathrm{d}t=\mathrm{d}(m\boldsymbol{v}) \tag{2.2}$$

可见,自然出现的量不是 $m^2\boldsymbol{v}$,而是 $m\boldsymbol{v}$。利用动量的定义式,上式又可写为

$$\boldsymbol{F}\mathrm{d}t=\mathrm{d}\boldsymbol{p} \tag{2.3}$$

式(2.2)和式(2.3)就是**动量定理的微分形式(或无限小形式)**,其中 $\boldsymbol{F}\mathrm{d}t$ 称为 $\mathrm{d}t$ 时间内力 $\boldsymbol{F}$ 的**(元)冲量**。这里,"元"表明的是无限小过程,后面的"元功"等概念中的"元"字也是这个意思。将式(2.3)两边对进行时间积分得

$$\int_0^t \boldsymbol{F}\mathrm{d}t=\int_{\boldsymbol{p}_0}^{\boldsymbol{p}}\mathrm{d}\boldsymbol{p}=\boldsymbol{p}-\boldsymbol{p}_0=m\boldsymbol{v}-m\boldsymbol{v}_0$$

这就是**动量定理的积分形式(或有限形式)**,其中

$$\boldsymbol{I} \equiv \int_0^t \boldsymbol{F}\mathrm{d}t \tag{2.4}$$

称为力在该过程中的**冲量**。

总之,是牛顿第二定律的逻辑推论式同时给予了 $m\boldsymbol{v}$ 和 $\boldsymbol{F}\mathrm{d}t$ 以意义,我们这才给予它们名称,将它们分别称为动量和冲量。

冲量描述力的时间积累效应。动量定理表明,**在某过程中物体所受外力的冲量等于此过程中该物体动量的增量**。力的时间积累越大,动量的改变越大。

使用动量定理时要注意其矢量性,因为力和动量都是矢量。在直角坐标系中,有

$$\begin{cases} I_x = \int_{t_1}^{t_2} F_x \mathrm{d}t = mv_{2x} - mv_{1x} \\ I_y = \int_{t_1}^{t_2} F_y \mathrm{d}t = mv_{2y} - mv_{1y} \\ I_z = \int_{t_1}^{t_2} F_z \mathrm{d}t = mv_{2z} - mv_{1z} \end{cases} \tag{2.5}$$

2.1.2　碰撞冲击力

动量定理常常用于研究物体的碰撞或冲击之类的问题。此时,力的作用时间很短,而大小瞬间增加到很大,然后快速下降为 0。这种变力随时间的变化关系比较复杂,因而难以确定,如图 2-1 所示。牛顿第二定律用于这类问题往往是困难的。

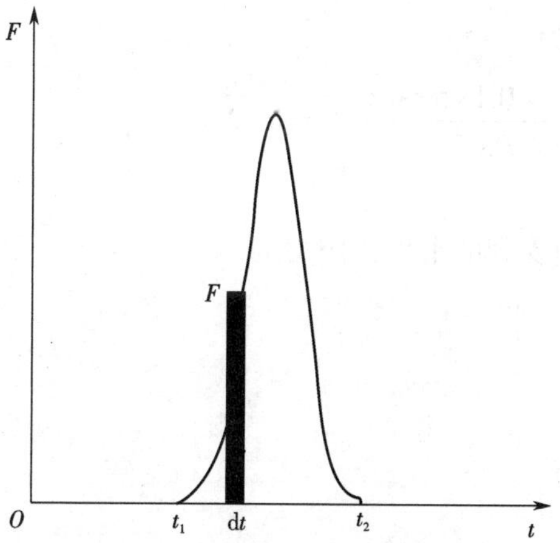

图 2-1　冲力随时间的变化曲线

然而,物体之间的作用力的持续时间以及作用前后物体动量的改变都较为容易得到,这样根据动量定理,就可以求得平均作用力:

$$\bar{\boldsymbol{F}} \equiv \frac{\boldsymbol{I}}{\Delta t} \equiv \frac{1}{\Delta t}\int_{t_1}^{t_2} \boldsymbol{F}\mathrm{d}t \tag{2.6}$$

而此时,动量定理可以用平均力表示为

$$\bar{\boldsymbol{F}}\Delta t = \boldsymbol{p} - \boldsymbol{p}_0 = m\boldsymbol{v} - m\boldsymbol{v}_0 \tag{2.7}$$

例 2.1 一钢球的质量为 0.1 kg，以 5 m/s 的速度与墙面相碰，速度的方向与墙面间的夹角为 45°。设球与墙面的碰撞为完全弹性碰撞，且碰撞时间为 0.05 s。试求在碰撞时间内墙面受到的平均作用力。

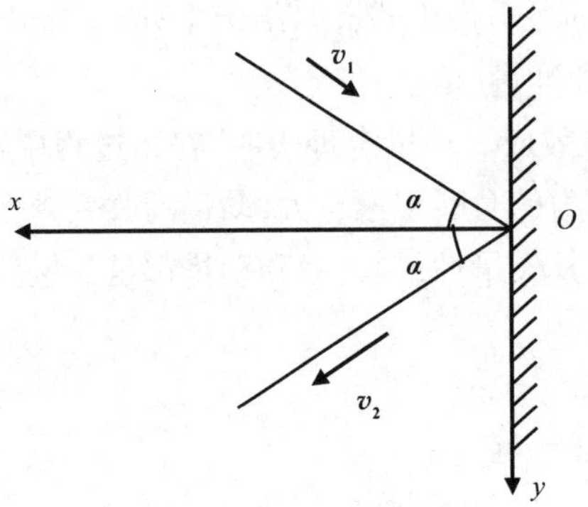

图 2-2 例 2.1 题图

解 如图 2-2 所示，选平面直角坐标系 Oxy，则球在两坐标轴上的速度分量为

$$v_{1x}=-v\cos\alpha \qquad v_{1y}=v\sin\alpha$$

$$v_{2x}=-v\cos\alpha \qquad v_{2y}=v\sin\alpha$$

设小球所受的平均作用力为 $\bar{\boldsymbol{F}}$，由式(2.7)，动量定理的分量形式有

$$\bar{F}_x\cdot\Delta t=mv_{2x}-mv_{1x}=2mv\cos\alpha$$

$$\bar{F}_y\cdot\Delta t=mv_{2y}-mv_{1y}=0$$

刚性球受到的平均作用力为

$$\bar{F}_x=\frac{2mv\cos\alpha}{\Delta t}=\frac{2\times0.1\times5\times\sqrt{2}}{0.05\times2}\text{ N}=10\sqrt{2}\text{ N}$$

$$\bar{F}_y=0$$

由牛顿第三定律得到，墙面受到的平均作用力为

$$\bar{F}'_x=-10\sqrt{2}\text{ N}$$

$$\bar{F}'_y=0$$

2.1.3 质点系动量定理

所谓**质点系是指若干个有相互作用的质点组成的系统**。从理论上讲，任何一个不能简化为质点的物体都可以看成是由无数个质点组成的。当研究一个质点系的力学问题时，质点系内各质点所受的力可以分为内力和外力。对其中一个质点而言，质点系内其他质点给它的作用力称为**内力**，质点系以外的物体对该质点的作用力称为**外力**。

需要说明的是，内力和外力的区分不是绝对的，依系统的选取而定。例如，当研究太阳系内各个星体的运动时，行星之间以及行星与太阳之间的作用力就为内力。但我们如果仅研究地球和月亮之间的运动问题，除了地球与月亮之间的作用力外，其他星体（如太阳、木星)的作用力都是外力。

为简单起见,考虑一个由两个质点组成的质点系(更一般的情形可直接推广)。每个质点 i 都受到外力 $\boldsymbol{F}_i$ 和另外一个质点 j 对其的作用力 $f_{ji}(j \neq i)$。对每个质点应用动量定理,有

$$(\boldsymbol{F}_1+\boldsymbol{f}_{21})\mathrm{d}t=\mathrm{d}\boldsymbol{p}_1$$

$$(\boldsymbol{F}_2+\boldsymbol{f}_{12})\mathrm{d}t=\mathrm{d}\boldsymbol{p}_2$$

要得到关于整个系统的方程,就需要将上面两式加起来:

$$(\boldsymbol{F}_1+\boldsymbol{F}_2)\mathrm{d}t+(\boldsymbol{f}_{21}+\boldsymbol{f}_{12})\mathrm{d}t=\mathrm{d}(\boldsymbol{p}_1+\boldsymbol{p}_2)$$

注意上式左边第二项,它表示将两个质点所受到的内力相加。根据牛顿第三定律,内力的出现总是成对的,且每对内力都等大反向,$\boldsymbol{f}_{12}=-\boldsymbol{f}_{21}$,因此 $\boldsymbol{f}_{21}+\boldsymbol{f}_{12}=0$。于是有

$$(\boldsymbol{F}_1+\boldsymbol{F}_2)\mathrm{d}t=\mathrm{d}(\boldsymbol{p}_1+\boldsymbol{p}_2)$$

其中,$\boldsymbol{p}_1+\boldsymbol{p}_2$ 为质点系的总动量,而 $\boldsymbol{F}_1+\boldsymbol{F}_2$ 为外力矢量和。(注意,**不宜将其称为合外力**,因为不一定存在一个力,使得其跟两个力 $\boldsymbol{F}_1$,$\boldsymbol{F}_2$ 在各方面都等效。)推广到一般情形,可以得到

$$\sum_i \boldsymbol{F}_i \mathrm{d}t = \mathrm{d}\sum_i \boldsymbol{p}_i \tag{2.8}$$

这就是**微分形式的质点系动量定理**。将式(2.8)对时间进行积分,得

$$\int_{t_1}^{t_2}\left(\sum_i \boldsymbol{F}_i\right)\mathrm{d}t = \sum_i \boldsymbol{p}_{i2} - \sum_i \boldsymbol{p}_{i1} \tag{2.9}$$

这就是**积分形式的质点系动量定理**。质点系动量定理表明,**质点系总动量的增量等于作用于质点系上的外力之和的冲量(或外力冲量之和)**。

可以看出,如果没有牛顿第三定律,那么内力就不能成对抵消,质点系动量定理中将含有大量的内力冲量,整个方程将变得繁复。因此,**牛顿第三定律对研究质点系有着重要作用,而其作用就是极大简化质点系动力学方程**。这一点将在质点系的动能定理和角动量定理中再次看到。

2.1.4　动量守恒定律

动量定理说明了一个系统(质点或质点系)在外力作用下动量改变的情况。如果外力之和为零,即 $\sum_i \boldsymbol{F}_i = 0$,那么,根据质点系动量定理式(2.8)或式(2.9),有

$$\mathrm{d}\boldsymbol{P} = 0 \tag{2.10}$$

$$m_1 v_1 + m_2 v_2 + \cdots = m_1 v_{10} + m_2 v_{20} + \cdots \tag{2.11}$$

其中,$\boldsymbol{P} \equiv \sum_i \boldsymbol{p}_i = \sum_i m_i \boldsymbol{v}_i$ 为质点系的总动量。上两式说明,**当质点系所受的外力之和为零时,其总动量保持不变**。此即**动量守恒定律**。

举一个例子,分析一下不受外力的两球相碰的情形。球 1 受到对方的作用力,从而改变自身的动量。但其反作用力将改变球 2 的动量。作用力和反作用力等大反向,作用时间相同,故双方的动量改变也是等大反向的,从而总动量不变。可见,碰撞中**内力的作用只是使**

动量在系统内转移或传递，但不会影响总动量。

图 2-3 是常见的动量守恒演示仪，其中各球的质量相同。初态是左球以一定速度 v 与静止的多球相碰，而终态是只有右端的球获得速度 v，其他球静止。显然，这里总动量是不变的。

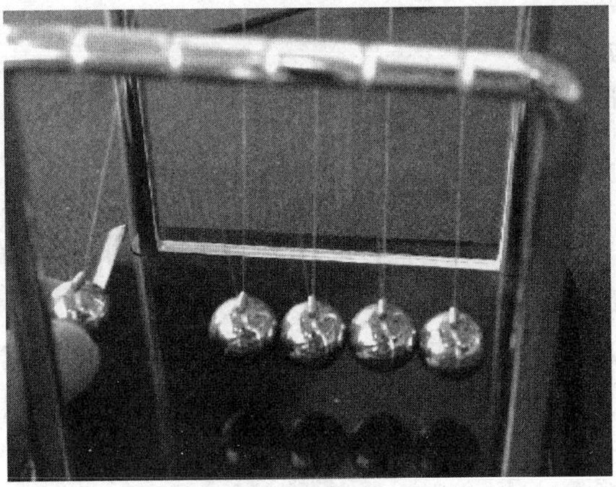

图 2-3 多球碰撞的动量守恒

式（2.10）的动量守恒是严格的。在实际问题中，可能会碰到其他情况。如果质点系受到的外力之和只是在某个方向上为零，这时就只有这个方向上的动量会守恒。例如，若

$$\sum_i F_{ix}=0,\quad P_x=\sum_i m_i v_{ix}=\text{常数}。$$

外力矢量和为 0 的一种特殊情况是**孤立系统**：只存在系统内质点之间的相互作用，而不存在外界跟系统的相互作用，即只有内力，没有外力。**若系统内力远大于外力**，则可以把系统近似处理为孤立系统，**其总动量近似守恒**。空中物体的爆炸过程就可以按这种方式处理。

需要注意的是，虽然我们是从牛顿第二定律推导出的动量守恒定律，但不能认为动量守恒定律是牛顿定律的推论。在更为普遍的情况下，牛顿定律不一定成立，但动量守恒定律仍然成立。动量守恒定律是自然界的一个普遍定律。

2.1.5 火箭飞行原理

火箭飞行是动量守恒定律的重要应用之一，它是靠其燃烧室燃料燃烧时喷出的气体持续的反冲作用来推动箭体前进的。为简化计算，假定火箭运行在远离星球引力作用的外层空间，重力和空气阻力可以忽略。设 M 为火箭及所携带燃料在某一时刻的质量，u 为喷出的气体相对于火箭箭体的速率，并始终保持为一常量。下面来求火箭在其后任一时刻的速度。

在任一时刻，把火箭设为由即将喷出的气体 $\mathrm{d}m$ 和余下的箭体（包括未燃的燃料）$M-\mathrm{d}m$ 两部分组成。因为系统在外层空间不受外力作用，动量守恒定律成立。如图 2-4 所示，将

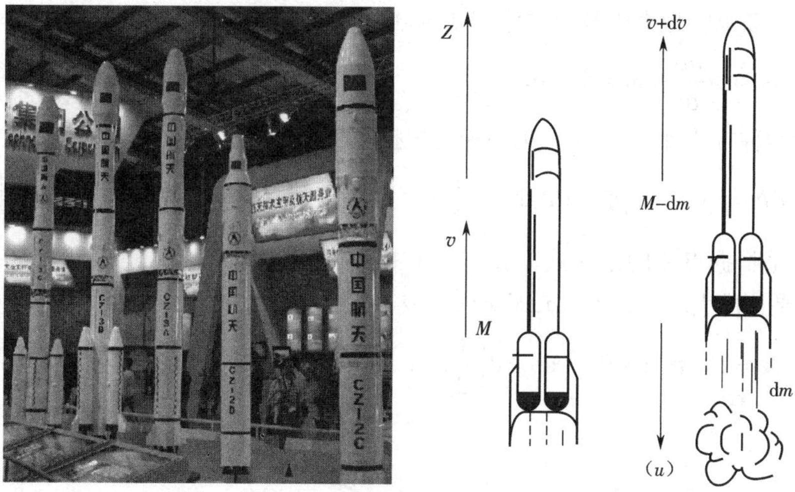

（a）　（b）

图 2-4 火箭模型和飞行原理

（a）长征系列火箭模型　（b）火箭飞行原理

$$Mv = (M - \mathrm{d}m)(v + \mathrm{d}v) + \mathrm{d}m[(v + \mathrm{d}v) - u]$$

化简，略去二阶小量，并利用 $\mathrm{d}m=-\mathrm{d}M$，即得

$$\mathrm{d}v = -u\frac{\mathrm{d}M}{M}$$

其中，u 为常数。对上式两边进行积分，

$$\int_{v_0}^{v}\mathrm{d}v = -\int_{M_0}^{M}u\frac{\mathrm{d}M}{M}$$

即得

$$v = v_0 + u\ln\frac{M_0}{M}$$

其中，v_0 与 M_0 分别为 t_0 时刻火箭的速度和质量。

2.2　功和动能定理

动能也是对物体运动状态的一种描述。力能够改变物体的运动状态，也就能够改变物体的动能，只是这种改变是通过**力的空间积累**——功来实现的。所以，动能定理也是对力学的根本问题——力与运动的关系的一种定量回答。

2.2.1　动能定理

历史上，人们在研究物体的碰撞时，不仅发现了动量 mv，也发现了另一个物理量 mv^2。到底该用哪个来度量运动，曾一度引发争议。后来人们才发现，二者都正确，只不过二者是从不同方面来度量运动，争议这才平息。而 mv^2 正是我们熟悉的动能的两倍。那么能否跟前一节一样由原始出发点——牛顿第二定律来一般地说明动能的意义呢？

考虑一个质点。根据牛顿第二定律 $\boldsymbol{F}=m\mathrm{d}\boldsymbol{v}/\mathrm{d}t$，两边点乘位移 $\mathrm{d}\boldsymbol{r}=\boldsymbol{v}\mathrm{d}t$，得

$$\boldsymbol{F}\cdot\mathrm{d}\boldsymbol{r}=m\frac{\mathrm{d}\boldsymbol{v}}{\mathrm{d}t}\cdot\boldsymbol{v}\mathrm{d}t=m\boldsymbol{v}\cdot\mathrm{d}\boldsymbol{v}$$

下面用两种方式计算 $\boldsymbol{v}\cdot\mathrm{d}\boldsymbol{v}$。第一种是根据点积的计算式，

$$\boldsymbol{v}\cdot\mathrm{d}\boldsymbol{v}=v_x\mathrm{d}v_x+v_y\mathrm{d}v_y+v_z\mathrm{d}v_z=\frac{1}{2}(\mathrm{d}v_x^2+\mathrm{d}v_y^2+\mathrm{d}v_z^2)=\frac{1}{2}d(v_x^2+v_y^2+v_z^2)=d\left(\frac{1}{2}v^2\right)$$

第二种是根据点积的定义式。在图 2-5 中，将速度增量 $\mathrm{d}\boldsymbol{v}$ 做正交分解，其平行于速度 $\boldsymbol{v}$ 的分量正是速度大小的改变 $\mathrm{d}v$，即 $|\mathrm{d}\boldsymbol{v}|\cos\theta=\mathrm{d}v$。故而

$$\boldsymbol{v}\cdot\mathrm{d}\boldsymbol{v}=v\,|\,\mathrm{d}\boldsymbol{v}\,|\cos\theta=v\mathrm{d}v=\mathrm{d}\left(\frac{1}{2}v^2\right)$$

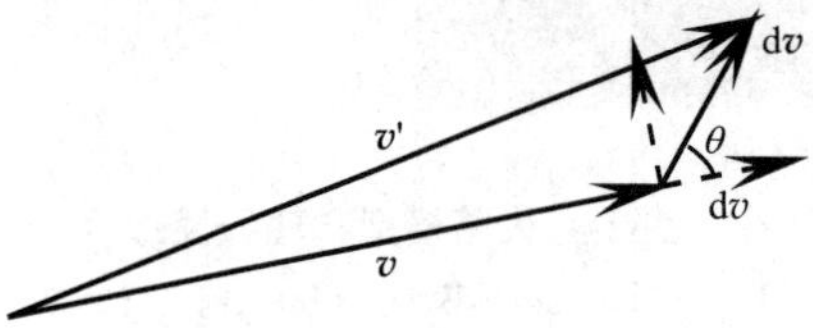

图 2-5　速度增量的分解

于是，

$$\boldsymbol{F}\cdot\mathrm{d}\boldsymbol{r}=d\left(\frac{1}{2}mv^2\right)\tag{2.12}$$

括号内出现的正是**动能** $E_\mathrm{k}\equiv mv^2/2$，而左边

$$đA\equiv\boldsymbol{F}\cdot\mathrm{d}\boldsymbol{r}\tag{2.13}$$

表示力的空间积累，称为**(元)功**。对式(2.12)两边进行积分，得到

$$A=\int_1^2\boldsymbol{F}\cdot\mathrm{d}\boldsymbol{r}=E_{\mathrm{k}2}-E_{\mathrm{k}1}=\frac{1}{2}mv_2^2-\frac{1}{2}mv_1^2\tag{2.14}$$

式(2.12)和式(2.14)分别是**动能定理的微分形式和积分形式**。动能定理表明，**力所做的功等于物体动能的增量**。

牛顿第二定律的推论式(2.12)是功和动能的意义来源。左边出现的是 $\boldsymbol{F}\cdot\mathrm{d}\boldsymbol{r}$，而不是 $\boldsymbol{F}\cdot\boldsymbol{r}\mathrm{d}r$ 之类；右边出现的是 $mv^2/2$，而不是 $mv^4/2$ 之类。故而我们不关心 $\boldsymbol{F}\cdot\boldsymbol{r}\mathrm{d}r$ 或 $mv^4/2$，而只关心 $\boldsymbol{F}\cdot\mathrm{d}\boldsymbol{r}$ 和 $mv^2/2$，并给予后者名称，分别称为(元)功和动能。

式(2.13)中出现的符号 đ 表示在无限小过程中的过程量微元(此处即元功)，它区别于函数(状态量)的无限小改变(全微分符号)d。$đA$ 一般不是某个量 A 的微分，不能理解为"A 的无限小改变"，只能理解为"无限小过程中的 A"，故有必要跟表示无限小改变的符号 d 区别开来(详见第 6 章)。

2.2.2　功

物体处在一定的状态，就具有一定的动能，动能只与物体的状态有关。而功是力的空间积累效应，是物体动能变化的量度。功很重要，比冲量复杂，故有必要专门讨论功的计算。

对于恒力，它的功为

$$A = \boldsymbol{F} \cdot \Delta \boldsymbol{r} = \boldsymbol{F} \cdot \boldsymbol{s} = Fs\cos\theta \tag{2.15}$$

如图 2-6（a）所示。该式可以作两种等价的理解：①力在位移方向的分量与位移大小的乘积（这是最常见的理解）；②位移在力方向上的分量与力的乘积（图中未标出）。

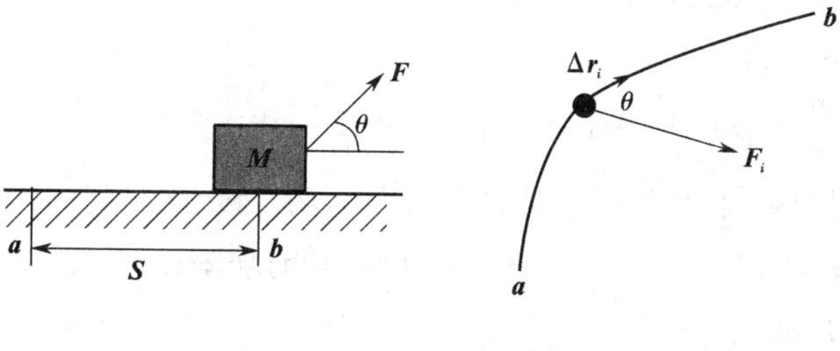

（a）　（b）

图 2-6　功

（a）恒力的功　（b）变力的功

可以看出功的一些特征。功是标量，没有方向，但有正负，是**代数量**：$A>0$ 为正功，$A<0$ 为负功。功的正负由力与位移的夹角 θ 决定。当 $\theta=\pi/2$ 时，$A=0$，力对物体不做功。"力 $\boldsymbol{F}$ 对物体做负功"也可以说成"物体克力 $\boldsymbol{F}$ 做负功"。

以滑动摩擦力为例。它在很多情况下做负功，如物体在桌面滑行而减速时。但它也可做正功，如把物体轻轻放在运动的传送带上时，滑动摩擦力将带动物体，力的方向与物体运动方向相同，摩擦力做正功。

一般情况下，$\boldsymbol{F}$ 为变力，质点又沿曲线运动，则可将运动过程分为许多小段位移 $\Delta \boldsymbol{r}_i$，如图 2-5（b）所示。在小位移 $\Delta \boldsymbol{r}_i$ 上，$\boldsymbol{F}$ 可近似视为恒力，所做的功为 $\Delta A_i = \boldsymbol{F}_i \cdot \Delta \boldsymbol{r}_i$，总功为

$$A \approx \sum_i \Delta A_i = \sum_i \boldsymbol{F}_i \cdot \Delta \boldsymbol{r}_i$$

将其严格化为连续情形，功就是元功沿路径 L 的积分（无数个元功累积之和）：

$$A = \int đA = \int_L \boldsymbol{F} \cdot \mathrm{d}\boldsymbol{r} = \int_L F|\mathrm{d}\boldsymbol{r}|\cos\theta = \int_L F\mathrm{d}s\cos\theta \tag{2.16}$$

在直角坐标系中，力和元位移可以表示为

$$\boldsymbol{F}=F_x\boldsymbol{i}+F_y\boldsymbol{j}+F_z\boldsymbol{k}$$

$$\mathrm{d}r=\mathrm{d}x\boldsymbol{i}+\mathrm{d}y\boldsymbol{j}+\mathrm{d}z\boldsymbol{k}$$

这样，功就可以用下式计算：

$$A = \int_L \boldsymbol{F} \cdot \mathrm{d}\boldsymbol{r} = \int_L (F_x\mathrm{d}x + F_y\mathrm{d}y + F_z\mathrm{d}z) \tag{2.17}$$

若质点同时受到几个力的作用 $\boldsymbol{F} = \boldsymbol{F}_1 + \boldsymbol{F}_2 + \cdots\cdots + \boldsymbol{F}_n$，则

$$\begin{aligned} A &= \int_L \boldsymbol{F} \cdot \mathrm{d}\boldsymbol{r} = \int_L \boldsymbol{F}_1 \cdot \mathrm{d}\boldsymbol{r} + \int_L \boldsymbol{F}_2 \cdot \mathrm{d}\boldsymbol{r} + \cdots + \int_L \boldsymbol{F}_n \cdot \mathrm{d}\boldsymbol{r} \\ &= A_1 + A_2 + \cdots + A_n \end{aligned} \tag{2.18}$$

即合力的功等于各分力所做功的代数和。

例 2.2　一人从 10 m 深的井中提水，起始时桶中装有 10 kg 的水，桶的质量为 1 kg，由

于水桶漏水,每升高 1 m 要漏去 0.2 kg 的水。求:将水桶匀速地从井中提到井口,人所做的功(g=9.8 m/s^2)。

解: 选竖直向上为坐标 y 轴的正方向,井中水面处为原点。由题意,人匀速提水,所以人所用的拉力 F 等于水桶的重力,即:

$$F=P=P_0-ky=mg-0.2gy=98-1.96y \quad (\text{SI})$$

人的拉力所做的功为

$$A=\int đA=\int_0^H F\mathrm{d}y=\int_0^{10}(98-1.96y)\mathrm{d}y=882 \quad (\text{J})$$

功率是做功的快慢,即力在单位时间内所做的功。设 Δt 时间内力 $\boldsymbol{F}$ 所做的功为 ΔA,则平均功率表示为 $\bar{P}=\Delta A/\Delta t$。当 $\Delta t\to 0$ 时,即得**瞬时功率**:

$$P=\frac{đA}{\mathrm{d}t}=\frac{\boldsymbol{F}\cdot\mathrm{d}\boldsymbol{r}}{\mathrm{d}t}=\boldsymbol{F}\cdot\boldsymbol{v}=Fv\cos\theta \tag{2.19}$$

这里用到了功的定义式(2.13)。式(2.19)表明,瞬时功率等于力和速度的点积,或力在速度方向的分量与速度大小的乘积。

2.2.3 质点系动能定理

把动能定理式(2.12)或式(2.14)推广到质点系,当然少不了牛顿第三定律来帮忙。在质点系动量定理式(2.8)中,牛顿第三定律使得所有内力冲量之和为 0,那么这里会不会出现"所有内力做的功之和为 0"呢?

没那么简单。比如,静止释放的两正负电荷在吸引内力的作用下体系的总动能会增加(同时势能减少)。所以,虽然内力不会改变系统的总动量,但可以改变系统的总动能。一般地,质点系的动能变化来自于内力做功 $A_{内}$和外力做功 $A_{外}$两个方面,故**质点系动能定理**为

$$A_{内}+A_{外}=\Delta E_{\mathrm{k}} \tag{2.20}$$

其中,E_{k} 为系统的总动能:

$$E_{\mathrm{k}}=\sum_{i=1}^{n}\left(\frac{1}{2}m_i v_i^2\right) \tag{2.21}$$

牛顿第三定律所起的简化作用是:**一对相互作用力的做功之和**不仅决定于两质点的相对位移,还**决定于两质点的距离变化**,与相对方位无关。具体地,任取一方,**考虑对方所受的相互作用力和相对位移,由此计算的功即为双方相互作用力做功之和**。

那牛顿第三定律在这里不起什么作用吗? 当然不是,会起简化作用,只是不会简化得那么彻底。设 $\boldsymbol{f}_{ij}$ 为质点 i 对质点 j 的作用力,则一对内力 $\boldsymbol{f}_{ij}$ 和 $\boldsymbol{f}_{ji}$ 做功之和 $đA_{ij}$ 为

$$\begin{aligned} đA_{ij}&=\boldsymbol{f}_{ij}\cdot\mathrm{d}\boldsymbol{r}_j+\boldsymbol{f}_{ji}\cdot\mathrm{d}\boldsymbol{r}_i=\boldsymbol{f}_{ij}\cdot\mathrm{d}\boldsymbol{r}_j-\boldsymbol{f}_{ij}\cdot\mathrm{d}\boldsymbol{r}_i\\ &=\boldsymbol{f}_{ij}\cdot(\mathrm{d}\boldsymbol{r}_j-\mathrm{d}\boldsymbol{r}_i)=\boldsymbol{f}_{ij}\cdot\mathrm{d}(\boldsymbol{r}_j-\boldsymbol{r}_i)\end{aligned}$$

其中用到了牛顿第三定律的"等大反向"部分 $\boldsymbol{f}_{ij}=-\boldsymbol{f}_{ji}$。利用**相对位矢** $\boldsymbol{r}_{ji}\equiv\boldsymbol{r}_j-\boldsymbol{r}_i$(质点 j 相对于质点 i 的位矢)来表达,则

$$đA_{ij}=\boldsymbol{f}_{ij}\cdot\mathrm{d}\boldsymbol{r}_{ji}$$

其中，$\mathrm{d}\boldsymbol{r}_{ji}$ 为质点 j 相对于质点 i 的位移，简称**相对位移**。它既是相对位矢的改变，也是二者位移之差：

$$\mathrm{d}\boldsymbol{r}_{ji}=\mathrm{d}(\boldsymbol{r}_j-\boldsymbol{r}_i)=\mathrm{d}\boldsymbol{r}_j-\mathrm{d}\boldsymbol{r}_i$$

因此，一对内力做功之和即是其中任一质点 1 所受的质点 2 的作用力与质点 1 的相对位移的点积。

牛顿第三定律的“共线”部分还可以将这一结果进一步简化。由于力 $\boldsymbol{f}_{ij}$ 沿连线方向（即 $\boldsymbol{r}_{ji}$ 的方向），因此，若相对位移 $\mathrm{d}\boldsymbol{r}_{ji}$ 与相对位矢 $\boldsymbol{r}_{ji}$ 垂直（即两质点距离不变），则相对位移与内力 $\boldsymbol{f}_{ij}$ 垂直，此时这对内力做功之和为 0。只有相对位移 $\mathrm{d}\boldsymbol{r}_{ji}$ 沿连线的分量存在（即二者距离 $|\boldsymbol{r}_{ji}|$ 发生变化）时，内力做功才不为 0。因此，进一步有

$$đA_{ij}=f_{ij}\mathrm{d}|\boldsymbol{r}_{ij}|$$

其中，当内力为斥力时，$f_{ij}>0$；当内力为引力时，$f_{ij}<0$。

故而，一对相互作用力的做功之和不仅决定于两质点的相对位移，还决定于两质点的距离变化，与相对方位无关。具体地，任取一方，考虑对方所受的相互作用力和相对位移，由此计算的功即为双方相互作用力做功之和。

例 2.3　质量为 M 的木块放在光滑的水平面上，有一质量为 m，速度为 $\boldsymbol{v}_0$ 的子弹水平射入木块。子弹在木块内运动距离 d 后相对于木块静止，此时木块向前滑动了一段距离。设子弹在木块内运动的阻力不变。（1）求当子弹相对于木块静止时，子弹与木块一起运动的速度 $\boldsymbol{v}$ 和木块滑过的距离 L。（2）验证质点系的动能定理。

解　（1）子弹和木块构成的系统在水平方向不受外力，故水平方向动量守恒。子弹相对木块静止时，速度为 $\boldsymbol{v}$，取水平 $\boldsymbol{v}_0$ 方向为 x 轴正方向，有

$$mv_0=(m+M)v$$

设子弹和木块间作用力为 f。以木块为对象，外力对木块做功为 fL，由动能定理，有

$$fL=\frac{1}{2}Mv^2$$

对子弹，外力对它做功为 $-f(L+d)$，故有

$$-f(L+d)=\frac{1}{2}mv^2-\frac{1}{2}mv_0^2$$

联立以上各式，求解得

$$v=\frac{mv_0}{m+M}\quad L=\frac{m}{m+M}d\quad f=\frac{Mmv_0^2}{2d(m+M)}$$

（2）外力对系统未做功：$A_{外}=0$。只有内力（一对滑动摩擦力）做功。子弹对木块做正功，为 fL，木块对子弹做负功，为 $-f(L+d)$，故内力做功之和为

$$A_{内}=-fd$$

或者，利用上面内力做功的一般结论，以木块为参考系，子弹受木块的摩擦阻力 f，其相对位移为 d，立即得到上式。另一方面，系统动能的变化为

$$\Delta E_{\mathrm{k}}=\frac{1}{2}(M+m)v^2-\frac{1}{2}m{v_0}^2$$

把上一小题的结果代入，即可看出

$A_{内}+A_{外}=\Delta E_k$

2.3 保守力与势能

功的数值决定于积分路径，见式（2.16）至式（2.18）中的脚标 L。路径分为内部和边界，而边界就是始末位置。始末位置相同而中间过程不同，那就是不同的路径，从而功的大小可能会不一样。滑动摩擦力就具有这种特征。

但人们发现，有一类力所做的功仅与物体的始末位置有关，而与物体所经历的中间过程无关（常被称为"与路径无关"，其实是指"与路径内部无关"，与路径边界当然是有关的），这类力称为**保守力**。比较常见的保守力有弹性力、重力、万有引力、静电库仑力等。下面分别讨论它们的功。

2.3.1 保守力的功

1. 弹性力的功

取轻质弹簧在无形变状态时物体所在位置为原点，如图 2-7 建立坐标系。物体位于 x 处时所受弹力由胡克定律给出 $F_x=-kx$。在质点由 x_a 处运动到 x_b 处的过程中，弹力做功为

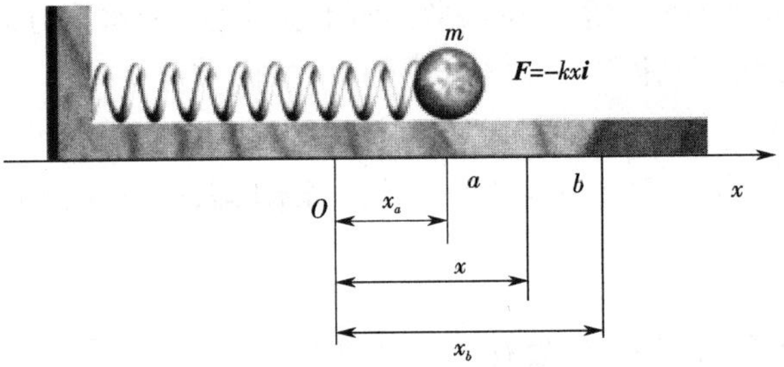

图 2-7 弹性力的功

$$A=\int_a^b F_x \mathrm{d}x=-\int_{x_a}^{x_b} kx\mathrm{d}x=-\left(\frac{1}{2}kx_b^2-\frac{1}{2}kx_a^2\right) \tag{2.22}$$

可见，若物体远离原点，弹力做负功；若物体接近原点，弹力做正功。同时，弹力所做功只由质点的始末位置决定，而与过程无关。比如，弹簧可以往返多次，但只要初位置和末位置相同，功都将是同一数值。

2. 重力的功

重力做功是高中的重要内容。设质点的质量为 m，在重力作用下沿任意路径由 a 点运动到 b 点。选择地面为坐标原点，z 轴垂直于地面向上，如图 2-8 所示。重力只有 z 方向的分量 $\boldsymbol{G}=(-mg)\boldsymbol{k}$。代入式（2.17），有

$$A=\int_a^b G_z \mathrm{d}z=-\int_{z_a}^{z_b} mg\mathrm{d}z=-(mgz_b-mgz_a) \tag{2.23}$$

上式表明，重力的功只与质点的始末位置有关（而且只决定于始末高度），与所走过的路径无关。

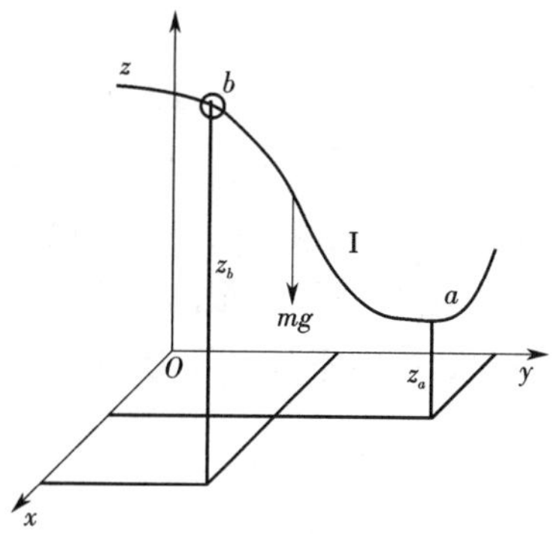

图 2-8　重力的功

3. 万有引力的功

如图 2-9 所示，质量为 M 的质点保持静止在原点，质量为 m 的质点在 M 施予的万有引力

$$\boldsymbol{F}=-G\frac{Mm}{r^3}\boldsymbol{r}$$

的作用下做曲线运动。设质点 m 相对于 M 的初末位置分别为 $\boldsymbol{r}_a$ 和 $\boldsymbol{r}_b$，则元功

$$đA=\boldsymbol{F}\cdot\mathrm{d}\boldsymbol{r}=-G\frac{mM}{r^3}\boldsymbol{r}\cdot\mathrm{d}\boldsymbol{r}=-G\frac{mM}{r^2}\mathrm{d}r$$

其中，$\boldsymbol{r}\cdot\mathrm{d}\boldsymbol{r}=r|\mathrm{d}\boldsymbol{r}|\cos\alpha=r\mathrm{d}r$（在图 2-9 中，$\mathrm{d}\boldsymbol{r}$ 沿径向的分量就是 $\mathrm{d}r$，也可参见式（2.12）的推导过程）。上式表明，万有引力做功只决定于半径的变化，与垂直于半径方向的运动无关，于是

$$A=\int_a^b\boldsymbol{F}\cdot\mathrm{d}\boldsymbol{r}=-\int_{r_a}^{r_b}G\frac{mM}{r^2}\mathrm{d}r=-\left[\left(-G\frac{mM}{r_b}\right)-\left(-G\frac{mM}{r_a}\right)\right]\tag{2.24}$$

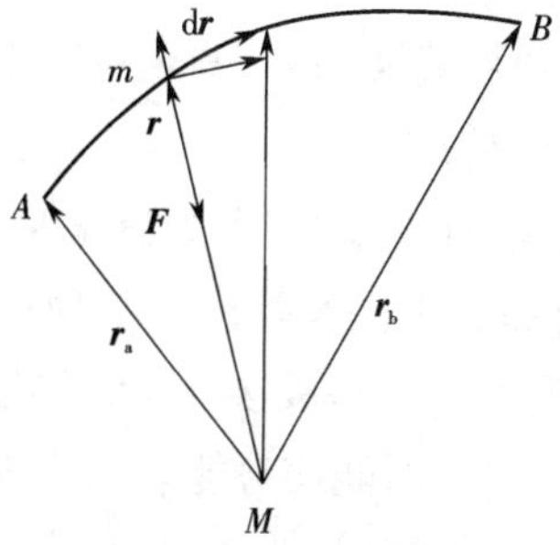

图 2-9　万有引力的功

式（2.24）表明引力的功也只由质点的始末位置决定（而且只决定于始末距离），与所走过的路径无关。还可以看出，当质点相互靠近时，万有引力做正功；当质点彼此远离时，万有引力做负功。

4. 保守力与非保守力概念

弹力、重力、万有引力做功的共同特点是，**对运动质点所做的功仅由质点的始末位置决**

定，而与中间路径无关。具有这种特性的力即称为**保守力**。让起点与终点重合，则式(2.22)至式(2.24)右端都为0，故

$$\oint_L \boldsymbol{F}_{保} \cdot \mathrm{d}\boldsymbol{r} = 0 \tag{2.25}$$

即**保守力沿闭合路径做功之和为零**。式(2.25)也可以视为保守力的定义。

静电力属于保守力，而摩擦力属于非保守力。以在粗糙水平面上运动的质点为例，由于滑动摩擦力始终跟运动方向相反，故滑动摩擦力始终做负功。它沿闭合路径做功之和就只能为负数，不可能等于0。而且，它做的功显然跟路径有关：对于相同的始末位置，路程越长，滑动摩擦力做的负功越多，因此摩擦力不是保守力。

2.3.2 势能

如果质点在空间各点的受力是确定的，这就有了一个**力场**。质点所受的保守力的空间分布就称为**保守力场**。由于保守力做功只与始末位置有关，故而可以建立一个**由位置决定**的函数，由其可方便地得到保守力做的功。

实际上，上面几种保守力做功的表达式(2.22)至式(2.24)可写成如下形式，即

$$A_{保} = \int_a^b \boldsymbol{F}_{保} \cdot \mathrm{d}\boldsymbol{r} = -(E_{pb} - E_{pa}) = -\Delta E_{\mathrm{p}} \tag{2.26}$$

只不过针对弹性力、重力和万有引力，这样的函数形式各不相同。它们分别是

$$E_{\mathrm{p}} = \frac{1}{2}kx^2 \tag{2.27}$$

$$E_{\mathrm{p}} = mgz \tag{2.28}$$

$$E_{\mathrm{p}} = -G\frac{mM}{r} \tag{2.29}$$

这种随位置而变的函数，就称为**势能**。**保守力所做的功等于相应势能的减少**(即式(2.26))，这就是势能的定义。据此，保守力做正功，势能减少；保守力做负功，势能增加。

式(2.26)实际上只是定义了两点势能的差，并未定义单独一点势能的绝对大小，因为

$$(E_{pb} + C) - (E_{pa} + C) = E_{pb} - E_{pa}$$

故而势能具有相对性。要确定某点的势能，需人为设定某点的势能为0，这就是**势能零点**。而势能式(2.27)至式(2.29)的前提其实已经默认了某种对势能零点的特殊选取：弹力情形是取弹簧原长位置为势能零点，重力情形是取 $z=0$ 处为势能零点，万有引力情形是取 $r \to \infty$ 时为势能零点。这种选取不是必须的，但能使势能表达式最简单，故而是常用的选取方式。

在式(2.26)中，如果固定起点 a(重新记为 O 点)，让 b 点变为任意点 P，并颠倒积分上下限，就可以得到任意点 P 的势能：

$$E_{\mathrm{p}} = \int_P^O \boldsymbol{F}_{保} \cdot \mathrm{d}\boldsymbol{r} + E_{\mathrm{p}O}。 \tag{2.30}$$

这就是**已知保守力求其势能函数的计算式**。如果已知 O 点的势能 $E_{\mathrm{p}O}$，或者选取 O 点为势能零点($E_{\mathrm{p}O}=0$)，那么其他点的势能就唯一确定了。

与条件式(2.26)等价的无限小形式是

$$đA \equiv \boldsymbol{F} \cdot \mathrm{d}\boldsymbol{r} = -\mathrm{d}E_{\mathrm{p}} \tag{2.31}$$

式(2.31)的得出只要考虑无限小过程中保守力的做功即可。它同样反映了“保守力做的功等于势能的减少”的**约定**。由此可得到判断保守性更简便的方法。

要确定某力是否是保守力(如果是,进一步确定其势能),可以只需计算其元功。如果该元功不能写成全微分的形式,那么该力就是非保守力。如果该元功能够写为一个函数的全微分的形式,那么该力就是保守力,同时还得到了它对应的势能(所得函数添负号)。

例如,力场 $\boldsymbol{F}=2xy\boldsymbol{i}+x^2\boldsymbol{j}$(SI)是不是保守力场?直接算其元功:

$$đA=\boldsymbol{F} \cdot \mathrm{d}r=(2xy\boldsymbol{i}+x^2\boldsymbol{j}) \cdot (\mathrm{d}x\boldsymbol{i}+\mathrm{d}y\boldsymbol{j})=2xy\mathrm{d}x+x^2\mathrm{d}y=\mathrm{d}(x^2y)$$

由于元功可以写成全微分,故该力为保守力,且势能也已经得到:

$$E_{\mathrm{p}}=-x^2y+C$$

其中含任意常数。若取原点的势能为 0,则势能表达式简化为

$$E_{\mathrm{p}}=-x^2y$$

需要明确的是,**势能是属于相互作用的各物体的**,而不是属于其中的某个物体。**势能是系统的势能**,抛开系统则无势能可言。物体的弹性势能其实是指物体与弹簧所构成的系统的弹性势能;物体的重力势能其实是指地表附近的物体与地球的相互作用能;物体的引力势能其实是指物体与另一大天体之间的势能。

以重力势能为例。设想把重物固定在原处,但把地球移走,此时该物体还具有跟以前一样的重力势能吗?显然不是。所以“重物的重力势能”并不是只跟该重物有关,还它与地球所构成的系统有关。一般地,**势能决定于二者的相对位置**,我们应该谈论的是“A 与 B 之间的势能”。仅当物体 B 固定或因质量巨大而近似静止时,谈论“A 的势能”或“A 在某处的势能”才有意义。只有地球可以被视为静止,才有“重物的重力势能”这种说法。

2.4　功能原理和机械能守恒定律

2.4.1　功能原理

在质点系动能定理式(2.20)中,把内力功 $A_{内}$和外力功 $A_{外}$都分成保守力部分和非保守力部分 $A_{内}=A_{内保}+A_{内非}$,$A_{外}=A_{外保}+A_{外非}$,则得到

$$A_{内保}+A_{内非}+A_{外保}+A_{外非}=\Delta E_{\mathrm{k}}$$

根据保守力的性质式(2.26),保守力做的功等于势能改变量的负值,有

$$A_{内保}=-\Delta E_{\mathrm{p}内} \quad A_{外保}=-\Delta E_{\mathrm{p}外}$$

其中,$E_{\mathrm{p}内}$和 $E_{\mathrm{p}外}$可分别称为**内势能**和**外势能**。故而,

$$A_{内非}+A_{外非}=\Delta(E_{\mathrm{k}}+E_{\mathrm{p}内}+E_{\mathrm{p}外})$$

或简单写为

$$A_{非}=\Delta(E_{\mathrm{k}}+E_{\mathrm{p}}) \tag{2.32}$$

其中,$A_{非}$是非保守内力和非保守外力做功之和,而 E_{p} 是内势能和外势能之和。若定义系统

的总动能和总势能之和为系统的**机械能** E，即

$$E=E_p+E_k$$

那么式(2.32)表明，**非保守力对质点系所做的功等于系统机械能的增量**，这就是**功能原理**。

如何理解外势能？以一个质点在地面附近下落为例，若取质点为系统，那么其重力势能就是外势能。前面谈到，势能是属于系统的，但若系统之一静止，则可等效地将势能归属于另一物体。这里正是这种情形，所以才可以谈论“质点的重力势能”。此时，完全可以将地球也纳入系统，重力势能就由外势能变为内势能。而地球静止，动能恒为0，系统动能的表达式并未改变。可见，不论是把质点、还是把“质点加地球”视为系统，其机械能都是质点的动能与重力势能之和。故而，在很大程度上，内、外势能的区分不是很必要。

2.4.2 机械能守恒定律

当不存在非保守力做功时，式(2.32)给出

$$E=E_p+E_k=\text{常数} \tag{2.33}$$

上式表明，当只有保守力做功时，质点系的机械能守恒，这就是**机械能守恒定律**。系统的动能和势能之间可以相互转化，但总和保持不变。

一个系统机械能守恒的条件是对惯性系而言的，对非惯性系当然就不成立了。而且对某个惯性系而言系统的机械能守恒，并不能保证在另一惯性系中系统的机械能也守恒，这是因为功和动能的数值是依赖于惯性系的相对量。但是功能原理却对惯性系变换具有不变性，跟牛顿定律和动量定理一样。

对于孤立系统，外力对系统做的功为零。当系统由于运动而状态发生变化时，系统内有非保守力做功，系统的总机械能就不再守恒。然而，如果引入更为广泛的能量概念(例如电磁能、化学能、生物能、内能和原子能等)后，大量实验证明，一个孤立系统经历任何变化时，该系统的所有能量的总和保持不变，能量只能从一种形式转化为另一种形式，或从系统内的一个物体传给另一个物体。这就是**能量守恒定律**。能量守恒定律指出，能量不能被产生，也不能被消灭，只能在不同形式间转化。能量是物质不同运动的一般量度。能量守恒定律是自然界的一条普遍基本定律，机械能守恒定律仅是能量守恒定律的一个特例。

这里可以谈谈势能的定义有式(2.26)和式(2.31)中的负号。如果那里是正号，即保守力做的功等于势能的增加，那么在功能原理的推导过程中，势能前面就需要添个负号，直至式(2.33)变为 $E_k-E_p=C$。这是说机械能守恒定律不成立了吗？否！自然定律怎么可能依赖于人为规定呢？正确的理解是，机械能守恒定律总成立，只是其表达形式因人为定义的不同而不同。我们喜欢在这里出现加号，故而我们在那里放入负号。

例 2.4 如图2-10所示，在半径为 R 的光滑半球的顶点 A 上，有一石块，质量为 m，现使石块获得水平初速度 $\boldsymbol{v}_0$，试求：(1)石块脱离半球的顶点时，角度 ϕ 为多少？(2)初速度 v_0 为多大时，可使石块在一开始便脱离半球的顶点？

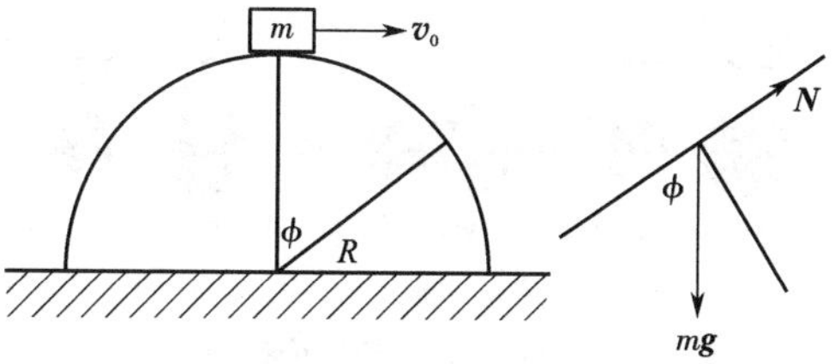

图 2-10　例 2.4 题图

解　(1)由机械能守恒定律

$$mgR+\frac{1}{2}mv_0^2=mgR\cos\phi+\frac{1}{2}mv^2$$

由牛顿第二定律

$$m\frac{v^2}{R}=mg\cos\phi-N$$

由脱离条件 $N=0$,可得 $v^2=gR\cos\phi$,代入上式得

$$\cos\phi=\frac{2}{3}+\frac{v_0^2}{3gR}$$

所以

$$\phi=\arccos\left(\frac{2}{3}+\frac{v_0^2}{3gR}\right)$$

(2)若石块在一开始便脱离半球的顶点,有 $\phi=0$,则

$$\cos\phi=\frac{2}{3}+\frac{(v_0')^2}{3gR}=1$$

解得

$$v_0'-\sqrt{gR}$$

2.5　碰撞问题

若两个或两个以上的物体相遇,物体之间的相互作用时间非常短暂,这种现象就称为**碰撞**。物体在碰撞时,相互作用力一般远大于其他力。

因此,在研究物体碰撞时,通常忽略外力的作用,仅考虑碰撞物体之间的相互作用力,这样系统的总动量守恒。而且,由于碰撞过程较为复杂,又很迅速,故在研究碰撞时,只考虑物体碰撞前后的运动状态的变化,不去研究具体的碰撞细节。

如果两个小球碰撞前的速度方向在两球心的连线上,则碰撞后的速度方向也在这一连线上,这种碰撞称为**对心碰撞**。如图 2-11 所示,设质量为 m_1 和 m_2 的两个小球发生对心碰撞,v_{10} 和 v_{20} 为碰撞前两球的速度,v_1 和 v_2 为碰撞后两球的速度,则由动量守恒定律,有

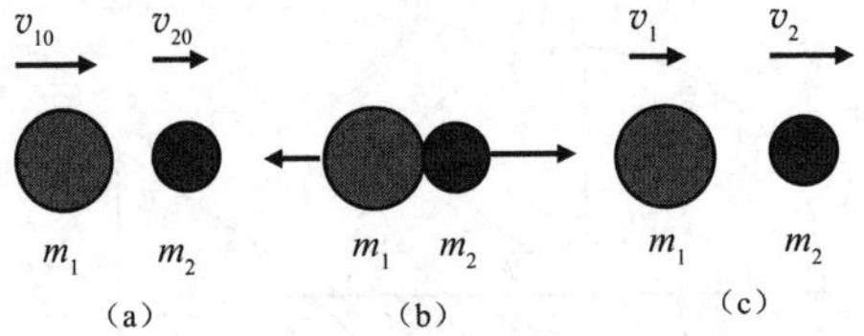

图 2-11 两球的对心碰撞

(a)碰撞前 (b)碰撞时 (c)碰撞后

$$m_1v_{10}+m_2v_{20}=m_1v_1+m_2v_2 \tag{2.34}$$

显然,仅仅一个方程无法确定碰撞后两球的速度,还需一个方程。牛顿从实验中发现,保持小球的材料不变而改变其他因素(如质量、速度)时,两球在碰撞后的分离速度(v_2-v_1)与碰撞前的接近速度($v_{10}-v_{20}$)的比值是一个常数,比值由两球材料决定。这被称为**牛顿碰撞定律**。因此牛顿引入**恢复系数** e 的概念来描述这种特征:

$$e=\frac{v_2-v_1}{v_{10}-v_{20}} \tag{2.35}$$

如果 $e=0$,则 $v_2=v_1$,即两球碰撞后以相同的速度运动,此时为**完全非弹性碰撞**。如果 $e=1$,则分离速度等于接近速度。后面将会发现,此时碰撞前后总动能守恒,是**弹性碰撞**。

有了式(2.34)和式(2.35),碰撞后的结果就完全确定了。联立它们,解得

$$\begin{cases} v_1=v_{10}-\dfrac{(1+e)m_2(v_{10}-v_{20})}{m_1+m_2} \\ v_2=v_{20}+\dfrac{(1+e)m_1(v_{10}-v_{20})}{m_1+m_2} \end{cases} \tag{2.36}$$

利用该结果,可以求得前后动能的减少为

$$\Delta E_{\mathrm{k}}=(1-e^2)\frac{m_1m_2}{2(m_1+m_2)}(v_{10}-v_{20})^2 \tag{2.37}$$

下面可以分几种情况来讨论。

对于弹性碰撞,$e=1$。根据式(2.37),碰撞前后动能不变,即机械能是守恒的。又由式(2.36),有

$$\begin{cases} v_1=\dfrac{(m_1-m_2)v_{10}+2m_2v_{20}}{m_1+m_2} \\ v_2=\dfrac{(m_2-m_1)v_{20}+2m_1v_{10}}{m_1+m_2} \end{cases}$$

对于完全非弹性碰撞,$e=0$。根据式(2.36),可得

$$v_1=v_2=\frac{m_1v_{10}+m_2v_{20}}{m_1+m_2}$$

而根据式(2.37),机械能损失达到最大,为

$$\Delta E_{\mathrm{k}}=\frac{1}{2}\frac{m_1m_2}{m_1-m_2}(v_{10}-v_{20})^2 \tag{2.38}$$

对于一般的**非弹性碰撞**,$0<e<1$,系统的总动量守恒,但系统的总动能有损失,只是损失

没有达到最大。

如果两球质量相等，即 $m_1=m_2=m$，则由式(2.36)，有

$$\begin{cases} v_1 = v_{10} - \dfrac{1}{2}(1+e)(v_{10} - v_{20}) \\ v_2 = v_{20} + \dfrac{1}{2}(1+e)(v_{10} - v_{20}) \end{cases}$$

也就是说，此时快球速度的减小量与慢球速度的增大量相同。特别地，如果 $e=1$，则

$$\begin{cases} v_1 = v_{20} \\ v_2 = v_{10} \end{cases}$$

即质量相等的小球发生弹性碰撞后交换速度。

考虑有一个球质量很大且静止的情况，例如 $m_2>m_1$，$v_{20}=0$。代入式(2.36)，有

$$\begin{cases} v_1 \approx -ev_{10} \\ v_2 \approx 0 \end{cases}$$

即碰撞后，大质量球几乎仍然保持静止，而小质量球几乎以原速率的 e 倍被反弹回去。乒乓球撞击墙壁或地面，就是这种情况。

习　题

2.1　一个质点同时在几个力作用下的位移为 $\Delta \boldsymbol{r} = 4\boldsymbol{i} - 5\boldsymbol{j} + 6\boldsymbol{k}$(SI)，其中一个力为恒力 $\boldsymbol{F}=-3\boldsymbol{i}-5\boldsymbol{j}+9\boldsymbol{k}$(SI)，则此力在该位移过程中所做的功为(　　)。

A. −67 J　　B. 17 J

C. 67 J　　D. 91 J

2.2　质量 m=0.5 kg 的质点，在 Oxy 坐标平面内运动，其运动方程为 $x=5t$，$y=0.5t^2$(SI)，从 t=2 s 到 t=4 s 这段时间内，外力对质点做的功为(　　)。

A. 1.5 J　　B. 3 J

C. 4.5 J　　D. −1.5 J

2.3　质量为 m 的一艘宇宙飞船关闭发动机返回地球时，可认为该飞船只在地球的引力场中运动。已知地球质量为 M，万有引力恒量为 G，则当它从距地球中心 R_1 处下降到 R_2 处时，飞船增加的动能应等于(　　)。

A. $\dfrac{GMm}{R_2}$　　B. $\dfrac{GMm}{R_2^2}$

C. $GMm\dfrac{R_1 - R_2}{R_1 R_2}$　　D. $GMm\dfrac{R_1 - R_2}{R_1^2}$

2.4　如题图所示，质量为 m 的小球自高为 y_0 处沿水平方向以速率 v_0 抛出，与地面碰撞后跳起的最大高度为 $\dfrac{1}{2}y_0$，水平速率为 $\dfrac{1}{2}v_0$，则(1)碰撞过程中，地面对小球的竖直冲量的大小为 __________；(2)地面对小球的水平冲量的大小为 __________。

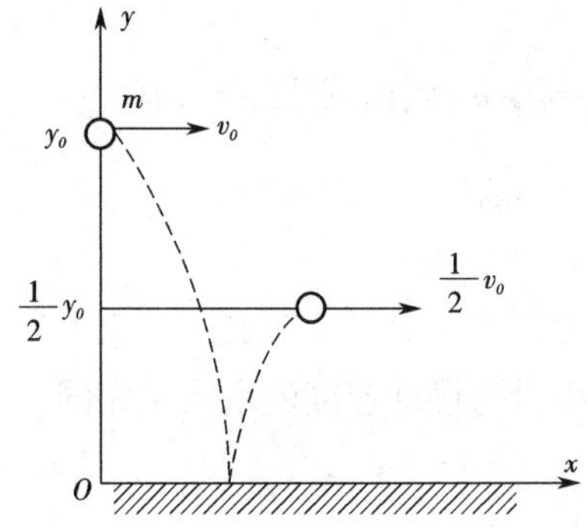

题 2.4 图

2.5 一质量为 m 的物体,原来以速率 v 向北运动,它突然受到外力打击,变为向西运动,速率仍为 v,则外力的冲量大小为 ____________________,方向为 _______________。

2.6 设作用在质量为 1 kg 的物体上的力 F=6t+3(SI)。如果物体在这一力的作用下,由静止开始沿直线运动,在 0~2.0 s 的时间间隔内,这个力作用在物体上的冲量大小 I=_________________。

2.7 如题图所示,沿着半径为 R 圆周运动的质点,所受的几个力中有一个是恒力 $\boldsymbol{F}_0$,方向始终沿 x 轴正向,即 $\boldsymbol{F}_0-F_0\boldsymbol{i}$。当质点从 A 点沿逆时针方向走过 3/4 圆周到达 B 点时,力 $\boldsymbol{F}_0$ 所做的功 W=__________。

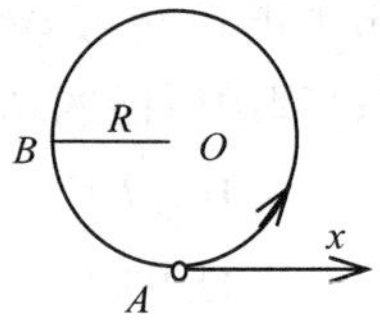

题 2.7 图

2.8 如题图所示,一人造地球卫星绕地球做椭圆运动,近地点为 A,远地点为 B。A、B 两点距地心分别为 r_1、r_2。设卫星质量为 m,地球质量为 M,万有引力常量为 G,则卫星在 A、B 两点处的万有引力势能之差 $E_{pB}-E_{pA}$=_____________________________;卫星在 A、B 两点的动能之差 $E_{kB}-E_{kA}$=____________________________________。

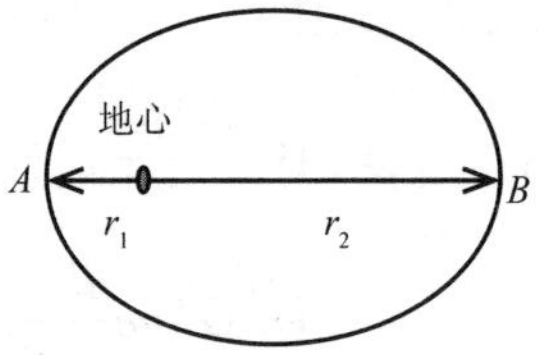

题 2.8 图

2.9 一质点的运动轨迹如题图所示。已知质点的质量为 20 g,在 A、B 两位置处的速率都为 20 m/s, $\boldsymbol{v}_A$ 与 x 轴成 45° 角, $\boldsymbol{v}_B$ 垂直于 y 轴,求质点由 A 点到 B 点这段时间内,作用在质点上外力的总冲量。

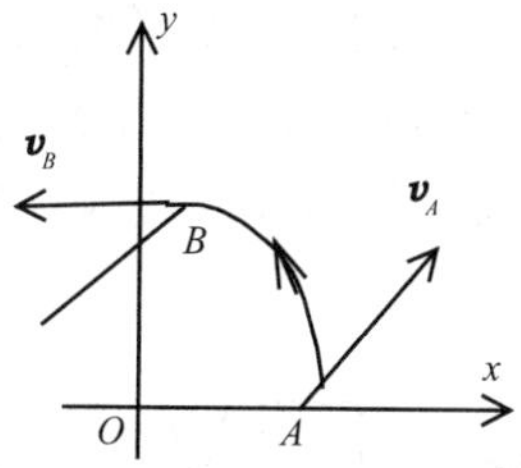

题 2.9 图

2.10　自动枪以每分钟发射 120 发子弹的速率连续发射，每发子弹的质量为 7.9 g，出口速率为 735 m/s。求射击时枪托对肩部的平均压力。

2.11　质点在 x 轴上受 x 方向的变力 F 的作用。F 随时间的变化关系为：在刚开始的 0.1 s 内均匀由 0 增至 20 N，又在随后的 0.2 s 内保持不变，再经过 0.1 s 从 20 N 均匀地减少到 0。试求：(1)力随时间变化的 F-t 图；(2)这段时间内力的冲量和力的平均值；(3)如果质点的质量为 3 kg，初始速度为 1 m/s，运动方向与力的方向相同，当力变为零时，质点速度为多少？

2.12　子弹脱离枪口的速度为 300 m/s，在枪管内子弹受力为 F=400 N(SI)，设子弹到枪口时受力变为零。试求：(1)子弹在枪管中运行的时间；(2)该力冲量的大小；(3)子弹的质量。

2.13　质量为 m 的小球从某一高度水平抛出，落在水平桌面上发生弹性碰撞，并在抛出后的 t 时刻跳回到原来高度，速度大小和方向与抛出时相同。试求小球与桌面碰撞中，桌面给小球冲量的大小和方向。

2.14　质量 m=2 kg 的物体沿 x 轴做直线运动，所受合外力 $F=10+6x^2$(SI)。如果在 x=0 处时速度 v_0=0，试求该物体运动到 x=4 m 处时速度的大小。

2.15　一物体按规律 $x=ct^3$ 在流体媒质中做直线运动，式中 c 为常量。设媒质对物体的阻力正比于速度的平方，阻力系数为 k，试求物体由 x=0 运动到 $x=l$ 时，阻力所做的功。

2.16　质量为 m 的物体与一弹性系数为 k 的弹簧连接，物体可以在水平桌面上运动，摩擦系数为 μ。当用一个不变的水平力拉物体时，物体从平衡位置开始运动。试求物体到达最远时，系统的势能和物体在运动中的最大动能。

2.17　弹性系数为 k 的弹簧下端竖直悬挂着两个物体，质量分别为 m_1 和 m_2。当整个系统达到平衡后，突然去掉 m_2。试求 m_1 运动的最大速度。

2.18　汽车以 30 km/h 的速度直线运行，车上所载货物与底板之间的静摩擦系数为 0.25。当汽车刹车时，保证货物不发生滑动，试求从刹车开始到汽车静止所走过的最短路程。

2.19　求解如下问题：(1)一力 F 以 5 m/s 的速度匀速提升质量为 10 kg 的物体，在 10 s 内力 F 做功多少？(2)若提升速度改为 10 m/s，把该物体匀速提升到相同高度，力 F 做功多少？(3)两种情况中，它们的功率关系如何？(4)若用常力 F 将该物体从静止加速提升到相同高度，使物体最后的速度为 5 m/s，则力 F 做功多少？平均功率为多大？再次开始时和结束时的瞬时功率各为多少？

2.20 如题图所示,质量为 0.02 kg 的子弹水平射入质量为 8.98 kg 的木块内。木块与弹性系数为 100 N/m 的弹簧连接,可以在水平桌面上滑动,其间的动摩擦系数为 0.2。弹簧初始时处于自然长度,子弹射入木块后停留在木块内,弹簧被压缩 10 cm。试求子弹的入射速度。

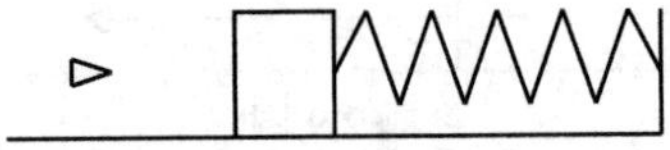

题 2.20 图

2.21 炮弹质量为 m,以速率 v 飞行。其内部炸药使炮弹分为质量相等的两块,并使总动能增加 T。如果两块弹片仍按原方向飞行,求爆炸后它们各自的速度。

第 3 章　刚体力学基础

3.1　质点和质点系的角动量定理

在研究物体的运动时，经常遇到质点绕一固定点运动的情况，例如行星绕太阳公转，卫星绕地球运转，微观的电子绕原子核运动等。在这类问题中，用动量来描述不方便，用动能来描述可行但只描述了部分内容。能否专门针对转动引入一个合适的物理量？可以。这就是角动量。

3.1.1　角动量定理

角动量定理是除动量定理、动能定理之外牛顿运动定律的又一推论。把牛顿第二定律

$$\boldsymbol{F}=m\frac{\mathrm{d}\boldsymbol{v}}{\mathrm{d}t}$$

两边用位矢 $\boldsymbol{r}$ 从左边叉乘，得

$$\boldsymbol{r}\times\boldsymbol{F}=\boldsymbol{r}\times m\frac{\mathrm{d}\boldsymbol{v}}{\mathrm{d}t}$$

现在考虑等式右边。由于

$$\frac{\mathrm{d}}{\mathrm{d}t}(\boldsymbol{r}\times m\boldsymbol{v})=m\frac{\mathrm{d}\boldsymbol{r}}{\mathrm{d}t}\times\boldsymbol{v}+m\boldsymbol{r}\times\frac{\mathrm{d}\boldsymbol{v}}{\mathrm{d}t}=m\boldsymbol{v}\times\boldsymbol{v}+m\boldsymbol{r}\times\frac{\mathrm{d}\boldsymbol{v}}{\mathrm{d}t}=\boldsymbol{r}\times m\frac{\mathrm{d}\boldsymbol{v}}{\mathrm{d}t}$$

故

$$\boldsymbol{r}\times\boldsymbol{F}=\frac{\mathrm{d}}{\mathrm{d}t}(\boldsymbol{r}\times m\boldsymbol{v}) \tag{3.1}$$

定义

$$\boldsymbol{M}\equiv\boldsymbol{r}\times\boldsymbol{F} \tag{3.2}$$

为**力矩**，定义

$$\boldsymbol{L}\equiv\boldsymbol{r}\times m\boldsymbol{v} \tag{3.3}$$

为**角动量**（**或动量矩**），那么，式（3.2）可写为

$$\boldsymbol{M}=\frac{\mathrm{d}\boldsymbol{L}}{\mathrm{d}t} \tag{3.4}$$

式（3.1）和式（3.4）表明，**力矩等于角动量的变化率**。这就是**角动量定理**。

角动量定理还有另一种形式：

$$\boldsymbol{M}\mathrm{d}t=\mathrm{d}\boldsymbol{L} \tag{3.5}$$

由于 $\boldsymbol{F}\mathrm{d}t$ 是（元）冲量，故 $\boldsymbol{M}\mathrm{d}t=\boldsymbol{r}\times\boldsymbol{F}\mathrm{d}t$ 称为（元）**冲量矩**（或**角冲量**）。对于某一过程，则有

$$\int_{t_1}^{t_2}\boldsymbol{M}\mathrm{d}t=\Delta\boldsymbol{L}=\boldsymbol{L}_2-\boldsymbol{L}_1 \tag{3.6}$$

式(3.5)的微分形式和式(3.6)的积分形式都表明,**质点所受的冲量矩等于质点角动量的改变**。这也是角动量定理的表述。

角动量定理也是一个动力学规律,也是对运动与力的关系的一个定量回答。角动量 $\boldsymbol{L}=\boldsymbol{r}\times m\boldsymbol{v}$ 是对质点运动状态的又一种描述,而力矩 $\boldsymbol{M}=\boldsymbol{r}\times\boldsymbol{F}$ 则由力所确定,反映外界作用的又一方面。而角动量定理告诉我们,力矩是角动量改变的原因。

力矩虽然与功和能具有同样的量纲,但其国际制单位是 N·m,而不是 J。

3.1.2 力矩和角动量的概念分析

1. 力矩

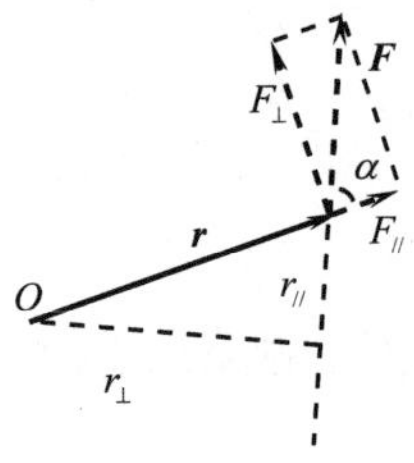

图 3-1 力矩

力矩 $\boldsymbol{M}=\boldsymbol{r}\times\boldsymbol{F}$ 是个矢量。根据叉乘性质,$\boldsymbol{M}$ 的方向垂直于质点位矢 $\boldsymbol{r}$ 和力 $\boldsymbol{F}$ 所构成的平面,其大小等于 $rF\sin\alpha$(α 是 $\boldsymbol{r}$ 和 $\boldsymbol{F}$ 的夹角),方向根据右手螺旋定则来判断。$r_\perp=r\sin\alpha$ 又称为**力臂**(图 3-1),故**力矩的大小等于力与力臂的乘积**,这正是中学时我们对力矩的认知。位矢 $\boldsymbol{r}$ 的另一个平行于 $\boldsymbol{F}$ 的分量 $r_{//}$ 对力矩没有贡献。力矩概念表明,不仅力的方向重要,力的**作用线**也很重要。沿着力的作用线平移力矢量,只是作用点改变而已;但离开作用线平移力矢量将改变力臂,从而改变力矩。

以上是利用了对位矢 $\boldsymbol{r}$ 的分解。也可以分解力,此时力矩只依赖于力的垂直分量 $F_\perp$,另一个分量 $F_{//}$ 对力矩没有贡献。故有

$$M=Fr_\perp=F_\perp r \tag{3.7}$$

在日常经验中,推门时力的作用点总尽可能地远离轴且方向尽量垂直于门,这就是为了用较小的力产生较大的力矩。

2. 角动量

角动量 $\boldsymbol{L}\equiv\boldsymbol{r}\times m\boldsymbol{v}$ 则是一个新概念,值得仔细分析。先考虑最简单的情形:质量为 m 的质点绕固定点 O 做圆周运动,如图 3-2(a)所示。此时,质点的动量 $\boldsymbol{p}=m\boldsymbol{v}$ 和它的矢径 $\boldsymbol{r}$ 垂直,角动量的大小为 $L=mvr$,方向垂直于圆周运动的平面,且由右手螺旋定则确定。

在一般情况下,质点运动时的速度与位矢并不一定垂直,而是有一定夹角 θ,如图 3-2(b)、(c)所示。此时角动量大小为

$$L=mvr\sin\theta \tag{3.8}$$

方向垂直于质点位矢 $\boldsymbol{r}$ 和动量 $\boldsymbol{p}=m\boldsymbol{v}$ 所构成的平面,服从右手螺旋定则。

由于跟力矩的定义类似,可以仿照力的作用线、力臂两个概念,对角动量引入“**动量线**”“**动量臂**”的概念,如图 3-2(c)所示。显然,**角动量的大小等于动量与“动量臂”$r_\perp$ 的乘积**,位矢的另一分量 $r_{//}$ 对角动量没有贡献。质点在保持其动量大小不变的前提下沿“动量线”平移不会改变“动量臂”$r_\perp=r\sin\theta$ 的大小,也就不会改变角动量。另一方面,也可以分解动量,而对角动量有贡献的只有动量的垂直分量 $p_\perp=mv_\perp$,因为只有它才反映了绕 O 点的转动,而 $p_{//}$ 只表示离开 O 点的运动,与转动无关。这样的分解可以更明显地看出为什么**角动**

量描述了转动状态。故有

$$L=r_{\perp}mv=rmv_{\perp} \tag{3.9}$$

角动量具有明显的几何意义。如图 3-2(d)所示,在 dt 时间内,质点的位矢由 $\boldsymbol{r}$ 变为 $\boldsymbol{r}'$,位移为 d$\boldsymbol{r}$。显然,从原点到质点的连线所扫过的面积为

$$\mathrm{d}S=\frac{1}{2}|\boldsymbol{r}\times\mathrm{d}\boldsymbol{r}|=\frac{1}{2}|\boldsymbol{r}\times\boldsymbol{v}|\,\mathrm{d}t=\frac{1}{2}rv\mathrm{d}t\sin\theta$$

连线在单位时间内扫过的面积

$$\frac{\mathrm{d}S}{\mathrm{d}t}=\frac{1}{2}rv\sin\theta$$

称为**掠面速度**。与式(3.9)比较,即可看出角动量的大小正比于掠面速度,具体为

$$L=r_{\perp}mv=2m\frac{\mathrm{d}S}{\mathrm{d}t} \tag{3.10}$$

在图 3-2(d)中,△OPA 与△OPB 的面积显然相等,而且,当位移矢量 d$\boldsymbol{r}$ 沿着"动量线"滑移时,其两端与原点的连线与矢量 d$\boldsymbol{r}$ 所构成的三角形面积不变。故而,以下三种情形的掠面速度和角动量都相同:①质点在 P 处以 $\boldsymbol{v}_{\perp}$ 运动;②质点在 P 处以 $\boldsymbol{v}$ 运动;③质点在 H 处以 $\boldsymbol{v}$ 运动。这又印证了式(3.9)。

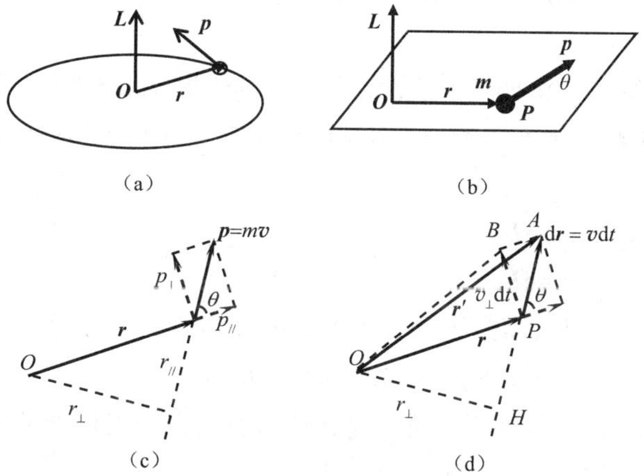

图 3-2　角动量

(a)圆周运动的角动量 (b)、(c)一般情形下的角动量 (d)与角动量成正比的掠面速度

可见,**不论是力矩还是角动量,其大小和方向都有赖于参考点 $\boldsymbol{O}$ 的选择**。如果参考点取在力的作用线(或"动量线")上,则此时的力矩(或角动量)为 0,若参考点跨过了该线,则力矩(或角动量)将反号。在讨论问题时,必须选取统一固定的参考点,此时角动量定理式才有意义。在选定参考点后,**角动量是描述质点绕参考点转动状态的一种定量指标,而力矩则是转动状态的这种指标发生改变的原因**。

3.1.3　质点的角动量守恒定律

根据角动量定理,如果质点受到的力矩 $\boldsymbol{M}$=0,那么

$$\boldsymbol{L}_2=\boldsymbol{L}_1 \tag{3.11}$$

即质点的角动量将守恒。

$\boldsymbol{M}=0$ 的一个平凡情况是 $\boldsymbol{F}=0$，即质点是自由的。此时质点做匀速直线运动，它与参考点的连线在相等的时间内扫过的面积相等。在图 3-2（c）中，质点这样的运动就相当于不变的动量沿“动量线”滑移。

$\boldsymbol{M}=0$ 的另一个重要例子是质点在有心力场中的运动，比如行星绕太阳的运动。此时，由于太阳的质量足够大，以至于可以认为是静止的。以太阳为参考点，则 $\boldsymbol{r}/\!/\boldsymbol{F}$，故 $\boldsymbol{M}\equiv\boldsymbol{r}\times\boldsymbol{F}=0$。这意味着，虽然行星的动量（速度）和位置一直在改变，但其角动量 $\boldsymbol{L}=\boldsymbol{r}\times m\boldsymbol{v}$ 的方向和大小却都不变。角动量 $\boldsymbol{L}$ 的方向是垂直于 $\boldsymbol{v}$ 和 $\boldsymbol{r}$ 所确定的平面的。$\boldsymbol{L}$ 的方向不变，意味着 $\boldsymbol{v}$ 和 $\boldsymbol{r}$ 所确定的平面也不变。开始时位矢和速度确定了某一个平面，则此后速度永远在此平面内而不会离开该平面。因此，行星的轨道也始终在同一个平面内（太阳也在该面内），其轨迹一定是条平面曲线，而不会是空间曲线（**开普勒第一定律**的部分内容）。角动量 $\boldsymbol{L}$ 的大小不变，意味着行星与太阳的连线在相等的时间内扫过的面积相等。这正是**开普勒第二定律**。而开普勒当年是通过大量的观测数据才得到这个结论的。

3.1.4 质点系的角动量定理和角动量守恒定律

为简单起见，考虑一个由两个质点组成的质点系（更一般的情形可直接推广），其中每个质点 i 都受到外力 $\boldsymbol{F}_i$ 和另一个质点 j 对其的作用力 $\boldsymbol{f}_{ji}(j\neq i)$。对每个质点应用角动量定理，有

$$(\boldsymbol{r}_1\times\boldsymbol{F}_1+\boldsymbol{r}_1\times\boldsymbol{f}_{21})\mathrm{d}t=\mathrm{d}\boldsymbol{L}_1$$

$$(\boldsymbol{r}_2\times\boldsymbol{F}_2+\boldsymbol{r}_2\times\boldsymbol{f}_{12})\mathrm{d}t=\mathrm{d}\boldsymbol{L}_2$$

要得到关于整个系统的方程，需要将上面两式加起来：

$$(\boldsymbol{r}_1\times\boldsymbol{F}_1+\boldsymbol{r}_2\times\boldsymbol{F}_2)\mathrm{d}t+(\boldsymbol{r}_1\times\boldsymbol{f}_{21}+\boldsymbol{r}_2\times\boldsymbol{f}_{12})\mathrm{d}t=\mathrm{d}(\boldsymbol{L}_1+\boldsymbol{L}_2)$$

注意左边第二项，它表示将所有质点受到的所有内力矩矢量全部相加。根据牛顿第三定律，

$$\boldsymbol{f}_{12}=-\boldsymbol{f}_{21}\text{ 且 }\boldsymbol{f}_{12}/\!/\boldsymbol{r}_{21}$$

（$\boldsymbol{r}_{21}\equiv\boldsymbol{r}_2-\boldsymbol{r}_1$ 是质点 2 相对于质点 1 的相对位矢）于是，质点 1、2 所受的相互内力矩之和为

$$\boldsymbol{r}_1\times\boldsymbol{f}_{21}+\boldsymbol{r}_2\times\boldsymbol{f}_{12}=-\boldsymbol{r}_1\times\boldsymbol{f}_{12}+\boldsymbol{r}_2\times\boldsymbol{f}_{12}=(\boldsymbol{r}_2-\boldsymbol{r}_1)\times\boldsymbol{f}_{12}=\boldsymbol{r}_{21}\times\boldsymbol{f}_{12}=0$$

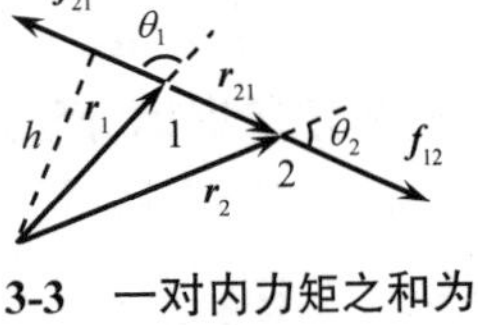

图 3-3 一对内力矩之和为 0

其中最后一步用到了 $\boldsymbol{f}_{12}/\!/\boldsymbol{r}_{21}$ 的条件。因此，**一对内力矩之和为 0**，从而不影响质点系的总角动量。该结论也可以从图 3-3 中看出。在图 3-3 中，力矩 $\boldsymbol{r}_1\times\boldsymbol{f}_{21}$ 垂直于纸面向外，力矩 $\boldsymbol{r}_2\times\boldsymbol{f}_{12}$ 垂直于纸面向内，二者方向相反。而二者大小又相等，因为两相互作用力具有相同的作用线和相同的力臂：

$$|\boldsymbol{r}_1\times\boldsymbol{f}_{21}|=fr_1\sin\theta_1=fh=fr_2\sin\theta_2=|\boldsymbol{r}_2\times\boldsymbol{f}_{12}|$$

因此，二者之和为 0。

于是，有

$$(\boldsymbol{r}_1\times\boldsymbol{F}_1+\boldsymbol{r}_2\times\boldsymbol{F}_2)\mathrm{d}t=\mathrm{d}(\boldsymbol{L}_1+\boldsymbol{L}_2)$$

其中，$\boldsymbol{L}_1+\boldsymbol{L}_2$ 为质点系的总角动量；$\boldsymbol{r}_1\times\boldsymbol{F}_1+\boldsymbol{r}_2\times\boldsymbol{F}_2$ 为外力矩矢量和。对于一般情形，所有内力矩成对抵消，只留下外力矩，故可得到

$$\sum_i \boldsymbol{M}_i=\sum_i \boldsymbol{r}_i\times\boldsymbol{F}_i=\frac{\mathrm{d}}{\mathrm{d}t}\sum_i \boldsymbol{L}_i \tag{3.12}$$

即**所有外力矩之和等于系统总角动量的变化率**。这就是**质点系的角动量定理**。

可以看出，牛顿第三定律在这里又起到了重要作用，将式(3.12)左边本应存在的大量的内力矩全部抹掉了。我们可以小结一下：牛顿第三定律使得**一对相互作用力的冲量之和为 0，力矩之和为 0，做功之和只决定于质点间距的改变**。

若系统所受的合外力矩为零，即 $\sum_i \boldsymbol{M}_i=0$，则根据质点系角动量定理式(3.12)，$\mathrm{d}\left(\sum_i \boldsymbol{L}_i\right)/\mathrm{d}t=0$，即

$$\boldsymbol{L}=\sum_i \boldsymbol{L}_i=\text{常矢量} \tag{3.13}$$

故而，如果系统所受总外力矩为零，其总角动量就保持不变。这就是**质点系的角动量守恒定律**。

举个例子。宇宙中存在着各种各样的天体系统，它们中许多都具有旋转的涡旋盘状结构。银河系最初是一团极大的弥漫气体云，具有一定的初始角动量 $\boldsymbol{L}$。气体云在内部相互间的万有引力作用下逐渐收缩，速度越来越大。但角动量守恒要求粒子速度的增大必须主要体现为横向速度（即绕 $\boldsymbol{L}$ 轴的速度分量 $v_\perp$）的增大（因为半径减小了），而不是径向速度（即指向 $\boldsymbol{L}$ 轴的速度分量 $v_\perp$）的增大。这意味着气体云难以进一步向转动轴收缩。但是，气体云在平行于 $\boldsymbol{L}$ 轴的方向收缩时，就不存在这个问题。因此，银河系就演化成了朝一个方向旋转的盘状结构。据估计，银河系的直径约为其中心厚度的 10 倍。

要注意的是，力矩之和 $\sum_i \boldsymbol{M}_i=0$ 与外力之和 $\sum_i \boldsymbol{F}_i=0$ 没有必然关系。有心力场满足前者但不满足后者，而**力偶**（等大、反向但不共线的两个力）则满足后者而不满足前者。

例 3.1　将一质量为 m 的小球系在细绳的一端，让其在光滑水平桌面上做圆周运动。细绳另一端穿过桌面上的圆心到达桌面以下，被手拽住。此时小球速度为 v_1，圆周半径为 r_1。然后手缓慢向下拉绳，使半径减小到 r_2，则手做功多少？

解　设小球的速度增大为 v_2，则由角动量守恒定律，有

$$mv_2r_2=mv_1r_1$$

于是，根据动能定理，手做功为

$$A=\frac{1}{2}mv_2^{\ 2}-\frac{1}{2}mv_1^{\ 2}=\frac{1}{2}\left[\left(\frac{r_1}{r_2}\right)^2-1\right]mv_1^{\ 2}$$

例 3.2　如图 3-4 所示，体重相同的甲、乙两个小孩，各抓住跨过轻质滑轮的轻绳两端。当他们从同一高度向上爬时，相对于绳子，甲的速率是乙的两倍。问谁先到达顶点？（忽略

绳和滑轮的质量以及绳、滑轮和轴之间的摩擦）

解 考虑甲、乙和滑轮组成的系统。相对于轮轴心 O，支持力无力矩，两重力力臂相等，两力矩等大反向，故合力矩 $\boldsymbol{M}=0$，于是系统角动量守恒。设 v_1 和 v_2 是甲和乙的对地速度，有：

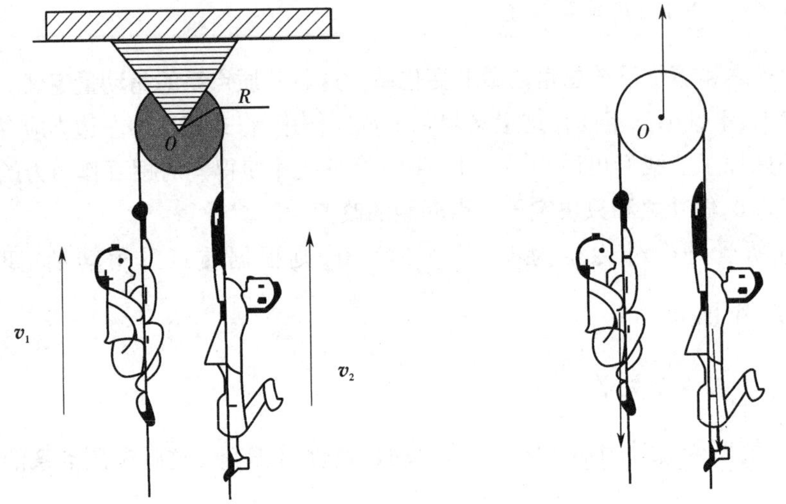

图 3-4 例题 3.2 图

$$L = mRv_1 - mRv_2 = 0$$

故 $v_1 = v_2$。尽管两人相对于绳子的速率不等，但他们对地速度相等，所以，从同一高度向上爬，两人将同时到达顶点。

注意：如果两人质量不等，则两重力矩不等，合力矩不为 0，系统的角动量不守恒，此时需另行求解。

3.2 质心和刚体的运动

对于很多的实际问题，在研究它们的运动时，大多数情况下要考虑物体的大小和形状，物体不能再被看作质点。此时要用到另外一种物理模型——刚体。对于**刚体**，只考虑物体的形状和大小，其形变可以忽略。它是一个理想模型。刚体可定义为：所有质点之间的距离均保持不变的质点系。

虽然刚体没有形变，但弹性力还是有的，各种压力、支持力都是。可以将此情况理解为弹性系数（或各种弹性模量）趋于无穷大的情形。此时，形变无穷小就可以产生有限大小的弹力。

3.2.1 质心

所谓**质心**，就是系统的平均位置，并且**是以质量为权重的平均位置**：

$$\boldsymbol{r}_C = \frac{\sum_i m_i \boldsymbol{r}_i}{\sum_i m_i} \tag{3.14}$$

质心的概念适用于一切质点系，对刚体尤其有用。对于质量均匀分布、形状规则的刚体，其质心就是几何中心。显然，在均匀引力场中（如地表附近），质心就是重心。但在重心概念（强调引力）失去意义的地方，质心概念仍然成立。

质心运动代表着系统的整体运动，但不包括系统各部分之间的相对运动。将式（3.14）对时间求导，注意其分子变为总动量，故有

$$\boldsymbol{p} = \sum_i m_i \boldsymbol{v}_i = \int \mathrm{d}m\boldsymbol{v} = M\boldsymbol{v}_C \tag{3.15}$$

其中，$M = \sum_i m_i = \int \mathrm{d}m$ 为系统的总质量。式（3.15）表明，计算系统的总动量时，可以把系统当成一质点，让所有质量集中到质心处。

根据质点系动量定理 $\sum_i \boldsymbol{F}_i \mathrm{d}t = \mathrm{d}\sum_i \boldsymbol{p}_i$，把上述总动量的表达式（3.15）代入，得

$$\sum_i \boldsymbol{F}_i = M\frac{\mathrm{d}\boldsymbol{v}_C}{\mathrm{d}t} = M\boldsymbol{a}_C \tag{3.16}$$

这就是**质心运动定理：外力矢量和等于系统总质量与质心加速度的乘积**。故而当考虑系统的整体运动时，可以把系统当成一个质量集中于质心的质点处理。

还经常用到质点系（比如**刚体**）的**重力势能**，它的计算也**只要把质量集中在质心即可**：

$$E_{\mathrm{p}}=Mgy_C \tag{3.17}$$

其中，y_C 为质心的水平高度。式（3.17）的证明如下：

$$E_{\mathrm{p}} = \sum_i m_i g y_i = g\sum_i m_i y_i = gMy_C$$

这里用到了质心定义式（3.14）的 y 分量。

可以发现，质点系的一个物理量只要是线性地依赖于各质点坐标，那么计算它时就可以将全部质量集中于质心。式（3.14）至式（3.17）都是例证。作为对比，下文中的转动惯量式（3.21）对坐标是平方依赖关系，那么就不是只等效为质心来计算这么简单了（式（3.25））。

3.2.2　刚体的运动

刚体的基本运动可以分为**平动和转动**。在运动过程中，如果刚体上所有质点的轨迹都一样，即为**平动**。显然，刚体平动时，其内部任意两个质点间的连线始终保持其方向不变，所有质点都有相同的速度与加速度，刚体的运动也就可以用刚体内任意一个质点的运动来代替。故**平动刚体可以视为质点**。

刚体的**转动**则比较复杂。如果刚体上的所有质点在运动过程中始终绕同一固定转轴做圆周运动，这就是**定轴转动**。定轴转动是刚体转动最简单的形式。如果刚体运动时不存在固定转轴，但存在一个固定点，这就是**定点转动**。定点转动也可认为存在转轴，只不过其转轴时刻在变化，只有一个点静止。

刚体的一般运动可看成是平动和转动的叠加。例如，车轮的滚动或钻床上钻头的运动，此时刚体上不存在固定静止点。可以在刚体上任取一点，将刚体的运动视为随该点的平动和绕该点的转动的合成。本章主要讨论最简单的刚体定轴转动。

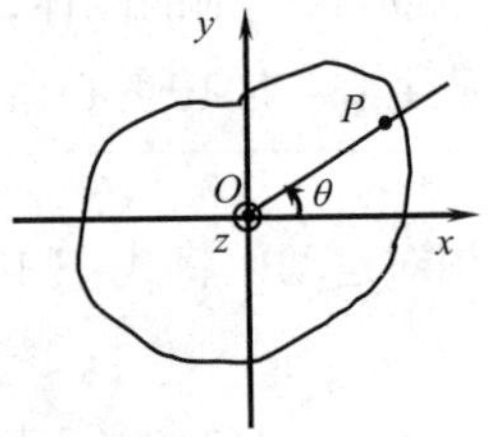

图 3-5 刚体定轴转动的描述

刚体做定轴转动时，刚体上各点都在各自的转动平面(垂直于转轴的平面)内做圆周运动，各点的运动半径一般不等，从而各点的位移、速度、加速度一般也不相等。但各质点在相等的时间内转过的角度相等，故各点的角位移、角速度和角加速度都相等。因此，用角量来描述刚体的转动比较方便，且只需描述刚体中某一点的运动就可以了。图 3-5 为一个绕 z 轴转动的刚体在 Oxy 平面内的截面，z 轴垂直于纸面向外。在该截面内任取一点 P(非原点 O)。若 P 点的位置确定了，则整个刚体的位置也就唯一确定了。而 P 点做圆周运动，其位置可用角坐标 θ 确定。这里规定 θ 以逆时针方向为正，这样角坐标正方向与 z 轴的正方向就符合右手螺旋关系。因此只需要一个自由度，即角坐标 θ，即可表征刚体的位置。于是，刚体绕 z 轴的转动就用角坐标 θ 随时间的变化来表示：

$$\theta=\theta(t) \tag{3.18}$$

这就是**定轴转动刚体的运动学方程**。

第 1 章圆周运动知识可以全部套用，相关公式罗列如下：

$$\omega=\frac{\mathrm{d}\theta}{\mathrm{d}t}$$

$$\beta=\frac{\mathrm{d}\omega}{\mathrm{d}t}=\frac{\mathrm{d}^2\theta}{\mathrm{d}t^2} \quad \theta=\theta_0+\int_0^t\omega\mathrm{d}t$$

$$\omega=\omega_0+\int_0^t\beta\mathrm{d}t$$

刚体上任一点的速度和加速度为

$$v=\omega r$$

$$a_\tau=\frac{\mathrm{d}v}{\mathrm{d}t}=\beta r \quad a_n=v\omega=\frac{v^2}{r}=\omega^2 r$$

注意最后两式中的 r 不是质点位矢的大小(从原点量起)，而是从质点 P 到刚体转轴的垂直距离，记为 $r_\perp$ 更准确。但由于下面将大量用到 $r_\perp$，这里还是将其写为 r，而位矢则换为 $\boldsymbol{R}$。

3.3 刚体的定轴转动定理和转动惯量

3.3.1 刚体的定轴转动定理

把质点系的角动量定理式(3.12)用于刚体，但由于刚体的复杂性，作以下**简化：①只考虑定轴转动的刚体；②只考虑角动量定理的沿轴分量**。记固定转轴为 z 轴(其正方向为 $\boldsymbol{\omega}$ 的指向)，则角动量定理的 z 分量为

$$M_z = \frac{\mathrm{d}}{\mathrm{d}t}\sum_i L_{iz} \tag{3.19}$$

其中,i 为对刚体中各质元的编号。

力矩的 z 分量 M_z 如何理解?在图 3-6 中,对于一个一般的力 $\boldsymbol{F}$ 而言,它有平行分量 $\boldsymbol{F}_{//}$、离轴分量 $\boldsymbol{F}_n$ 和绕轴分量 $\boldsymbol{F}_\tau$,而位矢 $\boldsymbol{R}$ 又有平行分量 $\boldsymbol{r}_{//}$ 和垂直分量 $\boldsymbol{r}$。按照力矩的定义,

$$\begin{aligned}\boldsymbol{M}=\boldsymbol{R}\times\boldsymbol{F}&=(\boldsymbol{r}+\boldsymbol{r}_{//})\times(\boldsymbol{F}_\tau+\boldsymbol{F}_{//}+\boldsymbol{F}_n)\\&=\boldsymbol{r}\times\boldsymbol{F}_\tau+\boldsymbol{r}\times\boldsymbol{F}_{//}+\boldsymbol{r}_{//}\times\boldsymbol{F}_\tau+\boldsymbol{r}_{//}\times\boldsymbol{F}_n\end{aligned}$$

显然,由于第二、三、四项的因子中都有沿 z 轴的矢量,故这三个叉乘结果都没有 z 分量,从而对 M_z 有贡献的只有第一项。

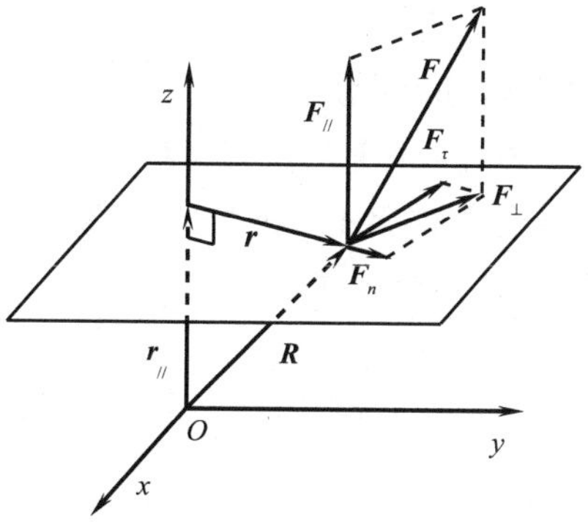

图 3-6　绕轴的力矩

故而,

$$M_z=rF_\tau \tag{3.20}$$

即**对 M_z 有贡献的只有离轴距离和力的绕轴分量**。而这二者又恰恰决定着推动刚体绕轴转动的力矩,故力矩的**沿轴**分量又可称为力矩的**绕轴**分量(或**对轴**分量)。这样,抽象的 M_z 就与我们直觉中的概念重合了。

以上结论对角动量 $\boldsymbol{L}=\boldsymbol{R}\times m\boldsymbol{v}$ 也成立。不同的是,在刚体的定轴转动情形中,质点速度 $\boldsymbol{v}$ 只有绕轴分量,故只要用位矢的垂直分量 $\boldsymbol{r}$ 替换 $\boldsymbol{R}$ 即可得到角动量的 z 分量 L_z,而 L_z 又可称为**角动量的绕轴(或对轴)分量**。于是,对于质元 i,其绕轴角动量为

$$L_{iz}=r_i m_i v_i=r_i^2 m_i\omega$$

注意:其中 ω 与各质元无关。于是,刚体对 z 轴的总角动量为

$$L_z=\sum_i L_{iz}=\omega\sum_i r_i^2 m_i$$

其中求和部分反映刚体自身的特征,且在转动过程中是个常数,称为刚体绕 z 轴的**转动惯量**:

$$I_z\equiv\sum_i r_i^2 m_i \tag{3.21}$$

于是,刚体的对轴角动量等于其绕该轴的转动惯量与角速度的乘积:

$$L_z=I_z\omega \tag{3.22}$$

因此,根据对轴的角动量定理式(3.19)和角动量表达式(3.22),有

$$M_z = \frac{\mathrm{d}L_z}{\mathrm{d}t} = I_z \frac{\mathrm{d}\omega}{\mathrm{d}t} = I_z\beta \tag{3.23}$$

这就是刚体**对轴的角动量定理**,又称为刚体绕定轴的**转动定理**。转动定理表明,刚体定轴转动时的角加速度正比于刚体所受到的绕轴力矩之和。如果绕轴力矩为0,则刚体保持匀速转动状态。

要注意的是,不要把式(3.22)和式(3.23)分别推广为 $\boldsymbol{L}=I\boldsymbol{\omega}$ 和 $\boldsymbol{M}=I\boldsymbol{\beta}$。前者错误,后者错得更厉害。一般来说,刚体的总角动量 $\boldsymbol{L}$ 的方向与其角速度 $\boldsymbol{\omega}$ 的方向(即 z 轴方向)不一定相同,而合力矩更不会只有绕轴分量,但上面两式中的矢量 $\boldsymbol{\omega}$ 和 $\boldsymbol{\beta}$ 都只有绕轴的 z 分量。对一般情形的分析会超出本书范围,此处只需牢记我们的简化前提:只考虑定轴转动;只考虑角动量和力矩的 z 分量 L_z 和 M_z。我们没有谈及 L_x, L_y, M_x, M_y 怎样,因为它们很复杂。而 I_z 也加了下角标 z,表示的是**对 z 轴**的转动惯量。

如果刚体有对称轴,那么刚体绕对称轴转动时,$\boldsymbol{L}$ 与 $\boldsymbol{\omega}$ 一定同向。更一般地,对于任意刚体,过其上任意一点都有三条称为**惯量主轴**的特殊直线,它们相互垂直,绕任何一根旋转都有 $\boldsymbol{L}/\!/\boldsymbol{\omega}$。此时,矢量方程 $\boldsymbol{L}=I\boldsymbol{\omega}$ 和 $\boldsymbol{M}=I\boldsymbol{\beta}$ 才成立。

3.3.2 刚体的转动惯量

刚体的转动惯量反映了刚体的转动特性,是一个重要的概念,有必要专门阐述。

牛顿第二定律中的质量可以视为物体平动时惯性大小的量度,而转动定理表明,I_z(以下省略下角标,写为 I)实际上表明刚体反抗外力矩的一种能力,是**转动惯性的体现**,故称为转动惯量,相当于平动时的质量。转动惯量大的刚体不容易改变它的转动状态,这就是那些需要有稳定转速的机器设备在转轴上都有一个较重的飞轮的原因。

由定义式(3.21)可以看出,**转动惯量等于组成刚体各质点的质量与各个质点到转轴的距离平方的乘积之和**。刚体的质量通常是连续分布的,此时求和改写为积分,有

$$I = \int r^2 \mathrm{d}m = \int r^2 \rho \mathrm{d}V \tag{3.24}$$

其中,$\mathrm{d}m=\rho\mathrm{d}V$ 为质元的质量;r 为此质元到转轴的垂直距离。转动惯量的国际制单位为 $\mathrm{kg\cdot m^2}$。

转动惯量 I 的大小跟刚体的质量有关。**质量一定时,转动惯量还与质量分布有关,同时也就跟转轴位置有关**:质量分布越远,I 越大。对于给定的刚体,转轴位置不同,则质量分布不同,从而转动惯量一般不同。

计算转动惯量时,有一条重要的**平行轴定理**:若刚体对质心轴的转动惯量为 I_C,则其对另外一根与之平行的转轴的转动惯量为

$$I=I_C+Md^2 \tag{3.25}$$

其中,M 为刚体的质量;d 为两平行轴之间的距离,如图3-7所示。平行轴定理意味着,在所有相互平行的转轴中,以**质心轴对应的转动惯量最小**。

平行轴定理的证明如下。

以平板绕其垂直轴 O 旋转为例。在图 3-7 中，对于质元 i，显然有 $\boldsymbol{r}_i=\boldsymbol{r}_i'+\boldsymbol{d}=\boldsymbol{r}_i'+\boldsymbol{r}_C$，且

$$\sum_i m_i\boldsymbol{r}_i'=\sum_i m_i(\boldsymbol{r}_i-\boldsymbol{d})=\sum_i m_i\boldsymbol{r}_i-\sum_i m_i\boldsymbol{r}_C=0$$

这里用到了质心的定义。于是，

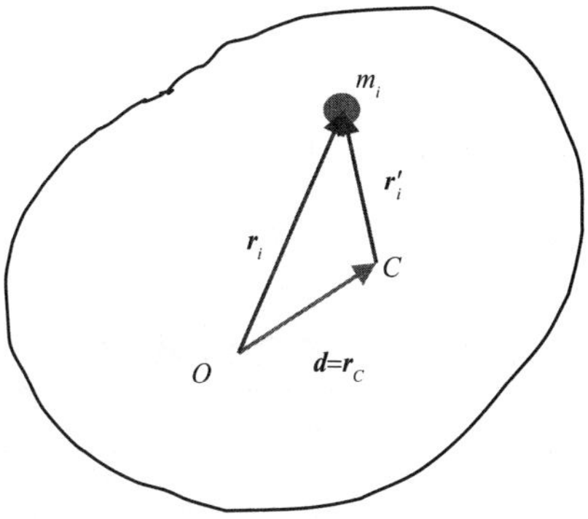

图 3-7　平行轴定理

$$\begin{aligned}I&=\sum_i m_ir_i^2=\sum_i m_i\boldsymbol{r}_i^2=\sum_i m_i(\boldsymbol{r}_i'+\boldsymbol{d})\cdot(\boldsymbol{r}_i'+\boldsymbol{d})\\&=\sum_i m_i(\boldsymbol{r}_i'^2+\boldsymbol{d}^2+2\boldsymbol{r}_i'\cdot\boldsymbol{d})=\sum_i m_i\boldsymbol{r}_i'^2+\sum_i m_i\boldsymbol{d}^2+2\sum_i m_i\boldsymbol{r}_i'\cdot\boldsymbol{d}\\&=I_C+Md^2\end{aligned}$$

例 3.3　一根均匀细棒质量为 m，长为 l。当转轴垂直于棒，且分别过棒的中点和棒的端点时，求细棒的转动惯量。

解　如图 3-8 所示，设细棒的线密度为 λ，长度为 $\mathrm{d}x$ 的微元具有的质量为

$$\mathrm{d}m=\lambda\mathrm{d}x=\frac{m}{l}\mathrm{d}x$$

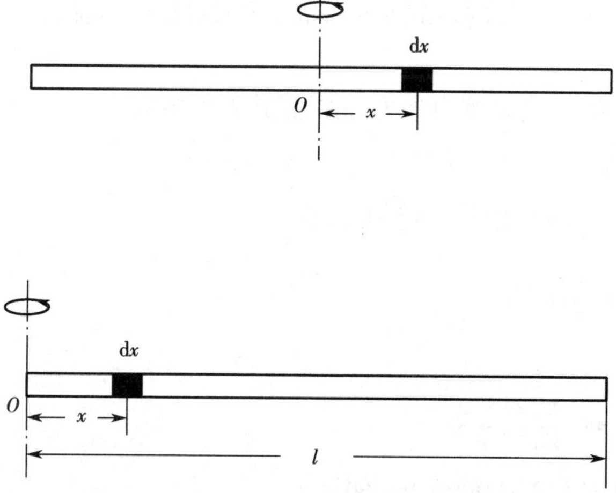

图 3-8　细棒的转动惯量

当转轴垂直于细棒并过细棒中心时，由式(3.24)可得

$$I_C=\int r^2\mathrm{d}m=\int_{-l/2}^{l/2}x^2\lambda\mathrm{d}x=\frac{1}{12}\lambda l^3=\frac{1}{12}ml^2$$

当转轴垂直于细棒并过细棒端点时，则有

$$I=\int r^2\mathrm{d}m=\int_0^l x^2\lambda\mathrm{d}x=\frac{1}{3}\lambda l^3=\frac{1}{3}ml^2$$

或者，使用平行轴定理式：

$$I=I_C+m\left(\frac{l}{2}\right)^2=\frac{1}{12}ml^2+\frac{1}{4}ml^2=\frac{1}{3}ml^2$$

表 3.1 给出了一些常见均匀刚体的转动惯量。

表 3.1　一些均匀刚体的转动惯量

刚体形状	轴的位置	转动惯量
细棒（长为 l）	过中点垂直于细棒	$\frac{1}{12}ml^2$
细棒（长为 l）	过端点垂直于细棒	$\frac{1}{3}ml^2$
薄圆筒（半径为 r）	过筒心中心轴	mr^2
厚圆环或圆筒（内外半径为 r_1,r_2）	几何中心轴	$\frac{1}{2}m(r_1^2+r_2^2)$
圆盘（半径为 r）	过盘心垂直于盘面	$\frac{1}{2}mr^2$
薄球壳（半径为 r）	直径	$\frac{2}{3}mr^2$
实心球（半径为 r）	直径	$\frac{2}{5}mr^2$

例 3.4　质量为 60 kg，半径为 0.25 m 的均匀飞轮，以角速度 1 000 r/min 匀速转动。现将轮闸压向飞轮，使飞轮在 5 s 内匀减速至停止，试求对轮闸所加外力的大小。设闸与轮之间的滑动摩擦系数为 0.8。

解　设所加外力为 N，则摩擦力为 $f=\mu N$，而其阻力矩为

$$M=-fr=-\mu Nr$$

飞轮的转动惯量为 $I=\frac{1}{2}mr^2$，由转动定理式，有

$$-\mu Nr=I\beta=\frac{1}{2}mr^2\beta$$

故

$$N=-\frac{mr}{2\mu}\beta=-\frac{mr}{2\mu}\frac{\omega-\omega_0}{t}$$

$$=-\frac{60\times0.25\times(0-1\,000\times2\pi/60)}{2\times0.8\times5}\text{ N}$$

$$=196\text{ N}$$

3.4　刚体定轴转动的动能定理

我们准备将质点系的动能定理

$$A_{内}+A_{外}=\Delta E_k$$

用于定轴转动的刚体。因此，我们要解决三个问题：①内力做功 $A_{内}$ 如何表示？②外力做功 $A_{外}$ 如何表示？③总动能 E_k 如何表示？

首先，对于一般质点系，其中一对内力做功之和 $đA_{ij}=F_{ij}\mathrm{d}|\boldsymbol{r}_{ij}|$ 虽并不一定为 0，但只决定于两质点间的距离是否改变。刚体作为一种特殊的质点系，其内各质点的间距 $|\boldsymbol{r}_{ji}|$ 不变，故**刚体的内力做功之和为 0**，即 $A_{内}=0$。于是，刚体的动能定理为

$$đA_{外}=\mathrm{d}E_k \tag{3.26a}$$

$$A_{外}=\Delta E_k \tag{3.26b}$$

即外力所做的功等于刚体动能的增量。

其次，刚体上某质点所受外力做的功为 $đA=\boldsymbol{F}\cdot\mathrm{d}\boldsymbol{r}$。由于任意质点的速度 $\boldsymbol{v}$ 和无限小位移 $\mathrm{d}\boldsymbol{r}=\boldsymbol{v}\mathrm{d}t$ 总在垂直于转轴的某一个平面内，且沿着该质点圆轨道的切线方向 $\boldsymbol{\tau}$，故只有力 $\boldsymbol{F}$ 沿 $\boldsymbol{\tau}$ 方向的绕轴分量 F_τ（图 3-6）才做功：

$$đA=\boldsymbol{F}\cdot\mathrm{d}\boldsymbol{r}=F_\tau v\mathrm{d}t=F_\tau r\omega\mathrm{d}t=M_z\mathrm{d}\theta \tag{3.27}$$

其中用到了 $\mathrm{d}\theta=\omega\mathrm{d}t$ 和式（3.20）。当刚体从 θ_1 转到 θ_2 时，力所做的功为

$$A=\int_{\theta_1}^{\theta_2}M_z\mathrm{d}\theta \tag{3.28}$$

从式（3.27）和式（3.28）可以看出，**力做的功**可以用力矩表示出来，**表现为力矩做的功**。若有多个外力作用于刚体，则 M_τ 为总的绕轴外力矩，而 A 就是外力的总功。

再次，刚体的转动动能是刚体上各个质点的动能之和：

$$E_k=\sum_i\frac{1}{2}m_iv_i^2=\sum_i\frac{1}{2}m_ir_i^2\omega^2=\frac{1}{2}\left(\sum_i m_ir_i^2\right)\omega^2=\frac{1}{2}I\omega^2 \tag{3.29}$$

其中用到了一条性质：刚体上所有质点具有统一的角速度，$\omega_i=\omega$。式（3.29）可以跟质点动能表达式 $E_k=\frac{1}{2}mv^2$ 作类比，再次看到转动时的转动惯量与平动时的质量相当。

有了以上针对刚体的特定表达式，马上就能得到刚体**定轴转动的动能定理**：

$$M_z\mathrm{d}\theta=\mathrm{d}\left(\frac{1}{2}I\omega^2\right) \tag{3.30a}$$

$$\int_{\theta_1}^{\theta_2}M_z\mathrm{d}\theta=\frac{1}{2}I\omega_2^{\ 2}-\frac{1}{2}I\omega_1^{\ 2} \tag{3.30b}$$

当然，也可以直接从刚体的转动定理式（3.23）得到：

$$M_z\mathrm{d}\theta=I\frac{\mathrm{d}\omega}{\mathrm{d}t}\mathrm{d}\theta=I\omega\mathrm{d}\omega=\mathrm{d}\left(\frac{1}{2}I\omega^2\right)$$

作为一个小结，下面给出刚体的定轴转动和质点的一维运动的对比。但要注意，这种平行性可以帮助记忆，但并非基本。因为我们知道，在逻辑上，先有质点力学；加上牛顿第三定

律得到质点系力学;再加入刚体假设,才有刚体力学。如果觉得刚体的转动跟平动(或质点运动)在非常基本的层面上平行,就有可能看到表 3.2 右边的公式很容易推广到三维矢量情形,于是也把左边的公式贸然推广,犯下前面谈到过的错误。

表 3.2　刚体的定轴转动和质点的一维运动的对比

刚体的定轴转动	质点的一维运动
$\theta=\theta(t)$	$x=x(t)$
$\omega=\dfrac{\mathrm{d}\theta}{\mathrm{d}t},\quad \beta=\dfrac{\mathrm{d}\omega}{\mathrm{d}t}=\dfrac{\mathrm{d}^2\theta}{\mathrm{d}t^2}$ $\theta=\theta_0+\int_0^t\omega\mathrm{d}t,\quad \omega=\omega_0+\int_0^t\beta\mathrm{d}t$	$v=\dfrac{\mathrm{d}x}{\mathrm{d}t},\quad a=\dfrac{\mathrm{d}v}{\mathrm{d}t}=\dfrac{\mathrm{d}^2x}{\mathrm{d}t^2}$ $x=x_0+\int_0^t v\mathrm{d}t,\quad v=v_0+\int_0^t a\mathrm{d}t$
$\omega=\omega_0+\beta t$ $\theta-\theta_0=\omega_0 t+\dfrac{1}{2}\beta t^2$ $\omega^2-\omega_0^{\ 2}=2\beta(\theta-\theta_0)$	$v=v_0+at$ $x-x_0=v_0t+\dfrac{1}{2}at^2$ $v^2-v_0^{\ 2}=2a(x-x_0)$
$L_z=I\omega$	$p=mv$
$M_z=\dfrac{\mathrm{d}L_z}{\mathrm{d}t}=I\beta$	$F=\dfrac{\mathrm{d}p}{\mathrm{d}t}=ma$
$\text{đ}A=M_z\mathrm{d}\theta$	$\text{đ}A=F\mathrm{d}x$
$E_\mathrm{k}=\dfrac{1}{2}I\omega^2$	$E_\mathrm{k}=\dfrac{1}{2}mv^2$
$M_z\mathrm{d}\theta=\mathrm{d}\left(\dfrac{1}{2}I\omega^2\right)$	$F\mathrm{d}x=\mathrm{d}\left(\dfrac{1}{2}mv^2\right)$

例 3.5　如图 3-9 所示,一长为 L 的均匀直棒可绕过其一端且与棒垂直的水平光滑固定轴转动。抬起另一端使棒向上与水平面成 60°,然后无初转速释放。试求:(1)放手时棒的角加速度;(2)棒转到水平位置时的角速度。

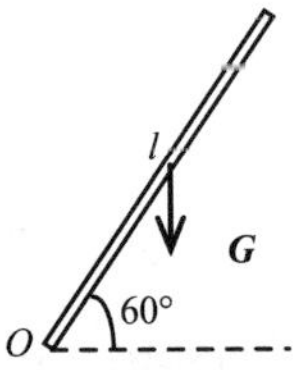

图 3-9　例题 3.5 图

解　(1)设棒的质量为 m。初始时刻,根据转动定律

$$M=Ib$$

其中 $M=\dfrac{1}{2}mgL\sin 30^\circ=\dfrac{1}{4}mgL$,而 $I=\dfrac{1}{3}mL^2$,故

$$\beta=\frac{M}{I}=\frac{mgL/4}{mL^2/3}=\frac{3g}{4L}$$

(2)当棒转动到水平位置时,重力矩做功为

$$A=\int_{\theta_1}^{\theta_2}M_z\mathrm{d}\theta=\int_{30^\circ}^{90^\circ}mg\frac{L}{2}\sin\theta\mathrm{d}\theta=\frac{\sqrt{3}}{4}mgL$$

故由动能定理

$$A=\frac{1}{2}I\omega_2^{\ 2}-\frac{1}{2}I\omega_1^{\ 2}=\frac{1}{6}mL^2\omega_2^{\ 2}$$

得

$$\omega_2=\sqrt{\frac{3\sqrt{3}g}{2L}}$$

该式也可以由机械能守恒定律得到：

$$mg\frac{L}{2}\sin 60° = \frac{1}{2}\cdot\frac{1}{3}mL^2\cdot\omega_2^{\ 2}$$

其中用到了刚体（质点系）的势能式（3.17）。

3.5　角动量守恒定律

根据角动量定理，如果总力矩为 0，那么体系的角动量将保持不变。这就是角动量守恒定律。根据情况的不同，角动量守恒定律有多种形式。质点和质点系的情况前面已经阐述了，下面讨论涉及刚体的情形。

刚体的对轴角动量由式（3.22）给出，它正比于对轴转动惯量和角速度的乘积。由转动定理（即对轴角动量定理）式（3.23）可知，当外力对轴的总力矩为零时，刚体对该轴的角动量保持不变。故在定轴转动中，当 M_z=0 时，有

$$\omega=\omega_0 \tag{3.31}$$

在航海、航空、航天以及导弹中使用的定向装置——回转仪，其基本原理就是刚体的角动量守恒定律。这种回转仪高速旋转，而且尽量把外力矩减到最小。它靠惯性而保持着其转轴方向和转动角速度大小不变，因为这分别表征着其角动量的方向和大小。因此，不管飞行器如何飞行，回转仪总是指向确定方向，从而可以用于定向。

根据质点系的对轴角动量定理式（3.19），如果合外力矩的 z 分量 M_z=0，那么质点系的对轴角动量将守恒。在实际使用中经常碰到这样的情况：整个体系不能视为一个刚体，但体系的始末状态都表现为一些刚体（和质点）的组合。而刚体的对轴角动量根据式（3.22）是很容易计算的，于是可以根据对轴角动量守恒列出方程。

例如，对于一个可以变形的物体，虽然其转动惯量可以变化，式（3.31）不能用，但可以代之以

$$I\omega=I_0\omega_0 \tag{3.32}$$

只要物体的始末状态都可以视为刚体。这意味着转动惯量 I 和角速度 ω 都可以改变，但它们的乘积将保持不变。因此，当转动惯量增大时，角速度必然减小；当转动惯量减小时，角速度必然增大。

这样的实例有很多。例如，体操运动员在做翻转动作时，通常在起跳后将身体蜷缩起来，以减小转动惯量，从而增加转动的角速度，使得翻转的次数尽量多。（当然，这里体现的是**对质心的角动量守恒**，其条件是所有外力对质心的力矩之和为 0。该条件当然成立，因为系统的重力就作用在质心上。）当运动员准备落地时，又会将身体展开，以增大转动惯量而减小角速度，便于稳定地落地。溜冰运动员和舞蹈演员在做旋转动作时，通过张开或收缩手臂来改变转动的快慢，其原理也是利用改变转动惯量来控制转速。在工业生产中，离心式调速器也是通过该原理来调节转速的。

例 3.6　工业上常将两个飞轮用摩擦啮合器使它们以相同的转速一起转动。它的基本结构是两飞轮的轴杆在同一中心线上，转动惯量分别为 I_1=20 kg · m^2 和 I_2=40 kg · m^2。初始

时，第一个飞轮的转速为 n_1=500 r/min，另一个为静止。试求两飞轮啮合后的共同转速。

解 考虑两飞轮组成的一个系统，系统不受外力矩，两飞轮啮合前后的角动量守恒。设两飞轮啮合后的角速度为 ω，有

$$I_1\omega_1+I_2\omega_2=(I_1+I_2)\omega$$

或

$$I_1n_1+I_2n_2=(I_1+I_2)n$$

故

$$n=\frac{I_1n_1}{I_1+I_2}=\frac{20\times500}{20+40}\text{r/min}=167\ \text{r/min}$$

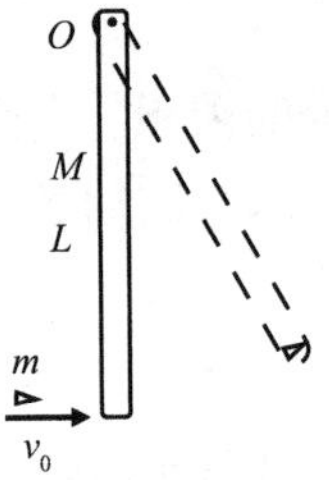

图 3-10 粒子入射细杆

例 3.7 如图 3-10 所示，质量为 2.97 kg、长为 1.0 m 的均匀细杆可绕水平且光滑的 O 轴转动，杆静止于竖直方向。一质量为 10 g 的粒子以水平速度 200 m/s 射向杆的下端，并未穿出，而是和杆一起运动。求碰撞前后系统的动能改变和动量改变。

解 碰撞过程动量并不守恒，因为 O 轴的约束会施予杆以额外的力，使得 O 点不动。系统动能也因存在滑动摩擦力而减小。但系统对 O 点的角动量守恒：

$$mv_0L=\left(mL^2+\frac{1}{3}ML^2\right)\omega$$

于是

$$\omega=\frac{3mv_0}{(3m+M)L}$$

动能改变为

$$\Delta E_k=\frac{1}{2}\cdot(m+\frac{1}{3}M)L^2\cdot\omega^2-\frac{1}{2}mv_0^2=-\frac{Mm}{2(3m+M)}v_0^2$$

刚体的动量等于把质量集中于质心时的动量，故动量改变为

$$\Delta p=\left(M\cdot\frac{1}{2}L\omega+m\cdot L\omega\right)-mv_0=\frac{Mm}{2(3m+M)}v_0$$

可见，系统的动能有损失，但动量有增加。后者很容易理解：若 O 点不被固定，则碰撞后的瞬间 O 点将向后运动；故碰撞时 O 轴的约束施予杆的力是向前的，使总动量增加。

习 题

3.1 人造地球卫星绕地球做椭圆轨道运动，地球在椭圆的一个焦点上，则卫星(　　)。

A. 动量不守恒，动能守恒

B. 动量守恒，动能不守恒

C. 对地心的角动量守恒，动能不守恒

D. 对地心的角动量不守恒，动能守恒

3.2 均匀细棒 OA 可绕通过其一端 O 而与棒垂直的水平固定光滑轴转动，如左图所

示。今使棒从水平位置由静止开始自由下落，在棒摆动到竖直位置的过程中，下述说法中正确的是(　　)。

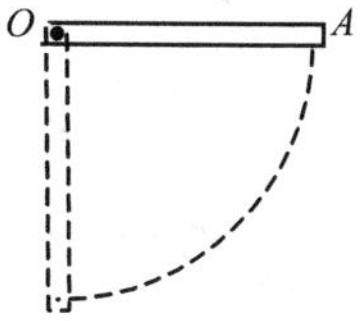

题 3.2 图

A. 角速度从小到大，角加速度从大到小

B. 角速度从小到大，角加速度从小到大

C. 角速度从大到小，角加速度从大到小

D. 角速度从大到小，角加速度从小到大

3.3　关于刚体对轴的转动惯量，下列说法中正确的是(　　)。

A. 只取决于刚体的质量，与质量的空间分布和轴的位置无关

B. 取决于刚体的质量和质量的空间分布，与轴的位置无关

C. 取决于刚体的质量、质量的空间分布和轴的位置

D. 只取决于转轴的位置，与刚体的质量和质量的空间分布无关

3.4　花样滑冰运动员绕通过自身的竖直轴转动，开始时两臂伸开，转动惯量为 I_0，角速度为 w_0。然后她将两臂收回，使转动惯量减少为 $I_0/3$。这时她转动的角速度变为(　　)。

A. $w_0/3$　　B. $\omega_0/\sqrt{3}$

C. $\sqrt{3}\omega_0$　　D. $3w_0$

3.5　光滑的水平桌面上有长为 $2l$、质量为 m 的匀质细杆，可绕通过其中点 O 且垂直于桌面的竖直固定轴自由转动，转动惯量为 $ml^2/3$。起初杆静止。有一质量为 m 的小球在桌面上正对着杆的一端，在垂直于杆长的方向上，以速率 v 运动，如图所示。当小球与杆端发生碰撞后，就与杆粘在一起随杆转动，则这一系统碰撞后的转动角速度是(　　)。

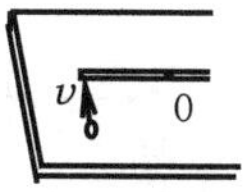

题 3.5 图

A. $\dfrac{lv}{12}$　　B. $\dfrac{2v}{3l}$

C. $\dfrac{3v}{4l}$　　D. $\dfrac{3v}{l}$

3.6　如题图所示，一均匀细杆可绕通过上端与杆垂直的水平光滑固定轴 O 旋转，初始状态为静止悬挂。现有一个小球自左方水平打击细杆。设小球与细杆之间为非弹性碰撞，则在碰撞过程中，对细杆与小球这一系统，(　　)。

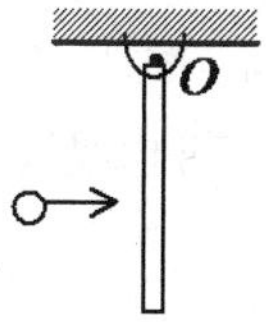

题 3.6 图

A. 只有机械能守恒

B. 只有动量守恒

C. 只有对转轴 O 的角动量守恒

D. 机械能、动量和角动量均守恒。

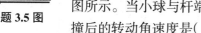

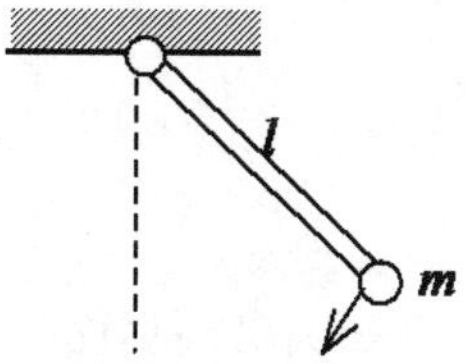

题 3.7 图

3.7　一长为 l，质量可以忽略的直杆，可绕通过其一端的水平光滑轴在竖直平面内做定轴转动，在杆的另一端固定着一质量为 m 的小球，如题图所示。现将杆由水平位置无初转速地释放。则杆刚被释放时的角加速度 b_0=______，杆与水平方向夹角为 60° 时的角加速度 b =______。

3.8 一长为 l、质量可以忽略的直杆，两端分别固定有质量为 $2m$ 和 m 的小球，杆可绕通过其中心 O 且与杆垂直的水平光滑固定轴在铅直平面内转动。开始杆与水平方向成某一角度 q，处于静止状态，如题图所示。释放后，杆绕 O 轴转动，则当杆转到水平位置时，该系统所受到的合外力矩的大小 M=________，此时该系统角加速度的大小 b =_______。

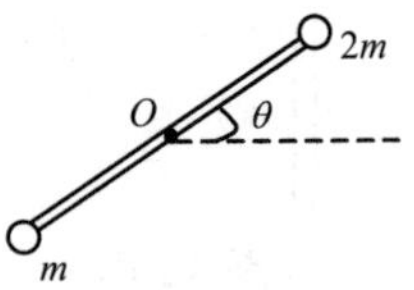

题 3.8 图

3.9 一飞轮以 600 r/min 的转速旋转，转动惯量为 2.5 kg·m^2，现加一恒定的制动力矩使飞轮在 1 s 内停止转动，则该恒定制动力矩的大小 M=_________。

3.10 一发动机的转轴在 7 s 内由 200 r/min 匀速增加到 3 000 r/min。试求：（1）这段时间内的初末角速度和角加速度；（2）这段时间内转过的角度和圈数；（3）轴上有一半径 r=0.2 m 的飞轮，求它边缘上一点在 7 s 末的切向加速度、法向加速度和总加速度的大小和方向。

3.11 长为 l 的细杆在平面内转动，角加速度满足 $\beta=\beta_0\sin\theta$，其中 θ 为角坐标，β_0 为常数。θ=0 时杆静止。当杆转至 $\theta=\dfrac{\pi}{2}$ 时，求杆的角速度。

3.12 发动机带动一个转动惯量为 50 kg · m^2 的系统做定轴转动。该系统在 0.5 s 内由静止开始匀速转动，转速增加到 120 r/min。求发动机对系统施加的力矩。

3.13 一轻绳绕于半径为 R 的圆盘边缘，圆盘可绕水平固定光滑轴在竖直平面内转动。圆盘质量为 M，开始时静止，如题图所示。（1）若以质量为 m 的物体挂在绳端，求圆盘的角加速度及转动角度和时间的关系。（2）如果去掉重物，改以在绳端施以 $F=mg$ 的拉力，圆盘的角加速度及转动的角度和时间的关系又如何？

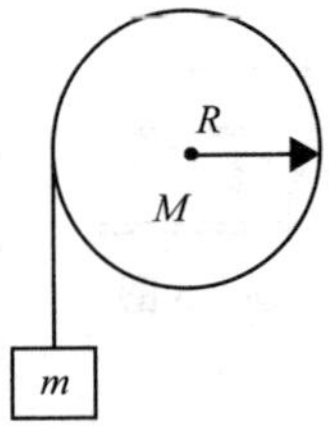

题 3.13 图

3.14 质量为 60 kg，半径为 0.25 m 的匀质圆盘，绕其中心轴以 900 r/min 的转速转动。现在用一个闸杆和一个外力 F 对盘进行制动，如题图所示，设闸与盘之间的摩擦系数为 0.4。试求：（1）当 F=100 N 时，圆盘可在多长时间内停止，此时已经转了多少转？（2）如果在 2 s 内盘转速减小一半，F 需多大？

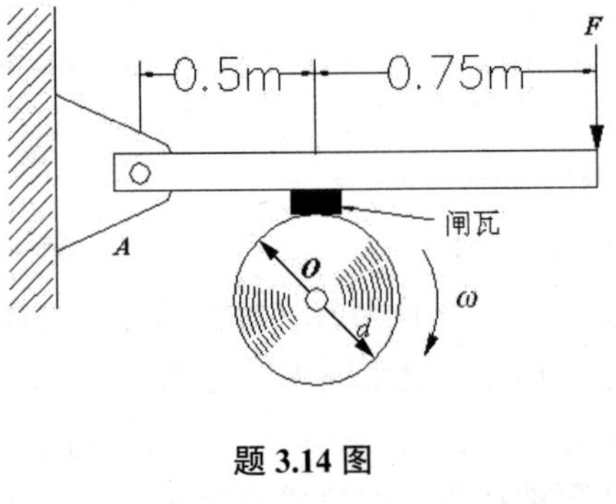

题 3.14 图

3.15 半径为 R 的均质圆盘水平放置在桌面上，绕其中心轴转动。已知圆盘与桌面的

摩擦系数为 μ，初始时的角速度为 ω_0。试求经过多少时间后圆盘将静止？

3.16　如题图所示，A 和 B 两飞轮的轴杆在同一中心线上，设两轮的转动惯量分别为 I_1=10 kg·m² 和 I_2=20 kg·m²。开始时，A 轮转速为 600 rev/min，B 轮静止。C 为摩擦啮合器，其转动惯量可忽略不计。A、B 分别与 C 的左、右两个组件相连，当 C 的左右组件啮合时，B 轮得到加速而 A 轮减速，直到两轮的转速相等为止。设轴光滑，试求：(1)两轮啮合后的转速 n；(2)两轮各自所受的冲量矩。

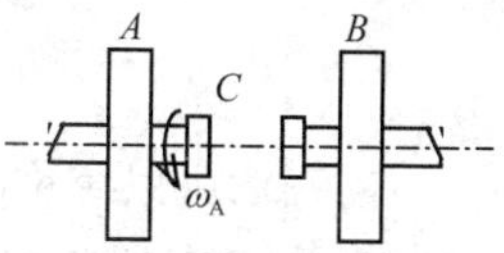

题 3.16 图

3.17　一人手握哑铃站在转盘上，两臂伸开时整个系统的转动惯量为 2 kg · m²。推动后，系统以 15 r/min 的转速转动。当人的手臂收回时，系统的转动惯量为 0.8 kg · m²。求此时的转速。

3.18　半径为 R、质量为 M 的水平圆盘可以绕固定中心轴无摩擦地转动。在圆盘上有一个质量也为 M 的人沿着与圆盘同心、半径 $r<R$ 的圆周匀速行走，相对于圆盘的速度为 $\boldsymbol{v}$。设起始时，圆盘静止不动，求圆盘的转动角速度。

3.19　质量为 M，半径为 R 的水平均匀圆盘可以绕竖直轴转动。在盘的边缘上有一个质量为 m 的人，二者开始都相对地面静止。当人沿盘的边缘相对于圆盘走一周后，盘对地面转过的角度是多少？（略去转轴处的摩擦阻力）

3.20　两滑冰运动员，质量分别为 60 kg 和 70 kg，他们的速率分别为 7 m/s 和 6 m/s，在相距 1.5 m 的两平行线上相向滑行。当两者最接近时，互相拉手并开始绕质心做圆周运动。运动中，两者间距离保持 1.5 m 不变。试求该瞬时：(1)系统对质心的总角动量；(2)系统的角速度；(3)两人拉手前后的总动能。

3.21　通风机转动部分的转动惯量为 I，以初角速度 ω_0 绕其轴转动。空气阻力矩与角速度成正比，比例系数为 k。试求：(1)经过多少时间后，转动角速度减为初角速度的一半？(2)在此时间内共转了多少圈？

第 4 章　狭义相对论基础

前三章可以统称为牛顿力学,其基本特征是其背后所暗藏的一些假定:速度不同的惯性观测者测量到的两事件的时间间隔和空间距离是相同的。这是一种对时空观的假定。那么,什么是时空观?为什么存在时空观这么一回事?时空观很重要吗?难道还有其他种类的时空观吗?这些都是本章的基本内容。

4.1　相对性原理和牛顿时空观的困境

4.1.1　相对性原理

要谈时空观,先谈相对性原理。

人类对自然界的认识过程在某种意义上是对绝对性和相对性进行重新认识的过程。在人类早期,人们认为大地是平坦的,所谓“天圆地方”。此时,“上”“下”是绝对的。到了古希腊,毕达哥拉斯和亚里士多德主张大地是个球体,即地球。那问题就来了:如果处在某地的人是站立在地面上的话,那处在地球另一端的人岂不要掉下去?现在我们知道,“上”“下”是由重力的方向来定义的,在太空舱中感受不到重力,也就无所谓“上”“下”。空间各个方向都是等价的,没有哪个方向具有绝对优越的特殊性质。这种空间方向上的相对性理论的提出是人类认识的一次飞跃。

而经典物理学是从否定亚里士多德－托勒密的地心说开始的。地心说认为,地球是宇宙的中心,是静止的,所有的天体都是围绕地球旋转的。因此地球所处的位置是宇宙中一个非常特殊的点。随着哥白尼的日心说的提出,人们逐渐认识到:空间中任何位置都是等价的,没有哪个位置更特殊、更绝对;有意义的是相对位置。地球并不特殊,而是在绕太阳高速运动。

对此,地心说派提出一条强有力的反诘:如果地球是在高速运动,那为什么在地面上的人一点也感觉不出来呢?面对这一反驳,伽利略在他的《关于托勒密和哥白尼两大世界体系的对话》中给出了精彩的解答:“把你和一些朋友关在一条大船甲板下的主舱里,再让你们带几只苍蝇、蝴蝶和其他小飞虫。船内放一只大水碗,其中放几条鱼。然后,挂上一个水瓶,让水一滴一滴地滴到下面的一个宽口罐里,船停着不动时,你留神观察,小虫都以等速向舱内各方向飞行,鱼向各个方面随便游动,水滴滴进下面的罐子中。你把任何东西扔给你的朋友时,只要距离相等,向这一方向不必比另一方向用更多的力。你双脚齐跳,无论向哪个方向,跳过的距离都相等。当你仔细地观察这些事情后,再使船以任何速度前进,只要运动是匀速的,也不忽左忽右地摆动,你将发现,所有上述现象丝毫没有变化,你也无法从其中任一现象来确定船是在运动还是停着不动。即使船运动得相当快，在跳跃时你将和以前一样，在船底板上跳过相同的距离，你跳向船尾也不会比跳向船头来得远，虽然你跳到空中时，脚下的船底板向着你跳的相反方向移动。你把任何东西扔给你的同伴时，不论他在船头还是船尾，只要你自己站在对面，你也不需要用更多的力。水滴像先前一样滴进下面的罐子，一滴也不会滴向船尾，虽然水滴在空中时，船已行驶了许多拃。鱼在水中游向水碗前部所用的力，不比游向水碗后部来得大，它们一样悠闲地游向放在水碗边缘任何地方的食饵。最后，蝴蝶和苍蝇继续随便地到处飞行，它们也决不会向船尾集中，并不会因为它们可能长时间留在空中，脱离了船的运动，为赶上船的运动显出累的样子。”

伽利略得出结论：在船里所做的任何观察和实验都不可能判断船究竟是运动还是静止；同样，在地球上的你也并不能感觉到地球的运动。这就是伽利略提出的**相对性原理**。

用现代语言来说，这里的大船就是一种惯性参考系。在一个惯性系中能看到的种种现象，在另一个惯性系中必定也能无任何差别地看到。不同惯性系中若给出相同的实验设置和初始条件，则此后的物体运动必相同；同一物体虽然在不同惯性系中运动的情形（静止或运动）不同，但都符合各自用牛顿第二定律给出的预言。亦即，**所有惯性系都是平权的、等价的，物理定律在各惯性系中具有相同的形式**。这就是相对性原理的**肯定性表述**。唯其如此，我们才不可能从实验判断出哪个惯性系是处于绝对静止状态，哪一个又是绝对运动的，其绝对速度是多少。或者说，在某惯性系中进行各种测量，都不可能得出关于该系运动状态的信息，即**绝对速度不可测量**。这是相对性原理的**否定性表述**。伽利略的相对性原理不仅从根本上否定了地心说派的非难，而且也在惯性运动范围内否定了绝对空间观念。

相对性原理最早是从力学中总结出来的，但它是一个**不涉及具体动力学的原理**，因而在层次上要高于牛顿力学这种具体理论。

4.1.2　牛顿时空观和伽利略变换

相对性原理涉及不同惯性系观测同一个过程。而其中最基本的，是不同惯性系观测同一个**事件**所得到的两组时空坐标之间的关系。这组关系就称为**时空变换**（或**坐标变换**）。**坐标变换是时空观的核心**，一种时空观就对应一种坐标变换。我们的日常经验给予我们的就是牛顿时空观，其坐标变换是我们从小就熟知的。

假设有静止系和运动系两个惯性系，如图 4-1 所示。（注意，“静止”和“运动”是相对而言的，不具有绝对意义。此处采用这种说法仅出于方便的考虑。）我们约定：静止系用 Σ 表示，运动系用 Σ' 表示。又设两系的 x 轴重合、同向，y 轴和 z 轴同向平行，且 Σ' 系以速度 v 相对于 Σ 系沿 x 轴正方向运动。当二者的原点重合时，两惯性系的时钟都指向 0 时刻。也就是说，先对好空间和时间的“起点”。考虑一个**事件** P，它在 Σ 和 Σ' 系中的坐标分别为$(x,\ y,\ z,\ t)$和(x',y',z',t')，那么它们之间的关系是

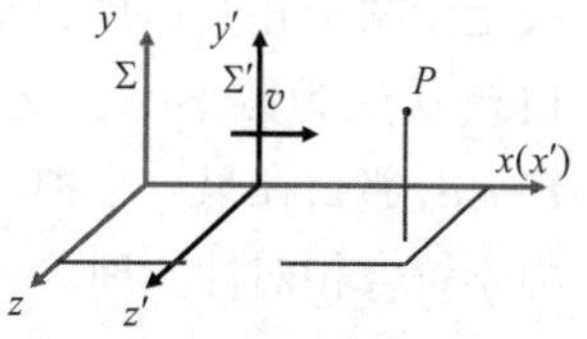

图 4-1　时空变换

$$\begin{cases} x' = x - vt \\ y' = y \\ z' = z \\ t' = t \end{cases} \tag{4.1a}$$

$$\begin{cases} x = x' + vt' \\ y = y' \\ z = z' \\ t = t' \end{cases} \tag{4.1b}$$

这就是**伽利略变换**。这两组关系互为逆关系。

说明：这里引入 t 和 t' 来表示两系中测量的时间，这恐怕是学习相对论首先要做的事情。也就是说，我们需要认识到，两系中测量某事件时得到的两个时刻值在根本上就是两码事，只是实际操作中发现这两个值总相等而已。承认它们原则上是两码事，才能为后面的学习做好铺垫。

伽利略变换的特征是，时间和空间是分离的：**时间间隔是绝对的，长度是绝对的**，它们都不因参考系的改变而改变。这在很大程度上反映了牛顿的绝对时空观。尤其反映这种时空观的是伽利略变换的推论——**速度合成律**（设只有 x 方向运动）：

$$u = u' + v \tag{4.2}$$

它体现的是同一运动质点在两个惯性系中测量到的速度的关系。由此马上得到，对于加速度，

$$a = a' \tag{4.3}$$

即加速度是绝对的。

相对性原理和伽利略变换原则上是独立的。相对性原理是说物理量在变换前后所满足的动力学关系不变，而坐标变换则决定着物理量如何变换。二者都高于一般的具体动力学，也与我们的日常经验相符。但如果在某种情况下二者有矛盾，该怎么办？

4.1.3 20 世纪以前的认识和困境

在承认伽利略变换的前提下，已经深入人心的牛顿力学符合相对性原理。这只要考虑牛顿力学的核心——牛顿第二定律 $\boldsymbol{F}=m\boldsymbol{a}$ 即可。首先，一个质点的加速度是绝对的，不因惯性系的改变而改变，即 $\boldsymbol{a}=\boldsymbol{a}'$。其次，通常力可以由某种势能给出。但势能是属于系统的，只决定于两个相互作用粒子的相对距离。由于距离是绝对的，故力是绝对的，即 $\boldsymbol{F}=\boldsymbol{F}'$。质量也被默认为跟参考系无关，即 $m=m'$。因此，如果在一个惯性系中的基本动力学规律是 $\boldsymbol{F}=m\boldsymbol{a}$，那么在另一个惯性系中的动力学规律则为 $\boldsymbol{F}'=m'\boldsymbol{a}'$。二者具有相同的形式，故牛顿力学符合相对性原理。

然而，同样在承认伽利略变换的前提下，19 世纪发现的电磁场基本理论——麦克斯韦方程组却是不符合相对性原理的。一个明显的例证是，从该理论中可以得出电磁波（或光）的速度为

$c=3.0\times10^8$ m/s

但牛顿时空观中速度是相对的,不同惯性系观测同一束光的速度将不相同。注意光速是基本电磁理论中的常数;不同惯性系中的光速不同,必然意味着电磁理论在不同惯性系中具有不同的形式,从而不符合相对性原理。人们毫不怀疑"天经地义"的伽利略变换和牛顿时空观,坦然地把相对性原理打入冷宫。

与此相应的认识是,电磁理论仅在某种特定的参考系中才成立,而仅在该系中电磁波的速度才是 3.0×10^8 m/s。当时对波的认识只有机械波,而任何机械波都需要介质才能传播。故而上述特定参考系就被认为是电磁波的介质——以太。由于电磁波可以在真空中传播,因此以太必然充满整个宇宙,并能渗透到通常的物质中,因为电磁波也可能在普通物质(如水)中传播。

这种以太介质具有种种非常奇怪的性质,但这些都没能使人们抛弃以太概念。这是因为,牛顿力学深入人心,一切都从力学视角来看待的机械观深入人心,从而,电磁波必须是某种机械波。这一理念使得人们置以太的种种不合理性质于不顾。

既然电磁波是在以太中传播的机械波,麦氏方程组只在以太这种参考系中才严格成立,那么弥散在整个宇宙中的以太就天然地成为一种绝对的参考系,可以作为绝对静止系,相对性原理不再成立,而任一物体的绝对速度也就原则上可以测量了。虽然用力学现象无法判定绝对运动,但利用电磁现象却可以。尤其是,光只有相对于以太的速度才是 c,相对于其他在以太中运动的物体,例如绕太阳公转的地球,就一般不会是 c 了,而是出现光速的各向异性。此时地球上会出现"以太风",对光速产生影响,据此即可推断地球的绝对速度。这就是所谓的"以太漂移"实验。

"以太漂移"实验中最著名的就是**迈克尔逊-莫雷实验**。迈克尔逊为此专门设计了以他名字命名的迈克尔逊干涉仪,仪器精密到可以测量相当于 v^2/c^2 这么小的效应,足以观测到地球相对于以太的运动。该实验前后进行了 10 年,但通通得到零结果,似乎地球一直都相对于以太静止。这是史上最著名的失败实验。还有其他试图判定地球绝对运动且精度足够的实验,但都未探测到预期结果而以失败告终。

这些实验表明:**即使利用电磁学实验,也无法判定地球的绝对运动。**

面对种种困难,各种解决方案层出不穷。但这些方案都是基于以太观点的,捉襟见肘,解释这些实验又解释不了另一些实验,一时间莫衷一是。

4.1.4 爱因斯坦的相对论基本假定

爱因斯坦于 1905 年提出的狭义相对论,独辟蹊径,统一解决了各种困境。相对论的提出,并不是爱因斯坦为了解决某一个具体困境而摸索出来的,而是他站在一种超然的高度,凭着对某种物理原理的强烈信念而提出来的。这种原理就是相对性原理。**电磁现象必须满足相对性原理!** 而我们刚刚总结出,利用电磁现象是无法判定绝对运动的。

电磁现象满足相对性原理,这意味着在任意惯性系中,电磁现象的动力学规律都是同一形式的麦氏方程组。尤其是,作为麦氏方程组的逻辑推论的光速,必须对任意惯性系而言都是同一数值。也就是说，真空中的光速与参考系无关。

因此，爱因斯坦提出了两条假定作为狭义相对论的基本出发点。①**相对性原理**：任何物理规律在所有惯性系中具有相同的形式。②**光速不变原理**：真空中的光速为恒定值 c，跟参考系（或光源）无关。

根据光速不变原理，同一束光，在地面系和匀速运动的火车系看来，速度都必须是 c。这显然违反了我们的日常经验，与我们熟悉的速度合成律相冲突。这怎么可能呢？可以从以下几个方面来尝试理解。①我们的日常经验只是低速时的经验，到了光速这么高的速度，事情会变得怎样，我们真无法判断。我们确实不敢肯定地说我们熟悉的速度合成律在高速时就一定会成立。②肯定光速不变原理的实质在于肯定麦克斯韦电磁理论满足相对性原理这条“管定律的定律”。除非抛弃相对性原理，否则我们就应该接受光速不变原理。③光速不变原理和狭义相对论不只是理论上的可能，更是被后续大量实验反复验证过、迄今未遇反例的理论。

另外可以看到，在爱因斯坦的理论中已经没有了一般人所不离不弃的绝对静止系——以太。既然相对性原理是普适的，绝对运动仍然不可测量，那么绝对静止系就仍然不是可以由实验加以确定的；它是玄学的概念，而不是物理学的概念。**物理学只讨论可以操作、测量的概念**，这是物理学的一个原则。相对论之所以最终被接受，并非只是因为能够解释当时大批已有的实验（尽管这些实验结果在此前看来是相互矛盾的），更是因为它的大量预言都被后来的实验所证实。而以太观念之所以退出历史舞台，是因为它在这个全新理论中无任何地位，这才慢慢被遗忘。

4.2 狭义相对论时空观（Ⅰ）

光速不变原理的提出，意味着必须对通常的时空观进行全面革新，因为它直接与通常的速度合成律相冲突，违反了我们的日常经验，从而必然与我们熟悉的牛顿时空观相冲突。所以爱因斯坦的大胆就在于，他居然否定了我们熟悉的时空观，这是通常人们想都没想到、想都不敢想的。

本节的主要目的是从尽可能低的起点、从基本的物理概念出发来讨论一系列基本内容，而不是直接使用洛仑兹变换来进行。后一种做法虽然紧凑，但一开始就竖起了一道高墙，让人难以逾越。

4.2.1 同时的相对性

爱因斯坦对牛顿时空观首要的、也是根本性的突破是认识到了同时的相对性。其内容是：**在某系中同时发生的两事件，在另系看来不是同时发生的**。而且，我们还可以确定先后次序：另系运动前方（即原系运动后方）的事件先发生。

爱因斯坦对牛顿时空观首要的、也是根本性的突破是认识到了同时的相对性。自此，其后的理论发展也就势如破竹了。因此，对同时的相对性的掌握是学习相对论的首要任务。

爱因斯坦假想了一辆高速火车，我们称为**爱因斯坦火车**。假设**从地面观测**，某时刻车头 A 和车尾 B 同时发生了一次闪电，如图 4-2 所示。在火车中点 C 处装有一探测器，只要两边的两束光同时到达，探测器就会响。同一时刻，地面上相应重合的点为 A'、B' 和 C'，且 C' 处也装有同样的探测器。现在，由于地面上待观测的两束光从 A' 处和 B' 处同时发出，故二者将同时到达 C' 处，于是 C' 处的探测器会响一声。那火车上的探测器 C 呢？由于火车前行，A 处发出的光（简称 A 光）与 C 相向而行会先达到 C，B 光将追赶 C 而后到达 C。因此，C 处的探测器不会作响。这是地面的观测结果，当然也是火车上的观测结果。因为一件事情发生与否是确定的，不会因参考系的不同而不同。根据该探测器的性能，可知两束光不是同时到达 C 的。

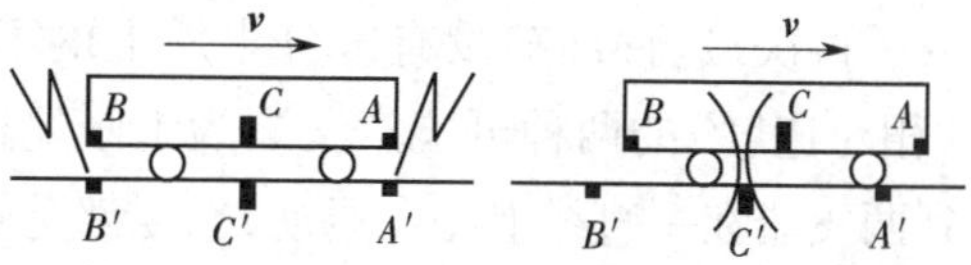

图 4-2　爱因斯坦火车

至此，我们的分析与通常的时空观完全不矛盾。实际上，上述分析和结论是与时空观无关的，在逻辑上是**先于时空观**的。下面就要涉及时空观了。

我们依据光速不变原理来分析火车上观测到的情形。光速是不变的，火车上观测到的光速也是 c。C 是中点（$\overline{AC}=\overline{BC}$），而两束光不是同时到达 C 的，故根据同时的操作型定义，我们必然得出一个结论：A、B 两处的闪电在火车上观测不是同时发生的。而且，由于 A 光比 B 光先到达 C，所以，A 处的闪电比 B 处的闪电先发生。也就是说，在某系中同时发生的两事件，在另系看来不是同时发生的。这就是**同时的相对性**。而且，我们还可以确定先后次序：**另系运动前方（即原系运动后方）的事件先发生**。

同时是相对的，这一结论又一次完全违背我们的直观感觉。当然，这是必然的。在牛顿时空观看来，时间和空间是完全分离的，不同惯性系测量到的空间距离和时间间隔都是一样的。现在，由于光速不变性对牛顿速度合成律的背离，时间间隔居然成为一个相对概念了。

对以上论述经常会出现一些误解。比如有人认为："火车上看事件 A′ 和 B′ 并非同时发生"的结论其实是有光传播的因素在内的。两处闪光其实就是同时发生的，只是一先一后达到才使探测器不响。你们只是把"两束光不同时到达 C"的事实当成"两处闪光不同时发生"，并没有去掉光传播的因素。为什么 A 光比 B 光先到达 C？就是因为 A 光与 C 是相向运动，而 B 光与 C 是追及运动。前者的相对速度是 $c+v$，后者的相对速度是 $c-v$，当然会一前一后到达 C 了。所谓距离相同，只是开始时的距离相同，后来因为相对运动，一个缩短，一个拉长，距离就不再相同了。

这里犯了以下几个概念错误。

首先，虽然在我们的讨论中用到了光，但光的传播因素已经扣除，因为我们已经考虑到了在火车上距离一样，光速一样，传播时间一样。我们不仅得到两束光不同时达到 C，更重要的是我们还得到 A、B 两处闪光并非同时发生（在火车惯性系观测）。所以，**我们所指的是实际发生的测量结果，并没有光传播的因素在内**。

其次，所谓开始距离相同，后来距离不同，这根本就没有站在火车上考虑问题，而是仍站在地面上考虑问题。站在火车上，会有哪段距离改变？

再次，这种理解没有区分本质上的不同，但在牛顿力学中却表观相同的两个概念，即“相对速度”的两种可能意义。为了阐述这个重要问题，先看一个例子：地面系中某人观测到两飞船在一直线上相向运动，速度都是 $0.6c$，那么观测者看到的它们的相对速度是多少？用小学数学的相向运动知识可以得出是 $1.2c$。如果它们相距 L，则它们的相遇时间显然就是 $L/1.2c$。后面会谈到，任何物体的速度不能超过 c，但现在这个 $1.2c$ 的速度不跟“光速最大”矛盾吗？

不矛盾。

产生这种误解是由于我们小瞧了相对速度这个概念。通常认为，相对速度需要指明是“谁相对于谁”就行了，但其实还需指明是“谁观测的”。所以，其实**相对速度有三个要素——主体、相对物和观测者**。把它们分别记为 A、B 和 C，则相对速度应记为 $\boldsymbol{v}_{AB,C}$。于是，$\boldsymbol{v}_{AB,C}$ 与 $\boldsymbol{v}_{AB,B}$，表面上看都是 A 相对于 B 的速度，但一个是在第三者 C 系中测量的，一个是在二者之一的 B 系中测量的，故它们在本质上并不是一回事。在牛顿力学中，观测者不重要，$\boldsymbol{v}_{AB,C}=\boldsymbol{v}_{AB,B}$，故通常人们并不区分它们，简记为 $\boldsymbol{v}_{AB}$，甚至都忘了有“观测者”这么回事。但在相对论中，**C 系测到的 A 相对 B 的速度 $\neq$ B 系测到的 A（相对 B）的速度**。用符号写出来，即是

$$\boldsymbol{v}_{AB,C} \neq \boldsymbol{v}_{AB,B} \tag{4.4}$$

此时不可再把它们混淆。

回到前面的例子。$1.2c$ 是在地面测到的两飞船的相对速度，而不是其中一个飞船宇航员测到的另一飞船相对于他的速度。相对论仅要求后者小于 c，故而没有矛盾。又如，在爱因斯坦火车模型一例中，光相对于火车的速度，一会儿是 $c \pm v$，一会儿是 c。二者并不矛盾，因为前者是地面系（第三者）观测到的，后者是火车系（二者之一）观测到的。前者只需用到小学的相向运动和追及运动知识，后者则需要以光速不变原理作为支撑。

与此相关的是速度的合成或叠加关系

$$\boldsymbol{v}_{AB}+\boldsymbol{v}_{BC}=\boldsymbol{v}_{AC} \tag{4.5}$$

它在狭义相对论中还成立吗？正确的回答是：不知道。因为它未能给出观测者这个要素，故而意义不明确。通常可以作出两种不同的理解，从而有两种意义上的速度合成。第一种涉及参考系变换，即 $\boldsymbol{v}_{AC,C}$ 与 $\boldsymbol{v}_{AB,B}$ 和 $\boldsymbol{v}_{BC,C}$ 的关系。此时式（4.7）意指

$$\boldsymbol{v}_{AB,B}+\boldsymbol{v}_{BC,C}=\boldsymbol{v}_{AC,C} \tag{4.6}$$

它在牛顿力学中成立，但在相对论中必须代之以更复杂的速度合成公式（详见 4.3 节），而且其中的每个速度都不超过光速。第二种理解不涉及参考系变换，是在同一个惯性系 D 中测得的各相对速度之间的关系，此时式（4.5）意即

$$\boldsymbol{v}_{AB,D}+\boldsymbol{v}_{BC,D}=\boldsymbol{v}_{AC,D} \tag{4.7}$$

它总成立，无论在牛顿时空还是相对论时空中。取惯性系 D 为惯性系 C，则上式变为 $\boldsymbol{v}_{AB,B}+\boldsymbol{v}_{BC,C}=\boldsymbol{v}_{AC,C}$。注意此式与式（4.6）的区别。

如果说第一种合成更具有物理意味，那么第二种合成则数学意味更浓，因为此时需要的只是数学中矢量合成的平行四边形法则。通常对速度按坐标轴进行的分解就类似于第二种理解，此时的各分速度都是对同一个参考系而言的。由于始终限定在同一个惯性系中讨论问题，不涉及参考系的变换，所以第二种合成与时空观无关，是先于时空观的。**两种合成的**

区别就看是否涉及参考系变换。在牛顿时空观中,两种合成具有相同的形式,故常常不区分它们,而且还常常误把它们当成一回事。但在相对论时空观中,二者形式不再相同,此时不可再把它们等同。

另外,在某些特殊情形,即使涉及两个惯性系,某些结论也与时空观无关。例如,两惯性系相对运动,则两系观测对方所得的两个相对速度必然等值反向。这个结论也是先于时空观的,不论是牛顿力学还是相对论力学都成立。这里虽然涉及两个惯性系,但不属于参考系变换的范围。因为参考系变换特指在不同惯性系中观察同一事件(过程)所得数据之间的联系。这里并非是在两惯性系中观察第三者,而是在两系中相互观察对方。

总之,只要始终只在同一惯性系中讨论某过程,不涉及参考系变换,那么所得结论就先于时空观,从而与时空观无关。此时我们的经验照搬无误,不用担心在相对论中是否需要修正。若涉及参考系变换,即在不同参考系中观测同一事件或过程,那么这就涉及时空观,牛顿时空观和狭义相对论时空观将给出不同的结果。此时才需要考虑相对论是如何修正我们的结论的。在其中,我们还讨论了:①相对速度的三要素;②如何判断该不该考虑相对论效应?

4.2.2　动钟延缓和固有时间

动钟延缓(又称**时间膨胀**)是说,运动的标准钟“嘀”“嗒”这两个事件的时间间隔,在它自己测量和在其他惯性系中测量,所得结果不同:后一结果更长,从而显得动作变慢,而前一结果就是固有时间。

有了同时的相对性这一突破性结论,其他结论也就接踵而至了。下面具体考虑时间间隔是如何具有相对性的。

考虑静止于运动系 Σ' 中的一个“光钟”(图 4-3 所示),由两块镜子构成。在 Σ' 系中,光从 B 镜发出射向 A 镜,又返回至 B,经过一段时间 $\Delta t'$。可以把 $\Delta t'$ 视为一个标准钟发音“嘀”和“哒”之间的时间。也就是说,现在有两个事件,即 B 镜发射光(“嘀”)和 B 镜接收光(“哒”),而 $\Delta t'$ 是在 Σ' 系中测量到的这两个事件的时间间隔。那么地面 Σ 系中测量到的这两事件的时间间隔如何呢?

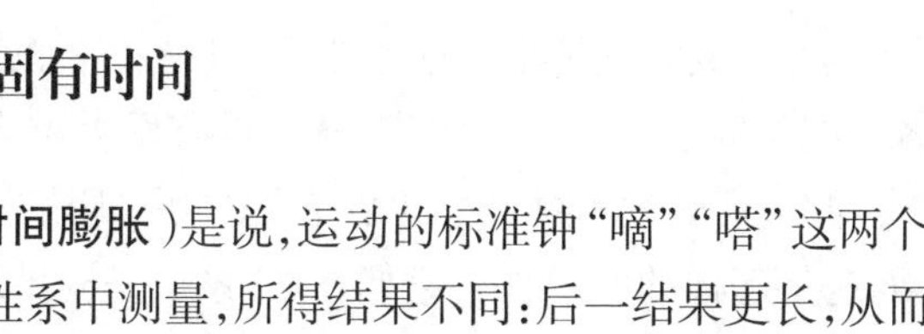

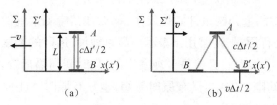

图 4-3　动钟延缓效应

图 4-3(a)是运动系 Σ' 中看到的情形,而图 4-3(b)是**同一个过程**在静止系 Σ 中看到的情形。在 Σ' 系中,显然有

$$L=\frac{1}{2}c\Delta t'$$

在 Σ 系中,光沿折线行进,但由于光速不变,速度仍是 c。设这两事件在 Σ 系中测量到的时间间隔是 Δt,则有(注意图 4-3(b)的长度是用 Δt 表示的)

$$L^2+\left(\frac{v\Delta t}{2}\right)^2=\left(\frac{c\Delta t}{2}\right)^2$$

其中,L 是不变的(见下一部分的讨论)。消去 L,得

$$\Delta t=\frac{\Delta t'}{\sqrt{1-v^2/c^2}} \tag{4.8}$$

这就是同样的"嘀""嗒"两个事件在地面测量到的时间间隔。由于 $\Delta t>\Delta t'$,故这两事件在地面上看所花的时间变长了,从而动作变缓慢了。这就是**动钟延缓**,又称**时间膨胀**。

需要说明的是,这里的钟慢不是由于钟出了什么问题;事实上,这里所有的钟都是标准钟。动钟延缓不是错觉,不是表象,而是真真切切的实测结果。在静止系中观测到运动系中时间节奏变慢,在其中一切物理、化学乃至生命过程都变慢了。

有一个问题:如果静止系和运动系中都有一口标准钟,从静止系看,运动钟变慢了,$\Delta t>\Delta t'$;但从运动系看,静止系的钟反向运动,也应该变慢,从而 $\Delta t'>\Delta t$。但两式怎能都成立呢?注意这里的 $\Delta t,\Delta t'$ 都是具体的数值。

这是根本未了解动钟延缓(或时间膨胀)的意义,而只是从字面意思去理解。首先,两个结论都是对的,但二者说的是完全不同的两码事,从而没有发生矛盾的可能。不能只注意"钟",而要关注事件。式(4.8)到底表示什么意思?它是"嘀""嗒"这两事件在不同参考系中的时间间隔的关系。而这是怎样的两事件?它们在 Σ' 系中是**同地发生**的,但在 Σ 系中不是同地发生的。这才是关键,此时有 $\Delta t>\Delta t'$。至于从 Σ' 系观察 Σ 系中后退的钟,此时考虑的是另外两个事件,这两事件在 Σ 系中是同地发生的,但在 Σ' 系中不是同地发生的。此时有 $\Delta t'>\Delta t$。这与前面谈的根本是两码事,怎能混为一谈呢?

再看一个问题:两事件在两个惯性系测得的时间间隔分别是 Δt_1 和 Δt_2,那么,它们中哪个才有资格放在式(4.8)的分子上呢?答案是:不知道。因为不知道这两事件在哪个惯性系中是同地发生的,也许那两个惯性系都不是。

可以看出,式(4.8)分子上的时间 $\Delta t'$ 有着特殊的意义,因为在运动系中"嘀""嗒"这两个事件是**同地发生**的,而 $\Delta t'$ 正是在这个参考系中测量到的。Δt 则不同。两事件在地面测量不是同地发生的,故地面系的测量时间 Δt 就不特殊了。

如果在某惯性系中测量到两事件同地发生,那么在其中测量到的时间间隔就称为**固有时间**(或**本征时间**),又称**原时**,通常用 τ 表示。简单地说,**原时的要素是同地发生**。在其他惯性系观测这两个事件时,它们必然是异地发生的,且时间间隔都较长。所以,在所有惯性系观测到的各个时间间隔数据中,只有**原时最短**,也只有原时才能放在式(4.8)的分子上。为明确起见,重新把式(4.8)写为

$$\Delta t=\frac{\Delta \tau}{\sqrt{1-v^2/c^2}} \tag{4.9}$$

原时最短意味着,如果地球上两口钟 A 和 B 已对好,其中 A 钟上了宇宙飞船旅行,那么在所有记录飞船行为的钟中,A 钟所记录的时间最短,因为它记录的是原时。当飞船返回地

球时，A 钟记录的时间将比地球上的 B 钟记录的时间短。如果把这两口钟换成一对双胞胎甲和乙，那么飞船上的甲与地球上的乙重逢时甲要年轻。飞船速度越高，他们的年龄差别就越大。

但另一方面，从飞船系中看，是地球飞离又返回，故根据“同样的道理”，应该乙比甲年轻。那到底谁年轻呢？注意：如果飞船一去不返，就不用操心年龄比较这件事了，此时两个结论都正确且无矛盾，如前所述。但现在甲和乙重新会面了，谁年轻是一定会有个比较结果的；不可能两个结论都正确。那么到底哪个结论正确呢？这就是著名的**双生子佯谬**。

这个问题在狭义相对论提出不久就有人提出来了，而且争论了很长时间。但从定性角度来看，其实该问题很容易解决。正确结论是：应以地球系的结论为准，甲较年轻。理由是，地球可以视为很好的惯性系，而飞船由于要加速、减速，尤其是要返回，就一定是非惯性系。相对性原理是说所有惯性系等价，但非惯性系和惯性系是不等价的。故飞船系与地球系不等价，对地球系适用的推理不适用于飞船系，前面所根据的“同样的道理”是不存在的。

实际上，动钟延缓效应已有实验检验。1971 年，人们将铯原子钟放在飞机上，沿赤道向东和向西绕地球一周，回到原处后，分别比静止在地面上的钟慢 59 ns 和快 273 ns。注意地球从西往东自转，不是惯性系，此时应取地心系（从地心引出三根相互垂直的轴指向太阳和远处的恒星）为惯性系。飞机的速度总小于地表的速度，无论向东还是向西，它相对于地心系都是向东转的，只是向东时转速高，向西时转速低，而地面上的钟转速介于二者之间。上述实验表明，相对于惯性系转速愈高的钟走得愈慢。

在 1966—1972 年，西欧原子核研究中心（CERN）的实验小组，对 μ 子的寿命进行了多次测量。这些 μ 子沿着圆形轨道高速飞行，速率为 0.996 5c。他们发现，这种做圆周运动的 μ 子的寿命长达 26.15 μs，而静止 μ 子平均寿命只有 2.2 μs。代入动钟延缓公式：

$$\frac{2.2\ \mu\text{s}}{\sqrt{1-0.9965^2}}=26.3\ \mu\text{s}\approx 26.15\ \mu\text{s}$$

以上实验都表明，时间膨胀效应的确是存在的。

例 4.1　一辆火车以高速 v 从地面的一个桩子边通过，地面测量的通过时间为 $t_{\text{地}}$。求火车上测量到的通过时间 $t_{\text{车}}$。

解　该题关键是确定哪个是固有时间，而这首先要抽象出两个事件。此题中的两事件是：“车头过桩”和“车尾过桩”。然后判断：在哪个参考系中这两事件是同地发生的？是地面。因此，$t_{\text{地}}$就是固有时间。故

$$t_{\text{车}}=\gamma t_{\text{地}}=\frac{t_{\text{地}}}{\sqrt{1-v^2/c^2}} \tag{4.10}$$

4.2.3　动尺缩短和固有长度

动尺缩短，是指一根尺子由相对于它静止或运动的观测者去测量，长度不同，后一长度更短，而前一长度称为**原长**，或**固有长度**。

时间是相对的，长度当然也就可能是相对的。考虑一根尺子，它静止时的长度可以由一个

静止的观测者用尺去测量，称为**原长**，或**固有长度**。但它沿长度方向运动时的长度会如何呢?

问题是：什么是长度？其操作型定义是怎样的？可以这样操作：测量尺子两端在同一时刻的位置之间的距离。该定义里"同一时刻"的限制非常重要：同时是相对的，长度当然也就具有相对性了。

定量的讨论可以用前面火车过桩的例子来分析。重新强调一下：现在的两事件是"车头过桩"和"车尾过桩"。下面考虑在两惯性系中各自得到的关系。火车系中设测得火车长度为 L_0（原长），而地面以速度 v 高速后退，且在其中测量到的这两事件的时间间隔为 $t_{车}$，故有

$$L_0=vt_{车}$$

在地面系中，设测量到的火车长度为 L，而测量到的这两事件的时间间隔为 $t_{地}$，故有

$$L=vt_{地}$$

利用前面的结论式，即得

$$L=L_0\sqrt{1-v^2/c^2}$$

由于 $L<L_0$，因此火车运动时长度变短，这就是**动尺缩短**，又称**洛仑兹－斐兹杰惹收缩**，简称为**洛仑兹收缩**。

这种收缩公式和洛仑兹变换公式在相对论之前就已给出，并以提出者的名字命名。但它们当时都基于以太观点而有着另外的意义。例如，洛仑兹收缩当时被认为是当物体相对于以太运动时由于物质与以太之间的相互作用而导致的绝对收缩，是动力学效应。而在相对论中，洛仑兹收缩是纯运动学效应。

洛仑兹收缩只出现在运动方向上，**垂直于运动方向的尺度并不改变**。可以设想一下火车通过隧道的情景，假定火车静止时的高度和隧道高度相等。如果"物理规律"是垂直于运动方向的尺度会因运动而增长，那么火车运动时高度增加，超过隧道高度，从而不能安全通过隧道。但从火车上看，隧道在运动（后退），根据同样的"规律"，运动的隧道高度将增加，从而火车可以安全通过。但火车能否安全通过隧道是一个确定的物理事实，和参考系的选择无关。因此上述"物理规律"是错误的。同样，垂直于运动方向的尺度也不会因运动而缩短，故只能保持不变。为什么运动方向跟与其垂直的方向有这样的不同呢？原因在于垂直方向上的"同时"不具有相对性。爱因斯坦火车一例中的两事件是发生在相对运动方向上的。如果火车是竖直的（图 4-4），那么两端处的闪光会同时到达地面中点 C'，也会同时到达火车中点 C。故此时"同时"具有跟以前一样的绝对性。

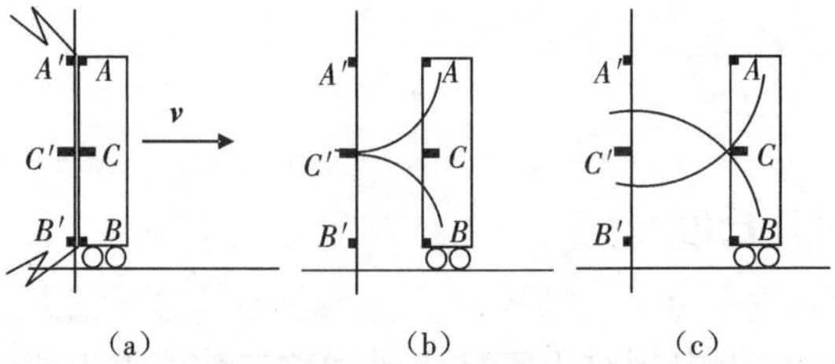

图 4-4　竖直的爱因斯坦火车

实际上，**只涉及时空变换、不涉及速度变换的相对论效应都只发生在运动方向上**。不论

是爱因斯坦火车的例子，还是动钟延缓的例子，或者此处的动尺缩短效应，都是这样。这也是为什么在处理动钟延缓的例子时，Σ' 系和 Σ 系测到的 A、B 两块镜子间的垂直距离都是 L 的原因（图 4-4）。

下面给出洛仑兹收缩的另一证明，以利于读者熟悉狭义相对论时空观。如图 4-5 所示，在运动系 Σ' 中置有 A、B 两块镜子。光从 A 镜发出，又被 B 镜反射回来。兹考虑这样的两事件：A 镜发射光和 A 镜接收光。在 Σ' 系中，两镜静止，A、B 两块镜子间的距离为原长 L_0，该两事件是同地发生的，都在 A 处，故其时间间隔为原时 $\Delta\tau$。故有

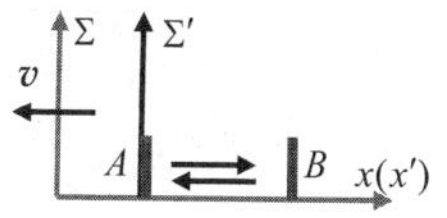

图 4-5　洛仑兹收缩的证明

$$L_0=c\Delta\tau/2$$

而在 Σ 系中，整个过程由两部分构成：①光发出后追及 B；②然后光反射，与 A 相向而遇。设测到的 A、B 两块镜子间的距离为 L，则两事件的时间间隔为

$$\Delta t=\frac{L}{c-v}+\frac{L}{c+v}=\frac{2Lc}{c^2-v^2}$$

根据动钟延缓式（4.9），即得

$$L=L_0\sqrt{1-v^2/c^2}$$

在这种证明方式中我们看到，从地面观测，光与运动系之间是存在相对运动的，其处理方法并不特别，就是我们小学就熟知的追及运动和相向运动问题，其中直接出现相对速度 $c\pm v$。这再次说明，如果两者之间存在相对运动，那么从第三者观测和从两者之一观测，原则上是不一样的。对于前者的处理，直接用我们熟知的方式，因为这是**与时空观无关**的。而对于后者，由于涉及参考系变换，其处理方式就直接与时空观相关，从而体现出牛顿时空观与相对论时空观的区别了。

4.3　狭义相对论时空观（Ⅱ）

上节着重阐述狭义相对论时空观的基本物理概念，本节则侧重于该时空观的数学形式。

4.3.1　洛仑兹变换

洛仑兹变换跟伽利略变换式（4.1）一样，属于**时空坐标变换**，即**是指一个事件在两个惯性系中的两组时空坐标之间的关系**。

下面的所有约定跟前面讨论伽利略变换时相同（图 4-1），比如两系 Σ 和 Σ' 的相对运动沿 x 方向，且两系已对好时空"起点"，即当两系的原点重合时，两惯性系的时钟都指 0。这相当于要求"两原点重合"这个**事件**在两惯性系中的坐标都是（0,0,0,0）。

考虑一个事件 P，它在 Σ 和 Σ' 系中的坐标分别为（x,y,z,t）和（x',y',z',t'），则它们之间的关系为

$$t' = \frac{1}{\sqrt{1-v^2/c^2}}\left(t - \frac{vx}{c^2}\right) \tag{4.11}$$

$$x' = \frac{1}{\sqrt{1-v^2/c^2}}(x - vt) \tag{4.12}$$

$$y' = y$$

$$z' = z$$

这就是**洛仑兹变换**。它最初由洛仑兹提出，后由爱因斯坦根据其两条基本假定重新导出，但赋予了其全新的物理意义。

可以看出，与时空坐标有关的相对论效应只出现在相对运动方向上，而 y, z 方向是垂直于运动方向的，故此坐标值不变。由于这套公式只适用于仅 x 轴有相对运动的情况，故又称为**特殊洛仑兹变换**。如果相对运动方向不沿 x 轴，那么可以重新定义坐标系，使相对运动方向沿 x 轴方向。

与伽利略变换相比，洛伦兹变换中明显出现了时间坐标与空间坐标的相互纠缠，因此时间和空间是紧密联系、密不可分的。三维空间和一维时间已经不再各自独立，而是统一为**四维时空**。

经常定义一个无量纲的量

$$\beta = \frac{v}{c} \tag{4.13}$$

它表示以光速为单位的速度。因子

$$\gamma \equiv \frac{1}{\sqrt{1-\beta^2}} \equiv \frac{1}{\sqrt{1-v^2/c^2}} > 1 \tag{4.14}$$

是相对论中特有的因子。在低速情形，$v \ll c$，故 $\gamma \approx 1$，且式（4.11）中的 vx/c^2 项也可以忽略。此时，洛仑兹变换就完美地过渡到伽利略变换式。这就是说，牛顿时空观是相对论时空观的低速近似。不管高速时的理论如何，其低速近似必须是久经考验的牛顿力学。新理论必须向下兼容那些被证实的已有理论，这是一个必然的要求。如果参考系的速度 $v>c$，那么 γ 就变为虚数，这是无意义的。故**光速是最高速度**。

$\gamma-1$ 表示**相对论修正**。对于以第三宇宙速度 16.7 km/s 运动的物体，

$$\gamma = (1-\beta^2)^{-1/2} \approx 1 + v^2/2c^2 = 1 + 1.5\times10^{-9}$$

因此，对于日常所遇到的速度，相对论修正是非常小的，完全可以忽略。但在高能物理中，粒子的速度很高，有的甚至接近光速，此时 $\gamma \gg 1$，相对论修正就很明显了。

把洛仑兹变换中的（x', y', z', t'）当成已知量，将（x, y, z, t）反解出来，可得

$$t = \gamma\left(t' + \frac{vx'}{c^2}\right) \tag{4.15}$$

$$x = \gamma(x' + vt') \tag{4.16}$$

$$y = y'$$

$$z = z'$$

这就是洛仑兹**逆变换**。此逆变换也可以这样得到：“Σ' 系相对于 Σ 系以速度 v 运动”与“Σ 系相对于 Σ' 系以速度 $-v$ 运动”是完全**等价或平权**的，故所满足的相对关系完全一样。

于是，在式（4.11）和式（4.12）中，采取互换 $x \leftrightarrow x'$，$t \leftrightarrow t'$，同时 $v \to -v$，就得到上述逆变换。伽利略变换中的两组互逆关系也可以这样得到。

经常用到的是两事件的时空坐标之差。此时，只要把洛仑兹变换和逆变换中的所有变量取增量即可：$\Delta x=x_2-x_1$，$\Delta t=t_2-t_1$，$\Delta x'=x_2'-x_1'$，$\Delta t'=t_2'-t_1'$。具体的，根据洛仑兹变换，有

$$\Delta t' = \gamma\left(\Delta t - \frac{v}{c^2}\Delta x\right) \tag{4.17}$$

$$\Delta x'=\gamma(\Delta x-v\Delta t) \tag{4.18}$$

$$\Delta y'=\Delta y$$

$$\Delta z'=\Delta z$$

而其逆变换是

$$\Delta t = \gamma\left(\Delta t' + \frac{v}{c^2}\Delta x'\right) \tag{4.19}$$

$$\Delta x'=\gamma(\Delta x'+v\Delta t') \tag{4.20}$$

$$\Delta y=\Delta y'$$

$$\Delta z=\Delta z'$$

利用这两组变换时，不需要像前面那样要求对好时空原点。这两组变换表明两事件的时间间隔和空间间隔对于不同的惯性系是不一样的。

例 4.2　地面上 A、B 两地相距 8.0×10^4 km，一列做匀速运动的火车由 A 到 B 历时 2.0 s。另有一架飞机跟火车同向飞行，速率为 $v=0.60\,c=1.8\times10^8$ m/s。求：（1）地面观测到的火车速度；（2）在飞机中观测到的火车在 A、B 两地运行的位移、时间和速度。

解　本题涉及难以实现的高速，但我们不纠缠这个问题。本题中的两个事件很明显，即"火车离开 A 地"和"火车到达 B 地"。

（1）由题意可知，在地面参考系中，两事件的空间间隔 $\Delta x=8.0\times10^7$ m，时间间隔 $\Delta t=2$ s，故地面测到的火车速度为

$$u=\frac{\Delta x}{\Delta t}=\frac{8.0\times10^7}{2.0}\text{ m/s}=4.0\times10^7\text{ m/s}$$

（2）由洛仑兹变换式（4.17）、式（4.18）知，在飞机参考系中，对于同样的两事件，其时间、空间间隔为

$$\Delta t'=\frac{\Delta t-\dfrac{v\Delta x}{c^2}}{\sqrt{1-v^2/c^2}}=\frac{2.0-\dfrac{0.60\times8.0\times10^7}{3.0\times10^8}}{\sqrt{1-0.60^2}}\text{ s}=2.3\text{ s}$$

$$\Delta x'=\frac{\Delta x-v\Delta t}{\sqrt{1-v^2/c^2}}=\frac{8.0\times10^7-1.8\times10^8\times2.0}{\sqrt{1-0.60^2}}\text{ m}=-3.5\times10^8\text{ m}$$

故飞机上看到火车是向相反方向运动的，其速度为

$$u'=\frac{\Delta x'}{\Delta t'}=\frac{-3.5\times10^8}{2.3}\text{ m/s}\approx-1.52\times10^8\text{ m/s}$$

在本题中，要注意区分两种速度：一种是两参考系之间的相对速度 v，它是进入洛仑兹变换中的速度；另一种是研究对象（火车）的速度，它在不同参考系中有不同的数值（u 和

u')。二者不可混淆。

4.3.2 事件——相对论的基本概念

洛仑兹变换和伽利略变换涉及的都是事件坐标的变换关系。那么,什么是事件?这一概念在牛顿时空观中很少谈论,但在相对论中,不厘清这一概念只会导致其他概念的混乱。事件是相对论的基本概念和用语。相对论中的任何分析都要首先把事件抽象出来,这样才利于讨论。

经常听到这样的说法:“火车上的这次爆炸”或“火车系中的这个事件”。这在日常用语中没有问题,但在相对论中就要小心,因为它们暗含一条:事件是从属于参考系的。在地面系中,这次爆炸或这个事件就没有发生吗?不是。事件是绝对的,不属于任何参考系。一个事件发生了,那么在任意参考系都会看到这个事件发生,所不同的是各个参考系测得的这个事件的时间、空间坐标各不相同。**时空坐标是表象,而事件才是实质**。

一个事件总是在某时、某地发生的,从而一定具有一组时空坐标(x,y,z,t)。反过来,如果给出一组时空坐标(x,y,z,t),就可以找到(或制造)某事件在该时、该地发生。也就是说,相对论中的**事件等同于某参考系中给出的一组时空坐标**。这意味着,如果有两事件同时同地发生,那么它们将被认为是同一个事件。比如闪电和打雷通常被认为是两个不同的事件,但由于它们同时发生于同一个地方,故而在相对论中这就是一个事件。相对论只关心事件的时空坐标,而不关心事件的其他性质或特征。

进而,在相对论中,什么是时空呢?时空是一个个点的集合,每个点有一个坐标(x,y,z,t),故而**时空点就是事件**。即使某个时空点(x, y, z, t)处似乎没有发生什么事件,但也一定存在一个确定的事件与其对应,只是该事件不值得特别说明而已,比如“一人在某时某处动了一下手指”或“一分子某时经过某处时速度为 300 m/s”。因此,**时空就是所有事件的集合**,而由事件组成的**过程则是时空中的一条线**。这种基本观念贯穿狭义相对论和广义相对论。

4.3.3 用洛仑兹变换导出各种相对论效应

以洛仑兹变换为起点,可以导出各种相对论效应。(反过来,由动尺缩短等效应也可以导出洛仑兹变换。设有两惯性系 Σ 和 Σ' ,其 x 轴重合, y 轴和 z 轴平行,且 Σ' 系以速度 v 相对于 Σ 系沿 x 轴正方向运动,如图 4-6 所示。跟前面讨论伽利略变换时相同,这里也要求当二者的原点重合时,两惯性系的时钟都指向 0 时刻。也就是说,先对好空间和时间的“起点”。这相对于要求“两原点重合”这个事件在两惯性系中的坐标都是(0,0,0,0)。

考虑一个事件 A,它在 Σ 和 Σ' 系中的坐标分别为(x,y,z,t)和(x',y',z',t')。下面分别在两系中列方程。

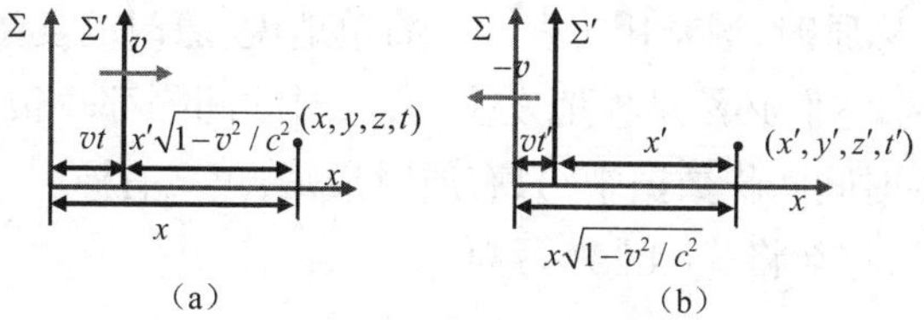

图 4-6　洛仑兹变换的推导

在 Σ 系中（图 4-6（a）），在事件 A 发生的同一时刻 t，Σ' 系的原点已到达到坐标 vt 处，且与事件发生点的 x 坐标之差为 $x'\sqrt{1-v^2/c^2}$。这只要想象在 Σ' 系中摆放着一根原长为 x' 的尺（一头在 Σ' 系的原点，一头在事件 A 发生的地方）即可，然后由于动尺缩短，尺长变为 $x'\sqrt{1-v^2/c^2}$。因此，有

$$x = vt + x'\sqrt{1-v^2/c^2}$$

而在 Σ' 系中（图 4-6（b）），在事件 A 发生的同一时刻 t'，Σ 系的原点已到达坐标 $-vt'$ 处，且与事件发生点的 x 坐标之差也因动尺缩短为 $x\sqrt{1-v^2/c^2}$。于是有

$$x' = x\sqrt{1-v^2/c^2} - vt'$$

联立以上两式，可得

$$t' = \frac{1}{\sqrt{1-v^2/c^2}}\left(t - \frac{vx}{c^2}\right) \tag{4.21}$$

$$x' = \frac{1}{\sqrt{1-v^2/c^2}}(x - vt) \tag{4.22}$$

$$y' = y$$

$$z' = z$$

这就是**洛仑兹变换**，其中加入了 y,z 方向的坐标变换。

1. 同时的相对性

设在静止系 Σ 中两事件同时发生，即 $\Delta t=t_2-t_1=0$。代入式（4.17），得

$$\Delta t' = \gamma\left(\Delta t - \frac{v\Delta x}{c^2}\right) = -\gamma\frac{v\Delta x}{c^2} \neq 0$$

可见，这两事件在运动系 Σ' 中看不是同时发生的。而且，如果 $\Delta x=x_2-x_1>0$，即在 Σ 系中事件 2 位于事件 1 的前方，则 $\Delta t'=t_2'-t_1'<0$，即在 Σ' 系中事件 2 比事件 1 先发生。所以我们还有：另系运动前方的事件先发生。

2. 动钟延缓和固有时间

这里要计算的是静止于运动系 Σ' 中的钟的"嘀""嗒"这两个事件在 Σ 系和 Σ' 系中测得的时间间隔。那么这两个事件有什么特征呢？是在 Σ' 系中**同地发生**。于是 $\Delta x'=x_2'-x_1'=0$。代入式（4.19），得

$$\Delta t = \gamma\Delta t' = \frac{\Delta t'}{\sqrt{1-v^2/c^2}} \tag{4.23}$$

显然，$\Delta t>\Delta t'$，即在其他系中测得的时间变长了，动作变慢了。此即动钟延缓。

如果在某惯性系中测量到两事件同地发生，那么在其中测量到的时间间隔就称为**固有**

时间（或**本征时间**），又称**原时**，通常用 τ 表示。简单地说，**原时的要素是同地发生**。在其他惯性系观测这两事件时，它们必然是异地发生的，且时间间隔都较长。所以，在所有惯性系观测到的这两个事件的时间间隔数据中，只有**原时最短**，也只有原时才有资格放在式（4.23）的分子上。为明确起见，重新将式（4.23）写为

$$\Delta t=\frac{\Delta\tau}{\sqrt{1-v^2/c^2}} \tag{4.24}$$

3. 动尺缩短和固有长度

对于运动的尺子，如何测量其长度？可以这样操作：在同一时刻测量尺子前后两端的坐标，再相减。这就是长度的**操作型定义**。这里"同一时刻"的限制非常重要：同时是相对的，长度当然也就具有相对性了。

具体地，这里涉及的两事件是"测量前端坐标"和"测量后端坐标"。这两事件在地面系 Σ 中是同时发生的，故 $\Delta t=0$。在运动系 Σ' 中，它们不同时发生，但由于尺子静止于其中，所以什么时候测量两端坐标都没关系，而且必有 $\Delta x'=L_0$，即**固有长度**（或**原长**）。把上述条件代入式（4.18），即得 $\Delta x=\Delta x'\sqrt{1-v^2/c^2}$，其中 $\Delta x=x_2-x_1$ 即在地面系中量出的长度 L。故

$$L=L_0\sqrt{1-v^2/c^2} \tag{4.25}$$

显然，$L<L_0$，这就是**动尺缩短**，又称**洛仑兹－斐兹杰惹收缩**，简称为**洛仑兹收缩**。

洛仑兹收缩只出现在运动方向上，垂直于运动方向的尺度并不改变。实际上，**只涉及时空变换、不涉及速度变换的相对论效应都只发生在运动方向上**。（参见 4.3.1 节的相关内容）

例 4.3 宇宙射线中的 μ 子是在大气层上部产生的，其速度非常高，为 $v=2.994\times10^8$ m/s $=0.998c$。μ 子会衰变，静止 μ 子的平均寿命为 $\tau=2.2\times10^{-6}$ s。一方面，$v\tau=660$ m，但实际上大部分的 μ 子可以穿透厚为 $H=9\,600$ m 的大气。如何解释？

解 站在地面系和 μ 子系中都可以解释。从地面系中看，μ 子即为动钟，故地面测量的高速 μ 子的寿命将延长为

$$\Delta t=\frac{\tau}{\sqrt{1-v^2/c^2}}=\frac{\tau}{\sqrt{1-0.998^2}}=15.8\tau$$

故其能走过的距离为 15.8×660 m $\approx10\,400$ m，与 $H=9\,600$ m 吻合。

站在 μ 子系中看，μ 子静止，但地面和大气以高速 $v=0.998c$ 迎面扑来。此时大气的厚度即可视为动尺的长度，它缩短为

$$H'=H\sqrt{1-v^2/c^2}=0.0633H\approx610\ \text{m}$$

与数据 660 m 相符。

可以看出，**同一过程在不同的参考系中可以有不同的描述（相对性），但物理事实和结论必须是一致的（绝对性）**。

4.3.4 速度变换公式

实际上，上面例 4.3 的最后一式暗含了速度变换的一般原则。

考虑一个粒子的任意运动，为抽象出"事件"，从运动过程中截取一个无限小的过程。该

过程的**始末事件**都被两个惯性系所记录，从而得到两组位移和时间：(dx, dy, dz, dt)和(dx', dy', dz', dt')。它们的关系由洛伦兹变换式(4.17)~ 式(4.20)给出。根据 $u_x'=dx'/dt'$，有

$$u_x' = \frac{dx'}{dt'} = \frac{dx - v dt}{dt - \frac{v dx}{c^2}} = \frac{\frac{dx}{dt} - v}{1 - \frac{v dx}{c^2 dt}}$$

而 $dx/dt=u_x$。照此推导，可得

$$\begin{cases} u_x' = \dfrac{u_x - v}{1 - v u_x / c^2} \\ u_y' = \sqrt{1 - v^2/c^2}\,\dfrac{u_y}{1 - v u_x / c^2} \\ u_z' = \sqrt{1 - v^2/c^2}\,\dfrac{u_z}{1 - v u_x / c^2} \end{cases} \tag{4.26}$$

这就是在不同惯性系中同一质点的**速度变换式**。

可以看出，虽然垂直于相对运动方向上的坐标不受相对运动的影响，但该方向上的速度却是受影响的。例如，虽然 $dy'=dy$，但 $dt' \neq dt$，故 $u_y' \neq u_y$。另外，在低速近似下，式(4.26)符合牛顿力学中的速度合成公式。

将式(4.26)中带撇量和不带撇量互换，将 v 变为 $-v$，即得**速度逆变换式**：

$$\begin{cases} u_x = \dfrac{u_x' + v}{1 + v u_x' / c^2} \\ u_y = \sqrt{1 - v^2/c^2}\,\dfrac{u_y'}{1 + v u_x' / c^2} \\ u_z = \sqrt{1 - v^2/c^2}\,\dfrac{u_z'}{1 + v u_x' / c^2} \end{cases} \tag{4.27}$$

有了速度变换公式，我们再回过头去看看狭义相对论的基本假设之一——光速不变性是否得到满足。设火车沿 x 方向以速度 v 前进，火车上发出光向前传播，其速度矢量是(u_x', u_y', u_z')=(c, 0, 0)。那么地面观测到此光的速度如何呢？按照式(4.27)可得

$$\begin{cases} u_x = \dfrac{u_x' + v}{1 + v u_x' / c^2} = \dfrac{c + v}{1 + v c / c^2} = c \\ u_y = 0, \quad u_z = 0 \end{cases}$$

因此，无论两惯性系之间的相对速度多大，光速在这两个惯性系中的大小都等于 c。

例 4.4　甲和乙两火箭沿 x 轴相向运动，在地面测得的速度分别为 $0.9c$ 和 $-0.9c$，c 为光速。求：(1)地面系中测得的它们的相对运动速度；(2)火箭乙上观测到的火箭甲的速度。

解　(1) $u_{甲乙,地} = u_{甲} - u_{乙} = 0.9c - (-0.9c) = 1.8c$

(2)取地面为静系，火箭乙为动系，则动系的速度为 $v=-0.9c$，而已知 $u_x=0.9c$。代入式(4.26)，有

$$u_x' = \frac{u_x - v}{1 - v u_x / c^2} = \frac{0.9c - (-0.9c)}{1 - (-0.9c)\cdot 0.9c / c^2} = \frac{1.8c}{1.81} \approx 0.994\,5c$$

这里要注意：**相对速度有三个要素——主体、相对物和观测者**。把它们分别记为 A、B 和 C，则相对速度应记为 $\boldsymbol{u}_{AB,C}$。于是，$\boldsymbol{u}_{AB,C}$ 与 $\boldsymbol{u}_{AB,B}$，表面上看都是 A 相对于 B 的速度，但一个是在第三者 C 系中测量的，一个是在二者之一的 B 系中测量的，故它们在本质上并不是一回事。在牛顿力学中，观测者不重要，$\boldsymbol{u}_{AB,C}=\boldsymbol{u}_{AB,B}$，故通常人们并不区分它们，简记为 $\boldsymbol{u}_{AB}$，甚至都忘了有"观测者"这么回事。但在相对论中，**C 系测到的 A 相对 B 的速度 $\neq B$ 系测到的 A（相对 B）的速度**。用符号写出来，即是

$$\boldsymbol{u}_{AB,C} \neq \boldsymbol{u}_{AB,B} \tag{4.28}$$

在上例中，第一问求的是 $u_{甲乙,地}$，而第二问求的是 $u_{甲乙,乙}$，不可混淆。详见 4.2 节"同时的相对性"中的内容。

4.3.5 间隔不变性

相对论中很多东西都是相对的：同时性，时间坐标，空间坐标。于是自然会问：有没有大家能都认同的、绝对的、在各个惯性系中都一样的东西？当然有。事实上，我们已经有了两样：光速和事件。另一个绝对的量就是**时空间隔** $(ct)^2-x^2$，因为直接使用洛仑兹变换就会发现，$(ct')^2-x'^2=(ct)^2-x^2$，故它与惯性系无关。

至此，我们已经知道，原来很多我们以为具有绝对性的东西都是相对的：同时是相对的，时间是相对的，空间是相对的。于是自然会问一个问题：难道一切都是相对的吗？就没有一个大家能都认同的东西？难道先有父亲后有儿子的事实还有可能变成先有儿子后有父亲？那岂不乱套了？

并非如此。爱因斯坦曾希望把他的时空理论的称呼由已被广为接受的"相对论"改成为"不变量理论"呢。事实上，在相对论中，我们已经知道有两件东西是绝对的，一个是光速，一个是事件。如果发生了某事件，那么所有参考系都会承认此事件发生了。只是其时空坐标是相对的而已。**时空坐标是表象，而事件才是实质**。另一个绝对的量就是下面的间隔。

利用洛仑兹变换式（4.21）和式（4.22）计算 $(ct')^2-x'^2$，会发现，

$$(ct')^2-x'^2=(ct)^2-x^2$$

或者说，

$$(ct')^2-x'^2-y'^2-z'^2=(ct)^2-x^2-y^2-z^2$$

这意味着时空坐标的这样一种组合是与参考系无关的，是绝对的，是**不变量**。这样的不变量就是**间隔** s^2：

$$s^2 \equiv (ct)^2 - x^2 - y^2 - z^2 \text{。} \tag{4.29}$$

或者，如果采用式（4.17）那样的形式，则两事件之间的间隔

$$\Delta s^2 \equiv c^2\,\Delta t^2 - \Delta x^2 - \Delta y^2 - \Delta z^2 \tag{4.30}$$

是不变量，其中，Δx^2 是 $(\Delta x)^2$ 的省写，其余类推。而 s^2 可以理解为某事件 (x,y,z,t) 与事件 $(0,0,0,0)$ 之间的间隔。

注意以下两点。①这里的间隔符号 s^2 和 Δs^2 都是整体符号，一般不能做意义拆解，即理解为 s 或 Δs 的平方，虽然有时可以这样做。看其定义就会发现，$s^2<0$ 是可能的。如果能做意义拆解，那么此时 s 是虚数，这是没有意义的。②要区分通常的空间、时间间隔和这里的间隔。前一"间隔"是日常生活中就已使用的概念，而后一"间隔"是相对论中所特有的概念，而且具有长度平方的量纲。

考虑这样的两个事件：某时某处发射光，然后在另时另处接收光。它们的空间间隔和时间间隔显然满足

$$\Delta l=\sqrt{\Delta x^2+\Delta y^2+\Delta z^2}=c\,\Delta t$$

代入间隔的定义，即得

$$\Delta s^2=0$$

因此，**由光信号连接起来的两事件的间隔为 0**。

根据定义，对于同时异地的两事件，其间隔 $\Delta s^2=-\Delta l^2<0$，而对于同地异时的两事件，其间隔 $\Delta s^2=c^2\Delta t^2>0$。由于间隔是不变量，故不可能存在两事件，它们在某系看来同时异地，而在另系看来同地异时。这意味着，在爱因斯坦火车的那个例子中，那两个在地面看来同时发生的闪光无论如何也不可能在另一参考系中被视为是在同一个地方先后发生的两事件。

根据间隔的不变性可以很简单地得到一些结论。例如，如果在某系中两事件同地异时，那么它们在此系中的时间间隔最短（此即动钟延缓）。又如，如果在某系中两事件同时异地，那么它们在此系中的空间距离最短（这直接关系到动尺缩短）。请读者自证。

4.3.6　因果不变性

相对论中另一绝对的东西是因果关系。它跟时空间隔直接相关，但跟我们通常认为的时间先后关系有不同之处。

同时性的相对性告诉我们，两事件的时间顺序是有可能倒过来的。在爱因斯坦火车一例中，向右运动的火车观测到闪光 A 比 B 先发生，而向左运动的火车将观测到闪光 B 比 A 先发生。那么，是不是时间顺序**一定**可以倒过来呢？如果真的如此的话，那这个世界就乱套了：我们看到先有父亲再有儿子，但一定会有人看到先有儿子后有父亲；我们看到猎人先开枪，然后鸟掉下来，但也一定会有人看到，鸟先掉下来，然后猎人才开枪。一句话，因果关系将会被颠倒。这是无论如何不能被接受的。物理规律必须要能够保证因果律。

那么，狭义相对论中因果律能够得到保证吗？我们让洛仑兹变换来回答。由式（4.21），有

$$\frac{\Delta t'}{\Delta t}=\frac{1}{\sqrt{1-v^2/c^2}}\left(1-\frac{v}{c^2}\frac{\Delta x}{\Delta t}\right)\tag{4.31}$$

其中 $\Delta x/\Delta t$ 是有因果关系的 A、B 事件的空间间隔和时间间隔的比值，可视为某种速度。我们可以一般地认为，A 引发 B 是因为传递了某种物理信号，而 $\Delta x/\Delta t$ 就是这种信号的速度，比如猎人射鸟例子中子弹的速度。物理信号的速度最大是光速，故 $\Delta x/\Delta t\leqslant c$。同时，在式

(4.31)中,参考系的相对速度满足 $v<c$,故式(4.31)括号中的部分一定是正数,从而 $\Delta t'$ 与 Δt 同号。这就是说,有因果关系的两事件的时序确实保持不变,因果律得以保证。所以,在相对论中绝对的东西不仅有间隔,还有因果性。

反过来,如果两事件不可能有因果关系,那么一定有 $\Delta x/\Delta t>c$。此时,一定可以找到一个足够接近 c 的 v 值,使得式(4.31)括号中的部分小于0,于是可以使 $\Delta t'$ 与 Δt 反号。因此,对于不可能有因果关系的两事件,其时序一定**可以**颠倒(注意,不是"一定颠倒")。而这样的两事件的先后颠倒不会造成任何问题或悖论,因为它们不可能有任何因果关系,从而完全无关。

下文把"有因果关系"用"可建立因果关系"代替。很多情况下两事件看起来是没有因果关系的,比如事件A"我今天在北京眨眼"和事件B"后天纽约下雨"。没有人会把事件A当成B的原因,因为没有人认为"眨眼"是"下雨"的原因,但这显然不是相对论中的语言。前面提到过,相对论只关心事件的时空坐标,而不关心事件的其他性质或特征。因此,在相对论中我们该这样谈论这两个事件:事件A是"今天北京",事件B是"后天纽约"。我们可以在事件A发生的当时当地发射某物理信号,然后它在事件B发生的另时另地被接收。注意这两事件的空间间隔与时间间隔的比值 $\Delta l/\Delta t<c$,故这样的物理信号是可以实现的。于是,我们"建立"了这两个事件的因果联系。因此,从其他意义上来说不具有因果联系的两事件,只要满足 $\Delta l/\Delta t\leqslant c$,在相对论中就可以建立因果联系,从而可以被认为是有因果联系的。相对论著作中的"有因果关系"就是指 $\Delta l/\Delta t\leqslant c$,而不是其他。虽然如此,本书还是用"可建立因果关系"代指 $\Delta l/\Delta t\leqslant c$。

因果不变性还可以用间隔不变性来进行简单的一般证明。对于可以建立因果关系的两事件,由于其信号速度 $\Delta l/\Delta t\leqslant c$,根据间隔的定义,有 $\Delta s^2\equiv(c\,\Delta t)^2-\Delta l^2\geqslant 0$。$\Delta s^2>0$ 称为**类时间隔**,$\Delta s^2=0$ 称为**类光间隔**。而对于不可建立因果关系的两事件,即使用光速也无法联系它们,因此其空间间隔和时间间隔的比值 $\Delta l/\Delta t>c$,于是 $\Delta s^2<0$,这称为**类空间隔**。也就是说,**能否建立因果关系就看间隔的正负**。由于间隔 Δs^2 是不变量,所以因果关系是绝对的。

再看爱因斯坦火车一例中的那两道闪光。在地面系中它们是同时发生的,故不可能有因果关系,于是其时序是相对的。或者说,同时发生的两事件因为无因果关系而可以成为先后发生的。反过来说也对:对于不可建立因果关系的非同时两事件,一定可以找到某系使得它们是同时发生的。这是因为,不可建立因果关系就意味着 $\Delta s^2=(c\,\Delta t)^2-\Delta l^2<0$。只要找到某系,在其中测到的该两事件的空间间隔 $\Delta l'$ 满足 $-\Delta l'^2=\Delta s^2=(c\,\Delta t)^2-\Delta l^2$,那么在此系中两事件必然同时发生。

与此相应的另一结论是:对于可建立非光因果关系的两事件,一定可以找到某系使得它们是同地发生的。请读者自证。以上两结论也可以从洛仑兹变换中得到证明。

图4-7是一个小结,针对的是两个不同的事件($\Delta t,\Delta l$ 不同时为0)。图中 ⇕ 表示同一列的各陈述等价,非光联系表示用亚光速信号所建立的联系。最后一行谈到左右顺序是有前提的,即两事件都发生在有相对运动的 x 轴上。

可建立非光因果联系	由光信号联系	不可建立因果联系
⇕	⇕	⇕
$\dfrac{\Delta l}{\Delta t}<c$	$\dfrac{\Delta l}{\Delta t}=c$	$\dfrac{\Delta l}{\Delta t}>c$
⇕	⇕	⇕
$\Delta s^2>0$	$\Delta s^2=0$	$\Delta s^2<0$
⇕	⇕	⇕
间隔类时	间隔类光	间隔类空
⇕	⇕	⇕
不可实现同时发生, 可实现同地发生	不可实现同时发生, 也不可实现同地发生	可实现同时发生, 不可实现同地发生
⇕	⇕	⇕
时间顺序绝对, 左右顺序相对	时间顺序绝对, 左右顺序绝对	时间顺序相对, 左右顺序绝对

图 4-7

4.4　狭义相对论动力学

4.4.1　相对论质点动力学

时空观的改变必然导致牛顿力学不再满足相对性原理。可以证明,处于基础地位的牛顿第二定律 $\boldsymbol{F}=m\mathrm{d}\boldsymbol{u}/\mathrm{d}t$ 必须修改为以下形式:

$$\boldsymbol{F}=\frac{\mathrm{d}}{\mathrm{d}t}\left(\frac{m\boldsymbol{u}}{\sqrt{1-u^2/c^2}}\right)=\frac{\mathrm{d}}{\mathrm{d}t}(m\gamma_u\boldsymbol{u}) \tag{4.32}$$

其中,m 就是牛顿力学中的质量(常数),称为**固有质量**,$u=\sqrt{\boldsymbol{u}\cdot\boldsymbol{u}}$ 是速度 $\boldsymbol{u}$ 的大小。当然,括号内的量就是**相对论性动量**:

$$\boldsymbol{p}=m\gamma_u\boldsymbol{u}=\frac{m\boldsymbol{u}}{\sqrt{1-u^2/c^2}} \tag{4.33}$$

经常有人把

$$\gamma_u m=\frac{m}{\sqrt{1-\beta_u^2}}=\frac{m}{\sqrt{1-u^2/c^2}} \tag{4.34}$$

称为**相对论性质量**,又称为**动质量**,而把 m 称为**静质量**。此时,可以谈论“质量(即动质量)随速度增大而增大”。这种做法有其有利的一面,但也有许多不利之处,比如可以在不同的场合定义多种“动质量”概念。本书不采用动质量这种概念,始终只谈论作为常数的固有质量 m。

注意这里把 γ_u 加了一个角标 u,是为了同洛仑兹变换中的 γ 相区别。那里的 γ 所含的速度是两个惯性系的相对速度,是一个常数。这里的 γ_u 所含的速度是研究对象——粒子本身的速度,是一个变量。而且式(4.32)不涉及参考系变换,始终只在同一个惯性系中考虑问题。在不致混淆时(如不是在两个惯性系中研究同一个粒子的运动),γ_u 的角标有时也省略,下文即如此。

具体的讨论表明,动力学定律式(4.32)会引起与牛顿力学中大不相同的结果。比如,力 $\boldsymbol{F}$ 与加速度 $\boldsymbol{a}=\mathrm{d}\boldsymbol{u}/\mathrm{d}t$ 的方向可以不同,但仍能保证**力、速度和加速度共面**。如果要求力与加速度的方向相同,那么只有两种可能。①质点做直线运动。此时有 $\boldsymbol{F}=\boldsymbol{F}_\tau=\gamma^3 m\boldsymbol{a}_\tau$,其中 $\gamma^3 m$ 称为**纵质量**。②质点做匀速率运动,比如匀速圆周运动。此时有 $\boldsymbol{F}=\boldsymbol{F}_n=\gamma m\boldsymbol{a}_n$,其中 γm 称为**横质量**。所以,虽然经常说在相对论中动质量是随速度而增大的,但场合不同"动质量"的含义就可能不同:**对于直线加速器需用纵质量,对于回旋加速器需用横质量**。它们都可以视为动质量。具体的讨论表明,动力学定律式(4.32)会引起与牛顿力学中大不相同的结果。为方便计算,先给出一些将要用到的结果(读者可以自行验证):

$$\begin{cases} 1+\dfrac{u^2}{c^2}\gamma^2=\gamma^2 \\ \mathrm{d}\gamma=\dfrac{u\mathrm{d}u}{c^2(1-u^2/c^2)^{3/2}}=\gamma^3\dfrac{u\mathrm{d}u}{c^2} \end{cases} \tag{4.35}$$

直接由式(4.32)可以得到

$$\boldsymbol{F}=m\boldsymbol{u}\frac{\mathrm{d}\gamma}{\mathrm{d}t}+m\gamma\frac{\mathrm{d}\boldsymbol{u}}{\mathrm{d}t}=m\gamma^3\frac{u}{c^2}\frac{\mathrm{d}u}{\mathrm{d}t}\boldsymbol{u}+m\gamma\boldsymbol{a}$$

可见,力 $\boldsymbol{F}$ 与加速度 $\boldsymbol{a}=\mathrm{d}\boldsymbol{u}/\mathrm{d}t$ 的方向可以不同,但能保证**力、速度和加速度共面**。记 $\boldsymbol{u}=u\boldsymbol{\tau}$,则 $\boldsymbol{a}=\boldsymbol{a}_\tau+\boldsymbol{a}_n$,其中 $\boldsymbol{a}_\tau=(\mathrm{d}u/\mathrm{d}t)\boldsymbol{\tau},\boldsymbol{a}_n=u\mathrm{d}\boldsymbol{\tau}/\mathrm{d}t$。将其代入上式,得

$$\boldsymbol{F}=m\gamma\frac{\mathrm{d}u}{\mathrm{d}t}\left(\gamma^2\frac{u^2}{c^2}+1\right)\boldsymbol{\tau}++m\gamma\boldsymbol{a}_n=m\gamma^3\frac{\mathrm{d}u}{\mathrm{d}t}\boldsymbol{\tau}+m\gamma\boldsymbol{a}_n$$

此即

$$\begin{cases} \boldsymbol{F}=\gamma^3 m\boldsymbol{a}_\tau+\gamma m\boldsymbol{a}_n \\ F_\tau=\gamma^3 ma_\tau \\ F_n=\gamma ma_n \end{cases} \tag{4.36}$$

再次看出,由于切向加速度 a_τ 和法向加速度 a_n 前面的系数不一样,故力与加速度的方向一般不相同;就算相同,所差的系数也随情况而变。

如果要求力与加速度的方向相同,那么由式(4.36)看出只有两种可能。

(1)$\boldsymbol{a}_n=u\mathrm{d}\boldsymbol{\tau}/\mathrm{d}t=0$,即 $\boldsymbol{\tau}$ 是常矢量,故质点做直线运动。此时有

$$\boldsymbol{F}=\boldsymbol{F}_\tau=\gamma^3 m\boldsymbol{a}_\tau \tag{4.37}$$

(2)$a_\tau=\mathrm{d}u/\mathrm{d}t=0$,即速度大小不变,仅速度方向可变,故质点做匀速率运动,比如匀速圆周运动。此时有

$$\boldsymbol{F}=\boldsymbol{F}_n=\gamma m\boldsymbol{a}_n \tag{4.38}$$

两种情况下力与加速度的比值 $\gamma^3 m$ 和 γm 分别用于速度与力(或加速度)平行和垂直的情况,故经常被分别称为**纵质量**和**横质量**。所以,虽然经常说在相对论中动质量是随速度而增大的,但场合不同"动质量"的含义就可能不同:**对于直线加速器需用纵质量,对于回旋加速器需用横质量**。它们都可以视为动质量。

高中学习过,带电粒子在匀强磁场中做圆周运动的周期为 $T = 2\pi m/(qB)$ 。在相对论情况下,当粒子高速运转时,其中的质量就应替换为横质量 γm ,因此周期 T 不再是一个与速率无关的量。在简单的回旋加速器中,粒子越加速,周期将越长,故加速电场的变化周期不再与粒子情况匹配,会出现电场使粒子减速的情况,导致粒子不能获得更高的能量。此时,如果要进一步提高粒子的能量,必须将电场变化的周期不断延长,以与粒子横质量增加同步。

跟 $\boldsymbol{a} = \boldsymbol{F}/m$ 对应的是

$$\boldsymbol{a} = \frac{\boldsymbol{F} - (\boldsymbol{F}\cdot\boldsymbol{\beta})\boldsymbol{\beta}}{m\gamma} \tag{4.39}$$

这是将加速度用力表示。也就是说,加速度不仅跟力有关,还跟力的功率 $\boldsymbol{F}\cdot\boldsymbol{u} = \boldsymbol{F}\cdot\boldsymbol{\beta}c$ 有关,或者说跟速度有关。

例 4.5　一质量为 m 的质点在恒力 F 作用下沿 x 轴做直线运动,初始时刻位于原点,速度为 0。求其任意时刻的位置坐标、速度和加速度。

解一　根据式(4.32),由于 $\boldsymbol{F}$ 是常矢量,利用初始条件,积分得

$$Ft = \frac{m}{\sqrt{1-u^2/c^2}}u$$

解之,可得速度:

$$u = \frac{Ft/m}{\sqrt{1+(Ft/mc)^2}}$$

故

$$a = \frac{\mathrm{d}u}{\mathrm{d}t} = \frac{F/m}{[1+(Ft/mc)^2]^{3/2}}$$

显然,质点的运动已经不是匀加速运动了,加速度的大小随着时间不断减小而趋于 0。而且可以看出,当 $t\to\infty$ 时, $u\to c$,与光速 c 是极限速度的结论相符。将速度表达式再积分一次,可得

$$x = \sqrt{\frac{m^2c^4}{F^2}+c^2t^2} - \frac{mc^2}{F}$$

或

$$\left(x+\frac{mc^2}{F}\right)^2 - c^2t^2 = \frac{m^2c^4}{F^2}$$

故位置 x 与时间 t 的关系为双曲线型,而不是牛顿力学中的抛物线型。

兹考虑级数展开。利用 $(1+x)^\alpha = 1+\alpha x+\dfrac{\alpha(\alpha-1)}{2!}x^2+\cdots\quad(|x|<1)$,如果 $t \ll mc/F$,注意分母中的根式要写成幂次的形式,如 $1/\sqrt{1+x^2} = (1+x^2)^{-1/2}$,则上面三式分别变为

$$u = \frac{Ft}{m} - \frac{F^3t^3}{2m^3c^2} + \cdots$$

$$a = \frac{F}{m} - \frac{3F^3t^2}{2m^3c^2} + \cdots$$

$$x = \frac{Ft^2}{2m} - \frac{F^3t^4}{8m^3c^2} + \cdots$$

三式的第一项正是我们所熟悉的匀变速直线运动的表达式,而后面的项是相对论修正。

解二 根据式(4.37),质点的加速度为

$$a = \frac{\mathrm{d}u}{\mathrm{d}t} = \frac{F/m}{(1-u^2/c^2)^{3/2}}$$

故

$$\left(1-\frac{u^2}{c^2}\right)^{3/2} \mathrm{d}u = \frac{F\mathrm{d}t}{m_0}$$

两边积分,考虑到初始条件,得

$$u = \frac{Ft/m}{\sqrt{1+(Ft/mc)^2}}$$

下同。

4.4.2 相对论性能量

能量也将被修改。将式(4.32)两边点乘位移 $\mathrm{d}\boldsymbol{r}=\boldsymbol{u}\mathrm{d}t$,得

$$\boldsymbol{F}\cdot\mathrm{d}\boldsymbol{r} = \frac{\mathrm{d}}{\mathrm{d}t}(m\gamma\boldsymbol{u})\cdot\boldsymbol{u}\mathrm{d}t = \boldsymbol{u}\cdot\mathrm{d}(m\gamma\boldsymbol{u}) = m(u^2\mathrm{d}\gamma + \gamma\boldsymbol{u}\cdot\mathrm{d}\boldsymbol{u})$$

直接计算,有

$$1+\frac{u^2}{c^2}\gamma^2 = \gamma^2$$

$$\mathrm{d}\gamma = \frac{u\mathrm{d}u}{c^2(1-u^2/c^2)^{3/2}} = \gamma^3\frac{u\mathrm{d}u}{c^2}$$

故

$$\boldsymbol{F}\cdot\mathrm{d}\boldsymbol{r} = \mathrm{d}(mc^2\gamma) = \mathrm{d}\left(\frac{mc^2}{\sqrt{1-u^2/c^2}}\right) \tag{4.40}$$

外力做功等于质点能量的增加,而实际上,括号内的量就是质点的能量:

$$E = \frac{mc^2}{\sqrt{1-u^2/c^2}} = \gamma mc^2 \tag{4.41}$$

为具体分析能量式(4.41),考虑其级数展开:

$$E = mc^2 + \frac{1}{2}mu^2 + \frac{3}{8}m\frac{u^4}{c^2} + \cdots \tag{4.42}$$

第一项是物体静止时的能量,称为**静能**:

$$E_0 = mc^2 \tag{4.43}$$

这种能量在牛顿力学中是没有的。第二项就是牛顿力学中的动能,而高阶项则是动能的相

对论修正。从第二项开始往后的所有项之和就是物体的动能：

$$E_K = E - E_0 = (\gamma - 1)mc^2 = \frac{1}{2}mu^2 + \frac{3}{8}m\frac{u^4}{c^2} + \cdots \quad (4.44)$$

式（4.44）称为**质能关系**。它是相对论最重要的推论之一，也是其最著名的推论。霍金在其科普名著《时间简史》的序言中说，尽管有人告诫他，书中每多一个数学公式，书的销量会降低一半，他仍愿意冒这个险在书中添上唯一的公式——质能关系。

质能关系表明，粒子吸收或放出能量时，必然伴随着固有质量的增加或减少。例如，在高能物理中，当几个粒子复合成一个粒子时，一般要放出一部分能量，称为**结合能**ΔE，此时静能会减少。而生成粒子的质量也将小于反应粒子的质量之和，其差称为**质量亏损**ΔM。根据狭义相对论，二者的关系为

$$\Delta E = \Delta Mc^2 \quad (4.45)$$

这已被大量的实验所证实，也是原子能利用的主要理论依据。

以氦核为例。两个质子和两个中子结合成一个氦核。质子和中子的质量分别为M_p=1.007 28 u 和 M_n=1.008 66 u（u 为原子质量单位，1 u=1.660 54 × 10^{-27} kg），而氦核质量为M_A=4.001 50 u。两个质子和两个中子的总质量为

$$M=2M_p+2M_n=4.031\ 88\ \text{u}$$

可见 $M_A<M$。原子核发生的质量亏损为

$$\Delta M= M-M_A=0.030\ 38\ \text{u}$$

故而结合能为

$$\Delta E = \Delta Mc^2 = 0.030\,38 \times 1.660\,54 \times 10^{-27} \times (2.998 \times 10^8)^2\ \text{J} = 4.534 \times 10^{-12}\ \text{J}$$

这就是形成一个氦核所放出的能量。若结合成 1 mol 的氦核（约 4 g），放出的能量为$E=N_A \times \Delta E$=2.730 × 10^{12} J，这相当于燃烧约 100 t 煤时所发出的热量。

有人做过估算，拥有百万人口的城市每天用于家庭使用的能量，一共不超过相当于 1 g 质量变化所对应的能量。在这么众多的能量传递与转化过程中，要想感知到伴随着的极小的质量变化显然是不切实际的。

但不要认为质量亏损意味着能量不守恒了，前面谈到的减少和亏损指的只是静能和固有质量。实际上，放出的能量一般以光子或其他形式辐射开来。能量守恒定律和动量守恒定律是高于牛顿力学的一般定律，它们是普适的，在相对论中仍然成立。

在一般情况下，系统的静能包括其各成分的静能、动能和相互作用能。对一个宏观物体而言，其静能式（4.43）其实就是其总内能，包括所有层次的动能和相互作用势能，如图 4-8 所示。

现在认识到的最基本的层次是电子和部分子（夸克、反夸克和胶子）。如果发现电子和夸克也具有结构，那么它们的静能就还可以继续分解。任何层次上运动情况的变化都将导致静能的变化，从而导致固有质量的变化。

在低速情形下，粒子的动能和相互作用能很小，其变化远小于产生或湮灭粒子所需的能量变化式（4.45），故而不会发生粒子的产生或湮灭，从而所有粒子会一直存在，静能不会发生任何变化，不可探测，可以作为固定背景而舍去。而各粒子的动能和相互作用能则是可以

变化、可以探测的,是有意义的,从而可在能量的表达式中保留下来,这就是牛顿力学中的能量。

- 物体静能
  - 各分子静能
    - 各原子静能
      - 各电子静能
      - 各电子动能
      - 原子核静能
        - 各核子静能
          - 各部分子静能
          - 各部分子动能
          - 部分子间相互势能
        - 各核子动能
        - 核子间相互势能
      - 原子核动能
      - 各电子和原子核间相互势能
    - 各原子动能
    - 原子间相互势能
  - 各分子动能
  - 分子间相互势能

图 4-8

由动量式(4.33)和能量式(4.41),我们可以得到能量、动量与速度之间的关系:

$$\boldsymbol{u} = c^2 \boldsymbol{p} / E \tag{4.46}$$

根据式(4.33)和式(4.41)计算 $E^2 - (c\boldsymbol{p})^2 \equiv E^2 - c^2 \boldsymbol{p} \cdot \boldsymbol{p}$,将发现,它是一个常数:

$$E^2 - (c\boldsymbol{p})^2 = m^2 c^4$$

这是相对论情况下的能量和动量的重要关系式,它在低速近似下回到牛顿力学中的情况:

$$E - mc^2 = p^2 / 2m \tag{4.47}$$

光子是一种特殊的粒子。由于其速度只能是恒定的 c,由式(4.41),其固有质量为 0,静能为 0。故**光子的能量就是其动能**。根据式(4.46)或式(4.47),有

$$E = E_{\mathrm{K}} = cp \tag{4.48}$$

具有类似性质的还有**中微子**。

例 4.6 带电 π 介子会衰变为 μ 子和中微子:

$$\pi^+ \to \mu^+ + \nu ,$$

其中,中微子和光子一样速度恒为 c。各粒子的质量为 m_π=139.57 MeV/c^2, m_μ=105.66 MeV/c^2, m_ν=0。求在 π 介子质心系中 μ 子的动量、能量和速度。

解 在 π 介子质心系中, π 介子的动量为 0,能量为 $E=m_\pi c^2$。它衰变后,根据式(4.47), μ 子和中微子的能量分别为

$$E_\mu = c\sqrt{{m_\mu}^2 c^2 + {p_\mu}^2}$$

$$E_\nu = p_\nu c$$

由动量守恒定律和能量守恒定律,有

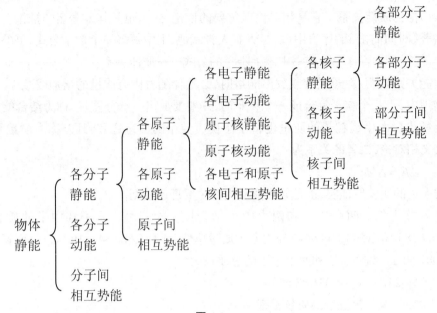

$$p_\mu = p_\nu = p$$

$$c\sqrt{m_\mu{}^2c^2 + p_\mu{}^2} + p_\nu c = m_\pi c^2 。$$

解之，得

$$p = \frac{m_\pi{}^2 - m_\mu{}^2}{2m_\pi}c = \frac{139.57^2 - 105.66^2}{2\times 139.57}\text{MeV}/c = 29.79\ \text{MeV}/c$$

$$E_\mu = \frac{m_\pi{}^2 + m_\mu{}^2}{2m_\pi}c^2 = \frac{139.57^2 + 105.66^2}{2\times 139.57}\text{MeV} = 109.78\ \text{MeV}$$

又根据式（4.41），对于 μ 子，有

$$\gamma = \frac{1}{\sqrt{1 - v^2/c^2}} = \frac{E_\mu}{m_\mu c^2} = \frac{109.78}{105.66} = 1.039\,0$$

故其速度为

$$v = 0.271\,4c$$

习　题

4.1　在狭义相对论中，下列说法中（　　）是正确的。

（1）一切运动物体相对于观察者的速度都不能大于真空中的光速

（2）长度、时间的测量结果都是随物体与观察者的相对运动状态而改变的

（3）在一惯性系中观测到的发生于同一时刻、不同地点的两个事件在其他一切惯性系中观测也是同时发生的

（4）惯性系中的观察者观察一个相对于他做匀速直线运动的时钟时，会观测到该时钟比相对于他静止的时钟走得慢些

A.（1），（3），（4）　　B.（1），（2），（4）

C.（1），（2），（3）　　D.（2），（3），（4）

4.2　（1）对某观察者来说，发生在某惯性系中同一地点、同一时刻的两个事件，对于相对该惯性系做匀速直线运动的其他惯性系中的观察者来说，它们是否同时发生？

（2）在某惯性系中发生于同一时刻、不同地点的两个事件，它们在其他惯性系中是否同时发生？

关于上述两个问题的正确答案是（　　）。

A.（1）同时，（2）不同时　　B.（1）不同时，（2）同时

C.（1）同时，（2）同时　　D.（1）不同时，（2）不同时

4.3　在某地发生两件事，静止位于该地的甲测得时间间隔为 4 s，若相对于甲做匀速直线运动的乙测得时间间隔为 5 s，则乙相对于甲的运动速度是（　　）。

A.（4/5）c　　B.（3/5）c

C.（2/5）c　　D.（1/5）c

4.4　设某微观粒子的总能量是它的静能的 K 倍，则其运动速度的大小为（　　）。

A. $\dfrac{c}{K-1}$　　　　B. $\dfrac{c}{K}\sqrt{1-K^2}$

C. $\dfrac{c}{K}\sqrt{K^2-1}$　　　　D. $\dfrac{c}{K+1}\sqrt{K(K+2)}$

4.5 某核电站年发电量为 100 亿 kW · h,它等于 36×10^{15} J 的能量,如果这是由物质的全部静能转化产生的,则需要消耗的物质质量为(　　)。

A. 0.4 kg　　　　B. 0.8 kg

C.(1/12) $\times10^7$ kg　　　　D. 12 $\times10^7$ kg

4.6 在惯性系 S 中,有两事件发生于同一地点,且第二事件比第一事件晚发生 t =2 s;而在另一惯性系 S' 中,观测第二事件比第一事件晚发生 t'=3 s。那么在 S' 系中发生两事件的地点之间的距离是多少?

4.7 π 介子的固有寿命是 2.60×10^{-8} s。现有一束 π 介子以 0.8c 的速度离开一个加速器,那么,(1)实验室坐标系中测得的 π 介子的寿命是多少?(2)π 介子能飞过的路径有多长?

4.8 牛郎星距离地球约 16 光年,设宇宙飞船需用 4 年的时间(飞船上的时钟指示的时间)抵达牛郎星,则宇宙飞船匀速飞行的速度是多少?

4.9 有一观察者测得运动着的米尺长为 0.5 m,求此米尺接近观察者的速度是多少?

4.10 观察者 A 测得与他相对静止的 Oxy 平面上一个圆的面积是 12 cm^2,另一观察者 B 相对于 A 以 0.8c 平行于 Oxy 平面做匀速直线运动, B 测得这一图形为一椭圆,其面积是多少?

4.11 静止长为 1 200 m 的火车,相对车站以匀速 v 直线运动。已知车站站台长 900 m,站上观察者观测到车尾通过站台进口时,车头正好通过站台出口。试求:(1)车的速率。(2)车上乘客看到的车站站台的长度。

4.12 地面参考系中,在 x=1 000 km 处,于 t=0.02 s 时刻爆炸了一颗炸弹。如果有一艘沿 x 轴正方向、以 u=0.75c 速率运动的飞船,试求:(1)在飞船参考系中的观察者测得这颗炸弹爆炸的空间和时间坐标。(2)若按伽利略变换,结果又如何?假设两参考系的时空原点已经校好。

4.13 惯性系 S' 相对另一惯性系 S 沿 x 轴做匀速运动,取两坐标原点重合的时刻作为计时起点。在 S 系中测得两事件的时空坐标分别为 $x_1=6\times10^4$ m, $t_1=2\times10^{-4}$ s 以及 $x_2=12\times10^4$ m, $t_2=1\times10^{-4}$ s。已知在 S' 系中测得该两事件同时发生。试问:(1)S' 系相对 S 系的速度是多少?(2)S' 系中测得的两事件的空间间隔是多少?

4.14 静止长度为 l_0 的火箭以匀速 u 相对地面运动。一个光信号从火箭前端发出到达尾部。求火箭上的观测者和地面的观测者观察该过程所需的时间。

4.15 短跑运动员在地面上以 10 s 的时间跑完 100 m 的距离。一飞船沿同一方向以 0.8c 的速率飞行,求飞船上的观测者测得的各量:(1)跑道的长度;(2)运动员跑过的空间和时间间隔;(3)运动员的速度;(4)运动员相对于跑道的速度。

4.16 在惯性系 Σ 系中观察两个事件同时发生在 x 轴上,其间距为 1 m。在相对于 Σ

系沿 x 轴方向运动的惯性系 Σ' 系中观察，这两个事件之间的空间距离是 2 m，求在 Σ' 系中观察这两个事件的时间间隔。

4.17　在某惯性系 Σ 中，两事件发生在同一地点而时间相隔为 4 s。已知在另一惯性系 Σ' 中，该两事件的时间间隔为 5 s。试求：(1)两惯性系的相对速度是多少？(2)在 Σ' 系中，两事件的空间间隔是多少？

4.18　在以 $0.6c$ 速度飞行的飞船中，宇航员通过电磁波收看来自地球的电视节目。如果该节目在地球上的播出时长为 50 min，求飞船处于下列情况下，宇航员用时多少可以看完节目：(1)飞船飞离地球；(2)飞船飞向地球。

4.19　一物体因运动而使其总能量比静能增加了 10%，则此物体在运动方向上缩短了百分之几？

4.20　已知一粒子的动能等于其静止能量的 n 倍，试求该粒子的速率和动量。

4.21　把一个静止质量为 m 的粒子由静止加速到 $0.1c$ 所需的功是多少？由速率 $0.89c$ 加速到 $0.99c$ 所需的功又是多少？

4.22　μ 子的固有质量是电子的 207 倍，固有寿命 $\tau_0=2\times10^{-6}$ s。若它在实验室参考系中的平均寿命为 $\tau=7\times10^{-6}$ s，则其能量是电子静能的多少倍？

4.23　两个静质量都是 m 的全同粒子 A、B 分别以速度 $\boldsymbol{v}_{\mathrm{A}}=v\boldsymbol{i}$，$\boldsymbol{v}_{\mathrm{B}}=-v\boldsymbol{i}$ 运动，相撞后合在一起成为一个粒子，求其静质量 M。

4.24　一固有质量为 m 的静止粒子裂变成两个粒子，速度分别为 $0.6c$ 和 $0.8c$，求裂变过程的质量亏损和释放出的能量。

4.25　一电子在电场中从静止开始加速，它应通过多大的电位差才能使其质量增加 0.4%？此时电子速度是多少？

第 5 章　气体动理论

热学是研究热现象及与热现象有关的宏观物质系统的理论。热学有两种研究方法。一种是从微观角度切入,依据粒子所遵循的力学规律,用统计的方法来解释物质的宏观性质。这部分称为**统计物理学**。另一种是从宏观角度切入,由观察和实验总结出热现象规律,并通过数学方法的逻辑演绎,构成热现象的宏观理论。这部分称为**热力学**。

本章介绍统计物理学的初级部分——**分子动理论**(以前称为分子运动论)。这是 19 世纪中叶由克劳修斯、麦克斯韦、玻耳兹曼等建立起来的、研究物质热运动性质和规律的经典微观统计理论。其基本假定是:物质是由大量分子、原子(以下统称分子)组成的,这些分子处于不停顿的无规律热运动之中,分子之间存在着相互作用力,分子的运动遵从牛顿运动定律。根据上述微观模型,他们采用统计平均的方法来考察大量分子的集体行为,建立宏观量与相应的微观量平均值的关系,用以定量说明物体的状态方程、热力学性质以及输运过程(扩散、热传导、黏滞性)的微观本质,标志着物理学的研究第一次达到了分子水平。分子动理论主要应用于气体,也称为**气体动理论**。

分子热运动的一大表现就是花粉的**布朗运动**。分子热运动有以下特征。①微粒数目极其巨大,一个典型的数目是**阿伏伽德罗常数** $N_A=6.02\times10^{23}/\mathrm{mol}$。②由于如此数目的微粒间频繁的相互作用,微粒的运动情况实际上是完全随机的,要跟踪、预言某一个微粒的行为是不可能的,也是没必要的。而我们关心的只是微观量的统计平均值,因为**宏观量对应于微观量的统计平均值**。这就是为什么我们从微观角度切入时一定要用上统计方法的原因。由此可以得到统计物理学的一个前提:系统中必须有大量粒子。系统的粒子数越多,统计规律的正确程度也越高。相反,粒子数少的系统的统计平均值与宏观量之间的偏差较大,有时甚至失去它的实际意义。例如,对于由成百上千个粒子组成的系统,是没有温度这个概念的。

5.1　平衡态、温度及理想气体状态方程

热学所研究的对象称为**热力学系统**(简称**系统**),而与系统有相互作用(做功、热传递和粒子交换)的、系统以外的部分称为**外界**或**媒质**。

5.1.1　平衡态

平衡态是热学的一个基本概念,是对某一类基本现象的抽象。例如,一容器由隔板分开,一边充有气体,一边为真空。若把隔板打开,气体就自发地流入到真空一边。这种现象叫**自由膨胀**。在发生自由膨胀时,容器中各处压强不尽相同,且随时间变化。此时系统处于**非平衡态**。经过一段时间后,容器中各部分性质趋于一致,气体不再发生任何宏观变化,此时系统就处于平衡态了。因此,**不受外界影响时,经过足够长时间后系统的宏观性质不随时**

间变化的状态称为平衡态。平衡态是一个理想概念,跟质点一样。若外界影响很小,宏观性质变化不大,在我们所考虑的问题中可以忽略,就可以视系统处于平衡态。这是我们常用的处理方式。

“足够长的时间”是相对的,有时可能很长,有时可能很短,这要依系统的弛豫时间而定。**弛豫时间**是指系统由其初始的非平衡态演化到平衡态所需要的时间,它跟具体宏观性质有关。例如,气体中压强达到平衡的弛豫时间很短,约为 10^{-16} s。而在扩散现象中,要使浓度均匀,在气体中需几分钟时间,在固体中则需几小时、几天甚至更长的时间。

平衡态虽然在宏观上平静,但在微观上仍然是大量粒子在不停运动。只是这种运动达到某种平衡,使得其统计平均效果——宏观性质不随时间变化而已。因此,这种平衡又称为**热动平衡**。

系统处在平衡态时,其一些物理量的值是确定的,这些量可用来描述系统的状态,称为状态参量。常用的几类参量有**几何参量、力学参量、化学参量和电磁参量**。几何参量有气体或液体的体积、薄膜的面积等。力学参量有压强、薄膜的张力系数等描述系统力学性质的量。如果系统由多种成分组成,就需给出各成分的质量或物质的量,这就是化学参量。如果涉及电磁现象,还需加上电场强度、磁场强度、介质的极化强度和磁化强度等电磁参量。

以上这些物理量都不是热力学所特有的。描述平衡态的参量还有一类,称为**热学参量**,此即下面的温度。

5.1.2　温度

温度表征物体的冷热程度。但到底什么是温度？或者说什么是冷热程度？这个问题却不是那么简单。概念的严格化是科学发展的重要一步,下面就把温度这一概念严格化。在此之前需介绍作为其起点的**热力学第零定律(亦称热平衡定律)**。热平衡定律的正式提出比热力学第一定律和第二定律晚,但它是温度概念的逻辑前提,不能放在诸定律之后,故称为热力学第零定律。

使两个系统 A、B 进行热接触(即只允许传热)。一般来说,这两个系统之间会发生热传递,各自的状态会发生改变,直至长时间后不再变化。此时我们说,这两个系统达到了**热平衡**。现在取三个系统 A、B 和 C。将 A 和 B 隔开,但都与 C 发生热接触。经过一段时间后,A、C 和 B、C 之间都已达到热平衡。此时,如果让 A、B 进行热接触,那么经验告诉我们,A、B 之间将不会有热流,A、B 的状态也不会再发生任何改变。或者说,A、B 之间已经达到热平衡。简言之,**与同一系统达到热平衡的两系统必然也达到热平衡,这就是热平衡定律**。

热平衡定律的本质是表明,**热平衡关系具有传递性**。一种关系未必具有传递性,例如朋友关系,因为我的朋友的朋友不一定是我的朋友。但热平衡关系却具有传递性。由于这种传递性,我们马上可以得出四个、五个……系统处于共同的热平衡状态。所有这些系统能够处于同一热平衡状态,就必然具有某种共同的宏观性质。而且这种性质与各系统的具体结构无关,因为这些系统可以是很不一样的。例如,一个是一块木头,一个是一团热辐射,一个是一团气体……而这些不同的系统所具有的共同性质就称为温度。

所以,热平衡定律是定义温度概念的基础。它指出,**温度是决定一系统是否与其他系统处于热平衡的性质,其意义就在于一切互为热平衡的系统都具有相同的温度**。所以,什么是温度?简单回答是:**它是表明是否发生热传递的物理量**。如果不发生热传递,表明温度相同;如果发生热传递,表明温度不同。

热平衡时的温度仅仅决定于系统内部的热运动状态,而不取决于进行热接触的另一系统。热接触只是为建立热平衡创造条件。所以**温度是系统本身的性质**,具体地说,是内部热运动特征的反映。

由于互为热平衡的物体具有相同的温度,因此,我们在比较两个物体的温度时,不需要将两物体进行热接触,只要取一个标准物体与这两个物体进行热接触就行了。这个标准物体就是温度计。热平衡定律是温度计能够测量温度的基本原理。

5.1.3 温标

现在有了温度的概念。我们还可以规定,如果热量从 A 传到 B,那么 A 的温度就比 B 的温度高。于是也有了温度高低的概念。但其具体数值呢?这就需要温标了。

大体上说,温标分为**经验温标**、**半经验温标**和**绝对温标**三类。经验温标的例子有水银温度计、铂电阻温度计等。经验温标是概念上最简单的一类。建立一种经验温标需要包含三个要素:①选择某种物质(叫作**测温物质**)的某一随温度变化而单调、显著变化的性质(叫作**测温属性**)来标定温度;②选定固定点;③进行分度,即对测温属性随温度的变化关系作出规定。

例如,水银的体积随温度显著变化,故可以用其体积来标定温度大小,称为水银温度计。气体的体积和压强也随温度显著变化,也可作为测温属性,称为气体温度计。铂的电阻受温度的影响很大,故可作为测温属性,用来做铂电阻温度计。而通常的固定点是规定冰的正常熔点为 0 ℃,水的正常沸点为 100 ℃。分度时则**通常规定温度随测温属性做线性变化**。例如,在水银温度计上标定了 0 ℃和 100 ℃后,将中间的间隔平分为 100 份,每份表示 1 ℃。这其实就是规定:温度的改变量正比于体积(或长度)的改变量。

这些形形色色的温度计有一个缺点,那就是用它们测量同一物体的温度时各温度计的读数并不完全相同(固定点当然除外)。这很好理解。假定用水银温度计测量某物体的温度时读数是 50.0 ℃,即水银高度刚好在两固定点的正中间。如果用铂电阻温度计来测,有什么理由认为此时铂的电阻刚好也是处在它的两固定点电阻的正中间呢?铂电阻的改变一定与水银高度的改变严格成正比吗?为什么不会稍微大一点或稍微小一点?因此,有必要建立一种标准温标来校正其他温标。

这种温标的基础是气体温度计。实验发现,一定质量的气体在恒温时压强和体积的乘积在一定的精度范围内可以认为保持不变,即 $pV=C$。这就是**玻意耳定律**。既然如此,就可以取一定质量的气体,用其 pV 值来度量温度,规定它与温度成正比。通常是保持气体体积不变,规定温度值与其压强成正比,或者保持气体压强不变,规定温度值与其体积成正比。二者分别对应**定容温度计**和**定压温度计**。

以定容气体温度计为例，由规定，温度值与气体压强成正比：$T(p)=ap$。还需一个固定点。沸点、熔点的温度其实会随压强而变化，并不固定，而**三相点**是同一化学纯物质的气、液、固三相同时达到热平衡时的状态，此时系统具有唯一的温度和压强。故三相点温度可担此任。规定**水的三相点的温度为 273.16 K**（开）。记温度计内气体在水的三相点时的压强为 p_{tr}，则系数 a 可以确定，且

$$T(p)=273.16\frac{p}{p_{tr}} \tag{5.1}$$

实验表明，用不同气体或不同质量的同一种气体所确定的某系统的定容温标，除水的三相点外，其他温度值稍有差异。这跟前面的情况相同。但另一新的重要现象是，如果不断抽取温度计中的气体，不断按式（5.1）重新进行测量（此时 p_{tr} 将不断减小，当然测得的压强 p 也不断减小），那么对同一状态的系统所测得的温度值将趋于一个极限。而且，换用其他气体，按上述方式测量这同一状态的系统，所得的这一极限值都相同。一句话，当温度计内气体的密度（或三相点时的压强 p_{tr}）趋于 0 时，各种气体定容温标给出的温度值趋于共同的极限温度值。此时，各种气体的"个性"已经消失，体现出来的是所有气体的"共性"。正是这一特征使得气体温标区别于其他经验温标。对于气体定压温度计，也具有类似的特征。

由气体温度计所定出的温标的低压极限称为理想气体温标，其定义式为

$$\begin{aligned}T&=\lim_{p_{tr}\to 0}273.16\frac{p}{p_{tr}}(V\text{不变})=\lim_{p\to 0}273.16\frac{V}{V_{tr}}(p\text{不变})\\&=\lim_{p\to 0}273.16\frac{pV}{(pV)_{tr}}\end{aligned} \tag{5.2}$$

理想气体温标不依赖于任何气体的个性，故在一定程度上具有普适性质。但它毕竟依赖于气体本身的性质（如极低温下气体将液化，也就不存在气体了），故又具有经验性质。因此，**理想气体温标是半经验温标**。

经验温标有内在缺陷，可以用**理想气体温标**来校正。实验发现，一定质量的气体在恒温时压强和体积的乘积在一定的精度范围内可以认为保持不变，即 $pV=C$。这就是**玻意耳－马略特定律**，而且气体压强越低该定律越精确。既然如此，就可以取一定质量的气体，用其 pV 值来度量温度，规定它与温度成正比：

$$\begin{cases}T\propto pV\\pV=CT\end{cases} \tag{5.3}$$

通常是固定 V，规定 $T\propto p$，或者固定 p，规定 $T\propto V$。二者分别对应**定容温度计**和**定压温度计**。此外，还需规定一个固定点：**水的三相点的温度为 273.16 K**。

各种气体温度计对同一个体系测得的温度值仍会有些许差异，但当温度计内气体的密度（或压强）趋于 0 时会趋于共同的极限。**由气体温度计所定出的温标的低压极限称为理想气体温标**，其定义式为

$$T=\lim_{p\to 0}273.16\frac{pV}{(pV)_{tr}} \tag{5.4}$$

理想气体温标不依赖于任何气体的特性，故在一定程度上具有普适性质。但它毕竟依

赖于气体本身的性质（如极低温下气体将液化，也就不存在气体了），故又具有经验性质。因此，**理想气体温标是半经验温标**。

还有一种**热力学温标**。它是用卡诺热机在两系统间的吸放热量的比值来定义两体系温度的比值（详见第 6 章），故已不依赖于任何测温物质，因而又称为**绝对温标**。国际上规定热力学温标为基本温标。可以证明，在理想气体温标适用的范围内，热力学温标与理想气体温标是一致的。

历史上还出现过其他温标，如摄氏温标 t_C（单位是摄氏度，℃）和华式温标 t_F（单位是华氏度，℉）。它们的原始规定不尽相同，但现在已统一用热力学温标来定义：

$$t_C = T - 273.16 \tag{5.5}$$

$$t_F = 32 + \frac{9}{5}t_C \tag{5.6}$$

5.1.4 理想气体状态方程

前面说过，热力学系统的平衡态可以用四类状态参量来描述，现在又多了一类热学参量——温度。它们之间必有联系。表述温度与其他状态参量之间联系的方程称为**物态方程**（或**状态方程**）。对于仅需用压强 p、体积 V 和温度 T 来描述的**简单系统**（如气体），物态方程可写为

$$T=f(p,V) \tag{5.7a}$$

或

$$F(T,p,V)=0 \tag{5.7b}$$

前面讨论了理想气体温标。所谓理想气体就是实际气体的低压极限状态。关于气体的诸多实验定律，如玻意耳定律、盖·吕萨克定律、查理定律和阿伏伽德罗定律等，都是一些近似定律，但**它们在气体压强越低时准确度越高**，故可认为它们对于理想气体是精确成立的。

可以根据三个出发点来导出理想气体状态方程：①玻意耳定律；②理想气体温标的定义；③阿伏伽德罗定律。根据前两者，我们得到了 $pV/T=C$（式（5.3）和式（5.4）），其中常数 C 依赖于气体质量（或物质的量），而且可能依赖于气体种类。根据**阿伏伽德罗定律**，相同压强和温度时，1 mol 任何气体的体积都相等，这意味着 pV_m/T（$V_m=V/\nu$ 为气体的**摩尔体积**，ν 为气体的**物质的量**）为一与气体种类无关的常数。将其记为 R（称为**普适气体常数**），则有

$$pV_m/T=R \tag{5.8a}$$

或

$$pV=\nu RT \tag{5.8b}$$

其中，温度 T 为用理想气体温标给出的数值。至于 R 的值，可以根据下列实验事实得到：1 mol 任意气体在标准状况（即温度为 0 ℃、压强为 1 atm=1.013×10^5 Pa）时的体积为 0.022 4 m^3。故

$$R = \frac{pV_m}{T} = \frac{1.013\,25\times 10^5 \times 0.022\,4}{273.16}\ \mathrm{J\cdot mol^{-1}\cdot K^{-1}} \tag{5.9}$$
$$= 8.31\ \mathrm{J\cdot mol^{-1}\cdot K^{-1}} = 1.99\ \mathrm{cal\cdot mol^{-1}\cdot K^{-1}}$$

理想气体状态方程（5.8）反映着实际气体在压强趋于 0 时的极限性质，在压强不太高、温度不太低时较准确地描述了实际气体。

气体的物质的量 ν 等于气体质量 M 与其**摩尔质量** M_m 之比，也等于气体的粒子数 N 与阿伏伽德罗常数 N_A 之比：

$$\nu = \frac{M}{M_\mathrm{m}} = \frac{N}{N_\mathrm{A}} \tag{5.10}$$

故理想气体状态方程又可写为

$$p=nkT \tag{5.11}$$

其中，$n=N/V$ 为粒子数密度，而

$$k = \frac{R}{N_\mathrm{A}} = 1.380\,66\times 10^{-23}\ \mathrm{J\cdot K^{-1}} \tag{5.12}$$

为**玻尔兹曼常数**。

如果是混合气体，还需用到一条实验定律——**道耳顿分压定律：混合气体的压强等于各组分的分压强之和**。所谓分压是指某组分单独存在（具有与混合气体相同的温度和体积）时的压强。分压定律同样是在低压时比较精确。根据该定律，有

$$p=p_1+p_2+\cdots+p_n \tag{5.13}$$

又把理想气体状态方程用于各组分，得

$$pV = (\nu_1+\nu_2+\cdots+\nu_n)RT \tag{5.14}$$

这就是混合理想气体状态方程。

例 15.1　试计算 1 m^3 任何气体在标准状态下的分子数。

解　在标准状态下，$p=1.013\,25\times 10^5\ \mathrm{Pa}$，$T=273.16\ \mathrm{K}$，故由式（5.11）得

$$n = \frac{p}{kT} = \frac{1.013\,25\times 10^5}{1.380\,66\times 10^{-23}\times 273.16}\ \mathrm{m^{-3}} = 2.686\,7\times 10^{25}\ \mathrm{m^{-3}}$$

这个常数称为**洛施密特常数**。

5.2　理想气体的压强和温度的微观解释

5.2.1　理想气体的微观模型

气体的特征是，分子间的平均距离大约是分子本身线度的 10 倍。此时，各分子间相互远离，分子的运动近似为自由运动。前面讲过，理想气体是实际气体的低压近似。作为理想情况，**理想气体的微观模型**有如下特点：①分子大小可以忽略，视为 0；②除碰撞的一瞬间，分子间和分子器壁间无相互作用；③所有碰撞都是弹性的，气体分子的动能不因碰撞而损失。

此外，对于理想气体的平衡态，我们还作出如下合理的统计假设：①无外场时**各处同性**，即一个分子处于任何地方的概率都相同，或者任何地方的**粒子数密度**都相同，不存在任何不均匀性；②**各向同性**，即分子速度朝向任何方向的概率都相同，或者朝任何方向运动的粒子数都相同，不应在某个方向上更占优势。

基于这种统计假设，有

$$\overline{v_x^2}=\overline{v_y^2}=\overline{v_z^2} \tag{5.15}$$

这是因为没有哪个方向特殊，三个方向完全平权。又有

$$\overline{v_x}=\overline{v_y}=\overline{v_z}=0 \tag{5.16}$$

这是因为，有一个向左的分子，就必然有一个向右且速率相同的分子，二者速度分量抵消。这些结论将在后面用到。

5.2.2 压强公式

气体的压强源自气体分子对器壁的不断撞击，跟大量雨点打在雨伞上一样。下面采取简化模型来推导压强与微观碰撞的关系。

如图 5-1 所示，边长为 L_1, L_2, L_3 的长方体容器中有 N 个同类理想气体分子。由于各处压强都相等，故可选 A 面来计算其压强。考虑某一个分子 i，其速度为 $\vec{v}_i$，分量为 v_{ix}, v_{iy}, v_{iz}。它以 v_{ix} 的速度撞击 A 面，又以 $-v_{ix}$ 的速度返回，给予 A 面的冲量大小为 $2mv_{ix}$。当它返回，被 B 面反射，又与 A 面相撞时，所需时间为 $2L_1/v_{ix}$。故在 Δt 的时间内，分子 i 与 A 面的撞击次数为 $\Delta t v_{ix}/2L_1$。而每次都给 A 面以 $2mv_{ix}$ 的冲量，故在 Δt 内，分子 i 给予 A 面的总冲量为

$$2mv_{ix}\cdot\Delta t v_{ix}/2L_1=m{v_{ix}}^2\Delta t/L_1$$

这只是一个分子的冲量。而所有分子在单位时间内给 A 面的总冲量（力）为

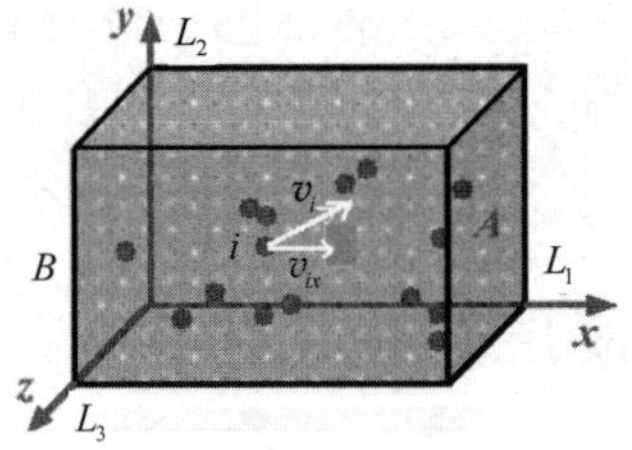

图 5-1 气体分子对器壁的碰撞

$$F=\sum_{i=1}^{N}\frac{m{v_{ix}}^2}{L_1}$$

于是，A 面所受的压强为

$$p=\frac{F}{L_2L_3}=\frac{m}{L_1L_2L_3}\sum_{i=1}^{N}{v_{ix}}^2=\frac{Nm}{V}\frac{v_{1x}^2+v_{2x}^2+\cdots+v_{Nx}^2}{N}=nm\overline{v_x^2}$$

其中，$n=N/V$ 为粒子数密度。根据式（5.9）和 $\overline{v^2}=\overline{v_x^2}+\overline{v_y^2}+\overline{v_z^2}$，可得

$$\overline{v_x^2}=\overline{v_y^2}=\overline{v_z^2}=\frac{\overline{v^2}}{3}$$

故

$$p=\frac{1}{3}nm\overline{v^2} \tag{5.17}$$

考虑到分子的**平均动能**（具体地说是**平均平动动能**）为 $\overline{\varepsilon}_{\mathrm{t}}=\frac{1}{2}m\overline{v^2}$，故上式又可写为

$$p=\frac{2}{3}n\overline{\varepsilon}_{\mathrm{t}} \tag{5.18}$$

这就是**理想气体的压强公式**。

式（5.18）表明，理想气体的压强正比于粒子数密度和分子平均动能。它给出了压强这一宏观量与分子动能 $\varepsilon_{\mathrm{t}}=\frac{1}{2}mv^2$ 这一微观量的统计平均值 $\overline{\varepsilon}$ 的关系，是阐明宏观量与微观量联系的第一个典型公式。在其导出过程中，我们不只用到了力学规律，还用到了统计的概念和方法（式（5.15）），所以，**压强公式是一个统计规律**。

在其导出过程中，我们简单地假设了一个分子除了与器壁碰撞外不与其他分子碰撞。这是不可能的，但在此处又是合理的。因为当有分子发生碰撞时，动量守恒和能量守恒决定了器壁所受的冲量不会改变。另外，就大量分子的统计效果而言，当速度为 v_i 的分子因碰撞而速度改变时，必有其他分子也因碰撞而速度变为 $\boldsymbol{v}_i$。所以，我们的推导是合理的。

5.2.3　温度公式

把压强公式与理想气体状态方程式（5.11）联立起来，消去 p，即得

$$\overline{\varepsilon}_{\mathrm{t}}=\frac{3}{2}kT \tag{5.19}$$

其中，k 为玻尔兹曼常数。此式表明，理想气体分子的平均动能只与温度有关，且正比于温度。它同时阐明了温度的微观实质：**温度是分子无规则热运动的剧烈程度的标志**（详见后文式（5.56））。温度公式式（5.19）与压强公式式（5.18）都是统计规律，温度和压强都是大量分子热运动的集体表现。对于单个或少量分子，根本就不存在温度和压强的概念。

例 5.1　试求室温（20 ℃）下气体分子的平均动能。

解　利用温度公式，有

$$\begin{aligned}\overline{\varepsilon}_{\mathrm{t}}&=\frac{3}{2}kT\\&=\frac{3}{2}\times1.38\times10^{-23}\times(273.16+20)\ \mathrm{J}\\&=6.07\times10^{-21}\ \mathrm{J}\end{aligned}$$

它与气体种类无关。作为比较，$1\ \mathrm{eV}=1.60\times10^{-19}\ \mathrm{J}$。

利用温度公式和 $\overline{\varepsilon}_{\mathrm{t}}=m\overline{v^2}/2$ 可以得出理想气体的**方均根速率**

$$v_{\rm rms} \equiv \sqrt{\overline{v^2}} = \sqrt{\frac{3kT}{m}} = \sqrt{\frac{3RT}{M_m}} \tag{5.20}$$

方均根速率是速率平方的平均值的平方根(root-mean-square velocity)的简称。它是分子速率这种微观量的一种统计平均值,能大体反映速率分布的某些特征,可作为某种代表速率。例如,如果 $v_{\rm rms}$ 比较大,那么可以认为气体中速率大的分子比较多。

例 5.2 计算 0 ℃时氢气分子和氧气分子的方均根速率和它们的分子平均平动动能。

解 对于氢气,有

$$v_{\rm rms} = \sqrt{\frac{3RT}{M_{\rm m}}} = \sqrt{\frac{3\times 8.31\times 273.16}{2\times 10^{-3}}}\ {\rm m/s} = 1.85\times 10^3\ {\rm m/s}$$

对于氧气,代入数据,有 $v_{\rm rms} = 461\,{\rm m/s}$ 。

可见,除去氢气、氦气这种轻分子气体外,一般气体分子在室温下的速率也都有几百米每秒,达到声速级别。与汽车、火车比较,这是一个很高的速率。

5.2.4 分子碰撞 *

分子的速率虽大,但在前进过程中要与大量其他分子做频繁碰撞,所走的路程非常曲折,碰撞频率达每秒 65 亿次之多。分子碰撞是宏观的各种**输运过程**(黏滞、热传导、扩散)的微观机制。

如果是几百米每秒的速度,那么一打开香水瓶盖,整个房间应该立即充满香味。但实际上并非如此,香气要经过好几秒的时间才能传过几米的距离。这两种速率相差两个数量级。怎么回事? 很简单:香气分子的速率虽大,但在前进过程中要与大量其他分子频繁碰撞,所走的路程非常曲折。

一个分子在单位时间内碰撞的平均次数称为**平均碰撞频率**,记为 Z ,而它在相邻两次碰撞之间走过的自由路程的平均值称为平均自由程,记为 $\bar{\lambda}$ 。由于 $1/Z$ 就是相邻碰撞之间的平均时间,故有

$$\bar{\lambda} = \frac{\bar{v}}{Z} \tag{5.21}$$

其中 $\bar{v}$ 为平均速率(式(5.40))。

对于碰撞来说,重要的是分子间的相对运动,故我们跟踪一个确定分子 A 时采取如下假设:分子 A 以平均相对速率 $\bar{u}$ 运动,而其他分子不动。设分子的直径为 d 。(注意,“分子的直径”是一种等效说法,它真正反映的是分子间在小距离时的强大斥力,故称为**等效直径**。)以分子 A 的中心路径为轴线,以 d 为半径作一曲折的圆筒,如图 5-2 所示。显然,能与分子 A 相碰的分子,就是中心在此圆筒内的分子。圆筒的横截面积 $\sigma = \pi d^2$ 称为分子的**碰撞截面**。

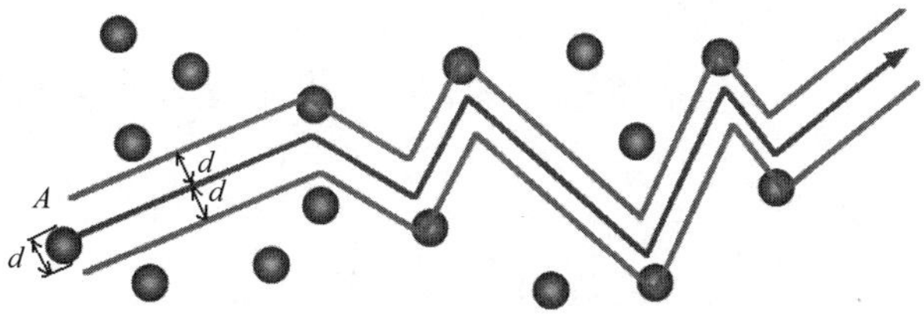

图 5-2 分子碰撞

在时间 t 内，分子 A 走过的路程为 $\bar{u}t$，相应的圆筒体积为 $\sigma\bar{u}t$。设分子数密度为 n，则在时间 t 内与 A 碰撞的分子数为 $n\sigma\bar{u}t$，或者说，单位时间内的碰撞次数（即平均碰撞频率）为 $Z = n\sigma\bar{u}$。可以证明，$\bar{u} = \sqrt{2}\bar{v}$，故

$$Z = \sqrt{2}\bar{v}n\sigma = \sqrt{2}\pi d^2\bar{v}n \tag{5.22}$$

把式（5.22）代入式（5.21），可得平均自由程为

$$\bar{\lambda} = \frac{1}{\sqrt{2}\pi d^2 n} \tag{5.23}$$

可见，**平均自由程只取决于分子数密度和分子等效直径**，与平均速率无关。把理想气体状态方程 $p = nkT$ 代入，可得

$$\bar{\lambda} = \frac{kT}{\sqrt{2}\pi d^2 p} \tag{5.24}$$

故当温度恒定时，平均自由程与压强成反比。

例如，对于空气，其分子等效直径 $d = 3.5\times10^{-10}$ m，平均分子量为 29。在标准状态下，空气分子的平均自由程 $\bar{\lambda} = 6.9\times10^{-8}$ m（比等效直径大 2 个数量级，比分子间距大 1 个数量级），碰撞频率则为每秒 65 亿次。

正是靠这种分子间的频繁碰撞，气体中的各种不均匀性质都将逐渐变得均匀，使得气体从非平衡态变为平衡态。宏观的各种**输运过程**（黏滞、热传导、扩散）的微观机制都是分子间的碰撞。

5.3　麦克斯韦速率分布和玻尔兹曼分布

前一节做计算时很幸运，不需知道具体的速度或速率分布情况就求出了方均根速率，就像是不知道某个年级的成绩分布而居然可以算出“方均根成绩”一样。（当然，不用起疑，因为我们用到了一些统计假设。）但大部分情况下要求出某种统计平均值仍然需要知道具体的分布情况。本节讨论处于平衡态的理想气体的速率分布情况。

5.3.1　分布的概念

由于此节涉及概率论的知识，尤其是分布这一概念，因此，我们先就这一概念和相关公式做一下介绍。

实际上，分布是一个常用的概念，我们对它并不陌生。以下是几种使用“分布”一词的

场景。

（1）某年级100人，某次考试成绩分布情况是，七八十分的人多，高分的少，不及格的有6个，具体见表5.1。

表5.1　成绩分布

成绩范围	0~29	30~39	40~49	50~59	60~69	70~79	80~89	90~100
人数 N_i	0	1	3	2	16	39	27	12

（2）某班50人，一次测身高，其分布情况是，普遍较高，低于1.5 m的人3个，1.5~1.6 m的有10人，1.6~1.7 m的有30人，1.7~1.8 m的有7人，具体见表5.2。

表5.2　身高分布表

身高范围（m）	0~1.50	1.50~1.55	1.55~1.60	…	1.75~1.80	1.80~1.85	…
人数 N_i	3	4	6	…	3	0	…

（3）常温（23 ℃）下的1 mol气体，其分子的速率各不相同。实验测出，其速率分布情况是：中间多，两头少，即速率很小和很大的分子占的百分比小，速率居中的分子占的百分比大，具体见表5.3。

表5.3　速率分布

速率范围（m/s）	0~10	10~20	…	310~320	320~330	…
分子数 N_i	7.36×10^{18}	5.15×10^{19}	…	1.16×10^{22}	1.18×10^{22}	…
分子数百分比 $\frac{N_i}{N}$	0.001 2%	0.008 5%	…	1.92%	1.97%	…
分子速率处于此范围的概率 P_i	0.001 2%	0.008 5%	…	1.92%	1.97%	…

从以上示例中，我们可以分析“分布”这一概念的各个方面。可以看出，所谓成绩分布，是指人数随成绩的分布；所谓身高分布，是指人数随身高的分布。而所谓速率分布，是指分子数随速率的分布。因此，凡谈分布，一定是有大量的个体（比如人或分子），这些个体都具有某一属性或变量（如成绩、身高或速率）。**所谓某属性或变量的分布，就是指个体数随这一属性或变量的分布**。

在上面，变量处于一个范围的个体数可以换成处于这个范围的个体数百分比，而后者又可理解为，对一个个体而言，它处于这个范围的概率。这样不会改变任何实质内容。例如，人数随成绩的分布等价于人数百分比随成绩的分布，二者的差别无非是总个体数（总人数）而已。而给出分子数百分比随速率的分布也等价于给出一组分子速率在各个范围内的概率。谈论速率分布时，它既可以指分子数随速率的分布，也可以指分子数百分比随速率的分布，还可以指概率随速率的分布。写成公式如下：

$$\text{个体的概率}P_i=\text{集体的百分比}=\frac{\text{个体数}N_i}{\text{个体总数}N} \tag{5.25}$$

变量可以取分立值，称为**离散变量**，也可取连续值，称为**连续变量**。例如，成绩一般是整数，它的取值可以罗列出来，故是离散变量。而身高和速率则可以在一定的范围内连续取值，它们的值不能罗列出来，故是连续变量。不管是离散还是连续变量，一个分布应该是给出该变量各取值范围所对应的个体数。因此，**所谓给出一个分布，就是给出一组数**。当然，取值范围划分得越细，所给出的分布就越具体、越详细。

那么，最具体、最详细的分布该如何给出？离散变量和连续变量在这里就有区别了。对于离散变量，最具体的分布显然是对于它的所有可能取值都给出个体数，如分数为 61 分、62 分……的人数。但连续变量呢？

对于连续变量，谈论"变量等于某一值的概率（个体数）"是没有统计意义的。例如，"身高**精确**为 1.72 m 的人数"这样的说法是没有意义的。完全可能出现这样的情况：在某一千人中，有 3 人身高**精确**为 1.72 m，而在另外的十万人中，没有一个人的身高精确为 1.72 m。因此"身高精确为 1.72 m 的人数"不能反映任何问题，没有统计意义。但几乎可以肯定，在前一千人中身高精确值在 1.720~1.725 m 的人数要少于后十万人中身高精确值在相同范围内的人数，而且前者约为后者的 1%，只要这一千人和这十万人都不是特意挑选的。因此，有（统计）意义的说法是"身高在某范围内的人数"。此话也可以这样从数学上理解。考虑线段[0, 1]，并等概率地在上面取点。问：取到中点 0.5 的概率是多少？0！因为一个点的长度为 0。但显然取到中点是有可能的。又问：取到[0.5, 0.6]的点的概率是多少？是 10%。它就是两线段长度的比值。（数学上的说法是，前者的测度为 0，后者的测度不为 0。）所以，对于连续变量，只能谈论变量值在某区间内的概率（百分比、个体数），不能谈论变量取某一个值的概率。这是连续变量的特征。

再强调一次：速率等于某一值的分子有没有？可能有，也可能没有。但即使有，其数目也不具有任何统计意义。只有"速率在某范围内的概率"才有意义。

虽然如此，考虑到测量中误差的存在，"身高为 1.72 m"根据其有效数字其实是指"身高在 1.715~1.725 m"，因此，"身高为 1.72 m 的人数"还是有意义的，因为它其实是指变量在某一范围内的个体数。（实际上，由于现在身高只精确到小数点后两位数，故也可以视身高已不再是连续变量而变为离散变量了，因为它的取值范围是可数的，可以罗列出来。）但在未给出具体数值的情况下，如"身高为 h 的人数"或"速率为 v_0 的分子数"，仍应视为无意义，因为无法从这样的说法中看出它们其实指的是一个范围。

那么，对于连续变量，最详细的分布该如何给出？它应给出各个无穷小范围内的个体数或概率。由于这样的范围是无穷小的，所以这样的概率也是无穷小的。以分子速率分布为例。分子速率在 v~v+dv 范围内的概率 dP 应该正比于此范围的宽度 dv，因为这个范围是如此之小，以至于可以认为概率在这个小范围内是均匀分布的。而二者的比例系数

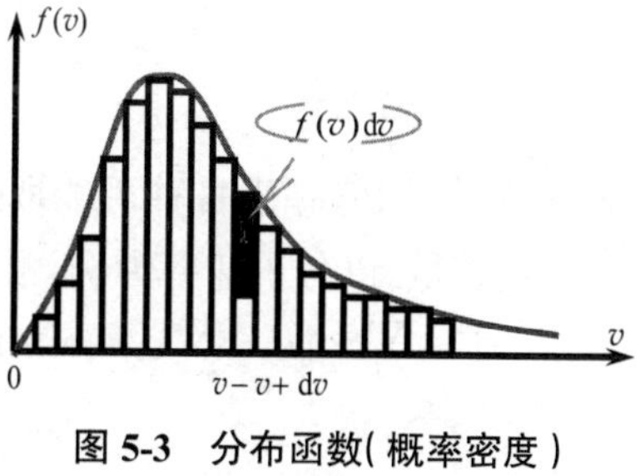

图 5-3　分布函数（概率密度）

f则可能与这个小区间的位置 v 有关(图 5-3),具体写为

$$dP = f(v)dv \tag{5.26}$$

由于 f 是单位速率间隔内的概率,所以称为**概率密度**,跟单位体积内的质量(称为质量密度)完全类似。(**对于连续情况,将不可避免地要用到密度的概念。**)

知道了概率密度随速率的关系 $f=f(v)$,那么任意小范围内的概率可以由之给出:$\Delta P \approx f(v)\Delta v$。而对于一个有限大小的区间$[v_1, v_2]$,分子速率处在此范围内的概率为

$$P = \int_{v_1}^{v_2} f(v)dv \tag{5.27}$$

函数 $f=f(v)$ 又称为**速率分布函数**。至于相应速率范围内的分子数,把以上概率乘以总分子数 N 即可。例如,v–$v+dv$ 范围内的分子数为

$$dN=NdP=Nf(v)dv \tag{5.28}$$

对于离散分布情形,各变量值 u_i 所对应的个体数 N_i 之和为总个体数:

$$N_1 + N_2 + \cdots = \sum_i N_i = N$$

把两边除以 N,利用式 $P_i=N_i/N$,即得

$$\sum_i P_i = 1 \tag{5.29}$$

即所有概率之和必须等于 1。这是理所当然的。式(5.29)称为**规一化条件**。对于连续情形,求和必须变成积分:

$$\sum_i \Delta P_i = \int dP$$

利用式(5.27),规一化条件变为

$$\int_0^{\infty} f(v)dv = 1 \tag{5.30}$$

其中,积分区域$(0, \infty)$就是分子速率所有可能的取值范围。

5.3.2 各种统计平均值

知道了分布的具体情况(离散变量的概率分布 $P_1, P_2, \cdots$ 或连续变量的分布函数 $f(v)$),就可以求各种平均值了。

先来看看平均成绩:

$$\bar{u} = \frac{u_1N_1 + u_2N_2 + \cdots}{N} = u_1\frac{N_1}{N} + u_2\frac{N_2}{N} + \cdots = u_1P_1 + u_2P_2 + \cdots \tag{5.31a}$$

或

$$\bar{u} = \sum_i u_iP_i \tag{5.31b}$$

也就是说,**平均值等于各种可能取值乘以各自的概率再求和**。这是求平均值的一般公式。对于连续变量,以分子速率为例,根据 $dP_i=f(v_i)dv$ 和上面求平均值的一般原则,有

$$\bar{v} = \sum_i v_i\Delta P_i = \sum_i v_i f(v_i)\Delta v \tag{5.32a}$$

或

$$\bar{v}=\int_0^\infty v f(v)\mathrm{d}v \tag{5.32b}$$

又如变量平方的平均值。对于离散变量，有

$$\overline{u^2}=\frac{u_1^{\,2}N_1+u_2^{\,2}N_2+\cdots}{N}=u_1^{\,2}\frac{N_1}{N}+u_2^{\,2}\frac{N_2}{N}+\cdots=u_1^{\,2}P_1+u_2^{\,2}P_2+\cdots=\sum_i u_i^{\,2}P_i \tag{5.33}$$

而对于连续变量，有

$$\overline{v^2}=\int_0^\infty v^2 f(v)\mathrm{d}v \tag{5.34}$$

这就是分子速率平方的平均值。一般地，变量的某一函数 g 的平均值可计算为

$$\overline{g(u)}=\sum_i g(u_i)P_i \tag{5.35}$$

$$\overline{g(v)}=\int_0^\infty g(v)f(v)\mathrm{d}v \tag{5.36}$$

表 5.4 是一个小结。

表 5.4　离散变量与连续变量的比较

	离散情况	连续情况
变量	u_i	v（分子速率）
变量取值范围	可数，$\{u_1,u_2,u_3,\cdots\}$	不可数，$(0,\infty)$
分布的给出	概率 P_i	概率密度（分布函数）$f(v)$
概率（百分比）	个体的概率 = 集体的百分比	
	$P_i=\dfrac{N_i}{N}$	$\mathrm{d}P=\dfrac{\mathrm{d}N}{N}=f(v)\mathrm{d}v$
相加	求和 $\sum_i$	积分 $\int$
规一化公式	$\sum_i P_i=1$	$\int_0^\infty f(v)\mathrm{d}v=1$
平均值公式	$\bar{u}=\sum_i u_iP_i$ $\overline{u^n}=\sum_i u_i^{\,n}P_i$ $\overline{g(u)}=\sum_i g(u_i)P_i$	$\bar{v}=\int_0^\infty vf(v)\mathrm{d}v$ $\overline{v^n}=\int_0^\infty v^nf(v)\mathrm{d}v$ $\overline{g(v)}=\int_0^\infty g(v)f(v)\mathrm{d}v$

例 5.3　在线段［0,1］上扔下 5 000 个点，最后的分布情况由分布函数 $f(x)=ax^2(1-x)$（$0\leqslant x\leqslant 1$）给出。求：（1）a 的值；（2）所有点的最概然坐标；（3）落在区间［0, 0.5］中的点数；（4）所有点的坐标的平均值；（5）所有点的坐标倒数的平均值；（6）［0,0.5］中的点的坐标平均值。

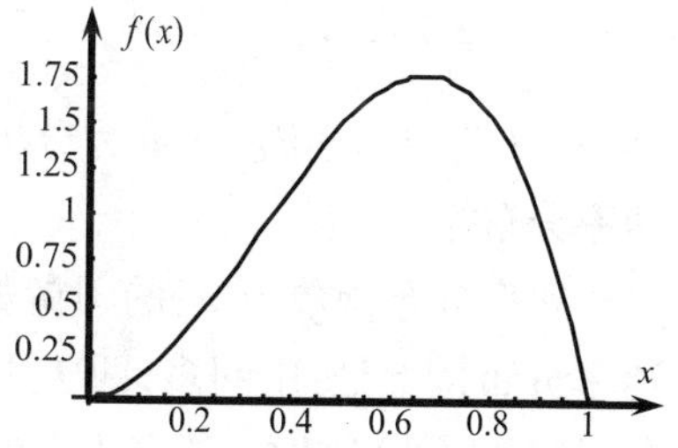

图 5-4　例 5.3 的题图

解　（1）分布函数如图 5-4 所示。它必须满足规一化条件 $\int_0^1 f(x)\mathrm{d}x=1$，故

$$a\int_0^1 x^2(1-x)\mathrm{d}x = 1$$

得 a=12。

（2）最概然坐标 x_p 就是概率或概率密度最大的坐标，故 x_p 由 df（x）/dx=0 给出，得 $x_p = 2/3$。

（3）$\Delta N = N\int_0^{0.5} f(x)\mathrm{d}x = 5\,000 \times \int_0^{0.5} 12x^2(1-x)\mathrm{d}x = 1\,563$。这个数目仅刚超过 1/3。

（4）$\overline{x} = \int_0^1 xf(x)\mathrm{d}x = 12\int_0^1 x^3(1-x)\mathrm{d}x = 0.6$。

（5）$\overline{1/x} = \int_0^1 x^{-1}f(x)\mathrm{d}x = 12\int_0^1 x(1-x)\mathrm{d}x = 2$。于是倒数平均值的倒数为 1/2，位于[0，1]。

（6）平均值是所有点的坐标值之和除以总点数，只是此时的点不是所有的点，而是分布在[0，0.5]中的点。坐标值之和为 $\int_0^{0.5} xNf(x)\mathrm{d}x$，而总点数为 $\int_0^{0.5} Nf(x)\mathrm{d}x$，故此时

$$\overline{x} = \frac{\int_0^{0.5} xNf(x)\mathrm{d}x}{\int_0^{0.5} Nf(x)\mathrm{d}x} = \frac{\int_0^{0.5} x^3(1-x)\mathrm{d}x}{\int_0^{0.5} x^2(1-x)\mathrm{d}x} = 0.36$$

5.3.3 麦克斯韦速率分布律

气体分子热运动的特点是无规则和频繁碰撞。在任一时刻，某个分子的情况（位置和速度大小、方向）是随机的，但从大量分子的整体来看，它们的这些性质遵从一定的统计规律。具体地说，在平衡态下，分子处于各处的概率相同（各处同性），分子速度沿各方向的概率也相同（各向同性）。但分子速率取各值的概率就不均匀了。

严格来说，由于空间坐标和方向都是连续变量，故"各处的概率"和"各方向的概率"的说法是有问题的，都应换成概率密度，即换成"单位体积内的概率"和"单位立体角内的概率"。但这种说法也很常见，前文也有这种说法，注意上下文即可理解其精确含义。

麦克斯韦的研究和此后斯特恩、葛正权（中国）等的实验表明，在平衡态下，理想气体分子的速率在（v，v+dv）内（不论方向）的概率为

$$\mathrm{d}P = \frac{\mathrm{d}N}{N} = 4\pi\left(\frac{m}{2\pi kT}\right)^{\frac{3}{2}} \mathrm{e}^{-mv^2/2kT} v^2\mathrm{d}v \tag{5.37}$$

也就是说，速率分布函数（概率密度）为

$$f(v) = 4\pi\left(\frac{m}{2\pi kT}\right)^{\frac{3}{2}} \mathrm{e}^{-mv^2/kT} v^2 \tag{5.38}$$

其中，T 为热力学温度；m 为分子质量。式（5-38）是麦克斯韦首先提出的，故称为**麦克斯韦速率分布律**。

速率分布函数 f（v）的图像如图 5-5 所示，称为速率分布曲线。从图中可以看出，分子速率分布情况是：中间多，两头少，即速率很小和很大的分子占的百分比小，而速率居中的分子占的百分比大。本节开始给出分子速率分布，即是根据这个速率分布律得到的。f

(v)的最高点对应的速率称为**最概然速率**，用 v_p 表示。其意义是：如果用相同的小间隔 Δv 划分速率取值范围，那么分子速率处于 v_p 处的间隔内的概率 $\Delta P=f(v_p)\Delta v$ 最大，在这个间隔内的分子数 $\Delta N=N\Delta P=Nf(v_p)\Delta v$ 最多，因为这个间隔对应的面积最大。**分布曲线下面的面积表示概率**，这是由分布函数的本质所决定的。最概然速率 v_p 的值可以令 $\mathrm{d}f(v)/\mathrm{d}v=0$ 得到：

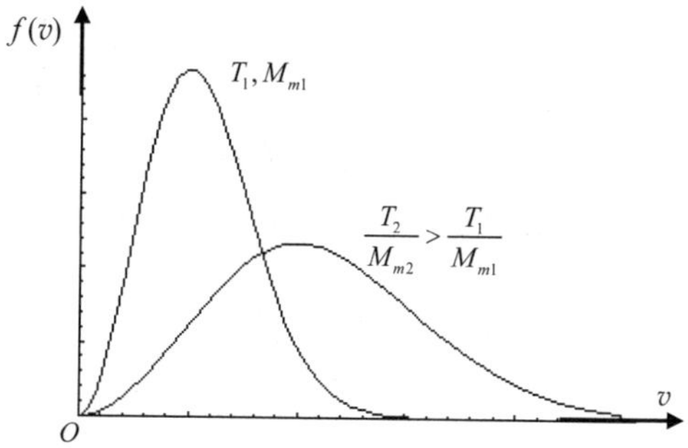

图 5-5　麦克斯韦速率分布律

$$v_p=\sqrt{\frac{2kT}{m}}=\sqrt{\frac{2RT}{M_{\mathrm{m}}}}\approx 1.41\sqrt{\frac{RT}{M_{\mathrm{m}}}} \tag{5.39}$$

其中，M_{m} 为摩尔质量，见式(5.10)。可以看出，温度越高，分子质量(或气体的摩尔质量)越小，最概然速率越大。

式(5.38)和式(5.39)表明，速率分布曲线的形状由比值 T/m(或 T/M_{m})决定。对于确定种类的气体(m 一定)，曲线随温度 T 而变。在同一温度下，曲线随气体种类(分子质量 m)而变。图 5-5 给出了两条不同的分布曲线。如果是同种气体，那么较尖锐的曲线对应低温度。当温度升高时，最概然速率 v_p 增大，故高峰向速率大的一方移动。同时由于曲线下面的总面积只能是 1(所有概率之和为 1)，故曲线变得平缓。如果是同一温度下的不同气体，那么较尖锐的曲线对应分子质量大的气体。这本质上是因为温度是分子平均动能的量度。同一温度下的平均分子动能必然相同，于是质量大的分子显然将具有较小的速率，故其曲线将挤在离纵轴不远的范围内，而质量小的分子大部分将具有较高的速率，于是曲线的高峰右移。

速率分布函数 $f(v)$ 可以这样记忆。首先，它是一个指数函数和 v^2 的乘积，而这个指数是负的。如果是正数，那么指数函数和 v^2 的乘积是增函数，这将使得 $f(v)$ 在 $v\to\infty$ 时趋于无穷大，于是分布曲线下面的面积不可能收敛。同时，这个指数是 $mv^2/2$ 与 kT 的商。前者是动能，后者由式(5.17)也具有能量量纲，故二者的商是无量纲的。注意 e 上面的指数刚好可以写为 v^2/v_p^2。至于 $f(v)$ 前面的系数 $4\pi\left(\frac{m}{2\pi kT}\right)^{\frac{3}{2}}$，它跟速率无关。可以记其为 C，并利用规一化条件 $\int_0^\infty f(v)\mathrm{d}v=1$ 求出来。这个系数又称为**规一化系数**(常数)。同时，由于规一化条件中，$\mathrm{d}v$ 具有速度量纲，因此 $f(v)$ 必须具有速度倒数 v^{-1} 的量纲。从式(5.38)看，4π 和指数函数无量纲，$\left(\frac{m}{2\pi kT}\right)^{\frac{3}{2}}$($kT$ 是能量)具有 v^{-3} 的量纲，又有因子 v^2，故整体具有 v^{-1} 的量纲，与要求相符。

如何理解那个指数是无量纲的？可以考虑函数的级数展开：

$$\mathrm{e}^x=1+x+\frac{x^2}{2!}+\frac{x^3}{3!}+\cdots$$

如果 x 具有长度量纲,那么展开式将是一个纯数加一个长度加一个面积再加一个体积……这显然是无意义的。凡是这种**非单项式函数**(指数函数、对数函数、三角函数、反三角函数……),其自变量都必须是无量纲的,同时函数本身也必须是无量纲的。

下面列出一些积分值,在计算时可能会用到:

$$\int_0^\infty e^{-\lambda x^2}dx=\frac{1}{2}\sqrt{\frac{\pi}{\lambda}}$$

$$\int_0^\infty x^{2n}e^{-\lambda x^2}dx=\frac{1\times3\times\cdots\times(2n-1)}{2^{n+1}\lambda^n}\sqrt{\frac{\pi}{\lambda}} \tag{5.40}$$

$$\int_0^\infty xe^{-\lambda x^2}dx=\frac{1}{2\lambda}$$

$$\int_0^\infty x^{2n+1}e^{-\lambda x^2}dx=\frac{n!}{2\lambda^{n+1}}$$

需要指出的是,伴随任何统计规律的是**涨落现象**,即实际值与统计平均值存在正的或负的偏差。这是统计规律的必然。由麦克斯韦分布律得到的分子数 $\Delta N=Nf(v)\Delta v$ 也是这样,但涨落的幅度基本上是 $\pm\sqrt{\Delta N}$,于是相对涨落为 $\frac{\sqrt{\Delta N}}{\Delta N}=\frac{1}{\sqrt{\Delta N}}$。如果 $\Delta N=10^6$,那么涨落幅度为 1 000,相对涨落为 1‰,这表明统计规律很精确。但如果 $\Delta N=9$,那么相对涨落就是 1/3=33%,此时统计规律的预言也就很不准确了。因此,分子越多,相对涨落越小,涨落现象越不显著;分子越少,相对涨落越大,统计规律也就逐渐失去意义。所以,统计规律必须要求体系由大量分子组成。这一结论对前面的压强公式式(5.16)和温度公式式(5.17)都成立。

由此也可以从另一角度理解为什么"速率等于某一值的分子数"没有意义。当 Δv 越小时,$\Delta N=Nf(v)\Delta v$ 也越小。如果 ΔN 小到一定程度,统计规律的预言也就很不准确了。所以,用麦克斯韦分布律和 $\Delta N=Nf(v)\Delta v$ 求分子数时,由于统计规律的涨落性,Δv 不能太小,当然更不能为 0。

5.3.4 用麦克斯韦速率分布函数求平均值

有了速率分布函数,就可以求各种关于速率的平均值。其基本公式是式(5.26)~式(5.28),计算中遇到的积分可参考式(5.40)。例如,对于**平均速率** $\bar{v}$,

$$\bar{v}=\int_0^\infty vf(v)dv=\int_0^\infty 4\pi\left(\frac{m}{2\pi kT}\right)^{\frac{3}{2}}e^{-mv^2/2kT}v^3dv$$

最后得到

$$\bar{v}=\sqrt{\frac{8kT}{\pi m}}=\sqrt{\frac{8RT}{\pi M_m}}\approx1.59\sqrt{\frac{RT}{M_m}} \tag{5.41}$$

而速率平方的平均值计算为

$$\overline{v^2}=\int_0^\infty v^2f(v)dv=\int_0^\infty 4\pi\left(\frac{m}{2\pi kT}\right)^{\frac{3}{2}}e^{-mv^2/2kT}v^4dv=\frac{3kT}{m}$$

于是方均根速率为

$$v_{\mathrm{rms}}=\sqrt{\overline{v^2}}=\sqrt{\frac{3kT}{m}}=\sqrt{\frac{3RT}{M_{\mathrm{m}}}}\approx 1.73\sqrt{\frac{RT}{M_{\mathrm{m}}}} \tag{5.42}$$

这与上一节的结果式(5.18)完全一致，但当时没有用到分布函数而是用简单推理得到的。

现在，处于平衡态的气体分子有三种特征速率：最概然速率 v_p、平均速率 $\overline{v}$ 和方均根速率 $v_{\max}$。三者依次增大，但都在同一数量级(常温下几百米每秒)，尤其是它们都体现了同一个分布的特征，用其中任何一个都可以表征这个分布。它们的值越大，表明 T/m 越大。在讨论问题时，如果只需要估算，那么用任何一个都无多大区别。如果要求精细严格，那么它们各有各自的应用。在讨论速率分布时，要用到最概然速率；在讨论分子两次碰撞之间的平均距离时，要用到平均速率；在讨论分子平均动能时，要用到方均根速率。

由速率分布律可以马上得到分子按动能的分布。由速率分布律可以马上得到分子按动能的分布。由 $\varepsilon_{\mathrm{t}}=mv^2/2$ 得

$$v=\sqrt{\frac{2\varepsilon_{\mathrm{t}}}{m}}$$

$$\mathrm{d}v=\sqrt{\frac{1}{2m\varepsilon_{\mathrm{t}}}}\mathrm{d}\varepsilon_{\mathrm{t}}$$

将上式代入式(5.37)，得

$$\mathrm{d}P=\frac{\mathrm{d}N}{N}=\frac{4\sqrt{2}\pi}{(2\pi kT)^{3/2}}\mathrm{e}^{-\frac{\varepsilon_t}{kT}}\sqrt{\varepsilon_{\mathrm{t}}}\mathrm{d}\varepsilon_{\mathrm{t}} \tag{5.43}$$

这就是分子动能在 $(\varepsilon_{\mathrm{t}},\varepsilon_{\mathrm{t}}+\mathrm{d}\varepsilon_{\mathrm{t}})$ 内的概率。

例 5.4　用最概然速率 v_p 表示麦克斯韦速率分布律。

解　$v_p=\sqrt{2kT/m}$，而在分布函数 $f(v)$ 中，其规一化系数和 e 上的指数都含有 $2kT/m$，故

$$f(v)=4\pi\frac{1}{\pi^{3/2}}\frac{1}{v_p^3}\mathrm{e}^{-v^2/v_p^2}v^2=\frac{4}{\sqrt{\pi}}\frac{v^2}{v_p^3}\mathrm{e}^{-v^2/v_p^2}$$

而

$$\mathrm{d}P=\frac{\mathrm{d}N}{N}=\frac{4}{\sqrt{\pi}}\frac{v^2}{v_p^2}\mathrm{e}^{-v^2/v_p^2}\mathrm{d}\left(\frac{v}{v_p}\right)$$

可见，若定义无量纲的量 $u=v/v_p$(即用 v_p 来度量的速率值)，则分布律可写为

$$\mathrm{d}P=\frac{\mathrm{d}N}{N}=\frac{4}{\sqrt{\pi}}\mathrm{e}^{-u^2}u^2\mathrm{d}u \tag{5.44}$$

这种形式相对于原形式大大简化了，称为**相对于 v_p 的麦克斯韦速率分布律**。由此可见为什么在讨论速率分布时要用到 v_p 而不是 $\overline{v}$ 或 v_{rms}。

例 5.5　在相同温度下，氢气分子的最概然速率是 4.0×10^3 m/s，则氧气分子的最概然速率和方均根速率分别是多少？

解　由式(5.39)，$v_p\propto\sqrt{T/M_{\mathrm{m}}}\propto 1/\sqrt{M_{\mathrm{m}}}$，故

$$(v_p)_{O_2}=\sqrt{\frac{(M_m)_{H_2}}{(M_m)_{O_2}}}(v_p)_{H_2}=\sqrt{\frac{2}{32}}\times4.0\times10^3\ m/s=1.0\times10^3\ m/s$$

而又由式(5.41)，

$$\frac{v_{rms}}{v_p}=\frac{1.73}{1.41}=1.23$$

故 $(v_{rms})_{O_2}=1.23(v_p)_{O_2}=1.2\times10^3\ m/s$。

5.3.5 玻尔兹曼分布律

玻尔兹曼分布律给出了关于分子概率分布更为详细的信息，前面给出了分子数(或概率)随速率的分布，由此可以对大量分子的状态做部分了解。但这种分布不能给出更详细的信息，如速度的 x 分量 v_x 在(v_x, v_x+dv_x)内(不管 v_y 和 v_y 如何)的概率。而最详细的信息应该给出分子速度的三个分量分别在确定的范围(v_x, v_x+dv_x)、(v_y, v_y+dv_y)、(v_z, v_z+dv_z)内的概率。这种概率分布称为**速度分布律**。有了速度分布律，其他概率分布都可以得到，包括前面的速率分布律。麦克斯韦最先给出的就是平衡态的理想气体的分子速度分布律。

麦克斯韦的分子速度和速率分布律适用于无外力影响的情况，此时分子的空间分布各处相同。有外力场时就不再有各处同性了。以重力场为例，可以想见，越低处势能 ε_p 越小，分子密度应该越大，分子处于这种地方的概率就越大。

玻尔兹曼把麦克斯韦速度分布律推广到有保守力场的情形，给出了分子处于某种**状态**时的概率密度。这里对“状态”一词做一下解释。经典粒子(点粒子)的**状态包括空间位置和速度(动量)两个方面**，也就是说由六个参数 (x,y,z,v_x,v_y,v_z) 构成。任何一个发生变化，即认为粒子状态发生了变化。这六个参数都是连续变量，故只能谈论概率密度。给出了概率密度与这六个参数的关系，即给出了有势场时分子状态分布最详细的信息。

当理想气体在势场中处于平衡态时，三个空间坐标分别处于(x, x+dx)、(y, y+dy)、(z, z+dz)内且三个速度分量分别处于(v_x,v_x+dv_x)、(v_y,v_y+dv_y)、(v_z,v_z+dv_z)内的分子数为

$$\mathrm{d}N=n_0\left(\frac{m}{2\pi kT}\right)^{\frac{3}{2}}\mathrm{e}^{-\varepsilon_t+\varepsilon_p/kT}\mathrm{d}x\mathrm{d}y\mathrm{d}z\mathrm{d}v_x\mathrm{d}v_y\mathrm{d}v_z \tag{5.45}$$

其中，n_0 为 ε_p=0 处的分子数密度(单位体积内具有各种速度的分子总数)。这就是**玻尔兹曼分布律**。

注意此时概率密度的构成。它只含一个指数函数，外加一个规一化常数。在指数中，分子动能 $\varepsilon_t=\frac{1}{2}m(v_x^2+v_y^2+v_z^2)$，而其势能通常是空间坐标的函数：$\varepsilon_p=\varepsilon_p(x,y,z)$。所以概率密度确实是 (x,y,z,v_x,v_y,v_z) 的函数。而且，式(5.45)表明概率密度实际上只是取决于分子的总能量 $\varepsilon_t+\varepsilon_p$。

有了这一详细的分布律，其他的分布律都可以由之得到。例如，无势场时，$\varepsilon_p\equiv0$。故概率密度跟空间坐标无关。代入式(5.45)得到：

$$dN = n_0\left(\frac{m}{2\pi kT}\right)^{\frac{3}{2}} e^{-mv^2 2kT} dxdydzdv_x dv_y dv_z$$

注意这只是某体积元 dxdydz 内速度处于(v_x, v_x+dv_x)、(v_y, v_y+dv_y)、(v_z, v_z+dv_z)内的分子数，而我们想得到全部体积内速度处于同一范围的分子数，故所需做的只是对 x, y, z 积分而已。而概率密度跟空间坐标无关，故积分后出现体积 V。利用总分子数 $N = n_0 V$，可得对于无势场时处于平衡态的理想气体，其分子速度处于(v_x, v_x+dv_x)、(v_y, v_y+dv_y)、(v_z, v_z+dv_z)内(空间位置任意)的概率 dP=dN/N 为

$$dP = \left(\frac{m}{2\pi kT}\right)^{\frac{3}{2}} e^{-m(v_x^2+v_y^2+v_z^2)/2kT} dv_x dv_y dv_z \quad (5.46)$$

这就是**麦克斯韦速度分布律**。它必然满足规一化条件

$$\iiint\left(\frac{m}{2\pi kT}\right)^{\frac{3}{2}} e^{-m(v_x^2+v_y^2+v_z^2)/2kT} dv_x dv_y dv_z = 1 \quad (5.47)$$

其中三个积分范围都是 $(-\infty,\infty)$。由此速度分布律可以得到麦克斯韦速率分布律。

有势场时，分子数密度是如何随空间位置变化的？此时，我们关心分子的位置，但不再关心分子速度的信息；或者说，同一处的所有速度的分子都要算进来。这意味着要对速度的三个分量积分。坐标处于 $(x, x+dx)$、$(y, y+dy)$、$(z, z+dz)$ 内的分子(具有各种可能的速度)数目为

$$dN' = n_0 e^{-\frac{\varepsilon_p}{kT}} dxdydz \iiint\left(\frac{m}{2\pi kT}\right)^{\frac{3}{2}} e^{-\frac{\varepsilon_t}{kT}} dv_x dv_y dv_z$$

根据规一化条件式(5.46)，有

$$dN' = n_0 e^{-\frac{\varepsilon_p}{kT}} dxdydz \quad (5.48)$$

或者，用分子数密度 $n = dN'/dV = dN'/(dxdydz)$ 表示，可得

$$n = n_0 e^{-\frac{\varepsilon_p}{kT}} \quad (5.49)$$

它是玻尔兹曼分布律的一种常用形式，表明某处的分子数密度只跟该处的势能有关，且密度随势能做指数衰减。这与我们前面的期望相符。

当理想气体在势场中处于平衡态时，三个空间坐标分别处于 $(x, x+dx)$、$(y, y+dy)$、$(z, z+dz)$ 内且三个速度分量分别处于 (v_x, v_x+dv_x)、(v_y, v_y+dv_y)、(v_z, v_z+dv_z) 内的分子数为

$$dN = n_0\left(\frac{m}{2\pi kT}\right)^{\frac{3}{2}} e^{-\frac{(\varepsilon_t+\varepsilon_p)}{kT}} dxdydzdv_x dv_y dv_z \quad (5.50)$$

其中，$\varepsilon_t = \frac{1}{2}m(v_x^2+v_y^2+v_z^2)$，$\varepsilon_p = \varepsilon_p(x,y,z)$，而 n_0 为 $\varepsilon_p = 0$ 处的分子数密度(单位体积内具有各种速度的分子总数)。这就是**玻尔兹曼分布律**。

由此可以得到**麦克斯韦速度分布律**：对于无势场时处于平衡态的理想气体，其分子速度处于 (v_x, v_x+dv_x)、(v_y, v_y+dv_y)、(v_z, v_z+dv_z) 内(空间位置任意)的概率 dP 为

$$dP=\left(\frac{m}{2\pi kT}\right)^{\frac{3}{2}}e^{-\frac{m(v_x^2+v_y^2+v_z^2)}{2kT}}dv_xdv_ydv_z \tag{5.51}$$

还可以得到分子数密度与空间位置的关系：

$$n=n_0e^{-\frac{\varepsilon_p}{kT}} \tag{5.52}$$

它是玻尔兹曼分布律的一种常用形式，表明某处的密度只跟该处的势能有关，且密度随势能做指数衰减。

对于重力场，只要把 $\varepsilon_p=mgz$ 代入式（5.52），即得气体分子数密度与高度 z 的变化关系：

$$n=n_0e^{-\frac{mgz}{kT}} \tag{5.53}$$

又考虑理想气体状态方程 $p=nkT$，则有

$$p=p_0e^{-\frac{mgz}{kT}}=p_0e^{-\frac{M_{mgz}}{RT}} \tag{5.54}$$

其中，p_0 为势能零面处的压强。可见，在重力场中，气体的分子数密度和压强都随高度做指数衰减。

式（5.54）可用作估计大气层高处的压强或高度。将其取自然对数，得

$$z=-\frac{RT}{M_m g}\ln\frac{p}{p_0}$$

取海平面 p_0=1.013 × 10⁵ Pa，p=0.5 × 10⁵ Pa，T=27 ℃，即可算出该高度

$$z=-\frac{RT}{M_m g}\ln\frac{p}{p_0}=-\frac{8.31\times300}{29\times10^{-3}\times9.8}\ln\frac{1}{2}m=6.1\times10^3m$$

即 6 km 高空的气压约为地面气压的一半。当然，实际情形很复杂，比如至少不会上下等温，故此处只是估算。

5.4 能量均分定理与理想气体的内能

5.4.1 自由度与自由度数

前面讨论分子的热运动时，我们只考虑了它们的平动，因此可以把它们当成点粒子。但一般而言，分子可能由几个原子构成。这样，分子就具有一定的内部结构，分子的运动也就不只有平动，还有转动和内部原子间的振动。要考虑转动和振动时，就不能再把分子视为点粒子了。

结构变得复杂，就意味着描述一个分子状态所需要的参数会增多。在力学中，确定一个体系的空间位置所需的独立坐标（参数）称为**自由度**，这种独立坐标的个数称为**自由度数**。（“自由度”一词有两种不同的用法：一种如本书，此时说“某某有几个自由度”；另一种是把独立坐标数称为自由度，此时说“某某的自由度是几”。）下面举例说明自由度的概念。

（1）平面上的一个点，可以用直角坐标 (x,y) 或极坐标 (r,θ) 表示位置，这意味着**自由度（独立参数）的选取有多种**，并不唯一。但另一方面，**自由度数是确定的**。平面上的点只能有两个自由度，不能多，也不能少。

（2）**单原子分子**（如 He、Ne 等）可视为三维空间中的质点，它有三个自由度，可以选取为直角坐标 (x,y,z)、球坐标 (r,θ,φ) 或柱坐标 (ρ,φ,z)，或者取为 (x,y,θ) 也行，但数目只能是三个。

（3）对于**刚性双原子分子**（如常温下的 H_2、O_2、CO 等），其运动除了平动外还有转动，故可以这样选取自由度。对于平动情况，确定质心位置即可。这需要三个自由度，故有三个平动自由度。所谓转动情况，对双原子分子而言即是其轴线（两原子的连线）的方向。这可以用球坐标中的 (θ,φ) 表示，故转动自由度有两个。或者也可以这样考虑：过质心垂直于轴有两个独立的方向，它们相互垂直，绕这两个方向的转动是有意义的，但唯独绕轴线的转动是没有意义的（两原子视为点粒子），故转动自由度有两个。

（4）对于**非刚性双原子分子**，它除了三个平动自由度、两个转动自由度外，还存在两原子之间的振动。这只需要两原子之间的距离即可描述，故又有一个振动自由度。

（5）对于**刚性线形多原子分子**（即原子都排在一根直线上，如 CO_2 等），其情况同刚性双原子分子，也是有三个平动自由度和两个转动自由度。

（6）对于**刚性非线形多原子分子**（如 H_2O、NH_3、CH_4 等），可以把它嵌入一个刚体中。刚体位置确定，分子的位置也就确定了。因此其自由度数同刚体，而刚体的平动自由度和转动自由度都是三个。这三个转动自由度可以取为三个欧勒角。或者这样选取：确定刚体转轴的方向需两个自由度 (θ,φ)，然后还需绕转轴的转角这个自由度，共三个。又可这样理解：过质心有三个相互垂直的转轴，绕每根轴的转动都是独立的，故有三个转动自由度。

（7）对于**非刚性非线形三原子分子**，情况更为复杂。由于二原子之间的距离不固定，因此要确定这种分子的空间位置，需要确定三个原子的位置，共九个直角坐标，即有九个自由度。或者，先确定质心位置（三个平动自由度），再确定三个转动自由度，然后还有两两原子之间的距离，有三个，即三个振动自由度，共九个。我们又一次看出，自由度有多种选择，但数目是确定的。

对于更复杂的分子，所需的自由度更多。有时分子是刚性的，可视为刚体处理；有时是非刚性的，则需要多个振动自由度。一般地说，n 个原子组成的分子最多有 $3n$ 个自由度。它们可以取为每个原子的三个直角坐标，也可以取为三个平动自由度、三个转动自由度和 $3n-6$ 个振动自由度。

一点说明：所谓“刚性”，是为了解释经典预言与实验不符时人为引入的一种说法，目的是为了去掉振动自由度。在纯经典统计理论中是没有“刚性”一词的。

前面在讨论玻尔兹曼分布律时，谈到了粒子状态的概念。对于点粒子，需要三个坐标和三个动量表示其状态，这是因为其自由度有三个。对于多原子分子，它有多少个自由度（广义坐标），就同时有多少个广义动量。因此**描述状态的参数数目是自由度数的两倍**。

5.4.2 能量均分定理

在本章第 5.1 节,曾得到理想气体分子的平均平动动能为

$$\overline{\varepsilon}_{\mathrm{t}}=\frac{1}{2}m\overline{v^2}=\frac{3}{2}kT$$

平动自由度有三个,而 $\overline{v^2}=\overline{v_x^2}+\overline{v_y^2}+\overline{v_z^2}$,故

$$\frac{1}{2}m\overline{v_x^2}=\frac{1}{2}m\overline{v_y^2}=\frac{1}{2}m\overline{v_z^2}=\frac{1}{2}kT \tag{5.55}$$

即分子在每个平动自由度上的平均动能相同,都是 $kT/2$。或者说,分子的平均平动动能 $3kT/2$ 是均匀地分配到每一个平动自由度的。

这一结论可以推广到其他自由度。经典统计力学表明,在温度为 T 的平衡态下,物质分子的每一个自由度都具有相同的平均动能 $kT/2$。这就是**能量(动能)按自由度均分定理**,简称为**能量均分定理**。因此,如果气体分子具有 t 个平动自由度、r 个转动自由度和 s 个振动自由度,那么其平均平动动能、平均转动动能和平均振动动能分别为 $tkT/2$ 、$rkT/2$ 和 $skT/2$,而分子的平均总动能为

$$\overline{\varepsilon}_{\mathrm{K}}=\frac{t+r+s}{2}kT \tag{5.56}$$

由振动学可知,简谐振动的平均动能等于平均势能。分子中原子间的振动可以用简谐振动模拟,故对于每个振动自由度,除 $kT/2$ 的平均动能外,还有 $kT/2$ 的平均势能,共有 kT 的平均能量。因此,分子的平均总能量应为

$$\overline{\varepsilon}=\frac{i}{2}kT \quad (i=t+r+2s) \tag{5.57}$$

例如,对于单原子分子, t=3,r=s=0,故 $\overline{\varepsilon}=3kT/2$。对于双原子分子, t=3,r=2,s=1,故 $\overline{\varepsilon}=7kT/2$。

能量均分定理是关于分子热运动能量的统计规律。对于单个的分子而言,其每种动能都可能取各种值,这是随机的,存在一个分布,像玻尔兹曼分布那样。但对大量分子而言,其统计平均值却存在上述简单的关系。平均动能按自由度均分是靠分子无规则碰撞实现的。在碰撞过程中,能量在分子间传递,也可以在同一个分子的各自由度间传递。结论式(5.55)的得到是由于空间各向同性,即没有一个优越的方向。而现在动能按所有自由度均分表明,不仅平动自由度中没有一个是优越的,**所有自由度中也没有一个是优越的**。这样就在最大的可能上做到了均匀。**最大可能的均匀是平衡态的特征**。

注意:虽然名曰"能量均分定理",其实只是"动能"均分,能量并不是,因为振动自由度还要多分一份等量的平均势能。

在本章 5.2 节曾指出温度的一般微观意义,但当时的依据只是有关平均平动动能的式(5.17)。现在知道,不仅平动自由度,其他如转动、振动自由度也都参与了分子的无规则热运动。温度不仅表征着分子的平均平动动能,也表征着其他自由度的平均能量,因此才有结论:**温度是分子无规则热运动的剧烈程度的标志**。

5.4.3　理想气体的内能和热容

根据假定，理想气体的分子间无相互作用势能，故理想气体的内能就等于所有分子能量之和。而此处的分子能量仅指分子平动动能、转动动能和原子间振动动能和势能，不考虑化学能和各原子内部的能量，因为它们通常不发生变化。（关于内能的讨论详见第 6 章。）据此，理想气体的内能为

$$U = N\bar{\varepsilon} = \nu N_{\mathrm{A}}\frac{i}{2}kT = \frac{i}{2}\nu RT \tag{5.58}$$

由此看出，理想气体的内能与温度成正比，与体积无关。这是理想气体的一大特征。

定容热容 C_V 是指系统保持体积不变时升高单位温度所需的热量。这部分热量全部用于提高内能，故而

$$C_V = \left(\frac{\partial U}{\partial T}\right)_V \tag{5.59}$$

$$C_{V\mathrm{m}} = \frac{1}{\nu}\left(\frac{\partial U}{\partial T}\right)_V \tag{5.60}$$

（详见第 6 章），其中，$C_{V\mathrm{m}}$ 是摩尔定容热容。于是，理想气体的摩尔定容热容为

$$C_{V\mathrm{m}} = \frac{i}{2}R = \frac{t+r+2s}{2}R \tag{5.61}$$

因此，理想气体的热容由其自由度确定。

对于单原子分子气体，有

$$U = \frac{3}{2}\nu RT$$

$$C_{V\mathrm{m}} = \frac{3}{2}R \approx 3\ \mathrm{cal\cdot mol^{-1}\cdot K^{-1}}$$

对于双原子分子气体，有

$$U = \frac{7}{2}\nu RT$$

$$C_{V\mathrm{m}} = \frac{7}{2}R \approx 7\ \mathrm{cal\cdot mol^{-1}\cdot K^{-1}}$$

几种气体在 0 ℃时 $C_{V\mathrm{m}}$ 的实验值见表 5.5。

表 5.5　各种气体在 0 ℃时的 $C_{V\mathrm{m}}$ 值　（$\mathrm{cal\cdot mol^{-1}\cdot K^{-1}}$）

单原子分子			双原子分子					多原子分子				
He	N	O	H_2	O_2	N_2	CO	NO	CO_2	H_2O	CH_4	C_2H_2	C_3H_6
2.98	2.979	3.286	4.849	5.096	4.968	4.970	5.174	6.579	6.015	6.311	8.02	12.34

5.4.4 经典理论的局限

将理论结果与实验比较,可以看出,对单原子分子气体符合较好,但对于双原子分子气体,差距就很大了。不仅如此,根据经典理论,气体的 $C_{V\mathrm{m}}$ 与温度无关,然而实验表明,所有双原子分子气体的 $C_{V\mathrm{m}}$ 随温度的升高而增加。对于氢气而言,其 $C_{V\mathrm{m}}$ 在低温时为 $3R/2$,在室温时已增加为 $5R/2$,在高温时才接近 $7R/2$,但还没到 $7R/2$ 时氢气分子就已经热分解为氢原子了。

这种理论与实验的差别,可以进行如下唯象的解释。双原子分子在低温时只有平动自由度,其转动和振动自由度都被**冻结**。此时吸收的能量只用于增加平动动能,不分配给转动和振动自由度。随着温度的升高,转动自由度开始**解冻**,直至室温时所有分子转动自由度都已解冻,此时吸收的能量也能分配到使所有分子转动的自由度上。但此时的振动自由度仍被冻结,故分子仍应可视为**刚性**分子,因此有 t=3,r=2,s=0,故

$$C_{V\mathrm{m}} = \frac{5}{2}R \tag{5.61}$$

然后温度继续升高时,振动自由度才被逐渐释放出来,$C_{V\mathrm{m}}$ 才逐渐接近 $7R/2$。

但问题是,经典统计理论中根本就没有这种"冻结""刚性"的概念,这些纯粹是为了解释理论与实验的差别而强行额外引入的,只是一种现象描述。而这种差别的根本原因在于,对于微观粒子,只有量子理论才是正确理论,经典理论只是其近似。

根据量子理论,分子的所有能量都是量子化的,即能量不能连续变化,只能取分立值,称为**能级**。两相邻能级的差是表征这种运动的特征能量。平动、转动和振动的不同就在于它们的特征能量大不相同。

平动的特征能量 $2\pi^2\hbar^2/(mL^2)$(L 为容器的特征尺度)非常低,通常的低温也远高于其特征温度 10^{-17} K,故即使在几开的低温下分子的平动动能也是其特征能量的 10^{17} 倍。此时平动动能的量子化特征很不明显,完全可视为能连续变化。

转动的特征能量 $\hbar^2/(2I)$(I 为分子的转动惯量)的量级约为 $k\cdot 10$ K,也就是说,要靠碰撞提高转动能级,至少需吸收 $k\cdot 10$ K 的能量。而在几开时,绝大部分分子只有 $k\cdot 1$ K 量级的能量,无法一次提供转动状态"升级"所需的 $k\cdot 10$ K 的能量,故此时转动只能处在最低能级,无法升级。这就是几开时转动自由度被"冻结"的原因:此时转动动能难以增加,温度升高 1 K 时转动状态没有什么改变,从而转动自由度对 $C_{V\mathrm{m}}$ 没有贡献。随着温度升高,转动自由度逐渐"解冻",即转动动能可以发生跃迁了。此时温度升高 1 K,就需要既升高平均平动动能,又升高平均转动动能,故而所需的能量比之前要高, $C_{V\mathrm{m}}$ 也就随之增加。对于氧气,在 20 K 时转动动能对 $C_{V\mathrm{m}}$ 的贡献已达到 R。但对于氢气,其分子质量小,转动惯量小,使得特征能量和特征温度较高,故在 40 K 时转动自由度对 $C_{V\mathrm{m}}$ 还无贡献,转动只能处于最低能级,而直至室温才能让氢分子的转动动能出现普遍的"升级"。

至于振动,其特征能量 $\hbar\omega$(ω 为振动圆频率)更高,一般是 $k\cdot 10^3$ K 的量级,故要充分激发转动自由度需更高的能量和温度。几十开时振动对热容没有实际影响。我们说,此时分

子是“刚性”的。在室温时,部分分子的振动自由度被激发,但数目还很少,使得振动对热容的贡献还很小。故室温时的气体分子通常视为“刚性”分子。只有在高温 $T \gg \hbar\omega / k$ 时,绝大部分分子的振动动能已可随意上下跃迁,此时量子理论所预言的平均振动动能约为 kT,量子理论才过渡到经典理论。有时分子的振动频率低,在室温下振动对 $C_{V\mathrm{m}}$ 就已有影响。

习　题

5.1　设题图所示的两条曲线分别表示在相同温度下氧气和氢气分子的速率分布曲线;令 $(v_p)_{O_2}$ 和 $(v_p)_{H_2}$ 分别表示氧气和氢气的最概然速率,则(　　)。

A. 图中 a 表示氧气分子的速率分布曲线;$(v_p)_{O_2} / (v_p)_{H_2} = 4$

B. 图中 a 表示氧气分子的速率分布曲线;$(v_p)_{O_2} / (v_p)_{H_2} = 1/4$

C. 图中 b 表示氧气分子的速率分布曲线;$(v_p)_{O_2} / (v_p)_{H_2} = 1/4$

D. 图中 b 表示氧气分子的速率分布曲线;$(v_p)_{O_2} / (v_p)_{H_2} = 4$

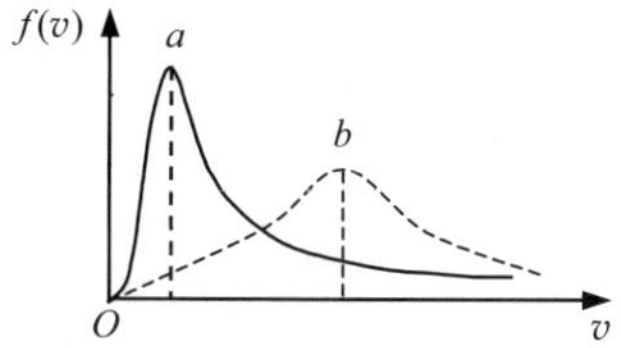

题 5.1 图

5.2　1 mol 刚性双原子分子理想气体,当温度为 T 时,其内能为(　　)。式中 R 为普适气体常量,k 为玻尔兹曼常量。

A. $\frac{3}{2}RT$　　B. $\frac{3}{2}kT$

C. $\frac{5}{2}RT$　　D. $\frac{5}{2}KT$

5.3　题图所示的两条曲线分别表示氦、氧两种气体在相同温度 T 时分子按速率的分布,其中:(1)曲线Ⅰ表示________气分子的速率分布曲线,曲线Ⅱ表示________气分子的速率分布曲线;(2)画有阴影的小长条面积表示__________。

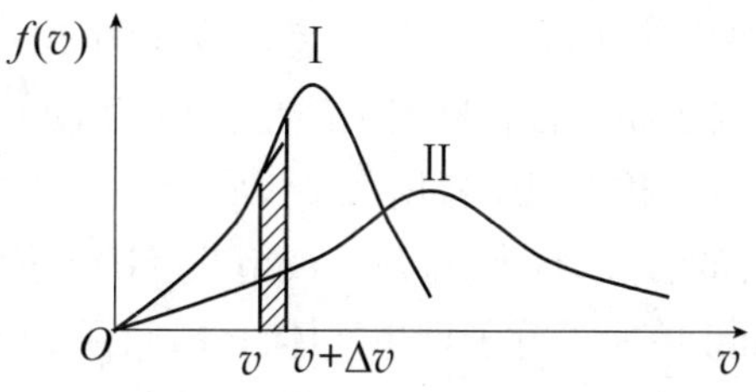

题 5.3 图

5.4 1 mol 氧气(视为刚性双原子分子的理想气体)贮于一氧气瓶中,当温度为 27 ℃时,这瓶氧气的内能为 ________________J;分子的平均平动动能为 ____________J;分子的平均总动能为 ____________________J。(摩尔气体常量 R= 8.31 J·mol^{-1}·K^{-1},玻尔兹曼常量 k= 1.38 × 10^{-23} J·K^{-1})

5.5 定容气体温度计的测温泡浸在水的三相点槽内时,其中气体的压强为 6.7 × 10^{3} Pa。当气体的压强为 9.1 × 10^{5} Pa 时,待测温度是多少?

5.6 一容积为 11.2 L 的真空系统已被抽到 1.0 × 10^{-5} mmHg 的真空。为了提高其真空度,将它放在 300 ℃的烘箱内烘烤,使器壁释放出吸附的气体。若烘烤后压强增为 1.0 × 10^{-2} mmHg,则器壁原来吸附了多少个气体分子?

5.7 容积为 2 500 cm^{3} 的烧瓶内有 1.0 × 10^{15} 个氧分子, 4.0 × 10^{15} 个氮分子和 3.3 × 10^{-7} g 的氩气。设混合气体的温度为 150 ℃,求混合气体的压强。

5.8 气体的温度为 T=273 K,压强为 p=1.00 × 10^{-2} atm,密度为 ρ=1.29 × 10^{-5} g/cm^{3}。(1)求气体分子的方均根速率。(2)求气体的分子量,并确定它是什么气体。

5.9 设有一群粒子按速率分布见题表。

题 5.9 表

粒子数 N_i	2	4	6	8	2
速率 V_i(m/s)	1.00	2.00	3.00	4.00	5.00

试求:(1)平均速率 $\bar{v}$;(2)方均根速率 $\sqrt{\overline{v^2}}$;(3)最可概然率 v_{p}。

5.10 试就下列几种情况,求气体分子数占总分子数的比率:(1) 速率在区间 v_p~$1.01v_p$;(2)速度分量 v_x 在区间 v_p~$1.01v_p$;(3)速度分量 v_x、v_y、v_z 同时在区间 v_p~$1.01v_p$。

5.11 根据麦克斯韦速率分布律,求速率倒数的平均值 $\overline{1/v}$。

5.12 有 N 个粒子,其速率分布函数为

$$f(v)=\begin{cases} C & (0<v<v_0) \\ 0 & (v>v_0) \end{cases}$$

(1)作速率分布曲线。(2)由 N 和 v_0 求常数 C。(3)求粒子的平均速率。

5.13 一容器内有氧气,其压强 p=1.0 atm,温度 t=27 ℃,求:(1)单位体积内的分子数;(2)氧气的密度;(3)氧分子的质量;(4)分子间的平均距离;(5)分子的平均平动能。

5.14 质量为 50.0 g、温度为 18.0 ℃的氦气装在容积为 10.0 L 的封闭容器内,容器以 v=200 m/s 的速率做匀速直线运动。若容器突然静止,定向运动的动能全部转化为分子热运动的动能,则平衡后氦气的温度和压强将各增大多少?

5.15 用绝热材料制成的容器,体积为 $2V_0$,被绝热板隔开为体积相等、压强均为 p_0 的 A、B 两部分。A 内储存 1 mol 单原子分子理想气体,B 内储存 2 mol 刚性双原子分子理想气体。试求:(1)各自的内能 E_{A} 、E_{B};(2)抽出绝热板,两种气体混合后处于平衡时,温度为多少?

5.16　有 2×10^{-3} m^3 刚性双原子分子理想气体，其内能为 6.75×10^{2} J，试求：（1）气体的压强；（2）设分子总数为 5.4×10^{22} 个，求分子的平均平动动能以及气体的温度。

5.17　容器内某刚性双原子分子理想气体的温度为 273 K，p=1.00 × 10^{-3} atm。（1）求气体分子的平均平动动能和平均转动动能。（2）求单位体积内气体分子的总动能。（3）设气体有 0.3 mol，求该气体的内能。

5.18　设容器盛有质量为 M_1 和 M_2 的两种不同的单原子分子气体，此混合气体处于平衡时内能相等均为 E，若容器体积为 V，试求：（1）两种气体分子平均速率之比；（2）混合气体压强。

5.19　1 mol 水蒸气可分解为同温度 T 的 1 mol 氢气和 0.5 mol 的氧气。当不计振动自由度时，求此过程中内能的增量。

5.20　当氢气和氦气的压强、体积和温度都相等时，求它们的质量比和内能比。（将氢气视为刚性双原子分子气体）

第 6 章　热力学基础

统计物理和热力学都是研究大量粒子热运动的规律及其应用的科学。前者从微观角度切入,利用力学知识和统计学知识,将宏观量解释为相应微观量的统计平均。后者则从宏观角度切入,不涉及具体的物质微观结构,只根据宏观定律,用严密的逻辑推理方法,来研究系统的热性质。

热力学由于其研究对象是普遍的,故其结论是普适的。在这一点上热力学有别于力学和电磁学。后二者针对的是不同的特殊运动形式,可以并列,但热力学在层次上要高于它们,属于普适理论行列。在《爱因斯坦文集》第一卷中,爱因斯坦说:"一种理论前提越为简练,涉及的内容种类越多,适用的领域越为广泛,那么这种理论就越为伟大。经典热力学就是因此给我留下了极其深刻的印象。我确信,这是在它的基本概念可应用的范围内决不会被推翻的唯一具有普遍内容的物理理论。"

6.1　准静态过程与热力学第一定律

6.1.1　准静态过程

在前一章详述了平衡态,也谈到了与其密切相关的状态变化。热力学系统的状态随时间变化的过程称为**热力学过程**。

当外界条件不变时,系统的状态也不会变。但是一旦外界条件变化,系统平衡态必被破坏,系统随后在新的外界条件下经过一段时间(即弛豫时间)后达到新的平衡。但实际变化过程中,往往新平衡态尚未达到,外界已发生下一步变化,因而系统又向着另一个平衡态演化。这样,系统的中间状态一般不是平衡态。系统因变化较快而经历一系列非平衡态的热力学过程称为**非静态过程**。

非静态过程随处可见,是热力学过程的一般情况。但我们可以设想这样一种理想情况:系统变化很慢,使得**中间每一时刻都无限接近平衡态**。这就是**准静态过程**(或**准平衡过程**),它具有重要的理论意义。

举一个例子。将一定量的气体密封在气缸中,用一定大小的力压住活塞一段时间,使气体达到平衡态。此时有两种释放压力的方法。一种是突然释放压力。此时活塞迅速上升,经过很多次振荡后稳定在某一高度。经过这样一段较长的时间后气体处于新的平衡态。这种联系初末平衡态的过程是非静态过程,因为气体经历的中间状态的压强和温度并非各处一致,都是非平衡态。另一种释放压力的方法是缓慢释放,最后活塞将达到跟前一情况相同的高度。这个过程由于足够缓慢,足以认为气体处于中间状态时各处的压强和温度是一致的,是平衡态,所以这种过程是准静态过程。

决定过程是否为准静态过程的标准是变化的快慢，然而**快慢的标准是弛豫时间**，不能从时间的绝对长短来衡量。通常气体压强达到平衡的弛豫时间比温度达到均匀的弛豫时间要短。如果某一个过程的时间介于二者之间，那么，这个过程是否为准静态过程取决于我们所关心的对象。如果我们只关心压强，温度的不均匀不重要，那么该过程就可以视为准静态过程。如果关心温度的变化，那么这个过程就不是准静态过程。

下面讨论准静态过程的图示。以只需 p、V、T 三个参数即可描述的**简单系统**（如气体）为例，此时涉及的是 p-V 图。首先，p-V 图上的一个点表示什么？是系统的一个平衡态，它有着确定的压强和温度。如果是一个非平衡态，那么系统各处的压强和温度不一定相等，并不存在一个确定的压强值和温度值，因此非平衡态不能在 p-V 图上表示出来。那么 p-V 图上的一条曲线呢？曲线由点组成，而一个点表示一个平衡态，因此曲线表示的是由一系列平衡态所组成的准静态过程。非静态过程不能在 p-V 图上画出（有时用虚线表示非静态过程，但这只是示意而非实指）。

6.1.2　功和热量

做功是能量转移的一种形式，最常见的功是力学中的机械功。此外，在遇到电磁现象时，还有电场功和磁场功，但不论是哪种功，其原始出发点都是力学中定义的功：$đA=\boldsymbol{F}\cdot \mathrm{d}\boldsymbol{r}$。例如，电流做功就归结为电场力对电荷做功。

现在研究准静态过程的功。我们规定，以外界对系统做的功为正值，以系统对外界做的功为负值。为简单起见，以下我们谈的准静态过程都是指**无摩擦的准静态过程**。如图 6-1 所示，气缸中有一无摩擦且可左右移动的活塞，横截面积为 S。设活塞施与气体的压强为 p_e，则当活塞移动距离 $\mathrm{d}l$ 时，外界对气体所做元功为 $đA=p_eS\mathrm{d}l$。由于气体体积减小了 $S\mathrm{d}l$，即 $\mathrm{d}V=-S\mathrm{d}l$，所以上式又可写成 $đA=-p_e\mathrm{d}V$。由于整个过程是准静态过程，故气体任一时刻都处于平衡态，各处具有均匀压强 p。又由于没有摩擦阻力，活塞施予气体的压强 p_e 等于气体内部的压强 p，故

$$đA=-p\mathrm{d}V \tag{6.1}$$

注意这里只出现了气体本身的参量，而且是平衡态的参量。因此，这个元功表达式的前提是无摩擦的准静态过程。式（6.1）中的负号来自我们“以外界对系统做的功为正值”的规定。例如，当 $\mathrm{d}V<0$ 时 $đA>0$，即当气体体积减小时外界做正功。这与我们的常识相符。

对于一个有限的准静态过程，将过程量微元进行积分即可：

$$A=\int_1^2 đA=-\int_{V_1}^{V_2} p\mathrm{d}V \tag{6.2}$$

在 p-V 图上，它就是**过程曲线**下面的面积，如图 6-2 所示。

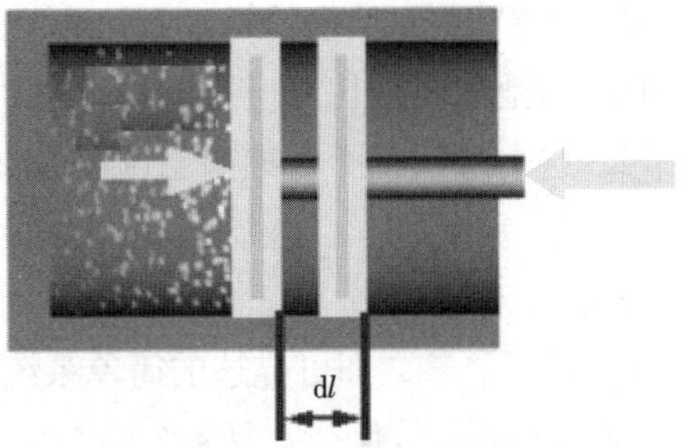

图 6-1 外界做功

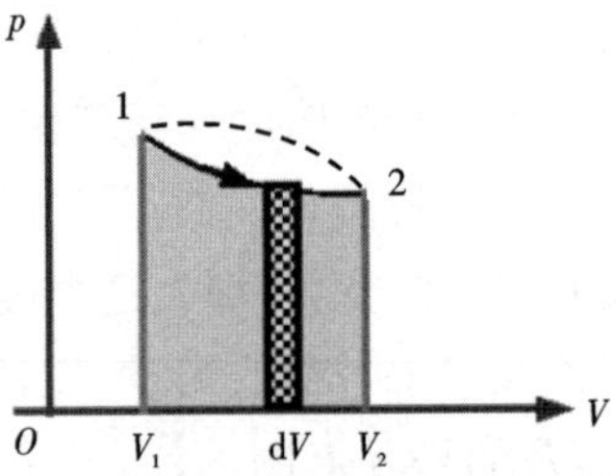

图 6-2 p–V 图中的功

例 6.1 一定质量的气体经过一等温过程(温度为 T)从体积 V_1 变为 V_2,求外界所做的功。

解 由理想气体状态方程,有

$$p=\frac{\nu RT}{V}\text{。}$$

将其代入式(6.2),得

$$A=-\int_{V_1}^{V_2}p\mathrm{d}V=-\int_{V_1}^{V_2}\frac{\nu RT}{V}\mathrm{d}V=\nu RT\ln\frac{V_1}{V_2} \tag{6.3}$$

它又可写为

$$A=\nu RT\ln\frac{p_2}{p_1}$$

从图 6-2 中可以看出,气体从状态 1 变为状态 2 有多种过程可供选择。图 6-2 中的虚线即表示另一种过程。显然,实线过程和虚线过程两曲线下面的面积不相等,即两过程的功不相等。这显示了功的一个重要特征:**功与变化路径(即过程)有关,它不是系统状态的特征,不是状态量,而是状态变化过程的特征,是过程量**。我们不能说"系统某一状态的功是多少",只能说"某个过程中的功是多少"。与此相反,温度、压强等物理量是状态量,是系统状态的特征。由于存在过程量和状态量的基本区别,我们把在无穷小变化过程中**状态量的无限小改变**用 d 表示,把**过程量微元**用 đ 表示,以示区别。

热量是能量转化的另一种形式。根据热平衡定律和温度的定义,只要两系统温度不同,就会有热量从高温系统传到低温系统。显然,热量也是状态变化过程的特征,而不是状态的特征,故也是过程量。其在无限小过程中的微元记为 đQ。

热量在历史上一度被认为是一种物质,此即热质说。这种观点认为,热是一种可以透入一切物体之中的、不生不灭的、无重量的物质。较热的物体含热质多,较冷的物体含热质少,冷热不同的物体相互接触时,热质就从较热物体流入较冷物体中。应该说这种理论解释了一定的现象(否则也不会被提出来),但遇到摩擦生热时就无法解释了。

另一种观点是热是运动。摩擦生热就支持这一观点。最终否定热质说而肯定热的运动说的是焦耳的大量实验工作。焦耳的工作证明,做功和传热都能使物体升温,而且使同一个物体升高相同的温度时,做功值(以 J 为单位)和传热值(以 cal 为单位)成正比。这个比值就是热功当量,其大小为

1 cal=4.186 8 J

6.1.3　热力学第一定律

焦耳的热功当量实验为能量守恒定律的确立打下了坚实的基础。其他有突出贡献的还有迈耶和亥姆霍兹。需要强调的是，能量守恒定律的确立在历史上经历了一个较长的过程，其间有众人的大量努力，并不是一个人一蹴而就而得到的。现在看来简单的东西在历史上一般都经历了艰辛的过程。

能量转化和守恒定律的内容是：自然界一切物体都具有能量，能量有各种不同形式，它能从一种形式转化为另一种形式，从一个物体传递给另一个物体，在转化和传递中能量的数量不变。

热力学第一定律就是能量转化和守恒定律。它告诉我们，系统存在一个只依赖于状态的函数，即内能。**内能就是物体内部的所有能量，包括所有层次上微粒的一切运动形式所具有的能量**（动能和势能）：分子的动能和相互势能，组成各分子的原子的动能和相互势能，以及组成各原子的电子和原子核的动能和其间的势能……（可以参考第 4 章中的静能）但通常情况下，如果热力学过程只改变分子和组成分子的原子这两个层次的运动状况，其下面所有层次的运动情况都不改变，那么这些层次对应的内能也不会发生改变。此时可将这部分的能量记为一个常数，且不用去关心其具体数值。于是，此时，系统的内能是分子和原子这两个层次的动能和势能之和。

外界传热 Q 给系统，或者外界对系统做功 A，都能使系统的内能 U 增加。于是，热力学第一定律的数学形式是

$$\Delta U = Q + A \tag{6.4}$$

这是对于一个有限过程而言的。如果是无限小过程，热力学第一定律表达为

$$\mathrm{d}U = đQ + đA \tag{6.5}$$

其中已经区分了状态量无限小改变的符号 d 和过程量微元的符号 đ。

历史上曾经有人试图制造出无须提供任何能量但却能不断对外做功的机器，这种机器被称为**第一类永动机**。现在来看，这显然是做不到的，因为这违反了热力学第一定律。因此，热力学第一定律也可表示为：**第一类永动机是不可能制成的**。

6.1.4　理想气体的内能

我们知道，物体的内能是微观粒子无规则热运动动能与相互作用势能之和。前者决定于温度，后者决定于体积，故一般说来，内能是 T 和 V 的函数：$U=U(T,\ V)$。1845 年，焦耳做了如下实验，以研究气体的内能。

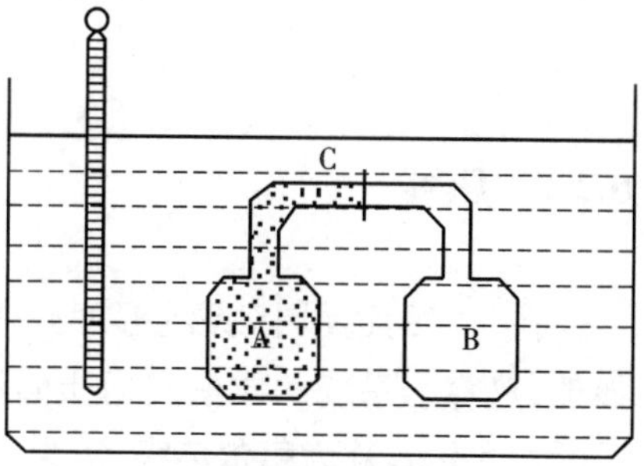

图 6-3　焦耳实验

图 6-3 为焦耳实验的示意图。气体被压缩在左边容器 A 中，右边容器 B 是真空。两容器用管道连

接，中间有一活门可以隔开，整个系统浸在水中。打开活门让气体从容器 A 中**自由膨胀**进入 B 中，然后测量过程前后水温的变化。焦耳的测量结果是水温不变。

所谓自由膨胀，是指气体在真空中膨胀不受阻碍。此时外界做功必然为 0。注意这是一种非静态过程。由于水温不变，故气体温度也没变，同时说明气体和水没有热交换，因此气体的膨胀是绝热自由膨胀。于是，根据热力学第一定律，气体的内能保持不变，但气体体积增加了，因此可知气体的内能与体积无关，只是温度的函数：$U=U(T)$。

应该说，焦耳的这个实验还是很粗糙的，因为他用到了大比热的水。即使水吸收了稍许热量，水温仍不会有多少改变。因此，$U=U(T)$的结论也是粗糙的，只能说气体内能与体积的关系不大。更精密的实验表明，气体内能确实与体积相关。但压强越小，气体内能与体积的相关度也越小。在低压极限下，可认为二者无关。因此，对于理想气体，$U=U(T)$是成立的。这是理想气体的又一重要特征，称为**焦耳定律**。一般**把理想气体定义为严格遵守理想气体状态方程和焦耳定律的气体**。

6.1.5 状态量和过程量

对状态量和过程量的区别进行一下小结见表 6.1。

表 6.1 状态量与过程量的区别

			状态量	过程量
定义			只依赖于系统状态	依赖于具体过程
举例			内能 U、温度 T、压强 p	热量 Q、功 A
对平衡态			可谈“量是多少”	不可谈“量是多少”
对过程			谈“量的改变是多少”	谈“量是多少”
过程	有限过程符号		ΔU、ΔT、Δp	Q、A
	无限小过程	符号	$\mathrm{d}U$、$\mathrm{d}T$、$\mathrm{d}p$	đQ、đA
			可做意义分解，单独 d 有意义，表示改变。$\mathrm{d}U$ 表示内能的无限小改变	不可做意义分解，单独 đ 无意义。đA 表示无限小过程中功的微元
		数学对应	全微分（恰当微分）	非全微分（非恰当微分）

6.2 热力学第一定律的应用

6.2.1 热容

在一定的过程中，系统温度升高一度所需吸收的热量称为**热容量**，简称为**热容**，记为 C。显然，热容与系统的质量或物质的量成正比。单位质量的热容称为**比热**，记为 c，而单位物质的量的热容称为**摩尔热容**，记为 C_m。

$$C = \frac{đQ}{dT} \tag{6.6}$$

$$c = \frac{đQ}{m dT} \tag{6.7}$$

$$C_m = \frac{đQ}{\nu dT} \tag{6.8}$$

由于热量 Q 是过程量，因此热容 C 也是过程量，通常加下角标以标明过程。例如，C_p、C_V 分别表示等压过程和等容过程的热容。中学课本中给出的各种物质的比热值即是对等压（1 atm）过程而言。

6.2.2　等容过程

假定只有体积功（$đA=-pdV$）这种形式的功存在。当系统体积不变时，外界做功为 0。由热力学第一定律，此时系统内能的改变全由系统吸热引起：$dU=đQ_V$。又由热容的定义，有 $đQ_V = \nu C_{V\text{m}} dT$，故

$$dU = \nu C_{V\text{m}} dT \tag{6.9}$$

上式原则上只能用于体积不变的情况，且有

$$C_{V\text{m}} = \frac{1}{\nu}\left(\frac{\partial U}{\partial T}\right)_V \tag{6.10}$$

但对于理想气体，由于 $U=U(T)$，内能与体积无关，故在一般情况下，式（6.9）都成立。具体地，考虑理想气体的任意两个平衡态（T_1, V_1）和（T_2, V_2）的内能之差。可以先让气体经过等容过程变为（T_2, V_1），其内能增量由式（6.9）给出。再让气体经过等温过程，此时内能不变。故总的内能增量仍由式（6.9）决定。

设理想气体热容为常数，则将式（6.9）进行积分，得

$$\Delta U = \nu C_{V\text{m}}(T_2 - T_1) \tag{6.11}$$

6.2.3　等压过程

系统在准静态等压过程中吸收的热量一方面用于增加自己的内能，是一方面用于对外做功。因此，此热量要大于等容过程中系统吸收的热量，故 $C_{p\text{m}}>C_{V\text{m}}$。具体地，由热力学第一定律式（6.5）和元功式（6.1），有

$$đQ_p=dU+pdV \tag{6.12}$$

又由热容的定义，有

$$đQ_p = \nu C_{p\text{m}} dT \tag{6.13}$$

其中，$C_{p\text{m}}$ 为**摩尔定压热容**。

对于理想气体，由于 $U=U(T)$，内能改变的最一般形式由式（6.9）给出，再由理想气体状

态方程 $pV=\nu RT$，对于等压过程，有 $p\mathrm{d}V=\nu R\mathrm{d}T$。把它们代入式(6.10)，再考虑式(6.13)，可得

$$C_{p\mathrm{m}}-C_{V\mathrm{m}}=R \tag{6.14}$$

此式称为**迈耶公式**。

例 6.2 在 1 atm 的大气压和 100 ℃下时，1 kg 水变为 1 kg 水蒸气需吸收的汽化热为 2.26×10^6 J，此时水蒸气的体积为 1.673 m^3，求体系的内能增量。

解 水变为水蒸气时，除需吸热 Q=2.26×10^6 J 外，还需对外做功 $p(V_2-V_1)$。其中 V_2=1.673 m^3，而 $V_1\approx1\times10^{-3}\,\mathrm{m}^3\ll V_2$，故可忽略。根据热力学第一定律，有

$$\begin{aligned}\Delta U&=Q+A=Q-p(V_2-V_1)\approx Q-pV_2\\&=2.26\times10^6\ \mathrm{J}-1.01\times10^5\times1.673\ \mathrm{J}\\&=2.09\times10^6\ \mathrm{J}\end{aligned}$$

6.2.4 等温过程

对于理想气体，在等温过程($pV=C$)中，其内能保持不变，因为其内能只是温度的函数，这样，气体吸收的热量全部用于对外做功，有

$$Q_T=-A_T=\nu RT\ln\frac{V_2}{V_1} \tag{6.15}$$

参见式(6.3)。

6.2.5 绝热过程

系统与外界没有热交换的热力学过程，称为**绝热过程**。例如，杜瓦瓶、真空保温杯、冰箱或用石棉等绝热材料包起来的容器内的系统所经历的状态变化过程，均可视作绝热过程。若系统的热量来不及和周围环境发生交换，该系统所经历的状态变化过程也可近似当作绝热过程。

因为 Q=0，外界对系统做了多少功，系统内能就增加多少，即 $\Delta U=A$。对于理想气体，若初、末态都是平衡态(有统一温度)，则进一步有

$$A=\Delta U=\nu C_{V\mathrm{m}}(T_2-T_1) \tag{6.16}$$

此式对于理想气体的准静态和非静态绝热过程(例如前面的绝热自由膨胀)都成立。

对于理想气体的准静态绝热过程，由于此过程比较复杂，又是一个重要过程，下面给出清晰的逻辑线条，也算是一个小结。研究理想气体准静态绝热过程有五条相互独立的出发点：

(1)热力学第一定律 $\mathrm{d}U=\text{đ}Q+\text{đ}A$；

(2)准静态过程中元功的表达式 $\text{đ}A=-p\mathrm{d}V$；

(3)理想气体内能改变的普适表达式 $\mathrm{d}U=\nu C_{V\mathrm{m}}\mathrm{d}T$；

(4)理想气体状态方程 $pV=\nu RT$ 或其全微分 $V\mathrm{d}p+p\mathrm{d}V=\nu R\mathrm{d}T$；

（5）题设条件 $đQ=0$（对于其他过程换为摩尔热容的定义 $đQ=\nu C_{m}dT$）。

将第二、三和五条代入第一条，得

$$\nu C_{Vm}dT=-pdV$$

利用第四条消去 dT，整理得

$$VC_{Vm}dp+pC_{pm}dV=0$$

这里利用了理想气体的迈耶公式式（6.14）。定义**比热比**

$$\gamma=\frac{C_{pm}}{C_{Vm}} \tag{6.17}$$

则有

$$\frac{dp}{p}+\gamma\frac{dV}{V}=0 \tag{6.18}$$

设热容是常数，则 γ 是常数。把上式积分，即得

$$pV^{\gamma}=C \tag{6.19}$$

此即准静态绝热过程的过程方程，称为**泊松公式**。

在 p-V 图上画出此过程曲线，称为**绝热线**（图 6-4）。可以看出，绝热线比等温线要陡。这只要比较二者的斜率即可。前者是 $\frac{dp}{dV}=-\gamma\frac{p}{V}$（见式 6.18），后者是 $\frac{dp}{dV}=-\frac{p}{V}$。由于 $\gamma=\frac{C_{pm}}{C_{Vm}}>1$，故前一斜率的绝对值更大。从物理上看，当气体从等温曲线与绝热曲线相交点出发压缩相同体积时，在等温过程中压强的增大仅来源于体积的减少，而在绝热过程中，压强的增大不仅来源于体积的缩小，还来源于温度的升高，因为外界对系统做功会使系统内能增加，从而温度升高。故绝热线要比等温线陡。

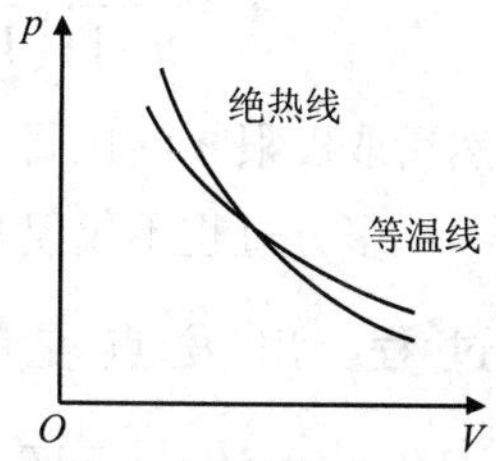

图 6-4　绝热线和等温线

利用理想气体状态方程和过程方程式（6.19），可以得到用其他量表示的过程方程：

$$TV^{\gamma-1}=C \tag{6.20}$$

$$p^{\gamma-1}/T^{\gamma}=C \tag{6.21}$$

当然，其中的常数各不相同。

根据绝热过程方程式，对于过程中的任一状态，有 $pV^{\gamma}=p_1V_1^{\gamma}$。视 p_1、V_1、V_2 已知，则外界对系统所做的功可计算为

$$\begin{aligned}A&=-\int_{V_1}^{V_2}pdV=-\int_{V_1}^{V_2}p_1V_1^{\gamma}\frac{1}{V^{\gamma}}dV\\&=\frac{p_1V_1}{\gamma-1}\left[\left(\frac{V_1}{V_2}\right)^{\gamma-1}-1\right]=\frac{p_2V_2-p_1V_1}{\gamma-1}\end{aligned} \tag{6.22}$$

利用式（6.17）、式（6.14）和状态方程，可以将上式化为式（6.16）。

6.2.6 多方过程

以上四个过程都可以写为下面的**多方过程**的形式：$pV^n=C$，显示出统一性。但多方过程的最大特征是：它就是**热容量保持为常数的准静态过程**。

以上四个过程都可以写为下面的形式：

$$pV^n=C \tag{6.23}$$

等压过程 $n=0$，等温过程 $n=1$，绝热过程 $n=\gamma$，而等容过程 $n\to\infty$ 将式(6.23)转化为 $p^{\frac{1}{n}}V=C$ 即可看出。满足式(6.23)的过程称为**多方过程**(或**多变过程**)，n 称为**多方指数**。

多方过程中的功跟式(6.22)类似，只要将 γ 换为 n 即可：

$$A=\frac{p_2V_2-p_1V_1}{n-1} \tag{6.24}$$

把等压过程、等容过程和绝热过程的多方指数代入，立即得到各自的功。至于等温过程，则需要结合理想气体状态方程和过程方程式，将式变为

$$A=\frac{\nu RT_1}{n-1}\left[\left(\frac{V_1}{V_2}\right)^{n-1}-1\right]$$

然后取极限 $n\to1$，即得式(6.23)。

多方过程不仅仅只是形式统一而已，其最大特征是：它就是**热容量保持为常数的准静态过程**。出发点是以下五条：① $\mathrm{d}U=\mathrm{đ}Q+\mathrm{đ}A$；② $\mathrm{đ}A=-p\mathrm{d}V$；③ $\mathrm{d}U=\nu C_{V\mathrm{m}}\mathrm{d}T$；④ $V\mathrm{d}p+p\mathrm{d}V=\nu R\mathrm{d}T$；⑤ $\mathrm{đ}Q=\nu C_\mathrm{m}\mathrm{d}T$。同绝热过程的处理类似，注意消去 $\mathrm{d}T$，可以得到

$$C_\mathrm{m}=C_{V\mathrm{m}}+\frac{Rp\mathrm{d}V}{V\mathrm{d}p+p\mathrm{d}V}=C_{V\mathrm{m}}+\frac{R}{\dfrac{V\mathrm{d}p}{p\mathrm{d}V}+1} \tag{6.25}$$

若要求 C_m 为常数，则必有 $\dfrac{V\mathrm{d}p}{p\mathrm{d}V}=C$（$C_{V\mathrm{m}}$ 已默认为常数），对其进行积分，即得

$$pV^{-C}=C'$$

这就是多方过程，且 $n=-C$。于是，我们还得到了多方过程的热容量：

$$C_\mathrm{m}=C_{V\mathrm{m}}-\frac{R}{n-1}=\frac{n-\gamma}{n-1}C_{V\mathrm{m}} \tag{6.26}$$

各种多方过程如图 6-5 所示，它们都通过同一个状态。其中的阴影部分表示负热容区域，其他部分则是正热容区域。

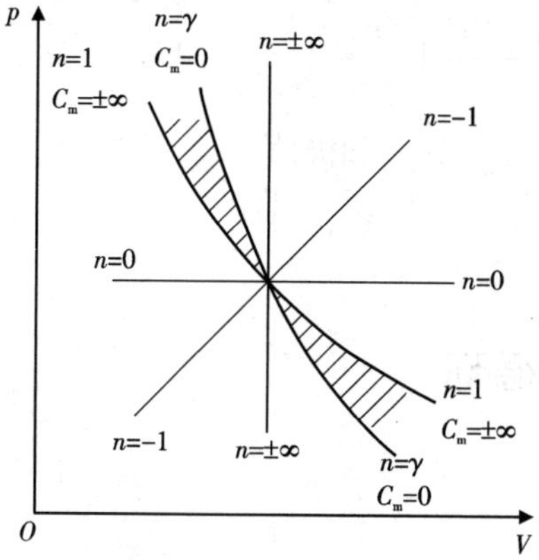

图 6-5　多方过程

（其中阴影部分为负热容区域）

例 6.3　1 mol 理想气体经历如图 6-6 所示的准静态过程：从状态 A 出发，沿直线膨胀到 B，再等压压缩到原体积，到达状态 C。已知该气体的摩尔定容热容为 $C_{V\mathrm{m}}=3R/2$，求整个过程中：(1)气体内能的改变；(2)外界对气体所做的功；(3)外界传给气体的热量；(4)气体温度的最高值。

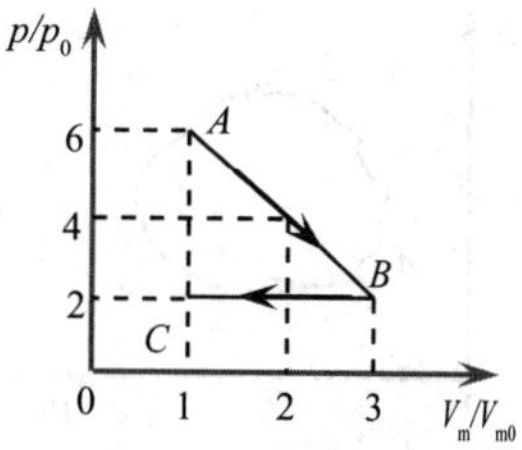

图 6-6　例 6.3 题图

解　(1)根据理想气体状态方程，初态的温度为

$$T_A=\frac{p_AV_{\mathrm{m}A}}{R}=\frac{6p_0V_{\mathrm{m}0}}{R}$$

末态的温度为

$$T_C=\frac{p_CV_{\mathrm{m}C}}{R}=\frac{2p_0V_{\mathrm{m}0}}{R}$$

故内能的改变为

$$\Delta U_{\mathrm{m}}=U_{\mathrm{m}C}-U_{\mathrm{m}A}=C_V(T_C-T_A)=-6p_0V_{\mathrm{m}0}$$

(2)AB 过程中气体对外做功，值为线段 $\overline{AB}$ 下面的面积；BC 过程中外界对气体做功，值为线段 $\overline{BC}$ 下面的面积。故整个过程中外界对系统做功为 $\triangle ABC$ 的面积的负值：

$$A=-\frac{1}{2}(3-1)V_{\mathrm{m}0}\cdot(6-2)p_0=-4p_0V_{\mathrm{m}0}$$

(3)由热力学第一定律，整个过程中气体吸收的热量为

$$Q=\Delta U_{\mathrm{m}}-A=-6p_0V_{\mathrm{m}0}-(-4p_0V_{\mathrm{m}0})=-2p_0V_{\mathrm{m}0}$$

(4)气体温度的最高值在 AB 之间，由 A 到 B 气体的温度先增大再减小到原值。AB 段的过程方程为

$$\frac{p-p_A}{V_{\mathrm{m}}-V_{\mathrm{m}A}}=\frac{p_B-p_A}{V_{\mathrm{m}B}-V_{\mathrm{m}A}}$$

即

$$p=8p_0-\frac{2p_0V_{\mathrm{m}}}{V_{\mathrm{m}0}}$$

将其代入气体状态方程，得

$$T=\frac{pV_{\rm m}}{R}=\frac{2p_0}{R}\left(4V_{\rm m}-\frac{V_{\rm m}^2}{V_{\rm m0}}\right)$$

令 $\mathrm{d}T/\mathrm{d}V_{\rm m}=0$,即得极值点 $V_{\rm m}=2V_{\rm m0}$ 和极值

$$T=\frac{8p_0V_{\rm m0}}{R}$$

6.3 循环过程与卡诺循环

6.3.1 热机和循环过程

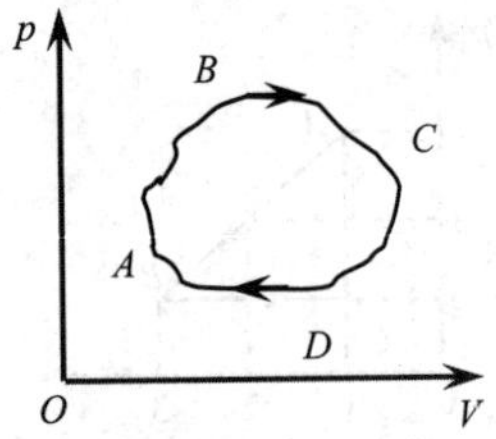

图 6-7 循环过程

热机是能不断把热转化为功的机械。气体等温膨胀能够把热转化为功,但气体膨胀完后,过程也就结束了,吸热做功不能继续。要想让吸热做功的过程能够不断地循环进行下去,气体必须要回到其原状态,然后再周而复始地进行下去。因此,一般地说,热机中的**工作物质**(简称为**工质**)必然经过不断重复的循环过程才能不断吸热做功。图 6-7 是一个一般的循环过程。ABC 表示工质吸热膨胀,对外做功。为回到原状态,工质必须收缩(即 CDA),从而外界对工质做功。这两个功必须前者大后者小,否则无法做到对外输出**净功**。伴随工质收缩的是其内能(温度)减小到原值,于是在过程 CDA 中,外界对工质做功,而工质内能减小,故工质一定向低温热源放热。因此,任一热机中的工质在循环过程中必须存在放热过程,这是循环过程的性质所决定的。

因此,一般地说,工质在循环时,总是从高温热源吸热 Q_1,对外做功,然后接受外界的功,向低温热源放热 Q_2,最后回到原状态。(本章以下的内容中,Q_1 和 Q_2 都是**算术量**,恒非负。)由于工质的内能改变 $\Delta U=0$,根据热力学第一定律,工质对外做的净功为

$$A'=Q_1-Q_2>0 \tag{6.27}$$

($A'=-A$ 表示系统对外界做的功)。机械的**效率是目的与代价的比值**。热机效率可定义为

$$\eta=\frac{A'}{Q_1}=\frac{Q_1-Q_2}{Q_1}=1-\frac{Q_2}{Q_1} \tag{6.28}$$

6.3.2 卡诺热机和卡诺循环

法国工程师卡诺研究了一种理想热机,它具有可能的最高效率。卡诺引入高温和低温两个恒温热源(具有确定的单一温度),让工质只与它们交换热量,此外没有摩擦、散热、漏气等因素存在。这种热机称为**卡诺热机**,其循环过程称为**卡诺循环**(图 6-8)。

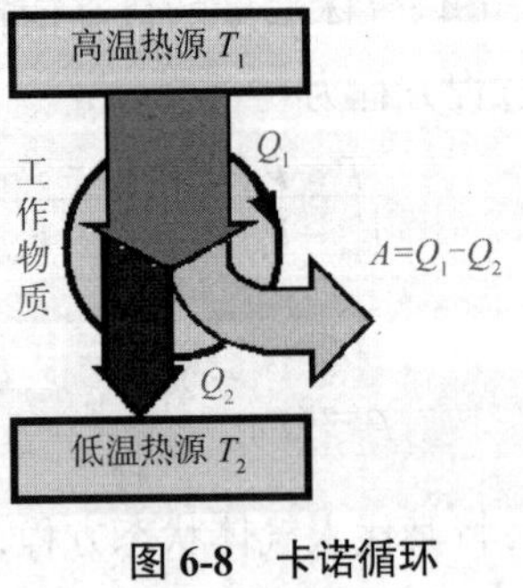

图 6-8 卡诺循环

一般地，卡诺循环由如下过程组成：①工质从高温热源吸热，等温膨胀，对外做功；②绝热降温；③向低温热源放热，等温压缩，接受外界的功；④绝热升温，回到原状态。整个过程都是准静态的，**一共有两个等温过程和两个绝热过程**。卡诺循环具有重要的理论地位。

如果以理想气体为工质，那么其卡诺循环在 p-V 图上由图 6-9 表示，现在来求其效率。在等温膨胀过程 1 → 2 中，气体从高温热源吸热

$$Q_1 = \nu R T_1 \ln \frac{V_2}{V_1}$$

在等温压缩过程 3 → 4 中，气体向低温热源放热

$$Q_2 = \nu R T_2 \ln \frac{V_3}{V_4}$$

而在绝热膨胀过程 2 → 3 和 4 → 1 中，气体与外界无热交换。于是，根据式（6.28），理想气体卡诺循环的效率为

$$\eta = 1 - \frac{Q_2}{Q_1} = 1 - \frac{T_2 \ln(V_3/V_4)}{T_1 \ln(V_2/V_1)}$$

由于状态 1、4 和状态 2、3 分别都处于绝热线上，由式（6.20）有

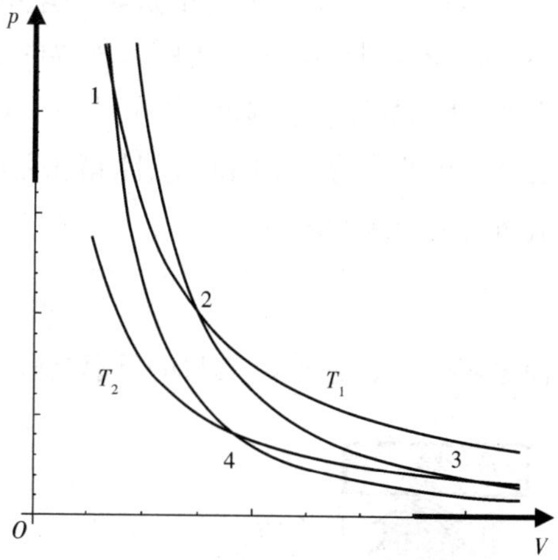

图 6-9　理想气体卡诺循环

$$\left(\frac{V_3}{V_2}\right)^{\gamma-1} = \frac{T_1}{T_2}$$

$$\left(\frac{V_4}{V_1}\right)^{\gamma-1} = \frac{T_1}{T_2}$$

故

$$\frac{V_3}{V_4} = \frac{V_2}{V_1}$$

于是，

$$\frac{Q_2}{Q_1} = \frac{T_2}{T_1} \tag{6.29}$$

而效率可简化为

$$\eta = 1 - \frac{T_2}{T_1} \tag{6.30}$$

可见，**理想气体准静态卡诺循环的效率只由两个高低温热源的温度决定，而与气体种类无关**。根据式（6.30），提高热机效率的一种方式是增大 T_1，降低 T_2。然而，T_2 一般为环境温度，降低的难度大，成本也高，所以一般做法是提高高温热源的温度 T_1。

需要说明的是，图 6-9 表示的卡诺循环仅针对理想气体而言，不是一般情况。换成不同的物质（例如热辐射）做工质，其物态方程不同，在 p-V 图上表示的等温线和绝热线也就不同。例如，对于热辐射，其准静态绝热过程满足体积不变，是不可能对外做功的。因此，前面定义卡诺循环时，对于绝热过程强调的是“绝热升温”或“绝热降温”，而不是“绝热膨胀”或

“绝热压缩”。但不管怎样,卡诺循环总是由两个等温过程和两个绝热过程构成。

6.3.3 制冷原理

图 6-7 所示的循环是**正循环**,其特征是工质对外做功。如果把它逆转过来,则称为**逆循环**:从低温热源吸热 Q_2,再吸收外界的功,向高温热源放热 Q_1。这就是**制冷机**或**热泵**,它是空调、冰箱的原型。显然,从净结果上看,必须是外界对工质做正功,$A = Q_1 - Q_2 > 0$。这是必须付出的代价。不同的是,冰箱和夏用空调是制冷机,其目的是靠抽取 Q_2 使低温处降温,故可定义制冷系数为

$$\varepsilon = \frac{Q_2}{A} \tag{6.31}$$

而冬用空调则是热泵,其目的是靠吸收 Q_1 使高温处升温。

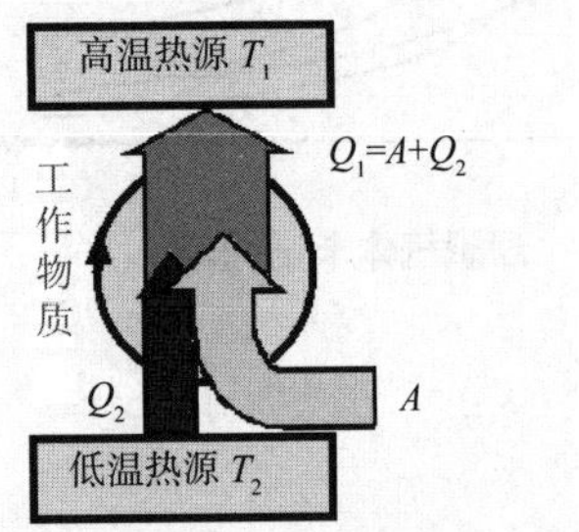

图 6-10 逆向卡诺循环

如果制冷机的工质是理想气体,且做逆向卡诺循环(图 6-10),那么跟上面的推导类似,式(6.29)仍成立,故制冷系数为

$$\varepsilon = \frac{Q_2}{Q_1 - Q_2} = \frac{T_2}{T_1 - T_2} \tag{6.32}$$

可见,T_2 越小,ε 也越小,说明要从低温热源中吸出相同的热量,低温热源温度越低,消耗的功越多。

例 6.4 有一工质为理想气体的卡诺机,工作在 t_1 =127 ℃和 t_2 =27 ℃两个热源之间。(1)若机器做正向卡诺循环,从高温热源处的热源吸热 1 200 J,则其热机效率是多少?应向低温热源放热多少?(2)若机器做制冷机,从 27 ℃的热源吸热 1 200 J,则其制冷系数是多少?应向高温热源放热多少?

解 (1)由卡诺循环的效率式(6.30)

$$\eta = 1 - \frac{T_2}{T_1} = 1 - \frac{27 + 273}{127 + 273} = 25\%$$

由式(6.29),

$$Q_2 = \frac{T_2}{T_1} Q_1 = \frac{3}{4} \times 1\,200\ \text{J} = 900\ \text{J}$$

(2)由式(6.31)

$$\varepsilon = \frac{T_2}{T_1 - T_2} = \frac{300}{400 - 300} = 3$$

由式(6.29),

$$Q_1 = \frac{T_1}{T_2} Q_2 = \frac{4}{3} \times 1\,200\ \text{J} = 1\,600\ \text{J}$$

6.4 热力学第二定律与卡诺定理

热力学第二定律是独立于第一定律的另一基本定律,它涉及的是热力学过程的方向性

问题。当录像机倒带时我们看到的情景会让我们觉得好笑，这是因为这些情景不太可能发生，或者根本就不可能发生。这种不可能发生的事情正是热力学第二定律所禁止的。时间在这里出现了不对称。与此相反，两球做弹性碰撞的过程拍成录像倒过来放，我们不会觉得有任何不自然之处。这是热学现象与力学现象的一大不同。

6.4.1　可逆和不可逆过程

大量经验告诉我们，自然界中的**宏观热现象具有方向性**。下面举数例来说明。

（1）**功变热**。精确地说，这是指机械能转化为内能。这种过程是可以自然发生的，无须任何外界条件。例如，摩擦生热：具有一定速度的木块在粗糙桌面滑行直至停止，所有机械能都转化成了内能（热能），使木块和桌面温度升高。但能否期待木块和桌面自动降温而木块运动起来呢？显然不可能。又比如焦耳的热功当量实验，重物下降做功带动水中的叶片使水的内能增加。有可能自动让水降温同时重物升高吗？不可能。那么，这些不可能意味着内能不能转化为机械能吗？不是，人们造热机就是为了逆转这个过程，但同时一定附带着向低温热源放热。

（2）**气体自由膨胀**。气体能够自然地膨胀到真空，但不可能使整个过程自行倒过来。如果一定要让气体重新回到以前的小区域，就必须施加外界影响——外界做功，把它压回来。

（3）**热传导**。热量总是自动从高温物体传到低温物体。能够把这种过程反过来吗？不可能自行实现。但若加以外界影响，仍可实现。这就是制冷机（或热泵），其外界影响就是外界所做的功。

还有扩散、相变、化学反应、爆炸等过程都有类似性质。种种事实让我们形成可逆和不可逆过程的概念。对于系统经过的一个过程，如果存在另一个过程，能使系统和外界完全复原（即系统回到原状态，同时原过程对外界的影响被全部消除），则原过程称为**可逆过程**；否则，如果用任何方法都不能使系统和外界完全复原，则原过程称为**不可逆过程**。可逆过程能够自行逆转，不可逆过程则不行。**不可逆过程要逆转就必须施加外界影响**。这就意味着虽然系统可复原但外界又发生新的变化了。

存在以下几类**不可逆因素**。①**有耗散**（让功自发地变成热的因素），如摩擦力、黏滞力、电阻等。铁电体的电滞现象和铁磁体的磁滞现象也都属于耗散。②**没有达到力学平衡**，存在有限大小的压强差。例如，在气体自由膨胀中，气体有一定压强，但真空的压强为 0，其差不可忽略。③**没有达到热平衡**，存在着有限的温度差。准静态过程必须满足各种平衡条件，故而**热力学中的可逆过程就是无耗散的准静态过程**。这样，上一节谈到的卡诺循环也是可逆循环。

实际上，**与热现象有关的实际宏观过程都是不可逆的**。这是大量经验的总结。而可逆过程同质点、刚体、光滑桌面等概念一样，都是理想模型。只要所有不可逆因素在所研究的问题中并不重要，就可以将实际过程视为可逆过程。例如，摩擦力可以忽略，压强差无限小，温度差无限小，这些都可视为满足可逆条件。

6.4.2 不可逆过程的相互关联

让人吃惊的是，这些看似互不相关的**各种不可逆过程其实是相互关联的**，即由一种过程的不可逆性可以推断出另一种过程的不可逆性。下面举例说明，所采用的方法都是反证法。

（1）由功变热的不可逆性推断热传导的不可逆性。已知功变热是不可逆的，假设热传导可逆，即热量能够自动地从低温物体传到高温物体而不产生其他任何影响。既然这样，就让热量 Q 从低温热源传到高温热源，然后再传给一个卡诺热机，让它对外做功 A'，同时向低温热源放热 $Q-A'$（如图 6-11 所示，其中反设的虚拟过程已用虚线表示）。这样的**净结果**是，从低温热源中取出了 $Q-(Q-A')=A'$ 的热量，同时对外做功为 A'，此外无其他任何变化（高温热源完全恢复）。这就意味着可以从单一热源吸热并把它全部变成功且不产生其他影响，与功变热的不可逆性矛盾。命题得证。

（2）由热传导的不可逆性推断功变热的不可逆性。已知热传导是不可逆的，假设功变热可逆，即可以造出一个机械，它能从一个热源吸热并将其全部变成功且不产生其他任何影响。有了这种机械，我们就可以让它从低温热源 T_2 吸热 Q_1，使做出的功 $A'=Q_1$ 推动做逆卡诺循环的制冷机从同一热源吸热 Q_2，并向高温热源 T_1 放出热量 $Q_2+A'=Q_1+Q_2$（图 6-12）。这样的净结果就是有热量 Q_1+Q_2 从低温热源流向了高温热源，而且没有引起其他任何变化。这就与热传导过程的不可逆性相矛盾。命题得证。事实上，总可以用各种可能的办法把两个不可逆过程联系起来，在它们的不可逆性之间作出相互推断。它们在其不可逆特征上是完全等效的，不可逆性是它们的共性。

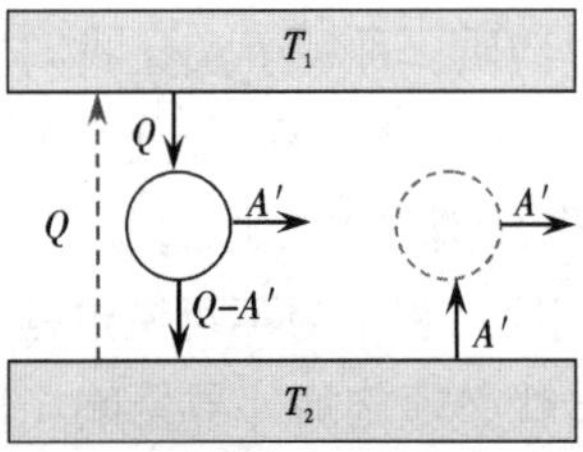

图 6-11 由功变热的不可逆性推断热传导的不可逆性

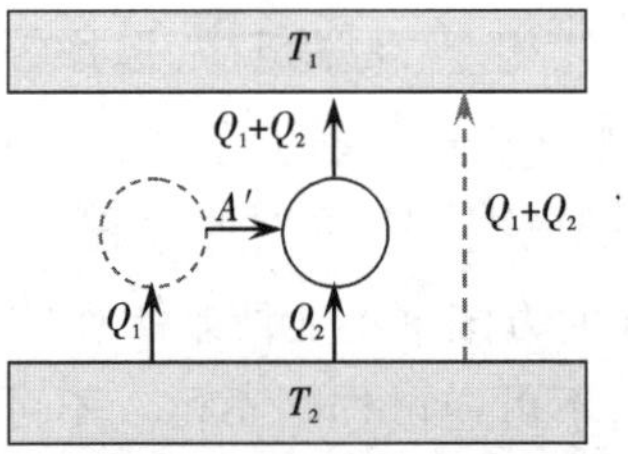

图 6-12 由热传导的不可逆性推断功变热的不可逆性

各种不可逆过程相互关联，不仅意味着各自不可逆性相互等价，同时也意味着各自不可逆后果可以相互转化，而转化手段可以是可逆过程，比如上述证明中的卡诺循环。也就是说，如果一个不可逆过程已经发生，其所产生的后果就不可能被完全消除。如果设法消除这种后果，其结果是：虽然目的可以达到，但另一种后果又出现了。例如，热传导的后果要想消除，可以用制冷机把热量抽回去，但同时需要外界做功，向高温物体输送额外的热量。于是，热传导的后果就转化为功变热的后果。又如，理想气体绝热自由膨胀的后果若要消除，可通过与恒温热源接触的等温过程将气体压缩，但同时需要外界做功，向热源输送热量。于是，自由膨胀的后果就转化为功变热的后果。

总之，**不可逆过程的后果不可能被完全消除，意图消除它的结果是这种后果以另外的面目出现**，而且在消除过程中又可能产生新的不可逆后果（如果该过程不可逆的话）。不可逆后果有点像各种能量形式一样可以相互转化，因此，有可能对各种具体的不可逆性进行某种公共的度量。一旦这种度量存在，就明显地证明了我们的论断：各种不可逆过程是相互关联的。但不同的是，能量是守恒的，而不可逆后果是可以不断产生的。因此，如果引入一个量来描述这种不可逆后果的多少，那么在各种过程中，这个量可以保持不变（在可逆过程中），一般情况是增加（因为不可逆过程是普遍的），但决不会减少，因为不可逆过程的后果一经产生就不可能被消除。

6.4.3　热力学第二定律

所谓热力学第二定律，即是指明上述过程的不可逆性的陈述。由于不可逆过程都是相互联系的，指明一种过程不可逆性就意味着指明其他过程的不可逆性，因此，只要任挑出一种来表述其不可逆性即可。

如果挑选功变热这个不可逆过程，可得热力学第二定律的**开尔文表述：不可能从单一热源吸热，使之完全变成有用功而不产生其他影响**。历史上曾有人试图制造能从单一热源吸热并全部变成有用功而不产生其他影响的机械，称为第二类永动机。这种机械是很诱人的，因为如果可行，那么大海就是我们取之不尽的能量来源。但现在知道，这种机械违反了开尔文表述，是不可能的。故开尔文表述也可表达为：**第二类永动机是不可能造成的。**

如果挑选热传导这个不可逆过程，可得热力学第二定律的**克劳修斯表述：不可能把热量从低温物体传到高温物体而不引起其他变化。**

如果挑选热功当量实验，可得**普朗克表述：**不可能制造一个机器，在循环动作中把一重物升高同时使一热库冷却。

如果挑选自由膨胀这个不可逆过程，可得热力学第二定律的又一表述：不可能让气体回到较小范围而不引起其他变化。

这些表述的冠名都是历史原因造成的，没有哪个更基本，它们都相互等价。前面关于热传导不可逆性与功变热不可逆性等价的证明就是开尔文表述与克劳修斯表述等价的证明。所有表述无非表明前面所强调的事实：所有与热现象有关的实际宏观过程都是不可逆的。如果不是历史原因，我们完全可以就用“所有与热现象有关的实际宏观过程都是不可逆的”作为热力学第二定律的表述。**热力学第二定律反映了过程进行的方向性，反映了时间的箭头。**

注意种种过程的自发逆转过程之所以不可能实现，并不是由于它们被热力学第一定律所禁止。例如，从单一热源吸热使之完全变成有用功而不产生其他影响，热量自动从低温物体传到高温物体而不引起其他变化，这些都不违反能量守恒定律。所以，禁止这类过程实现的热力学第二定律是独立于第一定律的基本定律。

6.4.4 卡诺定理

早在热力学第一和第二定律发现之前，卡诺就在对热机的研究中提出了**卡诺定理：在相同的高、低温热源间工作的一切热机以可逆热机的效率最高，且所有可逆热机的效率都相等，与工作物质无关。**

卡诺当时是用“第一类永动机不可能”和“热质说”来证明这个定理的。在热力学第一定律尤其是第二定律发现之后，卡诺定理便可以只用这两条定律来证明，对工质的具体性质没有要求。

卡诺定理的内容是：**在相同的高、低温热源间工作的一切热机以可逆热机的效率最高，且所有可逆热机的效率都相等，与工作物质无关。**

应注意，这里的热源是指具有单一温度的恒温热源。其次，若一可逆热机工作于两恒温热源之间，根据其可逆性，工质与热源接触时，必然具有热源的温度而经历等温过程，而离开一个热源到达另一个热源时，必经历准静态绝热过程。因此这部可逆热机必然是卡诺热机。

考虑一个一般热机（可逆或不可逆）A 和可逆卡诺热机 B，其效率分别为 η_A 和 η_B，如图 6-13（a）所示，其中不规则图案表示一般热机。既然热机 B 是可逆的，可以让热机 A 输出的功 A 带动 B 做逆循环，把热量从低温热源传到高温热源，如图 6.13（b）所示。循环完毕，热机工质复原，**净结果**就是，有数量为 $\Delta Q = Q_1 - Q_1' = Q_2 - Q_2'$（第二个等号源自热力学第一定律）的热量从高温热源流向低温热源，而没有其他变化。

根据热力学第二定律的克劳修斯表述，必须有 $\Delta Q = Q_1 - Q_1' \geqslant 0$（因为 $\Delta Q < 0$ 表示有正的热量从低温热源流向高温热源）。由于对于两机器来说功 A 是相同的，而 $\eta = A/Q_1$，故 $Q_1 \geqslant Q_1'$ 等价于 $\eta_A \leqslant \eta_B$，即可逆热机的效率最高。

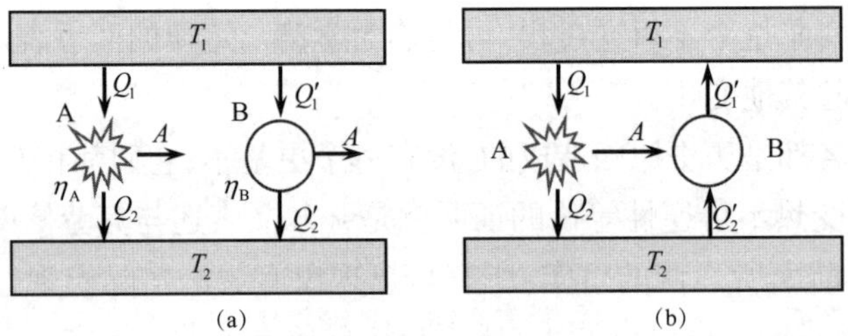

图 6-13 卡诺定理的证明

可见：① $\eta_A > \eta_B$ 被热力学第二定律所禁止而不可能；② $\eta_A = \eta_B$（$\Delta Q = 0$）表明热机 A 的所有后果被热机 B 全部消除，故热机 A 亦为可逆热机；③ $\eta_A < \eta_B$（$\Delta Q > 0$）表明热机 A 的所有后果被热机 B 的可逆过程转化为热传导的不可逆后果，即热机 A 为不可逆热机。故而我们还得到：**不可逆热机的效率小于可逆热机**。注意上述证明过程只用到了热力学第一和第二定律，对工质的具体性质没有要求。因此所有可逆热机的效率都相等，与具体的工质无关。

以理想气体作为工质的卡诺循环的效率我们已经求得，即式（6.30）的 $\eta = 1 - T_2 / T_1$。根据卡诺定理，如果我们用其他物质（真实气体、液体、热辐射等）作为工质，那么，我们不需要知道它们具体的物态方程，不需要计算，即可知道其效率必为 $1 - T_2 / T_1$。作为对比，在前一节计算理想气体卡诺循环的效率时，我们用到了理想气体物态方程。

综合各种情况，我们有

$$\eta \equiv 1 - \frac{Q_2}{Q_1} \leqslant 1 - \frac{T_2}{T_1} \tag{6.32a}$$

或

$$\frac{Q_1}{T_1} - \frac{Q_2}{T_2} \leqslant 0 \tag{6.32b}$$

其中，**对于可逆热机（即卡诺热机）取等号，对于不可逆热机取不等号**，且这里的温度值是理想气体温标给出的。

6.4.5　热力学温标

利用卡诺定理“在相同的高、低温热源间工作的一切可逆热机的效率都相等，与工作物质无关”，我们可以定义一种温标，它不依赖于任何物质属性，区别于前一章的经验温标和半经验温标（理想气体温标），因而是**绝对温标**而可以成为各种温标的标准。

具体做法如下：对于任意两个温度不同（即接触后会有热传递）的物体，在其间建立可逆卡诺循环。工质与两物体会有热量交换，记为 Q_1、Q_2，其比值确定，与工质无关。于是，定义新温标 θ 满足

$$\frac{\theta_2}{\theta_1} - \frac{Q_2}{Q_1} \tag{6.33}$$

即将温度比定义为热量比。此外还需一个固定点，仍跟以前一样取水的三相点温度为 273.16 K。这样建立的温标称为**热力学温标或开尔文温标**。

把式（6.33）和式（6.32b）（取可逆情况下的等号）比较可以马上看出，理想气体温标 T 与热力学温标 θ 成正比，而它们对固定点的规定完全相同，因此，

$$\theta = T \tag{6.34}$$

这是说热力学温标就是理想气体温标？不是。二者在概念上完全不同。式（6.34）只是表明，在理想气体温标能确定的范围内，热力学温度值与理想气体温度值相等。以后我们将不再区分二者，都记为 T。

6.5　熵增加原理和熵的统计意义

熵是描述不可逆后果的多少的态函数，其总和将永不减少。它在初态和末态的差异决定了过程的方向。

前面谈到，有可能引入一个量来描述不可逆后果的多少，而且这个量的总和将永不减

少。这个量应该是一个态函数，它在初态和末态的差异决定了过程的方向。

6.5.1 熵

根据卡诺定理的推论式(6.32)，对于可逆的卡诺循环，有

$$\frac{Q_1}{T_1}=\frac{Q_2}{T_2} \tag{6.35}$$

即吸收和放出的**热温比**(热量与温度的比值)一样多，或者说工质在该循环中吸收的热温比之和为0。克劳修斯将其推广为：**系统在任意可逆循环中吸收的热温比之和为0**，即

$$\oint \frac{đQ_r}{T}=0 \tag{6.36}$$

对比保守做功的特征和势能的引入，这里马上可以定义态函数**熵** S：

$$\mathrm{d}S=\frac{đQ_r}{T} \qquad S_b-S_a=\int_a^b\frac{đQ_r}{T} \tag{6.37}$$

几点说明如下。

(1)跟势能一样，这里只定义了熵的改变(简称**熵变**或**熵增**)，而不是熵的绝对大小，故而存在参考态选择问题。

(2)下角标r表示可逆(reversible)过程，即这里是**用可逆过程的热温比来定义熵增**。据此，系统可逆吸热时熵增加，可逆放热时熵减少，熵的单位是J/K。

(3)定义中的积分没有注明，也不需要注明中间路径(即具体过程)，因为联系相同初、末态的各种可逆过程所对应的热温比之和都相同，正如保守力对于相同始、末位置的各种路径的做功之和都相同。

(4)熵是态函数。初、末态确定，熵增就确定，与如何由初态到达末态的过程无关，即使是不可逆过程也如此。与此相反，**热温比是过程量**，跟具体过程有关。热温比之和可以等于熵增(可逆过程)，也可以不等于熵增(不可逆过程)。

6.5.2 熵增加原理

那么，不可逆过程跟初、末态的熵有什么关系?

克劳修斯先把式(6.32b)推广为：**系统在任意循环过程中吸收的热温比之和不大于0**。考虑系统从初态a经**绝热过程**(可逆或不可逆)到达末态b。构造一**可逆**过程从b回到a，以构成循环。前一过程的热温比为0，后一过程的热温比为S_a-S_b(见定义式)，故该循环的热温比之和为$0+(S_a-S_b)\leqslant 0$，即

$$\Delta S=S_b-S_a\geqslant 0 \tag{6.38}$$

其中等号对应可逆过程,不等号对应不可逆过程(这种对应源自式(6.32))。这就是**熵增加原理:绝热过程中系统的熵永不减少,或者不变(过程可逆),或者增加(过程不可逆)**。

物理学家埃姆登(R. Emden)在《冬季为什么要生火?》一文中写道:"在自然过程的庞大工厂里,熵原理起着经理的作用,因为它规定整个企业的经营方式和方法,而能量原理仅仅充当簿记,平衡贷方和借方。"这形象地描述了能量和熵的不同意义。

与外界无任何相互作用的系统称为**孤立系统**。它必然与外界无热交换,故熵增加原理又可表述为:**孤立系统的熵永不减少**。实际上,这种系统内自发进行的热力学过程必然是不可逆过程,系统的熵一直增加,直至平衡态时达到极大值。对于跟外界有相互作用的系统,其熵可增可减。但如果将所有有相互作用的系统都包括进来,就得到一个孤立的大系统,其总熵一定增加。因此,**熵增加原理与热力学第二定律等价**,都是关于过程方向的定律。

以热传导为例。两物体温度分别为 T_1、T_2,且 $T_1 > T_2$。接触后的一个无限小过程(不可逆,因为有温度差)中,有热量 $đQ$ 从物体 1 传热给物体 2。物体 1 的熵减少,$dS_1=-đQ/T_1<0$;而物体 2 的熵增加,$dS_2=đQ/T_2>0$,总的熵增为

$$dS = dS_1 + dS_2 = đQ\left(\frac{1}{T_2} - \frac{1}{T_1}\right) > 0$$

现在可以来回答熵是如何度量不可逆后果的了。首先,由于不可逆后果可以像能量那样做不同形式的转化,因此熵也可以像能量一样流动。其次,每次新的不可逆过程都会产生新的后果,因此熵又是伴随着不可逆过程而不断产生的。**凡是热力学过程中有不可逆因素存在的地方,就一定会有熵产生**。由于不可逆后果不可能被消除,至多只能在形式上被转化,所以熵永不减少。

6.5.3　熵的统计意义

熵的意义从其定义式(6.37)中难以直观体会,所幸从微观上看意义非常明显。

考虑气体的自由膨胀。把中间的隔板抽掉后,气体从容器的一半 A 扩大到整个容器,如图 6-14 所示。每个分子达到容器内各处的概率都相等,它们处于 A 边和 B 边的概率都是 1/2。所以它们都是有可能退回到 A 边的。

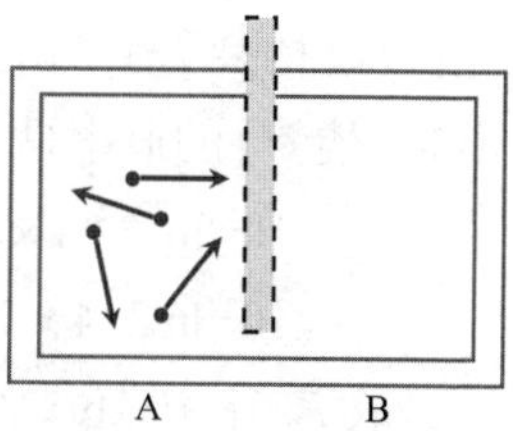

图 6-14　气体的自由膨胀

以气体只有 N=4 个分子 a,b,c,d 为例。它们在容器中 A 边和 B 边的分布有表 6.2 所示可能。

表 6.2　微观状态与宏观状态

<table>
<tr><td rowspan="2">微观状态</td><td>A</td><td>abcd</td><td>abc</td><td>abd</td><td>acd</td><td>bcd</td><td>ab</td><td>ac</td><td>ad</td><td>bc</td><td>bd</td><td>cd</td><td>a</td><td>b</td><td>c</td><td>d</td><td></td></tr>
<tr><td>B</td><td></td><td>d</td><td>c</td><td>b</td><td>a</td><td>cd</td><td>bd</td><td>bc</td><td>ad</td><td>ac</td><td>ab</td><td>bcd</td><td>acd</td><td>abd</td><td>abc</td><td>abcd</td></tr>
<tr><td rowspan="2">宏观状态</td><td>A</td><td>4</td><td colspan="4">3</td><td colspan="6">2</td><td colspan="4">1</td><td>0</td></tr>
<tr><td>B</td><td>0</td><td colspan="4">1</td><td colspan="6">2</td><td colspan="4">4</td><td>4</td></tr>
<tr><td colspan="2">W</td><td>1</td><td colspan="4">4</td><td colspan="6">6</td><td colspan="4">4</td><td>1</td></tr>
</table>

可以看出,气体分子的分布情况共有 $2^N=2^4=16$ 种可能,它们称为**微观状态**。从宏观上看,不计哪个分子在哪边,只计哪边有多少个分子,这就是**宏观状态**。**一个宏观态可以包含多个微观态**。就上例而言,共有五个宏观状态:(4, 0)、(3, 1)、(2, 2)、(1, 3)、(0, 4)。它们的微观态数分别为 1、4、6、4、1。

平衡态统计物理学的基本假定是:孤立系统的所有微观状态出现的概率都相等。因此一个宏观态的概率正比于这个宏观态所包含的微观态的数目 W。在上例中,当隔板抽掉之后,四个分子都回到 A 边(第一种宏观态)是可能的,但概率只有 1/16。较大可能出现的情况是 A、B 两边都有分子。

以上只是简单示意。当粒子数 N 增加时,粒子全部(或几乎)回到一边的概率迅速减小,而两边平均(或几乎平均)分布的概率则接近于 1。对于实际情况,气体分子数的典型数值是 $N\sim10^{23}$。所以当气体自由膨胀后,所有分子都退回到一边的概率是 $P_1=1/2^N\sim1/2^{10^{23}}$。这是一个多小的数?跟下面的例子对比。一只猴子在电脑边不停地随意敲打键盘,经过足够长的时间再去检查,发现它居然正好敲出了一部《红楼梦》。那么这件事的概率有多大呢?《红楼梦》有 73 万字,假定键盘上共有 70 个键,平均每个字需敲 4 个键,那么,正好敲出《红楼梦》的概率是 $P_2=1/70^{4\times730\,000}$。为比较这两个概率,取其对数。由于显然有

$$10^{23}\ln 2\gg4\times730\,000\ln 70$$

$$10^{23}\ln 2-4\times730\,000\ln 70\sim10^{23}$$

故 P_1 比 P_2 还要小得不可比拟。到底有多小?是相差 23 个数量级吗?不是,是相差 10^{23} 个数量级。也就是说,比值 P_2/P_1 不是 1 后面添 23 个 0,而是几乎添 1 亿亿亿个 0。这完全超出了我们的日常经验。所以,对于通常的气体,所有分子都退回到一边的情况实际上是不可能出现的。

在 2^N 个概率相同的微观状态中,所有分子都退回到一边的宏观状态只包含了其中一种,而两边分子数相同或基本相同的宏观状态却包含了其中的绝大部分。这就是实际上只出现后面这种宏观态的原因。

常把一个宏观态所包含的微观状态数称为其**热力学概率**,记为 W,它当然正比于概率。

玻尔兹曼证明，宏观态的熵与其热力学概率的关系为

$$S = k\ln W \tag{6.39}$$

其中，k 就是玻尔兹曼常数。**玻尔兹曼关系**因其重要性和简洁性而与公式 $\boldsymbol{F} = m\boldsymbol{a}$ 和 $E_0 = mc^2$ 相媲美，成为物理学的重要标志。

伴随微观状态数增多、热力学概率增大的是**无序性（混乱度）增加**。此时，我们也说，**熵是微观粒子热运动的无序性的量度**。以气体的自由膨胀为例。气体分子局限在一个小范围内时，是比较有序的；如果散开来，就比较无序、比较混乱了。

又以功变热为例，这其实是指机械能变为内能的过程。内能代表分子做无规则热运动的能量，机械能则是所有分子共同的定向运动的能量。若所有分子做共同的定向运动，这是极端有序的，对应的热力学概率 $W = 1$，由玻尔兹曼关系，$S = 0$。如果定向能量（机械能）变成了非定向能量（内能），那也就是分子运动由只允许一个方向变成允许无数个可能方向，此时系统变得混乱无序，概率增加，从而熵增加了。而且，由于一个方向的概率与所有方向的概率相比小得完全可以忽略不计，所以内能自发变成机械能的过程实际是不可能出现的。

总之，**热力学第二定律和熵增加原理的微观实质都是：孤立系统内部的不可逆过程总朝着概率（微观状态数、热力学概率、无序性）增加的方向进行**。相反的过程由于概率微乎其微而实际不可能发生。这就是它们的统计意义。

前一章谈到分子状态的描述方式。点粒子有三个自由度，故需要六个参数 (x, y, z, v_x, v_y, v_z) 来描述其状态，前三个描述普通空间的坐标，后三个描述速度空间的坐标。所以，**如果分子的空间分布范围越广，速度分布范围（包括方向的范围和大小的范围）越宽**，那就意味着分子的可能状态越多，系统的微观状态也就越多，**此时，宏观状态的概率就越大，无序性越大，熵越大**。孤立系统的自发过程一定是向着“更宽更广”的方向进行。气体自由膨胀是空间分布范围广了，功变热是速度方向的范围大了。

6.5.4　信息熵

在玻尔兹曼关系式中，由于 W 个微观态的概率都相等，故而 $1/W$ 就是每个态出现的概率。如果抽掉其中的物理背景，那么凡涉及概率的问题都可以引入类似玻尔兹曼熵的概念。信息论创始人香农将**熵作为某随机事件不确定性的量度**。设某事件有 W 种可能结果，第 i 种的概率为 P_i，则信息熵为

$$S = -K\sum_{i=1}^{W} P_i \ln P_i \tag{6.40}$$

取信息熵的单位为 bit（比特），则 K=1/ln 2。而某过程获得的信息量就定义为信息熵的减少：$I = -\Delta S = S_1 - S_2$。如果各概率都相等，即 P_i=1/W，那么信息熵为 $K\ln W$，显然跟玻尔兹曼熵式相当（只相差一个常数因子）。

例如，如果已知 W 种可能结果的概率都相同，那这就是一无所知，毫无信息量，是最大的不确定，信息熵 S=$K\ln W$ 最大。如果知道某几种结果的概率较高，那么这就是获得了一定的信息，不确定性降低，信息熵减少。假如知道了其实只有其中某特定结果会出现，其余结

果的概率为 0,那么这就是获得了最大可能的信息量(数量为 $K\ln W$ bit),完全不存在不确定性,信息熵为 0(此时取 $0\ln 0=0$)。故而,获知小概率事件发生,这就获得了较多信息;相反,一个大概率事件的出现,给人们的信息量就很少。

信息熵的出现使熵的概念由物理学进入信息学、生命科学、经济学、社会学等领域,并推动这些学科的定量化研究。在不同领域存在着大量不同层次、不同类别的随机事件的集合,每一种集合都具有相应的不确定性或无序性,它们都可以用信息熵这个概念来统一度量,因此信息熵又被称为**泛熵**或**广义熵**。

例如细胞核中的 DNA 分子是一长串由四种核苷酸组成的碱基排列。这种排列高度有序,内有大量信息,它的熵值非常低。DNA 的复制、转录、翻译等也都是信息的处理。目前关于 DNA 分子测序的研究让人们向准确了解遗传奥秘、有效防治疾病又迈进了一步。

6.5.1 熵

根据卡诺定理的推论式(6.32)定义了态函数**熵** S:

$$\mathrm{d}S=\frac{\text{đ}Q_{\mathrm{r}}}{T} \tag{6.41}$$

$$S_b-S_a=\int_a^b\frac{\text{đ}Q_{\mathrm{r}}}{T} \tag{6.42}$$

6.5.2 熵增加原理

还是根据式(6.32)得到**熵增加原理:孤立系统的熵永不减少,或者永不变(过程可逆),或者永不增加(过程不可逆)**。它与热力学第二定律等价,都是关于过程方向的定律。

6.5.3 熵的统计意义

熵从微观上看意义非常明显。玻尔兹曼给出

$$S=k\ln W \tag{6.43}$$

其中,W 为宏观态所包含的微观状态数,又称为**热力学概率**。热力学第二定律和熵增加原理的微观实质都是:**孤立系统内部的不可逆过程总朝着概率(微观状态数、热力学概率、无序性、混乱度)增加的方向进行**。相反的过程由于概率微乎其微而实际不可能发生。

6.5.4 信息熵

如果抽掉玻尔兹曼关系式中的物理背景,那么凡涉及概率的问题都可以引入类似玻尔兹曼熵的概念。香农将**熵作为某随机事件不确定性的量度**,定义了信息熵,使熵的概念由物理学进入信息学、生命科学、经济学、社会学等领域。

习　　题

6.1　如题图所示，一定量理想气体从体积 V_1 膨胀到体积 V_2，经历的过程是：$A \to B$ 等压过程，$A \to C$ 等温过程，$A \to D$ 绝热过程。其中吸热量最多的过程(　　)。

A. 是 $A \to B$　　B. 是 $A \to C$

C. 是 $A \to D$　　D. 既是 $A \to B$ 也是 $A \to C$，两过程吸热一样多

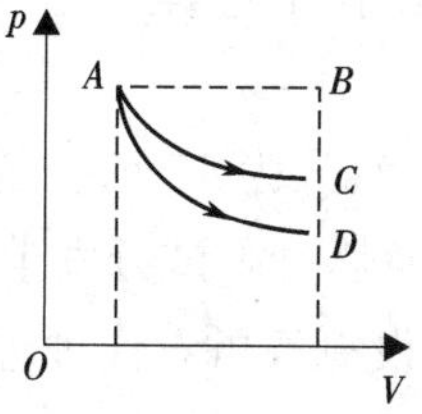

题 6.1 图

6.2　如题图所示，一定量的理想气体经历 acb 过程时吸热 500 J，则经历 $acbda$ 过程时，吸热为(　　)。

A. −1 200 J　　B. −700 J

C. −400 J　　D. 700 J

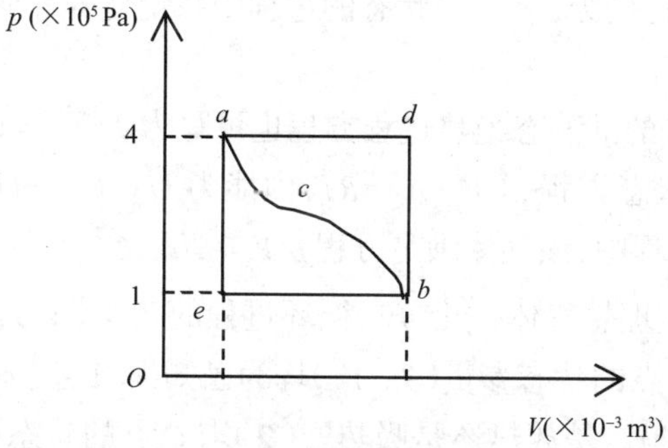

题 6.2 图

6.3　一定量的某种理想气体起始温度为 T，体积为 V，该气体在下面循环过程中经过三个准静态过程：(1)绝热膨胀到体积为 $2V$；(2)等体积变化使温度恢复为 T；(3)等温压缩到原来体积 V。则此整个循环过程中，(　　)。

A. 气体向外界放热　　B. 气体对外界做正功

C. 气体内能增加　　D. 气体内能减少

6.4　处于平衡态 A 的一定量的理想气体，若经准静态等容过程变到平衡态 B，将从外界吸收热量 416 J；若经准静态等压过程变到与平衡态 B 有相同温度的平衡态 C，则要从外界吸收热量 582 J。第二个过程中气体对外界所做的功为 ＿＿＿＿＿＿。

6.5　一可逆卡诺热机，低温热源的温度为 27 ℃，热机效率为 40%，其高温热源温度为

_______ K。今欲将该热机效率提高到 50%，若低温热源保持不变，则高温热源的温度应增加 ________ K。

6.6 温度为 25 ℃、压强为 1 atm 的 1 mol 刚性双原子分子理想气体。(ln 3=1.098 6)

(1)若气体经等温过程体积膨胀至原来的 3 倍，计算这个过程中气体对外所做的功。

(2)若气体经绝热过程体积膨胀至原来的 3 倍，那么气体对外做的功又是多少？

6.7 气缸内有 2 mol 氦气，初始温度为 27 ℃，体积为 20 L。先将氦气等压膨胀，直至体积加倍，然后绝热膨胀，直至回复初温为止。(把氦气视为理想气体)(1) 在 p-V 图上大致画出气体状态变化的曲线。(2) 在整个过程中氦气吸热多少？(3) 氦气的内能变化多少？(4) 氦气所做的总功是多少？

6.8 0.020 kg 的氦气温度由 17 ℃升为 27 ℃。若在升温过程中：(1)体积保持不变；(2)压强保持不变；(3)不与外界交换热量。试分别求出在这些过程中气体内能的改变，吸收的热量和外界对气体所做的功。(设氦气可看作理想气体，且 $C_V=3R/2$)

6.9 1 mol 理想气体氦气，原来的体积为 8.0 L，温度为 27 ℃，设经过准静态绝热过程后体积被压缩为 1.0 L，求在压缩过程中，外界对系统所做的功。(氦气的 $C_V=3R/2$)

6.10 有标准状态下的 1 mol 单原子分子理想气体。(1)气体先经过一绝热过程，再经过一等温过程，最后压强和体积均增加为原来的两倍，求整个过程中系统吸收的热量。(2)若先经过等温过程再经过绝热过程而达到同样的状态，则结果如何？

6.11 一理想气体做准静态绝热膨胀，在任一瞬间压强满足 $pV^{\gamma}=K$，其中 γ 和 K 都是常量。试证由(p_i, V_i)状态变为(p_f, V_f)状态的过程中系统对外界所做的功为 $A=(p_iV_i-p_fV_f)/(\gamma-1)$。

6.12 证明理想气体的准静态绝热过程方程也可写为 $TV^{\gamma-1}=C$。

6.13 某气体服从状态方程 $p(V_{\rm m}-b)=RT$，内能为 $U_{\rm m}=C_VT+U_0$，其中 C_V 和 U_0 为常数。试证明，在准静态绝热过程中，该气体满足方程 $p(V_{\rm m}-b)^{\gamma}=C$，其中 $\gamma=C_{p\rm m}/C_{V\rm m}$。

6.14 题图所示为一理想气体(γ已知)循环过程的 T-V 图，其中 CA 为绝热过程。A 点的状态参量(T, V_1)和 B 点的状态参量(T, V_2)均为已知。(1)气体在 $A\to B$, $B\to C$ 两过程中分别和外界交换热量吗？是放热还是吸热？(2)求 C 点的状态参量。(3)这个循环是不是卡诺循环？

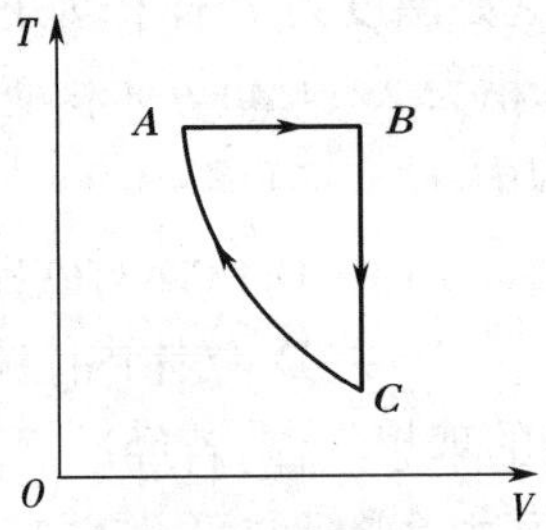

题 6.14 图

6.15　1 mol 单原子分子理想气体经历了一个在 p-V 图上可表示为一圆的准静态过程（如题图所示），试求：（1）在一次循环中气体对外做的功；（2）气体在 $A \to B \to C$ 过程中内能的变化；（3）气体在 $A \to B \to C$ 过程中吸收的热量。

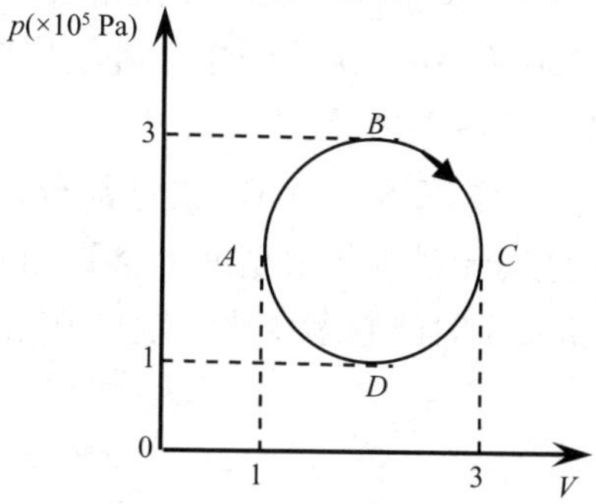

题 6.15 图

6.16　1 mol 单原子分子理想气体经历如题图所示的可逆循环。连接 c、a 两点的曲线方程为 $p=\dfrac{p_0}{V_0^2}V^2$，a 点的温度为 T_0。试以 T_0、R 表示在 $a\to b, b\to c, c\to a$ 外界过程中传输的热量。

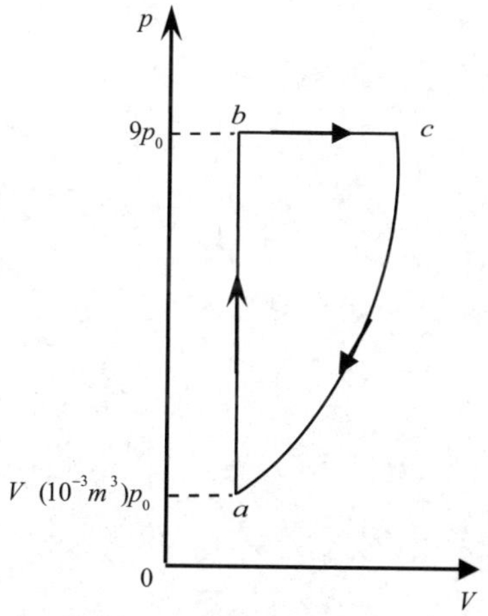

题 6.16 图

6.17　1 mol 理想气体在 $T_1 = 400$ K 的高温热源与 $T_2 = 300$ K 的低温热源间做可逆卡诺循环，在 400 K 的等温线上起始体积为 $V_1 = 0.001\ \mathrm{m^3}$，终止体积为 $V_2 = 0.005\ \mathrm{m^3}$，试求此气体在每一循环中，（1）从高温热源吸收的热量 Q_1；（2）气体所做的净功 W；（3）气体传给低温热源的热量 Q_2。

6.18　绝热壁包围的气缸被一绝热活塞分隔成 A、B 两室，活塞在气缸内可无摩擦地自由滑动。A、B 内各有 1 mol 双原子分子理想气体。初始时气体处于平衡，它们的压强、体积、温度分别为 p_0、V_0、T_0。A 室中有一电加热器使之徐徐升热，直到 A 室中压强变为 $2p_0$。试问：（1）最后 A、B 两室内气体温度分别是多少？（2）在加热过程中，A 室气体对 B 室做了多少功？（3）加热器传给A室气体多少热量？

6.19 理想气体经历一卡诺循环，当热源温度为100 ℃、冷却器温度为0 ℃时，对外做净功800 J，今若维持冷却器的温度不变，提高热源温度，使净功增为1.60×10^3 J，则此时，（1）热源的温度为多少？（2）效率增大到多少？设这两个循环都工作于相同的两绝热线之间。

6.20 一热机工作于50~250 ℃，在一次循环中对外输出的净功为1.05×10^5 J，求这一热机在一次循环中所吸入和放出的最小热量。

6.21 一制冰机低温部分的温度为-10 ℃，散热部分的温度为35 ℃，所耗功率为1 500 W，制冰机的制冷系数是逆向卡诺循环制冷机制冷系数的1/3。今用此制冰机将25 ℃的水制成-10 ℃的冰，则制冰机每小时能制多少冰？（已知冰的熔解热为80 $\mathrm{cal\cdot g^{-1}}$，冰的比热为0.50 $\mathrm{cal\cdot g^{-1}\cdot K^{-1}}$）

第 7 章　静电场

人类对电磁学的研究起源很早，中外都有一些零星结果。18 世纪开始有较多的发现，19 世纪达到高峰。人们发现电荷有两种：正电荷和负电荷。电荷之间的静电力服从库仑定律。电荷能够流动，形成电流。但电学和磁学一直彼此独立地发展，直到 1820 年奥斯特发现电流的磁效应——使小磁针偏转，这才建立了二者的联系。法拉第反向寻找磁的电效应，于 1831 年发现了电磁感应定律。他还引进电力线、磁力线，在此基础上建立了电磁场的概念。19 世纪下半叶，麦克斯韦集前人之大成，把电磁学定律归结为麦克斯韦方程组，一举奠定经典电磁场理论的基础，并预言了电磁波的存在。

电磁学研究电荷和电流的电磁场及它们彼此的电磁相互作用。电磁运动是自然界所存在的普遍运动形态之一，自然界里的所有变化，几乎都与电和磁联系。所以，研究电磁运动对于人们深入认识物质世界十分重要。同时，由于电磁学已经渗透到现代科学技术的各个领域，并已成为许多学科和技术的理论基础，因而学习电磁学，掌握电磁运动的基本规律，具有极其重要的意义。

7.1　电荷与库仑定律

7.1.1　电荷与电荷守恒定律

自然界只存在两种电荷。美国物理学家富兰克林以正电荷、负电荷的名称来区分两种电荷，这种做法一直沿用至今。

电子带负电荷，质子带正电荷，中子不带电荷。因此，原子呈电中性是因为它所包含的质子数和电子数相等。在正常情况下，物质是由电中性的原子组成，整体不呈电性。通过摩擦或其他方法使物体带电的过程，就是使原子电离而转变为离子的过程。当一个物体失去一些电子而带正电时，必然有另外的物体获得这些电子而带负电。摩擦起电并不是制造电荷，只是使电子由一个物体转移到另一个物体。因此，一个孤立系统无论发生什么变化，其电荷总量（正、负电荷的代数和）必定保持不变。这个结论称为**电荷守恒定律**。

现代物理研究表明，在粒子的相互作用过程中，带电粒子是可以产生和消失的，但是电荷守恒定律并没有遭到破坏。例如，光子可以转化为正负电子对，而正负电子对又可以变为光子。正、负电荷总是成对产生或消失，系统中电荷的代数和保持不变。所以，电荷守恒定律不仅适用于宏观过程，也适用于微观过程，是自然界所遵从的基本定律之一。

要注意的是，“电荷”一词本意是指质子、电子这些带电粒子的电磁属性，如同质量是属性一样，此时又称“电量”。但它有时又指代带电粒子本身，如“点电荷”。根据上下文很容易区分其意义。

任何带电体的电量都只能是电子电量的整数倍,这就是电荷的**量子性**。实验测定,电子电量的绝对值 e 为

$$e=1.602\ 189\ 2\times10^{-19}\ \mathrm{C}$$

现代物理从理论上预言基本粒子由若干种**夸克**和**反夸克**组成,每一个夸克或反夸克可能带有 $\pm e/3$ 或 $\pm 2e/3$ 的电量,但至今尚未发现单独存在的夸克。

在讨论电磁现象的宏观规律时,所涉及的电荷与元电荷相比往往是一个很大的数。在这种情况下,我们只从平均效果上考虑,认为电荷连续地分布在带电体上,忽略电荷的量子性。

7.1.2 库仑定律

电荷最基本的性质是电荷之间的相互作用:**同种电荷互相排斥,异种电荷互相吸引**。当两个带电体相距足够远时,它们本身的几何线度比起它们的间距要小得多,其大小、形状和电荷在带电体上的分布均不考虑,并可认为电量集中在一点。这就是**点电荷**。点电荷的概念与质点、刚体和平面波等概念一样,是一种理想模型。有时虽然不能把一个带电体看成为一个点电荷,但是总可以把它看成为许多点电荷的集合,从而能够从点电荷所遵循的规律出发,得出结论。

法国科学家库仑在 1785 年通过秤实验确定了**库仑定律**:真空中两个静止的点电荷之间相互作用的静电力 F 的大小与它们的带电量的乘积成正比,与它们之间距离的平方成反比,作用力的方向沿着两个点电荷的连线。在国际单位制中,其数学表达式为

$$F=\frac{1}{4\pi\varepsilon_0}\frac{q_1q_2}{r^2} \tag{7.1}$$

其中 ε_0 叫作**真空电容率**(又称**真空介电常数**),是自然界基本常数之一,其值为

$$\varepsilon_0=8.85\times10^{-12}\ \mathrm{C^2\cdot N^{-1}\cdot m^{-2}}$$

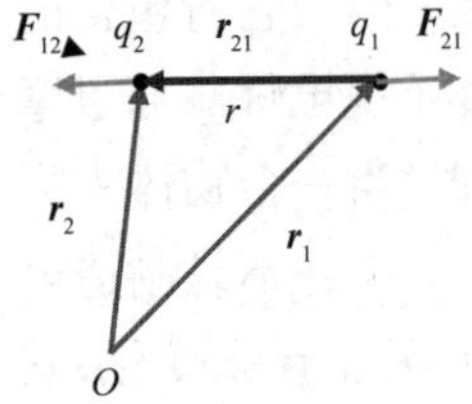

图 7-1 两电荷间静电力的方向

式(7.1)只反映了静电力的大小,没有涉及方向,需要把它改写为矢量形式。跟表达牛顿第三定律时一样,这里用相对位矢 $\boldsymbol{r}_{21}=\boldsymbol{r}_2-\boldsymbol{r}_1$ 表示从 q_1 指向 q_2 的连线方向(图 7-1),并引入其单位矢量

$$\boldsymbol{e}_{r21}=\frac{\boldsymbol{r}_{21}}{|\boldsymbol{r}_{21}|}=\frac{\boldsymbol{r}_{21}}{r}$$

($|\boldsymbol{r}_{21}|=|\boldsymbol{r}_{12}|=r$),那么,$q_1$ 对 q_2 的作用力为

$$\boldsymbol{F}_{12}=\frac{q_1q_2}{4\pi\varepsilon_0}\frac{\boldsymbol{e}_{r21}}{r^2}=\frac{q_1q_2}{4\pi\varepsilon_0}\frac{\boldsymbol{r}_{21}}{r^3} \tag{7.2}$$

虽然图 7-1 只画出斥力情形,但不难看出式(7.2)对引力也成立,因为此时 $q_1q_2<0$。q_2 对 q_1 的反作用力则为

$$\boldsymbol{F}_{21}=\frac{q_1q_2}{4\pi\varepsilon_0}\frac{\boldsymbol{e}_{r12}}{r^2}=\frac{q_1q_2}{4\pi\varepsilon_0}\frac{\boldsymbol{r}_{12}}{r^3}=-\boldsymbol{F}_{12}$$

今后我们将经常使用矢量式,请注意它们所表达的全部内容,不要与标量式等同看待。

例 7.1　氢原子中电子和质子的距离为 5.3×10^{-11} m。这两个粒子间的静电力和万有引力各为多大？

解　电子的电荷为 $-e$，质子的电荷为 $+e$，电子的质量 $m_e=9.1\times10^{-31}$ kg，质子的质量为 $m_p=1.7\times10^{-27}$ kg。由库仑定律，两粒子间的静电力的大小为

$$F_e=\frac{e^2}{4\pi\varepsilon_0 r^2}=\frac{(1.6\times10^{-19})^2}{4\times3.14\times8.85\times10^{-12}\times(5.3\times10^{-11})^2}\,\text{N}=8.2\times10^{-8}\,\text{N}$$

而两粒子间的万有引力的大小为

$$F_g=G\frac{m_e m_p}{r^2}=6.7\times10^{-11}\times\frac{9.1\times10^{-31}\times1.7\times10^{-27}}{(5.3\times10^{-11})^2}\,\text{N}=3.7\times10^{-47}\,\text{N}$$

由计算结果可以看出，氢原子中电子与质子的静电力远比万有引力大，高了 39 个数量级。故而在通常的电磁学问题中，我们都不考虑万有引力。

7.1.3　叠加原理

库仑定律讨论的只是两个点电荷之间的静电力。当空间中有多个点电荷存在时，就需要补充另外一个实验事实：作用于某个点电荷上的静电力等于其他点电荷中的每一个单独存在时对该点电荷的静电力的矢量和。这个结论称为**叠加原理**。具体地，对于 n 个点电荷 $q_1,q_2,\cdots,q_n$ 组成的电荷系，以 $\boldsymbol{F}_1,\boldsymbol{F}_2,\cdots,\boldsymbol{F}_n$ 分别表示它们单独存在时对另一点电荷 q_0 的静电力，则该电荷系对 q_0 的静电力为

$$\boldsymbol{F}=\boldsymbol{F}_1+\boldsymbol{F}_2+\cdots+\boldsymbol{F}_n=\sum_i \boldsymbol{F}_i \tag{7.3}$$

叠加原理说明：**两个电荷间的作用力不因第三个电荷的存在而改变，满足力的矢量叠加性**。

叠加原理独立于库仑定律。它不是一个逻辑必然，而是经验事实。逻辑上完全可以构造出满足库仑定律、但违背叠加原理的情形。例如，在图 7-2 中，q_1、q_2 同时存在时 q 受到的作用力可能是

$$\boldsymbol{F}'=\frac{q_1 q}{4\pi\varepsilon_0}\frac{\boldsymbol{r}_{01}}{|\boldsymbol{r}_{01}|^3}+\frac{q_2 q}{4\pi\varepsilon_0}\frac{\boldsymbol{r}_{02}}{|\boldsymbol{r}_{02}|^3}+\frac{q\sqrt{|q_1 q_2|}}{4\pi\varepsilon_0}\frac{\boldsymbol{r}_{12}}{|\boldsymbol{r}_{12}|^3}$$

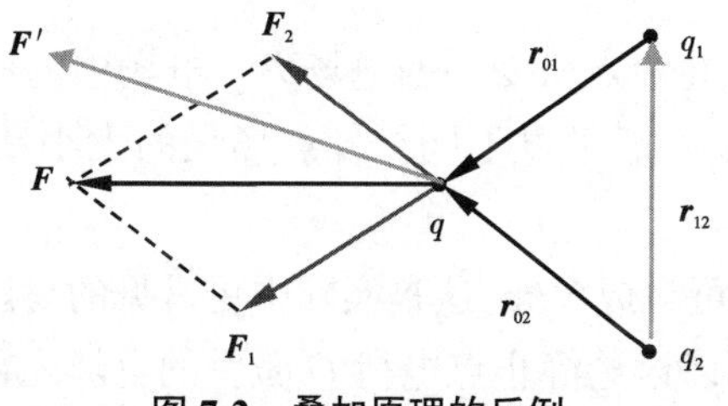

图 7-2　叠加原理的反例

当 $q_1=0$ 或 $q_2=0$ 时上式回到库仑定律，故它不违背库仑定律。而正是实验告诉我们，上式中的第三项并不存在，两电荷同时存在时 q 受到的力不是 $\boldsymbol{F}'$ 而是 $\boldsymbol{F}$。所以，不要把叠加原理当成某种天经地义、理所当然的东西来理解。

7.2 电场和电场强度

空间中点电荷 Q 对 q 的静电力由库仑定律给出。对于静电力的性质,历史上有两种对立的观点。一种认为静电力是**超距作用**,它的传递不需要时间。Q 发生变化,q 所受的力也会在瞬间发生变化。另一种观点认为静电力是**近距作用**,Q 对 q 的作用是 Q 先在其周围各处产生一种特殊的物质,q 处的该种物质再对 q 产生作用。这种特殊的物质称为**电场**,因此近距作用观点又称为**场的观点**,可以表示为

$$\text{电荷} \rightleftharpoons \text{场} \rightleftharpoons \text{电荷}$$

如果两电荷静止,两种观点给出的结果相同,从而无法区分孰是孰非。但如果电荷运动或变化时,两种观点将给出不同的结果,此时可以由实验来检验。实验证明,场的观点是正确的。场也是一种物质,跟实物一样具有能量、动量等力学性质。**场和实物是物质的两种形态**。

由静止电荷激发的电场称为**静电场**,本章主要研究静电场的性质。

7.2.1 电场强度

既然电场对电荷有作用力,那么这种力就应该既跟该点的电场有关,又跟受力电荷有关。我们把在电场中需要研究的点称为**场点**,而产生电场的电荷所在的点称为**源点**。为了确定电场的性质,我们可以利用**试探电荷**。试探电荷必须满足两个条件:①其线度必须小到可以被看作点电荷,这样才可以确定电场中每个场点的性质;②其电量必须足够小,这样才能保证当它引入电场时,在实验精度内,原有的电荷分布不会改变,从而对原来的电场没有影响。

实验发现,把试探电荷放入电场中给定的场点 P,改变其电量 q_0 的大小和符号,其受力 $\boldsymbol{F}$ 的大小和方向也跟着变化,但二者之比 $\boldsymbol{F}/q_0$ 却是一个确定的矢量。该矢量既然与试探电荷无关,那么就只可能反映电场在该点的性质,称为**电场强度**,简称**场强**,记作 $\boldsymbol{E}$:

$$\boldsymbol{E} = \frac{\boldsymbol{F}}{q_0} \tag{7.4}$$

因此,场强等于单位正电荷在该点所受到的电场力。电场中的任意一点都可以按上述方式确定场强 $\boldsymbol{E}$,而不同点的 $\boldsymbol{E}$ 一般可以不同。各点场强的大小和方向相同的电场叫作**匀强电场**。

场强的单位为 N/C,还可写成 V/m,这是实际中更常见的写法。

有了场强的定义,就可以讨论静止点电荷 Q 激发的电场。在某场点放置一个静止的试探电荷 q_0。由库仑定律式,q_0 所受的电场力为

$$\boldsymbol{F} = \frac{1}{4\pi\varepsilon_0}\frac{q_0 Q}{r^2}\boldsymbol{e}_r$$

式中，$\boldsymbol{e}_r$ 为从 Q 所在的源点指向 q_0 所在的场点的单位矢量。根据场强的定义式(7.4)，静止点电荷 Q 激发的电场为

$$\boldsymbol{E}=\frac{Q}{4\pi\varepsilon_0 r^2}\boldsymbol{e}_r \tag{7.5}$$

式(7.5)表明，点电荷 Q 产生的场强方向沿 Q 与场点的连线。当 $Q>0$ 时，$\boldsymbol{E}$ 与 $\boldsymbol{e}_r$ 同向，场强背离 Q；当 $Q<0$ 时，$\boldsymbol{E}$ 与 $\boldsymbol{e}_r$ 反向，场强指向 Q。场强的大小 $E\propto 1/r^2$。在以 Q 为中心的球面上，场强的大小相等，且方向沿径向。通常说，这样的电场是**球对称**的。

7.2.2　场强叠加原理

由静电力的叠加原理很容易得到电场的叠加原理。当 n 个静止点电荷 $Q_1,Q_2,\cdots,Q_n$ 共同存在时，某场点处的场强由定义式和叠加原理式可得

$$\boldsymbol{E}=\frac{\boldsymbol{F}}{q_0}=\frac{\sum\limits_i \boldsymbol{F}_i}{q_0}=\sum_i\frac{\boldsymbol{F}_i}{q_0}=\sum_i\boldsymbol{E}_i \tag{7.6}$$

显然，$\boldsymbol{E}_i$ 可以解释为第 i 个点电荷单独存在时在 q_0 处激发的场强，而上式就解释为多个点电荷在某点所激发的场强等于各个点电荷单独存在时在该点激发的场强的矢量和，这叫作**场强的叠加原理**。

7.2.3　电场的计算

有了单个点电荷的场强公式式(7.5)和叠加原理式(7.6)，原则上就可以确定任意静止带电体系所产生的电场分布。

1. 离散情形

点电荷系的场强为

$$\boldsymbol{E}=\sum_i\frac{1}{4\pi\varepsilon_0}\frac{q_i}{r_i^2}\boldsymbol{e}_{ri} \tag{7.7}$$

如图 7-3 所示，一对等量异号的点电荷 $+q$ 和 $-q$，相距 l，场点离两电荷连线中点的距离为 r。当 $r\gg l$ 时，这两个点电荷组成的电荷系称为**电偶极子**。$\boldsymbol{l}$ 的方向由负电荷指向正电荷，$\boldsymbol{p}=q\boldsymbol{l}$ 称为**电偶极矩**，简称**电矩**，是表征电偶极子性质的特征量。电偶极子是一种重要的物理模型，在电介质极化等问题中，分子、原子即可视作电偶极子。

例 7.2　求电偶极子在中垂线和轴线上的场强。

解　对于中垂线上的 P 点，先求 $+q$ 和 $-q$ 单独存在时在 P 点激发的场强的大小：

$$E_+=E_-=\frac{1}{4\pi\varepsilon_0}\frac{q}{r^2+(l/2)^2}$$

方向如图 7-3(a)所示。根据场强叠加原理，合场强为

$$\boldsymbol{E}=\boldsymbol{E}_++\boldsymbol{E}_-$$

由矢量合成的平行四边形法则可得

$$E = 2E_+ \cos\alpha = 2\cdot\frac{1}{4\pi\varepsilon_0}\frac{q}{r^2+(l/2)^2}\cos\alpha$$

由几何关系可得

$$\cos\alpha = \frac{l/2}{\sqrt{r^2+(l/2)^2}}$$

因此合场强的大小为

$$E = \frac{1}{4\pi\varepsilon_0}\frac{ql}{[r^2+(l/2)^2]^{3/2}} \approx \frac{1}{4\pi\varepsilon_0}\frac{ql}{r^3} = \frac{p}{4\pi\varepsilon_0 r^3}$$

其中已经考虑到了 $r \gg l$。由于 $\boldsymbol{E}$ 的方向与电矩 $\boldsymbol{p}$ 反向，故

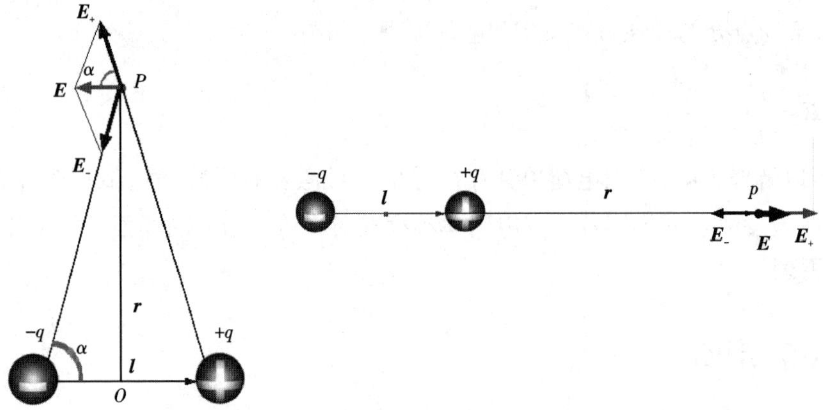

（a） （b）

图 7-3 电偶极子

（a）场点在中垂线上 （b）场点在延长线上

$$\boldsymbol{E} = -\frac{\boldsymbol{p}}{4\pi\varepsilon_0 r^3}$$

电偶极子轴线上的场强（图 7-2（b））更容易得到：

$$E = E_+ - E_- = \frac{q}{4\pi\varepsilon_0}\left[\frac{1}{(r-l/2)^2} - \frac{1}{(r+l/2)^2}\right] = \frac{q}{4\pi\varepsilon_0}\frac{2rl}{\left(r^2-l^2/2\right)^2} \approx \frac{2p}{4\pi\varepsilon_0 r^3}$$

或写为

$$\boldsymbol{E} = \frac{2\boldsymbol{p}}{4\pi\varepsilon_0 r^3}$$

可见，轴线上的场强是中垂线上的 2 倍。

可以看到，P 点场强只与距离 r 和乘积 ql 有关。只要保持乘积 ql（即 p）不变，增大 q 减少 l，或减少 q 增大 l，场强都不变。这正是定义电矩 $\boldsymbol{p}=q\boldsymbol{l}$ 的意义所在。还应注意，**电偶极子的场强按 $1/r^3$ 变化**，而点电荷的场强按 $1/r^2$ 变化。

2. 连续情形

对于电荷连续分布的任意带电体，我们使用**微元法**。如图 7-4 所示，可以想象把带电体分割成许多足够小的电荷元 dq，每一个电荷元都可以看作点电荷，于是电荷元 dq 单独存在时在空间某一点 P 激发的场强为

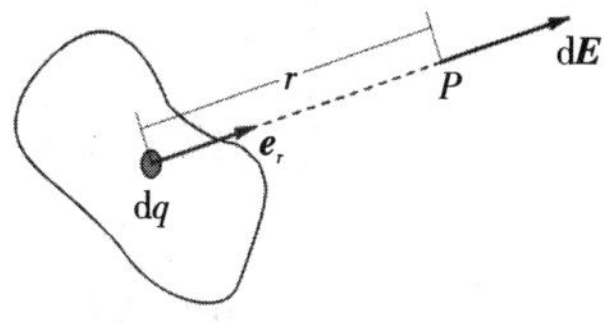

图 7-4　电荷元产生的电场

$$\mathrm{d}\boldsymbol{E}=\frac{\mathrm{d}q}{4\pi\varepsilon_0 r^2}\boldsymbol{e}_r$$

其中，r 为 dq 到该场点的距离；$\boldsymbol{e}_r$ 为 dq 指向该点的单位矢量。根据场强叠加原理，合场强应对各分场强求和。在电荷连续分布的情况下，即对 d$\boldsymbol{E}$ 积分。所以 P 点的合场强为

$$\boldsymbol{E}=\int\mathrm{d}\boldsymbol{E}=\int\frac{\mathrm{d}q}{4\pi\varepsilon_0 r^2}\boldsymbol{e}_r \tag{7.8}$$

其中积分对所有带电区域进行。

实际计算中，常常取式（7.8）的分量来进行计算，即将 d$\boldsymbol{E}$ 的分量式分别写出，对 dE_x、dE_y、dE_z 分别进行积分，求出合场强的分量，再求合场强：

$$\boldsymbol{E}=E_x\boldsymbol{i}+E_y\boldsymbol{j}+E_z\boldsymbol{k}=\left(\int\mathrm{d}E_x\right)\boldsymbol{i}+\left(\int\mathrm{d}E_y\right)\boldsymbol{j}+\left(\int\mathrm{d}E_z\right)\boldsymbol{k} \tag{7.9}$$

例 7.3　有一根电荷均匀分布的带电细直棒，单位长度上的带电量为 λ（称为**线电荷密度**，单位为 C/m）。P 点为棒外一点，到棒的垂直距离为 r，P 点到棒的两端的连线与直棒之间的夹角分别为 α 和 β，如图 7-5 所示。求 P 点的场强。

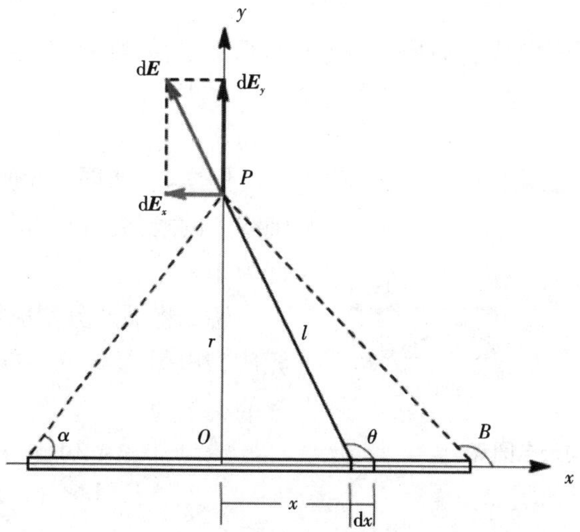

图 7-5　均匀带电细棒

解　思路是微元法。以 P 点到棒的垂线的垂足为坐标原点建立如图 7-5 所示的直角坐标系。将细棒分成许多带电线元，在棒上距原点为 x 处的电荷元为 dq，其长度为 dx，故 dq=λdx。dq 在 P 点激发的场强的大小为

$$\mathrm{d}E=\frac{\mathrm{d}q}{4\pi\varepsilon_0 l^2}=\frac{\lambda\mathrm{d}x}{4\pi\varepsilon_0 l^2}$$

式中，l 为 dq 到 P 点的距离，方向如图 7-5 所示。

将 d$\boldsymbol{E}$ 分解，得

$$\mathrm{d}E_x = \mathrm{d}E\cos\theta = \frac{\lambda \mathrm{d}x}{4\pi\varepsilon_0 l^2}\cos\theta$$

$$\mathrm{d}E_y = \mathrm{d}E\sin\theta = \frac{\lambda \mathrm{d}x}{4\pi\varepsilon_0 l^2}\sin\theta$$

其中，θ 为 d$\boldsymbol{E}$ 与 x 轴正向的夹角。

上式中包含三个变量 x, l, θ，但只有一个独立，取其为 θ。由几何关系可知，

$$l^2 = r^2 + x^2 = r^2\csc^2\theta$$

$$x = -r\cot\theta$$

因而

$$\mathrm{d}x = \mathrm{d}(-rctg\theta) = r\csc^2\theta\mathrm{d}\theta$$

代入 dE_x，dE_y 两式中，积分得

$$E_x = \int \mathrm{d}E_x = \int_\alpha^\beta \frac{\lambda r\csc^2\theta\mathrm{d}\theta}{4\pi\varepsilon_0 r^2\csc^2\theta}\cos\theta = \frac{\lambda}{4\pi\varepsilon_0 r}(\sin\beta - \sin\alpha)$$

$$E_y = \int \mathrm{d}E_y = \int_\alpha^\beta \frac{\lambda r\csc^2\theta\mathrm{d}\theta}{4\pi\varepsilon_0 r^2\csc^2\theta}\sin\theta = \frac{\lambda}{4\pi\varepsilon_0 r}(\cos\alpha - \cos\beta)$$

于是，P 点的场强为

$$\boldsymbol{E} = \frac{\lambda}{4\pi\varepsilon_0 r}[(\sin\beta - \sin\alpha)\boldsymbol{i} + (\cos\alpha - \cos\beta)\boldsymbol{j}]$$

如果 P 点很靠近细棒，或者该均匀带电细直棒无限长，则 $\alpha=0$，$\beta=\pi$，故有

$$\boldsymbol{E} = \frac{\lambda}{2\pi\varepsilon_0 r}\boldsymbol{j} \tag{7.10}$$

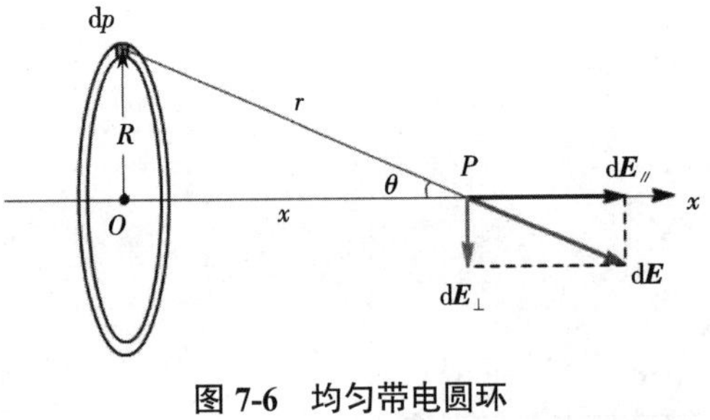

图 7-6　均匀带电圆环

例 7.4　如图 7-6 所示，求均匀带电圆环轴线上的场强。已知圆环半径为 R，电荷线密度为 $\lambda(\lambda>0)$。

解　将圆环分割成许多小线元 dl，每个线元所带电量 dq=λdl。dq 在轴上 P 点激发的场强的大小为

$$\mathrm{d}E = \frac{\lambda\mathrm{d}l}{4\pi\varepsilon_0 r^2}$$

其中，r 为 dq 到 P 点的距离。

根据对称性，在圆环任一直径两端取两个长度相等的电荷元，它们在垂直轴线方向上的分量彼此抵消，它们在 P 点激发的场强必定沿着圆环的轴线。将整个圆环这样分成一对对电荷元，它们在 P 点激发的合场强也必定沿着圆环的轴线。所以总场强只有轴线分量。也就是说，虽然 d$E_y\neq0$，d$E_z\neq0$，但 $E_y = \int\mathrm{d}E_y = 0, E_z = \int\mathrm{d}E_z = 0$，合场强只有 x 分量：$\boldsymbol{E} = \boldsymbol{i}E_x = \boldsymbol{i}\int\mathrm{d}E_x$，故只需考虑 x 分量。

d$\boldsymbol{E}$ 的 x 分量为

$$\mathrm{d}E_x = \mathrm{d}E\cos\alpha = \frac{\lambda \mathrm{d}l}{4\pi\varepsilon_0 r^2}\cos\theta$$

将 $\cos\theta$ 和 r 都用 x 表示，有

$$\mathrm{d}E_x = \frac{\lambda x \mathrm{d}l}{4\pi\varepsilon_0 (R^2+x^2)^{3/2}}$$

注意积分时只有 l 是变量，而 x 是常数。因此，合场强为

$$E = E_x = \int \mathrm{d}E_x = \frac{\lambda x}{4\pi\varepsilon_0 (R^2+x^2)^{3/2}}\int \mathrm{d}l = \frac{\lambda x}{4\pi\varepsilon_0 (R^2+x^2)^{3/2}} 2\pi R$$

最后得到

$$E = \frac{\lambda x R}{2\varepsilon_0 (R^2+x^2)^{3/2}} \tag{7.11}$$

其方向沿轴线。如果 $\lambda > 0$，场强背离环心；如果 $\lambda < 0$，场强指向环心。

展开如下讨论。

（1）在圆环中心（$x=0$）处，$E=0$。这正是预期的结果，因为在圆环的中心，圆环上任一电荷元所激发的场强被圆环直径另一端的电荷元所激发的场强抵消。

（2）当 $x \gg R$ 时，

$$E = \frac{\lambda R}{2\varepsilon_0 x^2} = \frac{q}{4\pi\varepsilon_0 x^2}$$

其中，$q = 2\pi R\lambda$ 为圆环上所带的总电量。这个结果也是可以预料的，因为在足够远处带电圆环就如同一个点电荷的行为一样。

例 7.5　求均匀带电圆盘轴线上的场强。如图 7-7 所示，圆盘半径为 R，电荷面密度为 σ。

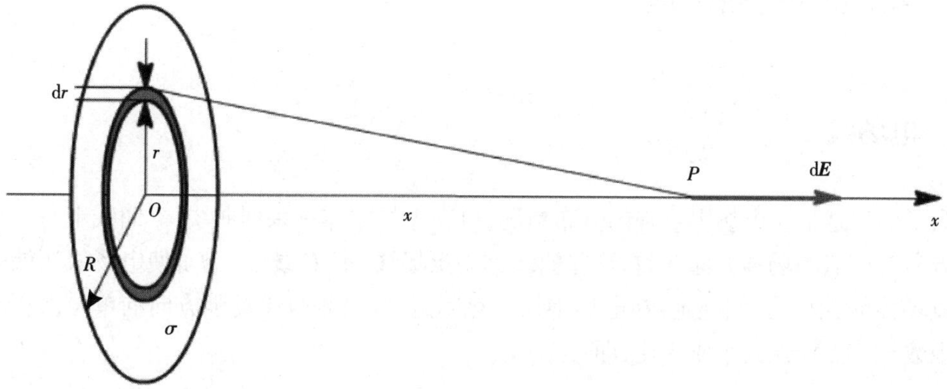

图 7-7　均匀带电圆盘

解　设 P 点为圆盘轴线上任一点，它距圆盘中心距离为 x。以圆盘中心 O 点为圆心，将整个带电圆盘分割成许多细圆环。P 点的合场强是所有带电圆环在这一点激发的场强的矢量和。对于半径为 r、宽度为 dr 的细圆环，其面积为 $2\pi r\mathrm{d}r$，电量为 $\sigma 2\pi r\mathrm{d}r$，电荷线密度为

$d\lambda=\sigma dr$。利用例 7.4 的结果式(7.11),这个细圆环在轴线上 P 点的场强方向沿着轴线,其大小为

$$dE=\frac{d\lambda xr}{2\varepsilon_0(r^2+x^2)^{3/2}}=\frac{\sigma xrdr}{2\varepsilon_0(r^2+x^2)^{3/2}}$$

由于所有的圆环在 P 点激发的场强同方向,所以总场强沿着轴线方向,其大小为

$$E=\int\frac{\sigma xrdr}{2\varepsilon_0(r^2+x^2)^{3/2}}=\frac{\sigma x}{2\varepsilon_0}\int_0^R\frac{rdr}{(r^2+x^2)^{3/2}}=\frac{\sigma}{2\varepsilon_0}\left(1-\frac{1}{\sqrt{1+R^2/x^2}}\right) \tag{7.12}$$

展开如下讨论。

(1)当 $R\gg x$ 时,对结果取极限,得

$$E=\frac{\sigma}{2\varepsilon_0} \tag{7.13}$$

这意味着无限大的带电圆盘在其周围产生的电场是匀强电场。

(2)当 $x\gg R$ 时,

$$\frac{1}{\sqrt{1+R^2/x^2}}\approx 1-\frac{1}{2}\frac{R^2}{x^2}$$

所以

$$E\approx\frac{\sigma R^2}{4\varepsilon_0 x^2}=\frac{\pi R^2\sigma}{4\pi\varepsilon_0 x^2}=\frac{q}{4\pi\varepsilon_0 x^2}$$

其中,q 为整个圆盘的电量。这又是顺理成章的,因为此时带电体的线度与它到场点的距离相比足够小,可以看成点电荷。

由此题的解法可知,计算时应**尽可能将带电体分割成已有现成结果、便于计算的电荷元**,最后应用叠加原理求出总场强。

7.3 电场线和高斯定理

7.3.1 电场线

为了形象地描绘电场中场强的分布情况,可在电场中作一系列曲线,令曲线上每一点的切线方向与该点的场强方向一致,这些曲线称为**电场线**(或 ***E*** **线**)。为了使电场线还能表示出各点场强的大小,我们规定:在电场中任一点附近,穿过垂直于场强方向的单位面积的电场线根数与该点场强大小成正比,即

$$E\propto\frac{dN}{dS_\perp} \tag{7.14}$$

由上述规定可知:电场线密集处场强大,电场线稀疏处场强小;匀强电场的电场线是一些方向相同,彼此之间距离相等的平行线。图 7-8 给出了几种带电系统的电场线图。

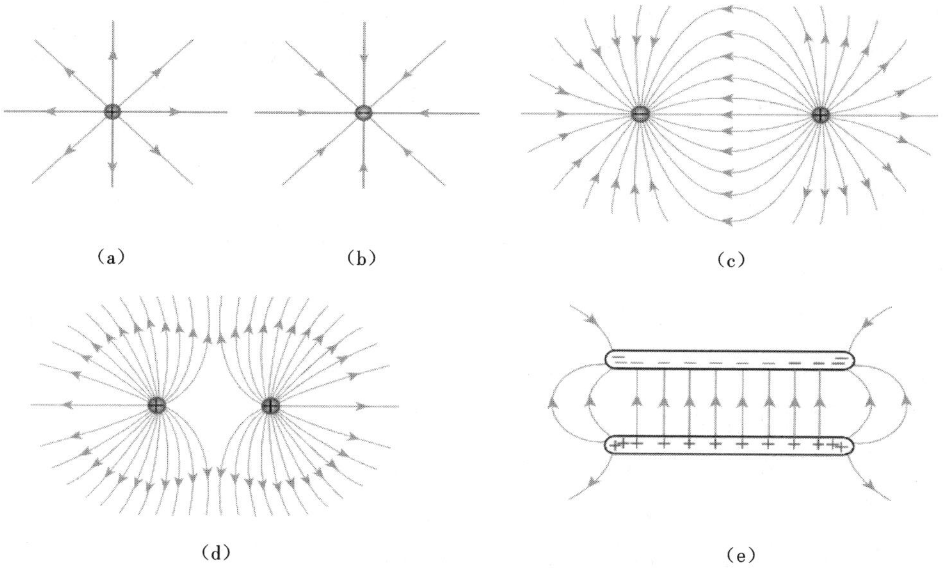

图 7-8 几种电荷系统的电场线(虚线为等势面)

(a)正点电荷　(b)负点电荷　(c)两个等量异号点电荷

(d)两个等量同号点电荷　(e)两块带等量异号电荷的平行金属板

从大量电场线图中可归纳出电场线具有以下性质:①电场线始于正电荷(或无限远),终于负电荷(或无限远),在无电荷处连续(不中断,不发端);②电场线不闭合。然而,这些性质都不是理所当然的,**它们分别是下文中静电场的高斯定理和环路定理的推论**,且分别直接决定于库仑定律中的平方反比性质和有心力性质。

7.3.2　电通量

如图 7-9 所示,$\mathrm{d}S$ 为电场中的某个面元。由于我们考虑的是局部,该面元附近的电场可视为匀强电场。作该面元在垂直于场强方向的投影 $\mathrm{d}S_{\perp}$。显然,通过 $\mathrm{d}S$ 和 $\mathrm{d}S_{\perp}$ 的电场线的根数一样多。定义通过面元 $\mathrm{d}S$ 的**电通量**为场强与其垂直投影面积的乘积:

$$\mathrm{d}\Phi_E = E\mathrm{d}S_{\perp} = E\mathrm{d}S\cos\theta \tag{7.15}$$

其中,θ为场强方向与面元 $\mathrm{d}S$ 的法向的夹角。

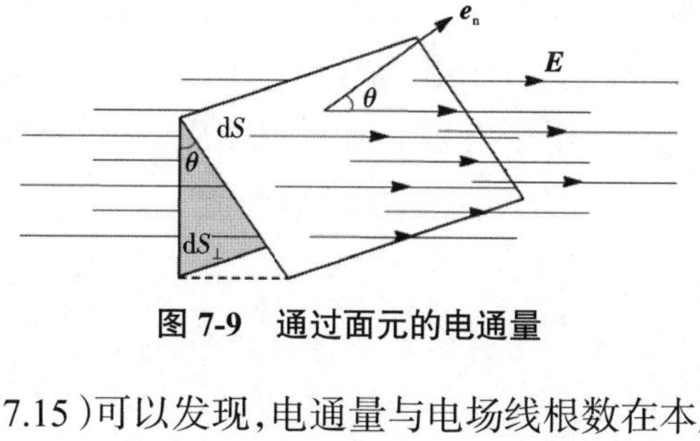

图 7-9　通过面元的电通量

比较式(7.14)和式(7.15)可以发现,电通量与电场线根数在本质上是一回事,二者只相差一个人为规定的比例系数而已。更好的说法是:**电场线根数被规定为正比于电通量**。二者的差别是，电场线根数无量纲，而电通量有量纲，单位是 V·m。

可以把式（7.15）用矢量形式更简捷地表示出来。面元可以定义成一个矢量。跟角速度矢量垂直于旋转平面一样，可以用面元的法向来定义面元矢量的方向。图 7-9 中已经取定了法向单位矢量 $\boldsymbol{e}_n$，于是可以定义面元矢量为

$$\mathrm{d}\boldsymbol{S}=\mathrm{d}S\boldsymbol{e}_n。$$

根据矢量点积的定义，式（7.15）右边恰好是矢量 $\boldsymbol{E}$ 和 $\mathrm{d}\boldsymbol{S}$ 之间点积，即

$$\mathrm{d}\Phi_E=\boldsymbol{E}\cdot\mathrm{d}\boldsymbol{S} \tag{7.16}$$

规定了面元的方向 $\boldsymbol{e}_n$ 就相当于规定了通过该面元的电通量的正负。在图 7-9 中，场强方向与面元方向成锐角，$0\leqslant\theta<\pi/2$，此时穿过 $\mathrm{d}\boldsymbol{S}$ 的电通量是正的，$\mathrm{d}\Phi_E>0$。但如果电场从反面穿过该面元，则 $\pi/2<\theta\leqslant\pi$，此时穿过 $\mathrm{d}\boldsymbol{S}$ 的电通量是负的，$\mathrm{d}\Phi_E<0$。

对匀强电场中的平面，$\boldsymbol{E}$ 为常矢量，法向 $\boldsymbol{e}_\mathrm{n}$ 也是常矢量，二者夹角一定，显然有

$$\Phi_e=\boldsymbol{E}\cdot\boldsymbol{S}=ES\cos\theta \tag{7.17}$$

而对于一般电场或任意曲面 S，通过它的电通量可以用微元法来处理。将曲面分割成许多小面元 $\mathrm{d}\boldsymbol{S}$，每个面元的电通量由式（7.16）表示。曲面 S 的电通量就是这些可正可负的 $\mathrm{d}\Phi_E$ 的代数和，数学上表示为面积分：

$$\Phi_E=\int\mathrm{d}\Phi_E=\int_S\boldsymbol{E}\cdot\mathrm{d}\boldsymbol{S} \tag{7.18}$$

其中，下角标 S 表示积分区域。如果是封闭曲面 S（图 7-10），则通过它的电通量可表示为

$$\Phi_E=\oint_S\boldsymbol{E}\cdot\mathrm{d}\boldsymbol{S} \tag{7.19}$$

其中，符号 $\oint$ 表示积分曲面是闭合的。

对于不封闭曲面，曲面上各处面元法向单位矢量可以任意取两侧中的任一侧（当然所有面元的法向必须取为同一侧）。对于这两种取法求得的电通量等值异号。因此，谈及电通量之前应明确选定面元的正方向（法向）。但**对于闭曲面，一般规定由内向外的方向为正方向**。这样的规定意味着，电场线穿出闭曲面时电通量为正，而穿入时电通量为负。在图 7-10 中，一根电场线从面元 $\mathrm{d}S_2$ 处穿入，从面元 $\mathrm{d}S_1$ 处穿出，即 $\theta_1<\pi/2$，$\theta_2>\pi/2$，于是对于穿过两面元的电通量，分别有 $\mathrm{d}\Phi_{E1}>0$，$\mathrm{d}\Phi_{E2}<0$。式（7.19）表示的是穿出闭曲面 S 的净通量，它等于穿出与穿入闭曲面的电通量之差。用电场线根数来说，Φ_E 就是穿出封闭面的电场线的总根数（以穿出的根数为正，穿入的根数为负）。

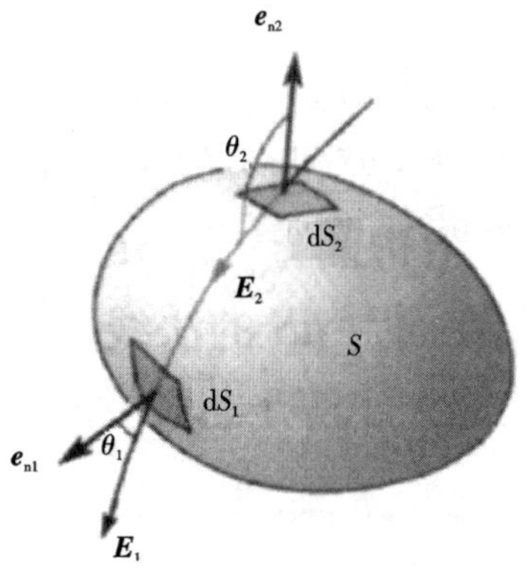

图 7-10 通过闭曲面的电通量

7.3.3　高斯定理

高斯定理是用电通量来表示的电场与场源电荷关系的重要规律。根据库仑定律和场强叠加原理可以导出这一关系。

先讨论一个静止的正电荷 q 的电场。以 q 所在点为球心，取长度 r 为半径作一球面 S 包围这一点电荷（图 7-11）。我们的目的是得到通过这个球面的电通量与半径 r 的关系。

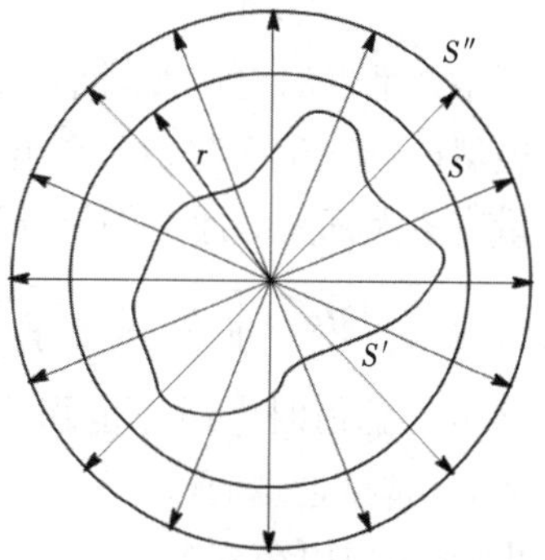

图 7-11　包围点电荷的高斯面

球面 S 上任一点的场强的大小都是 $\frac{q}{4\pi\varepsilon_0 r^2}$，方向都沿着半径向外，即与球面的外法线方向同向。于是通过球面 S 的电通量可计算为

$$\Phi_E=\oint_S \boldsymbol{E}\cdot \mathrm{d}\boldsymbol{S}=\oint_S \frac{q}{4\pi\varepsilon_0 r^2}\mathrm{d}S=\frac{q}{4\pi\varepsilon_0 r^2}\oint_S \mathrm{d}S=\frac{q}{4\pi\varepsilon_0 r^2}4\pi r^2=\frac{q}{\varepsilon_0} \tag{7.20}$$

结果与球面半径 r 无关。因此，对于半径不同的同心球面而言，通过它们的通量完全相同。

让半径 r 连续变大，注意电场线根数必须保持不变，不能增加，不能减少，那这就意味着电场线必须连续。也就是说，只要不在点电荷所在的球心，电场线不能中断，也不能发端。让半径 r 不断减小，电场线的连续性也就意味着其始端要不断地逆着径向向球心靠拢，直至球心。这就是说，电场线起始于正电荷。

正是通过如上推理（再加上场强沿径向），我们才能对点电荷情形画出图 7-11 所示的电场线（又如图 7-8（a）所示），并初步得到如下结论：点电荷的电场线始于正电荷（或无限远），终于负电荷（或无限远），在无电荷处连续。

不要把式（7.20）的结论和“电场线始于正电荷，终于负电荷，在无电荷处连续”当成某种天经地义的逻辑必然，它其实严重依赖于库仑定律的平方反比关系。如果是其他关系（如 $E\propto 1/r^3$ 或 $E\propto 1/r$，电场线如图 7-12 所示），那么电场线完全可以终止于无电荷处，或发端于无电荷处。

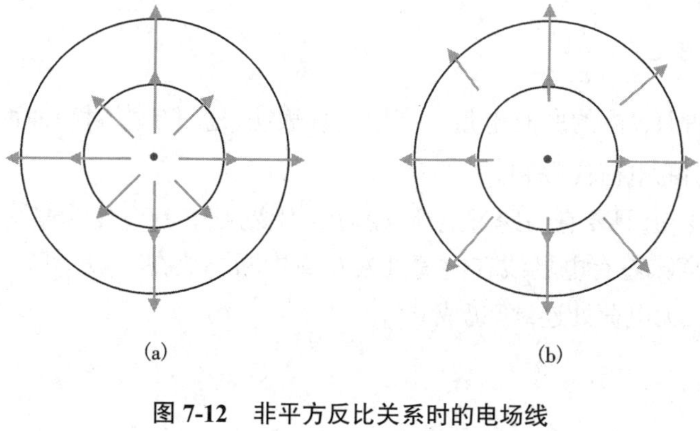

图 7-12　非平方反比关系时的电场线

（a）$E\propto 1/r^3$　（b）$E\propto 1/r$

注意式(7.20)的结论和“无电荷处连续”的性质直接来自场强随距离的平方反比关系。如果是立方反比关系,则

$$\Phi_E = \oint_S \boldsymbol{E} \cdot \mathrm{d}\boldsymbol{S} \propto \oint_S \frac{1}{r^3} \mathrm{d}S = \frac{1}{r^3} 4\pi r^2 \propto \frac{1}{r}$$

即半径翻倍时电通量减半。此时的电场线将不断终止于无电荷的地方,如图 7.12(a)所示。虽然电场线确实起始于正电荷,但越接近球心时电场线根数越多,趋于无穷,不论点电荷电量有多大都是如此。如果场强跟距离成反比,则

$$\Phi_E = \oint_S \boldsymbol{E} \cdot \mathrm{d}\boldsymbol{S} \propto \oint_S \frac{1}{r} \mathrm{d}S = \frac{1}{r} 4\pi r^2 \propto r$$

即半径翻倍时电通量也翻倍。此时的电场线将发端于无电荷的地方,如图 7-12(b)所示。而且,越接近球心(r 越小)时,电通量和电场线根数越少,且球心处恰恰没有任何电场线发出,不论点电荷有多大。

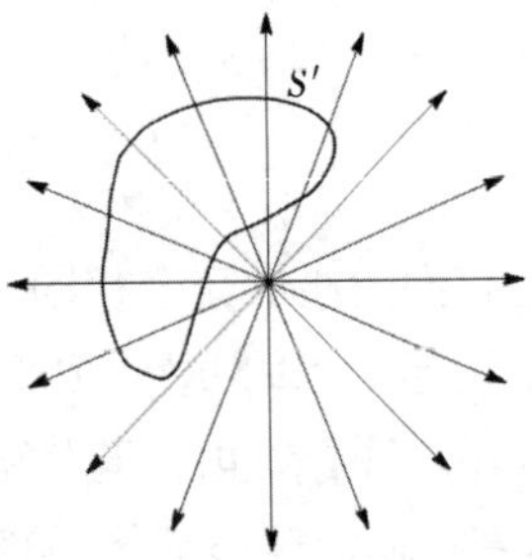

图 7-13 不包围电荷的闭曲面

式(7.20)的结果是针对点电荷和球面而证明的。对于图 7-11 中包围同一个点电荷 q 的一般封闭曲面 S',曲面积分的计算比较复杂。但根据电场线的连续性可知,通过 S' 和 S 的电场线条数一样多,即电通量都是 q/ε_0。

如果封闭曲面 S' 不包围点电荷 q(图 7-13),由于电场线是连续的,由某点穿入 S' 的电场线必定在另一点穿出,所以穿过 S' 的电场线总根数为零,即电通量为

$$\Phi_E = \oint_S \boldsymbol{E} \cdot \mathrm{d}\boldsymbol{S} = 0$$

故而,对于单个点电荷情形,**任意**闭曲面的电通量依赖于该曲面是否包围了点电荷:包围了,通量为 q/ε_0;没包围,通量为 0。

对于一般电荷体系,其场强 $\boldsymbol{E}$ 的分布复杂(图 7-8),但有叠加原理式可以利用。通过任意闭曲面 S 的电通量为

$$\Phi_E = \oint_S \boldsymbol{E} \cdot \mathrm{d}\boldsymbol{S} = \oint_S (\boldsymbol{E}_1 + \boldsymbol{E}_2 + \cdots) \cdot \mathrm{d}\boldsymbol{S} = \oint_S \boldsymbol{E}_1 \cdot \mathrm{d}\boldsymbol{S} + \oint_S \boldsymbol{E}_2 \cdot \mathrm{d}\boldsymbol{S} + \cdots$$

其中每一项都是单个点电荷情形,或者为 q_i/ε_0,或者为 0,视其是否在 S 内而定。故最后得到如下的**高斯定理**:

$$\Phi_E = \oint_S \boldsymbol{E} \cdot \mathrm{d}\boldsymbol{S} = \frac{q_{内}}{\varepsilon_0} \tag{7.21}$$

式中,$q_{内}$ 为封闭曲面 S 内的所有电量。高斯定理表明,通过任意封闭曲面的电通量正比于该封闭曲面所包围的电荷代数和。

让 S 做任意变动,只要它不跨过电荷,则通量不变,故必有电场线连续;只要它跨过了电荷,通量突变,这意味着有电场线在电荷处发端或中断。故在一般情形,“电场线始于正电荷,终于负电荷,在无电荷处连续”仍成立。

7.3.4　高斯定理的应用

高斯定理是静电场的基本定理之一。当电荷分布具有较高的对称性时，可以利用高斯定理求解电场的分布，在数学处理上比用库仑定律和场强叠加原理（积分）简便。这种方法一般包括如下三步。

（1）**对称性分析**，即分析出电荷分布的对称性，从而在未求解前获得关于场强的尽可能多的信息。

（2）把通量用场强**显式**表达，即根据系统的对称性，作合适的封闭曲面（亦称**高斯面**）S，使得积分 $\oint_S \boldsymbol{E}\cdot \mathrm{d}\boldsymbol{S}$ 中的场强能够从积分号里提出来。

（3）用高斯定理求场强。

例 7.6　如图 7-14 所示，均匀带电球面的半径为 R，所带电量为 Q，求球面内外的电场分布。

解　设场点 P 距球心的距离为 r。显然，电荷分布具有球对称性，因此场强必然也是球对称的，即相同半径处的场强大小相等，方向沿径向。这可以用反证法来证明。假定图中 P 点的场强 $\boldsymbol{E}$ 偏离径向 OP 向下，那么将带电球面以 OP 为轴转动任意角度后，场强 $\boldsymbol{E}$ 的方向就应改变。但转动并未改变电荷分布，所以也不应改变电场方向，这就导致了矛盾。同样可以证明，以 O 为球心的球面上各点场强的大小相等。故有 $\boldsymbol{E}=\boldsymbol{e}_r E(r)$。

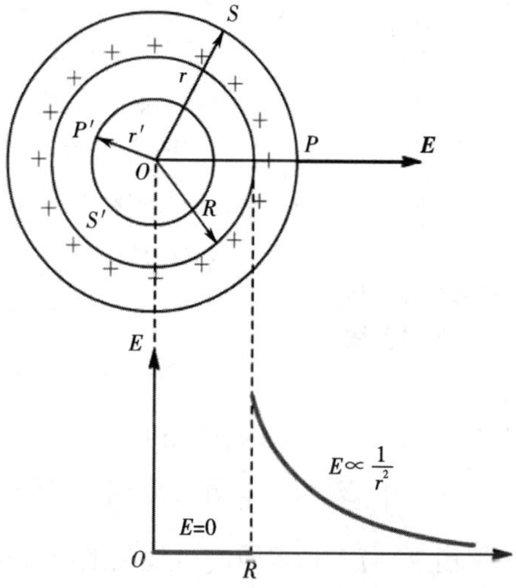

图 7-14　均匀带电球面的电场

根据球对称性，高斯面 S 应该取为通过场点 P 的同心球面。由于在该球面上场强与面元方向相同，而且场强大小不变，故通过它的电通量为

$$\Phi_E=\oint_S \boldsymbol{E}\cdot \mathrm{d}\boldsymbol{S}=\oint_S E\mathrm{d}S=E\oint_S \mathrm{d}S=4\pi r^2 E$$

最后，根据高斯定理

$$4\pi r^2 E=\frac{q_{内}}{\varepsilon_0}$$

其中高斯面内所包围的电量 $q_{内}$ 根据场点半径 r 的不同而不同：

$$q_{内}=\begin{cases} Q & (r>R) \\ 0 & (r<R) \end{cases}$$

故

$$\boldsymbol{E}=\begin{cases} \dfrac{Q}{4\pi\varepsilon_0 r^2}\boldsymbol{e}_r & (r>R) \\ 0 & (r<R) \end{cases}$$

这里场强已经写成了矢量形式。

上面结果说明，对于均匀带电球面，球面外的电场就像球面上的电荷都集中在球心后在球面外激发的电场一样，而面内的场强处处为零。将本题结果画成 $E-r$ 曲线（图 7-14），可以看出，在球壳内外，场强的值是不连续的。

要注意的是，由于**体系的对称性是整体性的**，球面内外的对称性必然相同，高斯面的做法和通量的表达也必然相同，故不需分 $r>R$ 和 $r<R$ 来讨论。仅在第三步表达 $q_{内}$ 时才需要对 r 进行分段讨论。

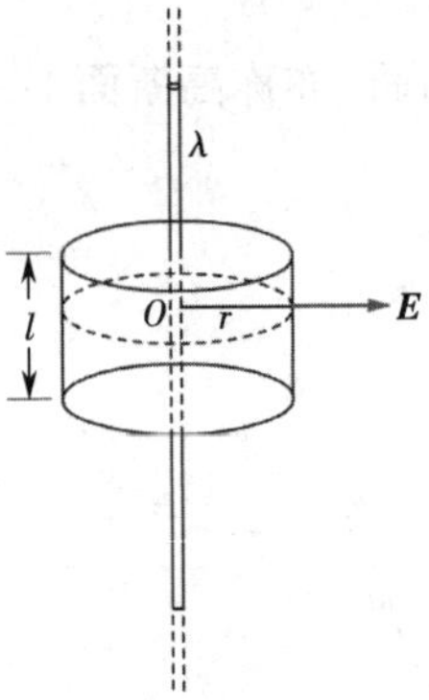

图 7-15　无限长均匀带电直线

例 7.7　求无限长均匀带电直线的场强分布。已知细直线上电荷线密度为 λ。

解　体系具有**轴对称性**。在离直线距离为 r 处取一点 P（图 7-15），由于带电细直线无限长，且均匀带电，仿照例 7.6 的对称性分析方法，可知 P 点场强垂直于直线沿径向向外。再由电荷分布的**沿轴平移不变性**和**绕轴转动不变性**可知，在以带电直线为轴的圆柱面上，场强的大小相等，故 $\boldsymbol{E}=\boldsymbol{e}_r E_r(r)$。

如图 7-15 所示，作同轴圆柱形高斯面 S 通过 P 点，高为 l，则通过 S 的电通量为

$$\oint_S \boldsymbol{E}\cdot d\boldsymbol{S}=\int_{S_1}\boldsymbol{E}\cdot d\boldsymbol{S}+\int_{S_2}\boldsymbol{E}\cdot d\boldsymbol{S}+\int_{S_3}\boldsymbol{E}\cdot d\boldsymbol{S}$$

在 S 面的上底面 S_2、下底面 S_3 上，场强与底面平行，因此上式右边后两项中的点积为 0。而在侧面 S_1 上各点 $\boldsymbol{E}$ 的方向都与面元法线方向相同，所以

$$\oint_S \boldsymbol{E}\cdot d\boldsymbol{S}=\int_{S_1}\boldsymbol{E}\cdot d\boldsymbol{S}=\int_{S_1}E dS=E\int_{S_1}dS=2\pi rlE$$

由高斯定理，S 面内所包围的电荷的电量为 λl，故有

$$2\pi rlE=\frac{\lambda l}{\varepsilon_0}$$

由此得

$$\boldsymbol{E}=\frac{\lambda}{2\pi\varepsilon_0 r}\boldsymbol{e}_r$$

其中，$\boldsymbol{e}_r$ 为垂直于直线的单位矢量。这一结果与 7.2 节中例 7.3 的式（7.10）相同。可见，当对称性很高时，利用高斯定理计算场强分布要简便的多。

例 7.8　求无限大均匀带电平面的场强分布，已知带电平面上的电荷面密度为 σ。

解　如图 7-16 所示，在空间任取一点 P，它距带电平面距离为 r。仿照前面的对称性分析的方法，可以知道离开平面距离相等处场强大小相等，方向都垂直于平面，且指向平面两侧。

选取如图 7-16 所示的高斯柱面 S，其侧面与带电面垂直，两底面与带电面平行，并对带电面对称，P 点位于它的一个底面上。由于 S 的侧面上各点的场强

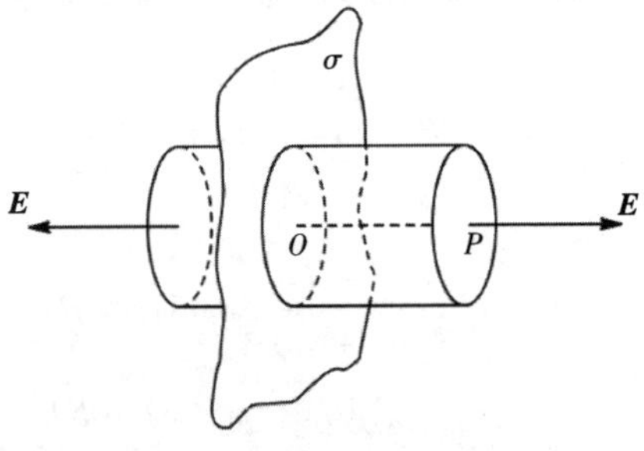

图 7-16　无限大均匀带电平面

与侧面平行，所以通过侧面的电通量为零。因而只需要计算通过两底面的电通量。以 ΔS 表示一个底面的面积，则

$$\oint_S \boldsymbol{E}\cdot d\boldsymbol{S} = 2\int_{\Delta S}\boldsymbol{E}\cdot d\boldsymbol{S} = 2E\Delta S$$

根据高斯定理，由于高斯面 S 内所包围的电荷的电量为 $\sigma\Delta S$，故

$$2E\Delta S = \frac{1}{\varepsilon_0}\sigma\Delta S$$

所以

$$E = \frac{\sigma}{2\varepsilon_0} \tag{7.22}$$

场强的方向垂直于带电面向外。

式(7.22)表明，无限大均匀带电平面两侧的电场是匀强电场，场强的大小与 P 点到平面的距离无关。这个结果还与例 7.5 中的式(7.13)一致。利用该结果和场强叠加原理，可以求得多个平行的无限大均匀带电平面所产生的电场分布。后文的例 7.14 即为一例。

从以上几例可以看出，**利用高斯定理求场强的关键在于对称性分析**。只有当带电体系具有较高的对称性，可以使积分 $\oint \boldsymbol{E}\cdot d\boldsymbol{S}$ 中的场强能够从积分号里提出来时，我们才可能利用高斯定理求场强。这种方法能避免前一节的积分运算，简便、快捷。对于对称性不够高的场合，高斯定理仍然成立，只不过场强不能提到积分号外，故得不到有用的结果。

7.4　环路定理和电势

7.4.1　静电场的环路定理

电荷在电场中运动时电场力要做功。研究静电力做功的规律，从功和能这方面来研究静电场，对了解静电场的性质有重要意义。在第 2 章中我们已经详细了解了保守力，其中的一个例子就是万有引力。静电力跟它非常类似，也是保守力。

先讨论点电荷 Q 的静电场。如图 7-17 所示，设电荷 q 从电场中一点 P_1 沿某一路径 L 移动到另一点 P_2。在路径上某点 C 处的场强由式(7.5)给出。当 q 由 C 点移动 $d\boldsymbol{l}$ 时，电场力做功为

$$dA = q\boldsymbol{E}\cdot d\boldsymbol{l} = \frac{qQ}{4\pi\varepsilon_0 r^2}\boldsymbol{e}_r\cdot d\boldsymbol{l} = \frac{qQ}{4\pi\varepsilon_0 r^2}dr \tag{7.23}$$

于是，整个过程中电场力做的总功为

$$A_{12} = \int_{P_1}^{P_2} q\boldsymbol{E}\cdot d\boldsymbol{l} = \int_{r_1}^{r_2}\frac{qQ}{4\pi\varepsilon_0 r^2}dr = \frac{qQ}{4\pi\varepsilon_0}\left(\frac{1}{r_1}-\frac{1}{r_2}\right) \tag{7.24}$$

上式说明，点电荷 Q 给电荷 q 的电场力做的功只取决于运动电荷的始末位置，与路径无关。在式(7.24)中让起点与终点重合，那么其右端为 0，故

$$\oint_L \boldsymbol{E}\cdot d\boldsymbol{l} = 0 \tag{7.25}$$

上式表明，在静电场中，**场强沿任何闭合路径的线积分等于零**。这就是**静电场的环路定理**。

在多个点电荷共同产生电场时，根据场强叠加原理，总电场对电荷 q 做的功等于每个点电荷单独存在时对 q 做的功之和。而后面这些单独的功都与路径无关，所以总电场的功也与路径无关，而式(7.25)仍然成立。所以，静电力是保守力，或者说静电场是保守力场。

就像面积分称为通量一样，式(7.25)中的线积分也可称为**环流**。因此，静电场的环路定理也可表述为：**静电场沿任意闭合路径的环流为 0**。

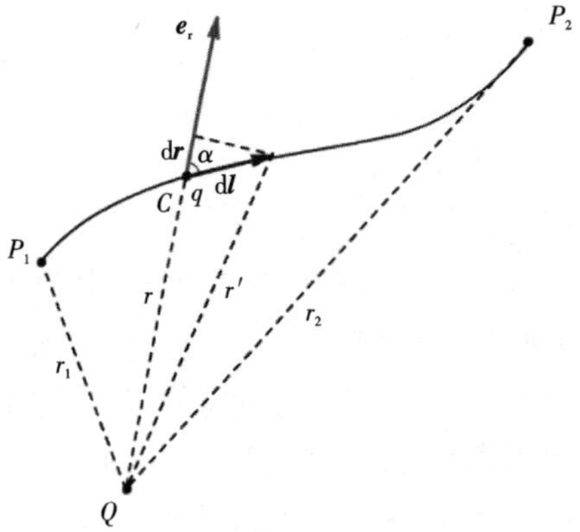

图 7-17 点电荷的静电力做功

7.4.2 电势差与电势

有了路径无关性，电势能和电势引入就水到渠成了。对于一般静电场，规定静电力所做的功等于静电势能的减少：

$$\mathrm{d}A = q\boldsymbol{E}\cdot \mathrm{d}\boldsymbol{l} = -\mathrm{d}W \tag{7.26}$$

$$A_{12} = q\int_{P_1}^{P_2} \boldsymbol{E}\cdot \mathrm{d}\boldsymbol{l} = W_1 - W_2 \tag{7.27}$$

其中，W_1、W_2 分别为点电荷 q 在 P_1、P_2 点的静电势能。式(7.26)表明，电势能差与试探电荷量 q 成正比，比例系数与试探电荷无关，反映电场本身在场点的性质。定义**电势**为

$$U = \frac{W}{q} \tag{7.28}$$

这样 $(W_1 - W_2)/q$ 就成为 P_1、P_2 两点之间的**电势差**：

$$\mathrm{d}U = -\boldsymbol{E}\cdot \mathrm{d}\boldsymbol{l} \tag{7.29}$$

$$U_{12} = U_1 - U_2 = \frac{W_1 - W_2}{q} = \int_{P_1}^{P_2} \boldsymbol{E}\cdot \mathrm{d}\boldsymbol{l} \tag{7.30}$$

上式表明，电场中两点的电势差为从起点到终点移动单位正电荷时静电场力所做的功，或者说是单位正电荷的静电势能的减少。沿着电场线的方向运动，电势降低，因为 $\boldsymbol{E}\cdot \mathrm{d}\boldsymbol{l} > 0$。

现在来解释电场线的另一性质——静电场线永不闭合。假设电场线构成闭合回路，那么一个正电荷从某点出发沿着电场线绕行一圈回到出发点后，电场力做功总是正的，场强的闭合回路积分不为 0，这直接违反式(7.25)。或者，从电势的角度看，由于沿着电场线电势

降低，因此，绕行一圈后电势将减小。这意味着一个点同时有一大一小两个电势，与电势的单值性矛盾。

式(7.26)和式(7.30)只规定了电场中两点的电势能差和电势差，如果要知道它们的确定数值，则需要选定参考点，即**势能零点**(或**电势零点**)。在理论计算中，如果带电体局限在有限大小的空间内，通常选择无限远点为电势零点。这样，空间任意一点 P 的电势 U_P 为

$$U_P = U_{P\infty} = \frac{A_{P\infty}}{q} = \int_P^{\infty} \boldsymbol{E} \cdot \mathrm{d}\boldsymbol{l} \tag{7.31}$$

可见，电场分布只能确定电势差，选定电势零点后才能确定电势。

当电场中电势分布已知时，可以很方便地计算出点电荷在静电场中移动时电场力所做的功。这可以由式(7.30)得到：

$$A_{12} = qU_{12} = q(U_1 - U_2) \tag{7.32}$$

在实际工作中，出于安全考虑，电工和电子仪器常常需要接地。因此，在计算电势时选择大地作为电势零点比较方便。地球可以看作是一个大导体球，它的电势可以认为是一恒量。而电势本身只具有相对的意义，重要的是电势差而不是电势。故而在电子技术中，也常常令仪器的外壳电势为零。

电势的单位为 J/C(=V)。从式(7.31)还可看出，场强的单位还可写成 V/m。

例 7.9　以无穷远处作为电势零点，求点电荷 Q 激发的电场中的电势分布。

解　前面已经得到点电荷激发的电场中场强的分布为

$$\boldsymbol{E} = \frac{Q}{4\pi\varepsilon_0 r^2}\boldsymbol{e}_r$$

可利用式(7.31)进行计算。因为静电场力做功与路径无关，我们就选择一条便于计算的积分路径，即沿矢径向外的直线，于是

$$U_P = \int_P^{\infty} \boldsymbol{E} \cdot \mathrm{d}\boldsymbol{l} = \int_r^{\infty} E\mathrm{d}r = \frac{Q}{4\pi\varepsilon_0}\int_r^{\infty}\frac{\mathrm{d}r}{r^2} = \frac{Q}{4\pi\varepsilon_0 r} \tag{7.33}$$

这其实从式(7.23)和式(7.24)也可推得：

$$\text{đ}A = -\mathrm{d}\left(\frac{qQ}{4\pi\varepsilon_0 r}\right)$$

$$W = \frac{qQ}{4\pi\varepsilon_0 r}$$

$$U = \frac{W}{q} = \frac{Q}{4\pi\varepsilon_0 r}$$

其中已经考虑到了无穷远处为电势零点。

例 7.10　均匀带电球面的半径为 R，所带电量为 Q，求球面内外的电势分布。

解　例 7.6 中我们已经得到均匀带电球面的场强分布为

$$\boldsymbol{E} = \begin{cases} \dfrac{Q}{4\pi\varepsilon_0 r^2}\boldsymbol{e}_r & (r > R) \\ 0 & (r < R) \end{cases}$$

在球面外($r > R$)，结果与点电荷情况一样：

$$U=\frac{Q}{4\pi\varepsilon_0 r}。$$

在球面内 $(r<R)$，由于球面内外场强的分布不同，所以式(7.31)中的积分要分成两段，即

$$U=\int_P^\infty \boldsymbol{E}\cdot d\boldsymbol{l}=\int_r^R E_{内}dr+\int_R^\infty E_{外}dr=0+\frac{Q}{4\pi\varepsilon_0}\int_R^\infty\frac{dr}{r^2}=\frac{Q}{4\pi\varepsilon_0 R}$$

它说明均匀带电球面内各点电势相等，都等于球面上的电势。电势随 r 变化曲线如图 7-18 所示。与场强随 r 变化曲线(图 7-14)比较，可以看出，在球面处 $(r=R)$，场强不连续，而电势是连续的。

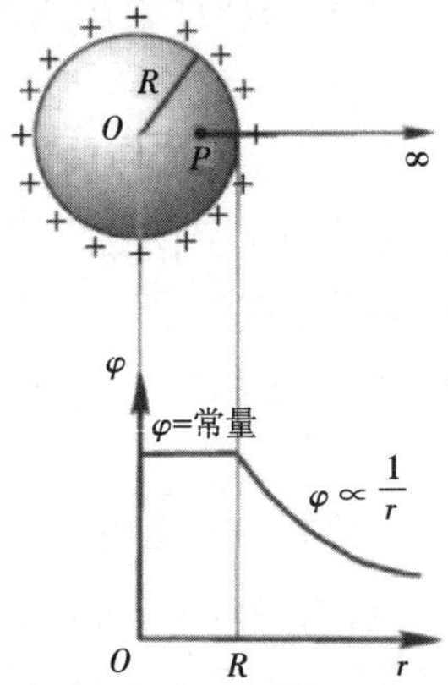

图 7-18 均匀带点球面的电势分布

要注意的是，**积分路径各段上的场强的表达式不同时，需分段积分。**

例 7.11 求无限长均匀带电直线激发的电势分布，设电荷线密度为 λ。

解 由例 7.7 可知，场强分布为

$$\boldsymbol{E}=\frac{\lambda}{2\pi\varepsilon_0 r}\boldsymbol{e}_r$$

如果仍然选取无穷远处作为电势零点，则

$$\int_P^\infty \boldsymbol{E}\cdot d\boldsymbol{l}\propto\int_r^\infty\frac{1}{r}dr=\ln r\Big|_r^\infty\to\infty$$

这是因为带电体系本身不是在有限范围内。这时我们可以选取离带电直线为 r_0 的 P_0 点作为电势零点(图 7-19)，则空间任一点处的电势为

$$U=\int_P^{P_0}\boldsymbol{E}\cdot d\boldsymbol{l}=\int_P^{P'}\boldsymbol{E}\cdot d\boldsymbol{l}+\int_{P'}^{P_0}\boldsymbol{E}\cdot d\boldsymbol{l}$$

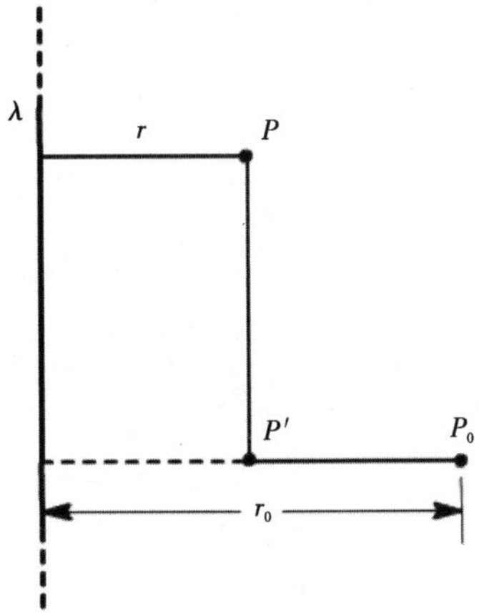

图 7-19 无限长均匀带点直线

上式中第一项为 0，因为积分路径与场强方向垂直，故

$$U=\int_{P'}^{P_0}\boldsymbol{E}\cdot d\boldsymbol{l}=\int_r^{r_0}\frac{\lambda}{2\pi\varepsilon_0 r}dr=-\frac{\lambda}{2\pi\varepsilon_0}\ln\frac{r}{r_0}\tag{7.34}$$

由此例可知，**当电荷的分布延伸到无穷远处时，电势零点只能在有限远处选取。**

7.4.3　电势叠加原理

考虑一个由 n 个点电荷 $q_1,q_2,\cdots,q_n$ 组成的点电荷系。由式(7.31)及场强叠加原理可知，空间任一点 P 的电势

$$U=\int_P^\infty \boldsymbol{E}\cdot \mathrm{d}\boldsymbol{l}=\int_P^\infty \sum_i \boldsymbol{E}_i\cdot \mathrm{d}\boldsymbol{l}=\sum_i \int_P^\infty \boldsymbol{E}_i\cdot \mathrm{d}\boldsymbol{l}=\sum_i U_i$$

上式右端求和各项表示各个点电荷单独存在时 P 点的电势，它们都由式(7.33)给出。故

$$U=\sum_{i=1}^{n}\frac{q_i}{4\pi\varepsilon_0 r_i} \tag{7.35}$$

其中，r 为 P 点到各电荷的距离。上式表明：点电荷系激发的电场中某点的电势，是各个点电荷单独存在时在该点电势的代数和。这就是**电势叠加原理**。对于连续带电体，上式写为

$$U=\int\frac{\mathrm{d}q}{4\pi\varepsilon_0 r} \tag{7.36}$$

于是，**计算电势有两种方法**：①由场强分布用定义式计算；②根据电荷分布直接用电势叠加原理计算。根据情况的不同，可以自由选择。

例 7.12　求电偶极子电场中的电势分布。已知电偶极子中的两个点电荷 $+q$、$-q$ 之间距离为 l。

解　设电场中任一点 P 到电偶极子中心 O 的距离为 r，OP 连线与电偶极子轴线 l 的夹角为 θ，如图 7-20 所示。

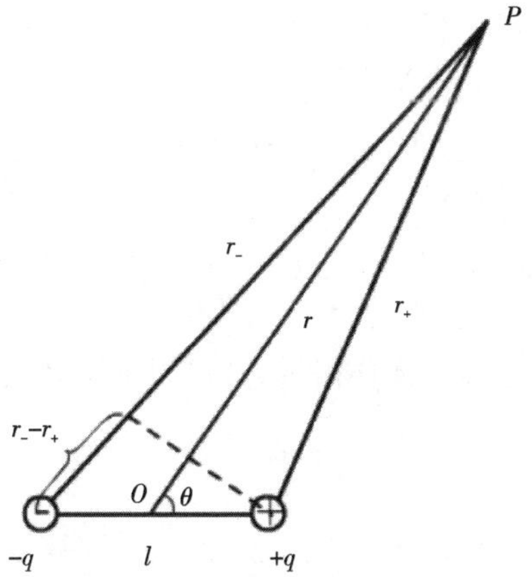

图 7-20　电偶极子的电势

根据电势叠加原理，P 点电势为

$$U=U_+ + U_- = \frac{q}{4\pi\varepsilon_0 r_+}+\frac{-q}{4\pi\varepsilon_0 r_-}=\frac{q(r_- - r_+)}{4\pi\varepsilon_0 r_+ r_-}$$

对于离电偶极子很远的点，即 $r\gg l$ 时，

$$r_+ r_- \approx r^2$$
$$r_- - r_+ \simeq l\cos\theta^{\circ}$$

代入上式,得

$$U=\frac{ql\cos\theta}{4\pi\varepsilon_0 r^2}=\frac{p\cos\theta}{4\pi\varepsilon_0 r^2}=\frac{\boldsymbol{p}\cdot\boldsymbol{r}}{4\pi\varepsilon_0 r^3} \tag{7.37}$$

其中,$\boldsymbol{p}=q\boldsymbol{l}$为电偶极矩;$\boldsymbol{r}$为由电偶极子到$P$点的位矢。

可以看到,电偶极子的电势$\propto 1/r^2$,而点电荷的电势则$\propto 1/r$。另外,跟例7.2相比,那里只处理中垂线和延长线上的场点的场强,而这里处理的是任意场点的电势,这是由于场强是矢量,电势是标量,通常处理标量要容易些。

例 7.13 半径为R的均匀带电细圆环,所带总电量为Q,求圆环轴线上的电势分布。

解 如图7-21所示,在圆环上任取一个电荷元$\mathrm{d}q$,轴线上任一点P到圆环中心O的距离为x,由点电荷的电势表示式式(7.33)得

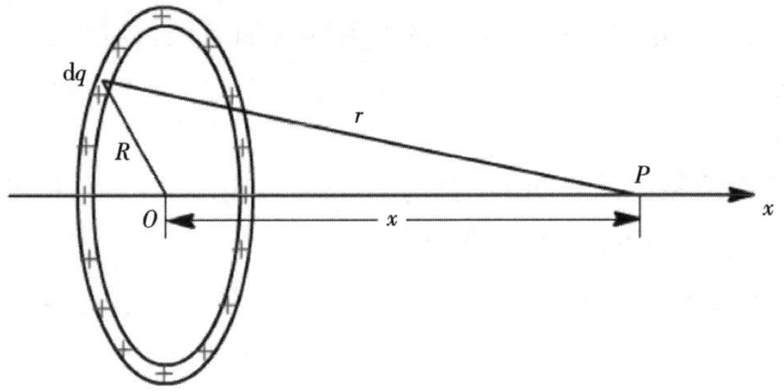

图 7-21 均匀带点圆环的电势

$$\mathrm{d}U=\frac{\mathrm{d}q}{4\pi\varepsilon_0 r}=\frac{\mathrm{d}q}{4\pi\varepsilon_0(R^2+x^2)^{1/2}}$$

对整个带电体进行积分,注意x是常数,得

$$U=\int\frac{\mathrm{d}q}{4\pi\varepsilon_0(R^2+x^2)^{1/2}}=\frac{1}{4\pi\varepsilon_0(R^2+x^2)^{1/2}}\int\mathrm{d}q=\frac{Q}{4\pi\varepsilon_0(R^2+x^2)^{1/2}}$$

当P点位于圆环中心($x=0$)时,$U=\dfrac{Q}{4\pi\varepsilon_0 R}$;当$P$点远离圆环($x\gg R$)时,则$U=\dfrac{Q}{4\pi\varepsilon_0 x}$。后一结果说明,在离开圆环很远处,可以把圆环看成一个点电荷。

7.4.4 等势面

电场中场强的分布可以借助电场线图来形象地描绘,同样电势的分布也可以借助等势面来形象地描绘。

电场中电势相等的点组成**等势面**。例如,在点电荷q激发的电场中,电势$U\propto 1/r$,因此点电荷激发的电场中的等势面为一系列以q为球心的球面,并且电场线沿径向与球面正交。

为了直观地比较电场中各点的电势,我们规定:在画等势面时,相邻等势面之间的电势差相等。图7-8给出了一些带电体系的等势面和电场线的分布,其中实线表示电场线,虚线

表示等势面与纸面的交线。

综合各种等势面图，可以看出等势面具有如下性质：①**等势面与电场线处处正交**；②**等势面较密集处场强大，等势面较稀疏处场强小**。

实际工作中，经常用外部条件来控制的是电场中某些等势面的形状及其电势的数值，而且用实验精确地测量电势比测量场强方便得多。故而人们往往先测绘出等势面图，再由电场线与等势面的关系了解整个电场的分布和特性。

7.5　静电场中的导体

前面讨论的是真空中的静电场的基本概念和一般规律。在实际使用中，常常碰到导体和介质情形，它们会影响和改变电场。本节研究有金属导体存在时静电场的规律。

7.5.1　导体的静电平衡

当导体不带电且远离带电体时，导体中的自由电子在导体内部均匀分布，除了微观热运动外，没有宏观电荷定向运动，整个导体不显电性。

如图 7-22 所示，把一个正电荷 q 移近不带电的导体 A 附近，导体内部的自由电子在 q 产生的外电场 $\boldsymbol{E}_0$ 作用下将逆着 $\boldsymbol{E}_0$ 方向发生宏观移动，使导体的近端带负电，远端带正电，这就是**静电感应**。导体两端积累的正负电荷将激发另一反向电场 $\boldsymbol{E}'$，使导体内部的合场强 $\boldsymbol{E}=\boldsymbol{E}_0+\boldsymbol{E}'$ 减弱。但只要 $\boldsymbol{E}$ 不为零，电子就会继续定向运动，两端电荷继续累积，直至 $\boldsymbol{E}'$ 完全抵消 $\boldsymbol{E}_0$。此时 $\boldsymbol{E}=0$，导体内部无电场，电子的定向运动停止，导体达到**静电平衡状态**。这一过程进行得十分迅速，实验表明，其时间约为 10^{-14} s。导体静电平衡时，表面的自由电子也将不会有定向运动，故而导体表面附近电场的切向分量为 0，否则电子将在其作用下沿导体表面运动。表面电场的法向分量是允许的。

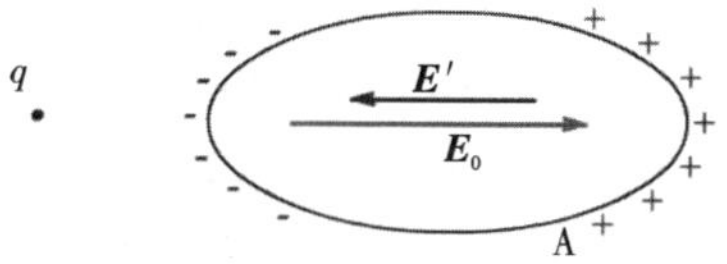

图 7-22　导体的静电感应

综上所述，**均匀导体静电平衡的条件**是：①导体内部场强处处为零；②导体表面附近的场强处处垂直于导体表面。由于内部无电场，那么就必然没有电势的降落（改变），因此，导体内部（包括表面）任意两点等势。也就是说，**处在静电平衡状态下的导体是等势体，其表面是等势面**。这是静电平衡条件的另一种等价说法。实际上，上一节谈到，场强方向必然垂直于等势面。

初学者往往误以为外部电荷 q 在导体内部激发的场强为零。事实上，等于零的是合场强 $\boldsymbol{E}$，q 产生的场强总是 $\boldsymbol{E}_0=\dfrac{q}{4\pi\varepsilon_0 r^2}\boldsymbol{e}_r$，跟导体是否存在无关。而**合场强的变化是因为整个空间电荷分布的改变**。这一点在任何情况下（如电介质）都成立。

7.5.2 静电平衡时导体的性质

导体处在静电平衡时具有如下性质。

(1)**电荷只能分布在导体表面,导体内部电荷处处为零。**

在导体内部任取一点,围绕该点作一个很小的高斯面 S。在静电平衡时,导体内部场强处处为零,故 S 的电通量为 0。根据高斯定理,S 内的电量必然为 0,也就是导体内部无电荷。

(2)**导体表面附近任一点的场强的大小与该处的电荷面密度成正比。**

如图 7-23 所示,在导体表面上任取一个面元 ΔS,这个面元取得足够小,以至于可以认为其上电荷面密度 σ 及其外部附近的场强 $\boldsymbol{E}$ 均匀。作一个紧靠导体表面的圆柱形高斯面包围 ΔS。其两底面分别位于导体内部和外部,面积均为 ΔS。显然,通过外部底面的电通量为 $E\Delta S$。由于导体内部场强为零,通过内部底面的电通量为零。侧面上的场强或为零,或与侧面平行,所以侧面上的电通量也为零。另外,高斯面所包围的电量为 $\sigma\Delta S$。根据高斯定理,有

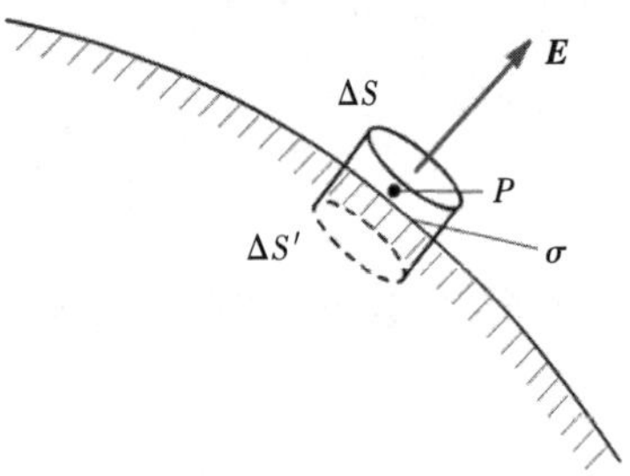

图 7-23 导体表面

$$E\Delta S = \frac{1}{\varepsilon_0}\sigma\,\Delta S$$

故有

$$\boldsymbol{E} = \frac{\sigma}{\varepsilon_0}\boldsymbol{e}_n \tag{7.38}$$

其中,$\boldsymbol{e}_n$ 为导体表面外法线单位矢量。命题得证。导体表面带正电的地方场强向外,而带负电的地方场强向内。

要注意,式(7.38)中的 σ 是静电平衡后导体表面 ΔS 处的电荷面密度,但场强 $\boldsymbol{E}$ 是空间所有电荷(包括 ΔS 上的电荷、导体上的其他电荷以及导体外所有的其他电荷)共同激发的合场强。ΔS(对表面附近的点而言可视为无穷大平面)上的电荷对场强的贡献为 $\sigma/(2\varepsilon_0)$(见式 7.22),故而其他电荷对该点场强的贡献是另外的一半。当其他场源发生变化时,电场分布要发生变化,导体表面上的电荷分布要发生相应的调整,直到达到新的静电平衡。此时式(7.38)仍然成立,只不过式中的 $\boldsymbol{E}$ 和 σ 是重新调整后的量。

空腔导体和静电屏蔽。

根据高斯定理也可以判断空腔导体内表面的电荷分布情况。如图 7-24(a)所示,对于空腔内无电荷的空心导体,作一高斯面包围空腔。由于该高斯面处于无电场的导体内部,故电通量为 0,由高斯定理知高斯面内电荷的代数和为零。那么是否可以出现导体内表面一部分带正电、一部分带负电的情况呢?如果这样,由于导体内部场强为零,从正电荷发出的电场线不能穿过导体,只能中止于内表面的负电荷。由于沿着电场线电势降低,这就与导体是等势体相矛盾。所以电荷只能分布在导体的外表面上。

如果空腔内有电荷 q，如图 7-24(b)所示，那么做同样的高斯面，可知高斯面内电荷的代数和为零。既然已有电荷 q，那么内表面上必然出现感应电荷 $-q$。而且，如果导体原来是电中性的，则外表面将出现感应电荷 q。

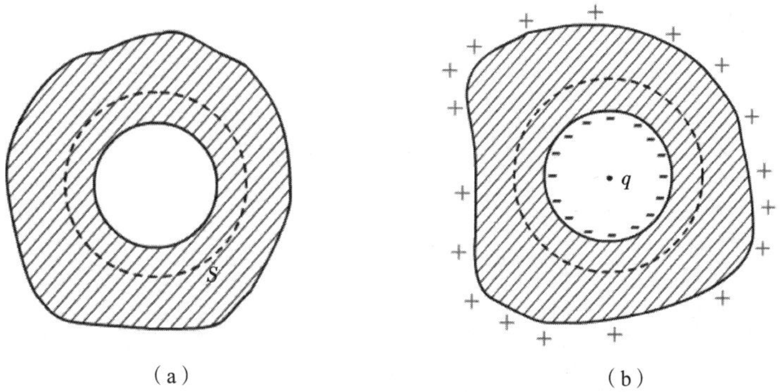

图 7-24　有空腔的导体

(a)空腔内无电荷　(b)腔内有电荷

实际上，一般地，当空腔导体处于静电平衡时，**外表面上和外表面以外的电荷在外表面以内产生的合场强为 0；内表面上和内表面以内的电荷在内表面以外产生的合场强为 0**。空腔以内和导体以外像是两个隔离的世界，互不影响。放在空腔内的物体，将不受外电场的影响，这个现象称为**静电屏蔽**。利用这一性质，我们可以把仪器放在金属外壳中，使之不受外界静电场作用。当然，说“互不影响”也并不完全，因为若导体空腔内净电量不为 0，由于静电感应会使导体外表面感应出电荷，从而对导体外部产生影响。但此时若将导体接地，其对外界的影响也将随之消失。此时可以真正做到“互不影响”。所以，接地导体空腔可以屏蔽腔内部带电体对外界的影响。

孤立的导体处于静电平衡时，它的表面各处的电荷面密度与表面各处的曲率有关。大致说来，曲率大的地方，电荷面密度也大。例如，在导体的尖端部分曲率很大，电荷面密度也很大，从而导体尖端附近场强很强。在强电场作用下，空气很容易电离，产生火花，形成电流，这就是**尖端放电**现象。尖端放电的电火花容易引起火灾或爆炸，为了避免这种情况，高压输电线表面应尽可能光滑，支架高压输电线的部件也应尽可能光滑，避免出现棱角。尖端放电并不总是有害的，例如避雷针就是利用其尖端放电，使云和地之间的电流通过导线流入大地从而避免雷击。

例 7.14　如图 7-25 所示，两块金属平面板，面积为 S，第一块板带电 Q_1，第二块板带电 Q_2。忽略金属板的边缘效应，在静电平衡情况下求电荷的分布情况。

解　由于静电平衡时导体内部没有净电荷，电荷只能分布在导体表面上。忽略边缘效应，这些电荷可看成是均匀分布的。设四个表面上的电荷面密度分别为 σ_1、σ_2、σ_3、σ_4，如图 7-25 所示。选取向右的方向为正方向，在两块金属板中分别任选一点 P_1、P_2。根据无限大均匀带电平面的场强公式，并由场强叠加原理可知，

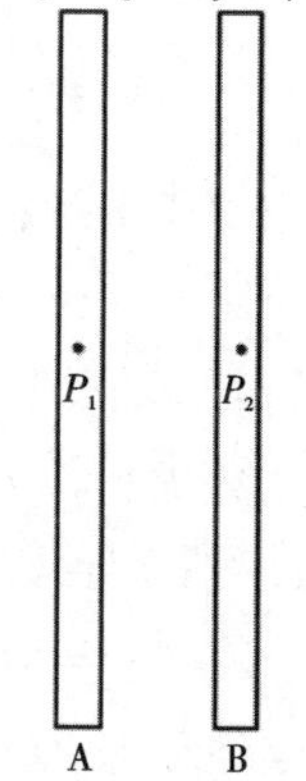

图 7-25　例 7.14 题图

$$E_1=\frac{\sigma_1}{2\varepsilon_0}-\frac{\sigma_2}{2\varepsilon_0}-\frac{\sigma_3}{2\varepsilon_0}-\frac{\sigma_4}{2\varepsilon_0}=0$$

$$E_2=\frac{\sigma_1}{2\varepsilon_0}+\frac{\sigma_2}{2\varepsilon_0}+\frac{\sigma_3}{2\varepsilon_0}-\frac{\sigma_4}{2\varepsilon_0}=0$$

由电荷守恒定律可知，

$$\sigma_1+\sigma_2=\frac{Q_1}{S}$$

$$\sigma_3+\sigma_4=\frac{Q_2}{S}$$

解以上四式，得

$$\sigma_1=\sigma_4=\frac{Q_1+Q_2}{2S}$$

$$\sigma_2=-\sigma_3=\frac{Q_1-Q_2}{2S}$$

由上面两式可知，两无限大导体平板相对的两内面带等量异号电荷，而外表面带同样的电荷。从电场线的观点来考虑，由于静电场的电场线既不能穿过导体，又不能中止于无电荷的地方，故两内表面必带等量异号电荷。

当 $Q_1=-Q_2$ 时，$\sigma_1=\sigma_4=0$，$\sigma_2=-\sigma_3=Q_1/S$，即电荷全部分布在两导体板相对的内表面上。对平行板电容器充电就是这种情况，其间的场强为 σ/ε_0。

7.5.3 电容器

电容器是一种重要的电子元件，其功能可以顾名思义，是“容电”，即容纳电荷。

1. 孤立导体

孤立导体是指与其他导体或带电体都足够远，从而不受其他物体所带电荷影响的导体。如果使大小或形状不同的孤立导体带一定的电量，那么它们的电势将不一定相同，就像在各种容器中盛有等量的水，水面的高度不一定相同一样。

当任一个孤立导体带有一定的电量 Q 时，由它所激发的电场 E 也就确定了，因而其电势 U 也确定了。显然，$U\propto E\propto Q$，即孤立导体的电势与它所带的电量成正比。比例系数

$$C=\frac{Q}{U} \tag{7.39}$$

反映导体本身容纳电荷的能力，称为孤立导体的**电容**。它只与导体几何形状有关。在国际单位制中，电容的单位是法拉，简称法（F），1 F=1 C/1 V。法拉这个单位很大，常用单位是微法（μF）或皮法（pF）：1 μF=10^{-6} F，1 pF=10^{-12} F。

对于半径为 R 的孤立导体球，如果它所带的电量为 Q，则它的电势为 $U=Q/4\pi\varepsilon_0 R$。因此，孤立导体球的电容为

$$C=4\pi\varepsilon_0 R \tag{7.40}$$

对于地球那么大的导体球，R=6 400 km，可算得 $C=700\ \mu\text{F}$。所以，孤立导体球的储电能力极差。

2. 常用电容器

在实际应用中，利用静电屏蔽的特点，可以设计一种导体组合，使其体积小，电容大，且不受外界的影响，这就是**电容器**。它由两块称为极板的导体组成，电场集中在两极板之间。若令电容器的两极板分别带电 $+Q$ 和 $-Q$，其间的电势差为 $U=U_+-U_-$，则实验和理论都证明，电容器的电量 Q 与电压 U 也成正比，比值 $C=Q/U$ 称为电容器的**电容**。电容器的电容取决于电容器本身的结构，包括两极板的形状、大小，两极板的相对位置以及两极板间所充填的绝缘材料，与电容器是否带电无关。

最简单而基本的电容器是**平行板电容器**，它是由两块相距很近且平行放置的金属板组成，如图 7-26（a）所示。设极板带电为 Q，两极板的面积为 S，极板之间距离为 d（$d \ll \sqrt{S}$），两极板之间为真空。忽略边缘效应，可认为电荷在两极板上均匀分布，并且两极板之间为匀强电场，由式（7.38），两极板间电压为

$$U = Ed = \frac{\sigma}{\varepsilon_0}d = \frac{Qd}{\varepsilon_0 S}$$

代入电容的定义式，可得

$$C = \frac{\varepsilon_0 S}{d} \tag{7.41}$$

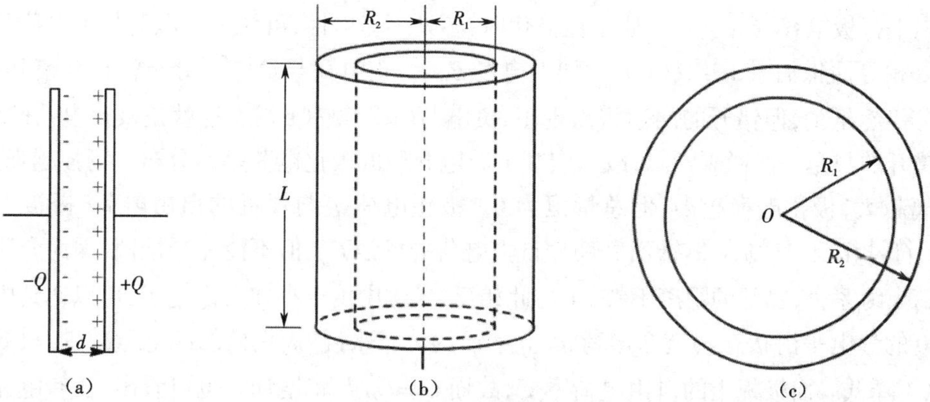

（a）　（b）　（c）

图 7-26　电容器

（a）平行板电容器　（b）圆柱形电容器　（c）球形电容器。

圆柱形电容器由两个同轴的金属圆筒组成，如图 7-26（b）所示。设圆筒长度为 l，两筒的半径分别为 R_1 和 R_2，两筒之间为真空。设电容器极板带电为 Q，忽略边缘效应。其场强参见式（7.10），电压参见式（7.34），可得

$$C = \frac{2\pi\varepsilon_0 l}{\ln(R_2/R_1)} \tag{7.42}$$

球形电容器由两个同心的金属球壳组成，如图 7-26（c）所示。参照例 7.10 的结果，容易求出其电容为

$$C = \frac{4\pi\varepsilon_0 R_1 R_2}{R_2 - R_1} \tag{7.43}$$

这三个结果都说明，电容器的电容确实只取决于电容器的几何结构，与极板上面所带电量无关。

7.6 电介质

介质在电场和磁场中都会发生某种变化,体现出某种电性质和磁性质。当我们只研究介质的电性质时,常常就称之为**电介质**。同样,只研究介质的磁性质时,就称之为**磁介质**。电介质和磁介质并不是对介质种类的划分,而只是研究其某类性质时的通俗说法。

电介质又称**绝缘体**,如云母、橡胶、玻璃、陶瓷等。在通常条件下,电介质中正负电荷束缚得很紧,内部可以自由运动的电荷极少,所以导电性能差。

7.6.1 电介质的极化

电介质处于电场中,其微观的分子、原子状态会因电场而发生变化,导致宏观上出现新的电荷(称为**极化电荷**或**束缚电荷**),从而改变总电场(通常是使其减小)。(在复杂情形时,极化电荷还会改变原有**自由电荷**分布。)这种现象称为**极化**。电场为什么会减弱呢?**所有电场的变化都是由于电荷分布的变化**。跟导体的静电感应类似,介质处于电场中会出现极化电荷,从而改变总电场。

以平行板电容器为例。介质未被极化时,各处不显电性,可认为正电荷与负电荷分布正好处处相等而抵消(图 7-27(a))。加上电场 $\boldsymbol{E}_0$ 后,正电荷与负电荷分布将相互错开:重叠的部分仍然抵消,但错开的两边将出现正、负电荷(图 7-27(b))。这就是极化电荷的由来。它们错开的只是一段微观距离,故从宏观上看电介质的极化电荷呈面分布。场强越强,错开的距离越大,极化电荷越多,但总量恒为 0。极化电荷 q' 与邻近的**自由电荷**(极板上的电荷)q_0 符号相反,其场强 $\boldsymbol{E}'$ 抵消一部分自由电荷的场强 $\boldsymbol{E}_0$,但不能完全抵消,因为介质中正负电荷束缚紧密,错开的距离不够。(与此相反,导体中由于存在自由电子,可以达到内部场强为 0 的静电平衡状态。)就**净电荷** $q=q_0+q'$ 的分布来说,极板处的净电量减少,故场强减少,电压降低。而极板上的自由电荷不变,故而 $C=Q/U$ 将增加。也可看出,在有电介质情形,电容定义中的 Q 不是总的净电荷,而只是自由电荷,写成 $C=Q_0/U$ 更合适。这是因为电容器是"容电"的,而可以"放进去、取出来"的电荷只是自由电荷。

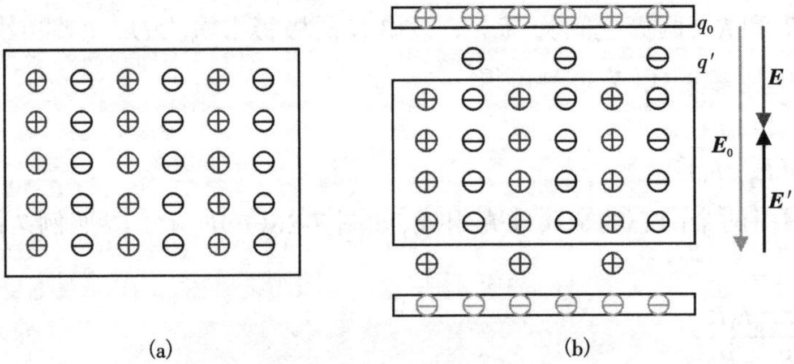

图 7-27 极化电荷的产生

(a)未极化时不显电性 (b)被极化时正负电荷分布错开

7.6.2　有介质时的高斯定理

我们的任务是根据介质情况和自由电荷 q_0 的情况求解介质被极化后的内部场强 $\boldsymbol{E}$。根据前面的分析,有

$$\boldsymbol{E} = \boldsymbol{E}_0 + \boldsymbol{E}' \tag{7.44}$$

其中, $\boldsymbol{E}_0$ 和 $\boldsymbol{E}'$ 分别是空间所有自由电荷 q_0 及所有极化电荷 q' 产生。只要把两类电荷同时考虑进来,高斯定理仍然成立:

$$\oint_S \boldsymbol{E}\cdot \mathrm{d}\boldsymbol{S} = \frac{1}{\varepsilon_0}\sum q = \frac{1}{\varepsilon_0}\sum (q_0 + q') \tag{7.45}$$

但是直接使用时遇到如下困难: $\boldsymbol{E}$ 待求,但 q' 的分布也未知。如果方程右边只出现自由电荷,那么会容易处理些,但此时左边呢?

实际上,对于一般情形,存在所谓的**有介质时的高斯定理**:

$$\oint_S \boldsymbol{D}\cdot \mathrm{d}\boldsymbol{S} = \sum q_0 \tag{7.46}$$

其中, $\boldsymbol{D}$ 为**电位移**,是包含总电场 $\boldsymbol{E}$ 以及介质极化状态信息的一个物理量,而 $\sum q_0$ 是高斯面内所有自由电荷的代数和。

7.6.3　各向同性的线性电介质

电位移与总场强有什么关系? 一般情形比较复杂。但对于**各向同性的线性介质**则很简单:

$$\boldsymbol{D} = \varepsilon \boldsymbol{E} = \varepsilon_r \varepsilon_0 \boldsymbol{E} \tag{7.47}$$

其中,常数 $\varepsilon = \varepsilon_r\varepsilon_0$ 称为电介质的**介电常数**(**电容率**),而 ε_r 称为电介质的**相对介电常数**(**相对电容率**),是一个无量纲的量,且通常 $\varepsilon_r > 1$。式(7.47)**逐点成立**,可用于非均匀情形,如 ε 随空间位置而变,或者不同区域充以不同介质。表 7.1 为几种电介质的相对介电常数。

表 7.1　几种电介质的相对介电常数

电介质	相对介电常数 ε_r
真空	1
空气	1.000 59
石蜡	2
变压器油	2.24
纸	3.5
云母	4~7
瓷	6~8
玻璃	5~10
水	80
聚乙烯	2.3
钛酸钡	10^2~10^4

在**均匀**的各向同性线性介质**充满**电场所在的空间时，充满前后自由电荷的分布不会改变。把式（7.47）代入式（7.46），注意 $\varepsilon=\varepsilon_r\varepsilon_0$ 是常数，可以得到

$$\oint_S \boldsymbol{E}\cdot d\boldsymbol{S}=\frac{1}{\varepsilon}\sum q_0 \tag{7.48}$$

而无介质时根据高斯定理式（7.21），有 $\oint_S \boldsymbol{E}_0\cdot d\boldsymbol{S}=\sum q_0/\varepsilon_0$。两相对比，注意闭合曲面 S 的任意性，即有

$$\boldsymbol{E}=\frac{\boldsymbol{E}_0}{\varepsilon_r} \tag{7.49}$$

而且，比较式（7.45）与式（7.48）的右边，根据闭合曲面 S 的任意性，可以得到自由电荷、极化电荷、净电荷与介电常数之间逐点成立的关系：

$$q=q_0+q'=\frac{q_0}{\varepsilon_r} \tag{7.50}$$

如果电容器充好电后保持极板电量不变，然后在极板间充满某种均匀的各向同性电介质，那么，由于场强减弱（见式（7.49）），电压也因 $U\propto E$ 而变小为 $U=U_0/\varepsilon_r$。根据电容的定义 $C=Q/U$，其电容也将增大为

$$C=\varepsilon_r C_0 \tag{7.51}$$

这正是我们提高电容器电容的常用方法。

由高斯定理式（7.46），电位移通量只取决于封闭曲面内的自由电荷的代数和，与极化电荷无关。在计算电介质中的电场时，如果体系具有较高的对称性，就可以由式（7.46）求出电位移 $\boldsymbol{D}$，再通过式（7.47）求出 $\boldsymbol{E}$，从而可以避开对极化电荷分布的讨论，使问题大为简化。

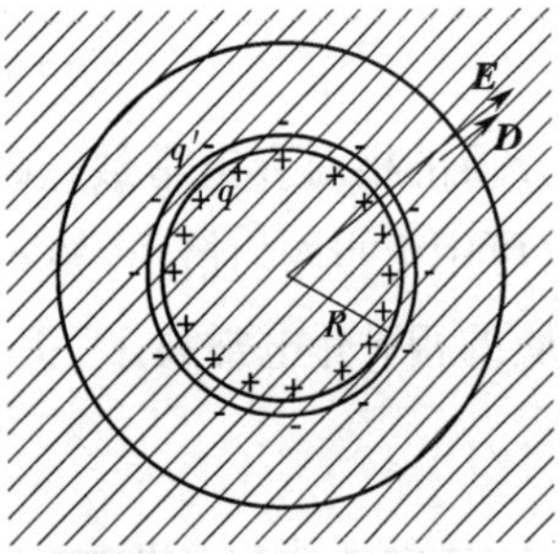

图 7-28　例 7.15 题图

例 7.15　半径为 R、电荷为 q_0 的金属球放入介电常数为 ε 的均匀无限大电介质中（图 7-28），求金属球内外的场强分布。（在金属球内部可取 $\varepsilon_r=1$）。

解　本题具有球对称性，仿照例 7.6 的分析方法，可知电位移矢量具有球对称性。由导体静电平衡条件，金属球内 E=0，且所带电荷只能均匀分布在金属球的表面上。在过电介质中任一点作一个半径为 r 的同心球面，由电介质中的高斯定理，有

$$\oint_S \boldsymbol{D}\cdot d\boldsymbol{S}=\oint_S D dS=D\oint_S dS=D4\pi r^2=q_0$$

所以

$$\boldsymbol{D}=\frac{q_0}{4\pi r^2}\boldsymbol{e}_r$$

其中，$\boldsymbol{e}_r$ 是沿径向向外的单位矢量。再由式（7.47）可得

$$\boldsymbol{E}=\frac{q_0}{4\pi\varepsilon r^2}\boldsymbol{e}_r \quad (r>R)$$

由例 7.6 的结果 $\boldsymbol{E}=\dfrac{q}{4\pi\varepsilon_0 r^2}\boldsymbol{e}_r$，可知充满均匀介质时的场强减少到无电介质时的 $1/\varepsilon_r$ 倍。

（2）极化电荷只均匀分布在球面处，根据式（7.50），有

$$q' = \frac{q_0}{\varepsilon_r} - q_0 = q_0\left(\frac{1}{\varepsilon_r} - 1\right) = q_0\left(\frac{\varepsilon_0}{\varepsilon} - 1\right)$$

7.7 静电场的能量

7.7.1 电容器的静电能

电容器不仅能储存（自由）电荷，还能储存能量，因为充电过程外界电源需要做功。

为使电源做的功全部用于增加电容器能量而没有耗散等其他损失，我们需要建立如下**电压平衡的可逆过程**：电源每次做功仅把电荷元 dq 从负极板搬到正极板，其电动势可变，时刻与电容器电压 u（此时正极板电荷为 q）相等，故其做的元功为 $đA = u dq = \frac{q}{C} dq$。于是，总功为

$$A = \int_0^Q u dq = \int_0^Q \frac{q}{C} dq = \frac{Q^2}{2C}$$

故电容器所储存的静电能 W 为

$$W = \frac{Q^2}{2C} = \frac{1}{2}QU = \frac{1}{2}CU^2 \tag{7.52}$$

其中已利用了关系式 $Q = CU$。该式也适用于孤立导体。

如果直接用电动势为末态电压 U 的电源充电，其做的总功为 $UQ = CU^2$，而电容器的静电能仍为 $CU^2/2$。其余的部分被耗散或辐射出去了。

7.7.2 电场的能量

电容器的能量储存于什么地方？或者说，静电能的载体是什么？是电荷还是电场？超距作用的观点认为是前者，即有电荷的地方才有能量，而近距作用（即场的观点）的观点认为是后者，即有电场的地方才有能量。于是，能量不是定域于极板处（哪里有电荷），而是定域于极板间（哪里有电场）。

电容器内的静电能由式（7.52）给出。以平行板电容器为例，设极板面积为 S，极板距离为 d，电容器内的体积为 $V = Sd$，极板间充满相对介电常数为 ε_r 的均匀电介质，由式（7.49）和式（7.51）可知

$$C = \frac{\varepsilon_0\varepsilon_r S}{d}$$

而两极板间的电压可用场强表示为 $U = Ed$，故

$$W = \frac{1}{2}CU^2 = \frac{1}{2}\frac{\varepsilon_0\varepsilon_r S}{d}(Ed)^2 = \frac{1}{2}\varepsilon E^2 Sd$$

由于平行板电容器内部的电场是均匀的，电场能量也应该是均匀分布的，故**静电能密度**（单位体积内的静电能）为

$$w = \frac{W}{V} = \frac{1}{2}\varepsilon E^2 = \frac{1}{2}DE \tag{7.53}$$

上面能量密度公式虽然是利用平行板电容器（匀强电场）这一特例推导出来的，但其实也适用于非匀强电场。静电场中任意区域内的电场能量都可用式（7.53）通过积分求出，即

$$W = \int w\mathrm{d}V = \int \frac{1}{2}\varepsilon E^2\mathrm{d}V \tag{7.54}$$

例 7.16 一平行板空气电容器的极板面积为 S，间距为 d，用电源充电后两极板带电分别为 $+Q$ 和 $-Q$。断开电源后，再把两极板的距离拉开至 L。求：（1）外力所做的功；（2）外力的大小。

解 （1）外力所做的功应等于电容器电场能量的增量。断开电源后，极板电量 Q 不变，面电荷密度 $\sigma = Q/S$ 不变，故 $E = \sigma/\varepsilon_0$ 不变，能量密度不变。而体积增大，故静电能增大。

由式（7.52），

$$\Delta W = W_2 - W_1 = \frac{Q^2}{2C_2} - \frac{Q^2}{2C_1} = \frac{Q^2(d_2 - d_1)}{2\varepsilon_0 S} = \frac{Q^2 L}{2\varepsilon_0 S}$$

其中用到了式（7.41）。或者根据式（7.54），增加的静电能储存于增加的板间空间中，故

$$\Delta W = \frac{1}{2}\varepsilon_0 E^2 \cdot SL = \frac{1}{2}\varepsilon_0\left(\frac{Q/S}{\varepsilon_0}\right)^2 SL = \frac{Q^2 L}{2\varepsilon_0 S}$$

故外力做功

$$A = \Delta W = \frac{Q^2 L}{2\varepsilon_0 S}$$

（2）$F = \dfrac{A}{L} = \dfrac{Q^2}{2\varepsilon_0 S}$

习 题

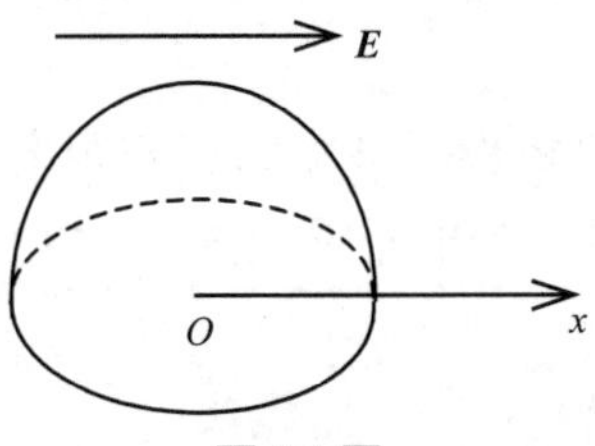

题 7.1 图

7.1 一电场强度为 $\boldsymbol{E}$ 的均匀电场，$\boldsymbol{E}$ 的方向沿 x 轴正向，如题图所示. 则通过图中一半径为 R 的半球面的电场强度通量为（　　）。

A. pR^2E

B. $pR^2E/2$

C. $2pR^2E$

D. 0

7.2 有一边长为 a 的正方形平面，在其中垂线上距中心 O 点 $a/2$ 处，有一电荷为 q 的正点电荷，如题图所示，则通过该平面的电场强度通量为（　　）。

A. $\dfrac{q}{3\varepsilon_0}$

B. $\dfrac{q}{4\pi\varepsilon_0}$

C. $\dfrac{q}{3\pi\varepsilon_0}$

D. $\dfrac{q}{6\varepsilon_0}$

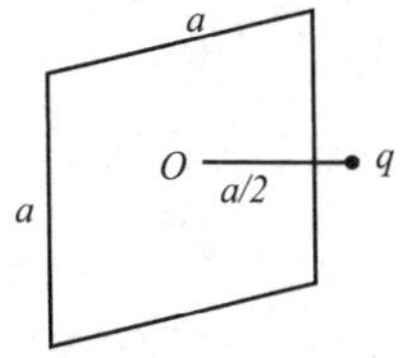

题 7.2 图

7.3　点电荷 Q 被曲面 S 所包围，从无穷远处引入另一点电荷 q 至曲面外一点，如题图所示，则引入前后，(　　)。

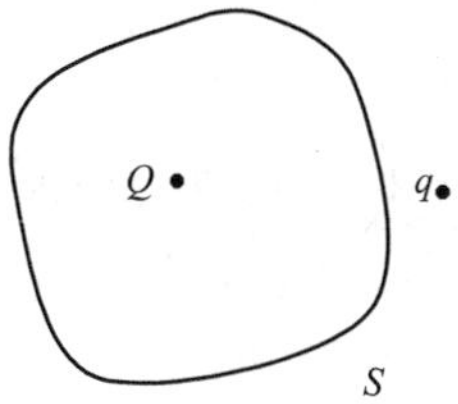

题 7.3 图

A. 曲面 S 的电场强度通量不变，曲面上各点场强不变

B. 曲面 S 的电场强度通量变化，曲面上各点场强不变

C. 曲面 S 的电场强度通量变化，曲面上各点场强变化

D. 曲面 S 的电场强度通量不变，曲面上各点场强变化

7.4　一空心导体球壳，其内、外半径分别为 R_1 和 R_2，带电荷 q，如题图所示。当球壳中心处再放一电荷为 q 的点电荷时，则导体球壳的电势（设无穷远处为电势零点）为(　　)。

A. $\dfrac{q}{4\pi\varepsilon_0 R_1}$

B. $\dfrac{q}{4\pi\varepsilon_0 R_2}$

C. $\dfrac{q}{2\pi\varepsilon_0 R_1}$

D. $\dfrac{q}{2\pi\varepsilon_0 R_2}$

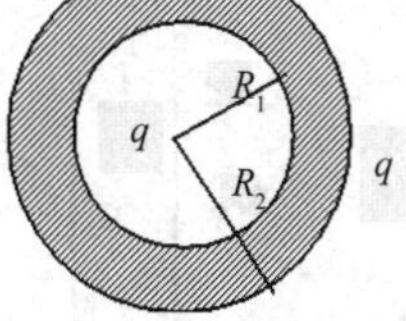

题 7.4 图

7.5　两个同心薄金属球壳（厚度不计），半径分别为 R_1 和 R_2（$R_2 > R_1$）。若分别带上电荷 q_1 和 q_2，则两者的电势分别为 U_1 和 U_2（选无穷远处为电势零点），现用导线将两球壳相连接，则它们的电势为(　　)。

A.U_1　　B.U_2

C.U_1+U_2　　D. $\dfrac{1}{2}(U_1+U_2)$

7.6　一导体球外充满相对介电常量为 ε_r 的均匀电介质，若测得导体表面附近场强为 E，则导体球面上的自由电荷面密度 s 为(　　)。

A.$\varepsilon_0 E$　　B.$\varepsilon_0\varepsilon_r E$

C.$\varepsilon_r E$　　D.$(\varepsilon_0\varepsilon_r-\varepsilon_0)E$

7.7　用力 F 把电容器中的电介质板拉出，在题图(a)和题图(b)的两种情况下，电容器中储存的静电能量将(　　)。

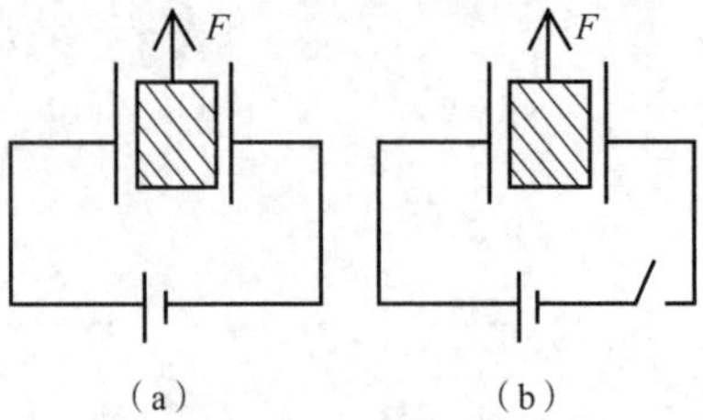

题 7.7 图

（a）充电后仍与电源连接 （b）充电后与电源断开

A. 都增加　　　　　　　　　　B. 都减少

C.（a）增加，（b）减少　　　　　D.（a）减少，（b）增加

7.8 两个平行的“无限大”均匀带电平面，其电荷面密度分别为 $+\sigma$ 和 $+2\sigma$，如题图所示，则 A、B、C 三个区域的电场强度分别为 E_A=________，E_B=________，E_C=________。（设方向向右为正）

7.9 A、B 为真空中两个平行的“无限大”均匀带电平面，已知两平面间的电场强度大小为 E_0，两平面外侧电场强度大小都为 $E_0/3$，方向如题图所示，则 A、B 两平面上的电荷面密度分别为 s_A=________，s_B=________。

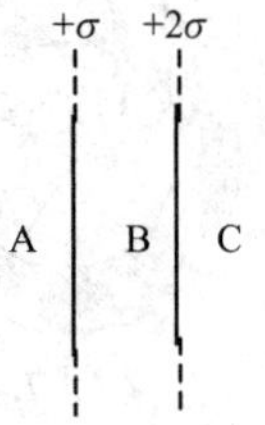

题 7.8 图

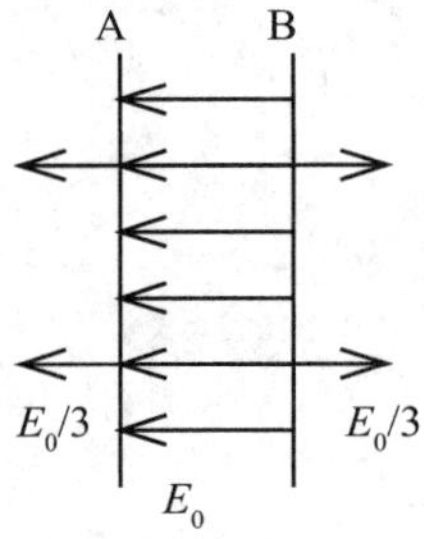

题 7.9 图

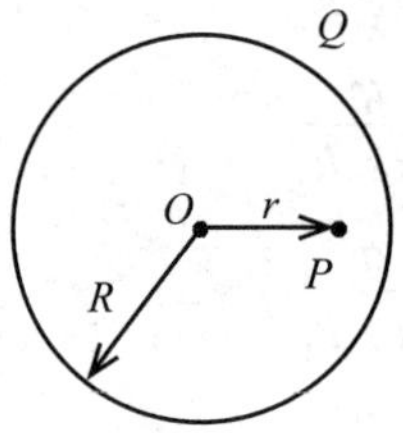

题 7.10 图

7.10 如题图所示，半径为 R 的均匀带电球面，总电荷为 Q，设无穷远处的电势为零，则球内距离球心为 r 的 P 点处的电场强度 E 为________，电势为________。

7.11 一均匀静电场，电场强度 $\boldsymbol{E}=(400\boldsymbol{i}+600\boldsymbol{j})$ V/m，则点 a(3, 2)和点 b(1, 0)之间的电势差 U_{ab}=____________。（点的坐标(x,y)以 m 计。）

7.12 空气平行板电容器的两极板面积均为 S，两板相距很近，电荷在平板上的分布可以认为是均匀的。设两极板分别带有电荷 $\pm Q$、$-Q$，则两板间相互吸引力为____________。

7.13 两个电量都是 $+q$ 的点电荷分别固定在真空中两点 A、B 上相距 $2a$。在它们连线的中垂线上放一个电量为 q' 的点电荷，q' 到 A、B 连线中点的距离为 r。（1）求 q' 所受的静电力，并讨论 q' 在 A、B 连线的中垂线上哪一点受力最大？（2）若 q' 在 A、B 的中垂线上某一位置由静止释放，它将如何运动？分别就 q' 与 q 同号和异号两种情况进行讨论。

7.14 在正方形的顶点上各放一个点电荷 q。（1）证明放在正方形中心的任意点电荷受力为零。（2）若在正方形中心放一个点电荷 q'，使得顶点上每个点电荷受到的合力恰好为零，求 q' 与 q 的关系。

7.15　半径为 R，均匀带电为 q 的细圆环，上有一缺口长为 $\mathrm{d}l$，求环心的场强（$\mathrm{d}l \ll R$）。

7.16　如题图所示，真空中一长为 L 的均匀带电细直杆，总电荷为 q，试求在直杆延长线上距杆的一端距离为 d 的 P 点的电场强度。

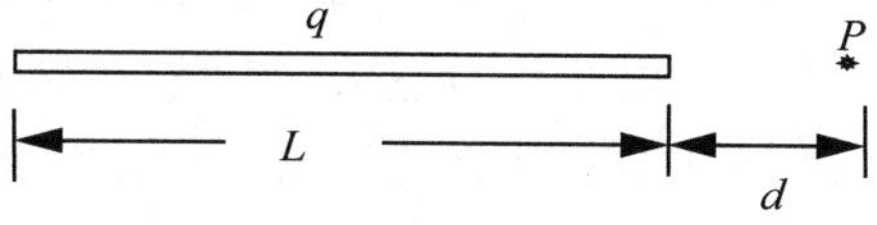

题 7.16 图

7.17　带电细线弯成半径为 R 的半圆形，电荷线密度为 $l=l_0\sin f$，式中 l_0 为一常数，f 为半径 R 与 x 轴所成的夹角，如题图所示。试求环心 O 处的电场强度。

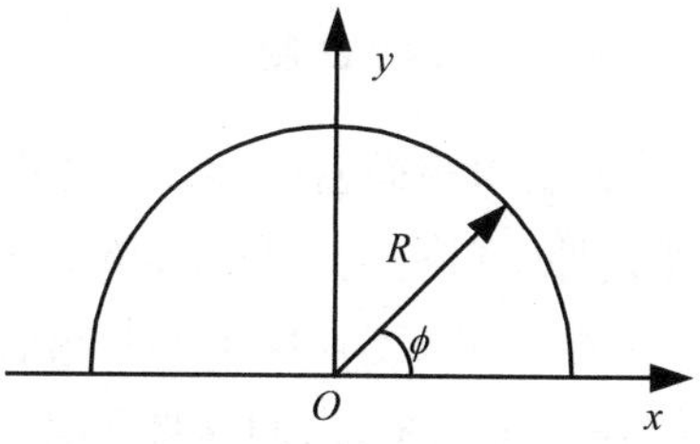

题 7.17 图

7.18　如题图所示一厚度为 d 的无限大均匀带电平板，电荷体密度为 r。试求板内外的场强分布，并画出场强随坐标 x 变化的图线，即 E-x 图线（设原点在带电平板的中央平面上，Ox 轴垂直于平板）。

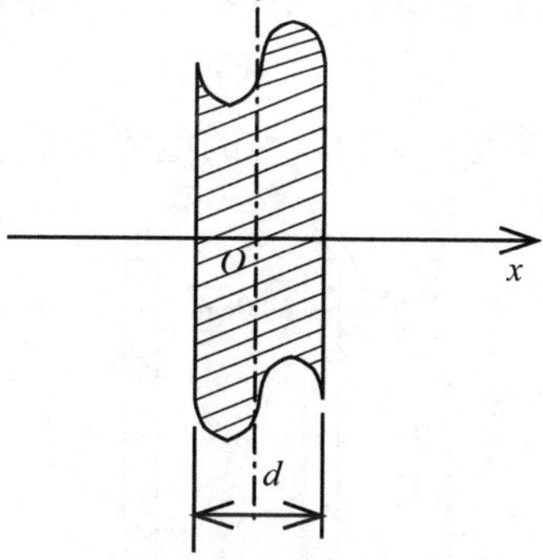

题 7.18 图

7.19　求半径为 R、带电量为 Q 的均匀带电球体内外的场强分布。

7.20　求半径为 R、面电荷密度为 σ 的无限长均匀带电圆柱面内外的场强分布。

7.21　半径分别为 R_1 和 R_2（$R_2 > R_1$）的一对无限长共轴圆柱面上均匀带电，沿轴线单位长度的电荷分别为 λ_1、λ_2。（1）求空间各区域的场强分布。（2）若 $\lambda_1 = -\lambda_2$，情况如何？

7.22 半径分别为R_1和R_2（$R_2 > R_1$）的一对无限长共轴圆柱面上均匀带电，沿轴线单位长度的电荷分别为$+\lambda$、$-\lambda$。把电势参考点选在轴线上，求：（1）距轴线为r处的电势；（2）两圆柱面间的电势差。

7.23 如题图所示，$AB = 2L$，$\overset{\frown}{OCD}$是以B为圆心、L为半径的半圆。A点有正电荷$+q$，B点有负电荷$-q$。（1）将单位正点电荷从O点沿$\overset{\frown}{OCD}$移动到D点，电场力做了多少功？（2）将单位负点电荷从D点沿AD的延长线移动到无穷远处，电场力做了多少功？

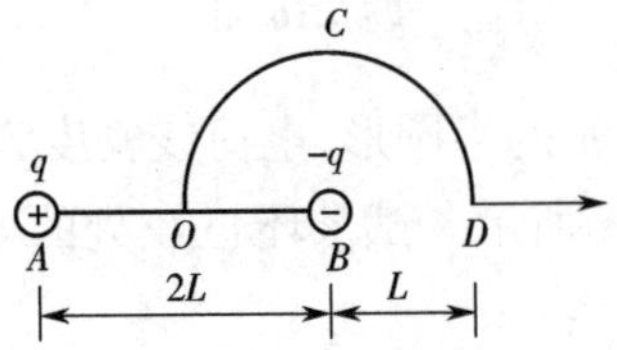

题 7.23 图

7.24 半径为R的均匀带电圆盘，电荷面密度为σ。计算轴线上的电势分布。

7.25 轻原子核结合成较重的原子核称为核聚变，核聚变时能释放大量的能量。例如，四个氢原子核（质子）聚变成一个氦原子核（α粒子）时，可释放出28 MeV的能量，这种核聚变就是太阳发光发热的能量来源。多年来，人们一直在研究如何实现受控核聚变，以解决人类的能源问题。实现核聚变的困难在于原子核都带正电荷，相互排斥，在一般情况下不能相互靠近而发生结合。只有在温度非常高时，原子核热运动的速度十分快，才能冲破原子核之间的斥力碰到一起，发生热核聚变。根据统计物理学可知，温度为T时，粒子的平均平动动能为$\frac{3}{2}kT$，其中k=1.38×10^{-23} J/K，称为玻尔兹曼常数。已知质子的半径约为r=1×10^{-15} m。试计算两个质子因热运动而达到相互接触时所需的最低温度。

7.26 如题图所示，三块平行的金属板A、B和C，面积都为200 cm^2，A、B相距4.0 mm，A、C相距2.0 mm，B和C都接地。如果使A板带+3.0×10^{-7}C的电荷，略去边缘效应，问：（1）B、C两板上的感应电荷各是多少？（2）以地的电势为零，A板的电势为多少？

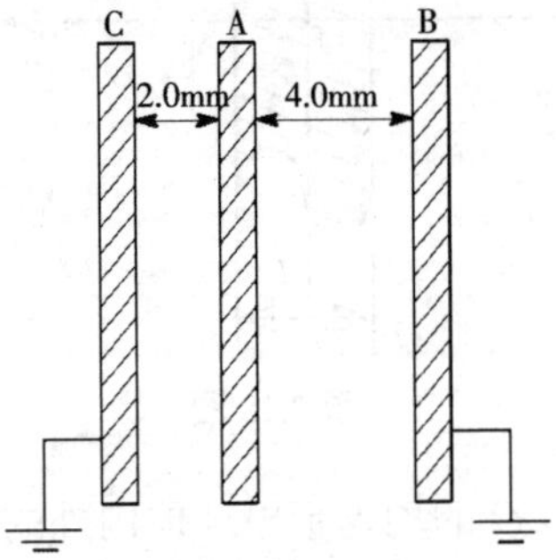

题 7.26 图

7.27 一个由三块平行金属板组成的电容器，每块面积10^{-2} m^2。内板和两块外板之间的距离分别为1 mm和2 mm。起初两块外板接地，内板充电至电势为3 000 V。现将地线和电源线断开，再将内板移出。求：（1）留在两外板上的电量；（2）两外板间的电势差。

7.28　半径为 R_1 的金属球被另一个同心放置的、内外半径分别为 R_2、R_3 的金属球壳所包围，二者的电势分别为 U_1、U_2。求：(1)金属球壳内外表面的电量；(2)空间的场强分布；(3)如果用导线把球与球壳连接起来，达到静电平衡后，场强情况如何？

7.29　如是半径为 R_A 的金属球 A 外罩一同心金属球壳 B，球壳很薄，内外半径都可看作 R_B(见题图)。已知 A、B 的带电量分别为 Q_A、Q_B。

(1)求 A 的表面 S_1 及 B 的内外表面 S_2、S_3 的电荷 q_1、q_2、q_3。

(2)求 A、B 的电势 U_A、U_B。

(3)将球壳 B 接地，再回答(1)、(2)两问。

(4)在(2)问之后将 A 接地，再回答(1)、(2)两问。

(5)在(2)问之后在 B 外罩一个很薄的同心金属球壳 C(半径为 R_C)，则回答(1)、(2)两问，并求出 C 的电势。

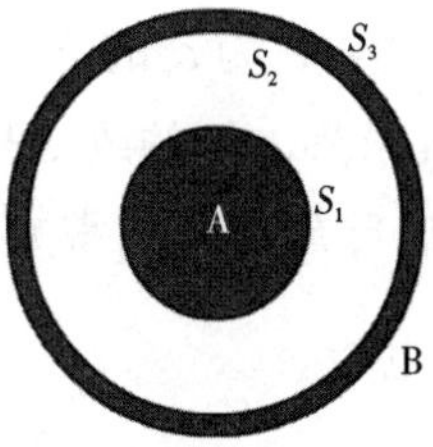

题 7.29 图

7.30　如题图所示，在半径为 R 的金属球外距球心为 a 处放一点电荷 $+q$，球内一点 P 到球心的距离为 r，求感应电荷在 P 点激发的场强。

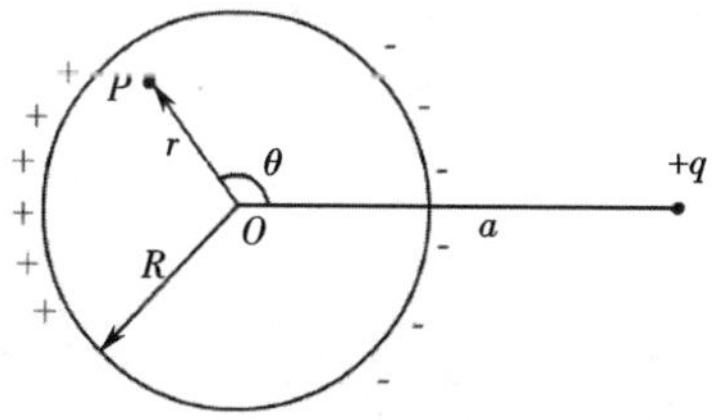

题 7.30 图

7.31　平行板电容器两极板 A、B 的面积都是 S，它们之间距离为 d。在两板之间平行地放一厚度为 t($t<d$)的中性金属板 D，忽略边缘效应，求此电容器的电容 C。问金属板离极板的远近对电容 C 有无影响？

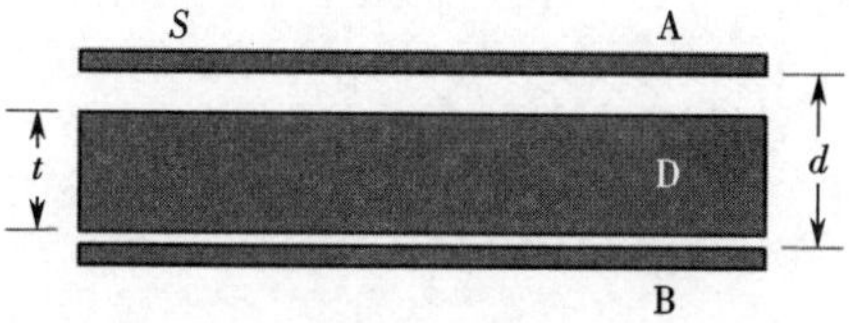

题 7.31 图

7.32　空气的击穿场强为 3×10^3 kV/m。当一个空气平行板电容器两极板间的电势差为 50 kV 时，每平方米面积最大电容是多少？

7.33 在半径为 R 的金属球之外有一层半径为 R' 的均匀电介质层。电介质的相对介电常数为 ε_r，求：(1)电介质层内、外的场强分布；(2)电介质层内、外的电势分布；(3)金属球的电势。

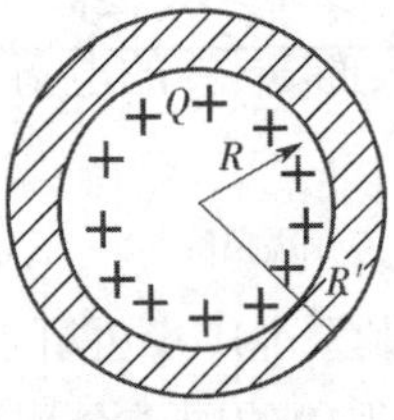

题 7.33 图

7.34 平行板电容器的极板面积为 S，间距为 d，由一恒压电源对其充电至两极板间电压为 U。现将一块厚度为 d、相对介电常数为 ε_r 的均匀电介质板插入两极板之间。分别就电源断开和电源保持接通这两种情况求静电能的改变和外力对电介质板所做的功。

7.35 半径为 R、电荷为 q 的金属球放入介电常数为 ε 的均匀无限大电介质中，分别利用 $W_e=\dfrac{q^2}{2C}$ 和 $W_e=\int\dfrac{1}{2}\varepsilon E^2\mathrm{d}V$ 求总静电能。

第 8 章　稳恒磁场

在静止电荷的周围，存在着电场；如果电荷运动形成电流，那么，在其周围就还有磁场。稳恒电流则在其周围产生稳恒磁场。本章主要研究这一系列相关问题。

8.1　稳恒电流

8.1.1　电流密度

电荷的定向运动形成电流。导体中形成电流的带电粒子称为**载流子**，不同种类的导体有不同类型的载流子：金属中是自由电子，半导体中是电子和带正电的空穴，电解液中是正、负离子，电离气体中是正、负离子及电子。就大部分情况（除了霍尔效应、电流的化学效应等现象）而言，正电荷的流动和负电荷的反向流动是等效的。习惯上把电流等效于正电荷的运动，规定正电荷流动的方向为电流的方向。

单位时间内通过导体任一横截面的电量称为**电流强度**（简称**电流**）：

$$I=\lim_{\Delta t\to 0}\frac{\Delta q}{\Delta t}=\frac{\mathrm{d}q}{\mathrm{d}t} \tag{8.1}$$

它描绘了电流的强弱。在国际单位制中电流的单位是**安培**，简称安（A）。安培是国际单位制的一个基本单位。

设单个载流子的电量为 q，导体中载流子的粒子数密度为 n，则载流子的电荷密度为 $\rho=nq$。设其定向移动速度为 v，则在 $\mathrm{d}t$ 时间内通过横截面积 $\mathrm{d}S$ 的电荷必然位于图 8-1 中的长方体内，其总量为 $\mathrm{d}q=\rho\mathrm{d}V=\rho\mathrm{d}S\cdot v\mathrm{d}t$，故由式（8.1）有

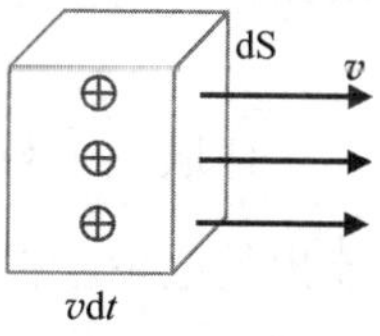

图 8-1　电流

$$\mathrm{d}I=\rho v\mathrm{d}S=nqv\mathrm{d}S \tag{8.2}$$

显然，电流与横截面积成正比，其比例系数就称为**电流密度**：

$$J=\frac{\mathrm{d}I}{\mathrm{d}S}=\frac{\mathrm{d}q}{\mathrm{d}t\mathrm{d}S}=\rho v=nqv \tag{8.3}$$

电流强度 I 和电流密度 J 的区别是，**I 是针对面（或面元）定义的，而 J 可以针对点来定义**。而且，J 可以定义为矢量，其方向与该点正电荷运动方向相同：

$$\boldsymbol{J}=\rho\boldsymbol{v}=nq\boldsymbol{v} \tag{8.4}$$

从而详细描述了电流的局部性质，包括强弱和方向。

电流在不均匀导体或者在大块导体中流动时，各部分的电流的强弱和方向一般不均匀，形成一定的电流分布。例如，图 8-2 中为粗细不均匀的导线中的电流分布，在过渡部分的 A、B 两点的电流方向不相同，且 D 点附近电流比 C 点拥挤。这些不同正是电流密度的不

同,而在电流强度中无从反映。

对于在图 8-3 中,通过一般面元 $\mathrm{d}\boldsymbol{S}=\mathrm{d}S\boldsymbol{e}_n$ 的电流 $\mathrm{d}I$ 与通过垂直面积 $\mathrm{d}S_\perp$ 的电流相等,注意式(8.3)中的 $\mathrm{d}S$ 为横截面积,实为此处的 $\mathrm{d}S_\perp$,故有 $\mathrm{d}I=J\mathrm{d}S_\perp=J\mathrm{d}S\cos\theta$,即

$$\mathrm{d}I=\boldsymbol{J}\cdot\mathrm{d}\boldsymbol{S} \tag{8.5}$$

而通过某一曲面 S 的电流就是通过该曲面各个面元的电流的代数和,即

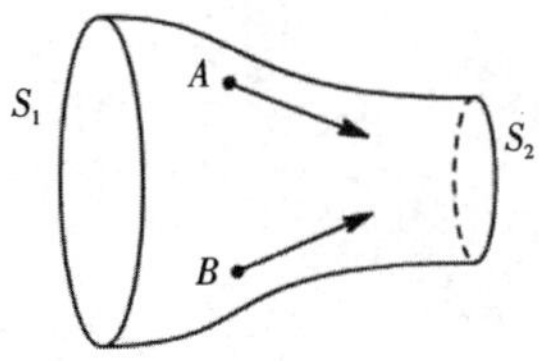

图 8-2　电流的非均匀分布

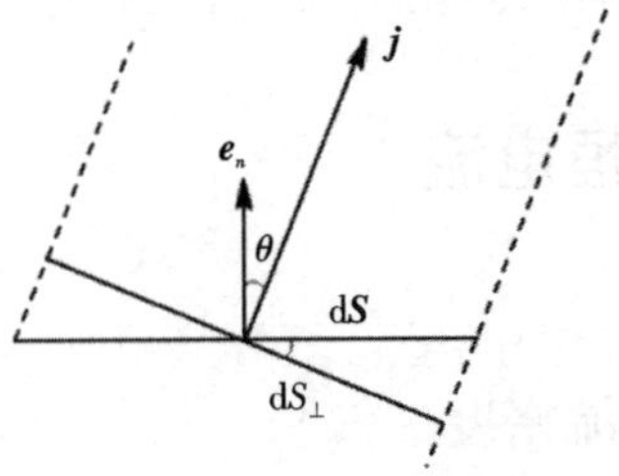

图 8-3　通过面元的电流

$$I=\int_S \boldsymbol{J}\cdot\mathrm{d}\boldsymbol{S} \tag{8.6}$$

显然电流的正负与曲面 S 的法向矢量方向的选择有关。当 S 为封闭曲面时,通常规定法向矢量的方向是指向曲面的外部,情况与讨论电通量时一样。

回顾电通量 Φ_E 与场强 $\boldsymbol{E}$ 的关系 $\Phi_E=\int_S \boldsymbol{E}\cdot\mathrm{d}\boldsymbol{S}$ 可以看出,它跟式(8.6)类似。因此,**电流强度就是电流密度的通量**,而电场场强又可称为**电通量密度**。通量 I 和 Φ_E 都描述整体情况,而密度 $\boldsymbol{J}$ 和 $\boldsymbol{E}$ 都描述局部情形。

8.1.2　稳恒电流

任取一个封闭曲面 S,$\boldsymbol{J}$ 的通量 $\oint_S \boldsymbol{J}\cdot\mathrm{d}\boldsymbol{S}$ 就是由面内向面外流出的电流,即单位时间内流出的电量。根据**电荷守恒定律**,它应该等于单位时间内 S 面内电荷 q 的减少量 $-\mathrm{d}q/\mathrm{d}t$,即

$$\oint_S \boldsymbol{J}\cdot\mathrm{d}\boldsymbol{S}=-\frac{\mathrm{d}q}{\mathrm{d}t} \tag{8.7}$$

上式称为**连续性方程**,是电荷守恒定律的数学表达式。

如果导体内各点的电流密度 $\boldsymbol{J}$ 不随时间变化,这样的电流称为**稳恒电流**。在稳恒条件下,空间的电荷分布必须是稳定的,任意封闭曲面 S 内的电量不随时间变化,即 $\mathrm{d}q/\mathrm{d}t=0$。由式(8.7)得

$$\oint_S \boldsymbol{J}\cdot\mathrm{d}\boldsymbol{S}=0 \tag{8.8}$$

这就是**稳恒电流的连续性方程**,又称为**电流的稳恒条件**。它表明单位时间内流入封闭曲面 S 的电量等于流出 S 的电量。如果通过封闭曲面 S 的净电流不为零,比如说单位时间内流入的电量多,流出的电量少,那么 S 内的电量就会增加。电量的改变会导致场强的改变,从而会改变电流情况。于是各处的电流密度将随时间变化,此时的电流就不可能是稳恒电流。

回顾高斯定理 $\oint_S \boldsymbol{E}\cdot\mathrm{d}\boldsymbol{S}=q/\varepsilon_0$ 意味着电场线($\boldsymbol{E}$ 线)有源(始于正电荷,止于负电荷),

那么稳恒电流条件式(8.8)意味着电流线($\boldsymbol{J}$线)无源(无始无终),通常闭合。这就是为什么具有稳恒电流的电路一般都构成回路的原因。

在稳恒电流情况下,虽有电荷运动,但各处电荷分布不随时间变化,所产生的电场也不随时间变化,且与具有同样分布的静止电荷所产生的静电场完全相同,静电场的高斯定理和环路定理都适用,也可以引入电势的概念。两种电场可统称为静电场(亦有人将其统称为**库仑电场**,因为它们都是由电荷按库仑定律激发)。但与电荷静止时不同的是,在电荷流动时导体内部场强不为零,有电势差,从而推动电流,并出现焦耳热。

8.1.3　电动势

在导体中维持稳恒电流的条件是导体内存在静电场,或者说在导体两端维持稳定的电势差。如何才能满足这一条件呢?以电容器放电时产生电流来说明。用导线把电容器的两极板连接起来(图 8-4),正电荷就从 A 极板流动到 B 极板,形成电流。但是这一电流只是暂态电流,不能稳定,因为在放电过程中电容器电量会减少,电压降低,电流也随之减弱直到消失。我们看到,正是由于极板电量 $\mathrm{d}q/\mathrm{d}t\neq0$,这种电流不是稳恒电流。

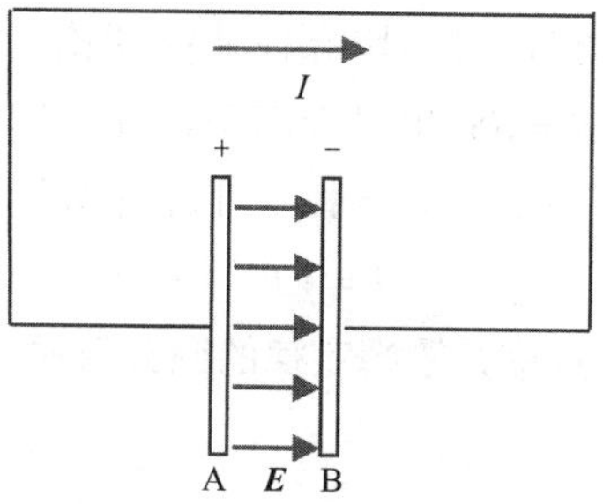

图 8-4　电容器放电

要使电流能够稳定存在,必须使极板电量不变。因此,正电荷必须由 B 极板返回 A 极板,并且正电荷通过导线的电流与通过电容器内部的电流相等。但是电容器内部场强是阻碍正电荷回到 A 极板的,因此必须要有**非静电力 $\boldsymbol{F}_\mathrm{k}$** 来抵抗电场力,使得正电荷能够从电势低的 B 极板逆着电场方向到达电势高的 A 极板。提供非静电力的装置称为**电源**。各种电源的非静电力的形成机制各不相同:干电池是由于化学作用,而普通发电机是由于电磁感应作用。

仿照场强的定义,定义非静电力场的场强为

$$\boldsymbol{K}=\frac{\boldsymbol{F}_\mathrm{k}}{q} \tag{8.9}$$

即 $\boldsymbol{K}$ 等于单位正电荷受到的非静电力。电源工作时,非静电力抵抗静电力而移动电荷做功。将单位正电荷由负极通过电源内部移动到正极时,非静电力所做的功称为电源的**电动势**

$$\mathcal{E}=\int_{-}^{+}\boldsymbol{K}\cdot\mathrm{d}\boldsymbol{l} \tag{8.10}$$

($\mathcal{E}$ 并不是希腊字母 ε(epsilon),而是花斜体的英文大写字母 $\mathcal{E}$)。电动势表示电源中非静电力的做功本领,即将其他形式的能量转化为电能的能力,它是表征电源本身特性的物理量。对于给定的电源,电动势有一定的数值,与是否接通电路无关。通常规定**电动势的正方向为自负极经电源内部到正极的方向**。如果整个闭合回路上都有非静电力,这时的电动势为

$$\mathcal{E}=\oint\boldsymbol{K}\cdot\mathrm{d}\boldsymbol{l} \tag{8.11}$$

与静电场所满足的环路定理$\oint \boldsymbol{E}\cdot d\boldsymbol{l}=0$相比,可知一个是保守力,一个是非保守力。

8.1.4 欧姆定律

欧姆定律和含源欧姆定律用电流密度分别表示为

$$\boldsymbol{J}=\gamma\boldsymbol{E} \tag{8.12}$$

$$\boldsymbol{J}=\gamma(\boldsymbol{K}+\boldsymbol{E}) \tag{8.13}$$

其中,γ为电导率,是电阻率的倒数:$\gamma=1/\rho$。它们又称为欧母定律的**微分形式**。

对均匀导体,存在欧姆定律

$$U=IR \tag{8.14}$$

它针对一块导体才能谈论,我们希望找到逐点成立的对应公式。在图 8-5 中,将$U=El$、$I=JS$和电阻定律$R=\rho l/S$(ρ为电阻率)代入上式,即得$E=J\rho$。常将其改为矢量形式,并使用电导率$\gamma=1/\rho$来表示,得

$$\boldsymbol{J}=\gamma\boldsymbol{E}$$

这就是**欧姆定律的微分形式**。

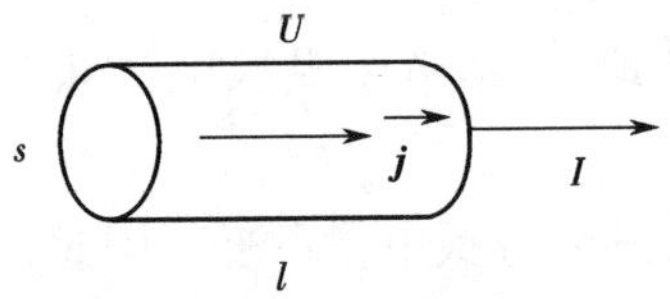

图 8-5 欧姆定律的微分形式

而对于电源内部的含源欧姆定律

$$E-U=Ir$$

采用同样的代换,并考虑到$E=E_k l$(见式(8.11)),可得$J=\gamma(E_k-E)$,或写为矢量式为

$$\boldsymbol{J}=\gamma(\boldsymbol{E}_k+\boldsymbol{E})$$

这就是**含源欧姆定律的微分形式**。

8.2 磁场与毕奥－萨伐尔定律

8.2.1 电流与磁场

人类对磁现象的认识最早是从磁铁开始的。天然磁铁吸引铁、钴、镍等物质的性质,称为**磁性**。条形磁铁两端磁性最强的部分称为**磁极**。同性磁极相互排斥,异性磁极相互吸引。地球本身也是一个巨大的磁铁,地磁北极(N)在地理南极附近,地磁南极(S)在地理北极附近,都有一定偏离。

在历史上,磁学和电学一直独立发展。直到 1820 年,丹麦物理学家奥斯特发现载流导

线附近的磁针会偏转，人们才发现磁和电是有关联的，由此引发新一轮重大发现。此后安培发现，放在磁铁附近的载流导线同样会受到磁力的作用而发生运动，载流导线之间也存在磁力。安培指出：**一切磁现象的根源是电流**，物质的磁性起源于构成物质的分子中的环形电流（称为**分子电流**），每个分子电流都具有磁性。近代关于原子结构的理论表明安培假说的正确性。

由于电流是电荷的运动，所以运动电荷的周围除了电场外还同时存在磁场，而磁场又会对运动电荷（电流）产生磁力作用。因此，带电粒子的运动既要激发磁场，又要受到磁场的作用，可以表示为

$$\text{电流（运动电荷）} \rightleftharpoons \text{磁场} \rightleftharpoons \text{电流（运动电荷）}$$

8.2.2　磁感应强度

仿照前一章中用试探电荷研究电场的方式，因为磁场对运动电荷有力的作用，所以我们用运动电荷作为试探工具来探测磁场。

实验表明，在磁场中任意点 P，当运动电荷的各种因素（电量 q、速度 $\boldsymbol{v}$ 的大小和方向）发生变化时，它所受的力 $\boldsymbol{F}$ 也会发生变化。分析所测得的各种数据，发现存在一个确定的矢量 $\boldsymbol{B}$ 使 $\boldsymbol{F}$ 满足

$$\boldsymbol{F} = q\boldsymbol{v} \times \boldsymbol{B} \tag{8.15}$$

实验表明，在磁场中任一确定的 P 点，运动电荷所受的作用力不仅取决于它的电量 q，而且还取决于它的速度 $\boldsymbol{v}$ 的大小和方向。在 P 点存在一个特定的方向，当电荷速度沿此方向时，所受磁场力为零。这个方向与运动电荷无关，同时也是自由转动的小磁针静止于 P 点时 N 极的指向。这一方向就定义为 P 点矢量 $\boldsymbol{B}$ 的方向。如果保持 q、v 的大小不变，而改变速度 $\boldsymbol{v}$ 的方向，会发现运动电荷所受的力也会改变。当 $\boldsymbol{v}$ 和 $\boldsymbol{B}$ 垂直时，运动电荷受到的磁场力 $\boldsymbol{F}$ 最大。改变电荷的电量 q 和速率 v，F_{max} 也改变，但 $F_{max} \propto qv$。既然比值 F_{max}/qv 与运动电荷的因素无关，那么就必然由磁场本身的性质所决定。该比值就定义为 P 点 $\boldsymbol{B}$ 矢量的大小：

$$B = \frac{F_{max}}{qv}$$

于是，$\boldsymbol{B}$ 的大小和方向都得到了定义。对于速度 $\boldsymbol{v}$ 的其他方向，实验发现运动电荷所受的力垂直于 $\boldsymbol{v}$ 和 $\boldsymbol{B}$ 构成的平面，且大小为 $F_{max}\sin\theta$，其中 θ 为 $\boldsymbol{v}$ 和 $\boldsymbol{B}$ 的夹角。用已经定义好的矢量 $\boldsymbol{B}$ 来表示，则运动电荷所受的力为

$$\boldsymbol{F} = q\boldsymbol{v} \times \boldsymbol{B}$$

这就是**洛仑兹力**公式。

这样找到的 $\boldsymbol{B}$ 就定义为 P 点的**磁感应强度**。（$\boldsymbol{B}$ 按理应称为磁场强度，但由于历史原因，人们用“磁场强度”称呼后面将要提到的矢量 $\boldsymbol{H}$。）它描述了磁场在 P 点的性质。式（8.15）称为**洛仑兹力**公式。在其他点，通过相同的方式找到 $\boldsymbol{B}$，就可以得到 $\boldsymbol{B}$ 随空间点的分布情况。

在国际单位制中，磁感应强度的单位是特斯拉，简称特（T）。根据式（8.15），1 T=1 N/（1 C×1 m/s）。磁感应强度的另一种单位是高斯（Gs 或 G），且 1 T=10^4 Gs。表示同一物理规律的数学表示式会随所用单位制不同而不同，式（8.15）的形式只适用于国际单位制。地球的磁场为（0.3~0.6）×10^{-4} T，而仪表中的小磁铁一般为 10^{-2} T。

8.2.3 毕奥－萨伐尔定律

在静电学中，利用点电荷的场强公式和场强叠加原理，通过求和或者积分就可以在原则上得到各种电荷分布所激发的静电场 $\boldsymbol{E}$。我们把类似的思路用于磁场，将载流导线分割成许多**电流元** $I\mathrm{d}\boldsymbol{l}$，其中 $\mathrm{d}\boldsymbol{l}$ 的方向为该点电流的方向。只要知道每个电流元所激发的磁场，就可利用叠加原理得到整个载流回路所激发的磁场。

然而，与点电荷不同，由于稳恒电流的闭合性，稳恒电流元不会单独存在，因此不可能直接通过实验来测定各个电流元所激发的磁场，而只能测定整个载流回路所激发的合磁场。

法国物理学家毕奥和萨伐尔两人首先通过实验证实：很长的载流直导线周围任一点 P 的磁场方向与该点到导线的垂线以及导线本身相垂直，其强度与该点 P 到导线的距离成反比。此后安培也做了大量研究。在此基础上，法国数学家拉普拉斯从数学上反推出电流元 $I\mathrm{d}\boldsymbol{l}$ 激发的**元磁场**由下式表示：

$$\mathrm{d}\boldsymbol{B}=\frac{\mu_0}{4\pi}\frac{I\mathrm{d}\boldsymbol{l}\times\boldsymbol{e}_r}{r^2} \tag{8.16}$$

其中，r 为电流元 $I\mathrm{d}l$ 与场点 P 的距离；$\boldsymbol{e}_r$ 为由 $I\mathrm{d}\boldsymbol{l}$ 指向场点 P 的单位矢量（图 8-6），且

$$\mu_0=4\pi\times10^{-7}\ \mathrm{T\cdot m/A}$$

为**真空磁导率**，上式通常称为**毕奥－萨伐尔（－拉普拉斯）定律**。

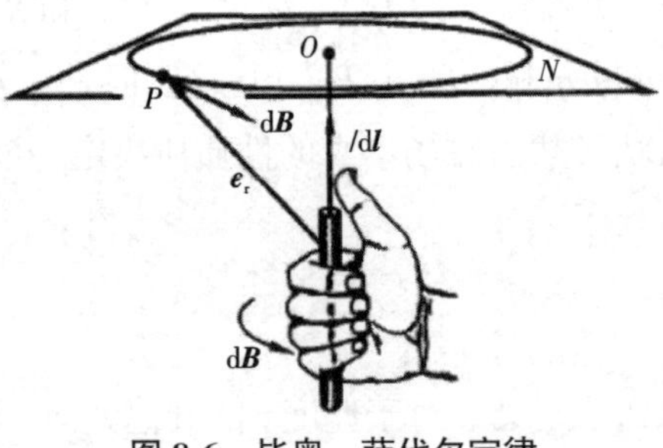

图 8-6 毕奥－萨伐尔定律

与点电荷的电场不同，电流元的磁场没有球对称性，因为电流元 $I\mathrm{d}\boldsymbol{l}$ 本身是矢量，它在空间确定了一个特殊的方向。但电流元的磁场具有轴对称性，对称轴是沿着 $I\mathrm{d}\boldsymbol{l}$ 的延长线。按照式（8.16），电流元 $I\mathrm{d}\boldsymbol{l}$ 在空间激发的磁感应强度垂直于 $I\mathrm{d}\boldsymbol{l}$ 与 $\boldsymbol{e}_r$ 所决定的平面，并与电流方向成右手螺旋关系（图 8-6）。所以，磁感线是围绕此轴线 $I\mathrm{d}\boldsymbol{l}$ 的同心圆。

实验表明，磁场也遵从叠加原理，所以，整个闭合载流回路在空间某点 P 激发的磁感应强度，等于各个电流元在 P 点激发的磁感应强度的矢量和，即

$$B=\int \mathrm{d}B=\oint_L \frac{\mu_0}{4\pi}\frac{I\mathrm{d}l\times e_r}{r^2} \tag{8.17}$$

其中,积分区域 L 为载流回路。由于我们无法得到孤立的稳恒电流元,因而毕奥－萨伐尔定律的正确性只能由它所推出的结果与实验吻合的程度去判断。式(8.17)就提供了验证的基础。

8.2.4 毕奥－萨伐尔定律的应用

应用毕奥－萨伐尔定律和叠加原理原则上可以求出任何形状的载流导线的磁场分布,基本思路和方法与静电场中由点电荷的场强求任意带电体系的场强分布一样,现举例如下。

例 8.1 求载流长直导线的磁场分布(图 8-7),已知载流导线中的电流为 I。

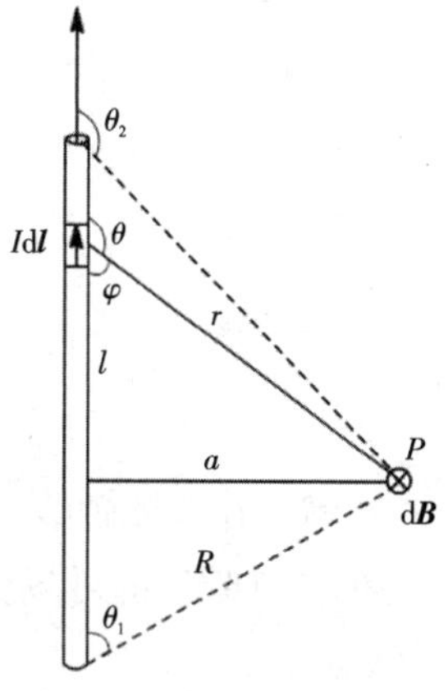

图 8-7　载流长直导线产生的磁场

解 在导线上任取一个电流元 $I\mathrm{d}l$,它离 P 点的距离为 r。由毕奥－萨伐尔定律可知,导线上所有电流元 $I\mathrm{d}l$ 在 P 点激发的磁感应强度的方向都垂直于纸面向内(在图 8-7 中用⊗表示)。所以磁感线是位于垂直于导线的平面内、中心在导线或它的延长线上的一系列同心圆。由于所有的 $\mathrm{d}B$ 方向相同,所以我们只需要考虑其大小,再积分。电流元 $I\mathrm{d}l$ 在 P 点激发的磁感应强度的大小为

$$\mathrm{d}B=\frac{\mu_0}{4\pi}\frac{I\mathrm{d}l\sin\theta}{r^2}$$

其中,r、l、θ 都是变量,但只有一个独立,取其为 θ。其他量都用 θ 表示为

$$l=a\cot(\pi-\theta)=-a\cot\theta$$

$$\mathrm{d}l=a\csc^2\theta d\theta$$

$$r=a\csc(\pi-\theta)=a\csc\theta$$

把上述关系代入 $\mathrm{d}B$ 的表达式,再积分,可得

$$B=\int \mathrm{d}B=\int_{\theta_1}^{\theta_2}\frac{\mu_0 I}{4\pi a}\sin\theta \mathrm{d}\theta=\frac{\mu_0 I}{4\pi a}(\cos\theta_1-\cos\theta_2) \tag{8.18}$$

其中,θ_1、θ_2 为直导线的两端处的电流元与各自的 e_r 的夹角;B 的方向垂直于纸面向内。

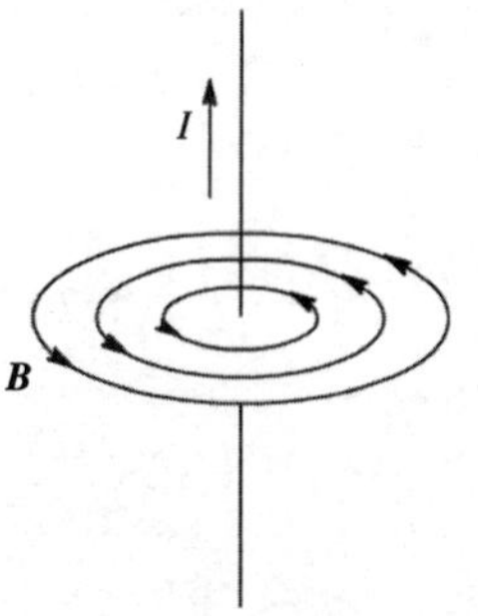

图 8-8　无限长直电流产生的磁场

讨论如下几点。

(1)如果 P 点在直导线的延长线上,则 $\theta_1=0,\theta_2=0$,所以 $B=0$。因此,在直导线的延长线上,磁感应强度为零。

(2)无限长直导线(图 8-8)是一个重要的特例,这时 $\theta_1=0,\theta_2=\pi$,可得

$$B=\frac{\mu_0 I}{2\pi a} \tag{8.19}$$

上式说明,无限长直导线的磁场与场点到导线的距离 a 成反比。这正是毕奥和萨伐尔从实验中得到的结果。如果引入跟电场线对应的**磁感线**(**B** 线)来形象描述磁场的空间分布,那么无限长直导线周围的磁感线是在垂直于导线的平面内、以导线为圆心的一组同心圆。

(3)如果 P 点在直导线上端的垂线上,下端延伸到无穷远,则 $\theta_1=0,\theta_2=\pi/2$,可得

$$B=\frac{\mu_0 I}{4\pi a}$$

它刚好是式(8.19)的一半。

例 8.2 如图 8-9 所示,一个圆形载流线圈,半径为 R,电流为 I。求线圈轴线上的磁场分布。

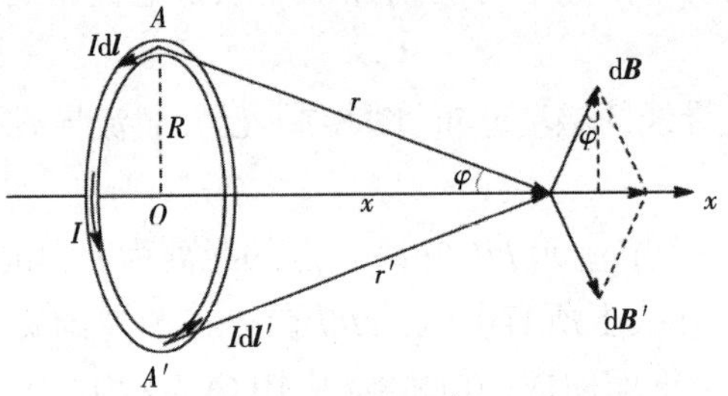

图 8-9 圆电流在轴线上产生的磁场

解 在线圈轴线上任取一点 P,它到圆心 O 的距离为 x。在线圈上面任意点 A 的电流元在 P 点激发的磁场为 d**B**,它位于 POA 平面内且与 PA 连线垂直。根据毕奥－萨伐尔定律,有

$$\mathrm{d}B=\frac{\mu_0}{4\pi}\frac{I\mathrm{d}l}{r^2}$$

由于电流分布的轴对称性,在通过 A 的直径的另一端 A' 处的电流元激发的磁场 d**B**′ 与 d**B** 关于轴线对称,叠加后垂直于轴线的分量彼此抵消。由于 A 的任意性,总磁场 **B** 的垂直分量成对抵消,只剩下 x 分量,大小为

$$B_x=\int \mathrm{d}B_x=\int \mathrm{d}B\sin\varphi=\oint\frac{\mu_0}{4\pi}\frac{I\mathrm{d}l}{r^2}\sin\varphi$$

积分时注意 r 和 φ 都是常数,并考虑到几何关系

$$r=\sqrt{R^2+x^2}$$

$$\sin\varphi=\frac{R}{\sqrt{R^2+x^2}}$$

得

$$B=B_x=\frac{\mu_0}{4\pi}\frac{I}{r^2}\sin\varphi\oint \mathrm{d}l=\frac{\mu_0}{2}\frac{R^2 I}{(R^2+x^2)^{3/2}} \tag{8.20}$$

B 的方向与圆电流的方向符合右手螺旋定则,沿 x 轴正方向。

讨论如下几点。

(1)在线圈的圆心处,x=0,故

$$B=\frac{\mu_0 I}{2R} \tag{8.21}$$

（2）在轴线上离圆形线圈很远处，$x \gg R$，

$$B=\frac{\mu_0}{2}\frac{R^2 I}{x^3} \tag{8.22}$$

当场点离载流线圈很远时，可以一般地定义线圈的**磁矩** $\boldsymbol{p}_{\mathrm{m}}$（对应于电偶极子的电矩）：

$$\boldsymbol{p}_{\mathrm{m}}=IS\boldsymbol{e}_n=I\boldsymbol{S} \tag{8.23}$$

其中，S 为线圈的面积；$\boldsymbol{e}_n$ 为线圈平面的正法线方向单位矢量：将右手四指弯向电流的方向，拇指的方向即为线圈的正法线方向。于是 $\boldsymbol{S}=S\boldsymbol{e}_n$ 就是线圈的面积矢量。线圈的全部磁性质反映在其磁矩中。把轴线上远处的磁场式（8.22）用磁矩写为矢量式为

$$\boldsymbol{B}=\frac{\mu_0}{2\pi}\frac{\boldsymbol{p}_{\mathrm{m}}}{x^3} \tag{8.24}$$

这一公式也与电偶极子的对应公式类似。这里关于磁矩的定义式（8.23）和轴线上的磁场式（8.24），适用于所有形状的线圈，只要满足场点很远即可。当线圈回路不在同一个平面上时，面积矢量 $\boldsymbol{S}$ 仍可定义：把回路分割，每一小份与线圈中心某处定点构成面元矢量在 $\mathrm{d}\boldsymbol{S}$，则 $\boldsymbol{S}=\oint \mathrm{d}\boldsymbol{S}$。

例 8.3　如图 8-10 所示，一个均匀密绕直螺线管，管的长度为 L，半径为 R，单位长度的匝数为 n，通有电流 I。求螺线管轴线上的磁感应强度。

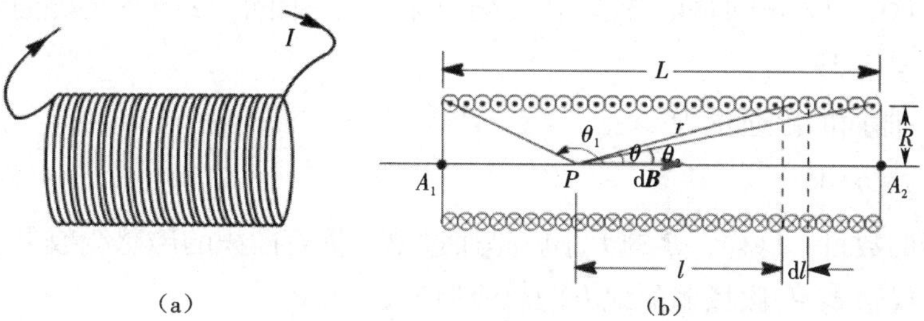

图 8-10　均匀密绕的直螺线管

解　螺线管线圈是螺旋形的，在密绕的情况下，可以近似视为由并排圆线圈组成。如图 8-10（b）所示，取螺线管的轴线上任一点 P 为坐标原点，考虑 l 处、$\mathrm{d}l$ 长度内的 $n\mathrm{d}l$ 匝线圈在 P 点激发的磁场。由圆形线圈的磁场公式式（8.20）可知，P 点磁感应强度的大小为

$$\mathrm{d}B=\frac{\mu_0}{2}\frac{R^2 I}{(R^2+l^2)^{3/2}}n\mathrm{d}l$$

其方向沿着轴线且与电流成右手螺旋关系。把积分变量用 θ 表示：

$$l=R\cot\theta$$

$$\mathrm{d}l=-\frac{R}{\sin^2\theta}\mathrm{d}\theta$$

于是

$$\mathrm{d}B=-\frac{\mu_0 nI\sin\theta}{2}\mathrm{d}\theta$$

由于各圆电流元在 O 点激发的磁场同向，故整个螺线管在 P 点的磁场大小为

$$B=\int \mathrm{d}B=-\frac{\mu_0 nI}{2}\int_{\theta_1}^{\theta_2}\sin\theta\mathrm{d}\theta=\frac{1}{2}\mu_0 nI(\cos\theta_2-\cos\theta_1) \tag{8.25}$$

式中，θ_1、θ_2分别为θ角在螺线管两端处的数值。

$L\gg R$的螺线管可以称为无限长螺线管。轴线上各点，只要不太靠近两端，都有$\theta_1\approx\pi,\theta_2\approx 0$，所以

$$B=\mu_0 nI \tag{8.26}$$

这表明细长螺线管轴线上的磁场是均匀的。实际上，在整个细长螺线管内部的空间内（只要不太靠近两端）磁场都是均匀的，大小都由式（8.26）给出。

8.3 磁场的高斯定理和安培环路定理

任一矢量场总可以从两个方面来进行研究：通量和环量。静电场的通量满足高斯定理$\oint_S \boldsymbol{E}\cdot\mathrm{d}\boldsymbol{S}=q_{内}/\varepsilon_0$，环量满足$\oint_L \boldsymbol{E}\cdot\mathrm{d}\boldsymbol{l}=0$。那么稳恒磁场如何呢?

8.3.1 磁场的高斯定理

仿照第7章中引入电通量的方法，在磁场中穿过任一面元$\mathrm{d}\boldsymbol{S}=\boldsymbol{n}\mathrm{d}S$的**磁通量**定义为

$$\mathrm{d}\varPhi_{\mathrm{m}}=\boldsymbol{B}\cdot\mathrm{d}\boldsymbol{S} \tag{8.27}$$

因此，通过任一曲面的磁通量为

$$\varPhi_{\mathrm{m}}=\int_S \boldsymbol{B}\cdot\mathrm{d}\boldsymbol{S} \tag{8.28}$$

它表示磁感线的数目。这样，$\boldsymbol{B}$的大小就是通过单位垂直面积的磁感线数目。因而在磁场强的地方磁感线密集，在磁场弱的地方磁感线稀疏。

在国际单位制中，磁通量的单位是韦伯（Wb），1 Wb=1 T·m^2。反过来，我们也可以把磁感应强度$\boldsymbol{B}$看成是通过单位面积的磁通量，即**磁通密度**。所以，在国际单位制中，磁感应强度$\boldsymbol{B}$的单位常写成Wb/m^2。

下面讨论通过一个封闭曲面的磁通量$\varPhi_{\mathrm{m}}=\oint_S \boldsymbol{B}\cdot\mathrm{d}\boldsymbol{S}$，它表示穿出该曲面的净磁感线数目（穿入为负）。根据毕奥－萨伐尔定律，电流元$I\mathrm{d}\boldsymbol{l}$激发的元磁场以$I\mathrm{d}\boldsymbol{l}$为对称轴或轴对称分布的，如图8.8所示。磁感线是一组同心圆，每条磁感线都是闭合曲线，没有中断点。在这样的磁场中任作一个闭合曲面S，那么有多少数目的磁感线穿入S，就必然有同样数目的磁感线穿出S，所以通过闭合曲面S上的磁通量总和等于零，即

$$\oint_S \boldsymbol{B}\cdot\mathrm{d}\boldsymbol{S}=0 \tag{8.29}$$

对于稳恒电流的磁场，将稳恒电流分割成许多电流元，对每一个电流元式（8.29）都成立。根据叠加原理，对于整个闭合回路产生的磁场，式（8.29）也成立。这一结论称为**磁场的高斯定理**。

可以把磁场的高斯定理式（8.29）和电场的高斯定理$\varPhi_E=\oint_S \boldsymbol{E}\cdot\mathrm{d}\boldsymbol{S}=q_{内}/\varepsilon_0$以及电流的稳恒条件$\oint_S \boldsymbol{J}\cdot\mathrm{d}\boldsymbol{S}=0$（见式（8.8））做一下比较。电场线（$\boldsymbol{E}$线）**有源**，即“始于正电荷、终于

负电荷，在无电荷处连续”，而磁感线（ **B** 线）和稳恒电流线（ **J** 线）**无源**，即无始无终，永远连续。而磁场的高斯定理的另一说法是：与电荷对应的**磁荷不存在**。

由磁场的高斯定理可以得到一个重要推论：**以任一闭合曲线 L 为边线的所有曲面都有相同的磁通量**。理由很简单：在图 8-11 中，穿过 S_1 的磁感线必穿过 S_2，而穿过 S_2 的磁感线也必穿过 S_1，因为两曲面之间不存在磁感线发端或中断。故而可谈论“某回路所包围的磁通量”。这一点在电磁感应问题中经常用到。

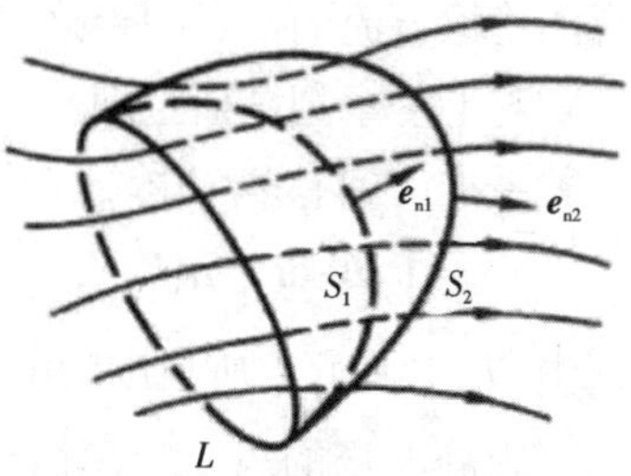

图 8-11　边界相同的曲面有相同的磁通量

通过完全相同的推理可以看出，对于稳恒电流，**以任一闭合曲线 L 为边线的所有曲面都有相同的电流**（电流密度通量）。故而可谈论“某回路包围的（稳恒）电流”，这在下文马上用到。而对于更一般的非稳恒电流，由于 $\oint_S \boldsymbol{J}\cdot \mathrm{d}\boldsymbol{S} = -\mathrm{d}q/\mathrm{d}t \neq 0$（见式（8.7）），故电流线有源（起点或终点），源在电量发生变化的地方（比如放电电容器的极板），而此时谈论“某回路包围的电流”是没有意义的，这在下一章讨论麦克斯韦方程组时会看到。

8.3.2　安培环路定理

对于稳恒磁场的环流，先考虑一个特殊情况，即磁场 **B** 由无限长直电线所激发。由式（8.19），与导线距离为 a 处的磁感应强度为

$$\boldsymbol{B} = \frac{\mu_0 I}{2\pi r}\boldsymbol{e}_{\mathrm{t}}$$

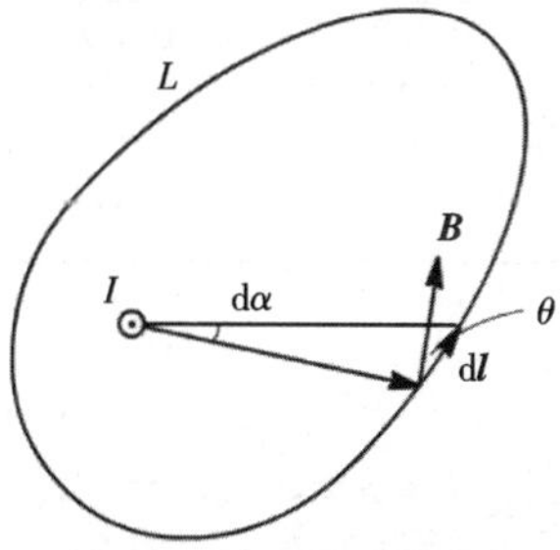

图 8-12　安培环路定理

其中，$\boldsymbol{e}_{\mathrm{t}}$ 是沿着 **B** 方向的单位矢量。在与导线正交的平面上取闭合回路 L 包围导线（图 8-12），其上任取一线元 d**l**，它对积分的贡献为

$$\boldsymbol{B}\cdot \mathrm{d}\boldsymbol{l} = \frac{\mu_0 I}{2\pi r}\boldsymbol{e}_{\mathrm{t}}\cdot \mathrm{d}\boldsymbol{l} = \frac{\mu_0 I}{2\pi r}\mathrm{d}l\cos\theta$$

式中，θ 为 $\boldsymbol{e}_{\mathrm{t}}$ 与 d**l** 的夹角。以导线与平面的交点为圆心，d**l** 对应的圆心角为 dα，由图 8-12 中几何关系可知 $\mathrm{d}l\cos\theta = r\mathrm{d}\alpha$，所以

$$\boldsymbol{B}\cdot \mathrm{d}\boldsymbol{l} = \frac{\mu_0 I}{2\pi r}r\mathrm{d}\alpha = \frac{\mu_0 I}{2\pi}\mathrm{d}\alpha \qquad (8.30)$$

把该式沿整个路径一周积分，由于 $\oint_L \mathrm{d}\alpha = 2\pi$，故

$$\oint_L \boldsymbol{B}\cdot \mathrm{d}\boldsymbol{l} = \mu_0 I \qquad (8.31)$$

上式在**电流正方向与积分方向成右手螺旋关系**时成立，其中 I 是代数量。当电流实际方向与正方向相反时 $I<0$。

如果闭合路径不包围电流（图 8-13），式（8.30）仍成立，只不过积分时 α 先增加后减小到原值，故 $\oint_L \mathrm{d}\alpha = 0$，故有

$$\oint_L \boldsymbol{B}\cdot \mathrm{d}\boldsymbol{l} = 0$$

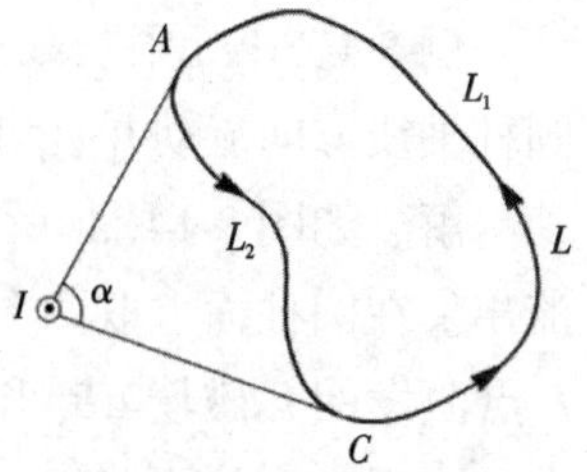

图 8-13　闭合路径不包围电流

可见闭合回路不包围电流时,该电流对沿闭合回路L的环流无贡献。

上面的讨论只针对无限长直电流以及在其垂直平面内的闭合路径,但可以证明,对于任意的稳恒电流的任意闭合路径,上述关系依然成立。

与上一章把高斯定理从点电荷推广到一般带电体系类似,利用叠加原理,我们可以把上述关系推广到有多个电流回路或广延导体的情形,从而得到稳恒磁场的**安培环路定理**:

$$\oint_L \boldsymbol{B}\cdot \mathrm{d}\boldsymbol{l} = \mu_0 I_{内} \tag{8.32}$$

其中,$I_{内}$为环路L所包围的电流的代数和。

跟静电场的高斯定理情形一样,环路L外的电流虽然对环流$\oint_L \boldsymbol{B}\cdot \mathrm{d}\boldsymbol{l}$没有贡献,但对$L$上各点的磁场$\boldsymbol{B}$有贡献。安培环路定理表明稳恒磁场不是保守场,不能像电场中那样引入标量“势”来描述。

表8.1是一个小结。

表8.1 静电场、稳恒磁场和电流场对比

静电场$\boldsymbol{E}$	稳恒磁场$\boldsymbol{B}$	电流场$\boldsymbol{J}$	
		稳恒	非稳恒
$\oint_S \boldsymbol{E}\cdot \mathrm{d}\boldsymbol{S} = \frac{q_{内}}{\varepsilon_0}$	$\oint_S \boldsymbol{B}\cdot \mathrm{d}\boldsymbol{S} = 0$	$\oint_S \boldsymbol{J}\cdot \mathrm{d}\boldsymbol{S} = 0$	$\oint_S \boldsymbol{J}\cdot \mathrm{d}\boldsymbol{S} = -\frac{\mathrm{d}q}{\mathrm{d}t}$
有源,源在电荷处:始于正电荷,终于负电荷	无源:无始无终(包括闭合)磁荷不存在	无源:无始无终(包括闭合)	有源,源在电量改变处:始于电量减少处,终于电量增加处
“回路包围的电通量”无意义	可谈论“回路包围的磁通量”	可谈论“回路包围的电流”	“回路包围的电流”无意义
$\oint_L \boldsymbol{E}\cdot \mathrm{d}\boldsymbol{l} = 0$	$\oint_L \boldsymbol{B}\cdot \mathrm{d}\boldsymbol{l} = \mu_0 I$		
无旋,可定义“势”	有旋,不可定义“势”		

8.3.3 利用安培环路定理求磁场

利用安培环路定理可以比较方便地计算某些电流分布具有较高对称性的载流导体的磁场。跟用高斯定理求电场一样,这种方法一般分成三步:①根据电流分布的对称性分析磁场分布的对称性;②根据这种对称性选取合适的闭合路径(称为**安培环路**),选取的原则是使环流$\oint_L \boldsymbol{B}\cdot \mathrm{d}\boldsymbol{l}$中的磁感应强度能够从积分号中提出来;③利用安培环路定理求解。下面举例说明。

例8.4 求无限长载流圆柱面产生的磁场。已知圆柱面半径为R,通有电流I,电流沿着圆柱轴线方向流动并且均匀分布在圆柱面上。

解 如图8-14(a)所示,P点离轴线距离为r。图8-14(b)为横截面俯视图,电流自纸面流出。在圆柱面上取两个宽度相等且对称位于直线OP两侧1、2位置的长条电流,它们在P点激发的元磁场$\mathrm{d}\boldsymbol{B}_1$和$\mathrm{d}\boldsymbol{B}_2$大小相等,且由对称性其合矢量沿着图8-14(a)中圆周的切向。由于整个柱面可以分成这样的成对长条电流,故整个电流在P点激发的磁场必定沿圆周切向。又由于轴对称性，同一圆周上各点磁感应强度的大小相等。无论 P 点在圆柱面外还是圆柱面内，以上分析都成立。于是，取安培环路为图中的圆周，则环流可计算为

$$\oint_L \boldsymbol{B}\cdot \mathrm{d}\boldsymbol{l}=\oint_L B\mathrm{d}l = B\oint_L \mathrm{d}l = 2\pi rB\text{。}$$

另一方面，环路 L 所包围的电流为

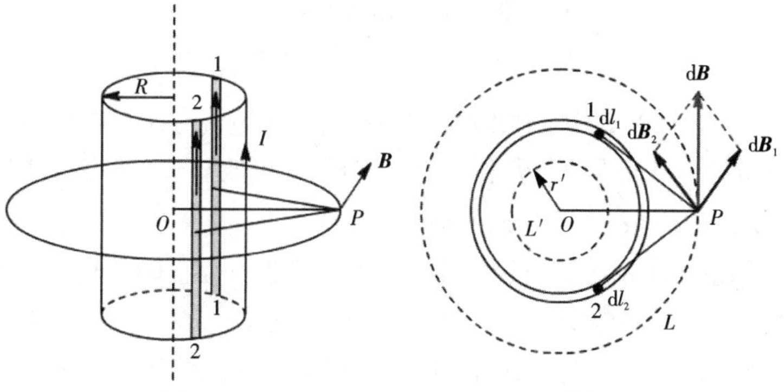

图 8-14　无限长载流圆柱面产生的磁场

$$I_{内} = \begin{cases} 0 & (r<R) \\ I & (r>R) \end{cases}$$

于是根据安培环路定理 $\oint_L \boldsymbol{B}\cdot \mathrm{d}\boldsymbol{l} = \mu_0 I_{内}$，有

$$\boldsymbol{B} = \begin{cases} 0 & (r<R) \\ \dfrac{\mu_0 I}{2\pi r}\boldsymbol{e}_t & (r>R) \end{cases} \tag{8.33}$$

其中，$\boldsymbol{e}_t$ 为沿着圆周切向的单位矢量。上式说明，对于无限长圆柱面电流，其内部的磁场为 0，而外部的磁场与电流集中在轴线的无限长直电流所激发的磁场相同。

例 8.5　有一无限长密绕直螺线管（图 8-15），线圈中通有稳恒电流 I，单位长度的匝数为 n。求螺线管内、外的磁感应强度。（各匝电流按并排圆电流处理）。

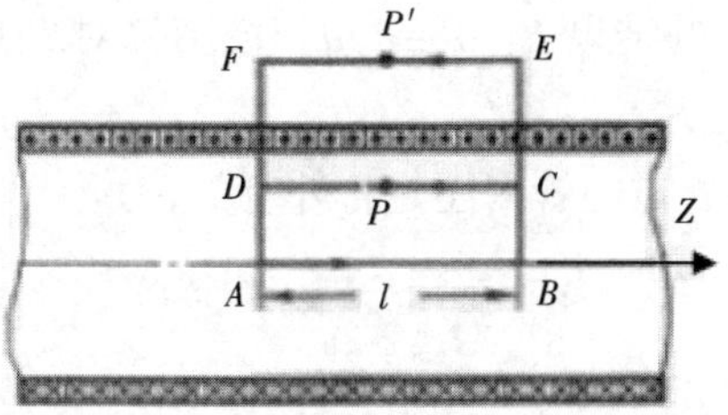

图 8-15　无限长螺线管

解　为计算简单，本例做简化处理。

有一无限长密绕直螺线管，线圈中通有稳恒电流 I，单位长度上的线圈匝数为 n。求螺线管内、外的磁感应强度。各匝电流按并排圆电流处理。

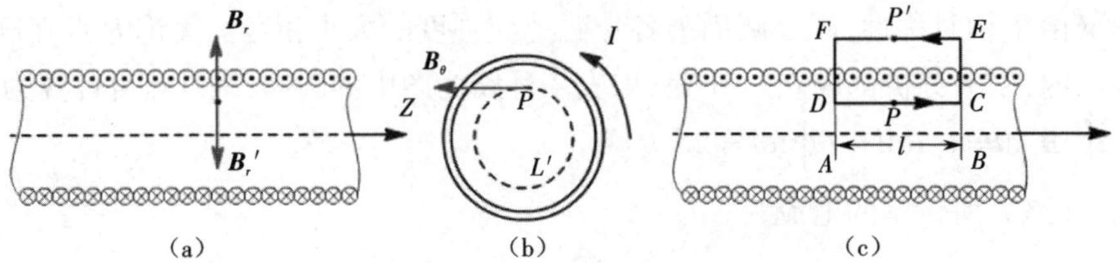

图 8-16 无限长螺线管

(a)B_r=0 的证明 (b)B_θ 的求解 (c)B_z 的求解

取柱坐标系(r, θ, z),其中 z 轴即螺线管轴线,并与电流方向成右手螺旋关系。任一 P 点的磁感应强度 $\boldsymbol{B}$ 有三个分量 B_r、B_θ 和 B_z,每个分量都可能与 r、θ、z 有关,即

$$\boldsymbol{B}=\boldsymbol{e}_rB_r(r,\theta,z)+\boldsymbol{e}_\theta B_\theta(r,\theta,z)+\boldsymbol{e}_zB_z(r,\theta,z)$$

对称性分析如下。①系统具有沿 z 轴的平移不变性和绕 z 轴的转动不变性,故三个分量都与 z 和 θ 无关。②径向分量 $B_r=0$。如图 8-16(a)所示,设 $B_r\neq 0$。把整个系统绕过直线 OP 旋转 180°,则 B_r 不变。但此时所有电流会反向,从而磁场的一切分量(包括 B_r)也应该反向。于是,综合得到:

$$\boldsymbol{B}=\boldsymbol{e}_\theta B_\theta(r)+\boldsymbol{e}_zB_z(r)$$

为求绕轴分量(或横向分量)$B_\theta(r)$,如图 8-16(b)所示作虚线所示的安培环路 L',则环路上各点的 B_θ 相等,于是,

$$\oint_{L'}\boldsymbol{B}\cdot\mathrm{d}\boldsymbol{l}=\oint_{L'}B_\theta\mathrm{d}l=B_\theta\oint_{L'}\mathrm{d}l=2\pi rB_\theta$$

同时,由于该回路没有包围任何电流,根据安培环路定理,上述积分应该为 0,故 $B_\theta=0$。

为求轴向分量 $B_z(r)$,如图 8-16(c)所示作安培回路 L,即矩形 $ABCDA$,其 AB 边与 z 轴重合,CD 边经过 P 点,这两条边的长度为 l,则

$$\begin{aligned}\oint_L\boldsymbol{B}\cdot\mathrm{d}\boldsymbol{l}&=\int_A^B\boldsymbol{B}\cdot\mathrm{d}\boldsymbol{l}+\int_B^C\boldsymbol{B}\cdot\mathrm{d}\boldsymbol{l}+\int_C^D\boldsymbol{B}\cdot\mathrm{d}\boldsymbol{l}+\int_D^A\boldsymbol{B}\cdot\mathrm{d}\boldsymbol{l}\\&=B_z(0)l+\int_0^rB_r(r)\mathrm{d}r-B_z(r)l+\int_r^0B_r(r)\mathrm{d}r\\&=\mu_0nI\,l-B_z(r)l\end{aligned}$$

其中用到了 B_r=0 以及例 8.3 的结果 $B_z(0)=\mu_0nI$。该结果对 P 点在管内、管外都成立,只不过在管外时路径 CD 变成了 EF。

回路 L 包围的电流则跟 P 点在管内还是管外有关,为

$$I_{内}=\begin{cases}0 & (r<R)\\ nlI & (r>R)\end{cases}$$

由安培环路定理,$\mu_0nIl-B_z(r)l=\mu_0\,I_{内}$,故得

$$B_z(r)=\mu_0nI-\frac{\mu_0I_{内}}{l}=\begin{cases}\mu_0nI & (r<R)\\ 0 & (r>R)\end{cases}$$

综上所述,

$$\boldsymbol{B}=\begin{cases}\boldsymbol{e}_z\mu_0nI & (r<R)\\ 0 & (r>R)\end{cases}$$

故无限长直螺线管内部是匀强磁场,而管外磁场为零。

首先确认,管内外各处磁场都沿 z 方向,且大小最多与半径 r 有关,即 $B=B(r)$,而例 8.3 给出了 $B(0)=\mu_0 nI$。

对管内 P 点,由于回路不包围电流,故 $\oint_L \boldsymbol{B}\cdot \mathrm{d}\boldsymbol{l}=0$,于是 $B(r)=\mu_0 nI$,即管内为匀强磁场。对管外 P' 点,回路包围的电流为 nlI,由安培环路定理,马上得到 $B(r)=0$,即管外无磁场。综上所述,有

$$B=\begin{cases}\mu_0 nI & (r<R)\\ 0 & (r>R)\end{cases} \tag{8.34}$$

例 8.6　在一个环形管上均匀密绕 N 匝线圈就形成**螺绕环**(图 8-17(a)),求其磁场分布。设环的轴线半径为 R,线圈中通有稳恒电流 I。

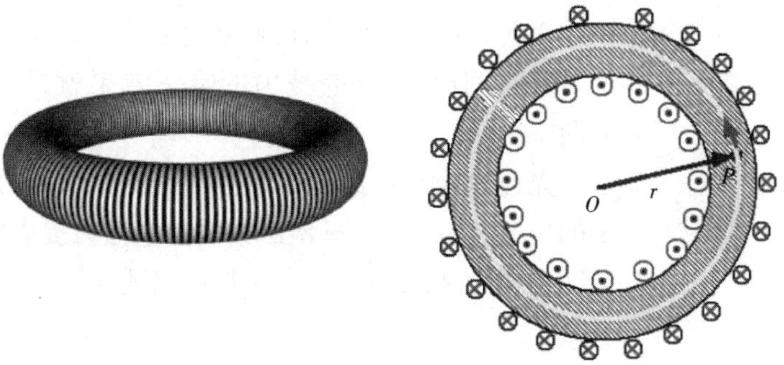

(a)　(b)

图 8-17　螺绕环

(a)实物图　(b)剖面图

解　如图 8-17(b)所示,根据电流分布的对称性,螺绕环的磁场分布应以过 O 点垂直于纸面的直线为对称轴。在与轴垂直的平面上,以 O 点为圆心的圆周上各点,磁感应强度的大小相等,方向沿圆周的切向。在管内取以 O 点为圆心、半径为 r 的圆周为安培环路 L,则

$$\oint_L \boldsymbol{B}\cdot \mathrm{d}\boldsymbol{l}=\oint_L B\mathrm{d}l=B\oint_L \mathrm{d}l=2\pi rB$$

该环路 L 包围的电流为 NI,安培环路定理给出

$$2\pi rB=\mu_0 NI$$

所以,在螺绕环内,

$$B=\frac{\mu_0 NI}{2\pi r} \tag{8.35}$$

螺绕环要具有上面的旋转对称性,应该满足环管横截面的半径远小于环的轴线半径 R,否则图 8-17(b)中外侧进入纸面的电流分得较开,对称性较差。于是可以忽略从环心 O 到管内各点的距离 r 的区别,取 $r=R$,这样就有

$$B=\frac{\mu_0 NI}{2\pi R}=\mu_0 nI \tag{8.36}$$

其中,$n=N/2\pi R$ 为螺绕环单位长度上的匝数。当 $R\to\infty$ 时,上式就是无限长螺线管内磁场的大小。

对于管外任意一点，过该点作一个以环心 O 为圆心的任意圆周为安培环路，由于此时环路包围的电流为 0，故场强为 0。可见，密绕螺绕环的磁场集中在管内，管外没有磁场。

8.4 磁场对运动电荷和电流的作用

8.4.1 带电粒子在匀强磁场中的运动

一个质量为 m、电量为 q 的带电粒子以速度 $\boldsymbol{v}$ 进入磁场后，则粒子受到的洛仑兹力作用由下式给出：

$$\boldsymbol{F}=q\boldsymbol{v}\times\boldsymbol{B}$$

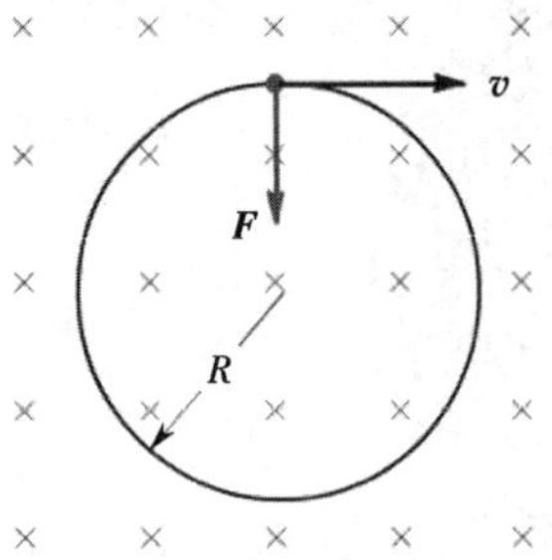

图 8-18 匀强磁场中电荷的圆周运动

该式表明 $\boldsymbol{F}$ 恒与 $\boldsymbol{v}$ 垂直，因此洛仑兹力不做功，所以粒子的速率 v 不随时间改变，洛仑兹力的唯一效果就是改变粒子的运动方向。

先讨论粒子初速度 $\boldsymbol{v}$ 与匀强磁场 $\boldsymbol{B}$ 垂直的情况。此时，粒子的轨迹是一个圆（图 8-18），而洛仑兹力提供向心力。设圆周运动半径为 R，则 $mv^2/R=|q|vB$，于是

$$R=\frac{mv}{|q|B} \tag{8.37}$$

而圆周运动的周期（即**回旋周期**）为

$$T=\frac{2\pi m}{|q|B} \tag{8.38}$$

由上面两式可知，回旋半径与粒子速度 $\boldsymbol{v}$ 成正比，回旋周期与粒子速度无关，这一点被利用在回旋加速器中加速带电粒子。

如果粒子初速 $\boldsymbol{v}$ 与磁场 $\boldsymbol{B}$ 成任意角，可将速度 $\boldsymbol{v}$ 分解为垂直于磁场的分量 $\boldsymbol{v}_\perp$ 和平行于磁场的分量 $\boldsymbol{v}_{/\!/}$（图 8-19(a)），大小分别为

$$v_\perp=v\sin\theta$$

$$v_{/\!/}=v\cos\theta$$

若 $v_{/\!/}=0$，则粒子在垂直于磁场 $\boldsymbol{B}$ 的平面内做匀速圆周运动；若 $v_\perp=0$，则粒子不受力，沿磁感线做匀速直线运动。在 $v_\perp$、$v_{/\!/}$ 都不为零时，粒子的运动是上述两个运动的合运动，运动轨迹是一条轴线平行于磁场的螺旋线（图 8-19(b)）。螺旋线的半径和螺距分别为

$$R=\frac{mv_\perp}{|q|B} \tag{8.39}$$

$$h=v_{/\!/}T=\frac{2\pi m}{|q|B}v_{/\!/} \tag{8.40}$$

可见，半径 R 仅与 $\boldsymbol{v}$ 的垂直分量有关，螺距 h 仅与 $\boldsymbol{v}$ 的平行分量有关。

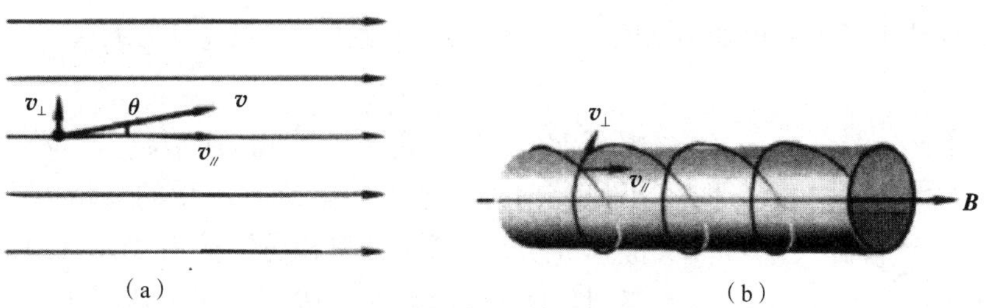

图 8-19　粒子速度与磁场不垂直

(a)粒子速度的分解　(b)磁场中带电粒子的轨迹

带电粒子在磁场中的螺旋线运动被广泛地应用于**磁聚焦**技术,带电粒子在磁场中的螺旋线运动被广泛地应用于**磁聚焦**技术。如果在匀强磁场中某点 A 引入一束初速度 $\boldsymbol{v}$ 大小大致相同且与磁场方向的夹角足够小的带电粒子束(图 8-20),这样每个带电粒子都做螺旋线运动。同时由于 $v_{//}=v\cos\theta\approx v$, $v_\perp=v\sin\theta\approx v\theta$, $v_\perp$ 各不相同,它们所做螺旋线运动的半径 R 也各不相同。但是它们的 $v_{//}$ 近似相等,因而它们的螺距相同。这样,经过一个回旋周期后,这些粒子将重新会聚于另一点 B。这种现象称为磁聚焦,它广泛地应用于电真空系统(例如电子显微镜)中。

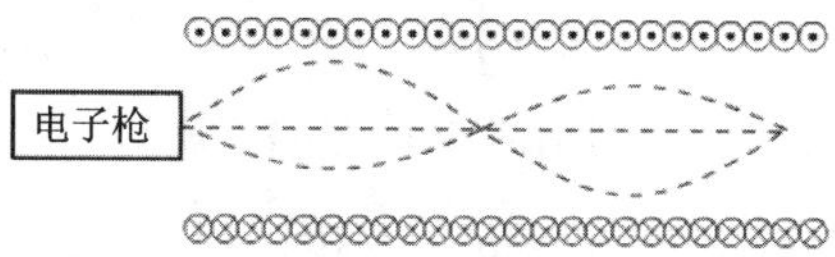

图 8-20　磁聚焦

8.4.2　安培力

载流导线在磁场中要受到磁力作用。从微观上看,由于电流是导线中的载流子定向运动形成的,这些运动电荷就要受到磁场的洛仑兹力。这些微观洛仑兹力的宏观表现就是载流导线受到的安培力。(在导线运动时,微观洛仑兹力还有另一宏观表现——动生电动势,详见下一章。)

考虑细长导线的一个元段,它是一个长度为 dl、横截面积为 S 的小柱体。电流 I 沿 dl 的方向通过横截面 S,则小柱体可以被看成一个电流元 $I\mathrm{d}\boldsymbol{l}$。设柱体内载流子浓度为 n,每个载流子带有电荷 q(设为正电荷),其定向速度为 $\boldsymbol{u}$,则电流的大小为 $I=nqSu$(见式(8.2))。由于每一个载流子受到的洛仑兹力都是 $q\boldsymbol{u}\times\boldsymbol{B}$,而柱体内的载流子总数为 $\mathrm{d}N=nS\mathrm{d}l$,所以柱体内所有载流子受到的洛仑兹力的总和为

$$\mathrm{d}\boldsymbol{F}=\mathrm{d}Nq\boldsymbol{u}\times\boldsymbol{B}=nS\mathrm{d}lq\boldsymbol{u}\times\boldsymbol{B}=nSqu\mathrm{d}\boldsymbol{l}\times\boldsymbol{B}$$

其中用到了 $\boldsymbol{u}$ 的方向与 d$\boldsymbol{l}$ 相同。故有

$$\mathrm{d}\boldsymbol{F}=I\mathrm{d}\boldsymbol{l}\times\boldsymbol{B} \tag{8.41}$$

上式即为**安培力公式**。对于任意载流导线,其所受的安培力可以通过对上式进行积分得到:

$$\boldsymbol{F}=\int I\mathrm{d}\boldsymbol{l}\times\boldsymbol{B} \tag{8.42}$$

例 8.7　如图 8-21 所示,在匀强磁场 $\boldsymbol{B}$ 中有一段弯成半径为 R 的半圆形、通有电流 I 的细导线,求这根导线受到的安培力。

解 在导线上任取一电流元 $I\mathrm{d}\boldsymbol{l}$,由式(8.41)可知其所受的安培力为

$$\mathrm{d}\boldsymbol{F}=I\mathrm{d}\boldsymbol{l}\times\boldsymbol{B}$$

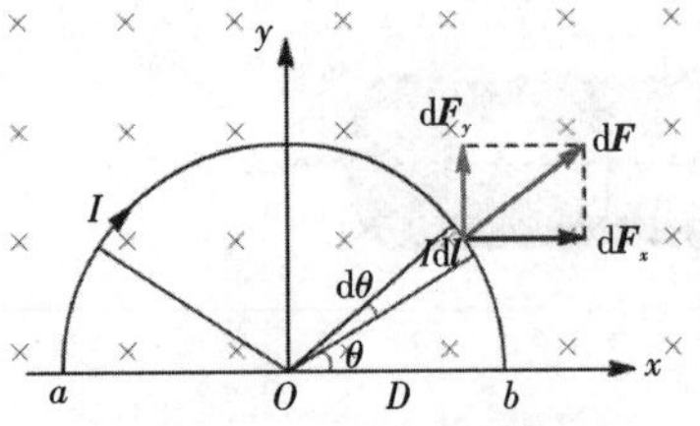

图 8-21 例 8.7 题图

由于 $I\mathrm{d}\boldsymbol{l}$ 垂直于 $\boldsymbol{B}$,所以安培力的大小为 $\mathrm{d}F=IB\mathrm{d}l$,其方向沿半径向外。由于各电流元所受的安培力方向不相同,故需先分解,再对分量积分。选取如图 8.21 所示的坐标系,将 $\mathrm{d}\boldsymbol{F}$ 分解为 $\mathrm{d}F_x$、$\mathrm{d}F_y$。由于电流分布的对称性,所以对整个半圆形导线来说,分量 $\mathrm{d}F_x$ 彼此抵消。也就是说,虽然 $\mathrm{d}F_x\neq0$,但

$$F_x=\int\mathrm{d}F_x=0$$

于是,合力沿着 y 轴方向。所以

$$F=F_y=\int_a^b\mathrm{d}F_y=\int_a^b IB\sin\theta\mathrm{d}l$$

由于 $\mathrm{d}l=R\mathrm{d}\theta$,故

$$F=\int_0^\pi IBR\sin\theta\mathrm{d}\theta=2IBR=IBD$$

其中,D 为圆的直径。

此题还有另外一种解法。由式(8.42),因为 $\boldsymbol{B}$ 是常矢量,故导线所受安培力为

$$\boldsymbol{F}=\int_a^b I\mathrm{d}\boldsymbol{l}\times\boldsymbol{B}=I\left(\int_a^b\mathrm{d}\boldsymbol{l}\right)\times\boldsymbol{B}。$$

由于 $\int_a^b\mathrm{d}\boldsymbol{l}$ 是各段矢量元 $\mathrm{d}\boldsymbol{l}$ 的矢量和,根据矢量叠加的多边形法则,它等于从 a 到 b 的矢量 $\boldsymbol{D}$。所以

$$\boldsymbol{F}=I\boldsymbol{D}\times\boldsymbol{B} \tag{8.43}$$

以上推理不依赖于导线的形状,只要求磁场均匀。故而匀强磁场中任意形状导线所受的安培力等于从起点到终点所连的直导线通以相同电流时所受到的安培力。如果 a、b 两点重合,则 $D=0$,式(8.43)给出 $F=0$。这表明,在匀强磁场中的闭合载流线圈整体上不受安培力作用。

8.4.3 平面载流线圈在匀强磁场中所受的安培力矩

匀强磁场中的载流线圈是闭合的,根据例 8.6 的讨论,其所受合力为 0。但它仍会受到力矩的作用。

如图 8-22(a)所示,磁感应强度 $\boldsymbol{B}$ 的方向水平向右。一个矩形线圈 $abcda$,线圈的长与宽分别为 $ab=cd=l_1$, $bc=ad=l_2$,线圈可绕垂直于磁感应强度 $\boldsymbol{B}$ 的中心轴线 OO' 自由转动。线圈平面的单位法向矢量为 $\boldsymbol{e}_n$($\boldsymbol{e}_n$ 的方向与电流的正方向成右手螺旋关系),$\boldsymbol{e}_n$ 与 $\boldsymbol{B}$ 的夹角为 θ。图 8-19(b)是俯视图。

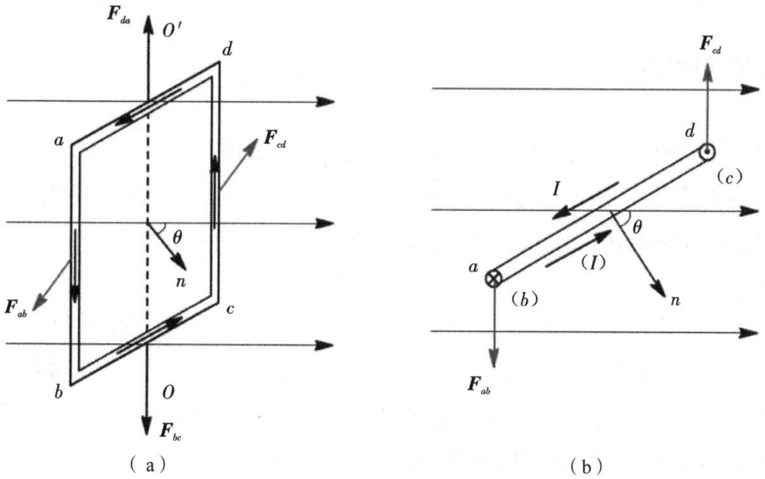

图 8-22　匀强磁场中的平面载流线圈

(a)立体图　(b)俯视图

当线圈中通有稳恒电流 I 时,线圈的各边都受到安培力的作用,大小为

$$F_{ab}=F_{cd}=Il_1B$$

$$F_{bc}=F_{da}=Il_2B\cos\theta$$

$\boldsymbol{F}_{bc}$ 和 $\boldsymbol{F}_{da}$ 的方向相反,共用一条作用线 OO',故对线圈无力矩作用。$\boldsymbol{F}_{ab}$ 和 $\boldsymbol{F}_{cd}$ 虽然等大反向,但不共线,故而形成一个绕 OO' 轴的力偶矩 $\boldsymbol{M}$,这一力偶矩使线圈的法向矢量 $\boldsymbol{e}_n$ 趋于 $\boldsymbol{B}$ 的方向。力偶矩 $\boldsymbol{M}$ 的方向沿轴线 OO' 向上,大小为

$$M=F_{ab}l_2\sin\theta=Il_1l_2B\sin\theta=ISB\sin\theta$$

其中,S 为矩形线圈的面积。由磁矩的定义式,线圈的磁矩为 $\boldsymbol{p}_\mathrm{m}=I\boldsymbol{S}=IS\boldsymbol{e}_n$,故力矩 $\boldsymbol{M}$ 可用磁矩 $\boldsymbol{p}_\mathrm{m}$ 和 $\boldsymbol{B}$ 表示为

$$\boldsymbol{M}=\boldsymbol{p}_\mathrm{m}\times\boldsymbol{B}\tag{8.44}$$

上式虽然是从矩形线圈的特例推导出来的,但是可以证明它也适用于任意形状的线圈。

综上所述,任何形状的载流线圈在匀强磁场中所受合力为零,但是受到一个力矩 $\boldsymbol{M}=\boldsymbol{p}_\mathrm{m}\times\boldsymbol{B}$ 的作用,力矩 $\boldsymbol{M}$ 力图将线圈磁矩 $\boldsymbol{p}_\mathrm{m}$ 转动到 $\boldsymbol{B}$ 的方向。当 $\boldsymbol{p}_\mathrm{m}$ 与 $\boldsymbol{B}$ 成 $\pi/2$ 角度时,$\boldsymbol{M}$ 的数值最大;当 $\theta=0$ 或者 $\theta=\pi$ 时,力矩 $\boldsymbol{M}$ 为零,线圈分别处于稳定平衡和不稳定平衡状态。

载流线圈在安培力矩作用下转动这一现象有着很广泛的应用,直流电动机、磁电式仪表等都是依据这一原理制造出来的。

8.5　磁介质

前几节讨论的都是稳恒电流在真空中激发的磁场的规律。本节要讨论的是引入介质后磁场的规律。介质在磁场作用下能够发生**磁化**。介质磁化后反过来会影响磁场。通常,当我们谈论介质的磁效应时,就把介质称为磁介质。

8.5.1 磁介质的磁化

磁介质处于磁场中,其微观的分子、原子状态会因磁场而发生变化,导致宏观上出现新的电流(称为**磁化电流**),从而改变总磁场。(在复杂情形,磁化电流还会改变原有**传导电流**分布。)这种现象称为**磁化**。介质被磁化后为什么会改变磁场?原因只能是出现了新的宏观电流。

前面曾提到,物质的磁性源于构成物质的原子中带电粒子的微观运动。在原子内部,核外电子有绕核的轨道运动,同时电子还有自旋,原子核也有自旋,这些运动按经典图像都可以等效为圆电流,由例 8.2,它们都有各自的磁矩。分子中所有磁矩的矢量和称为分子的**固有磁矩**。固有磁矩可以为 0,也可以不为 0。

分子固有磁矩不为 0 时将出现**顺磁性**。在没有外磁场时,由于分子热运动,各个分子固有磁矩在空间的取向完全随机,整体不显磁性。当施加外磁场时,由式(8.44),磁场对分子磁矩施加一个力矩,使分子磁矩在一定程度上或多或少转向外磁场的方向,产生一个与其同向的附加磁场,从而在整体上对外显示磁性,使原磁场增强。外磁场越强,分子磁矩方向就越趋于一致,磁性也就越强。

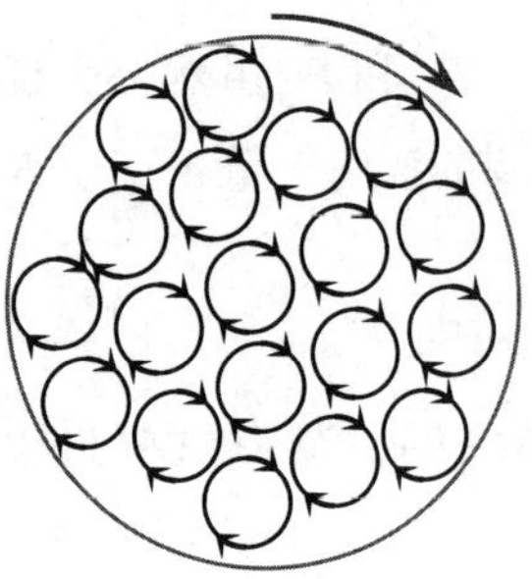

图 8.23 磁化电流的微观本质

作为极端情形,假设一根圆柱被磁化后所有的分子磁矩全部同向,剖面如图 8.23 所示。此时,在圆柱内部,各分子电流相互抵消,内部不呈现宏观电流。但在表面,各分子电流方向相同,且前后相接,形成闭合的宏观面电流分布。磁场的变化正是由它产生。只是这种电流不是通常那种起因于电荷定向移动的**传导电流**,而是由于介质的磁化导致的,故称为**磁化电流**。二者的关系类似于电介质中自由电荷和极化电荷的关系。所以,**磁化电流的微观本质就是分子电流**。

一切磁介质都会呈现**抗磁性**。理论上可以证明,施加外磁场后,每个电子的轨道运动会发生变化,从而引起**附加磁矩**。这种附加磁矩总是逆着外磁场的方向,从而会使总磁场减弱。如果分子的固有磁矩为 0,那么最后的总效果就是反向的附加磁矩。这就是抗磁质的情况。但如果分子的固有磁矩不为 0,那么此时附加磁矩小于固有磁矩,抗磁性小于顺磁性,最终体现为顺磁性。

8.5.2 有介质时的安培环路定理

如果把传导电流和磁化电流都考虑进来,那么安培环路定理式(8.32)仍然是成立的。但问题在于:式(8.32)右边电流项中的磁化电流一般是未知的,而左边的总磁场是待求的。所以式(8.32)本身难以用来解决具体问题。同有电介质时的高斯定理一样,如果等式右边只出现可以人为控制的传导电流,那么问题会变得容易解决。

一般而言,存在**有介质时的安培环路定理**:

$$\oint_L \boldsymbol{H}\cdot \mathrm{d}\boldsymbol{l} = \sum I_0 \qquad (8.45)$$

其中，$\boldsymbol{H}$ 称为**磁场强度**，是包含总磁场 $\boldsymbol{B}$ 以及介质磁化信息的物理量，而 $\sum I_0$ 是 L 所包围的传导电流的代数和。该定理适用于一切介质情形。

8.5.3　各向同性的线性磁介质

对于一般磁介质而言，$\boldsymbol{H}$ 与 $\boldsymbol{B}$ 的关系很复杂。但对于**各向同性的线性磁介质**，有

$$\boldsymbol{B} = \mu\boldsymbol{H} = \mu_r\mu_0\boldsymbol{H} \qquad (8.46)$$

其中，常数 $\mu = \mu_r\mu_0$ 称为磁介质的**磁导率**，而无量纲的量 μ_r 称为磁介质的**相对磁导率**。如果体系对称性较高，能够根据式（8.45）得到 $\boldsymbol{H}$ 的分布，那么由式（8.46）就得到总磁场的分布。

如果均匀的各向同性线性磁介质充满有磁场的空间，充满前后传导电流的分布不会改变。把式（8.46）代入式（8.45），注意 $\mu = \mu_r\mu_0$ 是常数，可以得到 $\oint_L \boldsymbol{B}\cdot \mathrm{d}\boldsymbol{l} = \mu\sum I_0$。而无介质时根据安培环路定理式（8.32），有 $\oint_L \boldsymbol{B}_0\cdot \mathrm{d}\boldsymbol{l} = \mu_0\sum I_0$。两相对比，注意回路 L 的任意性，即有

$$\boldsymbol{B} = \mu_r\boldsymbol{B}_0 \qquad (8.47)$$

表 8.2 给出了几种磁介质的相对磁导率。

表 8.2　几种磁介质的相对磁导率

磁介质种类		相对磁导率
抗磁质 $\mu_r < 1$	铜（293 K）	$1-1.0\times10^{-5}$
	汞（293 K）	$1-2.8\times10^{-5}$
	铋（293 K）	$1-1.6\times10^{-5}$
	CO_2（常温、常压）	$1-1.2\times10^{-5}$
顺磁质 $\mu_r > 1$	空气（常温、常压）	$1+3.0\times10^{-4}$
	铬	$1+4.5\times10^{-5}$
	铝	$1+1.7\times10^{-5}$
	镁	$1+1.2\times10^{-5}$
铁磁质 $\mu_r \gg 1$	铁	5×10^{3}
	硅钢	$10^{2}\sim10^{4}$
	坡莫合金	$10^{3}\sim10^{5}$
	铁氧体	$10^{3}\sim10^{4}$

可以看出，磁介质分成三类。**顺磁质**的 μ_r 略大于 1，它磁化后产生的附加磁场与原磁场方向一致，使介质中的磁场加强。**抗磁质**的 μ_r 略小于 1，它磁化后产生的附加磁场与原磁场方向相反，使介质中的磁场减弱。这两种介质对磁场的影响很小，一般很少使用，在通常情况下取 $\mu_r = 1$ 即可。

铁磁质则很特殊，它其实不是各向同性的线性介质，不能定义相对磁导率 μ_r，因为 B/H（或 B/B_0）不是常数。但它磁化后产生的附加磁场比原磁场强得多，在电工技术中有

广泛应用。习惯上仍对铁磁质谈论其 μ_r，只不过 $\mu_r \gg 1$，并且不是常数，而是随着外磁场的变化而变化。

习　题

8.1　如题图所示，无限长直导线在 P 处弯成半径为 R 的圆，当通以电流 I 时，则在圆心 O 点的磁感强度大小等于(　　)。

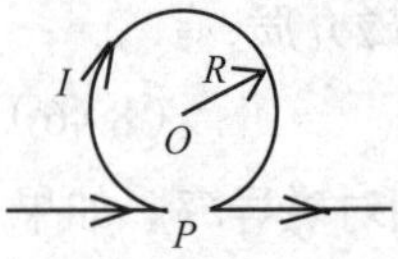

题 8.1 图

A. $\dfrac{\mu_0 I}{2\pi R}$　　B. $\dfrac{\mu_0 I}{4R}$

C. $\dfrac{\mu_0 I}{2R}\left(1-\dfrac{1}{\pi}\right)$　　D. $\dfrac{\mu_0 I}{4R}\left(1+\dfrac{1}{\pi}\right)$

8.2　有一半径为 R 的单匝圆线圈，通以电流 I，若将该导线弯成匝数 $N=2$ 的平面圆线圈，导线长度不变，并通以同样的电流，则线圈中心的磁感强度和线圈的磁矩分别是原来的(　　)。

A.4 倍和 1/8　　B.4 倍和 1/2

C.2 倍和 1/4　　D.2 倍和 1/2

8.3　如题图所示，有一无限长通电流的扁平铜片，宽度为 a，厚度不计，电流 I 在铜片上均匀分布，在铜片外与铜片共面，离铜片右边缘为 b 处的 P 点的磁感强度 $\boldsymbol{B}$ 的大小为(　　)。

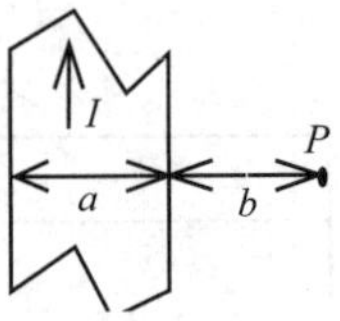

题 8.3 图

A. $\dfrac{\mu_0 I}{2\pi(a+b)}$　　B. $\dfrac{\mu_0 I}{2\pi a}\hbar\dfrac{a+b}{b}$

C. $\dfrac{\mu_0 I}{2\pi(a+b)}\hbar\dfrac{a+b}{b}$　　D. $\dfrac{\mu_0 I}{\pi(a+2b)}$

8.4　如题图所示，在一圆电流 I 所在的平面内，选取一个同心圆形闭合回路 L，则由安培环路定理可知(　　)。

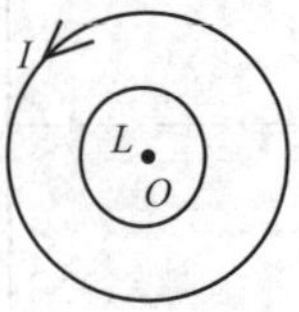

题 8.4 图

A. $\oint_L \boldsymbol{B}\cdot d\boldsymbol{l}=0$，且环路上任意一点 $B=0$

B. $\oint_L \boldsymbol{B}\cdot d\boldsymbol{l}=0$，且环路上任意一点 $B\neq 0$

C. $\oint_L \boldsymbol{B}\cdot d\boldsymbol{l}\neq 0$，且环路上任意一点 $B\neq 0$

D. $\oint_L \boldsymbol{B}\cdot d\boldsymbol{l}\neq 0$，且环路上任意一点 $B=$ 常量

8.5　如题图所示，两根直导线 ab 和 cd 沿半径方向被接到一个截面处处相等的铁环上，稳恒电流 I 从 a 端流入而从 d 端流出，则磁感强度 $\boldsymbol{B}$ 沿图中闭合路径 L 的积分 $\oint_L \boldsymbol{B}\cdot d\boldsymbol{l}=0$ 等于(　　)。

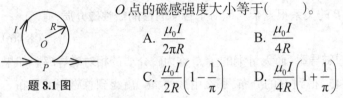

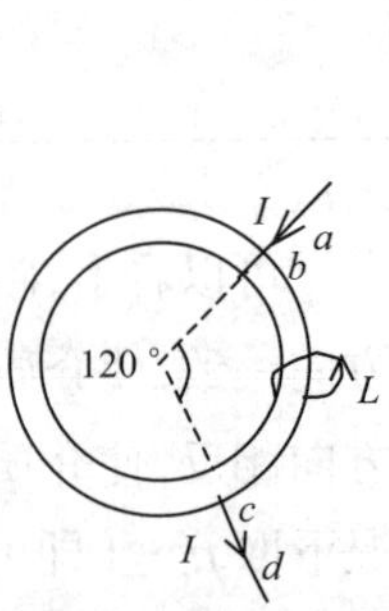

题 8.5 图

A. $\mu_0 I$　　B. $\dfrac{1}{3}\mu_0 I$

C.$\mu_0 I/4$　　D.$2\mu_0 I/3$

8.6　在匀强磁场中，有两个平面线圈，其面积 $A_1 = 2A_2$，通有电流 $I_1 = 2I_2$，它们所受的最大磁力矩之比 M_1 / M_2 等于(　　)。

A.1　　B.2

C.4　　D.1/4

8.7　一无限长载流直导线，通有电流 I，弯成如题图所示形状。设各线段皆在纸面内，则 P 点磁感强度 $\boldsymbol{B}$ 的大小为____________。

8.8　如题图所示，用均匀细金属丝构成一半径为 R 的圆环 C，电流 I 由导线 1 流入圆环 A 点，并由圆环 B 点流入导线 2。设导线 1 和导线 2 与圆环共面，则环心 O 处的磁感强度大小为________________，方向______________。

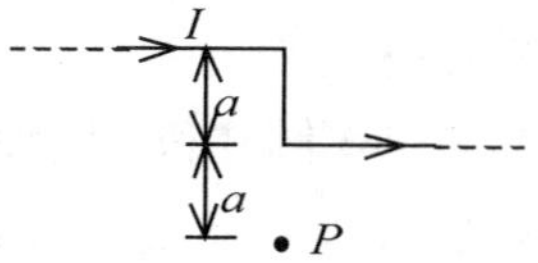

题 8.7 图

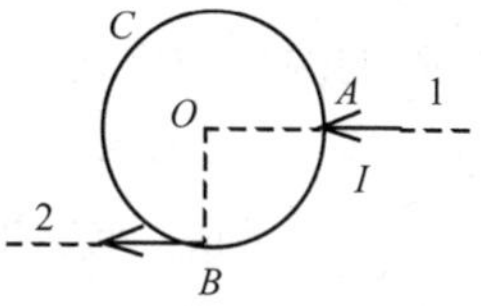

题 8.8 图

8.9　一磁场的磁感强度为 $\boldsymbol{B} = a\boldsymbol{i} + b\boldsymbol{i} + c\boldsymbol{k}$（SI），则通过一半径为 R，开口向 z 轴正方向的半球壳表面的磁通量的大小为__________Wb。

8.10　一根很长的直输电线，通有 100 A 的电流，在离它 0.50 m 远的地方，磁感应强度为__________。

8.11　半径为 1.0 cm 的圆形线圈，通有 5.0 A 的稳恒电流，问在圆心处及轴线上离圆心 2.0 cm 处的磁感应强度各为多少？

8.12　求题图中 P 点的磁感应强度的大小和方向。

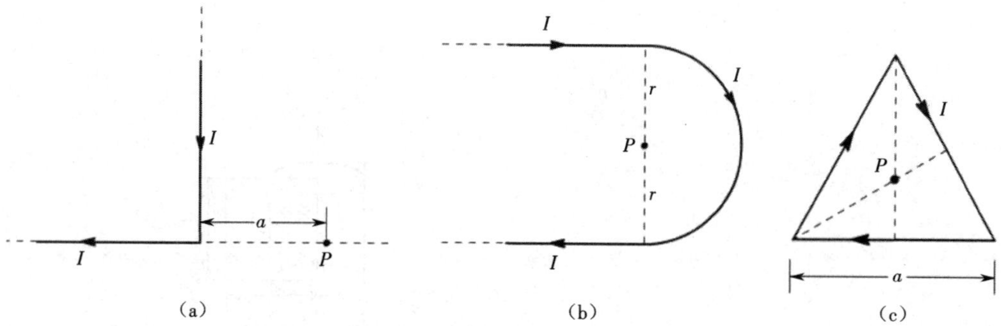

题 8.12 图

8.13　氢原子处在基态时，根据经典模型，它的电子在半径 a=0.529 × 10^{-8} cm 的轨道（玻尔轨道）上做匀速圆周运动，速率为 v=2.19 × 10^{8} cm/s。试求电子的运动在轨道中心处产生的磁感应强度的大小。

8.14　如题图所示，半径为 R 的圆盘上均匀带电，电荷面密度为 σ，圆盘以匀角速 ω 绕它的轴线旋转，设圆盘的厚度可以忽略不计。求轴线上离圆心为 r 处的磁感应强度的大小与方向。

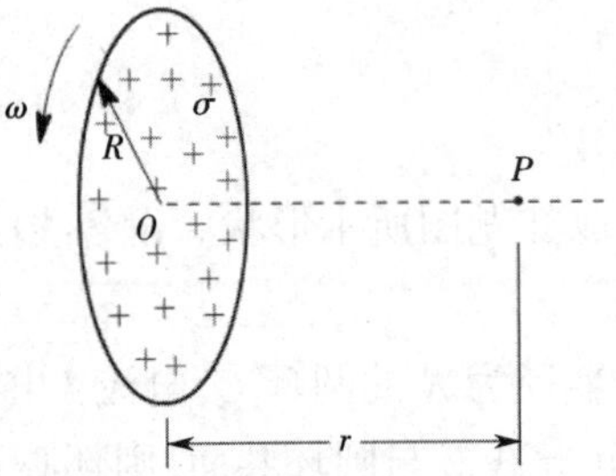

题 8.14 图

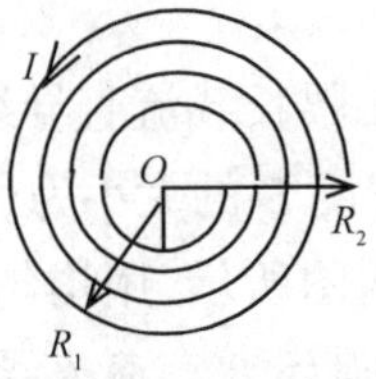

题 8.15 图

8.15　如题图所示，有一密绕平面螺旋线圈，其上通有电流 I，总匝数为 N，它被限制在半径为 R_1 和 R_2 的两个圆周之间。求此螺旋线中心 O 处的磁感强度。

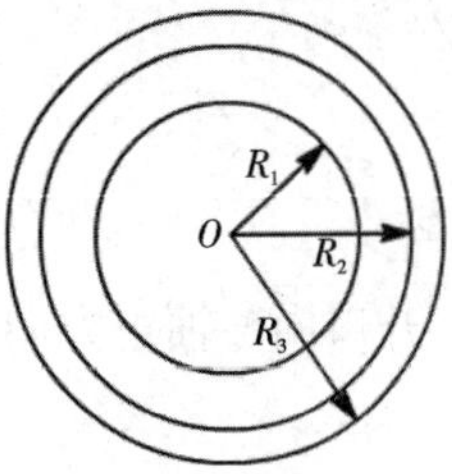

题 8.16 图

8.16　如题图所示，同轴电缆由一导体圆柱和一同轴导体圆筒构成。使用时电流 I 从圆柱导体流入纸面，从圆筒导体流出纸面。电流均匀分布在导体横截面上，设圆柱体的半径为 R_1，圆筒的内外半径分别为 R_2、R_3。以 r 代表场点到轴线的距离，求 r 为 0 到 ∞ 时磁感应强度的大小。

8.17　如题图所示，两条无限长的平行直导线相距为 $2a$，载有大小相等而方向相反的电流 I；空间任一点到两导线的距离分别为 r_1、r_2。求 P 点的磁感应强度大小。

8.18　如题图所示，一无限长圆柱形铜导体（磁导率 m_0），半径为 R，通有均匀分布的电流 I，今取一矩形平面 S（长为 1 m，宽为 $2R$），位置如图中画斜线部分所示，求通过该矩形平面的磁通量。

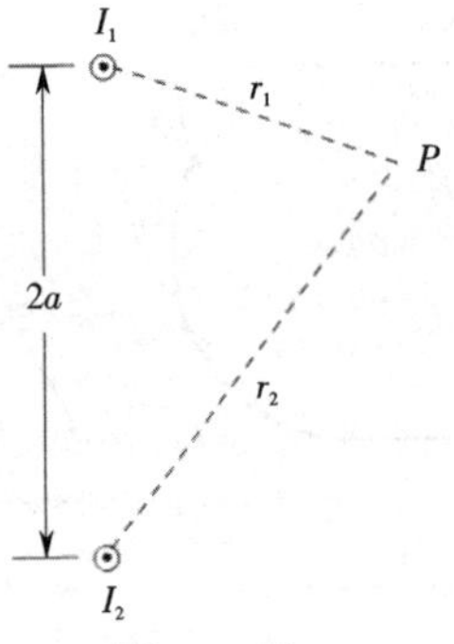

题 8.17 图

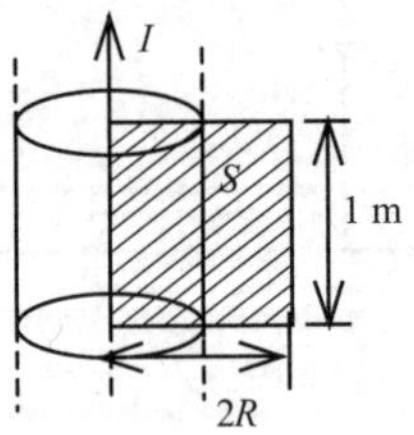

题 8.18 图

8.19　两块平行的大金属板上有均匀的电流流通，面电流密度都是 α，但方向相反。求两板之间及板外的磁场分布。

8.20　一个截面为矩形的螺绕环，共有 N 匝，其尺寸见题图，通有稳恒电流 I，求环内任一点（离轴的距离为 r）的磁感应强度的大小和通过矩形截面的磁通量。

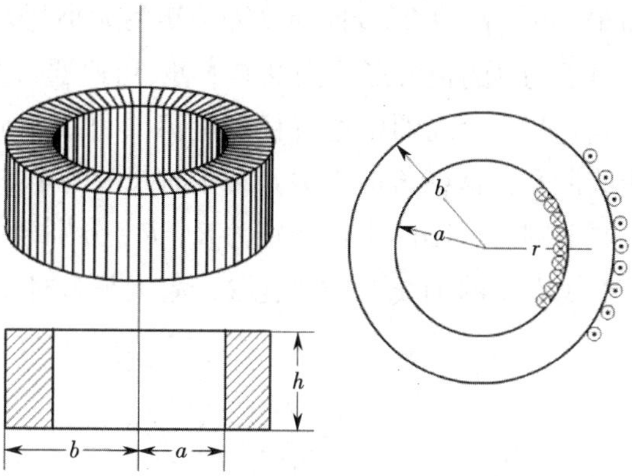

题 8.20 图

8.21　动能为 2.0×10^{3} eV 的电子，射入 B=0.1 T 的匀强磁场中，其初速与 $\boldsymbol{B}$ 成 80° 角，求电子所做螺旋线运动的周期、螺距和半径。

8.22　如题图所示，粒子速度选择器是在匀强磁场中叠加一均匀电场，使两者方向互相垂直组成的。使带电粒子垂直于磁场和电场射入，只有速度为一定值的粒子才能沿直线通过而被选出来，速度太大或太小的粒子都会被偏转而不能沿直线射出。若磁感应强度为 1.0×10^{-2} T，电场强度为 3.0×10^{4} V/m，问射入速度选择器的电子速度为多大时能被选出来？

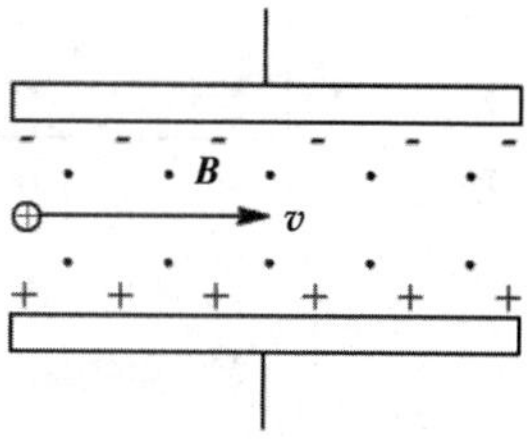

题 8.22 图

8.23　安培称可用来测量匀强磁场的磁感应强度，其结构如题图所示。在天平的右下盘挂一个 N 匝矩形线圈，下边一段长为 a，方向与天平横梁平行，且与磁场方向垂直。当线圈中通有电流 I 时，调节左盘中的砝码使天平两臂达到平衡。然后再使电流反向，这时需在左盘中添加质量为 m 的砝码，才能使天平两臂重新达到平衡。求匀强磁场的磁感应强度。

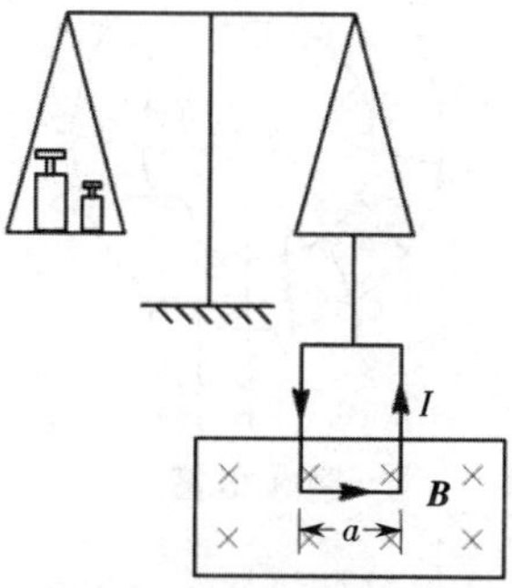

题 8.23 图

8.24　两根相距为 a 的无限长平行直导线分别载有同向电流 I_1、I_2。求导线 1 上长为 l 的一段受到来自导线 2 的安培力 $\boldsymbol{F}$，此力是吸力还是斥力？

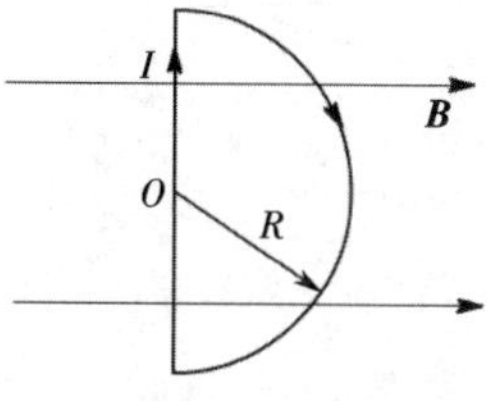

题 8.25 图

8.25　如题图所示，半径 R 为 0.2 m 的半圆形闭合线圈，载有电流 I=10 A，放在均匀外磁场中，磁场方向与线圈平面平行，磁感应强度为 0.50 T。求:(1)线圈的磁矩$\boldsymbol{p}_m$;(2)线圈所受磁力矩的大小和方向。

8.26 如题图所示,边长为a的正方形线圈共有N匝,可绕通过其相对的两边中点的竖直轴OO'自由转动,转动惯量为J,线圈中通有稳恒电流I,将线圈放在均匀的水平外磁场中,磁感应强度为$\boldsymbol{B}$。求线圈平面法线方向与$\boldsymbol{B}$成θ角时线圈的角加速度。

8.27 如题图所示,两个圆形线圈的半径分别为R_1、R_2,分别载有稳恒电流I_1、I_2,圆心相距为l,线圈 2 的直径在线圈 1 的轴线上,当l比R_1、R_2大很多时,求I_1作用在线圈 2 上的力矩的大小。

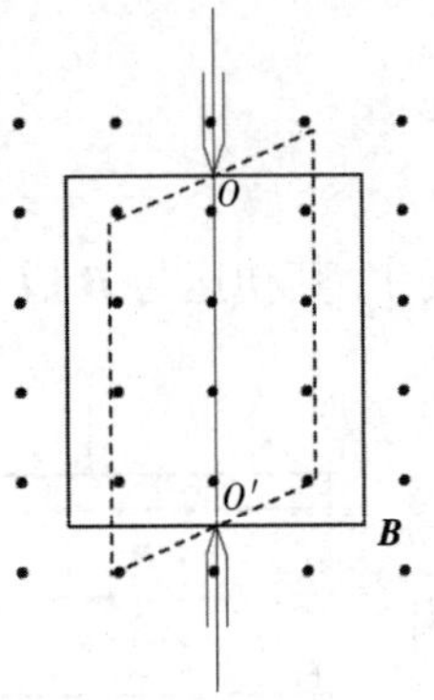

题 8.26 图

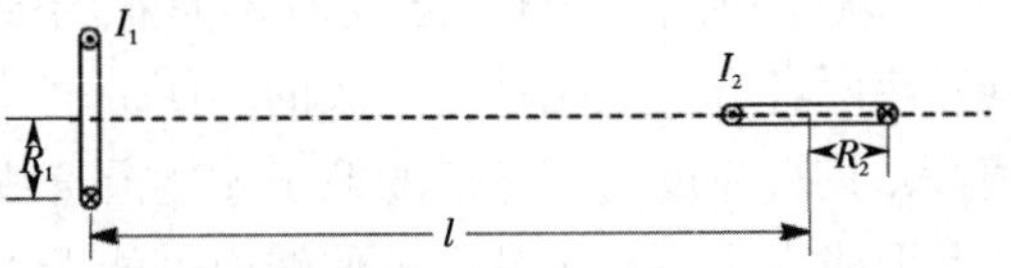

题 8.27 图

8.28 如题图所示,有一很细的螺绕环,其平均半径为R=4.0 cm,环上共绕有N=5 000 匝线圈。原来环内为真空,测得环内磁感应强度为5.0×10^{-3} T。求环内的磁场强度的大小和线圈中流过的电流。若在环内充满相对磁导率为 200 的磁介质,保持磁感应强度仍然为5.0×10^{-3} T,这时环内的磁场强度和线圈中通过的电流各为多少?

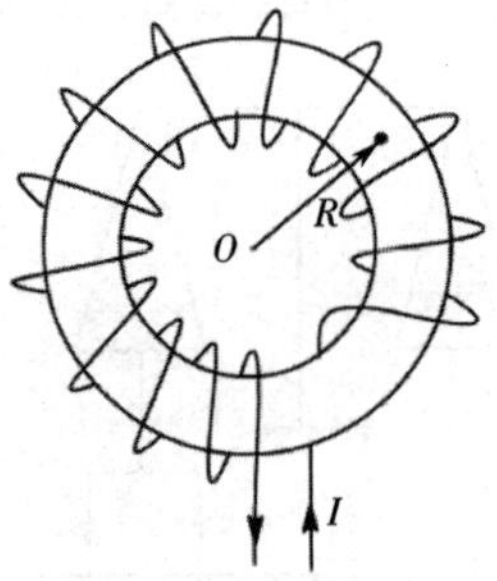

题 8.28 图

8.29 有一环形铁芯,横截面是半径为 3.0 cm 的圆。已知铁芯中的磁场强度为 400 A/m,铁芯的相对磁导率为 400,求铁芯中的磁感应强度的大小和穿过横截面的磁通量。

第 9 章　电磁感应

9.1　电磁感应的基本定律

自从奥斯特和安培发现了电流的磁效应后，相反方向的探索开始展开，即如何用磁场产生电流。法拉第进行了系统地研究。起初他以为将强磁铁或通有强电流的导线靠近一根导线，导线中就会出现稳恒电流，但都以失败告终。直到 1831 年，法拉第才发现了电磁感应现象："静"的磁不能生电，"动"的磁才能生电。从实用角度看，这一发现在生产技术上具有划时代的意义，为人类生活电气化打下基础。从理论角度看，这一发现深入揭示了电与磁的内在关系，为麦克斯韦建立完整的电磁理论奠定基础。

法拉第经过反复实验和研究发现，不论用什么方法，只要使穿过闭合回路的磁通量发生变化，此回路中就会有电流产生。这一现象称为**电磁感应**，回路中产生的电流称为**感应电流**。而感应电流的出现是线圈回路中出现**感应电动势**的反映。如果电路断开，感应电流不存在，但感应电动势仍然存在。可见感应电动势比感应电流更能反映电磁感应的实质。

9.1.1　楞次定律

在只含有电阻的闭合回路中，感应电动势的方向与感应电流的方向是一致的，确定了感应电流的方向也就确定了感应电动势的方向。楞次在法拉第实验的基础上总结出一种直接判断感应电流方向的方法，即**楞次定律：闭合回路中感应电流的方向，总是使得它所产生的磁场阻碍引起感应电流的磁通量的变化**。

如图 9-1(a)所示，当把磁棒插入线圈时，线圈的磁通增大。按照楞次定律，感应电流激发的磁通与该磁通反向(阻碍它的增大)，所以感应电流激发的磁场与磁棒的磁场方向相反。根据右手定则，可以确定感应电流的方向如图 9-1(a)所示。当把磁棒拔出时，按照同样的方法，读者可以判断感应电流的方向是否如图 9-1(b)所示。

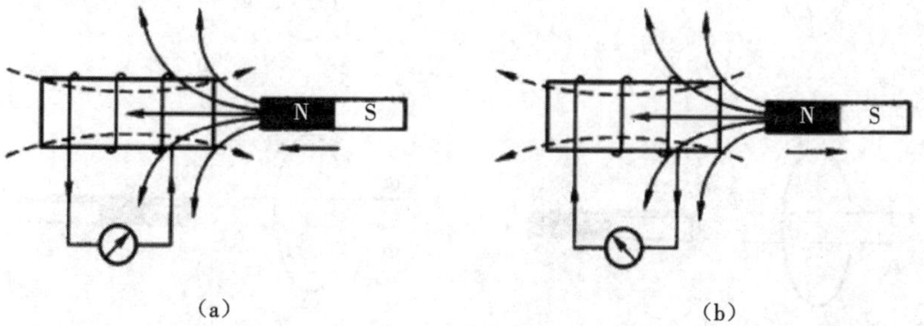

图 9-1　楞次定律

(a)磁棒插入线圈　(b)磁棒离开线圈

楞次定律实质上是能量守恒定律在电磁感应现象中的反映。为了理解这点,我们从功和能的观点重新分析上述实验。当磁棒插入线圈时,线圈中出现感应电流。按照楞次定律,感应电流如图 9-1(a)所示。如果把这个线圈看作一根磁棒,其右端相当于 N 极,与向左插入的磁棒的 N 极相斥,阻碍磁棒的插入。设想磁棒有一定初动能,那么其动能将减少,同时因感应电流的产生而出现焦耳热。它正是磁棒动能转化而来。如果设想感应电流的方向与图 9-1(a)中的方向相反,则线圈的右端相当于 S 极,它与磁棒的 N 极相吸。于是,只要轻轻一推,就会一方面出现感应电流和焦耳热,一方面磁棒动能越来越大。这显然违背能量守恒定律。

9.1.2 法拉第电磁感应定律

实验表明,感应电动势的大小和通过导体回路的磁通量的变化率成正比。在国际单位制中,该结论表示为

$$E=-\frac{\mathrm{d}\Phi}{\mathrm{d}t} \tag{9.1}$$

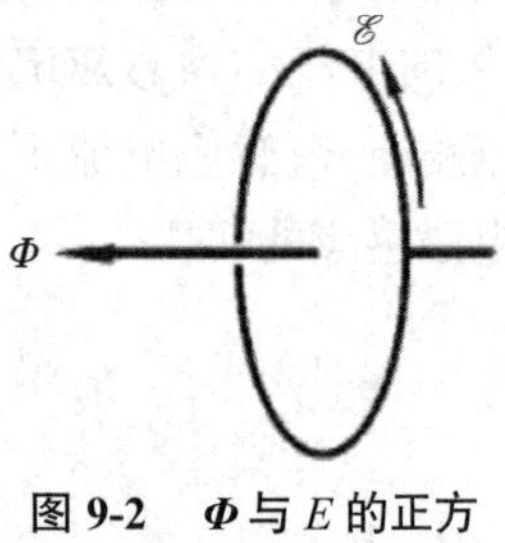

图 9-2 Φ 与 E 的正方向规定

这一结论称为**法拉第电磁感应定律**。该式中的电动势和磁通量都是代数量,并且约定**电动势的正方向与回路所包围面积的法线方向(或磁通量的正方向)或右手螺旋关系**,如图 9-2 所示。方程中的负号已经考虑到了楞次定律对感应电动势方向的描述。

下面我们用图 9-3 来说明式(9.1)的应用,其中正方向的规定与图 9-2 相同。在图 9-3(a)中,穿过回路的 $\Phi>0$,同时 N 极向着回路运动,穿过回路的磁通量增加,$\mathrm{d}\Phi/\mathrm{d}t>0$,由式(9.1)得出的感应电动势取负值,即与正方向相反。如果根据楞次定律,也是这个结果。在图 9-3(b)中,穿过回路的 $\Phi<0$,同时 N 极离开回路运动,即反向的磁通量减少。这等效于正向磁通增加,故仍有 $\mathrm{d}\Phi/\mathrm{d}t>0$。此时感应电动势与正方向相反,跟楞次定律的结果一致。图 9-3(c)、(d)的情况留给读者讨论。具体分析时,记住磁通**正向增加与反向减少等效**($\mathrm{d}\Phi/\mathrm{d}t>0$)、**正向减少与反向增加等效**($\mathrm{d}\Phi/\mathrm{d}t<0$)即可。

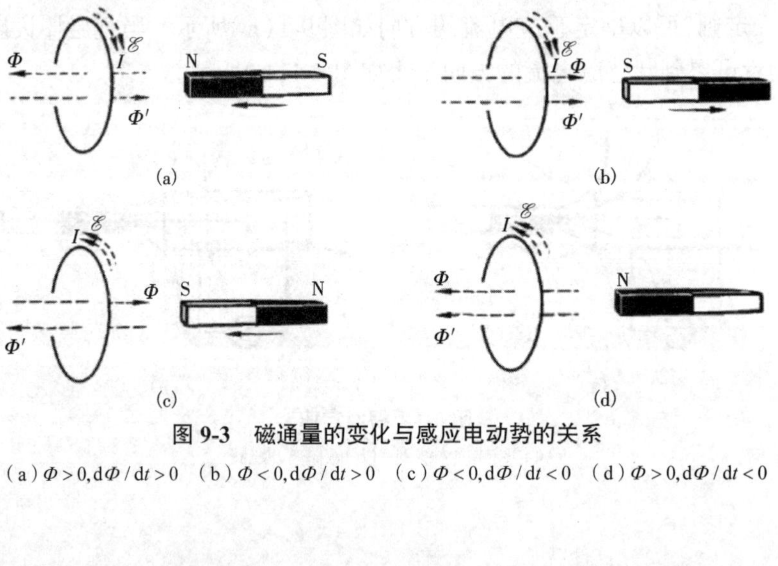

图 9-3 磁通量的变化与感应电动势的关系

(a)$\Phi>0,\mathrm{d}\Phi/\mathrm{d}t>0$ (b)$\Phi<0,\mathrm{d}\Phi/\mathrm{d}t>0$ (c)$\Phi<0,\mathrm{d}\Phi/\mathrm{d}t<0$ (d)$\Phi>0,\mathrm{d}\Phi/\mathrm{d}t<0$

实际中的线圈总是由许多匝线圈组成，在这种情况下，当磁场变化时，每一匝中都产生感应电动势。由于匝与匝之间是串联关系，故整个线圈中产生的感应电动势应该是每一匝线圈中产生的感应电动势之和。当穿过每匝线圈的磁通量分别为 $\Phi_1, \Phi_2, \cdots, \Phi_n$ 时，定义

$$\Psi = \sum_i \Phi_i \tag{9.2}$$

则总感应电动势为

$$E = -\left(\frac{d\Phi_1}{dt} + \frac{d\Phi_2}{dt} + \cdots + \frac{d\Phi_n}{dt}\right) = -\frac{d\Psi}{dt} \tag{9.3}$$

其中，Ψ称为穿过线圈的**全磁通**，又称为**磁通匝链数**，简称**磁链**。当穿过各匝线圈的磁通量相等时，N匝线圈的全磁通为 $\Psi = N\Phi$，这时

$$E = -\frac{d\Psi}{dt} = -N\frac{d\Phi}{dt} \tag{9.4}$$

例 9.1　如图 9-4 所示，长直载流导线中通有电流为 I，与导线共面的矩形线圈长为 b，宽为 a，近边与导线相距为 x，且线圈运动在图示的平面内。试求以下三种情况矩形线圈中产生的感应电动势：（1）I 恒定且线圈沿导线方向以速度 v 运动；（2）I 恒定且线圈垂直导线方向以速度 v 运动；（3）线圈不动，但导线中通以变化电流 $I=I_0\sin \omega t$。

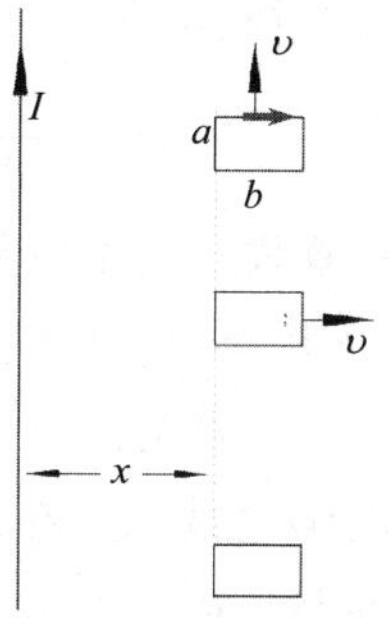

图 9-4　例 9.1 题图

解　取图示的回路绕行方向为正方向，则其磁通量为正，具体计算为

$$\Phi = \int_x^{x+b} \frac{\mu_0 I}{2\pi r} a dr = \frac{\mu_0 I a}{2\pi} \ln \frac{x+b}{x}$$

（1）此时，上式中所有参数都是常数，由式（9.1）$E=0$。

（2）此时，$dx/dt=v$，故

$$E = -\frac{d\Phi}{dt} = -\frac{d\Phi}{dx}\frac{dx}{dt} = \frac{\mu_0 I a v}{2\pi}\left(\frac{1}{x} - \frac{1}{x+b}\right) > 0$$

方向为正方向。

（3）此时，$dI/dt = -\omega I_0 \cos \omega t$，故

$$E = -\frac{d\Phi}{dt} = -\frac{d\Phi}{dI}\frac{dI}{dt} = -\frac{\mu_0 \omega a I_0}{2\pi} \ln \frac{x+b}{x} \cos \omega t$$

9.2　动生电动势

回路中磁通量变化的基本形式有两种：①磁场不变而回路形状发生变化（如部分回路的运动）；②回路不变而磁场随时间发生变化。这两种情况下产生的电动势分别称为**动生电动势**和**感生电动势**。如果两种变化同时存在，此时的感应电动势是动生电动势和感生电动势的叠加。本节讨论动生电动势。

9.2.1 动生电动势

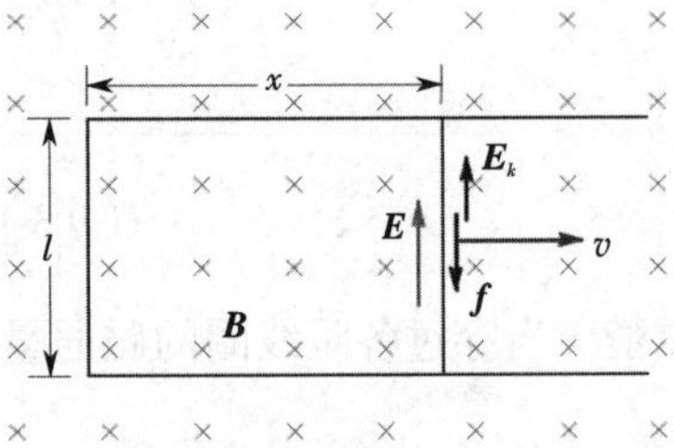

图 9-5 动生电动势

如图 9-5 所示，一矩形导体回路，长度为 l 的导线 ab 以速度 $\boldsymbol{v}$ 在垂直于磁场 $\boldsymbol{B}$ 的平面内向右运动，其余边不动。由于 ab 边的运动，导致闭合回路中的磁通量发生变化，所以我们可以用法拉第电磁感应定律来求动生电动势。取回路正方向为顺时针方向，此时回路所包围的磁通量为正，且 $\Phi = BS = Blx$。（严格说来，回路中电流的出现会产生额外的磁通，但对于单匝回路而言一般可以忽略。详见本章第 4 节的自感现象。）由法拉第电磁感应定律，可得

$$E = -\frac{\mathrm{d}\Phi}{\mathrm{d}t} = -Bl\frac{\mathrm{d}x}{\mathrm{d}t} = -Blv \tag{9.5}$$

$E<0$ 表明动生电动势的方向与回路绕行方向相反，在导线 ab 内是由 a 指向 b 的。此时导线 ab 相当于一个电源。

电动势的产生必然意味着非静电力的出现，而**动生电动势的非静电力就是载流子受到的洛仑兹力**。在图 9-5 中，由于导线 ab 向右运动，它里面的自由电子也要随之向右运动。回路处在外磁场中，故自由电子要受到洛仑兹力

$$\boldsymbol{f} = -e\boldsymbol{v}\times\boldsymbol{B}$$

的作用，其方向向下。在这个力的作用下，电子向 a 端累积，因而 a 端积累负电荷，b 端将出现正电荷，同时在导线 ab 中产生向下的电场。当电荷累积到一定程度时，电场力增大到与洛仑兹力平衡，电荷积累过程停止。此时导线 ab 就相当于一个电源，b 端电势高，相当于正极，a 端电势低，相当于负极，这样导线 ab 就具有一定的动生电动势。由于非静电场强为

$$\boldsymbol{E}_\mathrm{k} = \frac{\boldsymbol{f}}{-e} = \boldsymbol{v}\times\boldsymbol{B}$$

根据电动势的定义（其正方向与回路正方向相同），有

$$E = \int_b^a \boldsymbol{E}_\mathrm{k}\cdot\mathrm{d}\boldsymbol{l} = \int_b^a (\boldsymbol{v}\times\boldsymbol{B})\cdot\mathrm{d}\boldsymbol{l} \tag{9.6}$$

由于图 9-5 中 $\boldsymbol{v}$、$\boldsymbol{B}$ 和 $\mathrm{d}\boldsymbol{l}$ 两两相互垂直，又构成左手系，上面积分的结果为 $E=-Blv$，与式（9.5）相同。

式（9.6）适用于一般情形，此时 $\boldsymbol{v}$ 和 $\boldsymbol{B}$ 可随线元 $\mathrm{d}\boldsymbol{l}$ 而变化。如果整个导体回路都在磁场中运动，则回路中总的动生电动势为

$$E = \oint (\boldsymbol{v}\times\boldsymbol{B})\cdot\mathrm{d}\boldsymbol{l} \tag{9.7}$$

可以证明，基于洛仑兹力得到的动生电动势式（9.7）与法拉第定律式（9.1）等价。

如果一个线圈在匀强磁场中转动，那么可由式（9.7）导出其整个回路的动生电动势为

$$E = \boldsymbol{B}\times\boldsymbol{S}\cdot\boldsymbol{\omega} \tag{9.8}$$

其中，E 的正方向与面积矢量 $\boldsymbol{S}$ 的正方向成右手螺旋关系。

9.2.2　相关做功分析

在图 9-6 所示的闭合回路中，由于 ab 段的运动产生了动生电动势，在回路中就有感应电流流过。设感应电流为 I，则动生电动势做功的功率为

$$P = EI = IBlv$$

当感应电流通过导线 ab 时，ab 段要受到安培力 $F_m = IBl$，方向向左，如图 9-6 所示。为了使导线 ab 匀速向右运动，必须要有外力 $\boldsymbol{F}$ 与安培力平衡，即 $\boldsymbol{F} = -\boldsymbol{F}_m$。因此，外力 $\boldsymbol{F}$ 的功率为 $P' = \boldsymbol{F} \cdot \boldsymbol{v} = IBlv$，恰好等于动生电动势的功率。可见电路中动生电动势提供的电能是由外力做功而来。这就是发电机内的能量转化过程。

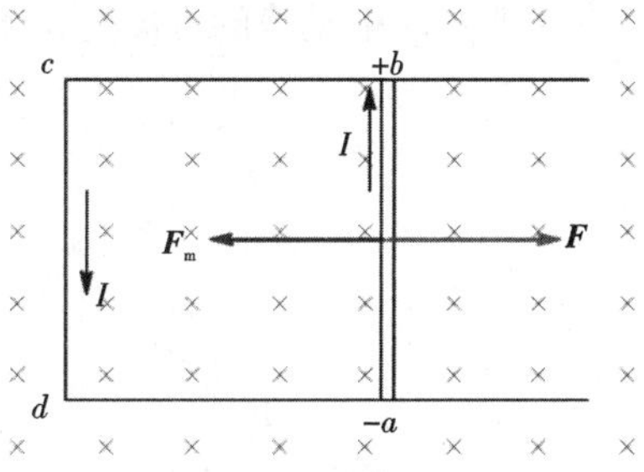

图 9-6　动生电动势的能量来源

以上是宏观分析。微观上，动生电动势是洛仑兹力作用的结果。但洛仑兹力总与速度垂直，不做功，而动生电动势是要做功的。如何解释这一矛盾呢？为此，有必要对导线 ab 中电子所受的洛仑兹力做更细致的分析（图 9-7）。随着动生电动势的产生，闭合回路中将有电流出现。导线 ab 中的自由电子的宏观定向速度由两部分组成：随导线向右运动的速度 $\boldsymbol{v}$ 和形成感应电流的速度 $\boldsymbol{v}'$（注意 $I = neSv'$）。电子的合速度则为 $\boldsymbol{V} = \boldsymbol{v} + \boldsymbol{v}'$。电子受到的洛仑兹力 $\boldsymbol{F} = -e\boldsymbol{V} \times \boldsymbol{B}$ 相应的也可分成两部分：①与 $\boldsymbol{v}$ 对应的部分 $\boldsymbol{f} = -e\boldsymbol{v} \times \boldsymbol{B}$，方向向下；②与 $\boldsymbol{v}'$ 对应的部分 $\boldsymbol{f}' = -e\boldsymbol{v}' \times \boldsymbol{B}$，方向向左。$\boldsymbol{F}$ 的这两个分力都要做功：

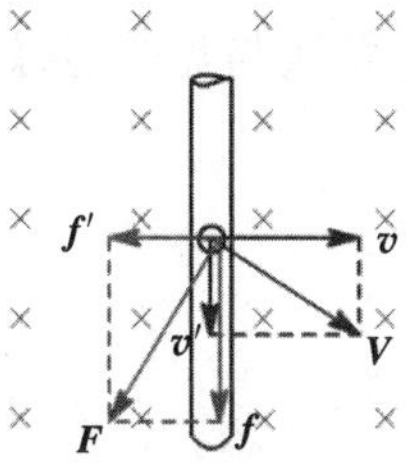

图 9-7　电子速度和洛仑兹力的分解

$$P_f = \boldsymbol{f} \cdot \boldsymbol{v}' = fv' = evBv'$$

$$P_{f'} = \boldsymbol{f}' \cdot \boldsymbol{v} = -f'v = -ev'Bv$$

而且做功之和为 0，即总洛仑兹力 $\boldsymbol{F}$ 不做功。

$\boldsymbol{f}$ 与导线平行，它就是电源中的非静电力（导致动生电动势）。对整段导体中 $N = nSl$ 个电子来说，$\boldsymbol{f}$ 做的总功率为 $NP_f = nSlevBv' = IlBv$，此即动生电动势的功率。$\boldsymbol{f}'$ 与导线垂直，其宏观表现为向左的安培力。$\boldsymbol{f}'$ 对整段导体做的总功率则为 $NP_{f'} = -IlBv$，此即安培力的功率。可见，**动生电动势和安培力是微观洛仑兹力不同侧面的宏观体现**，洛仑兹力在这里起了一个中间转换的作用，把外力所做的功转化为电能。

例 9.2　在与均匀磁场 $\boldsymbol{B}$ 垂直的平面上，有一根长度为 L 的直导线 PQ 绕 P 点以匀角速度 ω 转动（图 9-8（a））。求导线内的动生电动势及其方向。

解　应用式（9.6）求解。在 PQ 上任取一个线元 $\mathrm{d}\boldsymbol{l}$，其方向沿着从 P 到 Q 的方向。由于 $\boldsymbol{v}$ 垂直于 $\boldsymbol{B}$ 且 $\boldsymbol{v} \times \boldsymbol{B}$ 与 $\mathrm{d}\boldsymbol{l}$ 同向，故

$$E = \int_P^Q (\boldsymbol{v} \times \boldsymbol{B}) \cdot \mathrm{d}\boldsymbol{l} = \int_P^Q vB\mathrm{d}l = \int_0^L \omega lB\mathrm{d}l = \frac{1}{2}\omega BL^2$$

$E>0$ 说明动生电动势的方向由 P 指向 Q。

此题还可用法拉第定律求解。设想一个包括导线的扇形回路 PQQ'（图 9-8（b）），导线 PQ 在 dt 时间内转过角度 $d\theta=\omega dt$，这时回路的面积改变了 $\frac{1}{2}L^2 d\theta$。取回路的正方向为顺时针方向，则 $\Phi>0$，且在减少，故磁通量的变化为 $d\Phi=-BL^2 d\theta/2$。由式（9.1），可得

$$E=-\frac{d\Phi}{dt}=\frac{1}{2}BL^2\frac{d\theta}{dt}=\frac{1}{2}\omega BL^2$$

$E>0$ 说明感应电动势的方向与正方向相同，即由 P 指向 Q。

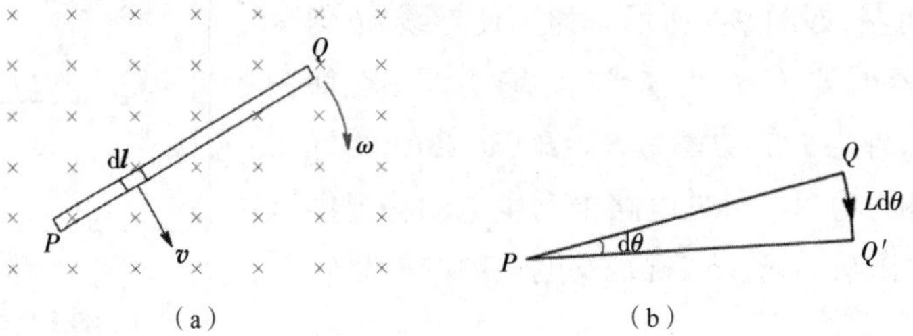

图 9-8　例 9.2 题图

（a）用动生电动势公式求解　（b）法拉第定律求解

根据该题的结果，如果使金属圆盘在与其垂直的磁场中绕其轴线旋转，轴线与盘的边缘存在感应电动势。这种装置称为**法拉第圆盘**，是历史上最早的发电机。

9.3　感生电动势与感生电场

9.3.1　感生电场

当回路不动而磁场随时间变化时，回路中的磁通量也会发生变化，由此引起感生电动势。产生动生电动势的非静电力是洛仑兹力，那么产生感生电动势的非静电力是什么呢？由于导体回路不动，所以它不可能是决定于速度的洛仑兹力，而是可以作用于回路中静止电荷的力。麦克斯韦敏锐地感觉到，即使不存在导体回路，变化的磁场周围也会激发一种场，它可以对静止电荷施以力的作用。磁场做不到这一点，因此它只能是电场。这种由于磁场随变化而产生的电场称为**感生电场**（或**涡旋电场**）。它不是静电场，但仍是电场的一种。感生电动势的非静电力就是这种电场力。

以 $\boldsymbol{E}_i$ 表示感生电场强度，即感生电场作用于单位电荷的非静电力，则根据电动势的定义，磁场的变化在回路 L 中产生的感应电动势为

$$E=\oint_L \boldsymbol{E}_i\cdot d\boldsymbol{l}$$

另一方面，根据法拉第电磁感应定律，可得

$$\oint_L \boldsymbol{E}_i\cdot d\boldsymbol{l}=-\frac{d\Phi}{dt}=-\frac{d}{dt}\int_S \boldsymbol{B}\cdot d\boldsymbol{S}=-\int_S\frac{\partial \boldsymbol{B}}{\partial t}\cdot d\boldsymbol{S} \tag{9.9}$$

其中，环路 L 是曲面 S 的边界，根据正方向的规定，L 的正方向应该与 S 的法向（ Φ 的正方

向)成右手螺旋关系。由于 L 及 S 都静止,所以上式中对空间的积分和对时间的求导可以交换次序。由于 $\boldsymbol{B}$ 一般说来既是空间位置的函数,又是时间的函数,所以 $\boldsymbol{B}$ 在对时间求导时应该写成偏导数的形式。

以环路 L 为边界的曲面有很多,这里的 S 是指哪个?都行。原因就在于 $\boldsymbol{B}$ 线是无始无终的,故穿过其中任何一个曲面的通量都相同。这在 8.3.1 节磁场的高斯定理中有详细分析。

式(9.9)反映了磁场的变化与所激发的感生电场之间的一般关系,可以理解为**变化的磁场产生感生电场**。但它给出的只是感生电场的环流。感生电场的通量呢?可以合理地假定

$$\oint_S \boldsymbol{E}_{\mathrm{i}} \cdot \mathrm{d}\boldsymbol{S} = 0 \tag{9.10}$$

即感生电场的电场线无始无终,可以闭合。因此,感生电场又称涡旋电场。式(9.10)的正确性已由其导出的各种结论与实验符合而被验证。可以看出,变化磁场产生的感生电场的两条基本性质式(9.9)和式(9.10)与稳恒电流产生的磁场类似,因此,关于稳恒磁场的一些结论可以适用于感生电场情况。

总之,**感生电流的后面是感生电动势,而感生电动势的后面是感生电场**。物理学正是这样一步步走向实质。

9.3.2　一般电场

现在共有两种电场。一种是由变化的磁场所激发的感生电场 $\boldsymbol{E}_{\mathrm{i}}$,一种是由电荷按库仑定律激发的静电场(又称为**势场**)$\boldsymbol{E}_{\mathrm{c}}$:

$$\oint_S \boldsymbol{E}_{\mathrm{i}} \cdot \mathrm{d}\boldsymbol{S} = \frac{q}{\varepsilon_0} \tag{9.11}$$

$$\oint_L \boldsymbol{E}_{\mathrm{c}} \cdot \mathrm{d}\boldsymbol{l} = 0 \tag{9.12}$$

在一般情况下,空间的电场 $\boldsymbol{E}$ 是静电场 $\boldsymbol{E}_{\mathrm{c}}$ 和感生电场 $\boldsymbol{E}_{\mathrm{i}}$ 之和:$\boldsymbol{E} = \boldsymbol{E}_{\mathrm{c}} + \boldsymbol{E}_{\mathrm{i}}$。故总场强 $\boldsymbol{E}$ 的通量和环流应该是二者的贡献之和,故由式(9.9)、式(9.10)和式(9.11),有

$$\oint_S \boldsymbol{E} \cdot \mathrm{d}\boldsymbol{S} = \frac{q}{\varepsilon_0} \tag{9.13}$$

$$\oint_L \boldsymbol{E} \cdot \mathrm{d}\boldsymbol{l} = -\int_S \frac{\partial \boldsymbol{B}}{\partial t} \cdot \mathrm{d}\boldsymbol{S} \tag{9.14}$$

这组方程是电磁理论的基本规律之一。

9.3.3　涡流

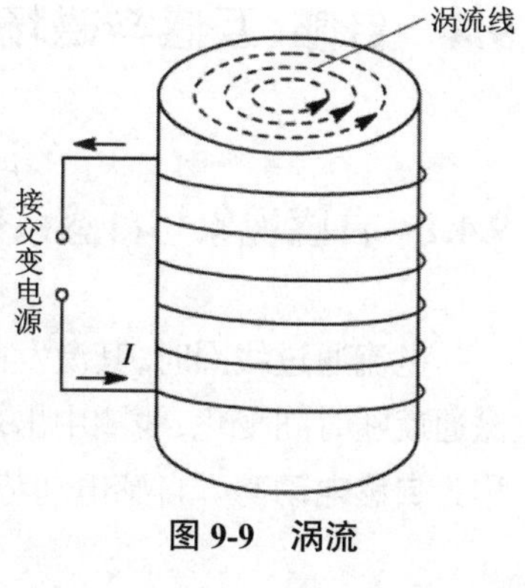

图 9-9　涡流

利用电磁感应的方法可以使大块金属内部出现感应电流,称为**涡流**。如图 9-9 所示,在圆柱形金属上绕有线圈,当线圈中通有交变电流时,金属就处在交变磁场中。由于变化的磁场产生感生电场,金属内部的自由电子在感生电场作用下形成涡流。由于大块金属的电阻很小,因此涡流

的强度很大。如果交流电的频率很高,那么金属中将产生大量的焦耳热。工业上冶炼金属的高频感应炉就是它的应用实例。这种冶炼方法的最大优点之一,就是冶炼所需的热量直接来自被冶炼的金属本身,因此可达到极高的温度,使冶炼快速、高效,易于控制。家用的电磁灶则是交变电流在金属锅底引起涡流热效应的例子。

在变压器、电机等设备中,产生磁场的部件都包含铁芯,铁芯内的涡流会造成能量损耗,使设备发热,危及安全。为了减少涡流,变压器和电机的铁芯都不用整块钢铁,而是用电阻率大的硅钢薄片相互绝缘叠压而成,从而阻断涡流的回路,极大地减少涡流的焦耳热。

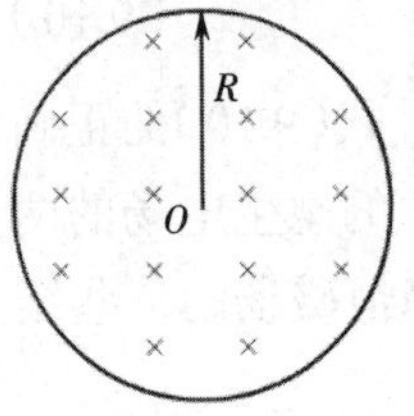

图 9-10 例 9.3 题图

例 9.3 如图 9-10 所示,均匀磁场局限于半径为 R 的柱形区域中。设磁场 $\boldsymbol{B}$ 以速率 $\mathrm{d}B/\mathrm{d}t$ 增大,求在任意半径 r 处感生电场强度。

解 由体系的对称性和感生电场和磁场的相似性可知,$\boldsymbol{E}_{\mathrm{i}}$ 线必然是垂直于轴线的平面上以轴线为圆心的同心圆。因此,考虑半径为 r 的圆形回路 L,取顺时针方向为回路正方向,则

$$\oint_L \boldsymbol{E}_{\mathrm{i}} \cdot \mathrm{d}\boldsymbol{l} = 2\pi r E_{\mathrm{i}}$$

而 L 所包围的磁通量为

$$\Phi = \begin{cases} B\pi r^2 & (r \leqslant R) \\ B\pi R^2 & (r > R) \end{cases}$$

于是,根据式(9.9),有

$$2\pi r E_{\mathrm{i}} = -\frac{\mathrm{d}\Phi}{\mathrm{d}t}$$

即

$$E_{\mathrm{i}} = \begin{cases} -\dfrac{1}{2} r \dfrac{\mathrm{d}B}{\mathrm{d}t} & (r \leqslant R) \\ -\dfrac{1}{2} \dfrac{R^2}{r} \dfrac{\mathrm{d}B}{\mathrm{d}t} & (r > R) \end{cases}$$

其中的负号表示感生电动势与回路正方向相反,即为逆时针方向。

应当注意,尽管磁场区域限制在 $r \leqslant R$ 的柱面内区域,但是它激发的感应电场在柱面内外都存在。此时,对任意的导体回路,一般来说处处是电源,难以划分出源内、源外,除非部分回路与感应电场垂直。

9.4 自感、互感与磁场能量

9.4.1 自感现象与自感系数

电流通过线圈时,其激发的磁场在线圈自身产生磁通。当线圈中的电流随时间变化时,磁通就随时间变化,线圈中出现感应电动势。这种现象称为**自感现象**,所产生的感应电动势称为**自感电动势**。自感电动势反抗回路中电流的改变,体现了一种“**电磁惯性**”。

自感现象可以通过下面两个实验来演示。在图 9-11(a)的实验中，A、B 是两个小灯泡，L 是带铁芯的多匝线圈，R 的阻值与线圈 L 相同。接通开关 K，A 灯比 B 灯先亮，而 B 灯是逐渐变亮，最后与 A 灯亮度相同。这是因为 B 灯中电流初始时为 0，自感电动势阻碍其增加，于是 B 灯比 A 灯亮得迟一些。最终电流达到稳定值时，A 灯和 B 灯就一样亮了。

在图 9-11(b)中，当将开关 K 断开时，灯泡并不立即熄灭，而是在熄灭前突然闪亮一下。其原因是，当切断电源时，线圈 L 中的电流减少，其自感电动势阻碍电流的减少。由于此时线圈 L 与灯泡组成了闭合回路，自感电动势在这个闭合回路中引起感应电流，所以灯泡并不立刻熄灭。而且，由于线圈 L 的直流电阻比灯泡小得多，初态时线圈中的电流就远大于灯泡中的电流。在切断开关的瞬间，线圈的这一电流流过灯泡，使灯泡比先前还亮。但是由于脱离了电源，灯泡最终会熄灭。

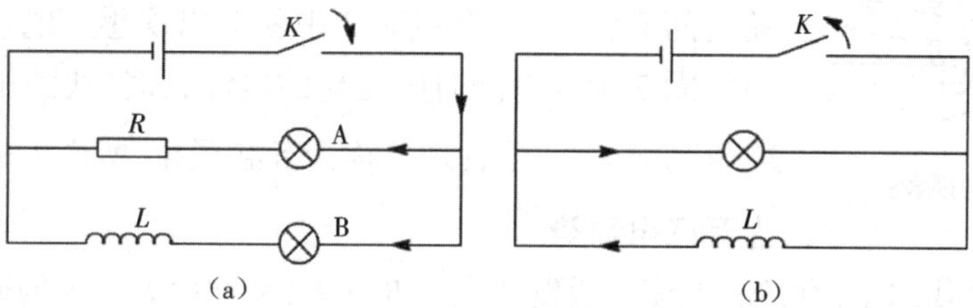

图 9-11　自感现象

设线圈中通有电流 I，根据毕奥－萨伐尔定律，可知电流激发的磁场 $B \propto I$，所以穿过线圈的全磁通 $\Psi \propto I$，即

$$\Psi = LI \tag{9.15}$$

其中的比例系数 L 称为线圈的**自感系数**，简称**自感**。一个线圈的自感由线圈的几何形状、大小、匝数和线圈中的磁介质的性质所决定。

回路的几何形状、磁介质等因素不变导致自感不变，仅线圈中的电流变化，则根据法拉第电磁感应定律，线圈中产生的自感电动势为

$$E = -\frac{\mathrm{d}\Psi}{\mathrm{d}t} = -L\frac{\mathrm{d}I}{\mathrm{d}t} \tag{9.16}$$

在国际单位制中，自感的单位是亨利，简称亨(H)。由式(9.15)和式(9.16)可知，1 H 可表示为

$$1\,\mathrm{H} = \frac{1\,\mathrm{Wb}}{1\,\mathrm{A}} = \frac{1\,\mathrm{V\cdot s}}{1\,\mathrm{A}} = 1\,\Omega\cdot\mathrm{s}$$

例 9.4　已知长直螺线管的长度为 l，截面积为 S，匝数为 N，求其自感。

解　当螺线管中通有电流 I 时，管内磁场为 $B = \mu_0 nI$，其中 $n = N/l$。通过每一匝线圈的磁通为 $\Phi = BS$，所以螺线管的全磁通为

$$\Psi = N\Phi = NBS = N\mu_0 nIS = \frac{\mu_0 N^2 IS}{l}$$

于是由式(9.15)得

$$L = \frac{\Psi}{I} = \frac{\mu_0 N^2 S}{l}$$

注意到螺线管的体积 $V = Sl$，上式可改写为

$$L = \mu_0 n^2 V$$

若螺线管内充满磁导率 $\mu = \mu_0\mu_r$ 的磁介质，类似的推导可得

$$L = \mu n^2 V \tag{9.17}$$

此结果表明在螺线管内充满磁介质时，其自感比在真空中增大 μ_r 倍。

9.4.2 互感现象及互感系数

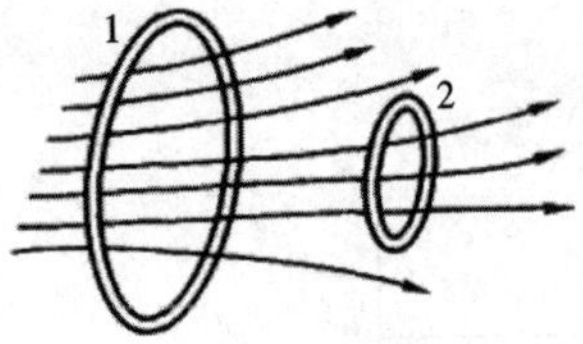

图 9-12 互感现象

图 9-12 中的 1 和 2 是两个闭合线圈。当线圈 1 中通有电流 I_1 时，它所激发的磁场对线圈 1 和线圈 2 都提供磁通。当 I_1 随时间变化时，闭合线圈 2 中就会出现感应电动势 E_{12}。同样，当线圈 2 中通有随时间变化的电流 I_2 时，线圈 1 中也会出现感应电动势 E_{21}。这种现象称为**互感现象**，所产生的感应电动势称为**互感电动势**。

由毕奥－萨伐尔定律可知，电流 I_1 激发的磁场 $B_1 \propto I_1$，从而由 I_1 产生的通过线圈 2 的全磁通 $\Psi_{12} \propto I_1$。同时，由 I_2 产生的通过线圈 1 的全磁通 $\Psi_{21} \propto I_2$。于是，

$$\Psi_{12} = M_{12} I_1 \tag{9.18}$$

$$\Psi_{21} = M_{21} I_2 \tag{9.19}$$

其中，M_{12} 和 M_{12} 为比例系数。对任意两个线圈，可以证明，这两个系数相等：

$$M_{12} = M_{21} = M \tag{9.20}$$

这个相同的值 M 称为两个线圈之间的**互感系数**，简称**互感**。在国际单位制中，互感的单位与自感的单位相同，都是亨（H）。由式（9.18），有

$$M = \frac{\Psi_{21}}{I_2} = \frac{\Psi_{12}}{I_1} \tag{9.21}$$

M 由两个线圈的几何形状、大小、匝数、相对位置和周围磁介质的性质所确定。

根据法拉第电磁感应定律，变化的 I_1 在线圈 2 中产生的互感电动势 E_{12} 和变化的 I_2 在线圈 1 中产生的互感电动势 E_{21} 分别为

$$E_{12} = -\frac{\mathrm{d}\Psi_{12}}{\mathrm{d}t} = -M\frac{\mathrm{d}I_1}{\mathrm{d}t} \tag{9.22}$$

$$E_{21} = -\frac{\mathrm{d}\Psi_{21}}{\mathrm{d}t} = -M\frac{\mathrm{d}I_2}{\mathrm{d}t} \tag{9.23}$$

例 9.5 一长直螺线管，长度为 L，匝数为 N_1，横截面面积为 S。在其中一段密绕一个匝数为 N_2 的短线圈。计算这两个线圈的互感系数。

解 设螺线管中通有电流 I_1，它在螺线管中激发的磁感应强度为

$$B_1 = \mu_0 n_1 I_1 = \mu_0 \frac{N_1}{L} I_1$$

因此通过短线圈的全磁通为

$$\Psi_{12}=N_2B_1S=\mu_0\frac{N_1N_2S}{L}I_1$$

由互感系数的定义式（9.21），可得

$$M=\frac{\Psi_{12}}{I_1}=\mu_0\frac{N_1N_2S}{L}$$

可见，互感系数确实取决于几何因素和匝数。

9.4.3　磁场的能量

在图 9.11（b）的实验中，当断开开关 K 时，灯泡闪亮了一下。它所消耗的能量不可能由电源提供，而是由原来通电线圈 L 所提供。所以，通电线圈具有**磁能**。

自感为 L 的线圈通以电流 I 时所具有的磁能可以通过下面设计的可逆过程来计算。设初态线圈无电流，通过外电源给线圈加电流，其电动势时刻与线圈的自感电动势平衡（或超出一无穷小量）。某无限短过程中，电流为 i，变化率为 di/dt，则电源电动势为 $E_{外}=L\mathrm{d}i/\mathrm{d}t$，做功为 $E_{外}i\mathrm{d}t=Li\mathrm{d}i$。于是整个过程中外电源所做的总功为

$$A=\int\mathrm{d}A=\int_0^I Li\mathrm{d}i=\frac{1}{2}LI^2$$

它等于线圈中存储的磁能

$$W_{\mathrm{m}}=\frac{1}{2}LI^2 \tag{9.24}$$

上式说明，自感线圈的磁能与其自感以及通过线圈的电流的平方成正比。这与电容器内存储的静电能公式 $W_e=CU^2/2$ 类似。

跟静电能一样，近距观点下磁能是定域于磁场中。以长直螺线管为例，设管内充满相对磁导率为 μ_{r} 的均匀磁介质。前一节给出了螺线管的自感为 $L=\mu n^2V$，而螺线管内匀强磁场为 $B=\mu nI$，故螺线管内的磁场能量为

$$W_{\mathrm{m}}=\frac{1}{2}LI^2=\frac{1}{2}\mu n^2VI^2=\frac{B^2}{2\mu}V$$

故磁场能量密度为

$$w_{\mathrm{m}}=\frac{W_{\mathrm{m}}}{V}=\frac{B^2}{2\mu}=\frac{1}{2}BH=\frac{1}{2}\mu H^2 \tag{9.25}$$

上式虽然是从一个特例推出的，但是可以证明它对各向同性线性介质中的非均匀磁场也适用。由此可以求出某一磁场中存储的总能量为

$$W_{\mathrm{m}}=\int w_{\mathrm{m}}\mathrm{d}V=\int\frac{1}{2}BH\mathrm{d}V \tag{9.26}$$

式中积分遍及整个磁场分布的区间。

现在，自感系数有两种求法，即式（9.15）和式（9.24）。有时，全磁通 Ψ 的计算比较麻烦，而磁场能的计算比较简单，就可以用后者来计算。

例 9.6 一根电缆由一导体圆柱（半径为 R_1）和一同轴导体圆筒（半径为 R_2，厚度忽略）构成。电流 I 由内导体流出，从外导体流回，且每个导体上的电流是均匀的。求长为 l 的电缆所存储的磁能及其自感系数。（取导体的相对磁导率 $\mu_r=1$）

解 该题与前一章的例 8.4 类似，对称性导致空间各点的磁场沿绕轴的切向，且同一半径处各点的场强相等。依据安培环路定理，易得磁场的分布为

$$H=\begin{cases}\dfrac{Ir}{2\pi R_1^2} & (r\leqslant R_1)\\ \dfrac{I}{2\pi r} & (R_1<r\leqslant R_2)\\ 0 & (r>R_2)\end{cases}$$

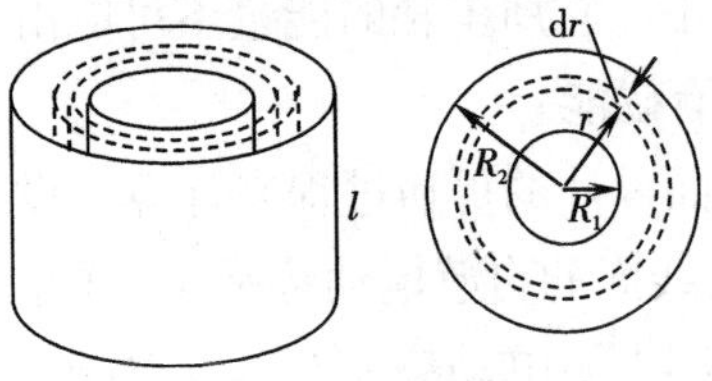

图 9-13 例 9.6 题图

对于长为 l 的电缆，其所存储的磁能在导体内外都有分布。用微元法，把长为 l 的导体内外的空间分割成一个个圆柱壳层（图 9-13），对于半径为 r、厚度为 $\mathrm{d}r$ 的壳层，其体积为 $\mathrm{d}V=2\pi rl\mathrm{d}r$，其内部的磁场能为 $\mathrm{d}W_m=w_m\mathrm{d}V$。于是，根据式（9.25）和磁场的分布，总磁场能为

$$\begin{aligned}W_m&=\int w_m\mathrm{d}V=\int_0^\infty\frac{1}{2}\mu_0H^2\cdot 2\pi rl\mathrm{d}r\\&=\pi\mu_0 l\left[\int_0^{R_1}\left(\frac{Ir}{2\pi R_1^2}\right)^2r\mathrm{d}r+\int_{R_1}^{R_2}\left(\frac{I}{2\pi r}\right)^2r\mathrm{d}r+\int_{R_2}^\infty 0^2r\mathrm{d}r\right]\\&=\frac{\mu_0 lI^2}{4\pi}\left(\frac{1}{4}+\ln\frac{R_2}{R_1}\right)\end{aligned}$$

自感系数如果用式（9.15）来求，全磁通 Ψ 的计算比较麻烦。可以根据式（9.24）来求，这段电缆的自感为

$$L=\frac{2W_m}{I^2}=\frac{\mu_0 l}{2\pi}\left(\frac{1}{4}+\ln\frac{R_2}{R_1}\right)$$

9.5 麦克斯韦方程组

9.5.1 位移电流与全电流的安培环路定理

电流稳恒时，安培环路定理可以写为

$$\oint_L\boldsymbol{B}\cdot\mathrm{d}\boldsymbol{l}=\mu_0\int_S\boldsymbol{J}\cdot\mathrm{d}\boldsymbol{S}\tag{9.27}$$

其中，S 为以环路 L 为边界的任意曲面。如果电流是非稳恒的，上式右边没有意义。麦克斯韦在没有任何实验依据的情况下，仅靠理论思考，将其修改为

$$\oint_L\boldsymbol{B}\cdot\mathrm{d}\boldsymbol{l}=\mu_0\int_S\left(\boldsymbol{J}+\varepsilon_0\frac{\partial\boldsymbol{E}}{\partial t}\right)\cdot\mathrm{d}\boldsymbol{S}\tag{9.28}$$

前一章中我们讨论了通量的一般意义,指出“回路包围的通量”仅对无源场才能谈论。稳恒电流激发的磁场的安培环路定理中,就有“环路包围的电流”一语,这是因为稳恒电流是无源的:$\oint_S \boldsymbol{J}\cdot \mathrm{d}\boldsymbol{S}=0$。具体地,安培环路定理可以写为

$$\oint_L \boldsymbol{B}\cdot \mathrm{d}\boldsymbol{l}=\mu_0\int_S \boldsymbol{J}\cdot \mathrm{d}\boldsymbol{S}$$

其中,S 为以环路 L 为边界的任意曲面,因为它们的 $\boldsymbol{J}$ 通量(即电流强度 I)都相等。

然而如果电流是非稳恒的,那么 $\oint_S \boldsymbol{J}\cdot \mathrm{d}\boldsymbol{S}=0$ 不再成立,以 L 为边线的不同曲面可以有不同的电流 I。例如,电容器在充电时(图 9-14),曲面 S_1 和 S_2 都以 L 为边界,但 $\int_{S_1} \boldsymbol{J}\cdot \mathrm{d}\boldsymbol{S}=I$,而 $\int_{S_2} \boldsymbol{J}\cdot \mathrm{d}\boldsymbol{S}=0$。显然还存在另一曲面 S_3 满足 $0<\int_{S_3} \boldsymbol{J}\cdot \mathrm{d}\boldsymbol{S}=0<I$。于是,现在的问题是:上式中的 S 究竟应该取哪一个曲面?答案应该是:哪个都不应该取;是该式出了问题,其右边应该换成一个无源的物理量。

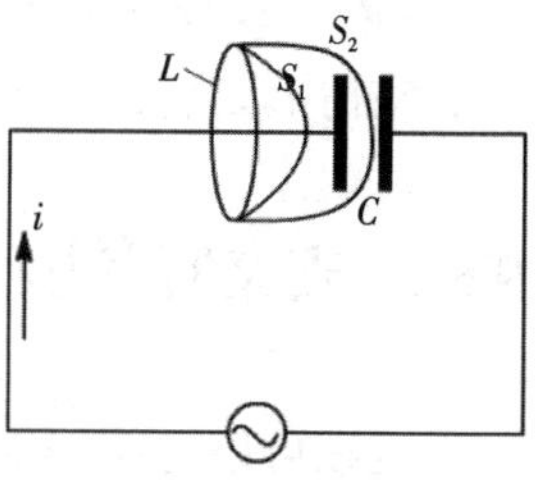

图 9-14　电流不连续的情形

麦克斯韦对此进行了仔细的分析,他注意到在电容器充放电过程中,极板上的电量发生了变化。根据电荷守恒定律,有

$$\oint_S \boldsymbol{J}\cdot \mathrm{d}\boldsymbol{S}=-\frac{\mathrm{d}q}{\mathrm{d}t}$$

其中,q 为闭合曲面 S 内的电荷。假设一般情形下电场满足的高斯定理(见式(9.13))也成立,那么

$$\oint_S \boldsymbol{J}\cdot \mathrm{d}\boldsymbol{S}=-\frac{\mathrm{d}}{\mathrm{d}t}\oint_S \varepsilon_0\boldsymbol{E}\cdot \mathrm{d}\boldsymbol{S}=-\oint_S \varepsilon_0\frac{\partial \boldsymbol{E}}{\partial t}\cdot \mathrm{d}\boldsymbol{S}$$

其中最后一步的推理见式(9.9)后面的说明。于是,在最一般的情形,我们有

$$\oint_S\left(\boldsymbol{J}+\varepsilon_0\frac{\partial \boldsymbol{E}}{\partial t}\right)\cdot \mathrm{d}\boldsymbol{S}=0$$

这样,我们找到了一个在非稳恒情形仍然无源的物理量 $\boldsymbol{J}_{全}=\boldsymbol{J}+\varepsilon_0\partial\boldsymbol{E}/\partial t$,它的通量只决定于曲面边界,故而对于边界相同的不同曲面,其通量总相同。我们可以合理地用它代替原来的 $\boldsymbol{J}$:

$$\oint_L \boldsymbol{B}\cdot \mathrm{d}\boldsymbol{l}=\mu_0\int_S\left(\boldsymbol{J}+\varepsilon_0\frac{\partial \boldsymbol{E}}{\partial t}\right)\cdot \mathrm{d}\boldsymbol{S}$$

引入位移电流 $\boldsymbol{J}_D=\varepsilon_0\partial\boldsymbol{E}/\partial t$ 的概念后,上述困难就解决了。对 S_1 来说,穿过它的普通电流为 I,而位移电流为 0,全电流为 I。对 S_2 来说,穿过它的传导电流为 0,但由于电容器内部有电场,且极板电荷变化故电场变化,可计算出位移电流为 I,故全电流仍为 I。也就是说,在电容器极板处,中断的普通电流被位移电流接替,使电路中的全电流保持连续不断。

这个与普通电流并列、共同产生磁场的 $\boldsymbol{J}_D=\varepsilon_0\partial\boldsymbol{E}/\partial t$ 就称为**位移电流**,而普通电流与位移电流之和称为**全电流**:

$$\boldsymbol{J}_{全}=\boldsymbol{J}+\varepsilon_0\frac{\partial \boldsymbol{E}}{\partial t} \tag{9.29}$$

在最一般的情况下全电流是无始无终的。而式(9.28)又称为**全电流的安培环路定理**。但要

注意,“位移电流”虽然也叫电流,但其实质只是电场的时间变化率,并非对应真实的电荷运动。故而,位移电流不需要导体,不产生热效应,仅仅在产生磁场这一点上与传导电流相同。

“位移电流”的“位移”二字来自第 7 章中的“电位移”$\boldsymbol{D}$,该称谓是历史原因造成的。在介质情形,全电流又可写为

$$\boldsymbol{J}_{全} = \boldsymbol{J}_0 + \frac{\partial \boldsymbol{D}}{\partial t} \tag{9.30}$$

其中,$\boldsymbol{J}_0$为传导电流密度。在不同的场合,$\varepsilon_0 \partial \boldsymbol{E} / \partial t$和$\partial \boldsymbol{D} / \partial t$都可以被称为位移电流,而且在真空情形二者是相等的,因为此时$\boldsymbol{D} = \varepsilon_0 \boldsymbol{E}$。

9.5.2 麦克斯韦方程组的积分形式

现在可以总结一般情况下电磁场的基本规律了。它们是

$$\begin{cases} \oint_S \boldsymbol{E} \cdot \mathrm{d}\boldsymbol{S} = \dfrac{1}{\varepsilon_0} \int_V \rho \mathrm{d}V \\ \oint_L \boldsymbol{E} \cdot \mathrm{d}\boldsymbol{l} = -\int_S \dfrac{\partial \boldsymbol{B}}{\partial t} \cdot \mathrm{d}\boldsymbol{S} \\ \oint_S \boldsymbol{B} \cdot \mathrm{d}\boldsymbol{S} = 0 \\ \oint_L \boldsymbol{B} \cdot \mathrm{d}\boldsymbol{l} = \mu_0 \int_S \left(\boldsymbol{J} + \varepsilon_0 \dfrac{\partial \boldsymbol{E}}{\partial t} \right) \cdot \mathrm{d}\boldsymbol{S} \end{cases} \tag{9.31}$$

其中用到了$q = \int_V \rho \mathrm{d}V$。这就是**麦克斯韦方程组**的积分形式。它反映了给定场源(电荷密度ρ及电流密度$\boldsymbol{J}$)后电磁场$\boldsymbol{E}$和$\boldsymbol{B}$的行为,描述了电磁场的一般动力学过程。

在麦克斯韦方程组中,第一个方程是电场的高斯定理。它说明了电场强度和电荷的联系,说明电荷激发电场。尽管电场和磁场彼此之间也有联系(如变化的磁场激发感生电场),但电场的通量所服从的高斯定理不需要修改。第二个方程实质上就是法拉第电磁感应定律,它说明了变化的磁场产生电场。虽然电场也可由电荷激发,但是电场的环流总是服从这一规律。第三个方程是磁场的高斯定理,它没有被修改,因为目前的电磁学理论认为自然界不存在独立的磁荷(或磁单极子)。第四个方程是全电流的安培环路定理,它反映了变化的电场和传导电流都会激发磁场。

麦克斯韦方程组描绘了场源如何影响电磁场。但是电磁场反过来又会影响场源(带电粒子)的运动,因此还需要洛仑兹力公式

$$\boldsymbol{F} = q\boldsymbol{E} + q\boldsymbol{v} \times \boldsymbol{B} \tag{9.32}$$

配合麦克斯韦方程组来共同描述实物(带电粒子)与场的相互作用。这一公式实际上还可以当成电场强度$\boldsymbol{E}$及磁感应强度$\boldsymbol{B}$的定义式。

在无源空间($\rho = 0, \boldsymbol{J} = 0$),麦克斯韦指出变化的磁场产生电场,而变化的电场也产生磁场。如果空间某一区域中存在交变的电场,那么在附近就会产生交变的磁场。该磁场又会在较远处激发交变的电场,它又进一步在更远处激发交变的磁场。这样,交变电场与交变磁场紧密联系,互相激发,一直延续,由近及远地传播出去,就形成电磁波。麦克斯韦通过具

体的计算预言了电磁波的存在，后来被赫兹在实验上证实。

习　题

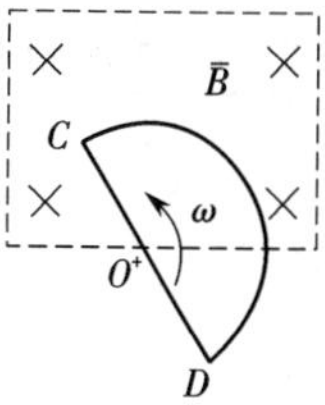

题 9.1 图

9.1　如题图所示，矩形区域为均匀稳恒磁场，半圆形闭合导线回路在纸面内绕轴 O 做逆时针方向匀速转动，O 点是圆心且恰好落在磁场的边缘上，半圆形闭合导线完全在磁场外时开始计时。属于回路中感应电动势随时间的图像是(　　)。

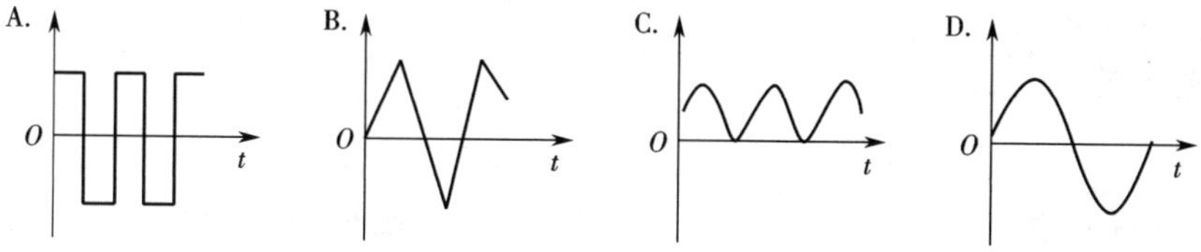

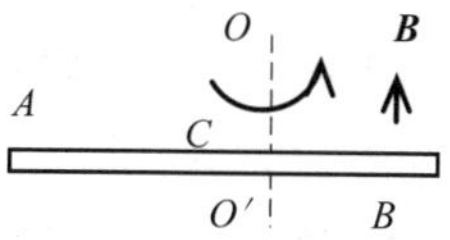

题 9.2 图

9.2　如题图所示，导体棒 AB 在均匀磁场 $\boldsymbol{B}$ 中绕通过 C 点的垂直于棒长且沿磁场方向的轴 OO' 转动（角速度 $\boldsymbol{\omega}$ 与 $\boldsymbol{B}$ 同方向），BC 的长度为棒长的 1/3，则(　　)。

A.A 点比 B 点电势高

B.A 点与 B 点电势相等

B.A 点比 B 点电势低

D. 有稳恒电流从 A 点流向 B 点

9.3　将形状完全相同的铜环和木环静止放置，并使通过两环面的磁通量随时间的变化率相等，则不计自感时，(　　)。

A. 铜环中有感应电动势，木环中无感应电动势

B. 铜环中感应电动势大，木环中感应电动势小

C. 铜环中感应电动势小，木环中感应电动势大

D. 两环中感应电动势相等

9.4　自感为 0.25 H 的线圈中，当电流在 1/16 s 内由 2 A 均匀减小到零时，线圈中自感电动势的大小为(　　)。

A.7.8×10^{-3} V　　　B.3.1×10^{-2} V

C.8.0 V　　　D.12.0 V

9.5　用导线制成一半径 r =10 cm 的闭合圆形线圈，其电阻 R =10 Ω，均匀磁场垂直于线圈平面。欲使电路中有一稳定的感应电流 i = 0.01 A，B 的变化率应为 $\mathrm{d}B/\mathrm{d}t$ =________。

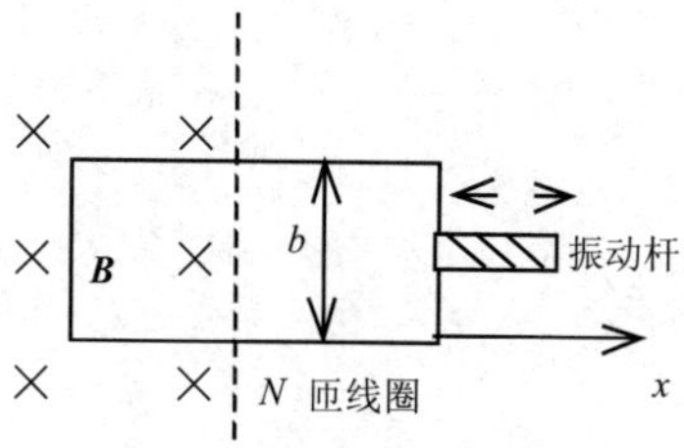

题 9.6 图

9.6　磁换能器常用来检测微小的振动。如题图所示，在振动杆的一端固接一个 N 匝的矩形线圈，线圈的一部分在匀强磁场 $\boldsymbol{B}$ 中，设杆的微小振动规律为 $x=A\cos\omega t$，线圈随杆振动时，线圈的感应电动势为 ________。

9.7 如题图所示，aOc 为一折成锐角形的金属导线（$aO=Oc=L$），位于 xy 平面中；磁感强度为 $\boldsymbol{B}$ 的匀强磁场垂直于 xy 平面。当 aOc 以速度 $\boldsymbol{v}_1$ 沿 x 轴正向运动时，导线上 a、c 两点间电势差 $U_{ac}=$________；当 aOc 以速度 $\boldsymbol{v}_2$ 沿 y 轴正向运动时，a、c 两点的电势中______点电势高。

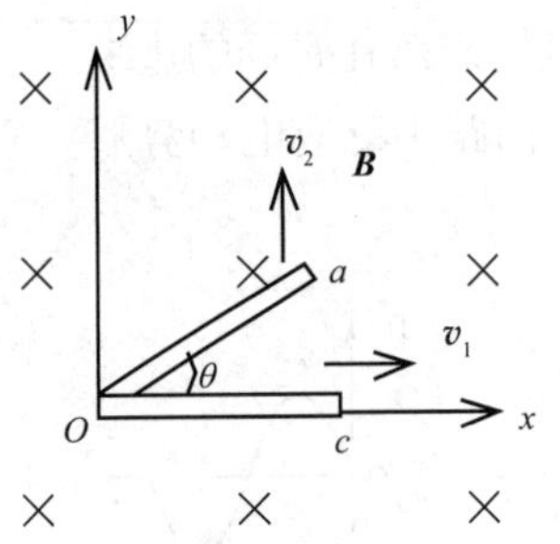

题 9.7 图

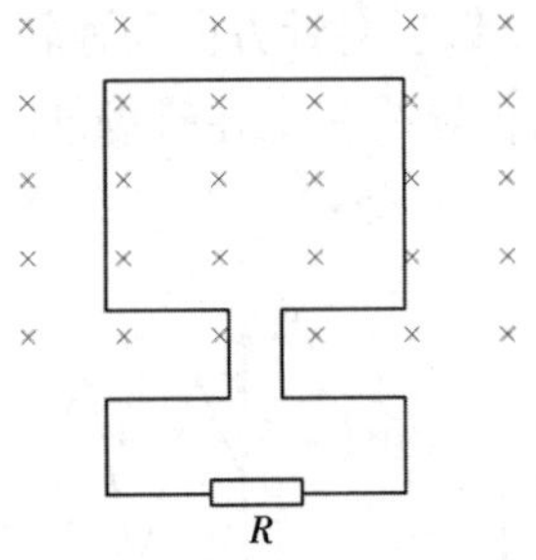

题 9.8 图

9.8 如题图所示，一矩形线圈放在均匀磁场中，磁场的方向垂直于纸面向内，已知通过线圈的磁通量与时间的关系为 $\Phi=(3t^2+4t+5)\times10^{-3}$（SI）。试求：（1）线圈中感应电动势与时间的关系；（2）当 t=6 s 时，感应电动势的大小以及此时电阻上的电流方向。

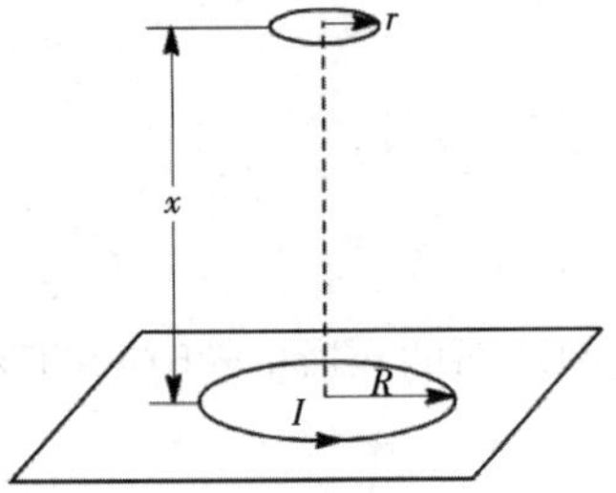

题 9.9 图

9.9 如题图所示，半径分别为 R 和 r 的两个圆形线圈共轴放置，相距为 x。已知 $r\ll x$（因而大线圈在小线圈内产生的磁场可认为是均匀的），设 x 以匀速率 $v=\mathrm{d}x/\mathrm{d}t$ 随时间变化。试求：（1）将小线圈的磁通 Φ 表示为 x 的函数；（2）将小线圈的感应电动势的绝对值 $|\varepsilon|$ 表示为 x 的函数；（3）若 $v>0$，确定小线圈中感应电流的方向。

9.10 如题图所示，导体棒 AB 与金属轨道 CA 和 DB 接触，整个导体框放在 $B=0.50$ T 的均匀磁场中，磁场的方向与图面垂直。试求：（1）若导体棒以 4.0 m/s 的速度向右运动，导体棒内的感应电动势的大小和方向；（2）若导体棒运动到某一位置时，电路的电阻为 0.20 Ω，那此时导体棒受到的安培力；（3）比较外力做功的功率和电路中消耗的热功率。

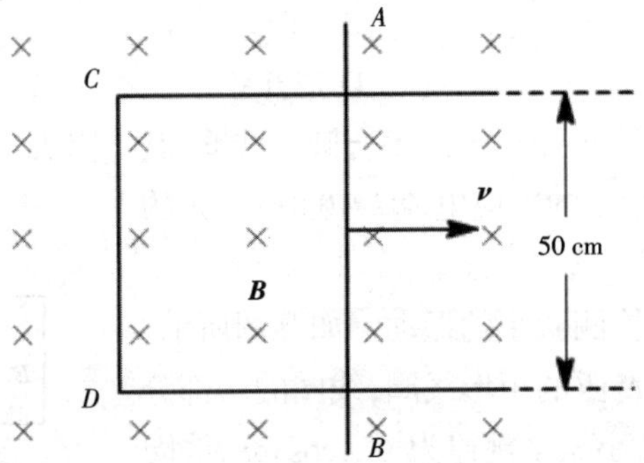

题 9.10 图

9.11　一长直导线载有电流 I=5.0 A，在导线附近的金属棒 AB 垂直于导线且与导线共面，并以匀速 v=2.0 m/s 平行于导线运动。金属棒长 20 cm，A 端为近端，距导线 10 cm。求金属棒 AB 中的感应电动势的大小和方向。

9.12　为了探测海水的流速，海洋学家有时利用水流通过地磁场所产生的动生电动势来进行测量。假设在某处海水中地磁场的竖直分量 $B=0.70\times10^{-4}$ T，将两个电极垂直插入海水中，相距 200 m，测出两电极之间的电势差为 7.0 mV，求海水的流速。

9.13　如题图所示，法拉第圆盘发电机是一个在磁场中转动的导体圆盘。设圆盘的半径为 R，它的转轴与均匀外磁场平行，圆盘以角速度 ω 绕转轴转动。试求：(1)盘边与盘心的电势差。(2)当 R =15 cm，B =0.60 T，转速为每秒 30 转时，电势差为多少？(3)盘边与盘心哪点的电势高？当盘反转时，电势的高低是否会反过来？

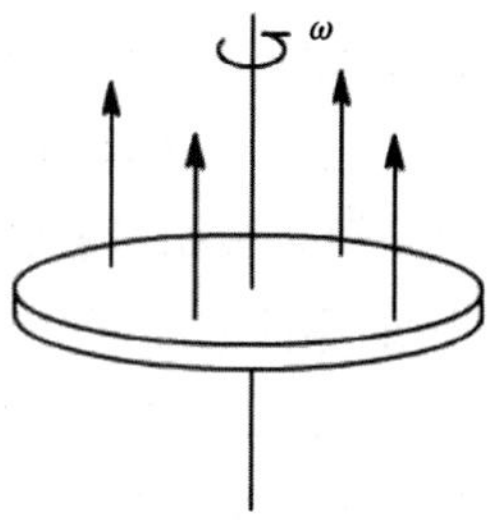

题 9.13 图

9.14　发电机由矩形线圈组成，线圈平面绕竖直轴旋转。此竖直轴与大小为 2.0×10^{-2} T 的均匀水平磁场垂直。矩形线圈的长为 20.0 cm，宽为 10.0 cm，共有 120 匝。线圈的两端接到外电路中，为了在两端之间产生最大值为 12.0 V 的感应电动势，线圈必须以多大的角速度转动？

9.15　如题图所示，均匀磁场 $\boldsymbol{B}$ 限定在无限长圆柱体内，磁感应强度的大小以 $\mathrm{d}B/\mathrm{d}t=10^{-2}$ T/s 的恒定变化率减少。求位于图中 P、Q、M 三点的电子从感生电场获得的瞬时加速度的大小和方向，图中 r=5.0 cm。

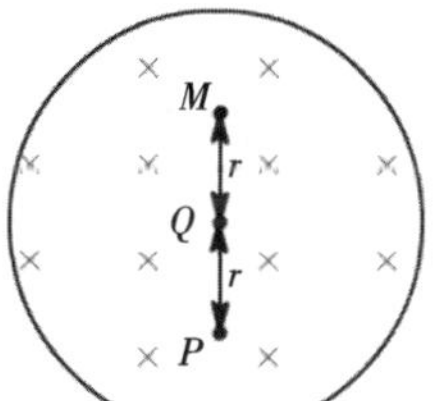

题 9.15 图

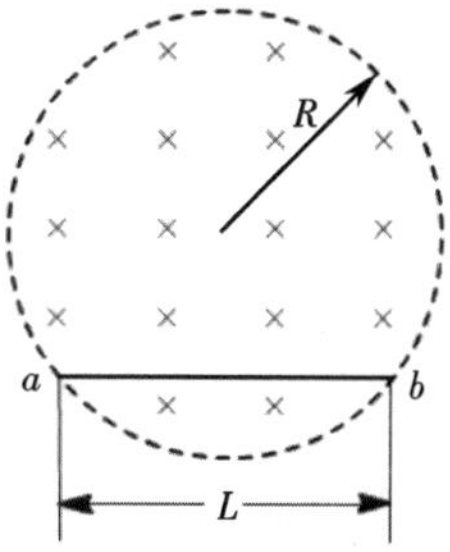

题 9.16 图

9.16　如题图所示，均匀磁场 $\boldsymbol{B}$ 限定在半径为 R 的无限长圆柱体内。有一长为 L 的金属棒放在磁场中。设磁场以恒定变化率 $\mathrm{d}B/\mathrm{d}t$ 增强，求棒中的感应电动势，并指出哪一端电势高。

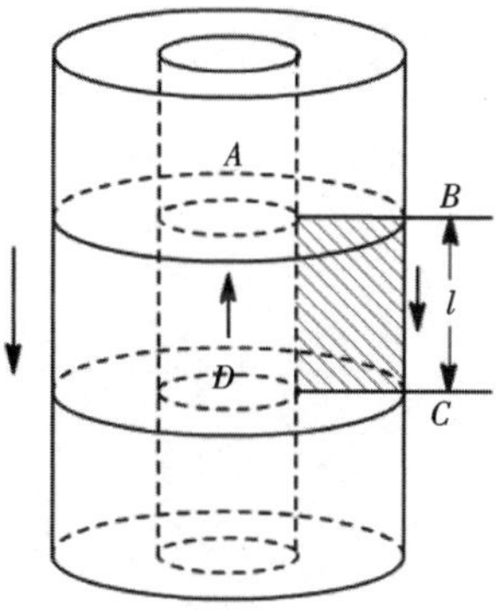

题 9.17 图

9.17　传输线由两个共轴长圆筒组成，半径分别为 R_1、R_2。电流由内筒的一端流入，由外筒的另一端流回，求一段长度为 L 的传输线的自感系数。

9.18　一长螺线管长 l =1.0 m，截面积 S =10 cm²，匝数 N_1 =1 000，在其中段密绕一个匝数 N_2 =20 的短线圈。试求：(1)这两个线圈的互感系数；(2)如果线圈 1 内电流的变化率为 10 A/s，求线圈 2 中的感应电动势。

9.19 一螺绕环截面的半径为 a,中心轴线的半径为 $R(R\gg a)$。其上用表面绝缘的导线密绕两个线圈,其中一个绕 N_1 匝,另一个绕 N_2 匝。求两个线圈的互感系数。

9.20 半径为 r 的小导线圆环置于半径为 R 的大导线圆环的中心,二者在同一平面内,且 $r \ll R$。试求:(1)二者的互感系数是多少?(2)若在大导线圆环中通有电流 $i = I_0 \sin \omega t$,其中 I_0 为常数,则在任意时刻,小导线圆环中感应电动势的大小是多少?

9.21 一个单层密绕的螺线管,长为 0.2 m,横截面积为 $4\times10^{-4}\,m^2$,共绕 1 000 匝,载有电流 0.5 A。求螺线管内的磁能。

9.22 一同轴电缆由两个同轴的圆筒组成。内筒半径为 1.0 mm,外筒半径为 7.0 mm,两筒间充满相对磁导率近似为 1 的非铁磁性磁介质。若有 100 A 的电流由内筒流去,外筒流回,两筒的厚度可忽略。求磁介质中的磁能密度和单位长度同轴电缆中所储存的磁能。

9.23 一平行板电容器,两极板都是半径为 5.0 cm 的圆形导体片。充电时其电场强度的变化率 $dE/dt=1.0\times10^{12}$ V/m · s。试求:(1)两极板间的位移电流;(2)极板边缘处的磁感应强度。

9.24 给电容为 C 的平行板电容器充电,电流为 $i = 0.2e^{-t}$(SI),$t = 0$ 时电容器极板上无电荷。试求:(1)极板间电压 U 随时间 t 而变化的关系;(2)t 时刻极板间总的位移电流 I_d(忽略边缘效应)。

第 10 章　振动与波

物体在一定的**平衡位置**附近所做的来回往复的运动称为**机械振动**。广义地说,任何一个物理量(如位移、电流、电场强度等)在某个定值附近做周期性变化,都可称为**振动**。尽管这些现象的物理来源各不相同,但它们的数学描述方式是一样的。

波则是振动由近及远的传播。在力学问题中有机械振动和机械波,在电磁学问题中有电磁振荡和电磁波。而把光作为一种特殊的电磁波来研究的领域称为波动光学。机械波与电磁波有本质区别,但具有相同的数学描述方式。

10.1　简谐振动

10.1.1　简谐振动的概念

能用一个谐和函数(如余弦或正弦函数)来描述的振动称为**简谐振动**(简称**谐振**),它通常是周期性的直线振动。简谐振动是最简单的、最基本的振动,任何复杂的振动都可视作若干简谐振动的合成。

简谐振动的典型力学模型是弹簧振子,由轻质弹簧与一个质点组成,如图 10-19(a)所示。做简谐振动的质点称为**谐振子**。简谐振动是谐振子仅受弹性回复力作用时的振动。

简谐振动的典型电磁学模型是 *LC* **振荡电路**,由电感线圈 *L* 和电容器 *C* 组成,如图 10-1(b)所示。在自感电动势和电容器电压的共同作用下,极板电量和回路中的电流都在做周期性变化。

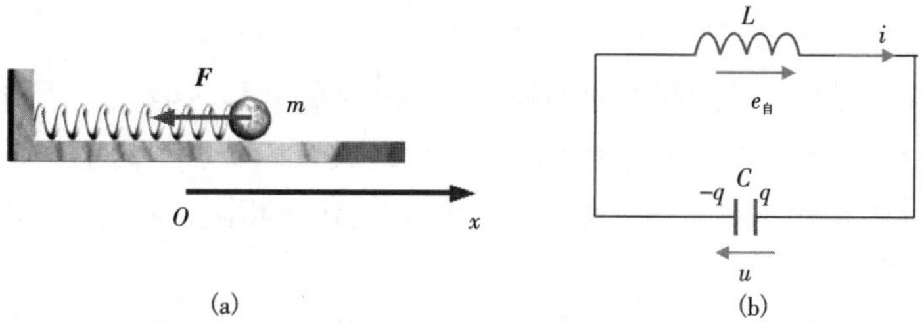

图 10-1　简谐振动模型

(a)力学中的弹簧振子　(b)电磁学中的 *LC* 振荡电路

10.1.2　简谐振动的基本规律

1. 简谐振动的动力学方程

对于弹簧振子,谐振中的一个重要概念是**平衡位置**,即谐振子受合力为 0 时的位置。以平衡位置为原点建立坐标系，当谐振子偏离平衡位置的水平位移为 x 时，弹簧的弹性恢复力为 $F=-kx$ 。由牛顿第二定律，有 $-kx=m\dfrac{d^2x}{dt^2}$ ，或

$$\frac{\mathrm{d}^2x}{\mathrm{d}t^2}+\frac{k}{m}x=0 \tag{10.1}$$

令

$$\omega=\sqrt{\frac{k}{m}} \tag{10.2}$$

则式（10.1）写为

$$\frac{\mathrm{d}^2x}{\mathrm{d}t^2}+\omega^2x=0 \tag{10.3}$$

在图 10-1（b）的 LC 电路中，各物理量（自感电动势 $e_{自}$ 、电流 i、极板电量 q、极板间电压 u）的“正方向”都已相互匹配。对整个回路，有

$$e_{自}=u$$

$$i=\frac{\mathrm{d}q}{\mathrm{d}t}$$

而对电感和电容，分别有

$$e_{自}=-L\frac{\mathrm{d}i}{\mathrm{d}t}$$

$$u=\frac{q}{C}$$

于是得到

$$\frac{\mathrm{d}^2q}{\mathrm{d}t^2}+\frac{1}{LC}q=0 \tag{10.4}$$

定义

$$\omega=\frac{1}{\sqrt{LC}} \tag{10.5}$$

则式（10.4）也写为式（10.3）的形式（改 q 为 x）。

可见，撇开物理背景，我们都得到如式（10.3）所示的方程，这就是一般的**简谐振动的动力学方程**，是系统在做简谐振动的标志。式（10.2）或式（10.5）中的 ω 称为谐振的**角频率**（或**圆频率**）。其中角频率的表达式对于不同的系统各不相同，但都由系统的特性所决定，是系统的固有属性。

弹簧振子模型和 LC 电路的分析可以平行进行，以下仅以弹簧振子为例来说明，因为力学模型通常更为生动、形象。

2. 简谐振动的运动学方程

二阶线性齐次微分方程式（10.3）的解就是**谐振的运动学方程**（又称**振动方程**）。其通解为谐和函数：

$$x(t)=A\cos(\omega t+\varphi) \tag{10.6}$$

其中，A 、φ 为两个待定常数，可由初位移 x_0 和初速度 v_0 确定。将式（10.6）对时间求导，可

以得到小球的速度 v 和加速度 a 为

$$v=\frac{\mathrm{d}x}{\mathrm{d}t}=-A\omega\sin(\omega t+\varphi) \tag{10.7}$$

$$a=\frac{\mathrm{d}^2x}{\mathrm{d}t^2}=-A\omega^2\cos(\omega t+\varphi) \tag{10.8}$$

可见,对于做简谐振动的物体,它的位移、速度和加速度随时间变化都呈余弦或正弦函数关系。由式(10.6)和式(10.8)以马上得到

$$a=-\omega^2x \tag{10.9}$$

此即式(10.3),即加速度与位移成正比,且与位移方向相反。

3. 简谐振动的特征量

(1)式(10.6)中 A 称作**振幅**,它是谐振子离开平衡位置的最大位移,决定振子的运动范围:

$$|x(t)|\leqslant A$$

而从式(10.7)和式(10.8)可以看出,速度的最大值为 ωA,加速度的最大值为 ω^2A,它们分别可称为**速度振幅**和**加速度振幅**。

(2)谐振的快慢由**频率** ν 和**周期** T 描述。频率是谐振子在单位时间内做全振动的次数,周期是谐振子完成一次全振动所需要的时间,二者互为倒数。它们跟角频率 ω 的关系是

$$\omega=\frac{2\pi}{T}=2\pi\nu \tag{10.10}$$

由于角频率 ω 由系统本身的特征决定,故而周期 T 和频率 ν 均如此,分别也称为**固有周期**和**固有频率**。对于弹簧振子,由式(10.2),有

$$T=2\pi\sqrt{\frac{m}{k}} \tag{10.11}$$

$$\nu=\frac{1}{2\pi}\sqrt{\frac{k}{m}} \tag{10.12}$$

即弹簧振子的周期和频率由振子的质量 m 和弹簧的劲度系数 k 决定。

由式(10.6)至式(10.8)可以看出,谐振子的位移 x、速度 v 和加速度 a 都随时间发生简谐振荡,其角频率均为 ω,故而它们的变化周期和频率同为式(10.11)和式(10.12)。

(3)物理量 $(\omega t+\varphi)$ 称为谐振的**相位或位相**,**表征着质点做简谐振动某一瞬时的状态**。当振幅 A、角频率 ω 给定时,振子在任一时刻相对平衡位置的位移、速度和加速度都由相位 $(\omega t+\varphi)$ 决定。相位是简谐振动的一个重要概念,在研究波动、物理光学、交流电等问题时,相位都起着重要作用。

如何理解相位表征谐振子的状态?根据式(10.6)和式(10.7)可知,当相位($\omega t+\varphi$)为 0 时,有 $x=A$,$v_x=0$,即谐振子位于最大位移处,且速度为 0。这是一个确定的状态,称为状态 1。当 $\omega t+\varphi=\pi/2$ 时,有 x=0,$v_x=-A\omega$,即谐振子返回至平衡位置,并以最大速度 ωA 向左运动,称为状态 2……一个周期后,当 $\omega t+\varphi=2\pi$ 时,谐振子回到相位为 0 时的状态 1。故而,相位不仅表示谐振子的状态,还能表示是第几次处于某种状态。比如,当相位 $\omega t+\varphi=9\pi/2=2\times2\pi+\pi/2$ 时,谐振子第三次处于状态 2。

相位越大，就表明越超前；相位越小，就表明越落后。比如有两个谐振子 A 和 B，在某时刻分别处于状态 1（相位为 0）和状态 2（相位为 π/2），那么 A 要经过一段时间后才能达到 B 此时的状态，于是 B 就比 A 超前 π/2，或者 A 比 B 落后 π/2。这也可以说成状态 1 比状态 2 落后 π/2。可见，**相位差**

$$\delta=(\omega_2 t_2+\varphi_2)-(\omega_1 t_1+\varphi_1) \tag{10.13}$$

的正或负就表明状态 2 比状态 1 超前或落后。$\delta=0$ 时，称二者**同相**，$\delta=\pi$ 时，称二者**反相**。

$t=0$ 时的相位 φ 称作**初相位**（简称**初相**）。由于相位可以相差 2π 而表示相同的状态，故通常限制初相 φ 在 $[(0,2\pi)$ 或 $(-\pi,\pi)]$ 范围内取值。

注意（10.7）式和（10.8）式还可以表示为

$$v=\omega A\cos\left(\omega t+\varphi+\frac{\pi}{2}\right) \tag{10.14}$$

$$a=\omega^2 A\cos(\omega t+\varphi+\pi) \tag{10.15}$$

将其与（10.6）式对比，马上可以看出，谐振子的位移 x、速度 v 和加速度 a 的相位依次超前：a 比 v 超前 π/2，而 v 又比 x 超前 π/2。

4. 振幅和初相的确定

谐振动的振幅 A 和初相 φ 并非由系统本身确定，而是由初始条件决定。设初位移和初速度已知：$t=0$ 时 $x=x_0$，$v_x=v_0$，将其代入（10.6）式和（10.7）式，得

$$x_0=A\cos\varphi \tag{10.16}$$

$$v_0=-A\omega\sin\varphi \tag{10.17}$$

两式消 φ，即得

$$A=\sqrt{x_0^2+\frac{v_0^2}{\omega^2}} \tag{10.18}$$

两式相比，可得初相 φ 满足

$$\tan\varphi=-\frac{v_0}{\omega x_0} \tag{10.19}$$

需要注意的是，单独式（10.19）不能完全确定 φ，因为它在 $[(0,2\pi)$ 或 $(-\pi,\pi)]$ 范围内有两个解，还需根据式（10.16）或式（10.17）选择其中一个解。式（10.19）也不宜写为 $\varphi=\tan^{-1}(-v_0/\omega x_0)$，因为这是一个确定值，不一定等于用上述方法所得到的值。

几点说明如下。

（1）由以上的式（10.16）至式（10.19）得到 A 和 φ，并由此写出简谐振动方程的方法称为**解析法**，区别于下文的旋转矢量法。

（2）初始时刻不一定是指物体开始振动的时刻，而是选取计时起点的时刻。也许在 $t=0$ 时刻前，振子就已开始振动了。

（3）描述谐振子各种物理量与时间的关系的曲线称为谐振曲线。$x-t$、$v-t$、$a-t$ 等曲线如图 10-2 所示。

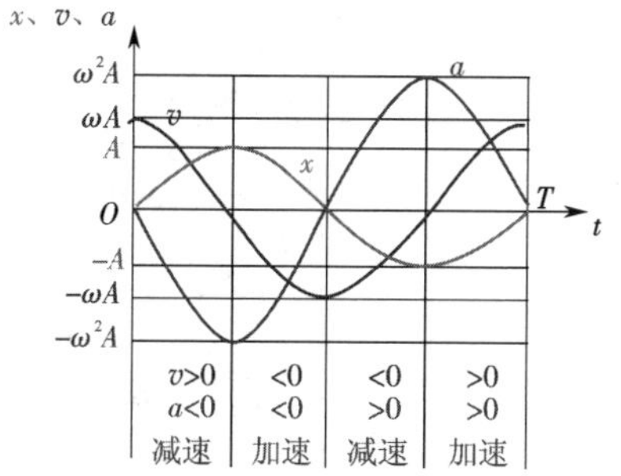

图 10-2　谐振曲线

10.1.3　旋转矢量法

简谐振动除了用运动学方程和振动曲线描述外，还可以用旋转矢量在坐标轴上的投影来表示，称为**旋转矢量法**。该法可以更形象直观地分析简谐振动问题。如图 10-3 所示建立坐标轴。设矢量 $\boldsymbol{A}$ 绕 O 点以角频率 ω 做逆时针方向的匀速转动，其长为 $|OM| = \boldsymbol{A}$，初始时 $\boldsymbol{A}$ 与 x 轴的夹角为 φ，那么 $\boldsymbol{A}$ 的矢端 M 在 x 轴上的投影点 P 的坐标跟时间的关系为

$$x(t) = A\cos(\omega t + \varphi)$$

而它恰好跟式（10.6）完全相同。其中，谐振的振幅 A、角频率 ω、初相 φ 和相位 $(\omega t + \varphi)$ 分别对应旋转矢量 $\boldsymbol{A}$ 的模、角速度、与 x 轴的初始夹角和 t 时刻的夹角。

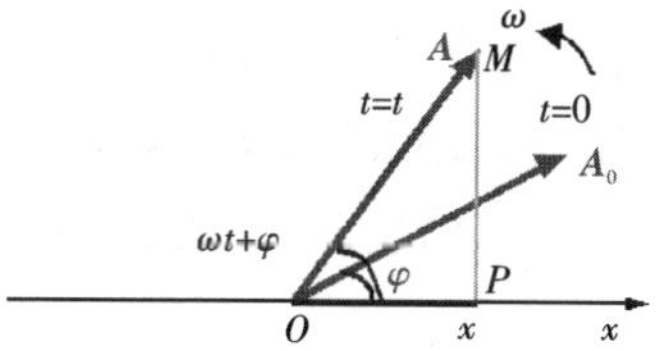

图 10-3　旋转矢量

这样，对于任一谐振，我们都可以**构造**一个对应的旋转矢量，使得其端点的 x 轴投影恰好跟我们指定的谐振子做完全相同的运动，从而**把代数问题变为直观的几何问题**。这就是旋转矢量法的实质。不仅谐振子的位移可以如此投影得到，其速度和加速度也都可以从该矢量端点速度和加速度的 x 轴分量得到。

由图 10-4 可以得到，矢端 M 速度沿切线方向，大小为 $v_M = \omega A$，方向与 x 轴的夹角为 $\omega t + \varphi + \dfrac{\pi}{2}$，故它在 x 轴上的投影（P 点的速度）为

$$v_x = v_M \cos\left(\omega t + \varphi + \frac{\pi}{2}\right) = -\omega A\sin(\omega t + \varphi)$$

而矢端 M 的加速度就是向心加速度 $a_M = \omega^2 A$，方向指向坐标系原点 O 点，与 x 轴的夹角为 $\omega t+\varphi+\pi$，故它在 x 轴上的投影（P 点的加速度）为

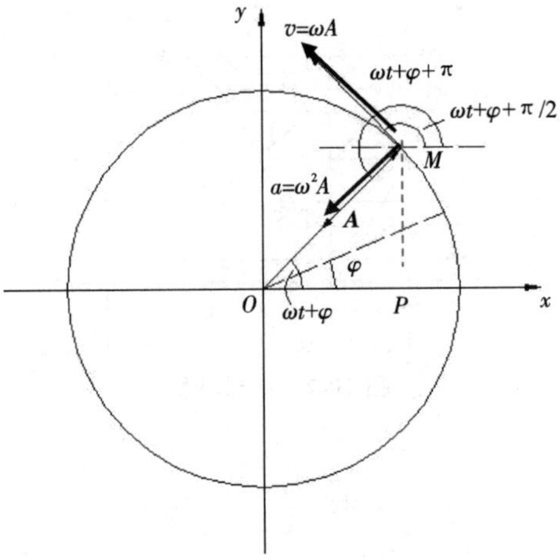

图 10-4　由旋转矢量图求谐振的速度和加速度

$$a_x = a_M \cos(\omega t + \varphi + \pi) = -\omega^2 A \cos(\omega t + \varphi)$$

两式正是前面得到的简谐振动的速度和加速度公式式(10.7)、式(10.8)和式(10.14)、式(10.15)。

几点说明如下。

(1)旋转矢量 ***A*** 的矢端 M 如果做变速圆周运动,那么其投影点 P 的运动就不是谐振。

(2)旋转矢量与谐振子的对应物理量的意义并不相同,如圆周运动的角速度并不等同于谐振的圆频率,几何角度也不是相位 $(\omega t + \varphi)$,它们只是对应数值可以相等。

利用解析法和旋转矢量法,都可以可求解一维弹簧振子的谐振动规律。

例 10.1　一物体沿 x 方向做简谐振动,已知 T=2 s,且 t=0 时,x_0=0.12 m,v_0=0.12 $\sqrt{3}\pi$ m/s。试求:(1)一维谐振子的振动方程;(2)从 x=−0.12 m 向 −x 方向运动的状态回到平衡位置所需的最短时间。

解　易有

$$\omega = \frac{2\pi}{T} = \frac{2\pi}{2}\,\text{rad/s} = \pi\ \text{rad/s}$$

(1)由式(10.18),得

$$A = \sqrt{x_0^2 + \frac{v_0^2}{\omega^2}} = \sqrt{0.12^2 + \frac{(0.12\sqrt{3}\pi)^2}{\pi^2}}\ \text{m} = 0.24\ \text{m}$$

由式(10.19)得

$$\tan\ \varphi = -\frac{v_0}{\omega x_0} = -\frac{0.12\sqrt{3}\pi}{\pi \times 0.12} = -\sqrt{3}$$

故

$$\varphi = -\frac{\pi}{3}\ \text{或}\ \ \varphi = \frac{2\pi}{3}$$

又由式(10.16)得到

$$\cos\varphi = \frac{x_0}{A} = \frac{1}{2} > 0$$

故

$$\varphi = -\frac{\pi}{3}$$

最后得到

$$x = 0.24\cos\left(\pi t - \frac{\pi}{3}\right)\ (\text{SI})$$

关于 φ 的确定，亦可作旋转矢量图（图 10-5（a）），直接看出 $\varphi < 0$，故取 $\varphi = -\pi/3$。

（2）该问用解析法解答比较麻烦，所以采用旋转矢量法。由题意，$x(t_1) = -0.12$ m，且 $v(t_1) > 0$。设回到平衡位置时刻为 t_2，作图（图 10-5（b）），从 t_1 时刻到 t_2 时刻矢量 $\boldsymbol{A}$ 所转过的角度即为位相差

$$\delta = \omega \cdot \Delta t = \left(\frac{\pi}{3} + \frac{\pi}{2}\right) = \frac{5\pi}{6}$$

故

$$\Delta t = \frac{5}{6}\ \text{s}$$

读者可以试用解析法来解答此问，从而理解旋转矢量法的直观性。

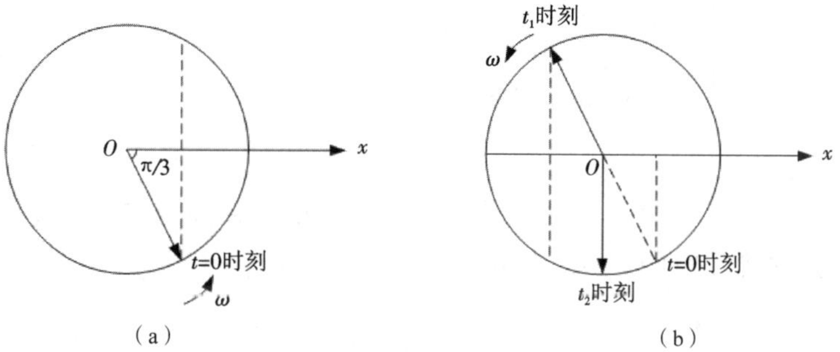

图 10-5　例 10.1 题图

（a）旋转矢量图　（b）两个时刻的位相差

10.1.4　单摆

单摆如图 10-6 所示，所受合力沿弧切线方向。当摆线与竖直方向成小角度 θ（θ<5°）时，

$$f_\tau = -mg\sin\theta \approx -mg\theta$$

所以单摆摆锤所受切向力与角位移成正比且反向，为准弹性力。由牛顿第二定律

$$f_\tau = ma = ml\beta = ml\frac{\mathrm{d}^2\theta}{\mathrm{d}t^2} = -mg\theta$$

即

$$\frac{\mathrm{d}^2\theta}{\mathrm{d}t^2} + \frac{g}{l}\theta = 0$$

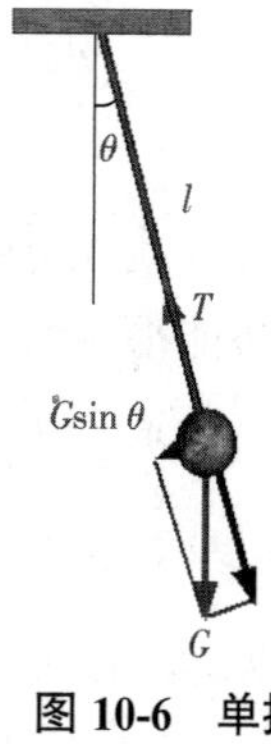

图 10-6　单摆

令 $\omega^2=\frac{g}{l}$，则

$$\frac{\mathrm{d}^2\theta}{\mathrm{d}t^2}+\omega^2\theta=0 \tag{10.20}$$

符合式（10.3）的简谐振动形式。所以，在 $\theta<5°$ 时单摆的摆锤可视作简谐振动。振动的周期为

$$T=\frac{2\pi}{\omega}=2\pi\sqrt{\frac{l}{g}} \tag{10.21}$$

10.2 简谐振动的能量

力学中有机械能，热学问题涉及内能，电学中又有静电场能量和磁场能量。现在讨论振动的能量，以后还会阐述波动的能量。所以能量问题几乎贯穿整个物理学。此处以弹簧振子为例，分析简谐振动的能量。

由谐振方程式（10.19），可得振动系统的势能为

$$E_\mathrm{p}=\frac{1}{2}kx^2=\frac{1}{2}kA^2\cos^2(\omega t+\varphi) \tag{10.22}$$

又由谐振速度式（10.7），可得振动系统的动能

$$E_\mathrm{k}=\frac{1}{2}mv^2=\frac{1}{2}m\omega^2A^2\sin^2(\omega t+\varphi)=\frac{1}{2}kA^2\sin^2(\omega t+\varphi) \tag{10.23}$$

其中利用了角频率的定义式（10.2）：$\omega^2=k/m$。

由式（10.22）和式（10.23）可知，简谐振动系统的动能和势能在振动过程中分别按正弦平方和余弦平方方式随时间变化。势能最大时，动能最小（最大位移处）；反之，势能最小时，动能最大（平衡位置处）。

根据三角函数公式，谐振系统的势能和动能式（10.22）和式（10.23）还可表示为

$$E_\mathrm{p}=\frac{1}{2}kA^2\times\frac{1}{2}\left[1+\cos2(\omega t+\varphi)\right] \tag{10.24}$$

$$E_\mathrm{k}=\frac{1}{2}kA^2\times\frac{1}{2}\left[1-\cos2(\omega t+\varphi)\right] \tag{10.25}$$

可见，能量变化的角频率、频率和周期分别为

$$\omega'=2\omega \tag{10.26}$$

$$\nu'=2\nu \tag{10.27}$$

$$T'=T/2 \tag{10.28}$$

因此，谐振系统的动能和势能的变化周期是振动周期的一半。在一个振动周期内，动能和势能都两次达到最大值和最小值。

由式（10.22）和式（10.23）可知，任一时刻振动系统的总能量为

$$E=E_\mathrm{k}+E_\mathrm{p}=\frac{1}{2}kA^2=\frac{1}{2}mv_\mathrm{m}{}^2=\frac{1}{2}m\omega^2A^2 \tag{10.29}$$

可见，谐振总能量守恒，振子做的是无阻尼的周期性振动。系统只有弹性力（保守内力）做

功，其结果只是使动能和势能相互转换。注意在式(10.29)中，总能量 E 满足

$$E \propto A^2 \tag{10.30a}$$

$$E \propto \omega^2 \tag{10.30b}$$

这是简谐振动的共性。

由式(10.22)和式(10.23)(可计算弹簧振子系统的动能和势能在一个周期内的平均值 $\bar{u} = \int_0^T u\mathrm{d}t \Big/ T$，易得

$$\bar{E}_\mathrm{k} = \bar{E}_\mathrm{p} = \frac{E}{2} \tag{10.31}$$

可见，简谐振动的平均动能和平均势能相等。这是简谐振动的一个重要特征。

各种能量曲线如图 10-7 所示。

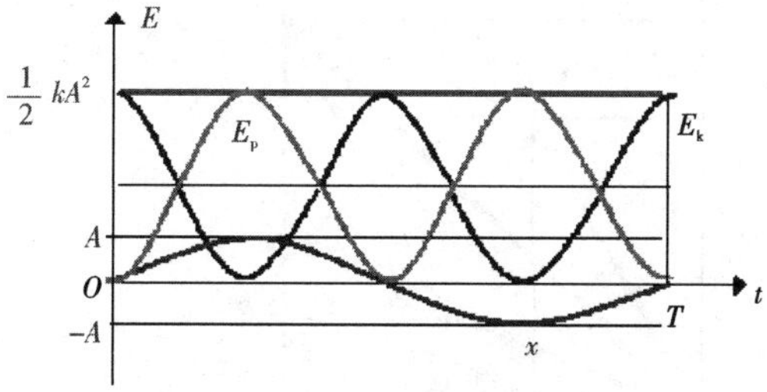

图 10-7　能量曲线

10.3　简谐振动的合成

理论和实验都可以证明，任意一个复杂的周期性振动，都可以分解成若干个频率不同的简谐振动，或者说可由若干个简谐振动合成。合成电子乐器、电子琴等都是根据这种原理而发出优美且复杂的乐音的。当不同的人以相同响度、相同音高发音时，我们仍可以区分出不同的人，这就是因为各人的声音中含有的高频谐振成分不一样。因此，最简单、最基本的振动是简谐振动。而研究简谐振动的合成，是研究各种振动的基础。振动合成问题是声、光等波动过程的干涉和衍射理论的基础。

10.3.1　两个同方向、同频率谐振的合成

设一个振子同时参与两个谐振：

$$x_1 = A_1 \cos(\omega t + \varphi_1)$$

$$x_2 = A_2 \cos(\omega t + \varphi_2)$$

二者的角频率 ω 相同，且都是用 x 坐标表示，表明是同方向的振动。可发现其合运动恰好也是一个谐振：

$$x = x_1 + x_2 = A\cos(\omega t + \varphi) \tag{10.32}$$

因为用解析法较烦琐，这里改用旋转矢量法来证明。如图 10-8 所示，用旋转矢量 $\boldsymbol{A}_1$ 和

$\boldsymbol{A}_2$ 分别表示以上两个分振动，它们在初始时刻与 x 轴的夹角分别等于两振动的初相 φ_1 和 φ_2。因为角速度都是 ω，所以，它们的相对位置保持不变，两矢量的合成矢量 $\boldsymbol{A}$ 也以相同的角速度 ω 转动，且长度 $|\boldsymbol{A}|$ 保持不变。由于合振动就是合矢量 $\boldsymbol{A}$ 的端点投影的运动（$x_1+x_2=(\boldsymbol{A}_1)_x+(\boldsymbol{A}_2)_x=(\boldsymbol{A}_1+\boldsymbol{A}_2)_x$），故合振动仍是谐振。其振幅 A 可由余弦定理得到，而初相 φ 也可以从几何关系得出：

$$A=\sqrt{A_1^2+A_2^2+2A_1A_2\cos(\varphi_2-\varphi_1)} \tag{10.33}$$

$$\tan\varphi=\frac{A_1\sin\varphi_1+A_2\sin\varphi_2}{A_1\cos\varphi_1+A_2\cos\varphi_2} \tag{10.34}$$

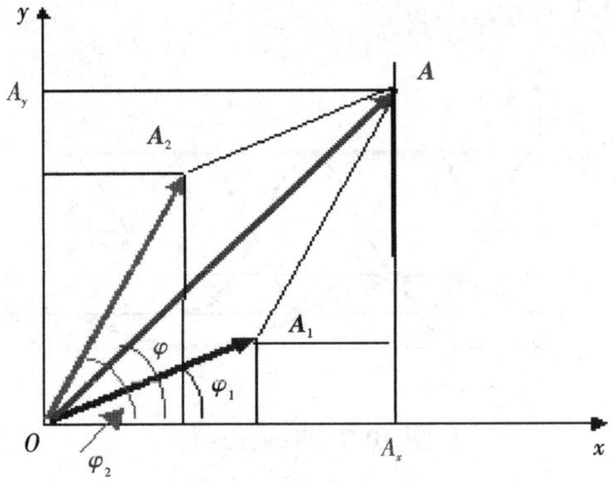

图 10-8 简谐振动的合成

由上述结果可以看出，合振幅 A 除与分振幅 A_1 和 A_2 有关外，还决定于分振动的相位差 $\Delta\varphi=\varphi_2-\varphi_1$。这对以后讨论波的叠加问题至关重要。合成结果有几种情况。

（1）若分振动同相，即 $\Delta\varphi=\varphi_2-\varphi_1=2k\pi\ (k=0,\pm1,\pm2,\cdots)$，合振幅有最大值 $A=A_1+A_2$。

（2）若分振动反相，即 $\Delta\varphi=\varphi_2-\varphi_1=(2k+1)\pi\ (k=0,\pm1,\pm2,\cdots)$，合振幅有最小值 $A=|A_1-A_2|$，且当 $A_1=A_2$ 时，$A=0$。

（3）若两个分振动既不同相也不反相，则合振幅介于 (A_1+A_2) 和 $|A_1-A_2|$ 之间。

10.3.2 两个同方向、不同频率的谐振动的合成

定性地说，对两个同方向、不同频率的谐振动的合成，其旋转矢量 $\boldsymbol{A}_1$ 和 $\boldsymbol{A}_2$ 之间的夹角将随时间而改变。于是，合矢量的长度 $|\boldsymbol{A}|$ 和角速度都将随时间而改变。此时合振动仍在 x 方向上，但却是复杂的周期（或准周期）运动。

但在一种情况下结果较为简单，即两谐振频率都较高，且相差不大：$\omega_1\approx\omega_2\gg|\omega_2-\omega_1|$。此时，$\boldsymbol{A}_1$ 和 $\boldsymbol{A}_2$ 都将高速旋转，角速度 $\omega_1\approx\omega_2\approx(\omega_2+\omega_1)/2$，但二者的夹角会以角速度 $|\omega_2-\omega_1|$ 均匀增加 0, π, 2π, 3π, …夹角每增加 2π（历时 $2\pi/|\omega_2-\omega_1|$），合矢量会达到一次最大值 A_1+A_2 和一次最小值 $|A_1-A_2|$，但在这段时间内合矢量已旋转了很多圈。从观测角度而言，这是一种频率很大、但振幅在缓慢变化的振动。如果是声振动，我们将听到频率单一、但强度忽大忽小

的声音。这种合成时强度(或振幅)做周期性变化的现象称为**拍**,其周期自然就是 $2\pi/|\omega_2-\omega_1|$,而其频率

$$v=|v_2-v_1| \tag{10.35}$$

称为**拍频**,如图 10-9 所示。

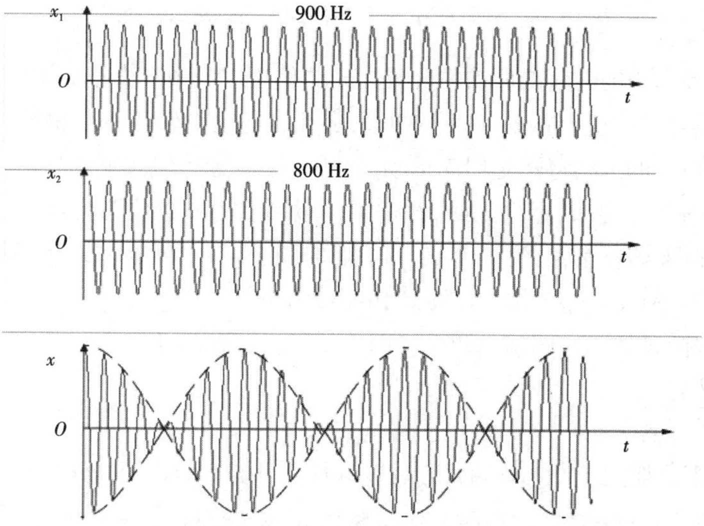

图 10-9　同向、不同频谐振的合成——拍

10.3.3　相互垂直的简谐振动的合成

设一质点同时参与了两个振动方向的垂直简谐振动,即

$$x=A_1\cos(\omega_1 t+\varphi_1)$$

$$y=A_2\cos(\omega_2 t+\varphi_2)$$

其合运动为 $\boldsymbol{r}=x\boldsymbol{i}+y\boldsymbol{j}=A_1\cos(\omega_1 t+\varphi_1)\boldsymbol{i}+A_2\cos(\omega_2 t+\varphi_2)\boldsymbol{j}$。

先考虑频率相同($\omega_1=\omega_2$)的简单情形。我们从其轨迹来考察。由运动学方程消去时间 t,可得

$$\frac{x^2}{A_1^2}+\frac{y^2}{A_2^2}-\frac{2xy}{A_1 A_2}\cos\Delta\varphi=\sin^2\Delta\varphi \tag{10.36}$$

$$\Delta\varphi\equiv\varphi_2-\varphi_1 \tag{10.37}$$

这是一个一般的椭圆方程,其形状取决于两个振幅和位相差 $\Delta\varphi\equiv\varphi_2-\varphi_1$。

图 10-10 给出了各种相位差下质点的轨迹,同时画出了质点的运动方向。可以看出,质点的轨道始终位于边长为 $2A_1$、$2A_2$ 的矩形内,并与之相切。当 $0<\Delta\varphi<\pi$ 时,质点在椭圆轨道上沿顺时针方向运动;当 $\pi<\Delta\varphi<2\pi$ 时,质点沿逆时针方向运动;而当 $\Delta\varphi=0,\pi$ 时,轨道退化为直线,此时质点的运动退化为一维谐振。

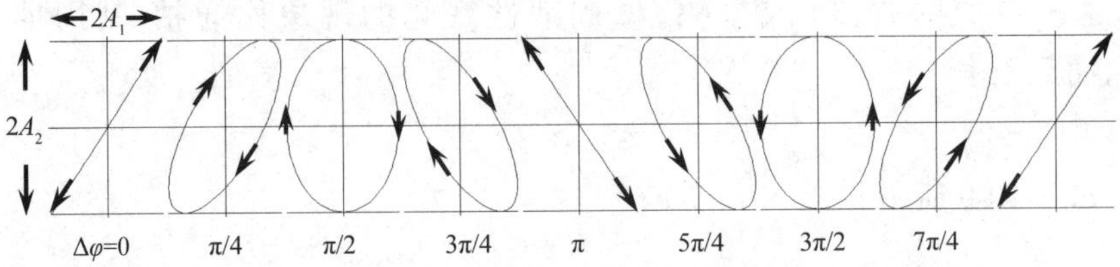

图 10-10　方向垂直、频率相同的两简谐振动的合成

方向垂直、频率相同的简谐振动的合成在光的偏振现象中有直接应用。

如果相互垂直的两个谐振的频率不相等，那么合运动的轨迹将变得复杂。如果频率比是无理数，那么质点的运动将不是周期运动，轨迹永不重合。但如果两频率有简单的整数比关系，那么其轨迹虽然复杂，但会封闭，经过某一段周期后质点位置会重合。这种稳定的轨迹统称为**李萨如图**，包括前面的图 10-10 和下面的图 10-11。可以想见，频率比确定时，轨迹也会受到位相差 $\Delta\varphi \equiv \varphi_2 - \varphi_1$ 的影响，跟图 10-10 一样。

可根据图形的具体形式判断出两个方向上频率或周期的比值：

$$\frac{\nu_2}{\nu_1} = \frac{T_1}{T_2} = \frac{n_x}{n_y} \tag{10.38}$$

其中，n_x、n_y 为李萨如图与 x、y 轴的切点数。以图 10-11（c）为例，该图与 x 轴有两个切点，与 y 轴有一个切点（$n_x/n_y=2$），这说明在一个整周期内，质点在 y 方向上 2 次到达极值位置，而在 x 方向只有 1 次到达极值位置，故而两方向上谐振的频率比为 $\omega_1:\omega_2=1:2$，符合式（10.38）。

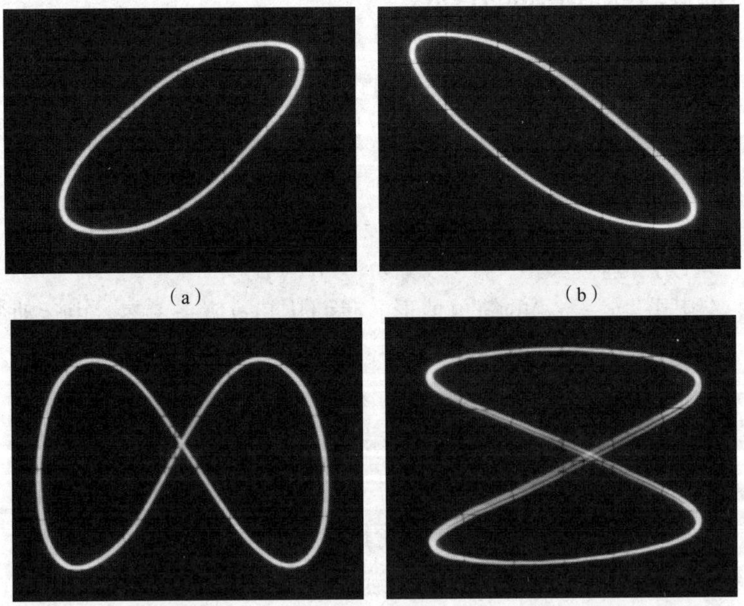

（a）　（b）

（c）　（d）

图 10-11　由示波器得到的各种频率比的李萨如图

（a）（b）$\omega_1=\omega_2$　（c）$\omega_1:\omega_2=1:2$　（d）$\omega_1:\omega_2=2:1$

例 10.2　一质点同时参与两个在同一直线上的振动,其表达式分别为

$$x_1 = 0.06\cos\left(2t + \frac{\pi}{6}\right)$$

$$x_2 = 0.09\cos\left(2t - \frac{5\pi}{6}\right)\text{（SI）}$$

试用矢量图法,求出合成振动的方程。

解　由题意知,两个振动是同方向、同频率的简谐振动,且为反相位振动,如图 10-12 所示。所以

$$A=0.09\ \text{m}-0.06\ \text{m}=0.03\ \text{m}$$

合振动方程为

$$x = 0.03\cos\left(2t - \frac{5\pi}{6}\right)\text{（SI）}$$

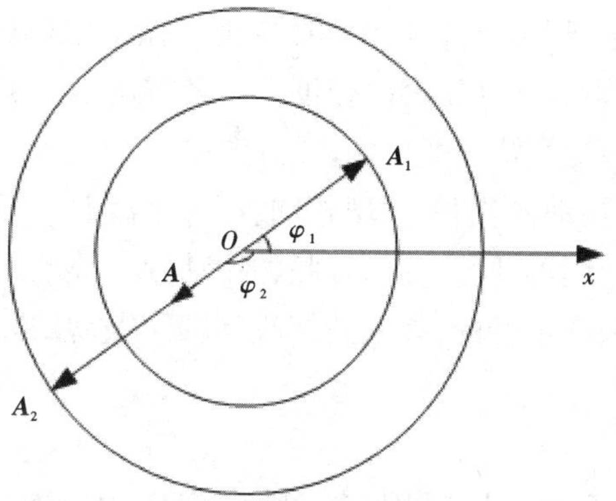

图 10-12　例 10.2 题图

10.4　波的概念·简谐波方程

前面阐述过,任何一个物理量(位置矢量、电场强度、磁场强度等)在某一数值附近往复变化,都可称为振动。而**振动由近及远的传播过程,就称为波**。

波通常分为两类:第一类是机械振动在弹性介质中的传播,称为**机械波**,又称为**弹性波**,如水波、声波等;另一类是**电磁波**,是由电磁振荡激起的变化的电磁场在空间的传播,例如无线电波、可见光波、X 射线、γ 射线等。二者的区别是:机械波的传播一定需要介质,而电磁波不需要。比如,月球上没有大气,不能传播声波,但却可以传播电磁波。

近代物理学的研究表明,在微观世界,粒子会表现出波动性,即所谓物质波(或德布罗意波),这将在最后一章中讲述。

10.4.1 波的概念

1. 机械波

机械波是机械振动在弹性介质中的传播过程。**产生机械波有两个必备条件:波源和弹性介质**。波源是做机械振动的物体,它引起波的初始振动。弹性介质是由无穷多个质点(或质元)通过弹性力组合在一起的连续介质,如绳子、水、空气等。若无特别说明,可将其视为无限、连续、无吸收介质。

波源振动时,带动其附近的介质质元偏离平衡位置,于是介质发生弹性形变,使得稍远一些的质元也振动起来。而这些质元又通过弹性力带动更远处的质元……于是波源的振动就这样通过不断带动新的质元由近及远的传播开去。

要注意的是,介质中的各质元仅在各自平衡位置附近振动,并没有随波前进。波是振动状态(或振动相位)的传播,而不是介质本身在传播。振动状态的传播速度称为波速,它不同于质元本身在平衡位置附近来回振动的速度。二者方向不一定相同,大小也迥异,而且前者通常是常数,而后者是随时间快速变化的。

介质中所有质元都在振动,它们的频率相同,都等于波源的频率。故**波在传播过程中频率不变**,与波源频率相同。例如,听演奏时耳膜的振动频率等于乐器发出的振动频率。对于光波,在经典理论中也是频率不变的,如眼睛接收到的光振动的频率等于发光体微观振子的发射频率。

2. 波的传播

波的基本传播形式有两种:横波和纵波。横波是指介质中质元的振动方向与波的传播方向垂直,纵波是指质元的振动方向与波的传播方向平行。轻轻拨动绷紧的细弦而产生的波就是横波,而空气中的声波和深水波是纵波。水面波则特殊:在表面张力、重力和介质弹力的共同作用下,水面上质元的运动有垂直成分和平行成分,故而水面波既不是横波也不是纵波,是二者的合成。

波面是由振动相位相同的各点连成的面,即**同相面**,也叫**波阵面**。在图 10-13 中,垂直于细线方向振动平板,波便沿着细线以相同的速度向右传播,振动位相相同的点将呈现为一个个平面。波面为平面的波称为**平面波**,如图 10-13 所示;波面是球面的波称为**球面波**,如图 10-14 所示。

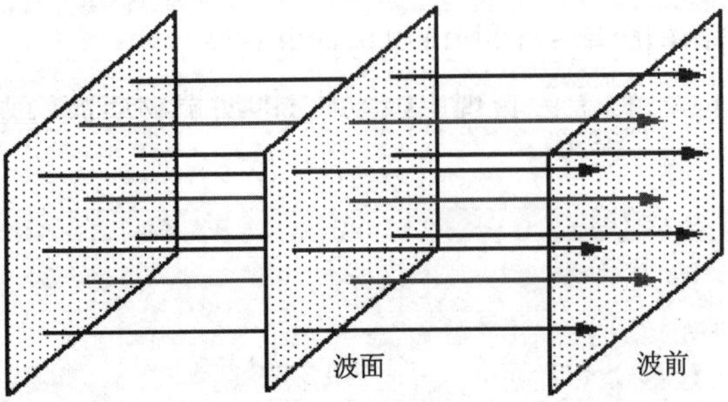

图 10-13 平面波

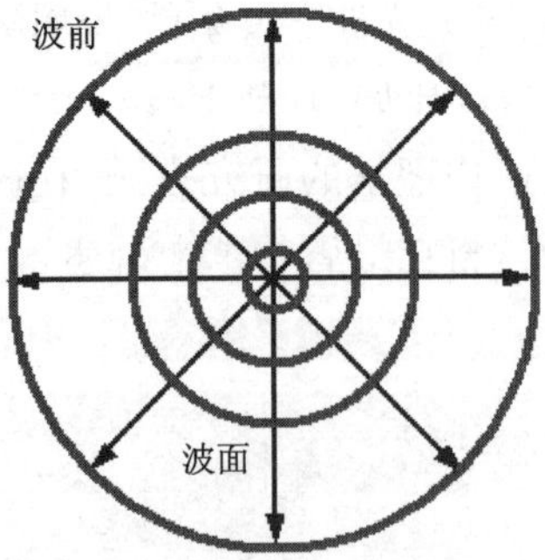

图 10-14 球面波

波前是指波动最前面的那个波面。某一时刻，波面（同相面）有许多，而波前只有一个，它就是由波源最初振动状态传达到的各点所连成的面。

在图 10-13 和图 10-14 中还用带箭头的线表示了波的传播方向，称为**波线**（或**波射线**）。在各向同性介质中，波线总是与波面垂直。

10.4.2　简谐波的波方程

波源和各质元都做简谐振动的连续波称为**简谐波**（余弦波、单色波）。任何一种复杂的波，都可以认为是由许多不同频率的简谐波叠加而成，这跟任何一种周期振动都可以分解为一系列简谐振动一样，因而简谐波是最简单、最基本的波。

1. 波方程的获得

各个质元的位移随时间的函数关系称为**波方程**（或**波函数**）。设有一平面简谐横波在理想的无吸收且均匀无限大的连续介质中沿 $+x$ 方向传播，波速为 u，振动方向沿 y 方向。图 10-15 为该列横波在 t 时刻的波形图。

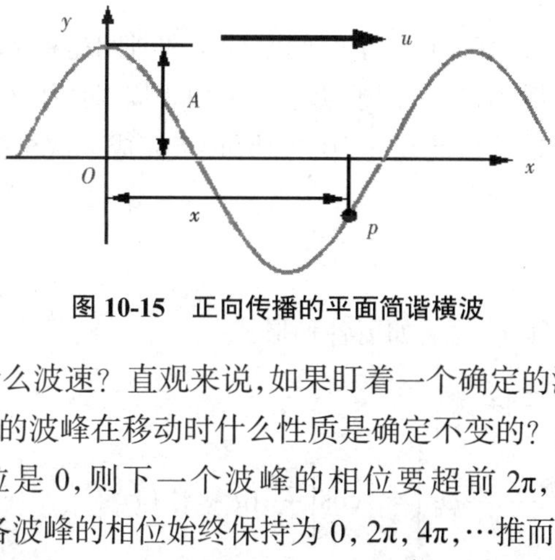

图 10-15　正向传播的平面简谐横波

首先一个问题是：什么波速？直观来说，如果盯着一个确定的波峰看，它的移动速度就是波速。那么，这个确定的波峰在移动时什么性质是确定不变的？是相位。具体地说，若定义最前面的波峰的相位是 0，则下一个波峰的相位要超前 2π，等于 2π，再下一个就是 4π，……在波峰移动时，各波峰的相位始终保持为 0，2π，4π，…推而广之，**波速就是同一振动相位的传播速度**（故又称**相速**），这跟"波传播的是振动状态或相位"完全一致。相邻两波峰之间的距离，或者相位相差 2π 的两点之间的距离，就是**波长**。

由于是简谐波，介质中每个质元做简谐振动。设原点 O（可以是波源，也可以不是）的振动方程为

$$y_O(t) = A\cos(\omega t + \varphi_0)$$

那么平衡时位于坐标 x 处的质元 P 在 t 时刻的位移 $y_x = y_x(t)$ 该如何？可以根据"波传播的是相位"来推理。

相位在传播时保持数值不变。当相位从 O 点传播了 $\Delta t = x/u$ 这么长的时间到达 P 点（仍保持为原值）时，原点处的相位同时增加了 $\Delta\varphi = \omega\Delta t = \omega x/u$，故而 x 处 P 的相位总要比原点处的相位落后 $\omega x/u$。这对任一时刻都成立。于是马上得到

$$y_x(t) = A\cos\left(\omega t - \omega\frac{x}{u} + \varphi_0\right)$$

还可以这样推理：t_1 时刻原点的相位经过时间 $\Delta t = x/u$ 后，于 $t_1 + \Delta t = t_1 + x/u$ 时刻传到 x 处，数值不变。故 t 时刻 x 处的相位等于 $t-x/u$ 时刻原点的相位。因此，t 时刻 x 处质元的位移 $y_x(t)$ 必然等于 $t-x/u$ 时刻原点处质元的位移，即

$$y_x(t) = y_0\left(t-\frac{x}{u}\right) = A\cos\left[\omega\left(t-\frac{x}{u}\right)+\varphi_0\right]$$

由于坐标 x 也是连续变量，上式左边也可写为 $y(x,t)$，于是上式写为

$$y = y(x,t) = A\cos\left[\omega\left(t-\frac{x}{u}\right)+\varphi_0\right] \tag{10.39}$$

由于 P 点是任意的，这就是描述平面波传播的**波方程**，它给出了波线上任一位置处的质元在任一时刻的位移，或者说给出了介质内任一质元的运动学方程。

若波沿 $-x$ 轴方向传播，则 P 点相位超前于 O 点相位，即波在到达 P 点之后，再经历 $\Delta t = x/u$ 的时间才传到 O 点。故此时的波方程为

$$y = A\cos\left[\omega\left(t+\frac{x}{u}\right)+\varphi_0\right] \tag{10.40}$$

2. 波方程的各种形式

波方程式（10.39）和式（10.40）关于空间坐标 x 和时间坐标 t 都是周期函数，这反映了平面波的时间周期性和空间周期性。时间周期为 $T = 2\pi/\omega$，空间周期为 $\lambda = 2\pi/(\omega/u) = 2\pi u/\omega$，这就是波长。当波源历时 T 完成一次全振动时，波刚好又传播一个波长 λ 的距离。故而

$$u = \frac{\lambda}{T} = \lambda\nu \tag{10.41}$$

于是，波方程式（10.39）可以改写成如下各种形式：

$$\begin{aligned} y &= A\cos\left[\omega\left(t-\frac{x}{u}\right)+\varphi_0\right] \\ &= A\cos\left[\frac{2\pi}{T}\left(t-\frac{x}{u}\right)+\varphi_0\right] = A\cos\left[\frac{2\pi}{\lambda}(ut-x)+\varphi_0\right] \\ &= A\cos\left[2\pi\left(\frac{t}{T}-\frac{x}{\lambda}\right)+\varphi_0\right] = A\cos[(\omega t-kx)+\varphi_0] \end{aligned} \tag{10.42}$$

其中，最后一式中的

$$k \equiv \frac{2\pi}{\lambda} \tag{10.43}$$

称为**波数**，单位为 rad/m。它也表示空间周期性，正如角频率 $\omega = 2\pi/T$ 也表征时间周期性一样。有了波数，波速的表达式又多了一种：

$$u = \lambda\nu = \frac{\lambda}{T} = \frac{\omega}{k} \tag{10.44}$$

若波沿 $-x$ 轴方向传播，则波方程只需将式（10.42）中的 x 用 $-x$ 代替即可。

综上所述，从已知的某点振动方程求波方程时，可先设定波方程的形式，再由已知条件确定各参数；或者更简洁的做法是，**抓住波的传播方向，从而确定波线上任意一点的振动是**

超前还是落后于已知点的振动。

3. 波方程的具体含义

对于一个确定的点 P(坐标为 $x=x_P$),波方程给出其位移 $y=y(t)$,即

$$y = A\cos\left[\omega\left(t+\frac{x_0}{u}\right)+\varphi_0\right]$$

此即质点 P 的振动方程。由此得到的 y–t 图像是**振动图像**,如图 10-2 所示。若时刻 t 给定,即 $t=t_0$,则波方程给出 $y=y(x)$,即

$$y = A\cos\left[\omega\left(t_0+\frac{x}{u}\right)+\varphi_0\right]$$

此即 t_0 时刻各个不同质点的位移情况。由此得到的 $y-x$ 图像称为**波形图像**,如图 10-15 所示。

振动图像和波形图像看上去非常相似,但物理意义完全不同:前者表示同一质点在不同时刻的位移,后者表示不同质点在同一时刻的位移。二者不可混淆。若如图 10-16 那样画出相继时刻的波形图像,则可明显看出波形的传播。

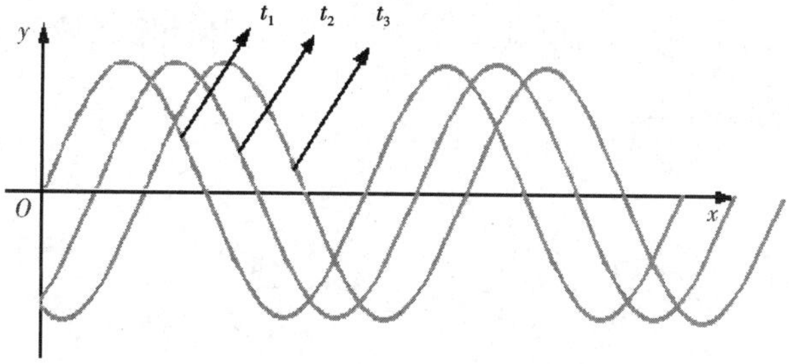

图 10-16 波形的传播

例 10.3 一平面简谐波在 0.03 s 的波形如图 10-17(a)所示,且波沿 x 轴负向传播,波速 u=5 000 m/s,试求平面简谐波的波方程。

解 由题意,$\lambda = 200$ m,$u = 5\times10^3$ m/s,$\omega = 2\pi\nu = 2\pi\dfrac{u}{\lambda} = 50\pi$ rad/s 。设原点的振动方程为

$$y_0 = 0.1\times10^{-3}\cos\left(50\pi t+\varphi_0\right)\text{(SI)}$$

依题意,在 t=0.03 s 时,原点位于平衡位置,且速度为正,此时对应的旋转矢量如图 10-17(b)所示,故有

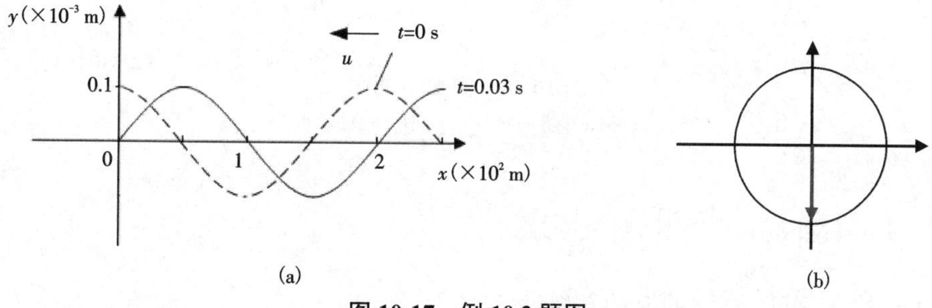

图 10-17 例 10.3 题图

$$50\pi\times 0.03+\varphi_0=-\frac{\pi}{2}$$

得 $\varphi_0=-2\pi$，或取为 $\varphi_0=0$。故

$$y_0=0.1\times10^{-3}\cos(50\pi t)$$

而波方程为

$$y=0.1\times10^{-3}\cos\left(50\pi t+\frac{2\pi}{200}x\right)=0.1\times10^{-3}\cos\left(50\pi t+\frac{\pi x}{100}\right)(\mathrm{SI})$$

例 10.4 一平面简谐波在介质中以速度 u=20 m/s 自左向右传播，已知在波的传播路径上某点 A 的振动方程 $y=3\cos(4\pi t-\pi)$(SI)，另一点 D 在 A 点的右方 9 m 处，如图 10-18 所示。

(1)若取 x 轴方向向左，并以 A 点为坐标原点，试写出波方程，并求出 D 点振动方程。

(2)若取 x 轴方向向右，以 A 点左方 5 m 处的 O 点为坐标原点，试写出波方程，并求出 D 点振动方程。

解 $\omega=4\pi$ rad/s, $\lambda=\frac{2\pi u}{\omega}=\frac{2\pi\times20}{4\pi}\mathrm{m}=10\ \mathrm{m}$。

(1)如图 10-19(a)所示在 x 轴上取一点 P，显然其相位超前于 A 点，则波方程为

$$y=3\cos\left(4\pi t-\pi+\frac{2\pi}{10}x\right)$$

将 x_D=−9 m 代入，得

$$y_D=3\cos\left[4\pi t-\pi+\frac{4\pi}{20}\times(-9)\right]=3\cos\left(4\pi t-\frac{4\pi}{5}\right)(\mathrm{SI})$$

显然，D 点的振动落后于 A 点。

(2)先写原点振动方程，在图 10-18(b)中，O 点的振动相位超前于 A 点，故

$$y_0=3\cos\left(4\pi t-\pi+\frac{2\pi}{10}\times5\right)=3\cos(4\pi t)$$

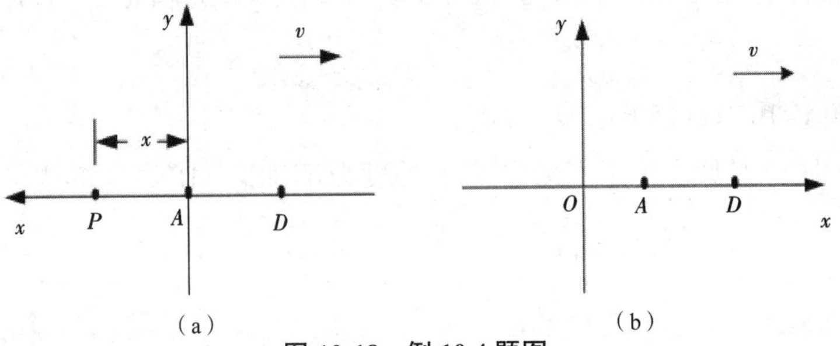

图 10-18 例 10.4 题图

(a)取 x 轴方向向左 (b)取 x 轴方向向右

因此，波方程为

$$y=3\cos\left(4\pi t-\frac{4\pi}{20}x\right)(\mathrm{SI})$$

将 x_D=14 m 代入，可得 D 点的振动方程

$$y_D = 3\cos\left(4\pi t - \frac{4\pi}{20}\times 14\right) = 3\cos\left(4\pi t - \frac{4\pi}{5}\right)(\text{SI})$$

可见，x 轴的取向不同，波方程也不同，但同一个点（如 D 点）的振动方程不变。

10.4.3　波动方程·速度决定式

波动中波方程式（10.39）或式（10.42）的地位相当于振动中的（10.6）式，对应于运动学。而与式（10.3）对应的动力学方程称为**波动方程**（注意跟“波方程”或“波函数”区分）。动力学方面的考虑还可以给出波速与介质特征（密度和弹性模量等）的关系。

对于一个确定的质元 x，其位移由波方程给出。那么其速度和加速度呢？当然就是

$$v = \frac{\partial y}{\partial t}$$

$$a = \frac{\partial^2 y}{\partial t^2}$$

具体可以算得

$$a = \frac{\partial^2 y}{\partial t^2} = -A\omega^2 \cos\left[\omega\left(t - \frac{x}{u}\right) + \varphi_0\right]$$

又由式（10.39）对 x 取二阶偏导，可得

$$\frac{\partial^2 y}{\partial x^2} = -A\frac{\omega^2}{u^2}\cos\left[\omega\left(t - \frac{x}{u}\right) + \varphi_0\right]$$

以上两式对比，可得

$$\frac{\partial^2 y}{\partial x^2} - \frac{1}{u^2}\frac{\partial^2 y}{\partial t^2} = 0 \qquad (10.45)$$

其三维形式是（表示位移的 y 换成了 ψ）

$$\frac{\partial^2 \psi}{\partial x^2} + \frac{\partial^2 \psi}{\partial y^2} + \frac{\partial^2 \psi}{\partial z^2} - \frac{1}{u^2}\frac{\partial^2 \psi}{\partial t^2} = 0 \qquad (10.46)$$

式（10.45）（和式（10.46））其实就是连续介质中一维平面波（和三维波）的动力学方程，称为**波动方程**（注意跟“波方程”或“波函数”区分）。根据牛顿第二定律，质元的加速度 $\frac{\partial^2 y}{\partial t^2}$ 决定于外力的矢量和，即其两头的外力之差。外力是弹性力，$\frac{\partial y}{\partial x}$ 正好描述形变量，而 $\frac{\partial^2 y}{\partial x^2}$ 则代表两头形变量之差，即描述外力之差。另外还差两个物理量，一个是表征弹性大小、描述外力与形变正比关系的比例系数（在连续介质情形为各种模量，记为 C）；另一个是表征惯性的质量（在连续介质情形为密度 ρ）。于是，由牛顿第二定律，大致可得

$$C\frac{\partial^2 y}{\partial x^2} = \rho\frac{\partial^2 y}{\partial t^2}$$

这凑巧就是式（10.45）（当然，这并不意味着我们“证明”了该式），其中 $u^2 = C/\rho$。

具体的分析表明，液体和气体内部只能传播纵波，其速度为

$$u = \sqrt{\frac{B}{\rho}} \tag{10.47}$$

其中，B 为容变弹性模量。在标准状态下，声速可计算为 331 m/s。而固体中既能传播纵波，又能传播横波，其速度为

$$u = \sqrt{\frac{Y}{\rho}} \quad（纵波） \tag{10.48}$$

$$u = \sqrt{\frac{G}{\rho}} \quad（横波） \tag{10.49}$$

其中，Y 为杨氏弹性模量；G 为切变弹性模量。可见，**波速取决于介质的性质和波的类型**，与“波的频率取决于波源”形成鲜明对比。至于波长 $\lambda = uT = 2\pi u / \omega$，则显然决定于介质和波源二者。

波动中式(10.45)与式(10.39)的关系，就相当于振动中式(10.3)与式(10.6)关系：前者是动力学，后者相当于运动学，是前者的解。不同之处在于，由于数学的复杂程度不同，振动中式(10.6)是式(10.3)的通解，而波动中式(10.39)和式(10.40)只是式(10.45)的特解。波动方程的一般解是各种方向的、各种频率的平面简谐波的合成。

10.5 波的能量和能流

10.5.1 波的能量

波的能量传播是波动的一种重要特征：当一列机械波传到弹性介质中的某处时，该处原来不动的质点开始振动，因而具有动能；同时，该处的弹性介质也发生形变，因而又具有了势能。由此，**波动是振动状态(相位)的传播，也是能量的传播**。

以绳波为例。在波线上坐标 x 处取长为 $\mathrm{d}x$ 的一小段质元，其质量为 $\mathrm{d}m$。兹考虑其动能和弹性势能。

由波方程式(10.39)，可计算该质元的速度为

$$v = \frac{\partial y}{\partial t} = -A\omega \sin\left[\omega\left(t - \frac{x}{u}\right) + \varphi_0\right]$$

故该质元的动能为

$$\mathrm{d}E_{\mathrm{k}} = \frac{1}{2}\mathrm{d}m\left(\frac{\partial y}{\partial t}\right)^2 = \frac{1}{2}\mathrm{d}mA^2\omega^2\sin^2\left[\omega\left(t - \frac{x}{u}\right) + \varphi_0\right] \tag{10.50}$$

势能正比于形变的平方，而形变由相对形变 $\partial y / \partial x$ 表征。直接计算可得

$$\frac{\partial y}{\partial x} = -A\left(-\frac{\omega}{u}\right)\sin\left[\omega\left(t - \frac{x}{u}\right) + \varphi_0\right] = -\frac{1}{u}\frac{\partial y}{\partial t} \tag{10.51}$$

上式表明，弹性形变 $|\partial y / \partial x|$ 与振动速度 $|\partial y / \partial t|$ 成正比。图 10-20 表明了这一点。

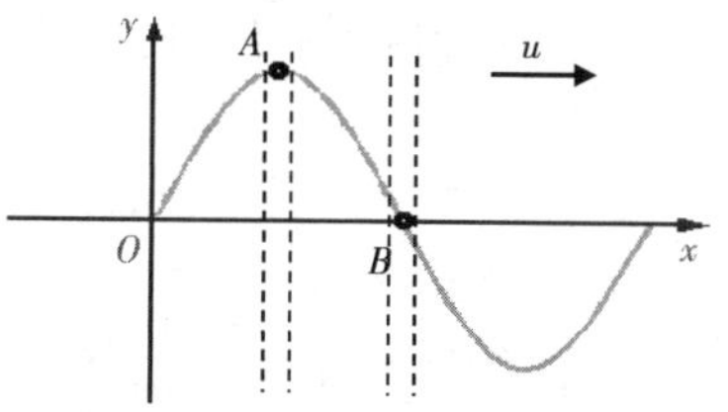

图 10-19　绳波上各质元的能量

在图 10-19 中，A、B 两段质元原长相等。质元 A 达到最大位移，速度为 0，而质元 B 正好通过平衡位置，速度最大。同时可以明显看出，质元 A 几乎没有形变，而质元 B 被拉得最长，形变最大。其他质元（图中未画出）则不管是速度还是形变都居于两者之间。故而，任一质元的速度和形变、动能和势能是同步变化的。

进一步的研究表明，**任一质元的动能和势能总是保持相等**：$dE_k=dE_p$。于是其总能量为

$$dE = dE_k + dE_p = dmA^2\omega^2 \sin^2\left[\omega\left(t-\frac{x}{u}\right)+\varphi_0\right] \tag{10.52}$$

该式其实对任何连续介质中的波都成立，不限于绳波。

介质中质元的动能和势能保持相等，同步变化，这与单个谐振子情况完全不同。所以**不要看到有简谐振动就误以为能量一定守恒**。波在介质中传播时，任一质元都在不断地从相位比其超前的部分接收能量，同时又向比自身相位落后的部分放出能量，实现能量的传播，质元的总能量随时间作用期性变化，时而达到最大值，时而为零。

10.5.2　能量密度与能流密度

1. 能量密度

弹性介质波的**能量密度**：

$$w = \frac{dE}{dV} = \rho A^2\omega^2 \sin^2\left[\omega\left(t-\frac{x}{u}\right)+\varphi_0\right]$$

我们不太关心瞬时值（通常波的频率都较高），而关心时间平均值。由于正弦函数平方在一个周期内的平均值为 1/2，故**平均能量密度**为

$$\overline{w} = \frac{1}{T}\int_0^T w dt = \frac{1}{2}\rho A^2\omega^2 \tag{10.53}$$

显然，能量密度和平均能量密度均正比于振幅 A 的平方和角频率 ω 的平方。这一点跟单个谐振子类似。

2. 能流密度

能量随着波的传播而在介质中流动。描述其强弱通常用**能流密度**，即单位时间通过单位横截面积上的能量。当然，也可以定义**能流（强度）**：单位时间通过某曲面的能量。能流和电流一样是针对曲面定义的，而能流密度则像电流密度一样可以描述局部特征，信息更详细。

能量的流动速度就是波速 u。如图 10-20 所示，在 dt 时间内通过横截面 S 的能量必然

就是位于图中底面积为 S、高为 $u\mathrm{d}t$ 的立方体内的能量，其总量为 $\mathrm{d}E=w\mathrm{d}V=wSu\mathrm{d}t$。于是，按照定义，能流密度为

$$I=\frac{\mathrm{d}E}{S\mathrm{d}t}=wu \tag{10.54}$$

其单位为 $\mathrm{W/m^2}$，其方向就是波的传播方向。式(10.54)其实适用于一般波动情况。更一般地，它在其他场合可以描述某一物理量的流密度和密度的关系，比如电流密度－电荷密度、质量流密度－质量密度、概率流密度－概率密度等，是一个非常普遍的公式。而通过面 S 的能流(强度)自然就是 $IS=wuS$。

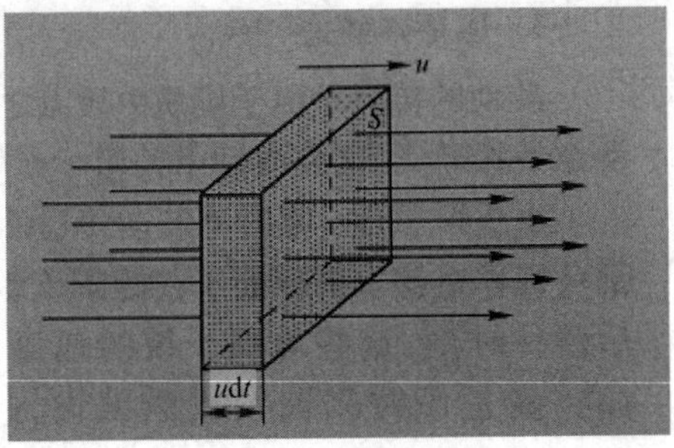

图 10-20 波的能流

当然，跟前面一样，如果只关心平均值，那么**平均能流密度**(仍用 I 表示)为

$$I=\bar{w}u=\frac{1}{2}\rho A^2\omega^2 u \tag{10.55}$$

波的平均能流密度又称波的**强度**，或**波强**。声波的强度简称**声强**，光波的强度简称**光强**。易见，波强 $I\propto A^2$，$I\propto\omega^2$，这一关系很重要。

对于平面简谐波，如果介质对波无吸收，那么通过两个横截面的能流不变，$I_1S_1=I_2S_2$，而两个面积相等，故有 $A_1=A_2$，即振幅不衰减。

10.5.3 波的吸收

实际上，波在介质中传播时，介质总是要吸收一部分能量，波的强度和振幅都将逐渐减小。这种现象称为**波的吸收**。

波在介质中走过的距离越长，被吸收的能量就越多。设 x 处振幅为 A 的波，在穿过介质厚度 $\mathrm{d}x$ 后，振幅减弱了 $\mathrm{d}A$，则相对减弱的程度显然跟厚度成正比：

$$-\frac{\mathrm{d}A}{A}=\alpha\mathrm{d}x$$

实验表明，该比例系数 α 跟振幅 A 和坐标 x 无关，称为介质的**吸收系数**。对上式进行积分得

$$A=A_0\mathrm{e}^{-\alpha x} \tag{10.56}$$

其中，A_0 为 $x=0$ 处振幅。因为 $I\propto A^2$，所以

$$I=I_0\mathrm{e}^{-2\alpha x} \tag{10.57}$$

I_0 和 I 分别表示原点处和 x 处波的强度。

例 10.6　已知声波的频率 $\nu=500\ \text{kHz}$，在水中传播的速度 $u=1\,500\ \text{m/s}$，声波的强度 $I=120\ \text{kW/cm}^2$，求声振动的振幅。

解　角频率 $\omega=2\pi\nu$，故由声强公式 $I=\rho A^2\omega^2 u/2$，有

$$A=\frac{1}{2\pi\nu}\sqrt{\frac{2I}{\rho u}}$$

$$=\frac{1}{2\pi\times 500\times 10^3}\sqrt{\frac{2\times 120\times 10^3/10^{-4}}{1.0\times 10^3\times 1\,500}}\ \text{m}$$

$$=1.27\times 10^{-5}\ \text{m}$$

可见，液体中声振动（即声呐）的振幅实际上很小，仅十几个微米。

10.6　惠更斯原理和波的叠加与干涉

10.6.1　惠更斯原理和波的叠加

1. 惠更斯原理

波的传播是由于媒质中质元之间的相互作用，媒质中任何一点的振动将直接引起邻近各点的振动。因此，在波动中任何一点都可看作新的波源。荷兰物理学家惠更斯由此得到一条重要的原理，称为**惠更斯原理：介质中任一波面上的各点都可视作新的子波源；在其后任一时刻，这些子波在波前进方向的波前包络面就是新波面**。对于通常的均匀各向同性介质，子波源发射的就是球面子波，如图 10-21 所示。惠更斯原理适用于所有的波，比如机械波、电磁波，对均匀或非均匀介质情形均适用。利用惠更斯原理，只要知道某一时刻的波前，就可以据此用几何作图的方法方便地求出下一时刻的波阵面。波的反射与折射均可由此得到很好的解释。惠更斯将该原理用于光学，获得成功（详见第 12 章）。

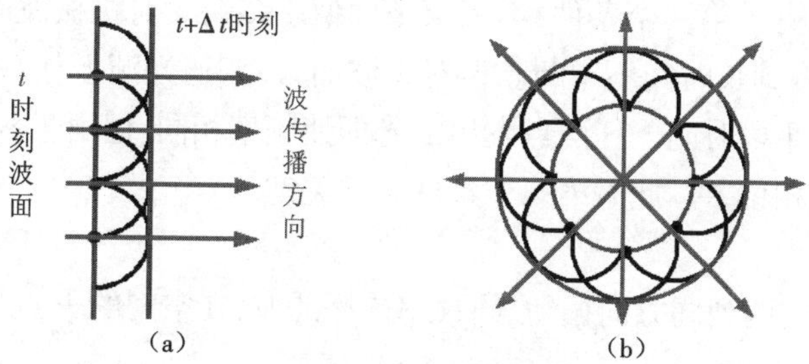

图 10-21　惠更斯原理

（a）平面波　（b）球面波

惠更斯原理的缺点是只可以确定波的传播方向，并未涉及强度分布，也无波长概念，不能定量描述沿不同方向传播的振动的振幅。菲涅耳对惠更斯的理论做了发展和补充，指出各子波对某一点的振幅有着或大或小的贡献，符合叠加原理，从而提出了“惠更斯－菲涅耳原理”，使得定量研究成为可能。

2. 波的叠加原理

几列波在同一介质中相遇时，任一点的振动为各列波单独存在时在该点引起振动的矢量和，这就是波的**叠加原理**，这直接来自波动方程是线性方程。叠加原理表明，几列波在空间相遇，会产生综合效应，但又独立传播，其各自的频率、波长、振动方向和传播方向等特性不因其他波的存在而改变。错开之后，各列波仍保持原有的特性不变，继续按原方向前进。

例如，管弦乐队的合奏比独奏时总音量增大，但人耳仍能够分清各种乐器的声音，多人同时讲话也能辨别不同人的声音，这就是各声波独立传播的结果。

叠加原理意味着可以将一个复杂的波分解为简谐波的组合，故而前面对简谐波的研究有着重要而基础的意义。

10.6.2 波的干涉

在一定条件下，两列波相遇，介质中各点以大小不同但恒定的振幅振动，使得波强在空间中出现稳定的强弱分布，这种现象称为波的**干涉**。能产生干涉现象的两列波称为**相干波**，产生相干波的波源称为**相干波源**。

1. 相干条件

两列波产生干涉的条件有三个：①**振动方向（近似）相同**；②**频率相同**；③**相位差恒定**。这三个条件都是为了波强出现稳定的强弱分布，而且可根据振动叠加知识分析出来。第一条保证空间中不同点的波强可以相差较大：同相点振动加强（即 A_1+A_2），反相点振动减弱或完全抵消（即 $|A_1-A_2|$）。这样就强弱对比明显，利于观察。作为对比，假设两振动方向垂直，那么两振动在同相点和反相点的合成都是 $\sqrt{A_1^2+A_2^2}$，波强毫无强弱对比，不可观测到干涉现象。第二、三个条件一起则保证了空间中确定一点的振幅稳定（或加强，或减弱，或居中），而不会出现像“拍”的现象一样振幅（从而波强）忽大忽小。

需要说明的是，有了第二个条件，第三个条件似乎多余。对机械波确实如此，因为机械波源的振动很容易做到长时间不中断。但对光波而言，普通光源上任一点发出的光都是不稳定的，只能持续一小段时间。任两点发出的光即使频率相同，但由于各自随机中断而又产生，所以没有确定的相位差。此时第三个条件非常关键。

2. 相干叠加

如图 10-22 所示，两列同方向振动、同频率传播的波，在空间的 P 点相遇时，在 P 点引起的分振动分别为

$$y_1 = A_1\cos\left(\omega t + \varphi_1 - \frac{2\pi}{\lambda}r_1\right)$$

$$y_2 = A_2\cos\left(\omega t + \varphi_2 - \frac{2\pi}{\lambda}r_2\right)$$

二者的相位差为

$$\Delta\varphi=\left(\varphi_2-\frac{2\pi}{\lambda}r_2\right)-\left(\varphi_1-\frac{2\pi}{\lambda}r_1\right)=(\varphi_2-\varphi_1)-\frac{2\pi}{\lambda}(r_2-r_1) \tag{10.58}$$

根据式(10.33)(或由图 10-22(b)),合振动$y=y_1+y_2=A\cos(\omega t+\varphi)$的振幅为

$$A=\sqrt{A_1^2+A_2^2+2A_1A_2\cos\Delta\varphi} \tag{10.59}$$

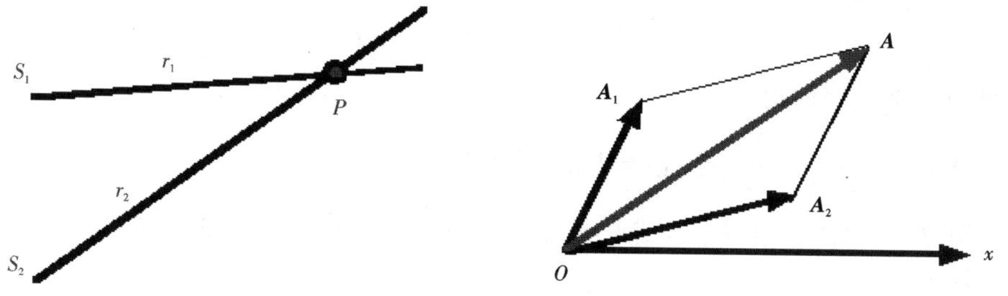

图 10-22　两列相干波的干涉

(a)两列波相遇　(b)两旋转矢量合成

如果波源的相位差$\varphi_2-\varphi_1$恒定,则由式(10.58)可知两列波在 P 点的相位差$\Delta\varphi$也恒定,从而合振幅 A 与时间无关,只与 P 点相对于两波源的位置有关。

例 10.6　如图 10-23 所示,设平面波沿 BP 方向传播,它在 B 点的振动方程为

$$y_1=0.3\times10^{-2}\cos(2\pi t)\ (\text{SI})$$

另一平面波沿 CP 方向传播,它在 C 点的振动方程为

$$y_2=0.4\times10^{-2}\cos(2\pi t+\pi)\ (\text{SI})$$

BP=0.4 m,CP=0.45 m,波速 u=0.20 m/s。试求:(1)两列波传到 P 点的相位差;(2)两列波在 P 点的合振幅。

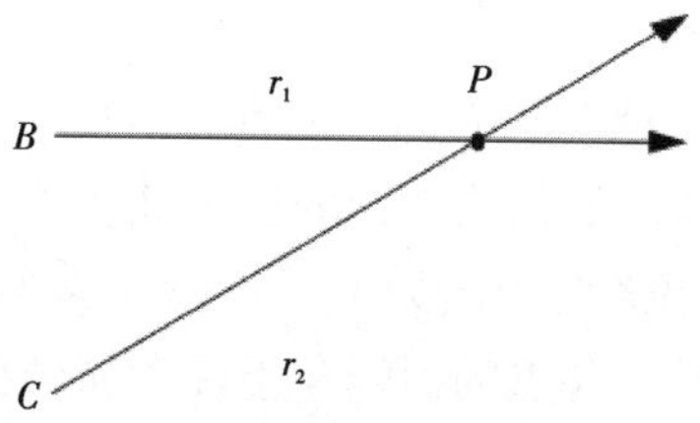

图 10-23　例 10.6 题图

解　(1)两波在 P 点引起的分振动为

$$y_{1P}=0.3\times10^{-2}\cos\left(2\pi t-\frac{2\pi}{\lambda}r_1\right)$$

$$y_{2P}=0.4\times10^{-2}\cos\left(2\pi t+\pi-\frac{2\pi}{\lambda}r_2\right)$$

其中波长为

$$\lambda=uT=\frac{2\pi u}{\omega}=\frac{2\pi\times0.20}{2\pi}\text{m}=0.2\text{ m}$$

故

$$\Delta\varphi=(\varphi_2-\varphi_1)-\frac{2\pi}{\lambda}(r_2-r_1)=\pi-\frac{2\pi}{0.2}(0.45-0.40)=\frac{\pi}{2}$$

可见，振动 y_{1P} 与 y_{2P} 既不同相也不反相。

(2)两列波在 P 点的合振幅

$$A=\sqrt{A_1^2+A_2^2+2A_1A_2\cos(\Delta\varphi)}=\sqrt{A_1^2+A_2^2}=0.5\times10^{-2}\ \text{m}$$

3. 明暗条纹

如果 P 点的位置使得

$$\Delta\varphi=(\varphi_2-\varphi_1)-\frac{2\pi}{\lambda}(r_2-r_1)=2k\pi\quad(k\in\mathbf{Z})$$

则两振动在 P 点同相，$A=A_{\max}=A_1+A_2$，合振动最强，称为相互加强（或**相长**）。如果 P 点的位置使得

$$\Delta\varphi=(\varphi_2-\varphi_1)-\frac{2\pi}{\lambda}(r_2-r_1)=(2k+1)\pi\quad(k\in\mathbf{Z})$$

则两振动在 P 点反相，$A=A_{\min}=|A_1-A_2|$，合振动最弱，称为相互减弱（或**相消**）。而对于其他点，合振幅居中。

因此，干涉的结果使空间各点的合振动情况各不一样：有些点的振动相互加强，有些点相互减弱，还有些点则处于中间情况。把相位差相同的点连起来，就构成一条**干涉明纹**或**干涉暗纹**。这种稳定条纹可以从实验上观测到。

如果两个相干波源的初相位相同，即 $\varphi_1=\varphi_2$，则 $\Delta\varphi=\frac{2\pi}{\lambda}(r_2-r_1)$，而干涉加强和减弱的条件简化为

$$\varDelta\equiv r_2-r_1=\begin{cases}k\lambda & (\text{加强})\\(2k+1)\dfrac{\lambda}{2} & (\text{减弱})\end{cases}\quad(k=0,\pm1,\pm2,\cdots)\tag{10.60}$$

其中，r_1 和 r_2 分别称为两个相干波源到 P 点的**波程**，而 $\varDelta\equiv r_2-r_1$ 称为**波程差**。由式(10.60)可以看出，对于这种情况，干涉的加强或者减弱仅由波程差决定。波程差为零或波长的整数倍的空间各点，合振动的振幅最大，干涉加强；波程差为半波长的奇数倍的空间各点，合振动的振幅最小，干涉减小。其余各点的振幅介于最大和最小之间。

图 10-24 是平面上两个同相相干波源发出的相干波，其波源间距为波长的 6 倍。图中的实线和虚线为单个波源的波面，实线与实线、虚线与虚线的交点为干涉加强点，这些点构成干涉明纹；实线与虚线的交点为干涉减弱点，这些点构成干涉暗纹（图中未画出）。明暗条纹相间排开。

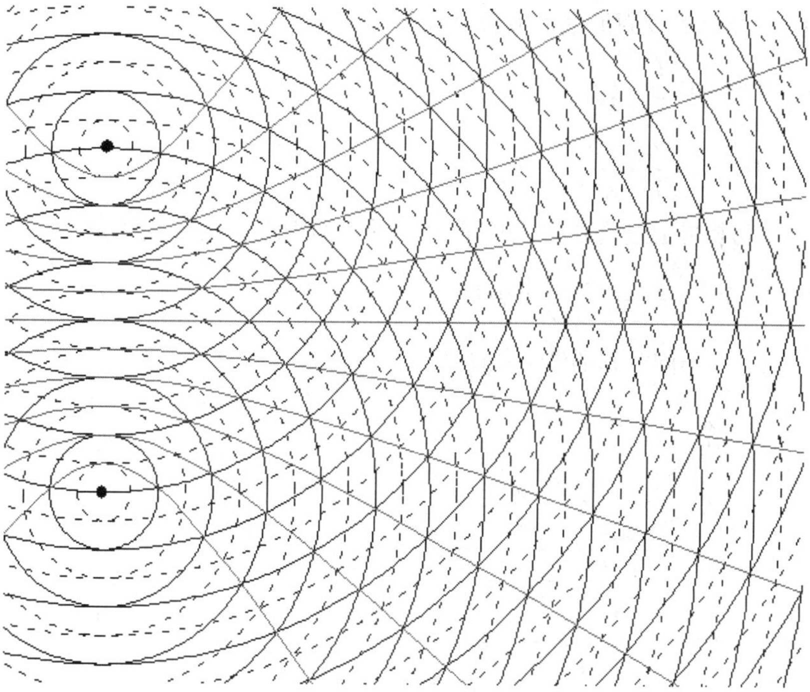

图 10-24　相干波的干涉条纹

10.7　驻波

振幅相同、传播方向相反的两列相干波干涉叠加而得到的波称为**驻波**。这是一种特殊而重要的干涉现象。例如，当一列机械波垂直入射到介质界面而反射时，反射波与入射波相向而行，且振幅相同，即可出现驻波。琴弦上的波动就是一种驻波。双手来回摩擦鱼洗（图 10.25）的铜耳会激起铜盆的振动，这种振动在水面上传播，并与盆壁反射回来的反射波叠加，形成二维驻波。这就是鱼洗喷水的原理。驻波的形成。

图 10.25　鱼洗

不妨假定入射波和反射波的波方程分别为

$$y_1 = A\cos 2\pi\left(\frac{t}{T}-\frac{x}{\lambda}\right)$$

$$y_2 = A\cos 2\pi\left(\frac{t}{T}+\frac{x}{\lambda}\right)$$

（两式中的两个初相可通过重新定义时间、空间原点而消除。）则合成波为

$$y = y_1 + y_2 = \left(2A\cos 2\pi\frac{x}{\lambda}\right)\cos 2\pi\frac{t}{T} \tag{10.61}$$

此即驻波方程，其在不同时刻的波形如图 10-26 所示。

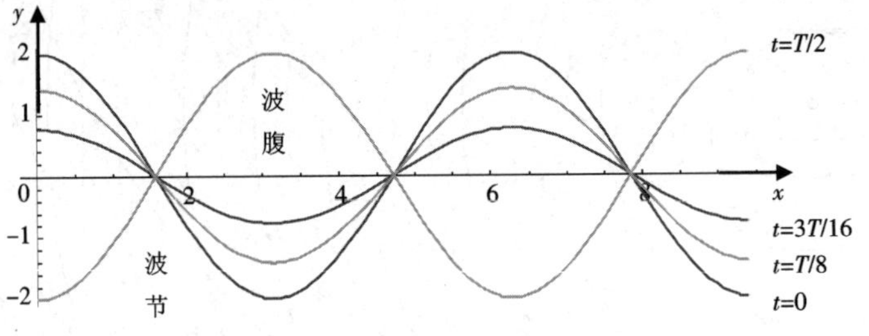

图 10-26　驻波的波形图

可以看出，合成以后，波形是不传播的，故称驻波（而前面传播的平面波之类则为**行波**）。各点都在做相同周期的简谐振动，但各点的振幅$\left|2A\cos 2\pi\frac{x}{\lambda}\right|$随坐标 x 而变化。振幅最大值为 $2A$，其位置称为**波腹**，满足

$$\left|\cos 2\pi\frac{x}{\lambda}\right| = 1 \tag{10.62a}$$

或

$$x = \pm k\frac{\lambda}{2}\quad (k = 0,1,2,\cdots) \tag{10.62b}$$

振幅最小值 0 的位置称为**波节**，满足

$$\left|\cos 2\pi\frac{x}{\lambda}\right| = 0 \tag{10.63a}$$

或

$$x = \pm(2k+1)\frac{\lambda}{4}\quad (k = 0,1,2,\cdots) \tag{10.63b}$$

显然，相邻波腹和相邻波节的间距都是 $\lambda/2$。

驻波的另一个特点是，两相邻波节之间的所有点，虽振幅不同，但却同相，而波节两侧各点的振动则反相，从而形成分段振动的状态。跟行波的相位逐点传播不同，这里只有段与段之间位相突变。

驻波的能量不向外传播，两相邻波节之间的总能量守恒，像被波节困住一样。又由于波腹两边的对称性，故而连相邻的波节和波腹之间（长为 $\lambda/4$ 的区间）的总能量也是守恒的。

波腹处的质元势能(形变)恒为 0,但动能呈周期性变化;波节处的质元动能(速度)恒为 0,但势能呈周期性变化。其他质元的能量变化情况则更复杂。能量就在这 $\lambda/4$ 的区间内流来流去,仅保证能量总量守恒,一般而言其中每个质元的能量是变化的。

显然,一根长为 L 且两端绷紧的琴弦上要形成驻波,两端必为波节,故有

$$L = k\frac{\lambda}{2} \tag{10.64a}$$

或

$$\lambda = \frac{2L}{k} \tag{10.64b}$$

两端是波节,表明波在反射时相位突变了 π,相当于半个波长,故通常说此处发生了**半波损失**。一般来说,当弹性波从波疏媒质(ρu 小)垂直入射到波密介质(ρu 大)而反射时,会发生半波损失,从而在反射点出现波节。

习　题

10.1　将一劲度系数为 k 的轻弹簧截成三等份,取出其中的两根,将它们并联,下面挂一质量为 m 的物体,如题图所示,则振动系统的频率为(　　)。

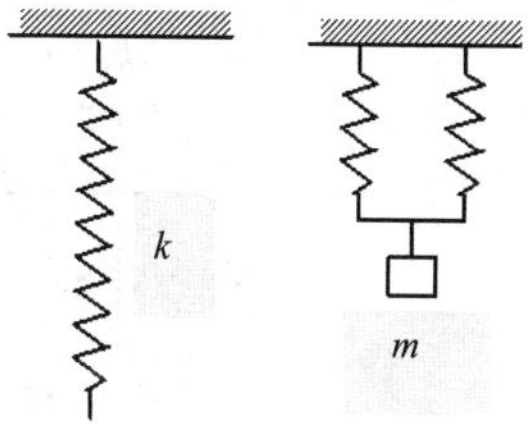

题 10.1 图

A. $\dfrac{1}{2\pi}\sqrt{\dfrac{k}{3m}}$　　B. $\dfrac{1}{2\pi}\sqrt{\dfrac{k}{m}}$

C. $\dfrac{1}{2\pi}\sqrt{\dfrac{3k}{m}}$　　D. $\dfrac{1}{2\pi}\sqrt{\dfrac{6k}{m}}$

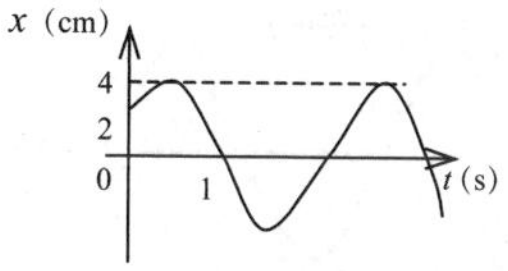

题 10.2 图

10.2　一简谐振动曲线如题图所示,则振动周期是(　　)。

A.2.62 s

B.2.40 s

C.2.20 s

D.2.00 s

10.3　一弹簧振子做简谐振动,总能量为 E_1。如果让其振幅增加为原来的 2 倍,且让重物的质量增为原来的 4 倍,则其总能量 E_2 变为(　　)。

A.$2E_1$　　B.$4E_1$

C.$8E_1$　　D.$16\,E_1$

10.4　一平面简谐波在弹性媒质中传播,在某一瞬时,媒质中某质元正处于平衡位置,此时它的能量情况是(　　)。

A. 动能为零,势能最大　　B. 动能为零,势能为零

C. 动能最大,势能最大　　D. 动能最大,势能为零

10.5　如题图所示, S_1 和 S_2 为两相干波源,它们的振动方向均垂直于图面,发出波长为 l 的简谐波, P 点是两列波相遇区域中的一点, $\overline{S_1P} = 2\lambda$, $\overline{S_2P} = 2.2\lambda$,且两列波在 P 点发生

相消干涉。若 S_1 的振动方程为 $y_1 = A\cos\left(2\pi t + \frac{1}{2}\pi\right)$，则 S_2 的振动方程为(　　)。

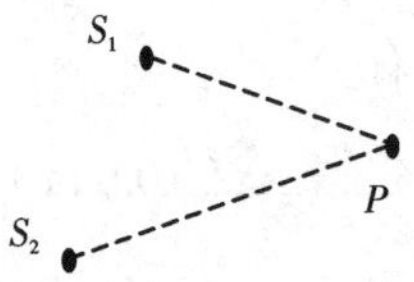

题 10.5 图

A. $y_2 = A\cos\left(2\pi t - \frac{1}{2}\pi\right)$

B. $y_2=A\cos(2\pi t-\pi)$

C. $y_2 A\cos\left(2\pi t + \frac{1}{2}\pi\right)$

D. $y_2=2A\cos(2\pi t-0.1\pi)$

10.6　一弹簧振子做简谐振动，其运动方程用余弦函数表示，且初相在$(-\pi,\pi]$范围内取值。若 $t=0$，(1)振子在负的最大位移处，则初相为______；(2)振子在平衡位置向正方向运动，则初相为______；(3)振子在位移为 $A/2$ 处，且向负方向运动，则初相为_______。

10.7　一简谐振动曲线如题图所示，可确定在 $t=2$ s 时刻质点的位移为_________，速度为________。

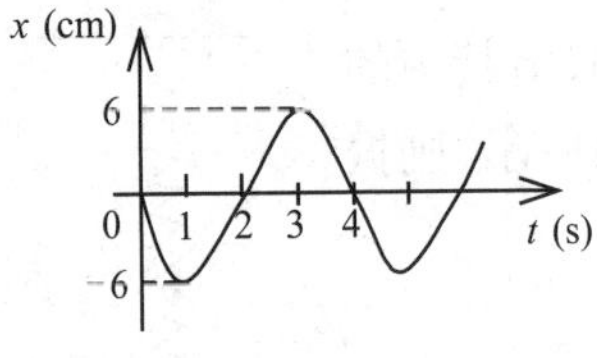

题 10.7 图

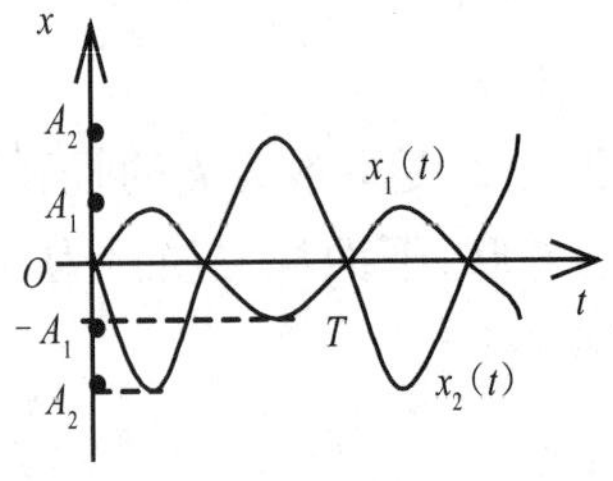

题 10.8 图

10.8　两个同方向的简谐振动曲线如题图所示，则合振动的振动方程为____________。

10.9　一个余弦横波以速度 u 沿 x 轴正向传播，t 时刻波形曲线如题图所示。试分别指出图中 A、B、C 各质点在该时刻的运动方向，A______________；B______________；C______________。

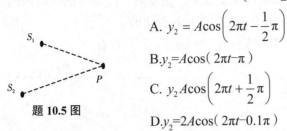

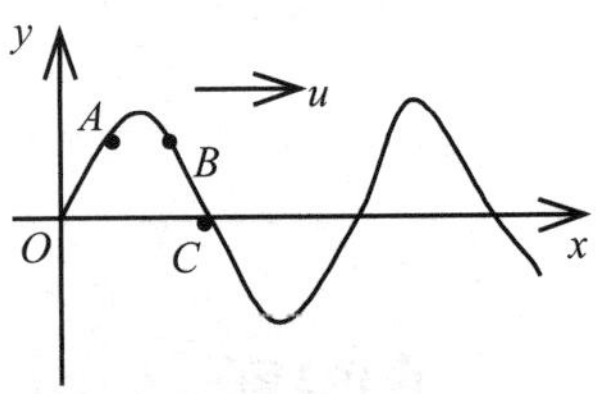

题 10.9 图

10.10　两列波在一根很长的弦线上传播，其表达式为 $y_1 = 6.0\times10^{-2}\cos p(x-40t)/2$ (SI)，$y_2=6.0\times10^{-2}\cos p(x+40t)/2$ (SI)，则合成波的表达式为____________________(SI)；在 $x=0$ 至 $x=6.0$ m 内波节的位置坐标是__________；波腹的位置坐标是_____________.

10.11　质量为 2 kg 的质点，按方程 $x = 0.2\sin[5t-(\pi/t)]$ (SI)沿着 x 轴振动。求：(1) $t=0$ 时，作用于质点的力的大小；(2)作用于质点的力的最大值和此时质点的位置。

10.12　物体沿 x 轴做简谐振动，其中振幅 $A=10$ cm，周期 $T=2$ s。在初始时刻，物体位于 $x=5$ cm 处，且向 x 轴负方向运动。求在 $x=-6$ cm 处且沿 x 轴负方向运动时，物体的速度和加速度。

10.13　物体在水平面上做简谐振动，其中振幅 $A=10$ cm。当物体偏离平衡位置 6 cm 时，速度为 24 cm/s。求物体振动的周期以及速度等于 ±12 cm/s 时的位移。

10.14　做简谐振动的物体质量为 0.1 kg，振幅为 1 cm，最大加速度为 4 m/s^2。试求：

（1）振动的周期；（2）物体的总能量；（3）物体通过平衡位置时的动能；（4）物体在何处动能和势能相等；（5）当物体位移为振幅的一半时动能和势能各占总能量的多少？

10.15　两个简谐振动的运动方程为 $x_1 = 0.1\cos\left(\pi t - \dfrac{\pi}{2}\right)$ 和 $x_2 = 0.1\cos\left(\pi t + \dfrac{\pi}{3}\right)$（SI）。在同一图中画出它们的旋转矢量，比较它们的相位关系，并求它们叠加后合振动的运动方程。

10.16　已知运动方程为 $x_1 = 5\cos(10t + 0.75\pi)$ 和 $x_2 = 6\cos(10t + 0.25\pi)$（SI）的两个简谐振动。试求：（1）合振动的振幅和初相位；（2）如另一个简谐振动的运动方程为 $x_3 = 7\cos(10t+\varphi_3)$，则 x_1+x_3 的振幅分别为最大和最小时，φ_3 为多少？

10.17　一横波的波方程为 $y = 0.5\cos(10\pi t - \pi x)$（SI）。求波的振幅、频率、波速、波长，画出 t=1 s 和 t=2 s 的波形。

10.18　如题图所示，一平面波在介质中以波速 u=20 m/s 沿 x 轴负方向传播，已知 A 点的振动方程为 $y=3\times10^{-2}\cos 4\pi t$（SI）。试求：（1）以 A 点为坐标原点写出波的表达式；（2）以距 A 点 5 m 处的 B 点为坐标原点，写出波的表达式。

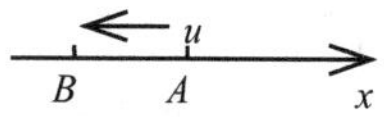

题 10.18 图

10.19　已知波源的振动周期为 0.5 s，振幅为 0.1 m，波源所激起的波动的波长为 10 m。若在 t=0 时刻，波源的振动正好处在最大位移（+0.1 m）状态，试写出波方程，并求距离波源为 5 m 处质点的振动方程。

10.20　一简谐波向 x 轴正向传播，波速 u=500 m/s，在 x_P=1 m 处的 P 点的振动方程为 $y=0.03\cos(500\pi t-\pi/2)$（SI）。试求：（1）写出相应的波方程；（2）画出 $t=0$ 时刻的波形曲线。

10.21　已知一个横波的波方程为 $y = \cos\left[0.1\pi(25t - x)\right]$（SI），试求 t=0.1 s，x=200 cm 处质点的位移、速度、加速度。

10.22　一直角三角形 ABC，$\angle A$=30°，$\angle B$=90°，$\angle C$=60°。两相干波源分别位于 A 点和 B 点，它们的相位相同，频率均为 30 Hz，波速为 50 cm/s。试求 C 点处两列波的相位差，已知 AC 间距离为 3 cm。

10.23　两个相干波源 O_1 和 O_2 相距 30 m，产生振幅相等、频率同为 100 Hz、波速为 400 m/s 的波。其中 O_2 的相位比 O_1 超前 π，试求 O_1 和 O_2 连线上干涉静止的各点离 O_1 的距离。

10.24　沿 x 轴正方向传播的波，其波函数为 $y_1 = A\cos\left[2\pi\left(\dfrac{t}{T} - \dfrac{x}{\lambda}\right)\right]$（SI），在坐标原点 x=0 处发生反射，反射点为一节点。试求反射波的波函数和驻波的波函数。

10.25　沿 x 轴正方向传播简谐波的波函数为 $y = 10\cos\left[200\pi(t - x/200)\right]$（SI），从坐标原点传播至 x=2.25 cm 处被障碍物反射回来，设反射波与入射波的振幅相等。试求反射波的波函数、驻波的波函数、这一区间内的波节和波腹的位置坐标。

第 11 章　光的干涉

光的本性一直是人类关心的问题。牛顿提出光的**粒子说**，而同时代的荷兰物理学家惠更斯提出光的**波动说**。虽然粒子说存在问题，但波动说难有实验证明（因为光的波长太短、实验精度不够所致），加上牛顿如日中天的威望，粒子说一直占据上风。1801 年，英国物理学家托马斯·杨设计并进行了光的双缝干涉实验，并用惠更斯的波动理论成功解释了光的干涉现象，有力地支持了波动论。1865 年，英国物理学家麦克斯韦建立整套电磁理论，提出**光是一种电磁波**，奠定了光的电磁波本性。到了 20 世纪，普朗克、爱因斯坦奠定了光的**量子说**，粒子说在一定意义上重新回归。今天已经认识到，光跟其他实物粒子一样具有**波粒二象性**，其严格理论是量子理论，经典的电磁理论是其近似。

波动光学是以光的电磁理论为基础，研究光的干涉、衍射和偏振等涉及波动性的光学现象和规律的学科。当满足相干条件的两束或多束光在空间相遇时，在光的相遇重叠区域会呈现稳定的明暗相间的干涉条纹，这一现象称为**光的干涉现象**。光的干涉理论是波动光学的基础。

11.1　电磁波

11.1.1　电磁波的特性

1. 电磁波的波动方程

第 9 章给出了麦克斯韦方程组。在无源（$\rho=0, \boldsymbol{J}=0$）情形，麦克斯韦导出了单独电场和单独磁场所满足的动力学方程。二者相同，且在一维情形时该方程为（以 $\boldsymbol{E}$ 为例）

$$\frac{\partial^2 \boldsymbol{E}}{\partial x^2}-\varepsilon\mu\frac{\partial^2 \boldsymbol{E}}{\partial t^2}=0 \tag{11.1}$$

跟第 10 章的波动方程

$$\frac{\partial^2 y}{\partial x^2}-\frac{1}{u^2}\frac{\partial^2 y}{\partial t^2}=0$$

比较，可以发现二者相同。故而麦克斯韦预言存在电磁波，后来被赫兹证实。

2. 电磁波的主要特性

在介质中，电磁波的传播速度 u 满足

$$\frac{1}{u^2}=\varepsilon\mu \tag{11.2a}$$

或

$$u=\frac{1}{\sqrt{\varepsilon\mu}} \tag{11.2b}$$

在真空中，电磁波速为

$$c=\frac{1}{\sqrt{\varepsilon_0\mu_0}}=3.0\times10^8\,\mathrm{m/s} \tag{11.3}$$

非常接近当时知道的光速值。于是,麦克斯韦断定:光是一种电磁波。从此,光学成为电磁理论的一部分。可以定义介质的**折射率**为

$$n=\frac{c}{u}=\frac{\sqrt{\varepsilon\mu}}{\sqrt{\varepsilon_0\mu_0}}=\sqrt{\varepsilon_\mathrm{r}\mu_\mathrm{r}} \tag{11.4}$$

为简单起见,我们讨论最基本的平面电磁波。平面电磁波(图 11-1)具有如下一些基本性质。

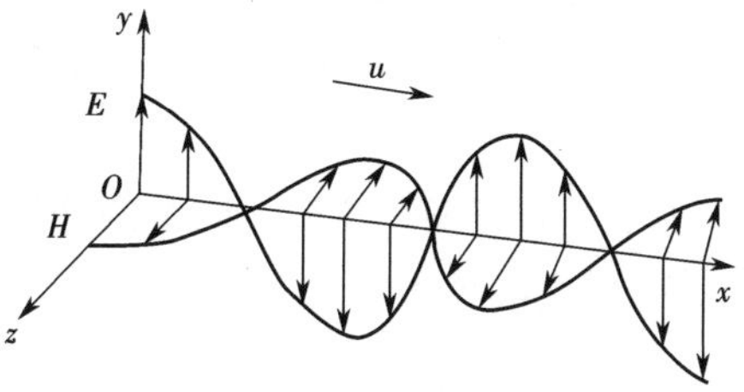

图 11-1　线偏振的平面电磁波

(1)**电磁波是横波**,电场 $\boldsymbol{E}$、磁场 $\boldsymbol{H}$($\boldsymbol{B}=\mu\boldsymbol{H}$)和电磁波的传播方向 $\boldsymbol{u}$ 相互垂直,且呈右手螺旋关系,即波速 $\boldsymbol{u}$ 沿 $\boldsymbol{E}\times\boldsymbol{H}$ 的方向。这样就解释了马吕斯发现的光的偏振性。图 11-1 所示的是 $\boldsymbol{E}$ 和 $\boldsymbol{H}$ 的方向固定(线偏振)的情形,其实二者也可以在垂直于传播方向的平面内一起旋转(即椭圆偏振,详见下一章)。

(2)$\boldsymbol{E}$ 和 $\boldsymbol{H}$ 的振动同相,同时达到最大,同时为 0。

(3)$\boldsymbol{E}$ 和 $\boldsymbol{H}$ 的幅值(和瞬时值)成正比:

$$\sqrt{\varepsilon}E=\sqrt{\mu}H \tag{11.5a}$$

$$E=\frac{B}{\sqrt{\varepsilon\mu}}=uB \tag{11.5b}$$

11.1.2　电磁波的能量和动量

1. 能量密度与坡印廷矢量

电磁波是变化的电磁场的传播,而电磁场是具有能量的。所以,随着电磁波的传播,必然有电磁能量的传播。在前面的章节,我们已经得出了电场和磁场的能量密度分别为

$$w_e=\frac{1}{2}\varepsilon E^2=\frac{D^2}{2\varepsilon}$$

$$w_m=\frac{B^2}{2\mu}=\frac{1}{2}\mu H^2$$

利用式(11.5),电磁场总的能量密度

$$w=w_e+w_m=\varepsilon E^2=\mu H^2=\sqrt{\mu\varepsilon}EH \tag{11.6}$$

该能量随着电磁场的传播而形成了能流,其能流密度为

$$S = wu = \sqrt{\mu\varepsilon}EH \cdot \frac{1}{\sqrt{\mu\varepsilon}} = EH$$

其中用到了式(11.2)。能流密度是矢量,它的方向就是电磁波传播速度 $\boldsymbol{u}$ 的方向。由图 11-1 可知,$\boldsymbol{E}\times\boldsymbol{H}$ 的方向就是传播方向,故能流密度的矢量形式为

$$\boldsymbol{S} = \boldsymbol{E}\times\boldsymbol{H} \tag{11.7}$$

这个矢量也称为**坡印廷矢量**,是描绘电磁波能量传播的重要物理量。

2. 电磁波的动量 *

电磁波不仅具有能量,而且也具有动量,对其他物体有力的作用。

电磁波不仅有能量,而且也具有动量。对真空中的电磁波,设在空间某点处的电磁能量密度为 w,真空电磁波速为 c,根据光子的相对论质壳关系 $E = pc$,电磁场的**动量密度**应是 w/c。

根据"流密度 = 密度 × 流速",电磁波在传播方向上的**动量流密度**(即单位时间内通过垂直于传播方向的单位面积的电磁波动量)为

$$\left(\frac{w}{c}\right)c = \frac{S}{c}$$

其中用到了真空电磁波的辐射强度(即能流密度)$S = wc$。上式表明,单位面积所受的辐射压力(亦称光压)为 S/c。

日常生活中电磁辐射压很弱,不容易测到,但在天文观测上,它的作用较明显。例如,彗星的尾巴始终背离太阳向外甩去,就是受到太阳辐射压的作用。

11.1.3 电磁波谱

真空中电磁波满足 $\nu\lambda = c$,所以频率越高的电磁波对应的波长就越短。依照波长(或频率)的不同,电磁波可大致分为:无线电波、微波、红外线、可见光、紫外线、X 射线和 γ 射线。它们的波长依次降低,频率依次增加,形成**电磁波谱**,如图 11-2 所示。

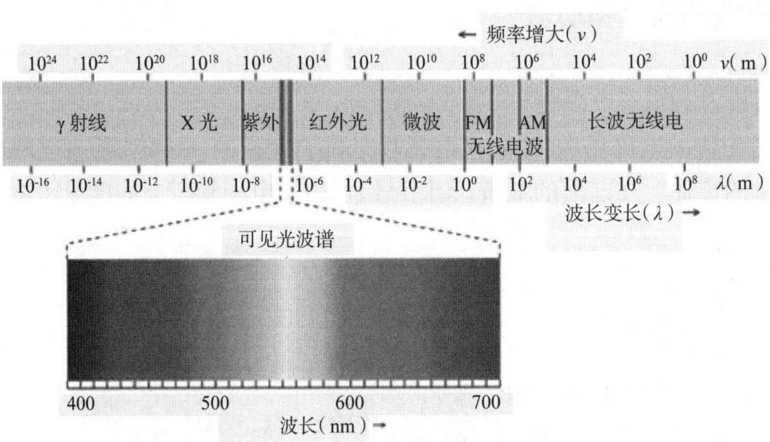

图 11-2 电磁波谱

测试结果表明，波长在 400~760 nm（对应的频率在 7.5×10^{14}~3.9×10^{14} Hz）的电磁波能引起一般人的视觉，称为可见光。而整个光学区（从紫外线到红外线）的波长范围在 10^{-9}~10^{-3} m。

X 射线（伦琴射线）是由原子中的内层电子跃迁时发射的，波长范围在 10^{-11}~10^{-9} m。波长更短的 γ 射线是从原子核内发出来的，波长范围是 10^{-10}~10^{-14} m。放射性物质或原子核反应中常有这种辐射伴随着发出，它们在医学上都有许多应用。

11.2　光源、相干性和光程

11.2.1　普通光源的发光特点

1. 波列

能够发光的物体称为光源。各种光源的激发方式不同，辐射机制也不相同。分子或原子都是间歇地向外发光，发光持续的时间仅约为 10^{-8} s 或更短，因此所发出的光波在时间上很短，在空间上长度有限，这一列光波即称为**波列**，如图 11-3 所示。对于构成实际光源的大量原子或分子，它们发射的波列是各自独立的，也是随机的，彼此没有关联。

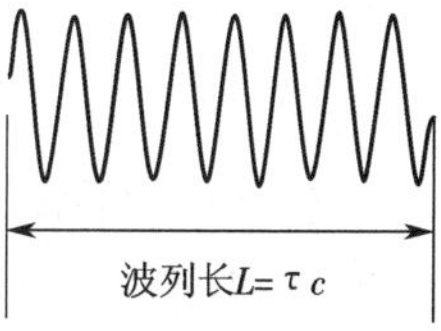

图 11-3　波列

2. 光的单色性

我们将具有一定频率的光称为**单色光**，光源中一个原子或分子在某一瞬时所发出的光具有一定的频率，也是单色的，但是普通光源中有大量原子或分子，所发出的光就具有各种不同的频率。

利用棱镜、狭缝或某些具有选择性吸收性能的物质制成的滤光片，可以获得单色光。钠灯和汞灯（水银灯）是比较好的单色光源，氪灯则被认为是最好的单色光源，直到单色性远超普通光源的激光出现。

3. 光的相干性

在第 10 章已经讲过，由两个**频率相同，振动方向（近似）相同、相位差恒定**的相干波源发出的波是相干波。对机械波，相干条件比较容易满足，如水波的干涉。至于光波，发光机理比较复杂，如上所述。实际光源在同一时刻、各原子或分子发出的光，即使频率相同，但振动方向和相位都是无规则性的，因而不能构成相干光源。这就是两个钠单色灯源不能随意在墙壁上产生干涉条纹的原因。

11.2.2　相位差与相干性

对于光波而言，相位差问题是相干性的一个至关重要的因素。下面做具体讨论。

大量实验证明，对人眼或感光仪器起作用的主要是电矢量 $\boldsymbol{E}$。因此，将 $\boldsymbol{E}$ 称作**光矢量**，电场强度随时间周期性地变化称为**光振动**。光的强弱由平均能流密度决定，而后者与振幅平方成正比：

$$I \propto E_0^2 \tag{11.8}$$

设两个同频率的单色光，振动方向相同，在空间某点 P 相遇时

$$E_1 = E_{10}\cos(\omega t + \varphi_1)$$

$$E_2 = E_{20}\cos(\omega t + \varphi_2)$$

则合成的光矢量也做同频振动

$$E = E_0\cos(\omega t + \varphi)$$

其振幅满足

$$E^2 = E_{10}^2 + E_{20}^2 + 2E_{10}E_{20}\cos\Delta\varphi \tag{11.9}$$

其中，$\Delta\varphi$ 为 P 点处两光振动的位相差。另一方面，光振动的周期极短，人眼和感光仪器所观察到的光强是较长时间内的平均值：

$$\overline{E^2} = E_{10}^2 + E_{20}^2 + 2E_{10}E_{20}\overline{\cos\Delta\varphi}$$

或用光强写为

$$I = I_1 + I_2 + 2\sqrt{I_1 I_2}\,\overline{\cos\Delta\varphi} \tag{11.10}$$

（1）通常的情况是，相遇的两波列具有间歇性和随机性，其位相差 $\Delta\varphi$ 不恒定，在 $0 \sim 2\pi$ 完全随机变化，因而 $\overline{\cos\Delta\varphi} = 0$。故有

$$I = I_1 + I_2 \tag{11.11}$$

即 P 点处的光强等于两光束单独照射时的光强之和，称为**非相干叠加**，不出现干涉现象. 两个灯泡同时点亮时出现的正是非相干叠加。

（2）若两束光有恒定的相位差，则 $\Delta\varphi$ 与时间无关，$\overline{\cos\Delta\varphi} = \cos\Delta\varphi$，故有

$$I = I_1 + I_2 + 2\sqrt{I_1 I_2}\cos\Delta\varphi \tag{11.12}$$

注意位相差 $\Delta\varphi$ 是空间位置的函数，因此空间各点的光强将由干涉项 $2\sqrt{I_1 I_2}\cos\Delta\varphi$ 决定，随 $\Delta\varphi$ 而呈现强弱变化，出现干涉现象，这就是**相干叠加**。

为简便计，假设 $E_{10} = E_{20}$，则有 $I_1 = I_2$，而成为

$$I = 2I_1(1 + \cos\Delta\varphi) = 4I_1\cos^2\frac{\Delta\varphi}{2} \tag{11.13}$$

其函数图象如图 11-4 所示。

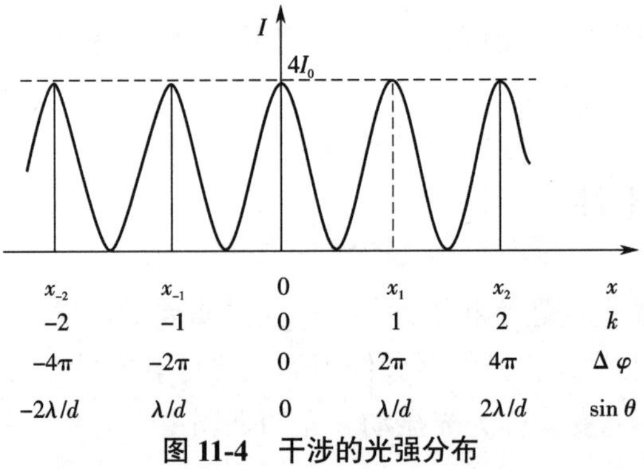

图 11-4 干涉的光强分布

可见，当 $\Delta\varphi = 2k\pi\ (k \in \mathbf{Z})$ 时，有最大光强 $I_{max}=4I_1$，称为**干涉相长**，这些点形成明纹；而当 $\Delta\varphi = (2k+1)\pi\ (k \in \mathbf{Z})$ 时，有最小光强 $I_{min}=0$，称为**干涉相消**，这些点形成暗纹。

11.2.3　相干光的获得

欲使两光波满足相干条件，最好的方法是所谓“自身干涉”，就是将光源上同一点发出的光分成两束，然后再使它们相遇叠加。由于这两束光是出自同一波列，所以它们的频率相同，在相遇点的相位差恒定，而振动方向一般也保持平行，从而满足相干条件。

获得相干光的具体方法有以下两种。

1. 分波面法

如图 11-5 所示，S 可视作点光源，S_1 和 S_2 可视为发出子波的新波源，它们都是来自光源 S 的同一波面。假设 S 发出新的波列，相位发生变化，子波 S_1 和 S_2 的相位也同样变化，这样在后面的空间某点相遇时，它们的相位差也保持恒定。这种从同一波面上的不同部分引出次级波以获得相干光的方法就是**分波面法**。著名的杨氏双缝干涉实验就属于分波面法，此外还有菲涅耳双镜（双面镜、双棱镜）实验和洛埃镜实验。

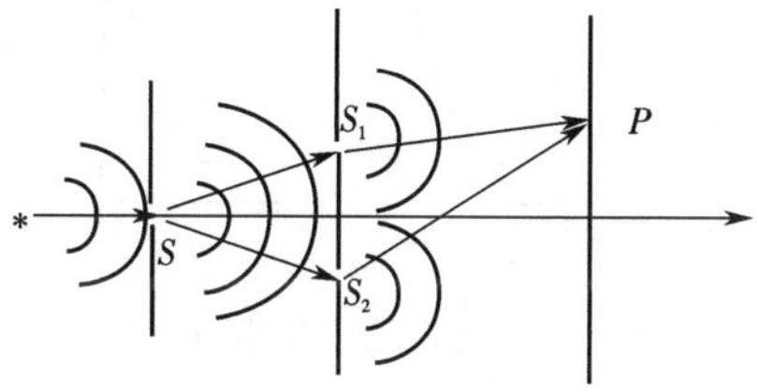

图 11-5　分波面法

2. 分振幅法

利用光在薄膜两表面的反射和折射，使同一光束分割成振幅较小的两束相干光的方法称为**分振幅法**，如各种薄膜干涉（包括劈尖的等厚干涉）和迈克尔孙干涉等。

11.2.4　光程

1. 光程的定义

由波长定义，光波传播一个波长距离，光振动相位变化 2π。如果光在真空中传播的几何路程为 L，则相位变化为

$$\Delta\varphi = \frac{2\pi}{\lambda}L \tag{11.14}$$

其中，λ 为光在真空中的波长。现在，若光波在介质中传播的几何路程仍为 L，由于波长减少为

$$\lambda_n = \frac{\lambda}{n}$$

则相位变化为

$$\Delta\varphi = \omega\Delta t = \frac{2\pi}{\lambda_n}L = \frac{2\pi}{\lambda}(nL) \tag{11.15}$$

如图 11-6 所示，光在介质中传播时的相位变化由**几何路程与折射率的乘积** nL 决定。这个乘积，就是**光程**。同时，式(11.15)还表明，光程正比于传播时间。故而，**对同一频率的光而言，相同的光程意味着相同的相位差和相同的传播时间**，它们之间只相差一个由频率决定的常数。这就是光程的本质。光程与(几何)路程没有必然关系，倒是跟相位和时间有必然关系。当光通过几种介质时，显然有

$$光程 = \sum n_i L_i \tag{11.16}$$

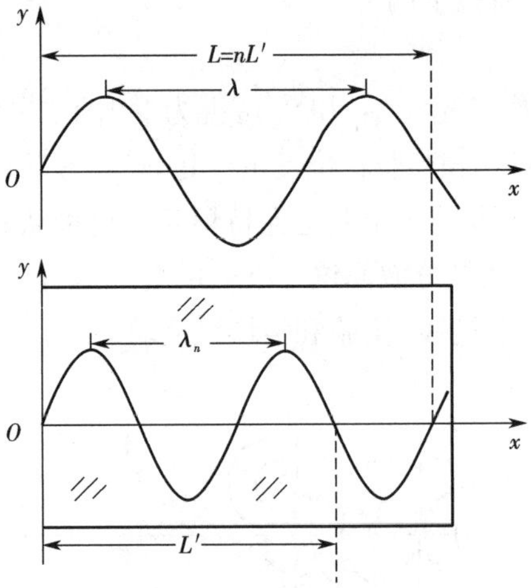

图 11-6 几何路程与相位变化

2. 光程差

如图 11-7 所示，同相位的两相干光源 S_1 和 S_2 发出的相干光束，在与 S_1 和 S_2 等距离的 P 点相遇($L_1=L_2$)，一束经过空气($n\approx 1$)，另一束经过一段折射率为 n、厚度为 d 的透明介质。显然两束光的几何路程相同，但光程不同，从而到达 P 点时的相位不同。光束 1 的光程为 L_1，光束 2 的光程为$(L_2-d)+nd$。所以，两束光的光程差为

$$\delta = (L_2 - d) + nd - L_1 = (n-1)d \tag{11.17}$$

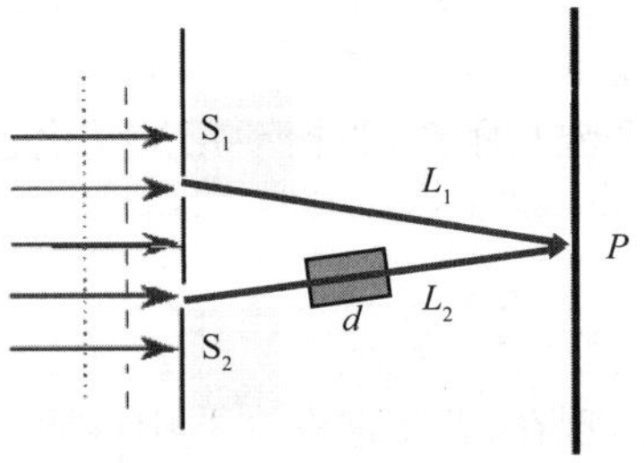

图 11-7 两束光的光程差

由式(11.5)，光程差导致的两束光在 P 点的相位差为

$$\Delta\varphi = \frac{2\pi}{\lambda}\delta \tag{11.18}$$

其中，λ 为光在真空中的波长。可见，光程差为几个波长 λ，相位差即为几个 2π。对干涉起决定作用的是光程差，而不是几何路程之差。因此，光程差决定了干涉的加强和减弱。两光源同相位时，干涉加强和减弱的条件用光程差来表示为

$$\delta=\begin{cases} k\lambda & (\text{加强}) \\ (2k+1)\dfrac{\lambda}{2} & (\text{减弱}) \end{cases} \quad (k\in\mathbf{Z}) \tag{11.19}$$

当然，如果相干光源 S_1 和 S_2 不是同相位的，则在 P 点处两相干光的位相差 $\Delta\varphi'$ 还需考虑两光源的初始相位差 $\Delta\varphi_0$：

$$\Delta\varphi'=\Delta\varphi+\Delta\varphi_0=\frac{2\pi}{\lambda}\delta+\Delta\varphi_0$$

此时，式（11.19）也需做相应修改。

4. 透镜的等光程性

观察光的干涉现象或衍射现象时，透镜是常用的光学元件。透镜可以改变光的传播路径和方向，但对各条光线是否会造成附加光程差呢？

如图 11-8 所示，平行光经过透镜总会聚于一点，该点总是亮的；点光源经过透镜的像也总是亮的。这意味着，在一般情况下，各条光线到达像点时位相相同，相互加强，它们经过透镜时所经历的光程总是相等的，没有产生附加光程差。虽然图 11-8（a）中光线 aF 的几何路径比 bF 长，但它在透镜内经过的几何路径比 aF 长，而透镜折射率 $n>1$，因此，折算成光程后，光线 aF 与 bF 的光程相等。对入射光波为球面波等其他情况，可同理解释。

因此，**透镜不会引起额外的光程差**。这就是透镜的等光程性。

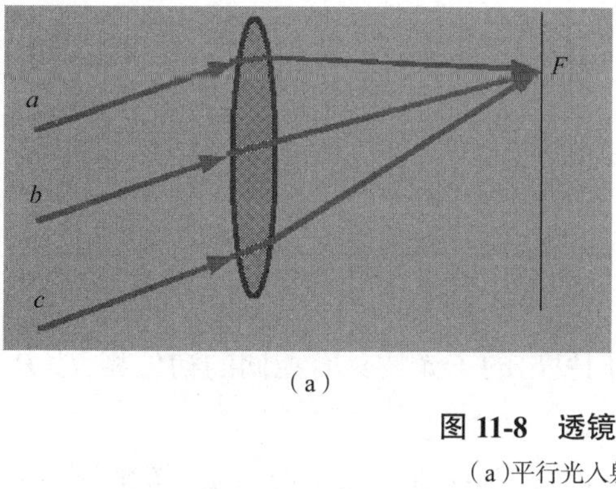

（a）

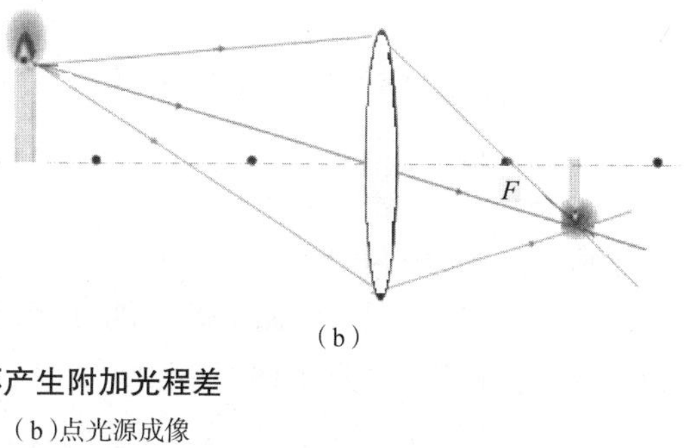

（b）

图 11-8　透镜不产生附加光程差

（a）平行光入射　（b）点光源成像

11.3　分波面干涉——双缝干涉

11.3.1　杨氏双缝干涉实验

1801 年，托马斯·杨首先用实验获得了两列相干的光波，观察到了光的干涉现象. 如图

11-5 和 11-9 所示,在单色平行光前放置一狭缝 S, S_1 和 S_2 是两条与狭缝 S 平行且等距的狭缝。这时 S_1 和 S_2 构成一对相干光源,因为它们分自同一波面,相位总是同步变化。如果在 S_1 和 S_2 后面放置屏幕,屏幕上将出现一系列明暗相间且稳定的干涉条纹。

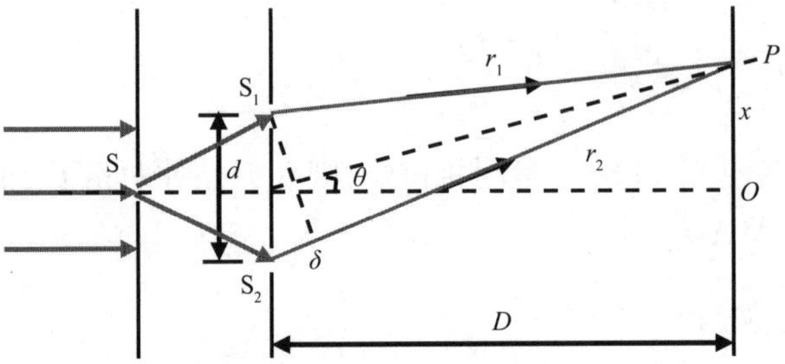

图 11-9 杨氏双缝干涉实验

设 S_1 和 S_2 的距离为 d,双缝到观察屏的距离为 D, O 点为观察屏上的中心点,在中轴线上。设观察屏上 P 点离 O 点距离为 x, S_1 和 S_2 到观察屏 P 点的距离分别为 r_1 和 r_2。x 一般不大,从而 θ 一般很小(旁轴近似)。过光源 S_1 作垂线垂直于光源 S_2 与 P 点的连线,则从 S_1 和 S_2 发出的光到达 P 点的光程差为

$$\delta = r_2 - r_1 \approx d \cdot \sin\theta \approx d\frac{x}{D} \tag{11.20}$$

更为严格的推导

$$\begin{aligned}\delta &= r_2 - r_1 \\ &= \sqrt{D^2 + (x + d/2)^2} - \sqrt{D^2 + (x - d/2)^2} \\ &\approx D\left[1 + \frac{(x + d/2)^2}{2D^2}\right] - D\left[1 + \frac{(x - d/2)^2}{2D^2}\right] \\ &= \frac{1}{2D}[(x + d/2)^2 - (x - d/2)^2] \\ &= \frac{xd}{D}\end{aligned}$$

其中用到了公式$(1+x)^{\lambda} \approx 1+\lambda x\ (x \ll 1)$。

由于 S_1 和 S_2 为同一波面上的两部分,由它们发出的子光波具有相同的初位相,故 P 点处两光波的位相差由式(11.18)给出。

结合干涉相长相消公式式(11.19),可得干涉加强的点(即明纹中心)的位置坐标为

$$x = \pm k\frac{D}{d}\lambda \quad (k = 0, 1, 2, \cdots) \tag{11.21}$$

其中,k 称为**干涉级**, k=0 的明条纹称为**零级明纹**(或**中央明纹**), k=1, 2,…对应的明纹分别称为第 1 级、第 2 级、……明纹。干涉减弱的点(即暗纹)的位置坐标为

$$x = \pm(2k - 1)\frac{D}{d}\frac{\lambda}{2} \quad (k = 1, 2, 3, \cdots) \tag{11.22}$$

其中, k=1,2,…对应的暗纹分别称为第 1 级、第 2 级、……暗纹。对式(11.21)取差分,取 $\Delta k = 1$,可得两相邻明纹或暗纹间的距离(称为**条纹间距**)均为

$$\Delta x=\frac{D}{d}\lambda \tag{11.23}$$

所以,干涉条纹是等间距的,且呈对称分布,为明暗相间的平行直条纹。

讨论如下几个问题。

(1)若 D 与 d 为定值,则 $\Delta x\propto\lambda$。可见,用紫光做实验所得干涉条纹间距小,用红光做实验所得干涉条间距大。这是一种**放大装置**,把微小的、波的空间周期性放大为肉眼可见的、干涉条纹的空间周期性。

(2)由式(11.23)还可以通过测量 Δx 来确定波长。托马斯·杨用此法首次测定了光的波长,为光的波动理论确立了实验基础,有力地支持了惠更斯的“光的波动说”。

(3)采用白光照射双缝时,不同波长的光在观察屏上有各自的一套干涉图样,它们在屏上并不能完全重叠。中央明纹为白色,因为各单色光在此重合,其余各级条纹的颜色由紫到红对称分布并逐渐错开,形成彩色条纹。但此时能观察到的干涉条纹级数很少,因为级次变高时条纹延展越大,从而相邻级次的条纹会发生重叠。

由相干性很好的氦氖(He-Ne)激光照射到两根单模光纤中,可以很容易实现杨氏干涉实验。两根光纤的端面在同一平面上,可接收来自同一波面上的光。当激光经过光纤传输到另一端时,相当于两个小圆孔光源,在相遇区(毛玻璃屏)内产生高清晰度的干涉条纹。拍摄到的图样如图 11-10 所示。该实验简单,易操作,效果明显。

图 11-10　光纤干涉图样

11.3.2　其他分波面干涉装置

1. 菲涅耳双面镜实验

缝光源 S 发出的光经两个平面镜反射后,因两镜之间夹角很小,好像是从虚光源 S_1 和 S_2 发出的,形成两束相干光,因而在重叠区内的屏幕上出现干涉条纹,如图 11-11 所示。

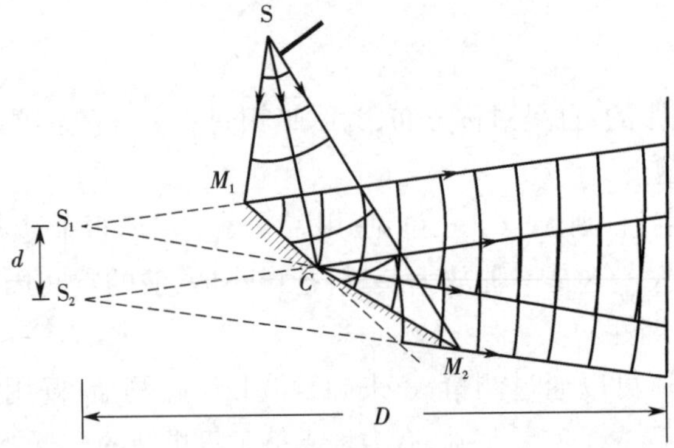

图 11-11　菲涅耳双面镜

2. 菲涅耳双棱镜实验

由缝光源 S 发出的光，经一个截面为等腰三角形的薄三棱镜折射分为两束光，好像是由虚光源 S_1、S_2 发出。S_1 和 S_2 的距离也很小，因此这两束光是相干光，在相遇区内会产生干涉，如图 11-12 所示。

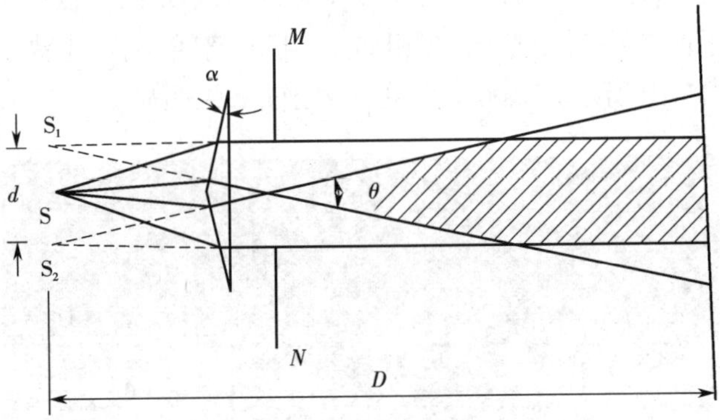

图 11-12　菲涅耳双棱镜干涉

3. 洛埃镜实验

如图 11-13 所示，S 是一狭缝光源，一部分光线直接射到屏上，另一部分以接近 90° 的入射角掠射到平面镜上，并反射到屏幕上。S′ 是 S 的虚像，二者构成一对相干光源。于是在屏上可以看到明暗相间的等间距干涉条纹。

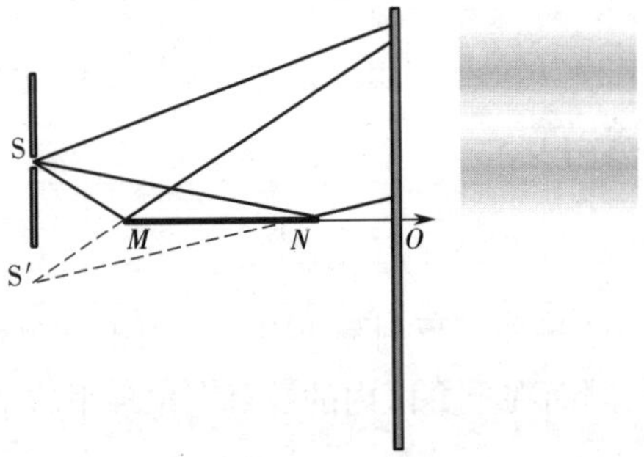

图 11-13　洛埃镜实验

值得注意的是，若将屏幕移到图 11-13 中的虚线位置与平面镜接触，由 S 和 S′ 与 N 点间的距离相等，光程差为零，应该在此处出现明条纹，但实验结果是暗条纹。其原因是光从空气掠射到玻璃而发生反射时，反射光有量值为 π 的相位突变，于是，在 N 点处相干的两光束的位相相反，从而出现暗纹。相位突变 π 相当于损失了半个波长，故这种现象称为**半波损失**。

事实上，可以证明，**当光从光疏介质（折射率小）射向光密介质（折射率大）而反射时，如果入射角接近 0°（垂直入射）或 90°（掠射），将发生“半波损失”**。其他角度入射则情况比较复杂。如果是光从光密介质射到光疏介质而反射，或者光从一种介质进入另一种介质而折射，均没有半波损失。

例 11.1　用单色光照射相距 0.4 mm 的双缝，缝屏间距为 1 m。（1）从第 1 级明纹到同侧的第五级明纹的距离为 6 mm，求此单色光的波长。（2）若入射的单色光是波长为 400 nm 的紫光，求相邻两明纹间的距离。（3）在上述两种波长的光同时照射时，求这两种光的明纹第一次重合的位置和这两种光从双缝到该位置的光程差。

解　（1）由双缝干涉明纹位置公式式（11.21），得

$$x_5 - x_1 = 4\frac{D}{d}\lambda$$

故

$$\lambda = \frac{(x_5 - x_1)d}{4D} = \frac{6\times10^{-3}\times4\times10^{-4}}{4\times1}\ \text{m} = 6\times10^{-7}\ \text{m} = 600\ \text{nm}$$

（2）用 λ=400 nm 的紫光时，条纹间距为

$$\Delta x = \frac{D}{d}\lambda = \frac{1\times400\times10^{-9}}{4\times10^{-4}}\ \text{m} = 1\times10^{-3}\ \text{m} = 1\ \text{mm}$$

（3）记 λ_1=600 nm，λ_2=400 nm，设两光明纹重合位置坐标为 x，则

$$x = k_1\frac{D}{d}\lambda_1 = k_2\frac{D}{d}\lambda_2$$

即 $\dfrac{k_1}{k_2} = \dfrac{\lambda_2}{\lambda_1} = \dfrac{2}{3}$。由于是第一次重合，故取 k_1=2，k_2=3，即 600 nm 光的第 2 级明纹与 400 nm 光的第 3 级明纹重合。重合位置坐标为

$$x = k_1\frac{D}{d}\lambda_1 = \frac{2\times1\times600\times10^{-9}}{4\times10^{-4}}\ \text{m} = 3\times10^{-3}\ \text{m} = 3\ \text{mm}$$

在重合位置处两光的光程差为

$$\delta = k_1\lambda_1 = k_2\lambda_2 = 1\,200\ \text{nm}$$

例 11.2　双缝装置的一条缝被折射率 $n = 1.52$ 的冕牌玻璃片所遮住。在玻璃片插入后，屏上原来的中央明纹处被第 5 级明纹所占据，设入射波长 λ=589 nm，求该玻璃片的厚度 d。

解　由式（11.17），光程差为

$$\delta = \left[(r_2 - d) + nd\right] - r_1$$

因为在原中央明纹处 $r_2 = r_1$，所以

$$\delta=(n-1)d=5\lambda$$

代入已知数据,解得 d=5.76 × 10⁻⁶ m。

11.4 分振幅干涉——薄膜干涉

当光波入射到薄膜上时,经上、下两个界面反射会形成两束光。它们来自同一波列,因此相干,形成**薄膜干涉**条纹。浮在水面上的油膜或肥皂泡膜在日光下显出色彩鲜艳的条纹,就是这个原因。这两束光的能流是从同一束光中分出来的,而波的能量与振幅有关,因此这种产生相干光的方法称为**分振幅法**。

11.4.1 等倾干涉

如图 11-14 所示,在折射率为 n_1 的介质中有一厚度为 e、折射率为 n_2(设 $n_2>n_1$)的介质薄膜。当光波以入射角 i 射到薄膜的上表面 A 处时,将分成两部分,一部分直接反射形成光束 1,一部分以折射角 r 折射进入薄膜内,在下表面反射,再经上表面面折射,形成光束 2。它们平行出射,进入人眼或被透镜汇聚时,将有一定的光程差。

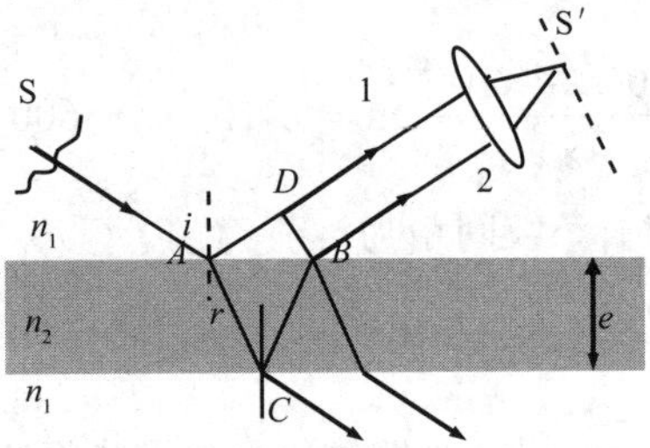

图 11-14 薄膜干涉(等倾干涉)

在光束 1 的 D 点和光束 2 的 B 点以后两路光是等光程的,故光束 1 和光束 2 的光程差为

$$\delta=n_2(AC+CB)-n_1AD+\frac{\lambda}{2}$$

其中,$\lambda/2$ 为光束在上表面反射时因半波损失而产生的附加光程差。(这只是一种通俗说法。实际情况是,上下表面处反射时的电场都有一定的突变,其合效果恰好出现附加光程差 $\lambda/2$。)

由图 11-14 可知,

$$AC=CB=\frac{e}{\cos r}$$

$$AD=AB\sin i$$

$$AB=2e\cdot\tan r$$

又根据折射定律 $n_1\sin i=n_2\sin r$,故有

$$\begin{aligned}\delta&=2n_2\frac{e}{\cos r}-2n_1e\tan r\sin i+\frac{\lambda}{2}=2n_2e\cos r+\frac{\lambda}{2}\\&=2e\sqrt{n_2^2-n_1^2\sin^2 i}+\frac{\lambda}{2}\end{aligned}\qquad(11.24)$$

可见，对于厚度均匀的薄膜，光程差随入射角 i 而变。根据式(11.24)，两光线会聚后的明暗和条纹级次将由入射角 i 决定，同一干涉条纹上的各点都具有相同的入射角。因此，在厚度均匀的薄膜上产生的干涉现象叫作**等倾干涉**。具体地，明、暗纹的条件是

$$2e\sqrt{n_2^2-n_1^2\sin^2 i}+\frac{\lambda}{2}=\begin{cases}k\lambda & (\text{明})\\ (2k+1)\dfrac{\lambda}{2} & (\text{暗})\end{cases}\quad(k=1,2,3,\cdots) \tag{11.25}$$

如果是点光源，那么在某一方向上只看到亮点和暗点。如果是面光源，那么对单色光，薄膜表面将出现明暗相间的干涉条纹；对复色光，薄膜表面将出现彩色条纹。

在透射光中也存在干涉现象(图 11-14)，也可以使用式(11.24)计算，只是此时没有附加光程差 $\lambda/2$。故而，当反射光相互加强时，透射光将相互减弱；反之亦然。但由于两条透射光的振幅(对应光强度)相差很大，透射光干涉的条纹对比度很低。

11.4.2　等厚干涉

下面讨论光入射在厚度不均匀的介质薄膜上时所产生的干涉现象。

1. 劈尖干涉

如图 11-15(a)所示，用薄片或细丝将两块光学玻璃片的一端垫起，形成一个**劈尖**状的空气薄膜，两玻璃片的交线即为棱边。显然，平行于棱边的直线上各点处的空气膜的厚度相等。因薄片厚度或细丝直径很小，故空气劈尖的楔角 θ 很小，一般在零点几度或 10^{-3} 弧度量级。当平行单色光入射到空气劈尖时，在其上下表面反射的局部附近仍可视为厚度相同的薄膜，故可以近似认为式(11.24)成立。通常将入射光垂直照射($i=0$)，在劈尖厚度为 e 的地方，空气膜上下表面反射的两相干光的光程差为

$$\delta=2e+\frac{\lambda}{2} \tag{11.26}$$

其中半波损失项仍然存在。根据明暗纹条件式(11.19)，各级明暗条纹条件为

$$2e+\frac{\lambda}{2}=\begin{cases}k\lambda & (\text{明})\\ (2k+1)\dfrac{\lambda}{2} & (\text{暗})\end{cases}\quad(k=1,2,3,\cdots) \tag{11.27}$$

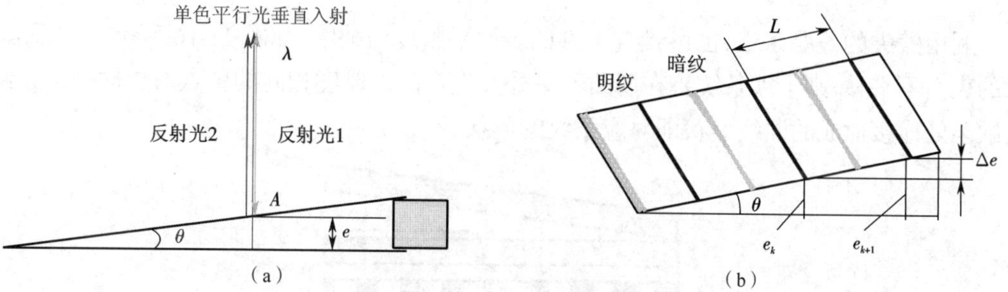

图 11-15　劈尖的干涉

(a)实验装置　(b)干涉条纹

上式表明，凡是劈形中厚度相等的地方，两相干光的光程差相同，就对应同一条明纹或暗纹。因此，劈尖的干涉条纹是一系列平行于棱边的明暗相间的直条纹，称为**等厚条纹**，这类干涉又称**等厚干涉**，如图 11-15(b)所示。在棱边处，$e=0$，则由式(11.27)，$\delta=\lambda/2$，呈现暗纹，而事实正是这样。这也是"半波损失"的又一有力证据。

1)条纹间距

由式(11.27)取差分，取 $\Delta k=1$，则不论对明纹还是暗纹，有

$$\Delta e=e_{k+1}-e_k=\frac{\lambda}{2} \tag{11.28}$$

这就是两相邻明纹(或暗纹)对应的厚度差。因此，在劈尖干涉中，相邻明纹或暗纹之间间距 L 都相等，且有

$$L\sin\theta\approx L\theta=\Delta e=\frac{\lambda}{2}$$

即

$$L=\frac{\lambda}{2\theta} \tag{11.29}$$

讨论如下几个问题。

(1)当 λ 一定时，条纹间距与劈尖角 θ 成反比，即 θ 越小，条纹间距 L 越大，干涉条纹越稀疏；θ 越大，则干涉条纹越密集。

(2)对介质劈尖，式(11.26)、式(11.28)和式(11.29)分别改为

$$\delta=2ne+\frac{\lambda}{2} \tag{11.30}$$

$$\Delta e=\frac{\lambda}{2n} \tag{11.31}$$

$$L=\frac{\lambda}{2n\theta} \tag{11.32}$$

2)劈尖干涉的应用

可以用劈尖干涉来测量薄片的厚度。在图 11-15(a)中，测出玻璃片长度 D，由波长 λ 和条纹间距 L 得到劈尖角 θ，即可求出所垫的细丝的直径或薄片的厚度 h：

$$h\approx D\theta=\frac{D\lambda}{2L}$$

利用劈尖的等厚条纹，也可检查工件的表面平整度与缺陷，如图 11-16 所示。如果玻璃片的表面不平整，则干涉条纹将在凹凸不平处发生弯曲。厚度相同的各点形成同一级条纹，故缺陷处连接而成的曲线形状即对应条纹的形状。

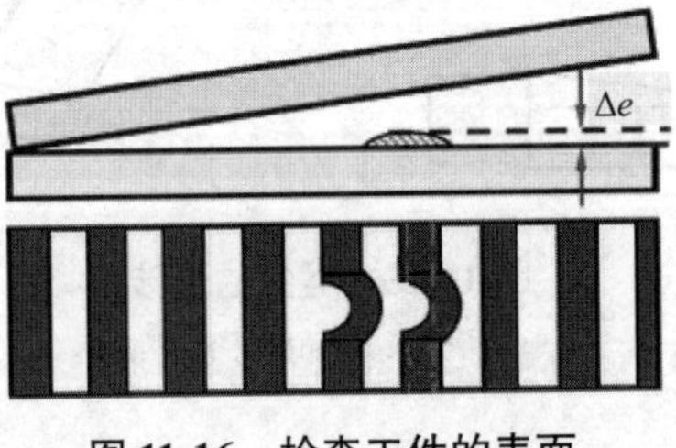

图 11-16　检查工件的表面

2. 牛顿环

如图 11-17（a）所示，在一块光学平面玻璃上，放置一曲率半径很大的平凸镜，在透镜和平面间便形成空气膜层。以单色平行光垂直照射，经空气膜上、下表面反射的两束光发生干涉，于是在空气膜的上表面出现一组干涉条纹。这也是一种等厚干涉条纹，并且是以触点为圆心的一组同心圆环，称为牛顿环，如图 11-17（b）所示。

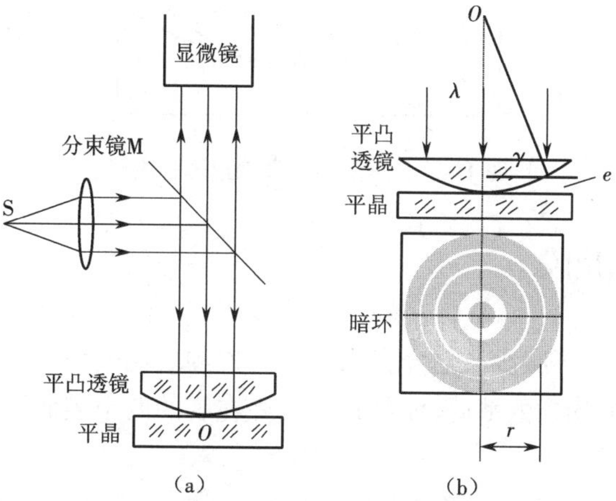

图 11-17　牛顿环实验

（a）实验装置示意图　（b）反射光干涉示意图

式（11.27）仍然成立，只是 e 与环半径 r 不是线性关系。由图 11-17（b）可得

$$r^2 = R^2 - (R-e)^2 = 2eR - e^2 \approx 2eR$$

其中已考虑到 $R \gg e$。故

$$e = \frac{r^2}{2R} \tag{11.33}$$

将其代入明暗纹条件式，可得牛顿环的明暗环的半径为

$$r = \begin{cases} \sqrt{(k-\frac{1}{2})R\lambda} & (\text{明环})(k=1,2,\cdots) \\ \sqrt{kR\lambda} & (\text{暗环})(k=0,1,2,\cdots) \end{cases} \tag{11.34}$$

讨论如下几个问题。

（1）由式（11.34），$r \propto \sqrt{k}$，$\Delta r \propto 1/\sqrt{k}$，所以，半径越大，牛顿环中条纹级次 k 越高，干涉条纹也越密。所以，牛顿环为一组里疏外密的同心圆条纹。

（2）在环心，$e=0$，$\delta=\lambda/2$，满足暗纹条件。但由于透镜与平板玻璃不可能是点接触，会因挤压而压缩一小段距离 h，所以实验中实际看到的牛顿环中心为一暗斑。

（3）实验上可由明暗纹半径测波长，但要考虑到压缩距离 h 的因素。此时式（11.33）变为 $e+h=r^2/2R$。取其增量，得 $2R\Delta e=\Delta(r^2)$，而式（11.27）取增量，得 $\Delta e=\Delta k\lambda/2$，故有

$$R\lambda = \frac{\Delta(r^2)}{\Delta k} = \frac{D_n^2 - D_m^2}{4(n-m)} \tag{11.35}$$

其中，D_m、D_n 分别为第 m 级和第 n 级暗环直径。可由此已知 R 求 λ，或已知 λ 求 R。

（4）如果空气膜变为油膜、水膜等情形，则将波长换为 $\lambda_n=\lambda/n$ 即可。

（5）在透射光中也可以观察到牛顿环，但明暗条件恰好相反，中心处为一亮斑。

常用牛顿环来检查透镜质量，如图 11-18 所示。将透镜与标准件密合，其间空气形成薄膜。观察其牛顿环，光圈数越少，说明最大厚度 e 越小，透镜就越符合标准件。

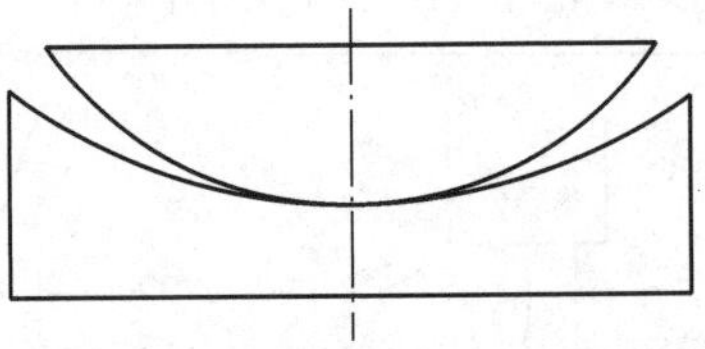

图 11-18 用牛顿环来检查透镜质量

11.4.3 增透膜与增反膜

现代光学仪器中，为了减少入射光在透镜等元件的玻璃表面反射所引起的光能损失，通常在镜面上镀一层厚度均匀的薄膜，使某种单色光在膜的两个表面上的反射光相消，于是该单色光就几乎全部透过薄膜。

如图 11-19 所示，波长为 λ 的单色光从空气（n_1=1.0）垂直入射到玻璃（n_3=1.52），要想镀膜 n_2 使反射光相消。当膜层的光学厚度 $n_2h=\lambda/4$ 且 $n_1<n_2<n_3$ 时，光在膜层两表面的反射都有半波损失，从而抵消，只剩下来回 $\lambda/4$ 导致的反相。理论上可以进一步证明，当 $n_2=\sqrt{n_1n_3}$ 时可实现完全消反。代入数据，得 n_2=1.23。与其最接近的实用材料是折射率为 1.38 的 MgF_2。

实际中有时需要尽量提高反射率，这就是增反膜。其光学厚度仍为 $n_2h=\lambda/4$，但需让 n_2 成为三者中的最大折射率才行。此时可实现两界面的反射光同相。但靠单层膜提高不了太多反射率，采用多层膜后，反射率可达 99% 以上。

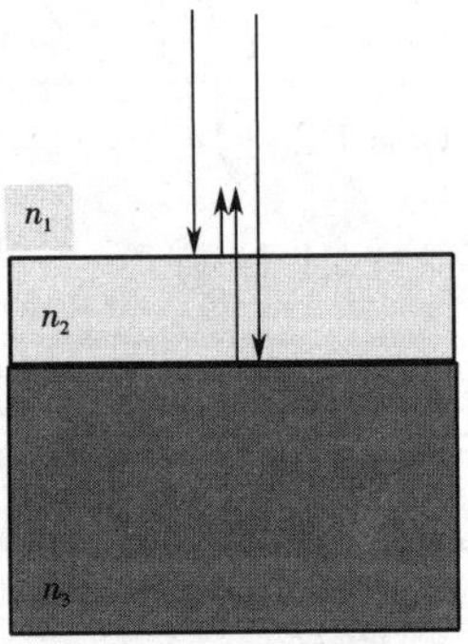

图 11-19 增透膜

例 11.3 在图 11-19 中，已知 $n_1\approx1$，n_2=1.38，n_3=1.52。对于通常的光学仪器或照相机，一般选择可见光的中部波长 λ=550 nm（黄绿光）来完全消反，则增透膜 n_2 的最小厚度为多少？

解 注意到上、下表面反射均有半波损失，故而两光线总体上没有附加光程差，反射光最小时应满足下列条件

$$\delta = 2n_2e = (2k+1)\frac{\lambda}{2} \quad (k=0,1,2,\cdots)$$

若要厚度最小，取 $k=0$，则

$$e = \frac{\lambda}{4n_2} = \frac{550\times10^{-3}}{4\times1.38}\ \mu m = 0.1\ \mu m$$

黄绿光增透了，但偏离此波长的红光和蓝光仍有一定的反射。故而镜头呈现蓝紫色。为获得更宽的波段的增透效果，可以镀多层增透膜。

11.5　迈克尔孙干涉仪

迈克耳孙干涉仪是一种根据分振幅干涉原理制成的精密测量仪，广泛应用于微小长度和角度的测量。

1. 干涉仪的原理

如图 11-20 所示，M_1、M_2 是两块平面镜，分别装在相互垂直的两臂上，其中 M_2 固定，M_1 可沿其臂方向微小移动。G_1 和 G_2 是两块相同的玻璃片，均与两臂成 45° 角。其中 G_1 是**分光镜**（半反半透镜），其一个表面上镀薄银层，可让光源 S 发出的光一半反射，一半透射，两光被反射后又分别经 G_1 反射或透射，相遇于观察屏 E。G_2 的作用是补偿光线 1 的光程，使这两束光都三次穿过玻璃片，故称为**补偿镜**。

迈克尔孙干涉实验能够很好地演示等倾、等厚干涉条纹的图样以及条纹的变化情况。单色面光源发出的光，经历分开又相遇，在 E 处形成干涉条纹。设想 M_2 镜关于镀银层所形成的虚像是 M_2'，则光线 1 可认为是从 M_2' 反射的。这样，M_2' 与 M_1 构成一个假想的空气薄膜，产生薄膜干涉条纹。如果 M_2 与 M_1 垂直，则 M_2' 与 M_1 平行。因此，空气薄膜厚度均匀，在透镜后的焦平面上将观察到等倾干涉条纹，如图 11-21 所示。如果 M_1 和 M_2 不严格垂直，则 M_2' 和 M_1 不平行，之间的空气膜是劈尖状的，形成近似直线形的等厚干涉条纹。

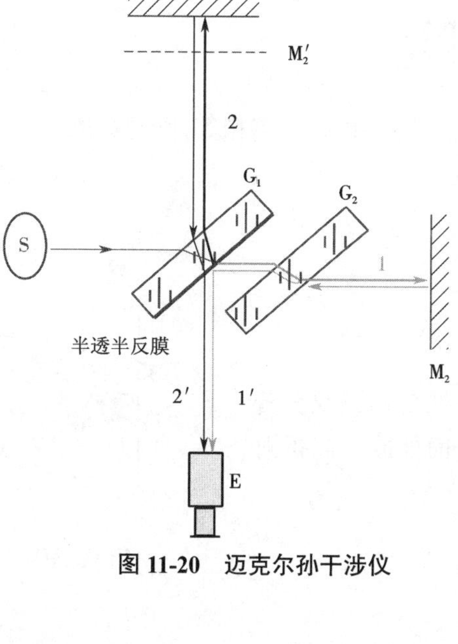

图 11-20　迈克尔孙干涉仪

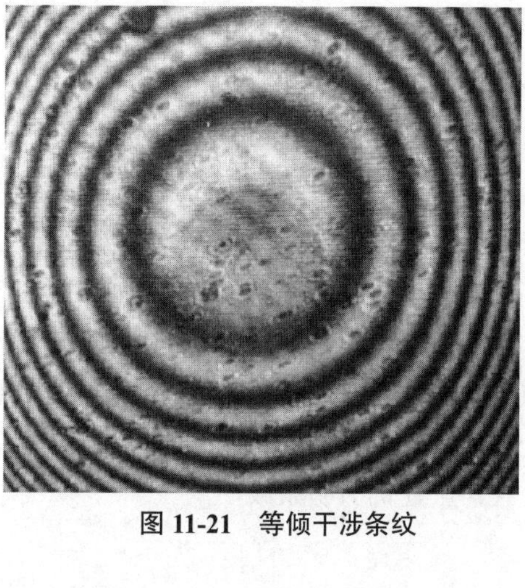

图 11-21　等倾干涉条纹

当调节 M_1 向前或向后平移 $\lambda/2$ 距离时,"空气膜"的厚度变化 $\lambda/2$,观察屏视场中就有一个条纹的变化:等倾干涉时是圆条纹在中心处冒出、缩进一个,等厚干涉时是条纹平移一条。因此,通过记录在视场中移动的条纹数目 ΔN,便可知 M_1 移动的距离为

$$\Delta d = \Delta N \frac{\lambda}{2} \tag{11.36}$$

这样就可以测量长度的微小变化,精度可达 $\lambda/2$ 量级。若读出 M_1 镜移动 Δd,则可算出所用单色光波长 λ。

2. 相干长度

在迈克尔孙干涉实验中,当 M_2' 与 M_1 之间的距离超过一定限度时,视场中就观察不到干涉条纹。这是因为构成光源的每个原子发出的波列都有一定的长度,若两光路的光程差太大,由同一波列分解出来的两列波不能重合,这时就不能产生干涉。

从傅里叶分析的角度来看,波列长度有限的原因是波列不是单色波,而是许多单色光的混合,波长范围是$(\lambda,\ \lambda+\Delta\lambda)$,其中 $\Delta\lambda$ 称为谱线宽度。$\Delta\lambda$ 越小,光谱线的单色性越好。当光程差达到某一数值时,波长为 λ 的第 $k+1$ 级明条纹和波长为 $\lambda+\Delta\lambda$ 的第 k 级明纹正好重合。此后将不再有干涉现象。两光束产生干涉的最大光程差叫作该光源的**相干长度**。

由

$$(k+1)\left(\lambda - \frac{\Delta\lambda}{2}\right) = k\left(\lambda + \frac{\Delta\lambda}{2}\right)$$

可得 $k=\lambda/\Delta\lambda$。于是相干长度

$$L = k\lambda = \frac{\lambda^2}{\Delta\lambda} \tag{11.37}$$

一般钠灯和汞灯的相干长度为 10^{-4} m,优质氪灯的相干长度可达 10^{-1} m,而单模稳频的He-Ne 激光器相干长度可达 10^3 m 以上,实验室常用的小型氦氖激光器相干长度实际上一般为 10^{-2}~10^{-1} m。

习　　题

11.1　在杨氏双缝干涉实验中,若单色光源 S 到 S_1 和 S_2 距离相等,则观察屏上中央明纹位于 O 点处。现将光源 S 稍稍下移,则(　　)。

A. 中央明纹向下移动,且条纹间距不变

B. 中央明纹向上移动,且条纹间距不变

C. 中央明纹向下移动,且条纹间距增大

D. 中央明纹向上移动,且条纹间距增大

11.2　在双缝干涉实验中,屏幕 E 上的 P 点处是明条纹。若将缝 S_2 盖住,并在缝 S_1 与缝 S_2 连线的垂直平分面处放一高折射率介质反射面 M,如题图所示,则此时(　　)。

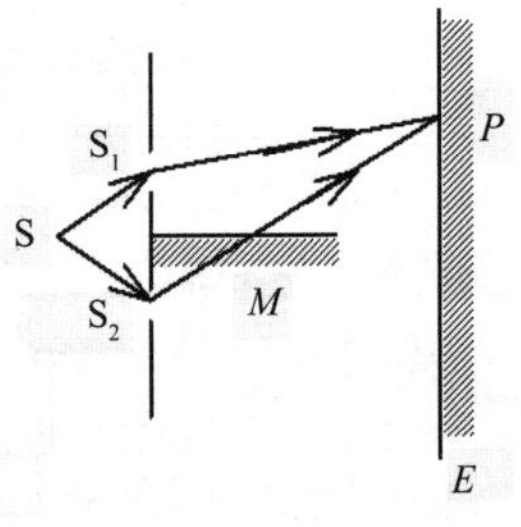

题 11.2 图

A. P 点处仍为明条纹

B.P 点处为暗条纹

C. 不能确定 P 点处是明条纹还是暗条纹

D. 无干涉条纹

11.3　用劈尖干涉法可检测工件表面缺陷，当波长为 l 的单色平行光垂直入射时，若观察到的干涉条纹如题图所示，每一条纹弯曲部分的顶点恰好与其左边条纹的直线部分的连线相切，则工件表面与条纹弯曲处对应的部分(　　)。

A. 凸起，且高度为 $l/4$　　B. 凸起，且高度为 $l/2$

C. 凹陷，且深度为 $l/2$　　D. 凹陷，且深度为 $l/4$

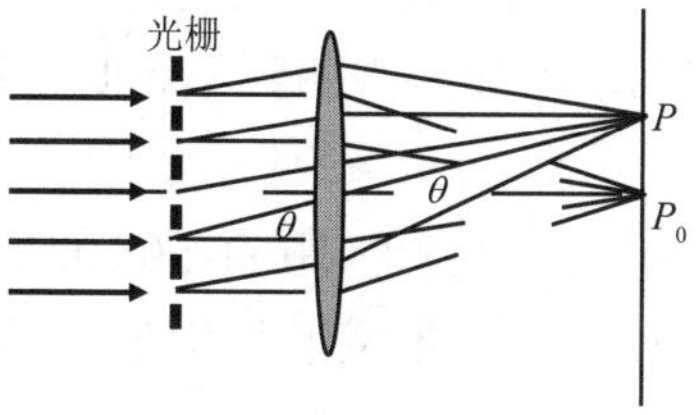

题 11.3 图

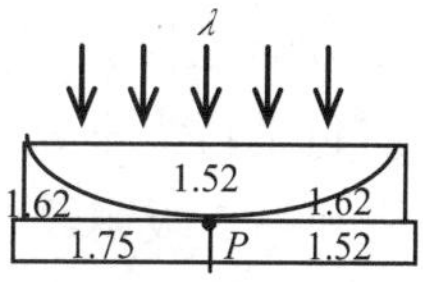

题 11.4 图

图中数字为各处折射率

11.4　在题图所示三种透明材料构成的牛顿环装置中，用单色光垂直照射，在反射光中看到干涉条纹，则在接触点 P 处形成的圆斑为(　　)。

A. 全明　　B. 全暗

C. 右半部明，左半部暗　　D. 右半部暗，左半部明

11.5　若把牛顿环装置(都是用折射率为 1.52 的玻璃制成的)从空气中搬入折射率为 1.33 的水中，则干涉条纹(　　)。

A. 中心暗斑变成亮斑　　B. 变疏

C. 变密　　D. 间距不变

11.6　一束波长为 l 的单色光由空气垂直入射到折射率为 n 的透明薄膜上，透明薄膜放在空气中，要使反射光得到干涉加强，则薄膜最小的厚度为(　　)。

A.$l/4$　　B.$l/(4n)$

C.$l/2$　　D.$l/(2n)$

11.7　在空气中有一劈形透明膜，其劈尖角 $q=1.0\times10^{-4}$ rad，在波长 $l=700$ nm 的单色光垂直照射下，测得两相邻干涉明条纹间距 $L=0.25$ cm，由此可知此透明材料的折射率 $n=$______。

11.8　一个平凸透镜的顶点和一平板玻璃接触，用单色光垂直照射，观察反射光形成的牛顿环，测得中央暗斑外第 k 个暗环半径为 r_1。现将透镜和玻璃板之间的空气换成某种液体(其折射率小于玻璃的折射率)，第 k 个暗环的半径变为 r_2，由此可知该液体的折射率为______。

11.9　若在迈克尔孙干涉仪的可动反射镜 M 移动 0.620 mm 过程中，观察到干涉条纹移动了 2 300 条，则所用光波的波长为______nm。

11.10 在杨氏双缝实验中，用钠光源（λ=589 nm）照射屏幕，屏与双缝的距离 D=1.2 m，试求：（1）若双缝间距 d=0.6 mm 时，所得干涉条纹的间距为多少？（2）欲使条纹的间距在 3 mm 以上，双缝间距必须小于多少？（设 D 和 λ 不变）

11.11 在杨氏双缝实验中，用钠光灯为光源。已知光波长 λ=589.3 nm，屏幕距双缝的距离为 D=500 mm，双缝的间距 d=1.2 mm，试求：（1）第 4 级明条纹到中心的距离；（2）第 4 级明条纹的宽度。

11.12 在双缝干涉实验中，双缝间距 d=0.20 mm，缝屏间距 D=1.0 m，若第 2 级明条纹离屏中心的距离为 6.0 mm，试计算此单色光的波长。

11.13 在杨氏双缝干涉实验中，入射光的波长为 λ，现在 S_2 缝上放置一片厚度为 d，折射率为 n 的透明介质，试问原来的零级明纹将如何移动？如果观测到零级明纹移到了原来的 k 级明纹处，求该透明介质的厚度。

11.14 白色平行光垂直入射到间距为 a=0.25 mm 的双缝上，距 D=50 cm 处放置屏幕，分别求第 1 级和第 5 级明纹彩色带的宽度。这里说的“彩色带宽度”指两个极端波长的同级明纹中心之间的距离。（设白光的波长范围是 400~760 nm）

11.15 用白光作为光源观察杨氏双缝干涉。设两缝的间距为 d，缝面与屏距离为 D，试求能观察到的清晰可见光谱的级次？

11.16 一束平面单色光垂直照射在厚度均匀的薄油膜上，油膜覆盖在玻璃上，油膜的折射率为 1.30，玻璃的折射率为 1.50。若单色光的波长可由光源连续可调，且相继观察到 500 nm 与 700 nm 这两个波长的单色光在反射中消失。试求油膜层的厚度。

11.17 利用等厚干涉可测量微小的角度，折射率 n=1.4 的劈尖状板，在某单色光的垂直照射下，量出两相邻明条纹间距 l=0.25 cm，已知单色光在空气中的波长 λ=700 nm，求劈尖顶角 θ。

11.18 用波长为 680 nm 的单色光，垂直照射 L=0.12 m 长的两块玻璃片，两玻璃片的一边互相接触，另一边夹着一块厚度为 h=0.048 mm 的云母片，形成一个空气劈尖。试求：（1）两玻璃片间的夹角？（2）相邻明条纹间空气膜的厚度差是多少？（3）相邻两暗条纹的间距是多少？（4）在这 0.12 m 内呈现多少条明纹？

11.19 用 λ=500 mm 的平行光垂直入射到劈形薄膜的上表面上，从反射光中观察，劈尖的棱边是暗纹。若劈尖上面介质的折射率 n_1 大于薄膜的折射率 n=1.5。试求：（1）膜下面介质的折射率 n_2 与 n 的大小关系；（2）第 10 级暗纹处薄膜的厚度？（3）使膜的下表面向下平移一微小距离 Δe，干涉条纹有什么样的变化？若 Δe=2.0 μm，原来的第 10 条暗纹处将被哪级暗纹占据？

11.20 白光垂直照射在空气中的厚度为 0.40 μm 的玻璃片上，玻璃的折射率为 1.5。试问在可见光范围内（400~700 nm），哪些波长的光在反射中加强？哪些波长的光在透射中加强？

11.21 当牛顿环装置中的透镜与玻璃之间的空间充以液体时，第十个亮环的直径 $d_1=1.40\times10^{-2}$ m 变为 $d_2=1.27\times10^{-2}$ m，求液体的折射率。

11.22 用波长为 λ_1 的单色光垂直照射牛顿环装置时，测得中央暗斑外第 1 和第 4 暗环

半径之差为 l_1，而用未知单色光垂直照射时，测得第 1 和第 4 暗环半径之差为 l_2，求未知单色光的波长 λ_2。

11.23　利用迈克尔孙干涉仪可测量单色光的波长，当可移动平面镜 M_1 移动距离 0.322 mm 时，观察到干涉条纹移动数为 1 024 条，求所用单色光的波长？

11.24　折射率 n=1.632 的玻璃片放入迈克尔孙干涉仪的一条光路中，观察到有 150 条干涉条纹向一方移过。若所用单色光的波长 λ=500 nm，求此玻璃片的厚度。

11.25　在迈克尔孙干涉仪的两臂中，分别放入长为 10.0 cm 的玻璃管，一个抽成真空，另一个准备充以一个大气压空气。设所用光的波长为 546.0 nm。在向真空管中逐渐充入一个大气压空气的过程中，观察到有 107.2 级条纹移动，试求空气的折射率。

第 12 章　光的衍射和偏振

光的干涉现象和衍射现象都是光波动性的重要特征。光在传播过程中遇到障碍物时，能绕过障碍物的边缘继续前进，这种偏离直线传播的现象称为光的衍射现象。但干涉和衍射现象不能确定光是横波还是纵波。1808 年法国科学家马吕斯(Malus)发现了光的偏振现象，这进一步为光是电磁波提供了证据。

12.1　光的衍射与惠更斯 - 菲涅耳原理

12.1.1　光的衍射现象

光的衍射现象实验如图 12-1 所示。用平行光垂直照射到衍射屏 S 上。当缝宽较大时，观察屏 P 上呈现长条形的光斑，为缝在屏 P 上的投影，表现出直线传播(图 12-1(a))。逐渐减小 S 的缝宽，光斑宽度也相应变窄。但是，当缝宽减小到与光波长可以比拟的范围(0.1 mm 以下)时，光斑的宽度反而增大，有一小部分光偏折(绕射)到亮带两侧原“阴影”区域，不再表现为直线传播。而且，光斑的亮度分布不再均匀，出现明暗相间条纹(图 12-1 (b))。若用白光为光源，则可看到彩色的条纹。观察屏 P 上的图样称为**衍射图样**。图 12-2 为激光的单缝衍射图样。

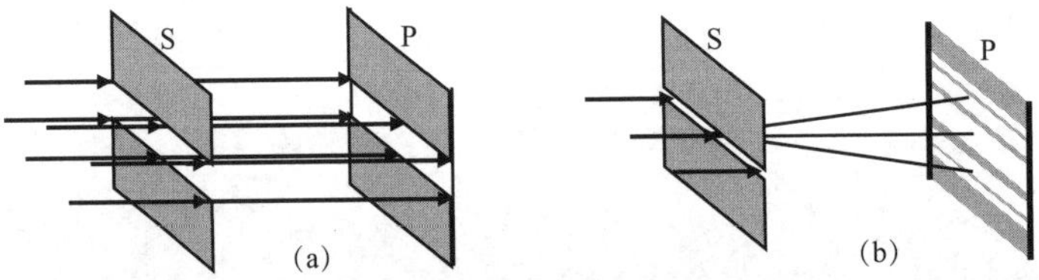

图 12-1　光的衍射现象

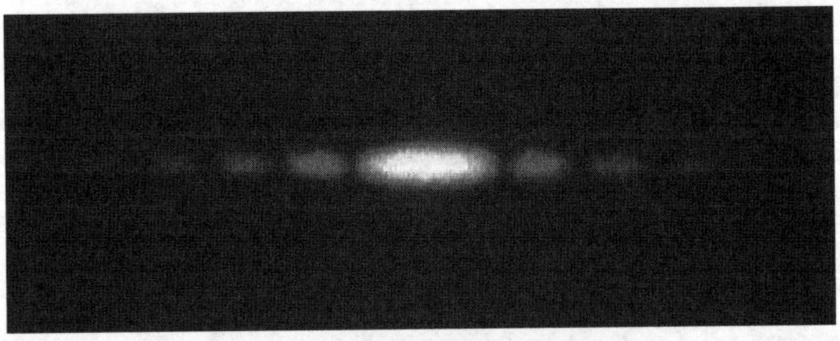

图 12-2　激光的单缝衍射图样

这种光线偏离原直线方向传播，且在屏幕上可观察到光强分布不均匀的现象，就称为光的**衍射**。如狭缝换成细丝、小圆孔或圆屏等，也会产生光的衍射现象。衍射和干涉一样，是波动的重要特征之一。但由于光波波长短（可见光波长在微米量级），故光的衍射现象不易被观察到，不像声波的衍射那样明显。

12.1.2　惠更斯－菲涅耳原理

在第 10 章曾经谈到过惠更斯运用子波（次波）和波阵面的概念提出惠更斯原理。它能够定性解释光的衍射，但不能定量解释衍射条纹及其光强分布。菲涅耳利用波的叠加，发展了惠更斯原理：从同一波面上各点发出的子波，在传播过程中相遇时，也能相互叠加而产生干涉现象；空间各点波的强度，由各子波在该点的相干叠加所决定，即各子波也可相互叠加，产生干涉。这就是**惠更斯 -- 菲涅耳原理**。荷兰物理学家惠更斯发展了胡克早期主张的光是一种振动的思想，明确地论证了光是波动，他运用子波和波阵面的概念，很好地解释了光的传播问题并用他的原理说明了光的反射和折射。但是由于他认为光是一种类似声波的纵波（以太纵波），因此不能解释偏振现象。惠更斯发展了波动理论，引进了一个重要的原理（即惠更斯原理），但他的波动理论也不能解释干涉和衍射现象，因为那时也没有建立光的周期性和相位概念。

菲涅耳是法国的一位工程师，对光学很感兴趣，且精通数学，曾发明了一种用于灯塔照明的螺纹透镜，人称“菲涅耳透镜”。菲涅耳的光学研究与法国科学院 1818 年的一次悬赏征文活动有一些趣闻。竞赛评委会当时的本意是希望通过这次征文活动鼓励用微粒说解释光的衍射现象，以期取得微粒理论的决定性胜利，当时主持这次活动的著名科学家毕奥、拉普拉斯和泊松等都是微粒说的积极拥护者。然而出乎意料的是，时年 30 岁的菲涅耳以严密的数学推导，从光的横波观点出发，圆满地解释了光的偏振现象，并用半波带法定量计算了圆孔、圆屏等障碍物所产生的衍射条纹，推导结果与实验吻合得很好，使评委会大为惊讶。但是，泊松在审查论文时，运用菲涅耳的方程推导圆屏衍射时，得到的结果令人十分稀奇：在圆屏后方一定距离的投影中心应出现亮点，泊松认为在圆屏的影子中心出现亮点这是十分荒谬的，于是声称菲涅耳理论并不成立。在这关键时刻，与菲涅耳合作研究光学多年的阿拉果向菲涅耳伸出了友谊之手，他用实验对泊松提出的问题进行了挑战，实验非常精彩地证实了菲涅耳理论的结论，在圆屏的影子中心果然出现了一个亮点。这一事实当时轰动了巴黎的法国科学院。

于是菲涅耳荣获了这一届的科学奖，而后人却戏剧性地称这个亮点为泊松亮点。菲涅耳开启了光学研究的新阶段，他发展了惠更斯和托马斯·杨的光的波动理论，成为物理光学的缔造者。

菲涅耳指出，在图 12-3 中，波面上各个面元发出的子波都有相同的初相位，子波在 P 点处引起的光振动振幅与距离 r 成反比，与波面 $\mathrm{d}S$ 处的振幅 $a(Q)$ 和面积成正比，且与倾角 θ 有关。于是，波面 S 在 P 点处引起的光合振动为

$$E=\int_S \mathrm{d}E=\int_S C\frac{K(\theta)a(Q)}{r}\cos\left[2\pi\left(\frac{t}{T}-\frac{r}{\lambda}\right)\right]\mathrm{d}S \tag{12.1}$$

其中，C 为常数；$K(\theta)$ 称为倾斜因子，是随角 θ 增大而缓慢减小的函数，当 $\theta\geqslant\pi/2$ 时，$K(\theta)$

=0(子波不能向后传播)。已取波面 S 上各点初相为零。由于电场是矢量,故式(12.1)其实是把电场的每个直角分量都视为标量场来处理,是标量场的衍射理论。

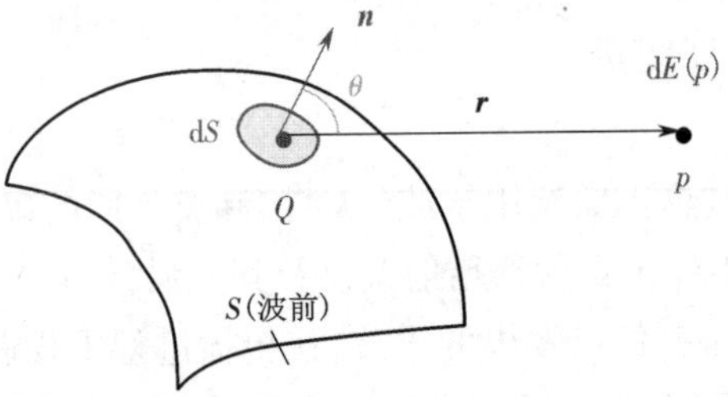

图 12-3 惠更斯-菲涅耳原理

利用惠更斯-菲涅耳原理,原则上可以解决衍射光强的分布问题,但运算复杂。

12.2 单缝夫琅禾费衍射

衍射现象通常分为两大类:一类是光源或接收屏到衍射屏(狭缝、圆孔或细丝等障碍物)的距离有限,称为**菲涅耳衍射**(又称为**近场衍射**),如图 12-1(b)所示;另一类是两个距离都为无限远,即入射光和衍射光都是平行光,称为**夫琅禾费衍射**(又称为**远场衍射**),如图 12-4 所示。

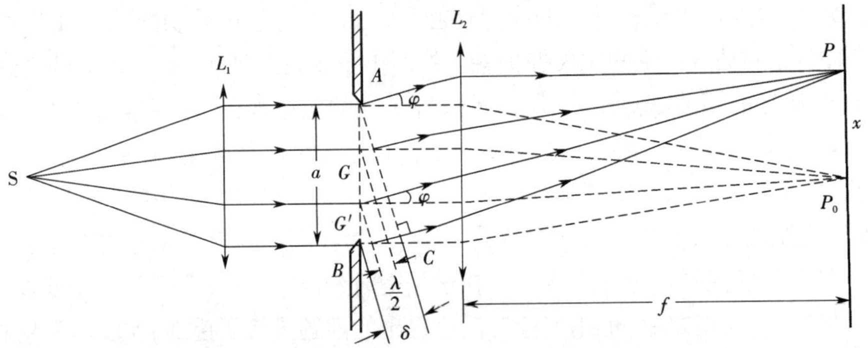

图 12-4 单缝夫琅禾费衍射——菲涅耳半波带法

12.2.1 单缝衍射分析——菲涅耳半波带法

显然观察夫琅禾费衍射时需要利用透镜,光源和屏幕都在各自透镜的焦平面上。设单缝逢宽为 a,被平行单色光垂直照射。波面 AB 上各点都发出各个方向的光,其中沿原来方向($\theta=0$)传播的各条光线汇聚于屏上 P_0 处。由于透镜不产生额外的光程差,而它们的初始相位相同,故 P_0 点处为**中央明纹**中心。

对于波面 AB 上各点发出的衍射角为 θ 的光,它们经透镜会聚于焦面屏幕上的 P 点。P 点条纹的明暗完全决定于所有这些“窄小光束”的相干叠加。可以认为它们到达 P 点后振幅没有明显变化,但各自的相位变化却各不相同。跟以前不同,这里是无穷多条光线的叠加,原则上要用到积分。但菲涅耳巧妙地提出半波带法来做定量分析。

作 $AC \perp BC$,显然,图 12-4 中两端点 A、B(单缝边缘)到 P 点的光程差为

$$\delta = BC = a\sin\theta$$

它将决定 P 点的明暗,但具体方式并非像以前那样简单。从 AC 面到 P 点没有额外光程差,故各"窄小光束"之间的光程差来自 AB 和 AC 之间。菲涅耳用 $\lambda/2$ 去除 δ,倍数是多少就将狭缝(波阵面)AB 分割成几个**半波带**。图 12-4 中有 3 个半波带。相邻半波带内部对应点(如图 12-4 中的第一个半波带的 G 点和第二个半波带的 G' 点)所发出的"窄小光束"到 AC 面的光程差均为 $\lambda/2$,即相位差为 π,故在 P 点处将成对相互抵消。

如果 BC 是 $\lambda/2$ 的偶数倍,即单缝上的波面 AB 分为偶数个半波带,那么相邻半波带两两一组抵消后,P 点将出现暗纹。如果 BC 是 $\lambda/2$ 的奇数倍,那么半波带两两抵消后还剩余一个。而同一个半波带内部之间的相位差小于 π,它们将相互加强(只是不能达到同相时的强度),于是 P 点将出现明纹。

故而,单缝衍射的明暗纹中心的条件是

$$\delta = a\sin\theta = \begin{cases} 0 \quad (\text{中央明纹}) \\ \pm 2k\dfrac{\lambda}{2} \quad (\text{暗纹}) \qquad (k=1,2,\cdots) \\ \pm(2k+1)\dfrac{\lambda}{2} \quad (\text{明纹}) \end{cases} \tag{12.2}$$

如果半波带个数是 1,那么该点和 P_0 处同属于中央明纹区,因为两点之间没有暗纹。同时可以得到中央明纹区为两个一级暗纹中心之间:

$$-\lambda < a\sin\theta < \lambda \tag{12.3}$$

如果对衍射角 θ,BC 不是半波长的整数倍,那么单缝 AB 就不能刚好分为整数个半波带,此时光强度介于最明和最暗之间。单缝衍射条纹的光强分布如图 12-5 所示。

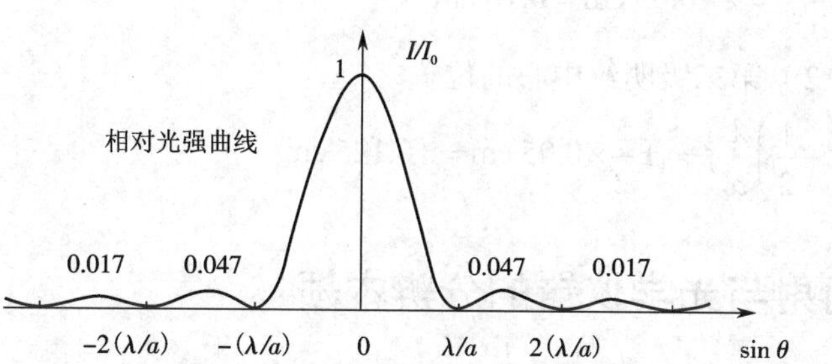

图 12-5　单缝衍射条纹的光强分布

12.2.2　单缝衍射条纹宽度

以中央明条纹中心 P_0 为坐标原点,屏上 P 点的坐标为

$$x = f\tan\theta \tag{12.4}$$

结合式(12.2)可以得到各条纹的位置。可以看出,如波长λ一定,$\sin\theta \propto 1/a$,故缝宽越小,衍射角越大,屏上的条纹就延展得越开,光的衍射越明显。

如果衍射角θ不大,那么可取近似$\tan\theta \approx \sin\theta \approx \theta$。此时,中央明纹区域为$-\lambda/a<\theta<\lambda/a$,角宽度$\Delta\theta_0$和线宽度$\Delta x_0$分别为

$$\Delta\theta_0 = 2\frac{\lambda}{a} \tag{12.5}$$

$$\Delta x_0 = 2f\frac{\lambda}{a} \tag{12.6}$$

对于其他明纹,由暗纹条件式(12.2),有

$$\Delta\theta_k = \frac{\lambda}{a} \tag{12.7}$$

$$\Delta x_k = f\frac{\lambda}{a} \tag{12.8}$$

可见,中央明纹宽度为其他明纹宽度的两倍。

但要注意,衍射角θ并不一定很小,此时不能使用近似公式。

对同一缝宽的单缝,设f一定,则同一级衍射条纹红光衍射角大,紫光衍射角小。所以,用白光照射时,屏幕上中央为白色,两侧出现几条彩色条纹,每一条都是由紫到红对称分布,称为**衍射光谱**。

例 12.1 用波长λ=500 nm的单色光垂直照射到宽a=0.25 mm的单缝上,在缝后放置一块焦距f=25 cm的凸透镜,在其焦平面上观察衍射图样。试求:(1)观察屏上第一级暗纹中心的位置;(2)中央明纹的宽度;(3)第二级明纹中心的位置。

解 (1)由式(12.2),第一级暗纹中心的位置为

$$x_{\pm1} = \pm\frac{\lambda}{a}f = \pm\frac{500\times10^{-9}}{0.25\times10^{-3}}\times25\ \text{cm} = \pm0.05\ \text{cm}$$

(2)由式(12.6),中央明纹的宽度为

$$\Delta x_0 = 2\frac{\lambda}{a}f = 2\times0.05\ \text{cm} = 0.10\ \text{cm}$$

(3)由式(12.2),第二级明纹中心的位置

$$x = \pm\left(2+\frac{1}{2}\right)\frac{\lambda}{a}f = \pm\frac{5}{2}\times0.05\ \text{cm} = \pm0.125\ \text{cm}$$

12.3 圆孔衍射与光学仪器的分辨本领

12.3.1 圆孔衍射

如图12-6(a)所示,如果在单缝夫琅禾费衍射实验中,以小圆孔代替狭缝,以He-Ne激光垂直照射小孔,则在透镜后的焦平面上可以得到**圆孔夫琅禾费衍射**的图样。这是一组明暗相间的同心圆环条纹,其中央是一明亮的圆斑,称为**爱里斑**。其光强约占总光强的84%,

而其余光强共占 16%。光强分布如图 12-6(b)所示。

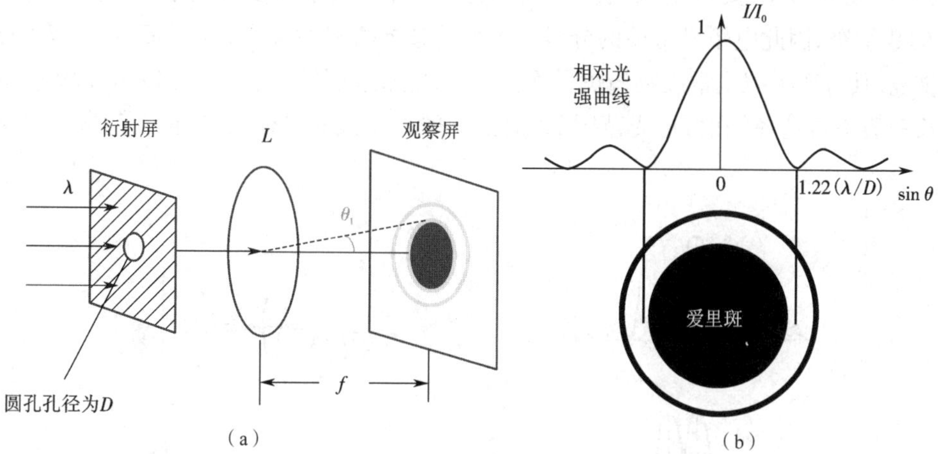

图 12-6　圆孔衍射实验

(a)实验装置　(b)光强分布

爱里斑的中心对应 $\theta=0$,其半角宽度 θ_0 和线半径都与圆孔直径 D 及入射光波长 λ 有关:

$$\theta_0 = 1.22\frac{\lambda}{D} \tag{12.9}$$

$$r_0 = 1.22\frac{\lambda}{D}f \tag{12.10}$$

其中,f 为透镜的焦距。由上式可知,圆孔直径 D 越小,则 θ_0 和 r_0 越大,衍射现象越明显。若圆孔直径 D 足够大,则 θ_0 和 r_0 十分小,爱里斑成为一点,即平行入射光的会聚点,位于透镜的焦点处。此时衍射现象消失。

注意式(12.9)和式(12.10)与式(12.5)和式(12.6)在定性方面是一致的,都正比于波长与特征长度(缝宽 a 或直径 D)的比值。这反映着衍射现象的共性。

12.3.2　光学仪器的分辨本领

组成各种光学仪器的透镜等部件的孔径都相当于透光孔,从而存在一定程度的衍射效应。孔径越小,越要考虑衍射效应。点光源在像平面上成的像原则上是一个爱里斑。如果两个物点距离很近,则相应的两个爱里斑很可能部分重叠而不能辨认。可见,光的衍射现象限制了光学仪器的分辨能力。

对于任一个光学仪器,如果一个物点的爱里斑中心恰好与另一个物点的第一个暗纹处相重合,则认为这两个物点恰好可以被分辨。这就是**瑞利判据**,如图 12-7 所示。此时两物点对透镜光心的张角称为该光学仪器的**最小分辨角** θ_0(或**分辨极限**),它正好等于每个爱里斑的半角宽度,即式(12.9)。而其倒数称为**分辨率**(或**分辨本领**):

$$R = \frac{1}{\theta_0} = \frac{1}{1.22}\cdot\frac{D}{\lambda} \tag{12.11}$$

光学仪器的分辨率与仪器的孔径 D 成正比，与光波长 λ 成反比。显微镜物镜，孔径很小，为了提高分辨率，要尽量采用波长短的光。在下一章会讲到电子的波动性，其波长为 1 nm 的数量级，因此电子显微镜的分辨率要比普通光学显微镜的分辨率高数千倍。对于望远镜物镜，其分辨极限也常以物镜焦平面上两个像点之间的距离 r_0（式(12.10)）来表示。由于波长一般不可选择（在可见光范围），因此，一般将主镜的口径做大，且主镜常采用反射式结构。

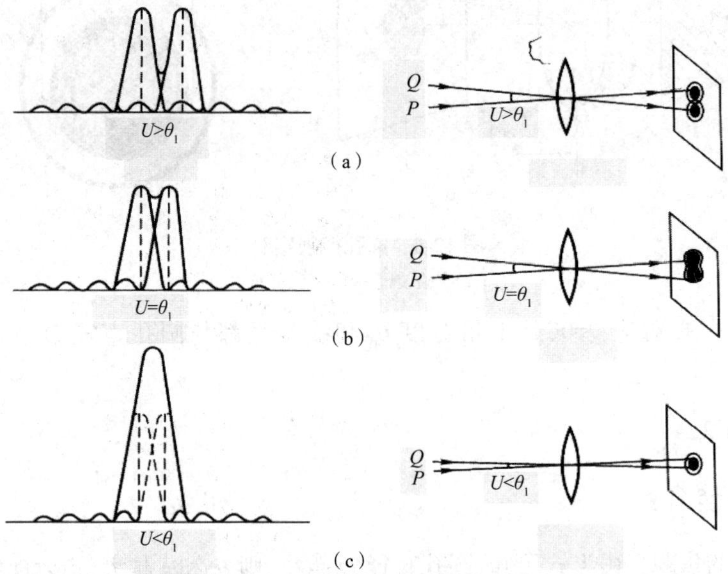

图 12-7 瑞利判据

(a)上图能够分辨 (b)中图刚好分辨 (c)下图不能分辨

人眼瞳孔的直径一般在 2~8 mm（大小随光线强弱会调整），因此，人眼的分辨角约为 1′，即裸眼在明视距离处能分辨相距 0.1 mm 的两个点光源。

12.4 光栅衍射

由单缝衍射条纹原则上可以测定光的波长（式(12.2)）。但由于各级明纹均有一定的宽度，且不够明亮，在实际测定光波长时都是用衍射光栅来测量。光栅衍射条纹的特点是，明纹很窄很亮，衍射图样十分清晰。

12.4.1 光栅

衍射光栅是由大量平行、等宽度、等间距的平行狭缝组成的光学元件，可用金刚石刀在玻璃表面刻制而成，也可用全息照相的方法得到全息光栅。光栅有**透射光栅**和**反射光栅**之分，如图 12-8 所示。

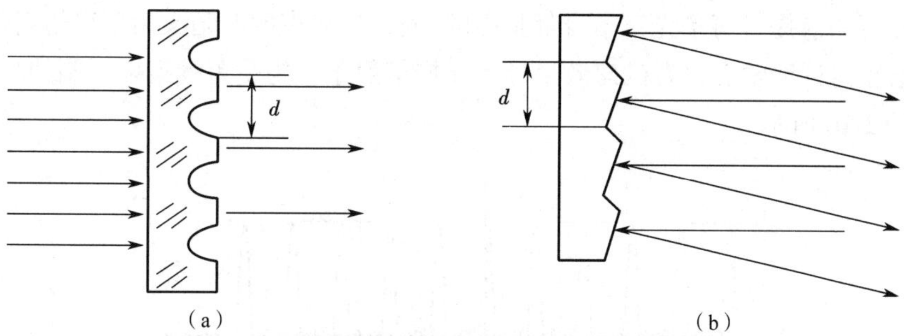

图 12-8　衍射光栅

(a)透射光栅　(b)反射(闪耀)光栅

设 a 为光栅透光部分宽度，b 为不透光部分宽度，则**光栅常数**为

$$d=a+b \tag{12.12}$$

它是光栅的空间周期。现代常用的光栅每厘米的宽度内有数百至上万条缝，所以，光栅常数在 10^{-6}~10^{-4} m 量级。

12.4.2　光栅方程

光栅中每条缝出来的光波均可视为单缝衍射，而缝与缝之间的光波又相互干涉。所以，**光栅衍射是单缝衍射与多光束干涉的总效果**，如图 12-9 所示。

对于多光束干涉部分，如果平行单色光垂直照射到光栅上，且衍射角 θ 使得两相邻光束光程差满足所谓的**光栅方程**

$$\delta=d\sin\theta=k\lambda \quad (k=0, \pm1, \pm2, \cdots) \tag{12.13}$$

那么它们经过透镜 L 会聚在屏幕上，应该形成明纹，称为**主极大**明纹。如果该式不满足，那么随着 δ 从 $k\lambda$ 开始逐渐增加，可依次得到暗、明、暗……暗条纹，直至增大到$(k+1)\lambda$ 时出现另一个主极大。两个主极大之间的各条明纹会暗得多，称为**次极大**明纹，在实际情形中并不关心。

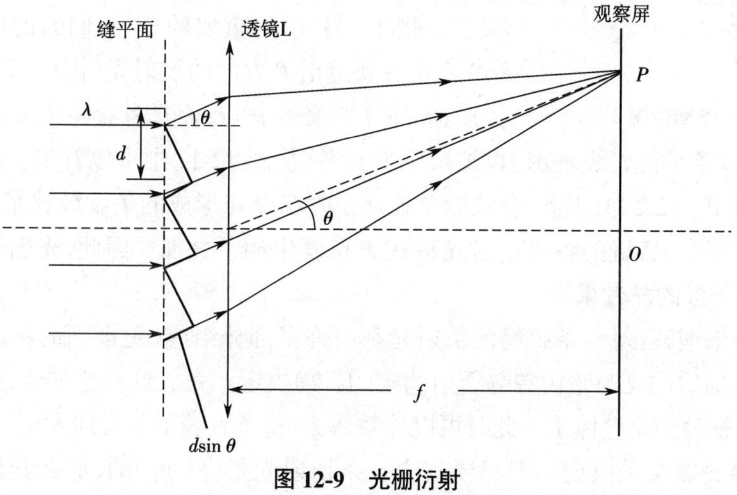

图 12-9　光栅衍射

以上分析的前提是每条光束本身都是亮的,而每条光束的明暗又由单缝衍射效应决定,式(12.2)已经讨论清楚。二者的总效果导致光栅衍射条纹为受单缝衍射调制的多光束干涉图样,如图 12-10 所示。

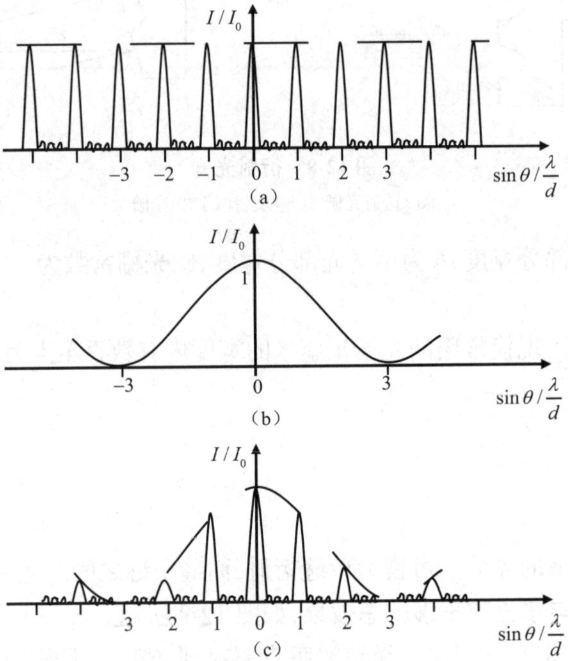

图 12-10　光栅衍射

(a)多光束干涉的光强分布　(b)每条光束因单缝衍射的光强分布
(c)光栅衍射最终的光强分布

如图 12-11 所示,当用单色平行光垂直照射光栅时,透过光栅的衍射光经透镜后,会聚于透镜焦平面上,因而在焦平面上出现平行于狭缝的明暗相间的光栅衍射条纹。每一条狭缝都在观察屏上有各自的单缝衍射图样。由于各狭缝宽度相同,故它们形成的衍射图样相同。另外,更重要的是,它们的衍射图样还完全重叠。单一狭缝沿 θ 方向的衍射光(图中只用一条光线表示)的各部分汇聚于 P 点,而且各狭缝沿 θ 方向的多条衍射光(图中用多条平行光线表示)也汇聚于 P 点,这从图 12-11 中可以看出。由于级数只决定于衍射角 θ(式(12.2)),因此,各狭缝单独存在时在 P 点形成的条纹级数完全相同。现在所有狭缝同时存在,各缝的各条衍射光将在 P 点发生相干叠加。因此,**光栅衍射图样为单缝衍射与多缝干涉的总效果**。

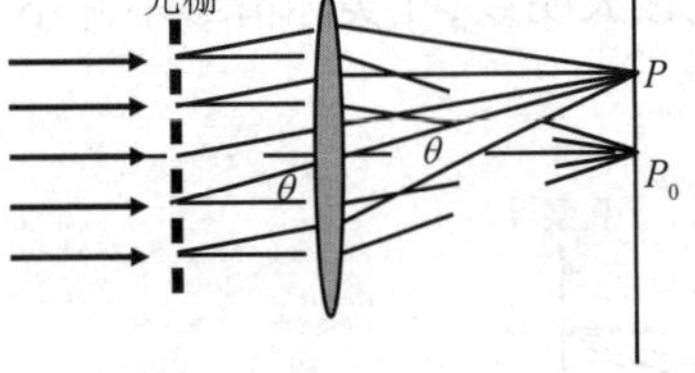

图 12-11　光栅衍射

可以这样来理解:每一条狭缝的衍射光都由许多部分组成(见前面的半波带法),这些部分在 P 点叠加后的亮与暗由单缝衍射的式(12.2)决定。完成这种叠加后,就可以把每条狭缝的衍射光视为一个整体了。此时可以等效认为,每条狭缝沿 θ 方向发出一条衍射光,其明暗由刚才的叠加结果决定。但只要其中一条衍射光是亮(暗)的,那么其他条也都是亮

（暗）的。如果各条衍射光在 P 点是暗的，那么它们叠加后在 P 点自然是暗的。可如果每条衍射光在 P 点是亮的，那么叠加后 P 点也不一定是亮的，因为还要考虑干涉效应，可能出现加强和减弱的情况。

例 12.2　用波长 λ=590 nm 的钠光垂直照射到每厘米刻有 5 000 条缝的光栅上，在光栅后放置一个焦距 f=20 cm 的会聚透镜，试求：（1）最多能看到几级主极大明纹？（2）第一级与第三级主极大明纹的距离。

解　（1）光栅常数为

$$d=\frac{1}{5\,000}\ \text{cm}=2\,000\ \text{nm}$$

由光栅方程 $d\sin\theta=k\lambda$，取 $\sin\theta=1$，得

$$k_{\max}=\frac{d\sin\theta}{\lambda}=\frac{d}{\lambda}=\frac{2\,000}{590}=3.4$$

故可以看到 7 条明纹，分别为第 0，±1，±2，±3 级。

（2）根据光栅方程和主极大位置坐标 $x=f\tan\theta$，有

$$x_k=f\frac{k\lambda}{\sqrt{d^2-(k\lambda)^2}}$$

由此得

$$x_1=f\frac{\lambda}{\sqrt{d^2-\lambda^2}}=6.2\ \text{cm}$$

$$x_3=f\frac{3\lambda}{\sqrt{d^2-(3\lambda)^2}}=38\ \text{cm}$$

故第 1 级与第 3 级明纹之间的距离为

$$\Delta y=y_3-y_1=32\ \text{cm}$$

注意：由于 $k_{\max}=3$，第 3 级主极大明纹对应的 θ 较大，此时不能使用近似关系 $\theta\approx\sin\theta\approx\tan\theta$。

12.4.3　光栅的缺级

从图 12-10 中可以看出，有时主极大并不出现，称为**缺级现象**。这很容易理解。光栅方程式（12.13）$d\sin\theta=k\lambda$ 只是出现主极大的必要条件。如果每条光束同时又满足单缝衍射的暗纹条件

$$a\sin\theta=k'\lambda \tag{12.14}$$

（式（12.2））时，此时的实际情况就是，所有这些相互加强的光束的每一束，其振幅和光强都为 0。其结果必然是总光强为 0，即在该主极大位置不出现明纹。根据以上分析可知，产生缺级现象的条件为：对同一衍射角 θ，式（12.13）和式（12.14）同时满足，此时必有

$$\frac{d}{a}=\frac{k}{k'} \tag{12.15}$$

即 d/a 等于整数比。图 12-10 所示的就是 d/a=3 的情况，此时对应的第 3，6，9，…级主极大

明纹缺级。

至于中央明纹,由透镜的等光程性,显然会出现明条纹,不会缺级。

12.4.3 光栅斜入射问题

如图 12-12 所示,当单色平行光以入射角 i 斜入射到透射光栅上时,光栅方程式(12.13)应该改写为

$$d(\sin\theta-\sin i)=k\lambda \quad (k=0,\pm1,\pm2,\cdots) \tag{12.16}$$

而单缝衍射的暗纹中心条件式(12.2)也将改为

$$a(\sin\theta-\sin i)=k\lambda \quad (m=\pm1,\pm2,\cdots) \tag{12.17}$$

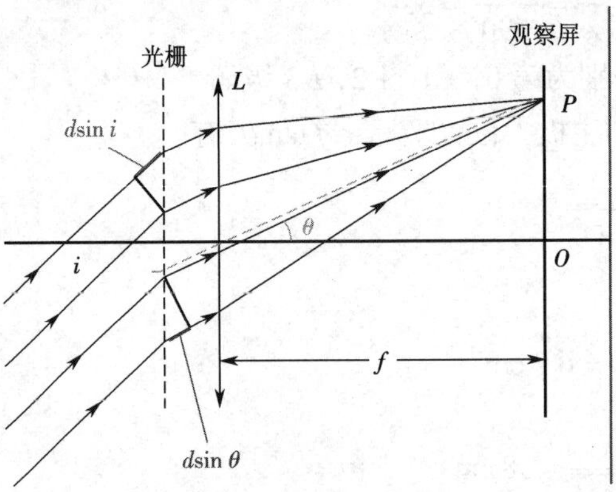

图 12-12 光栅的斜入射

衍射角 θ 和入射角 i 都以如图 12-13 和图 12-14 所示的斜向上入射为正,反之为负。

例 12.3 以波长为 5 000 Å 的平行单色光斜向下入射在光栅常数为 2.10 μm、缝宽为 0.70 μm 的光栅上,入射角为 30°。列出能看到的全部谱线的主极大级次。

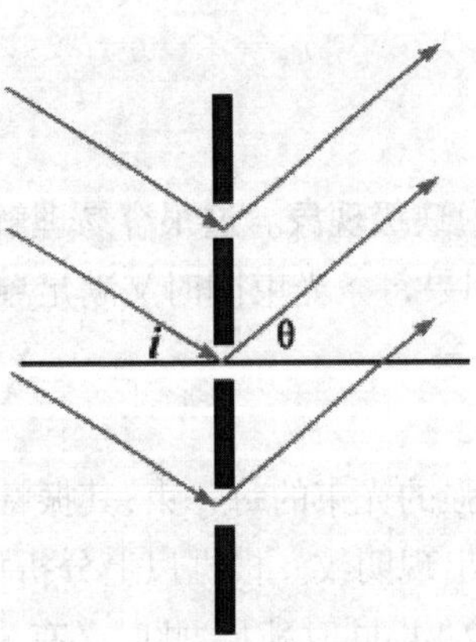

图 12-13 入射角 i 为负,衍射角 θ 为正

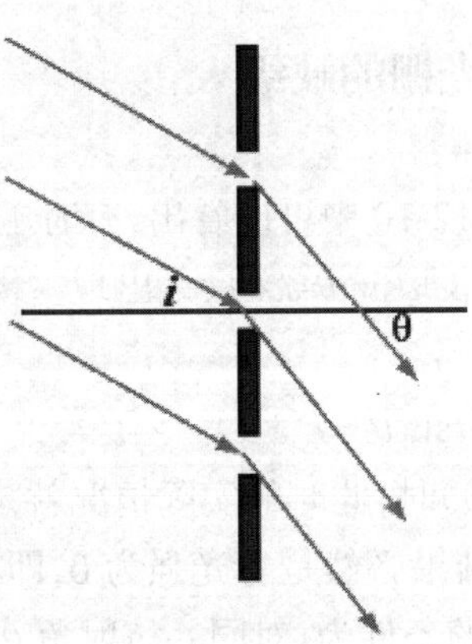

图 12-14 入射角 i 为负,衍射角 θ 为负

解 依题意,$i=-30°$。根据光栅方程,

$$k=\frac{d}{\lambda}(\sin\theta-\sin i)=\frac{2.10\times10^{-6}}{5.0\times10^{-7}}[\sin\theta-\sin(-30^\circ)]=4.2(\sin\theta+0.5)$$

由于 θ 的范围是(-90° ,90°),故 k 的范围是

$$(4.2(-1+0.5),4.2(1+0.5))=(-2.1,6.3)$$

故可取 k=-2,-1,0,1,2,3,4,5,6,即向上最多看到第 6 级,向下最多看到第 2 级。

再考虑缺级问题。此时,单缝衍射的暗纹中心条件为

$$a(\sin\theta-\sin i)=m\lambda\quad(m=\pm1,\pm2,\cdots)$$

由于 $\frac{d}{a}=\frac{2.1}{0.7}=3$,故缺了 k= ± 3, ± 6, ± 9,…等级次。

综合考虑,能看到的级次为 k=-2,-1,0,1,2,4,5,共 7 条。

12.4.4　衍射光谱

由光栅方程式,当 d 一定时,θ 与波长 λ 有关。当一束白光垂直照射光栅时,除中央明纹仍为白色外,其余各级不同波长的光将产生各自分开的条纹,形成光栅衍射光谱,呈对称分布,如图 12-15 所示。

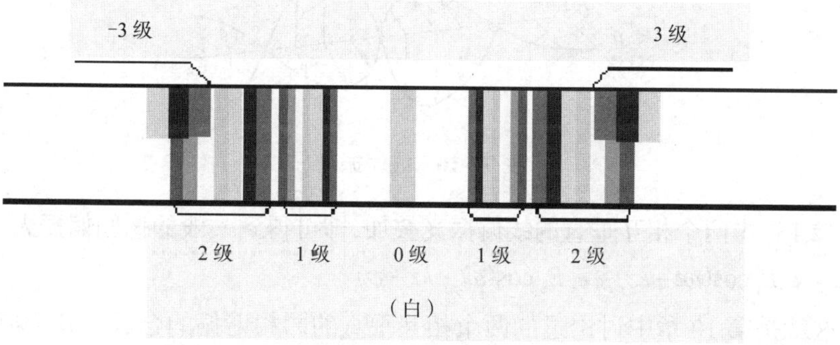

图 12-15　光栅光谱

对同一 k 值,红光衍射角最大,紫光最小,且随着级次增加会有重叠现象。具体计算表明,第 2 级红光与第 3 级紫光即发生重叠。

衍射光栅有很多用途,可作为分光元件。特制的闪耀光栅,是光栅摄谱仪的主要光学元件,在光谱分析等方面的应用极为重要。

12.5　光的偏振态

麦克斯韦在电磁波理论中已经指出,光是一种电磁波,而电磁波是横波(见第 11 章)。实际上,在此之前的 1808 年,法国科学家马吕斯在观察从某一特定角反射的反射光时,就已经发现了光的偏振现象,认识到光是横波。光的偏振与光的干涉和衍射现象都揭示了光的波动性。

振动方向对于传播方向的不对称性叫作**偏振**,它是横波区别于纵波的明显标志。光波

中电矢量 $\boldsymbol{E}$ 和磁矢量 $\boldsymbol{H}$ 都与传播方向垂直,因此光波是横波。通常取 $\boldsymbol{E}$ 来代表光振动,并称为**光矢量**。光有各种不同的振动状态,称为光的**偏振态**。按光偏振态的不同,可以把光分为五类:线偏振光、椭圆偏振光、圆偏振光、自然光和部分偏振光。

12.5.1 完全偏振光

线偏振光、圆偏振光和椭圆偏振光统称为**完全偏振光**。

最基本的完全偏振光是**线偏振光**(或平面偏振光),其光矢量 $\boldsymbol{E}$ 在一个确定的方向振动。振动方向与光传播方向组成的平面称为光矢量的**振动面**。取 z 轴为传播方向,则独立的线偏振光可取为以下两个:

$$\boldsymbol{E}=\boldsymbol{e}_x E_1\cos(\omega t-kz) \tag{12.18}$$

$$\boldsymbol{E}=\boldsymbol{e}_y E_2\cos(\omega t-kz+\varphi) \tag{12.19}$$

图 12-16 所示的线偏振光就是式(12.18)。

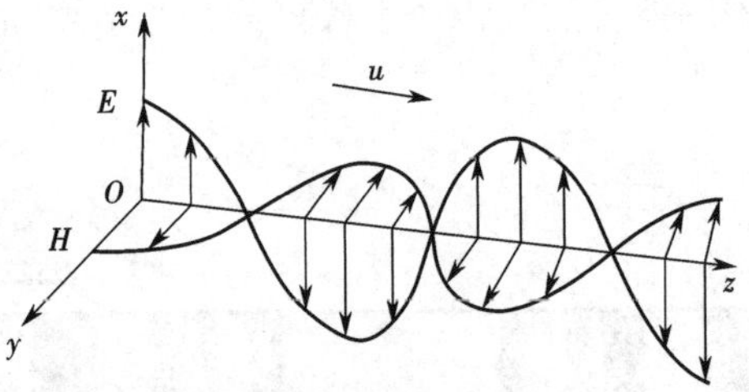

图 12-16　线偏振光

将式(12.18)中两个相互垂直的线偏振光叠加,即可得到一般的**椭圆偏振光**:

$$\boldsymbol{E}=\boldsymbol{e}_x E_1\cos(\omega t-kz)+\boldsymbol{e}_y E_2\cos(\omega t-kz+\varphi) \tag{12.20}$$

可以看出,这就是第 10 章中讨论过的两个相互垂直的同频谐振的合成。其合成结果是,矢量 $\boldsymbol{E}$ 的端点在 xy 平面内画出一个椭圆,具体如图 12-17 所示,而其在空间中的传播图像如图 12-18 所示。当 $0<\varphi<\pi$ 时对应**右旋偏振光**,当 $\pi<\varphi<2\pi$(或 $-\pi<\varphi<0$)对应**左旋偏振光**。

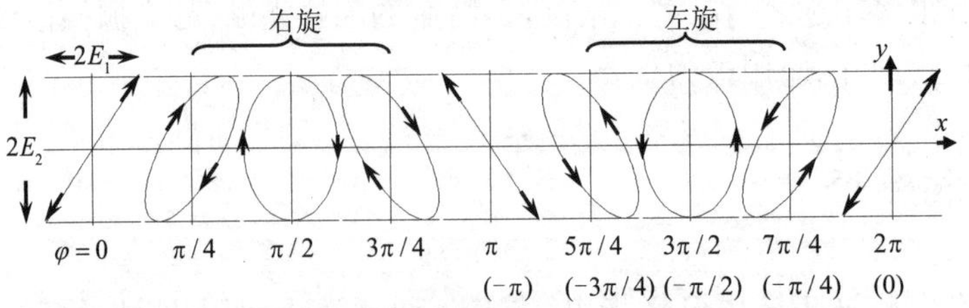

图 12-17　椭圆偏振光——相互垂直的同频线偏振光的合成

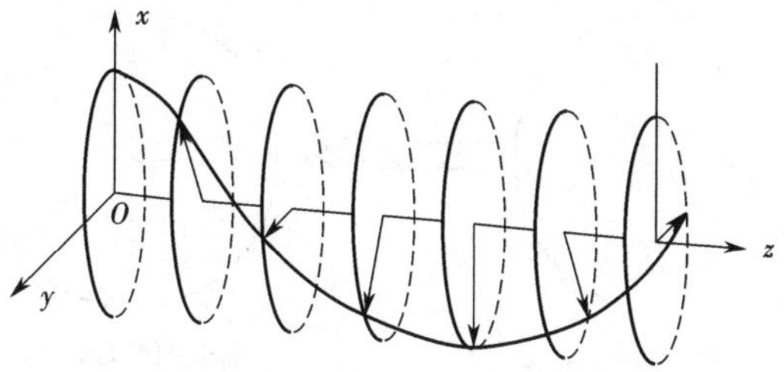

图 12-18　左旋椭圆偏振光的传播

可以看出，如果 $E_1 = E_2$ 且 $\varphi = \pm\pi/2$，则得到**圆偏振光**。而如果 $E_1 = 0$ 或 $E_2 = 0$ 或 $\varphi = 0, \pi$，则得到线偏振光。二者都可以视为椭圆偏振光的特殊情况。

12.5.2　自然光和部分偏振光

1. 自然光

如果光波源能够像机械波源那样持续振动，得到不间断的波列，那么就没有下面的内容了。前面讲过，普通光源发光是大量分子或原子的发光过程，它们彼此独立、自发地进行，同一个分子先后发出的光也彼此独立。它们的相位、振动方向都不能保持恒定，包含各个方向的光振动，即变化不规则。平均来说，光振动对光的传播方向是轴对称均匀分布的。这就是**自然光**，其光矢量 $\boldsymbol{E}$ 随机变化，平均而言在各个方向的振幅可视作相等。通常将自然光分解为两个振动互相垂直的、不相干（相位差不恒定）的、等振幅的线偏振光的叠加，如图 12-19 所示。

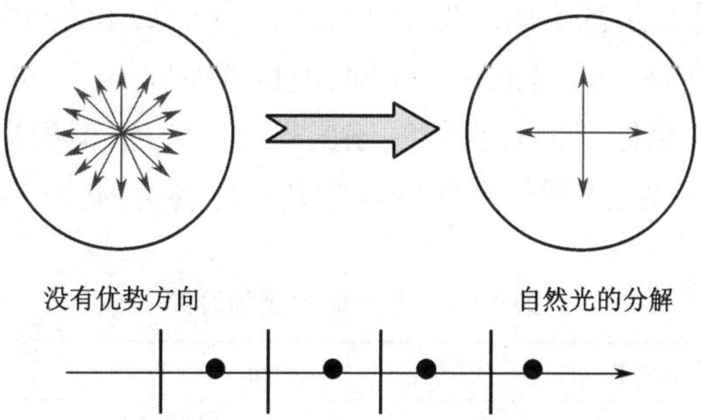

图 12-19　自然光及其表示法

2. 部分偏振光

还有一种情况是，光矢量也在垂直于传播方向的平面内随机变化，但平均而言存在一个优势方向和与之垂直的劣势方向，称为**部分偏振光**，如图 12-20 所示。可以将部分偏振光分解为两个互相垂直的、不相干的、振幅不等的线偏振光的叠加，也可以看成线偏振光与自然光的混合。

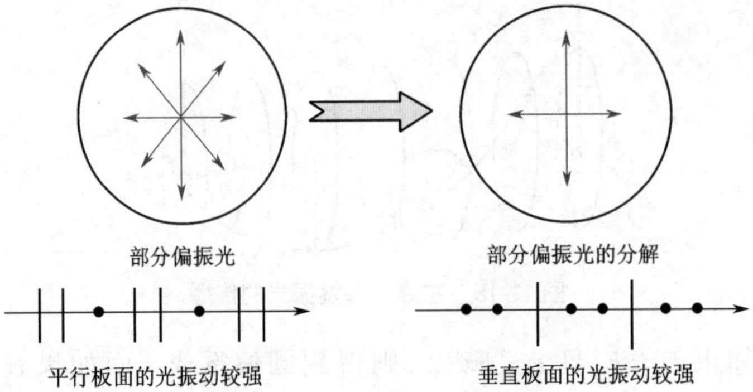

图 12-20 部分偏振光的表示法

3. 偏振度

设 I_{max} 为部分偏振光沿某一方向上所具有的光强最大值，I_{min} 为在其垂直方向上所具有的光强最小值，则通常定义**偏振度**为

$$P=\frac{I_{max}-I_{min}}{I_{max}+I_{min}} \qquad (12.21)$$

显然，对于自然光，$P=0$，完全没有偏振；对于线偏振光，$P=1$，偏振最强。

要注意，偏振度仅对部分偏振光（把自然光和线偏振光作为其特例）才有定义，对圆偏振光和椭圆偏振光一般不谈论，后二者是完全偏振光。

12.5.3 各种偏振光的异同

从根本上说，线偏振光是基本的。但由于原子或分子发光的间歇性和随机性，所谓线偏振光无非是大量传播方向相同、偏振方向相同，但持续时间不一、初相位随机的相继光波列的全体。两列频率相同、偏振方向垂直的线偏振光可以叠加，但根据相位差是否恒定，或者得到椭圆偏振光和圆偏振光，或者得到部分偏振光和自然光，见表 12.1。

表 12.1 各种偏振光的异同

两振动面垂直的线偏振光的合成结果	振幅相同	振幅不同
相位差恒定（完全偏振光）	线偏振光（$\varphi=0, \pm\pi$）	
	圆偏振光（$\varphi=\pm\pi/2$）	
	椭圆偏振光（$\varphi=$ 其他）	
相位差随机变化	自然光（$P=0$）	部分偏振光（$0<P<1$）

12.6　偏振光的获得与检验

12.6.1　起偏和检偏

1. 偏振片

把自然光转变为偏振光的装置叫作**起偏器**，比如**偏振片**。偏振片是在透明的基片上蒸镀一层具有**二向色性**物质晶粒而制成的。这种物质对某特定方向的光矢量吸收强烈，而在与之垂直的方向上吸收很少，可以认为只允许该方向的光振动通过。这一方向称为偏振片的**偏振化方向**（或**透振方向**）。

如图 12-21 所示，P_1、P_2 为两偏振片，已画出其偏振化方向。P_1 起偏，把垂直入射的光强为 I_0 的自然光变为线偏振光，光强 $I_1=I_0/2$。透过 P_1 的偏振光又垂直射到 P_2 上。如果 P_2 的偏振化方向与 P_1 相同，则该线偏振光可以全部透过 P_2。但当把 P_2 绕传播方向旋转时，透射光开始减弱，至二者垂直时减弱为零（即出现**消光**）。转动 P_2 一周，透射光强不断变化，经历两次最大和两次消光的状态。可见，P_2 起着检验线偏振光的作用，叫作**检偏器**。

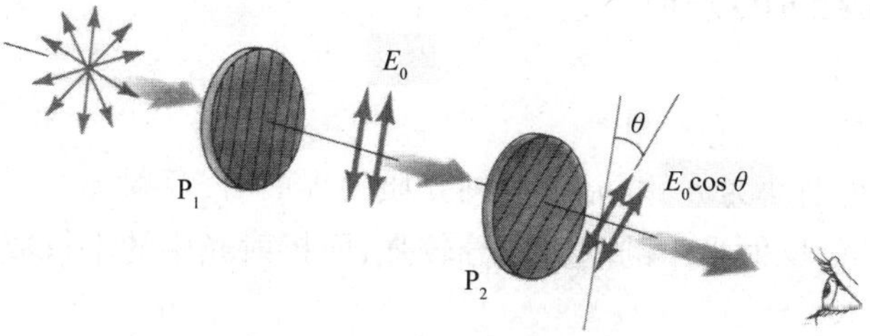

图 12-21　起偏和检偏（马吕斯定律）

如果移走 P_1，让自然光直接射到缓慢转动的 P_2 上，透过的光强将恒为 $I_0/2$。如果把自然光换成部分偏振光射到 P_2 上，那么 P_2 转动一周时，透射光强会出现两次最强和两次最弱，但最弱时不为零。

2. 马吕斯定律

1809 年，马吕斯发现，当入射的线偏振光强度为 I 时，透过检偏器后的透射光强 I' 为

$$I' = I\cos^2\theta \tag{12.22}$$

其中，θ 为检偏器的偏振化方向与入射线偏振光的振动方向的夹角。这叫作**马吕斯定律**。

该定律从理论上很容易证明。在图 12-21 中，设经过 P_1 起偏的线偏振光振幅为 E_0，则经过 P_2 之后，光振幅只有沿 P_2 偏振化方向的分量 $E_0\cos\theta$ 可以通过。由于 $I\propto E^2$，马上得到式（12.22）。

例 12.4　部分偏振光可以看作是线偏振光和自然光的混合。当它通过一偏振片时，发现透射光强取决于偏振片的取向，并可变化 5 倍。求入射光束中这两种光的强度各占总强度的份额。

解　设入射光中自然光光强为 I_1，线偏振光光强为 I_2，因此，入射光总光强

$$I=I_1+I_2$$

自然光通过偏振片后光强总是为 $I_1/2$，故混合光通过偏振片后，

$$I_{\max}=\frac{1}{2}I_1+I_2$$

$$I_{\min}=\frac{1}{2}I_1+0$$

由题意 $I_{\max}=5I_{\min}$，故得

$$I_1=\frac{1}{2}I_2$$

最后有

$$I_1=\frac{1}{3}I$$

$$I_2=\frac{2}{3}I$$

根据偏振度的定义式，它其实就是总光强中线偏振光所占的比例。本题中偏振度 $P=2/3$。

12.6.2　反射与折射时的偏振

1. 布儒斯特定律

当自然光射到折射率为 n_1 和 n_2 的两种介质的界面时，反射光和折射光都是部分偏振光。以入射面为参考，反射光中的垂直成分较强，而折射光中的平行成分较强，如图 12-22（a）所示。

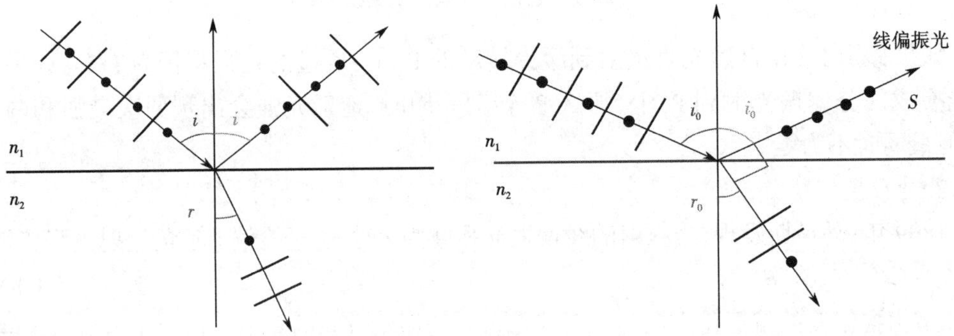

（a）　　（b）

图 12-22　反射和折射时的偏振

（a）反射光和折射光都是部分偏振光　（b）以布儒斯特角入射

理论和实验都表明，改变入射角 i，反射光和折射光的偏振度也随之改变。当入射角 i_0 满足 $i_0+r=\pi/2$（即反射光与折射光垂直）时，反射光中只有垂直分量，成为线偏振光，如图 12-22（b）所示。此时折射光仍为部分偏振光，但偏振度达到最大。根据折射定律 $n_1\sin i_0=$

$n_2 \sin r$ 和上述条件，很容易得到

$$\tan i_0 = \frac{\sin i_0}{\cos i_0} = \frac{n_2}{n_1} \tag{12.23}$$

该关系称为**布儒斯特定律**，其中的特殊入射角 i_0 称为**布儒斯特角**（或**起偏振角**）。例如，当自然光从空气入射到 n_2=1.5 的玻璃上时，i_0=57°。

2. 玻璃堆

当自然光从空气以 i=i_0 入射到玻璃上时，反射光虽然是线偏振光，但光强太弱，只占入射自然光中垂直分量光强的 15%，折射光则占有垂直分量光强的 85% 和平行分量的全部光强。

为了从折射光中获得线偏振光，人们采用多次折射法。如图 12-23 所示，让自然光以布儒斯特角入射到多片玻璃叠合的玻璃堆。容易看出，此时不管光是从空气入射到玻璃，还是从玻璃入射到空气，其入射角都是对应情形下的布儒斯特角。于是，所有界面处的反射都将只有垂直分量，而最后出射的折射光中就几乎只有平行分量，从而可以被视为线偏振光，且光强较大。

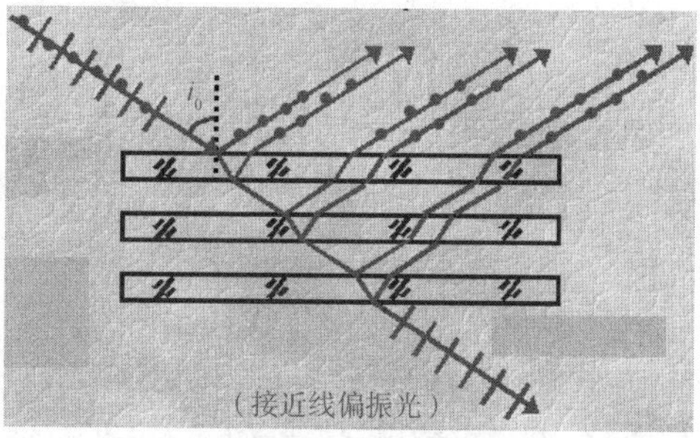

图 12-23　玻璃堆

在外腔式 He-Ne 激光管的两端都安装布儒斯特窗后，光的垂直分量由于反射损失在谐振腔中无法起振，而平行分量在窗上没有损失，在腔内形成振荡，输出即得到线偏振光，如图 12-24 所示。

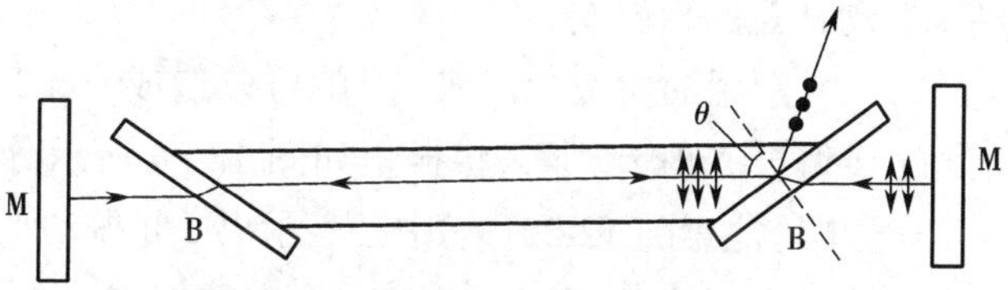

图 12-24　外腔式激光器输出线偏振光

12.6.3　双折射与波片

常用的起偏方式有三种：偏振片的二向色性物质，以布儒斯特角入射，晶体因各向异性导致的**双折射**效应。由此得到的 o 光和 e 光都是 100% 的线偏振光。也可以利用它们的特

性制成**波片**，实现线偏振光和（椭）圆偏振光的相互转化，并提供各种偏振光的完全检验方案，因为仅用偏振片无法区分椭圆偏振光和部分偏振光，也无法区分圆偏振光和自然光。

1. 双折射

前面谈到的介质都是各向同性的。当自然光入射到各向异性物质（如方解石晶体或石英晶体）后，其折射光线会分成两束，沿不同方向折射，称为**双折射**现象。两束折射光线之一遵守折射定律，称为**寻常光**或 **o 光**；另一束光线不遵守折射定律，也不一定在入射面内，称为**非常光**或 **e 光**。o 光和 e 光都是 100% 的线偏振光，且振动方向垂直，从而可以利用晶体的双折射效应对自然光起偏。

如图 12-25（a）所示，o 光在介质中沿各个方向的波速是一定的，而 e 光在介质中的波速则各向异性。但它们会在一个特定的方向（称为**光轴**）上速度相同，而在与其垂直的方向上速度差达到最大。而且仅在如图 12-25（b）、（c）所示的情形，o 光和 e 光才以相同方向传播。此时不出现“双”折射，当然也不存在“折”。图 12-25（c）的实际情形是区分不出 o 光和 e 光。

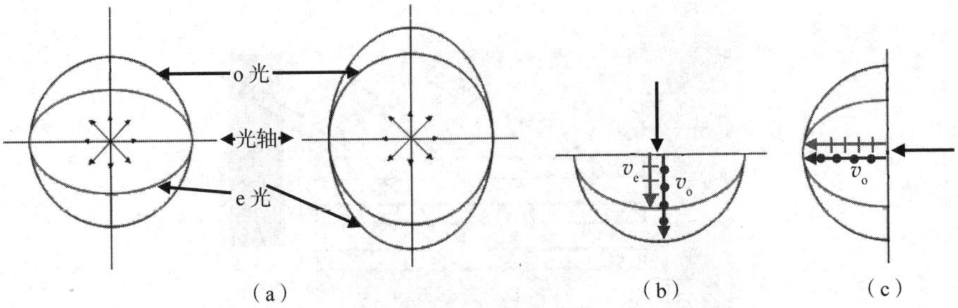

图 12-25　o 光与 e 光

（a）它们的同时波面　（b）光轴平行于界面且光线垂直入射　（c）光轴垂直于界面且光线垂直入射

2. 波片与椭圆偏振光

根据图 12-25（b），把晶体切割成薄片，让光轴平行于界面，就得到**波片**（或**波晶片**）。当平行光垂直表面入射时，进入晶体后分解成的 o 光和 e 光仍沿原方向传播，但速度不同。当二者从另一表面出射时，不同的传播时间会引起相位差。显然，该相位差正比于波片厚度，故可以通过调整厚度来实现任意的相位差。

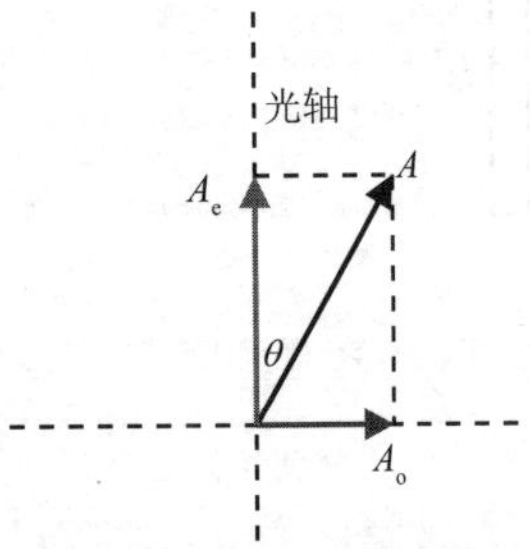

图 12-26　o 光、e 光的振幅分解

常用的所谓“**1/4 波片**”就可以造成 $\pm\pi/2$ 的相位差。如果是线偏振光射入，那么将振幅如图 12-26 所示分解为 o 光和 e 光的振幅（注意图 12-25（b）中已表示出 e 光振动平行于光轴），二者初始时无相位差，而出射时有 $\pm\pi/2$ 的相位差，故将合成为椭圆偏振光。但若 $\theta=45°$，则二者振幅相等，得到圆偏振光。

上面的过程也可以反过来。如果入射光是圆偏振光，那么初始时分解得到的 o 光和 e 光振幅相等，相位差为 $\pm\pi/2$。经过波片后相位差又改变 $\pm\pi/2$，从而变为 0 或 π，于是成为线偏振光。如果入射光是椭圆偏振光，那么取图 12-17 中的第三幅（或第七幅）图，让光轴与其长轴或短轴一致，出射后同样也会成为线偏振光。

3. 偏振光的检验

用偏振片可以检出线偏振光，但无法区分椭圆偏振光和部分偏振光，也无法区分圆偏振光和自然光。如果结合使用 1/4 波片，那么可以做到完全区分，具体见表 12.2。

表 12.2　偏振光的检验

第一步	令入射光通过偏振片 P_1，改变偏振片 P_1 的透振方向，观察透光强度的变化				
观察到的现象	有消光	强度无变化		强度有变化，但无消光	
结　论	线偏振	自然光或圆偏振		部分偏振或椭圆偏振	
第二步		①令入射光依次通过 $\lambda/4$ 片和偏振片 P_2，改变偏振片 P_2 的透振方向，观察透射光强度的变化		②同①，只是 $\lambda/4$ 片的光轴方向必须与第一步中偏振片 I 产生的强度极大或极小的透振方向重合	
观察到的现象		有消光	无消光	有消光	无消光
结　论		圆偏振	自然光	椭圆偏振	部分偏振

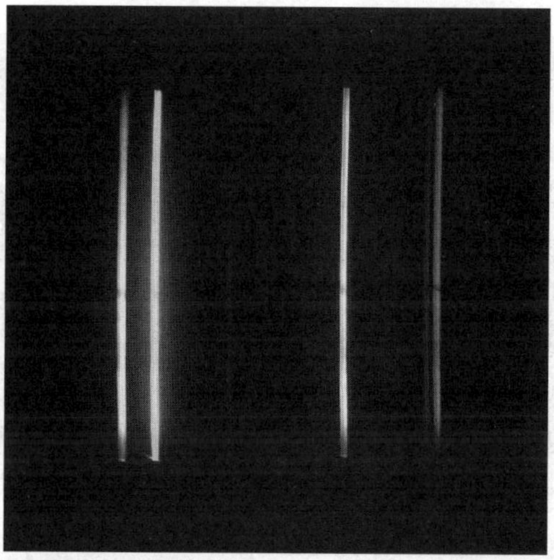

图 12-27　汞光源的光栅衍射光谱（579.1/577.0/546.1/435.8/406.7 nm）

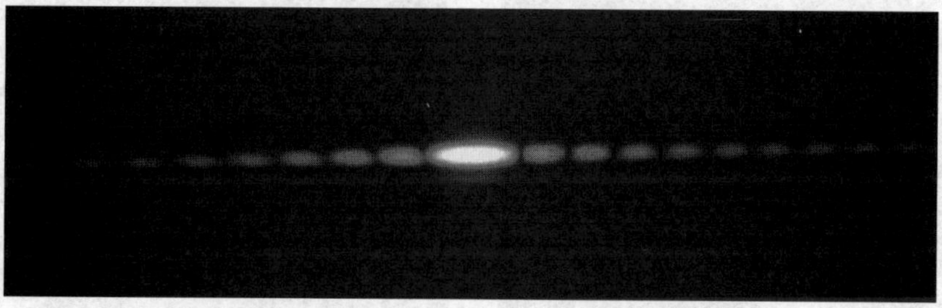

图 12-28　单缝夫琅禾费衍射实验（波长 633 nm）

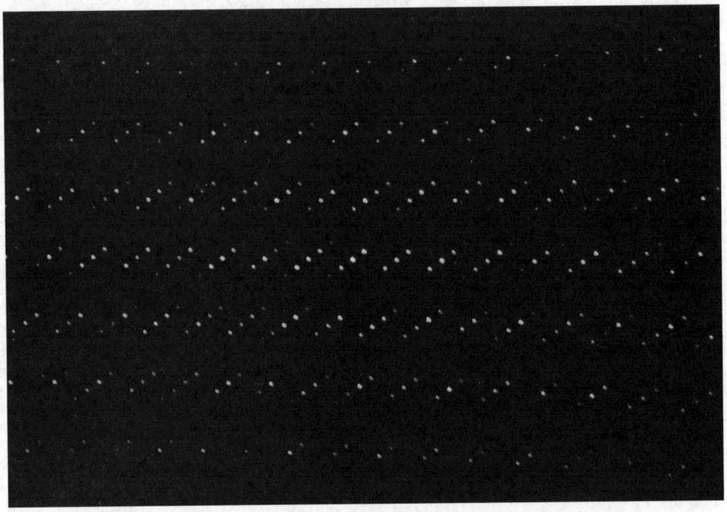

图 12-29　一维光栅 + 正交光栅衍射(波长 532 nm)

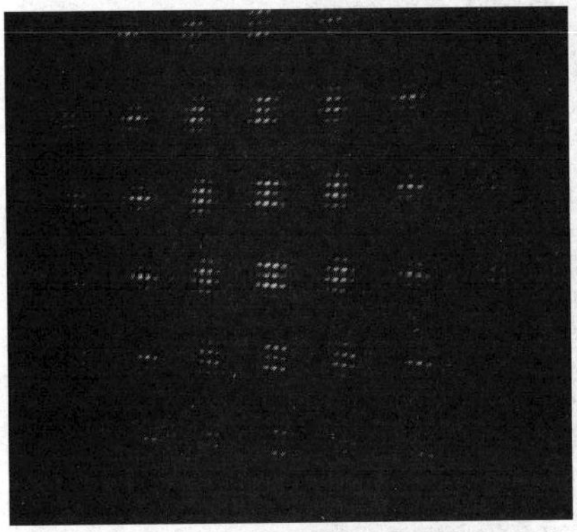

图 12-30　一维光栅 + 环形光栅衍

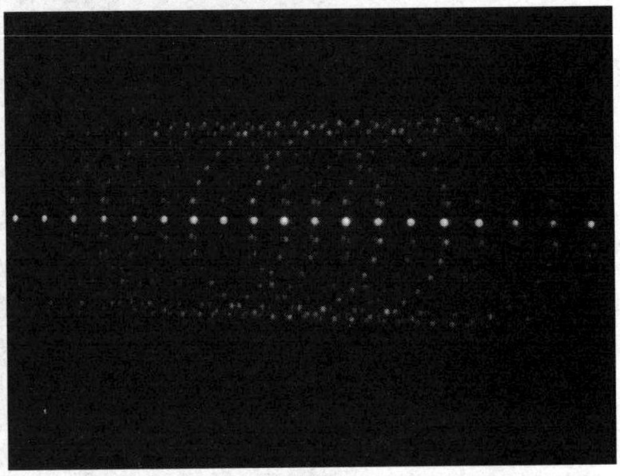

图 12-31　二维光栅 + 正交光栅衍射

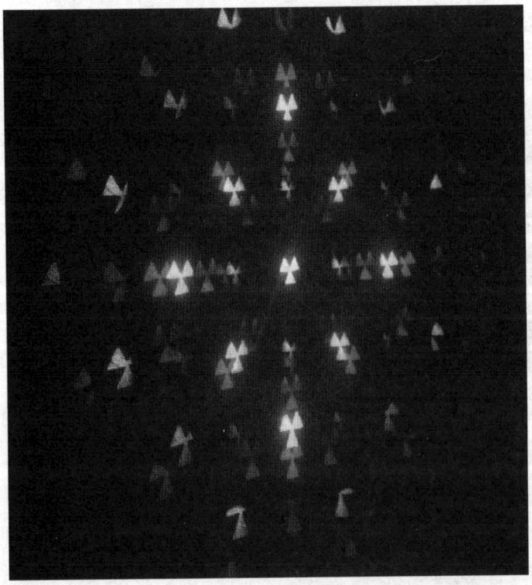

图 12-32　六角密排光栅的衍射(波长 405 nm)

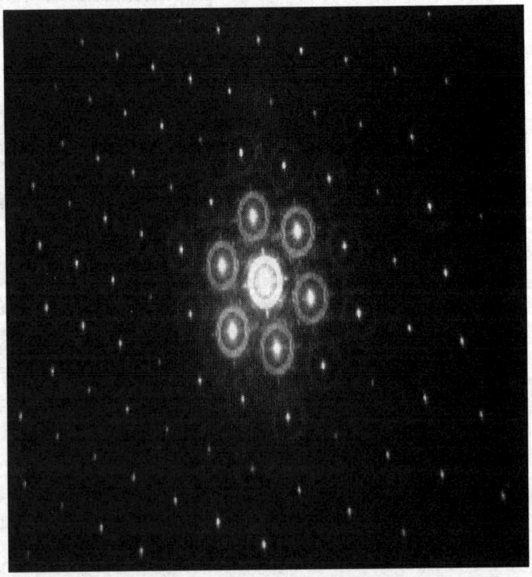

图 12-33　正交光栅的衍射光谱(波长 630/532/405 nm)

图 12-34　龙基（矩形）光栅的衍射光谱（波长 532 nm）

习　题

12.1　一束波长为 l 的平行单色光垂直入射到一单缝 AB 上，装置如题图所示。在屏幕 D 上形成衍射图样，如果 P 是中央亮纹一侧第一个暗纹所在的位置，则 $\overline{BC}$ 的长度为（　　）。

A. $l/2$　　　　B. l

C. $3l/2$　　　　D. $2l$

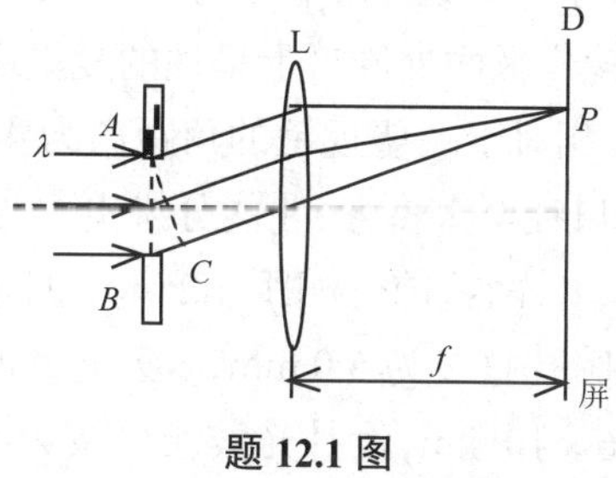

题 12.1 图

12.2　波长为 l 的单色光垂直入射于光栅常数为 d、缝宽为 a、总缝数为 N 的光栅上，取 $k=0, \pm 1, \pm 2, \cdots$ 则决定出现主极大的衍射角 q 的公式可写成（　　）。

A. $Na\sin q=kl$　　　　B. $a\sin q=kl$

C. $Nd\sin q=kl$　　　　D. $d\sin q=kl$

12.3　自然光以 60° 的入射角照射到某两介质交界面时，反射光为完全线偏振光，则知折射光为（　　）。

A. 完全线偏振光且折射角是 30°

B. 部分偏振光且只是在该光由真空入射到折射率为 $\sqrt{3}$ 的介质时，折射角是 30°

C. 部分偏振光，但须知两种介质的折射率才能确定折射角

D. 部分偏振光且折射角是 30°

12.4　惠更斯引入 ________ 的概念提出了惠更斯原理，菲涅耳再用 ________ 的思想

补充了惠更斯原理，发展成了惠更斯－菲涅耳原理。

12.5 波长为 l 的单色光垂直入射到缝宽 $a=4l$ 的单缝上。对应于衍射角 $j=30°$，单缝处的波面可划分为 ________ 个半波带。

12.6 某单色光垂直入射到一个每毫米有 800 条刻线的光栅上，如果第一级谱线的衍射角为 30°，则入射光的波长应为 ________。

12.7 已知单缝宽度 $a=0.6$ mm，使用的凸透镜焦距 $f=400$ mm，在透镜的焦平面上用一块观察屏观察衍射图样。用一束单色平行光垂直照射单缝，测得屏上第 4 级明纹到中央明纹中心的距离为 1.4 mm。试求：(1)该入射光的波长；(2)对应此明纹的半波带数？

12.8 在单缝实验中，已知照射光波长 $\lambda=546$ nm，缝宽 $a=0.10$ mm，透镜的焦距 $f=50$ cm。试求：(1)中央明纹的宽度；(2)两旁各级明纹的宽度；(3)中央明纹中心到第 3 级暗纹中心的距离？

12.9 一束单色平行光垂直照射到一单缝上，若其第 3 级明纹位置正好与 $\lambda_2=600$ nm 的单色平行光的第 2 级明纹的位置重合。求前一种单色光的波长。

12.10 (1)在单缝夫琅禾费衍射实验中，垂直入射的光有两种波长，$l_1=400$ nm，$l_2=760$ nm。已知单缝宽度 $a=1.0\times10^{-2}$ cm，透镜焦距 $f=50$ cm。求两种光第一级衍射明纹中心之间的距离。

(2)若用光栅常数 $d=1.0\times10^{-3}$ cm 的光栅替换单缝，其他条件和上一问相同，求两种光第 1 级主极大之间的距离。

12.11 在夫琅禾费圆孔衍射中，设圆孔半径为 0.10 mm，透镜的焦距为 50 cm，所用单色光的波长为 500 nm，求在透镜焦平面处屏幕上呈现的爱里斑半径。

12.12 已知天空中两颗星相对于一望远镜的角距离为 4.84×10^{-6} rad，它们都发出波长为 550 nm 的光，试问望远镜的口径至少多大，才能分辨出这两颗星？

12.13 在迎面驶来的汽车上，两盏前灯相距 1.2 m。试问人在离汽车多远的地方，眼睛恰能分辨这盏灯？设夜间人眼瞳孔直径为 5.0 mm，入射光的波长 $\lambda=500$ nm。

12.14 月球距地面约 3.86×10^5 km，设月光波长可按 $\lambda=550$ nm 计算，问月球表面距离为多远的两点才能被地面上直径 $D=500$ cm 的天文望远镜所分辨？

12.15 波长 600 nm 的单色光垂直入射到一光栅上，测得第 2 级主极大的衍射角为 30°，且第 3 级是缺级。

(1)光栅常数($a+b$)等于多少？

(2)透光缝可能的最小宽度 a 等于多少？

(3)在选定了上述($a+b$)和 a 之后，求在衍射角 $-\frac{1}{2}\pi<\varphi<\frac{1}{2}\pi$ 范围内可能观察到的全部主极大的级次。

12.16 用 $\lambda=590$ nm 的钠黄光垂直入射到每毫米有 500 条刻痕的光栅上，问最多能看到第几级明纹？

12.17 波长 $\lambda=600$ nm 的单色光垂直入射到一光栅上，第 2 、第 3 级明纹分别出现在 $\sin\theta_2=0.20$ 与 $\sin\theta_3=0.30$ 处，且第 4 级缺级。试求：(1)光栅常数；(2)光栅上狭缝的宽度；

（3）在屏上实际呈现出的全部级数？

12.18　在分光计上用每 1 cm 有 800 条缝的衍射光栅来测量某单色光波的波长，测得第 3 级主极大明纹的衍射角为 8° 8′。试计算该单色光的波长。

12.19　为了测定一光栅的光栅常数，用波长 λ=632.8 nm 的 He-Ne 激光器的激光垂直照射光栅，做光栅的衍射光谱实验，已知第 1 级明纹出现在 30° 的方向上。试问：（1）这光栅的光栅常数是多大？（2）这光栅 1 cm 内有多少条缝？（3）第 2 级明纹是否可能出现？为什么？

12.20　一双缝，两缝间距为 0.1 mm，每缝宽为 0.02 mm，用波长 λ=480 nm 的平行单色光垂直入射双缝，双缝后放一焦距为 50 cm 的透镜。试求：（1）透镜焦平面上单缝衍射中央明纹的宽度；（2）单缝衍射的中央明纹包迹内有多少条双缝衍射明纹？

12.21　波长为 500 nm 及 520 nm 的平行单色光同时垂直照射在光栅常数为 0.02 mm 的衍射光栅上，在光栅后面用一焦距为 2 m 的透镜把光线聚在屏上，求这两种单色光的第 1 级光谱线间的距离。

12.22　设一束自然光光强为 I_0，垂直入射到起偏器上，开始时起偏器和检偏器的透振化方向平行，然后使检偏器绕入射光的传播方向转过 45°、60°，试分别求出这两种情况下，透过检偏器后的光强为多少？

12.23　使自然光通过两个偏振化方向夹角为 60° 的偏振片时，透射光强为 I_1，今在这两个偏振片之间再插入另一块偏振片，它的偏振化方向与前两个偏振片均成 30°，问此时透射光强 I_2 与 I_1 之比为多少？

12.24　自然光入射到两块垂直的偏振片上，如果透过的光强为：（1）透射光最大强度的三分之一；（2）入射光强的三分之一。则这两块偏振片透振化方向间的夹角为多少？

12.25　一束太阳光，以某一入射角入射到平面玻璃板上，这时反射光为线偏振光。测得此时对应的折射角为 32°，试求：（1）入射角为多少？（2）此种玻璃的折射率是多少？

第 13 章　量子物理基础

19 世纪末，人们发现一些新的物理现象，如“迈克尔孙－莫雷实验”“黑体辐射”“光电效应”和“原子谱线系”等，严格按经典理论推导的结果却与实验事实不符。当时热辐射现象被称为是物理学晴朗天空中“一朵令人不安的乌云”。首先驱散这朵乌云而开创了物理学中一场深刻革命的是普朗克，他于 1900 年用能量量子化假说即量子论，成功地解释了热辐射现象。

在此基础上，1905 年爱因斯坦用光量子概念解决了经典理论与光电效应的矛盾，从而导致玻尔在 1913 年提出原子结构的定态理论，圆满解释了氢原子的谱线系问题。他们的成功奠定了量子物理发展的基础。

1918 年，瑞典皇家科学院决定授予柏林大学普朗克教授该年度诺贝尔物理学奖，以表彰他对量子理论所做的具有划时代意义的研究工作。

13.1　热辐射与普朗克量子假说

13.1.1　黑体辐射

1. 热辐射

任何物体在任何温度下，都要向周围空间辐射电磁波，称为辐射能。这种辐射在一定时间内辐射能量值的多少和辐射能按波长的分布都与温度有关，因而又称为热辐射。

单位时间内，从物体表面单位面积上所发射的 $\lambda \sim \lambda + d\lambda$ 波长范围内的辐射能为 dE_λ，则 dE_λ 与波长间隔 $d\lambda$ 的比值称为单色辐射本领。

$$e(\lambda,T)=\frac{dE_\lambda}{d\lambda}$$

单位时间内，从物体表面单位面积上所发射的各种波长的总辐射能，称为总的辐出度。

$$E(T)=\int_0^\infty e(\lambda,T)d\lambda \qquad (13.1)$$

2. 黑体模型

1）黑体的吸收

若物体表面在任何温度下都能完全吸收投射到它上面的各种波长的电磁辐射而无反射，则称这种物体为绝对黑体，简称黑体。如图 13-1 所示为黑体的空腔模型，外界反射到小孔的辐射进入空腔，经腔壁多次反射，几乎完全被吸收。由于小孔面积远小于腔壁面积，所以由小孔穿出的辐射能可以略去不计。例如，在白天看到远方楼房的窗户都是黑的，而且越小越黑，就是这个原因。

2）黑体的发射

另一方面，如果将腔体加热提高温度，腔壁将向腔内发出热辐射，其中总有一小部分将从小孔射出，从小孔发射的辐射波谱就表征了黑体辐射的特性。切莫因“黑体”这一命名而误认为它必定是黑的。例如，炼钢炉小窗孔可看成黑体孔，钢炉壁点火前呈黑色，点火后逐渐变为红色，快出钢前则变成黄色而显得十分明亮，因而通过观查冶炼炉上的小孔，可以判定炉内温度，如图 13-2 所示。

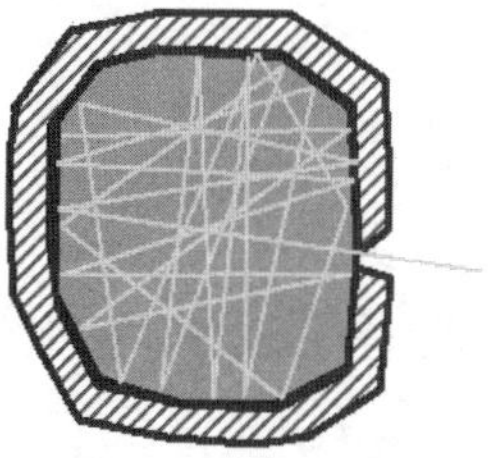

图 13-1　不透明材料的黑体示意图

图 13-2　炼钢炉小窗

3. 黑体辐射定律

1）斯成藩 - 玻耳曼定律

图 13-3 为绝对黑体的辐射本领按波长分布曲线，每一条曲线下的面积等于黑体在一定温度下的总的辐射本领，即单位面积上的发射功率

$$E_0(T)=\sigma T^4 \tag{13.2}$$

其中，$\sigma=5.6705\times10^{-8}\ \mathrm{W/(m^2\cdot K^4)}$。

2）维思位移定律

如图 13-4 所示，每一条曲线都有一最大值，其对应的峰值波长为 λ_m。随着温度的升高，曲线下面积也急速增大，T 越大，λ_m 越小。经实验确定：

$$T\lambda_m=b \tag{13.3}$$

其中，$b=2.897\,8\times10^{-3}\ \mathrm{m\cdot K}$。式（13.2）和式（13.3）两个定律反映出热辐射的量值随温度 T 的升高而迅速升高，而且 λ_m 随 T 增大而向短波方向移动。

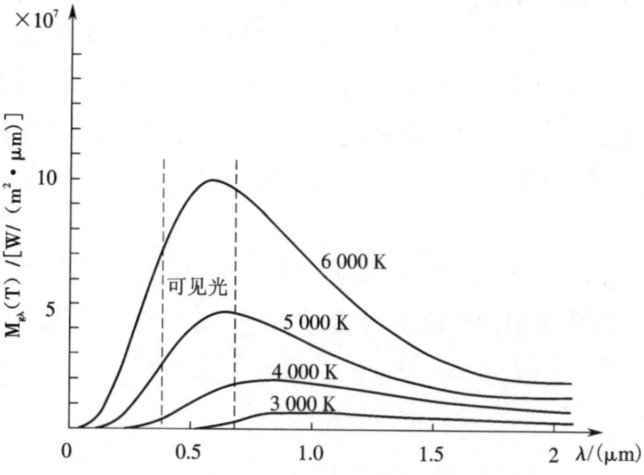

图 13-3　绝对黑体的辐射本领按波长分布曲线

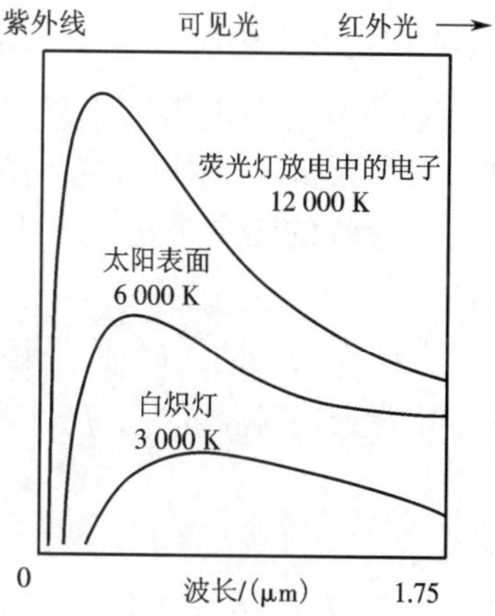

图 13-4　维思位移定律

例如,若实验测得黑体单色辐射本领最大值所对应的 λ_m,就可根据式(13.3)计算出温度 T,由式(13.2)再计算黑体在该温度下的总的辐射本领 $E_0(T)$。

13.1.2 普朗克量子假说

1. 黑体的发射本领

黑体的发射本领与温度及辐射波长的函数式 $e_0=f(\lambda, T)$,如何表达？下面的典型公式都是从热力学角度推导的。

(1)瑞利－金斯公式

$$e_0(\lambda,T)=C_1\lambda^{-4}T \tag{13.4}$$

在波长 λ 较长的情况下式(13.4)与实验曲线比较接近,但在短波(紫外光区),λ 越小,$e_0(\lambda,T)$越大,将导致紫外区的灾难,这与实验不符。

(2)维恩公式:

$$e_0(\lambda,T)=C_2\lambda^{-5}e^{-C_3/\lambda T} \tag{13.5}$$

这个公式在短波方向与实验曲线比较接近,但在长波却又与实验曲线不相符。

2. 普朗克量子假说

普朗克公式:

$$e_0(\lambda,T)=2\pi hc^2\lambda^{-5}\frac{1}{e^{h\nu/kT}-1} \tag{13.6}$$

当 $e^{h\nu/kT}$ 展开趋近于 $1+\dfrac{h\nu}{kT}$,即 $h\nu \ll kT$,属低频(长波)、高温时,显然式(13.6)退化为瑞利－金斯公式(式(13.4))。

当 $h\nu \gg kT$,即 $e^{h\nu/kT}\gg 1$,属高频(短波)、低温时,显然式(13.6)退化为维恩公式(式(13.5))。

整个推导方法到底是一种纯粹的计算手段,还是有确定的真实物理意义？由此,普朗克建立其能量子假说。

辐射黑体是由带电的谐振子所组成,这些谐振子的能量是不连续的,它具有最小的单元,叫作能量子(简称量子);对于频率为 ν 的谐振子来说,每一量子的最小能量值为 $\varepsilon=h\nu$,即振子释放的能量只能是一些分立的值,即能量子,其中 h 是一个普适常数,现在称为普朗克常数。因此,振子所处的状态是不连续的,它只能处于 ε, 2ε, 3ε, $\cdots$, $n\varepsilon$,物体辐射或吸收的能量是这个最小能量单元的整数倍,而且是一份一份地按不连续的方式进行的。

普朗克公式的正确性,还由于它可以自然导得两条热辐射定律。现代物理手段已探测到宇宙背景辐射温度为 2.7 K,与普朗克公式所得曲线吻合得很好,如图 13-5 所示。

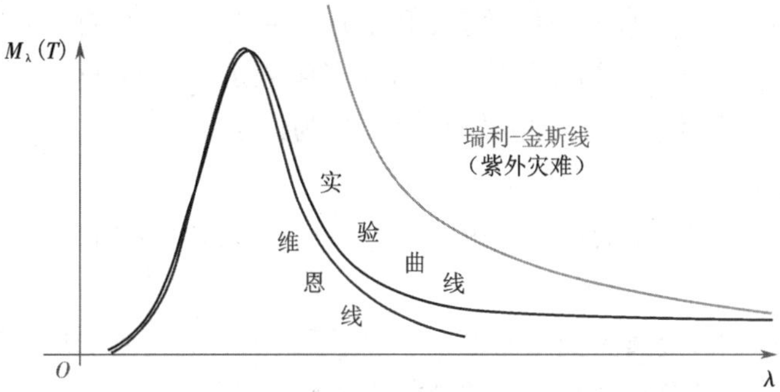

图 13-5　黑体的发射本领实验曲线

13.2　爱因斯坦光子理论

13.2.1　光电效应

光电效应现象，就是当光照射到金属（或金属氧化物）的表面上时，光的能量仅部分以热的形式被金属所吸收，而另一部分则转换为其表面中某些电子的能量，促使这些电子从金属表面逸出，这种逸出电子称为光电子，如图 13-6 所示。

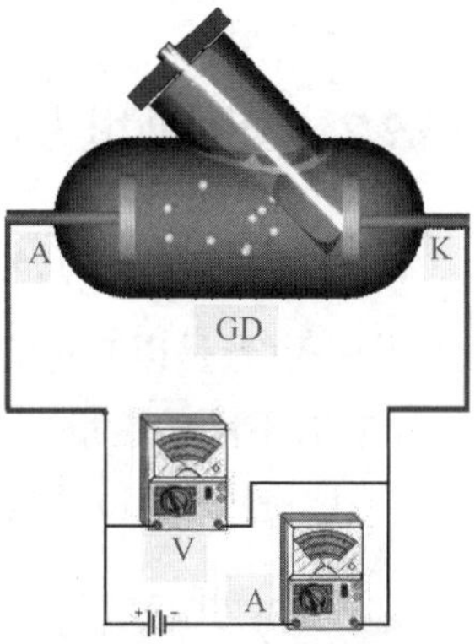

图 13-6　光电效应实验

1. 光电效应实验结果

1）光电流与入射光强之间的关系　当一定强度的单色光照射光电管的电极时，其伏安特性如图 13-7 所示，在相同的加速电压下，单位时间内，受光照射的金属板中释放出来的光电子数和入射光强成正比。

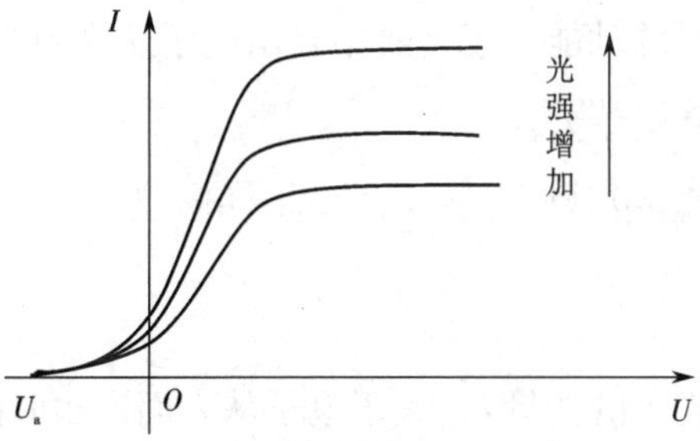

图 13-7　伏安特性曲线

2）光电子的初动能和入射光频率之间的关系

反向遏止电压与光电管金属电极释放出的光电子的动能之间有以下关系，且光电子的动能与光强度无关。

$$eU_a = \frac{1}{2}mv_m^2 \tag{13.7}$$

光电子从金属表面逸出的初动能随入射光的频率线性增加，而与入射光的强度无关。要使光所照射的金属释放出电子，入射光的频率必须满足一定的条件。如果入射光频率小于 v_0，不管光强多大，都不会产生光电效应，故 v_0 称为红限。

3）光电效应和时间的关系

光照射到金属上，与金属表面释放出的光电子几乎是瞬时发生的。

2. 光的波动理论的缺陷

（1）按光的波动说，金属表面在光照射下，电子逸出时的初动能决定于光的强度；但实验结果表明，任何金属所释放的光电子的动能都随入射光的频率线性地增加，而与入射光强无关。

（2）按光的波动说，光强足够大，光电效应对各种频率的光都会发生；但实验结果指出，对于频率小于红限 v_0 的入射光，不管入射光强度多大，都不能发生光电效应。

（3）按光的波动说，光电子从表面逸出，入射光强越弱，时间越长，入射光强越强，逸出时间越短；但实验结果证实，只要入射光频率大于红限即 $v > v_0$，光电子几乎瞬间发射出来。

13.2.2 爱因斯坦方程

爱因斯坦指出：光不仅在发射或吸收时，具有粒子性，而且光在空间传播时，也具有粒子性，即一束光是以光速 c 运动的粒子流，称为光子，每一光子的能量就是 $\varepsilon = hv$，不同频率的光子具有不同的能量。

（1）爱因斯坦方程表示为

$$\frac{1}{2}mv_{\mathrm{m}}^2 = ekv - eU_{\mathrm{a}}$$

即

$$\frac{1}{2}mv_{\mathrm{m}}^2 = hv - A \tag{13.8}$$

电子从金属表面逸出时的动能等于金属中自由电子从入射光中吸收光子的能量减去电子从金属表面释放出时的逸出功。

（2）由式（13.8），$\frac{1}{2}mv_{\mathrm{m}}^2 = 0$，则 $hv_0 = A$，即红限频率为

$$v_0 = \frac{A}{h} \tag{13.9}$$

只有当电子所吸收的光子的能量 hv_0 大于电子从表面逸出时的逸出功 A，才能发射光电子；如果 $v < v_0$，则不论入射光子数目多大，每个光子都没有足够的能量去发射光电子。

（3）当光照射金属时，一个光子的全部能量立即被电子吸收而不需“积累能量”的时间，所以光电效应是瞬间发生的。

13.2.3　康普顿效应

1923 年，康普顿在研究 X 射线经物质散射时，从实验结果进一步证实了爱因斯坦的光子理论。

1. 康谱顿效应

在散射光谱中既有与入射线波长 λ 相同的射线，也有波长 $\lambda > \lambda_0$ 的射线，即除了波长不变的射线外，还有波长移向长波的散射。这就是康谱顿效应。后来在 1926 年，我国物理学家吴有训也进行了康谱顿散射的研究，得出：

（1）散射强弱与物质原子量成反比；

（2）波长的偏移 $\Delta\lambda = \lambda - \lambda_0$ 与散射角 ϕ 有关，且 ϕ 越大，$\Delta\lambda$ 也越大。

2. 康普顿效应的解释

经典理论（包括光的波动理论）只能解释波长不变的散射，而应用“光子理论与碰撞理论”可以解释如下几个问题。

（1）光子与原子中束缚很紧的电子碰撞，光子将与整个原子交换能量，因两者质量相差悬殊，则散射光子能量不会显著减小，因而散射光频率（或波长）不会显著改变。

（2）一个光子与散射物质中一个自由电子或束缚微弱的电子发生碰撞，入射光子的能量有一部分被电子吸收，散射光子的能量就降低，ν 减小，则 λ 增大，即 $\lambda > \lambda_0$。

（3）运用能量守恒和动量守恒定律，并考虑相对论效应，可得

$$\Delta\lambda = \lambda - \lambda_0 = \frac{2h}{m_0 c}\sin^2\frac{\phi}{2} \tag{13.10}$$

所以，康谱顿散射实验结果确实证明了光子具有一定的能量和动量，并且在微观粒子相互作用过程中，能量和动量是守恒的。

（4）当入射光强度增加时，光子数也增加，因而单位时间内光电子数目也将随着增加，所以饱和电流（或光电子数）与光的强度成正比。

3. 光子理论小结

（1）光是由粒子所组成的高速光子流，光速为 c。

（2）每个光子的能量

$$\varepsilon = h\nu \tag{13.11}$$

又因对光子有 $\varepsilon = mc^2$，故高速运动的光子质量为

$$m_\phi = \frac{\varepsilon}{c^2} = \frac{h\nu}{c^2} \tag{13.12}$$

（3）光子的动量

$$p = m_\phi c = \frac{h\nu}{c} = \frac{h}{\lambda} \tag{13.13}$$

所以光具有波、粒双重性质，动量和能量是描述其粒子性的一面，而频率和波长是描述其波动性的一面，并由以上三式将两者联系起来。

13.3 德布罗意波与波粒二象性

从 $\varepsilon = h\nu$, $p = h/\lambda$ 可以看出:标志光的波动性的 ν 、λ 与标志微粒性的 ε 和 p 通过普朗克常数 h 而定量地联系起来,从而确立光有“波粒二象性”。

1. 实物粒子的波粒二象性

1924 年,德布罗意认为:在过去对光的研究上,只重视了光的波动性,忽略了光的微粒性,而在实物粒子的研究上,可能发生了相反的情况,即过分重视了实物的微粒性,而忽略了其波动性。

(1)设质量为 m 的粒子,以速度 υ 匀速运动,也遵从下述公式

$$\varepsilon = mc^2 = h\upsilon$$

$$p = m\upsilon = \frac{h}{\lambda}$$

考虑相对论效应 $m = \dfrac{m_0}{\sqrt{1-\upsilon^2/c^2}}$,则

$$\lambda = \frac{h}{m\upsilon} = \frac{h}{m_0\upsilon}\sqrt{1-\upsilon^2/c^2} \tag{13.14}$$

这种与物质(实物粒子)缔合在一起的波,称为德布罗依波或物质波。

(2)对电子,在 $\upsilon \ll c$ 情况下,由 $\lambda = \dfrac{h}{m_0\upsilon}$ 和 $eU_a = \dfrac{1}{2}m\upsilon_m^2$ 可得到

$$\lambda = \frac{h}{\sqrt{2em_0}}\cdot\frac{1}{\sqrt{U}} = \sqrt{\frac{150}{U}}\ \text{Å} \tag{13.15}$$

2. 戴维逊 - 革末实验

1927 年戴维和革末在实验上证实了德布罗依物质波的假设。

(1)电子束在单晶镍上反射后产生衍射,即电子束的强度很明显地显示出有规律的选择性,且满足式(13-14)和布喇格衍射公式

$$(2d)\sin\phi = k\lambda \quad (k=1,2,3,\cdots) \tag{13.16}$$

(2)电子束在穿过晶体薄片后,在衍射屏上也显示出有规律的条纹。电子的这种衍射图样与 X 射线衍射条纹极其相似,图 13-8 为电子衍射图样。

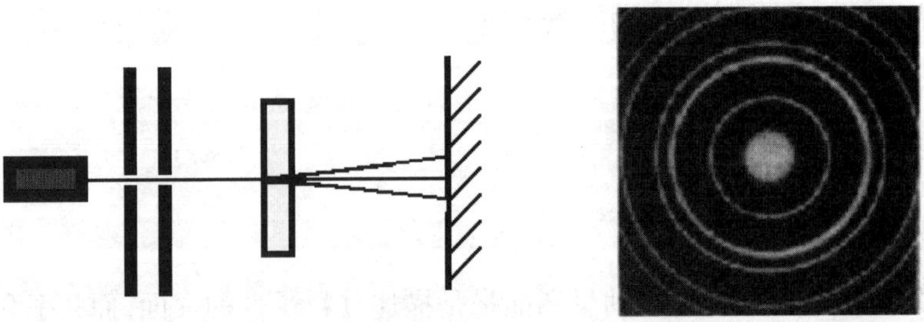

图 13-8 电子衍射图样

（3）近代一些实验也已证实，如原子、中子、分子等微观中性粒子也具有波动性。德布罗意公式式（13.14）已成为揭示微观粒子波粒二象性的一个重要的基本公式。只有在微观领域，德布罗意波长和原子尺度可以相比时，微观粒子方显示出一定的波动性。

3. 电子显微镜

光学仪器的分辨本领与波长成反比，用极短的波长才能获得极高的分辨率。注意到电子束的德布罗意波长比可见光波长短得多。因而利用电子束波来代替可见光波制成的电子显微镜就期望得到极高的分辨本领，这为研究分子和原子的结构提供了有力的证据。如图 13-9 所示为环境扫描电镜。

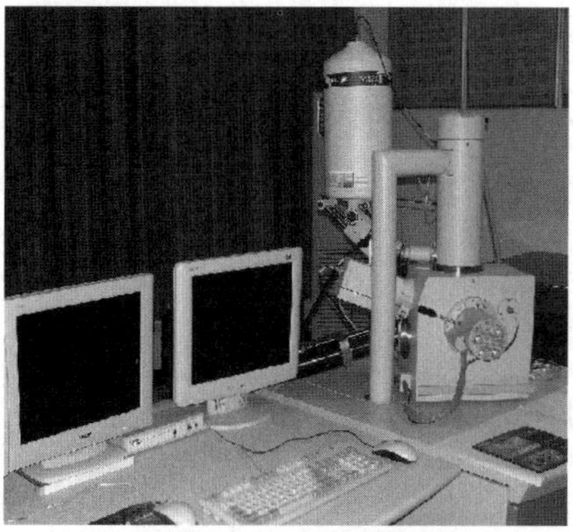

图 13-9　电子显微镜

13.4　玻尔氢原子理论

1. 氢原子光谱的规律性

$$\tilde{v}=\frac{1}{\lambda}=R(\frac{1}{m^2}-\frac{1}{n^2}) \tag{13.17}$$

其中，$m=1,2,3,\cdots$；$n=2,3,4,\cdots$；R=1.096 776 × $10^7\,\mathrm{m}^{-1}$，称为里德堡常数。可见，氢原子具有其内在的规律性。若按经典理论，原子所发射的光谱应该是连续的，并且随着原子辐射能量的减少，绕核旋转的电子最终将落在核上。

2. 玻尔理论的基本假设

1）定态假设

原子系统只能处于一系列不连续的能量状态 E_1，E_2、E_3，…在这种状态下，电子虽然做加速运动，却并不向外辐射能量。这种能量不变的稳定状态，称作原子的定态。

2）频率条件

$$hv_{mn}=E_n-E_m \tag{13.18}$$

原子从一个定态 E_m 跃迁到另一个定态 E_n，频率由式（13.18）决定。

3）量子化条件

原子能量的量子化，正是以电子绕核运动的量子化为标志的，在电子绕核做圆周运动

中,不同的可能的稳定状态决定于电子的角动量(动量矩)L,即

$$L = n\frac{h}{2\pi} = n\hbar \quad (n = 1, 2, 3, \cdots) \tag{13.19}$$

式中,n 为量子数。由

$$m\upsilon r = n\frac{h}{2\pi}$$

$$\frac{e^2}{4\pi\varepsilon_0 r^2} = m\frac{\upsilon^2}{r^2}$$

消去 υ 得

$$r_n = \frac{n^2\varepsilon_0 h^2}{\pi m e^2} \quad (n = 1, 2, 3, \cdots) \tag{13.20}$$

可得第一轨道半径 r_1=5.29 × 10^{-11} m。同样,原子系统的总能量等于电子动能与电子、原子核之间电势能之和,可得

$$E_n = -\frac{me^4}{8\varepsilon_0^2 n^2 e^2} \tag{13.21}$$

3. 氢原子光谱的解释

由式(13.21),当 n=1 时,E_1=−13.6 eV,电子在第一轨道即最内层轨道上,能量最低,原子最为稳定,称为基态。

当 n>1 时,$E_n = \frac{E_1}{n^2}$,E_n 称为受激状态或激发态。n 越大,原子系统能量的代数值越大(绝对值越小),即原子的能量越大,电子离核越远。

当原子由基态跃迁到激发态时,原子必须吸收一定的能量。例如,原子受到光的照射或高能粒子的撞击等。

而处于受激状态的原子能够自发地跃迁到能量较低的受激状态或基态。在这种跃迁过程中,将发射一定频率的光子,其频率由式(13.18)决定。

由图 13-10 所示,当氢原子中的电子从不同的较外层轨道跃迁到较内层轨道时,便发射相应的谱线。在某一瞬时,一个氢原子只能发射出一条谱线,不同受激状态的氢原子才能发射不同的谱线。在实验中观察到的是大量受激原子所发射的光,所以,能够同时观察到全部谱线。

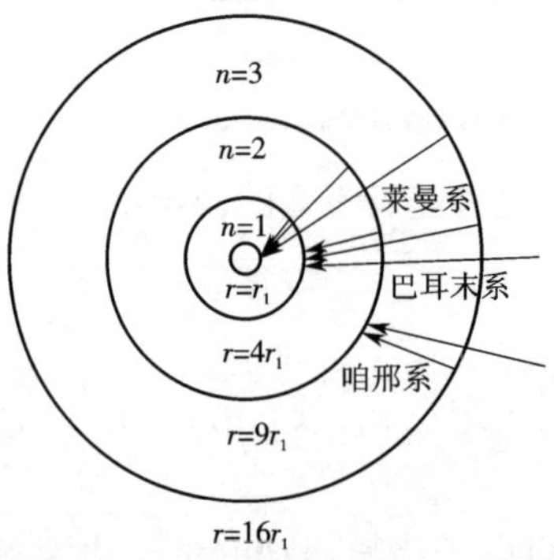

图 13-10 氢原子的电子外层轨道

如巴耳末线系第一条 H_α 线，$h\dfrac{c}{\lambda}=E_3-E_2=-1.51-(-3.40)\text{eV}$，解得 λ=0.660 μm，与实验相符。

4. 玻尔理论的缺陷

玻尔理论的要点是：原子中的电子只能在一系列分立的轨道上运动，其轨道半径是量子化的，角动量是量子化的，原子的相应的能量值也是量子化的。并且，只有当原子从较高能态跃迁到较低能态（即发生电子跃迁）时，才向外辐射光子，形成原子光谱。因此，玻尔的创造性工作对现代量子力学的建立有着深远影响。

但是玻尔理论也存在严重的缺陷。主要在于他仍将电子等微观粒子看作是经典的质点，又加上量子条件来限定运动状态的轨道。所以玻尔理论是经典理论加上量子条件的混合物。

13.5　不确定关系

1. 动量和位置的不确定关系

物质的波动性和粒子性何者显著，是可以用普朗克常数 h 来衡量的。以单缝衍射为例，如图 13-11 所示，设有一束电子，以速度 υ 射向宽度为 d 的狭缝。电子的波动性是否显著，要看缝宽 d 和波长 λ 的关系如何。即要受到电子位置不确定量 Δy 和电子动量不确定量 Δp 两者关系的制约。

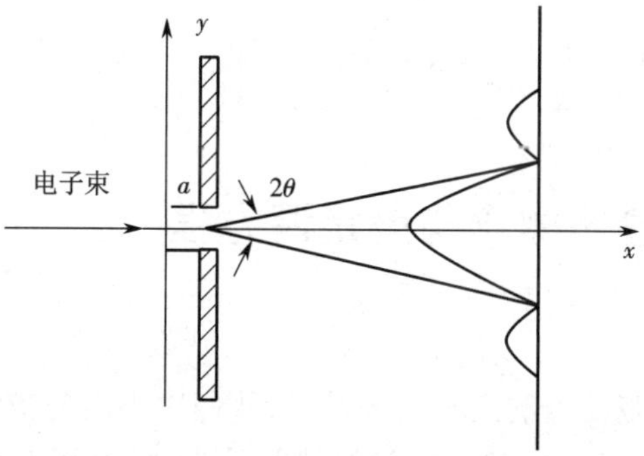

图 13-11　动量和位置的不确定关系

显然，电子在穿过单缝时，决定其位置的最大不确定度 $\Delta y=d$，Δy 越狭，电子的 y 方向位置就越能确定，但同时由于衍射的缘故，粒子速度的方向有了改变，动量 p 的大小未变（因德布罗意波长 λ 未变），但 Δp_y 却有变化

$$0\leqslant\Delta p_y\leqslant p\sin\varphi$$

只考虑第 1 级衍射极小

$$d\sin\varphi=\lambda$$

$$\Delta p_y=p\frac{\lambda}{d}=p\frac{h/p}{d}=\frac{h}{d}=\frac{h}{\Delta y}$$

所以有

$$\Delta y \cdot \Delta p_y = h$$

如果考虑其他更高级次,有不确定关系

$$\Delta y \cdot \Delta p_y \geqslant h \tag{13.22}$$

式(13.22)表明,位置和动量(或速度)这两个构成的作用量是不可能同时准确测定的。两个不准确量的乘积不能小于h,这就是测不准原理。经过量子力学的严格推导式(13.22)可写作

$$\Delta y \cdot \Delta p_y \geqslant \frac{\hbar}{2} \tag{13.23}$$

上式即为海森伯动量和坐标的不确定关系,其中,$\hbar = h/(2\pi)$。对能量和时间这一对作用量不确定关系也成立,即有

$$\Delta E \cdot \Delta \tau \geqslant \frac{\hbar}{2} \tag{13.24}$$

2. 讨论

(1)不能把微观领域中的粒子,当作经典的质点来看待。从式(13.22)至式(13.24)中可以看出,如果在具体问题中普朗克常数是个微不足道的量,这就意味着对象可以同时有确定的位置和动量,此时经典力学是适用的。

(2)如果在具体问题中普朗克常数是不可忽略的,那就必须考虑客体的波粒二象性,就必须用量子力学的方法来处理。可见,h(或$\hbar$)是粒子与波、宏观与微观、经典与量子的分界线。

(3)不确定关系说明一切微观粒子的波粒二象性都是自然规律的必然结果,而不是仪器的精度问题。

13.6 量子力学的基本概念与薛定谔方程

1. 波函数与其统计意义

在量子力学中,由微观粒子的测不准关系式,我们决不能把微观领域中的粒子当作经典的质点来看待。那么微观粒子的状态如何描述呢?为此,这里先介绍描写微观粒子运动的波函数,然后建立反映微观粒子运动的基本方程。

(1)由$\varepsilon = h\nu$,$p = h/\lambda$,对一个能量为E,动量为p的自由运动(无外力作用)的微观粒子,必然同时表现出波动性。因为E和p为恒量,所以与之缔合在一起的物质波ν、λ不变,因此可以用波长为λ,频率为ν的平面单色波来表示其波动性(设波沿$+x$方向传播):

$$y = y_0 \cos 2\pi\left(\nu t - \frac{x}{\lambda}\right) = y_0 e^{-\mathrm{i}2\pi(\nu t - x/\lambda)}$$

下面用与光波对比的方法来阐明物质波。

（2）对物质波，引入波函数 $\Psi=\Psi(x,y,z,t)$，则

$$\Psi=\psi_0\cos 2\pi\left(\nu t-\frac{x}{\lambda}\right)=\psi_0 2\pi\left(\frac{E}{h}t-\frac{p}{h}x\right)$$

$$=\psi_0\cos\frac{2\pi}{h}(Et-px)=\psi_0\cos\frac{1}{\hbar}(Et-px)$$

对物质波用复数形式表示（且只取实部）

$$\Psi=\psi_0 e^{-\frac{i}{\hbar}(Et-px)}=(\psi_0 e^{\frac{i}{\hbar}px})e^{-\frac{i}{\hbar}Et}=\phi e^{-\frac{i}{\hbar}Et} \tag{13.25}$$

其中，振幅函数 $\phi=\psi_0 e^{\frac{i}{\hbar}px}$ 与时间 t 无关，可称为定态波函数。

（3）既然光的强度正比于光振动振幅的平方，与此相似，物质波的强度也与波函数的平方成正比。强度较大的地方，也正是粒子分布较多的地方，与单个粒子在该处出现的概率成正比。

结论：某一时刻，在空间某处，粒子出现的概率正比于该时刻、该处的波函数的平方——这就是玻恩提出的波函数的统计解释。所以，物质波既不是机械波，也不是电磁波，而是一种概率波。对微观粒子讨论轨道是没有意义的，它反映的只是粒子运动的统计规律。

（4）波函数一般可用复数表示，而概率必须是实正数，引入 $\Psi^*=\phi^* e^{\frac{i}{\hbar}Et}$，则概率（波函数的平方）应正比于波函数与共轭复数的乘积：

$$\Psi\Psi^*=\phi\phi^*=|\phi|^2 \tag{13.26}$$

上式表示在某处单位体积内粒子出现的概率，称为概率密度。

凡是粒子数目多或说粒子数密度 dN/dV 大的地方，也正是 $|\phi|^2$ 大的地方。

（5）某时刻在空间某给定点处粒子出现的概率是一定的，所以波函数 Ψ 必须是单值函数，又因为在整个空间出现粒子的总概率为 1，所以波函数 Ψ 必须是单值、连续、有限的函数，并满足归一化条件

$$\int_{-\infty}^{\infty}|\phi|^2\,dV=1 \tag{13.27}$$

2. 薛定谔方程

薛定谔方程是量子力学中的基本方程，与经典力学中的牛顿方程一样重要。

（1）既然运动中的粒子具有波粒二象性，则与自由运动粒子（E,p）缔合在一起的波，即可用波函数式（13.25）表示。先讨论一维情况：

$$\Psi=\psi_0 e^{-\frac{i}{\hbar}(Et-px)}=\phi(x)e^{-\frac{i}{\hbar}Et}$$

式中，$\phi(x)=\psi_0 e^{\frac{i}{\hbar}px}$，对 x 求 2 阶导数，可得一维空间自由粒子的振幅方程

$$\frac{d^2\phi}{dx^2}=-\frac{p^2}{\hbar^2}\psi_0 e^{\frac{i}{\hbar}px}=-\frac{p^2}{\hbar^2}\phi \tag{13.28}$$

（2）自由粒子没有势能，如果粒子在有势场 $U(x,y,z)$ 中运动，总能量

$$E=E_k+U=\frac{p^2}{2m}+U$$

将 $p^2=2m(E-U)$ 代入式(13.28),得到

$$\frac{\mathrm{d}^2\phi}{\mathrm{d}x^2}+\frac{2m}{\hbar^2}(E-U)\phi=0 \tag{13.29}$$

上式即描述粒子在一维空间的一种稳定分布,称为定态薛定谔方程。

3. 讨论

(1)对三维情况,引入拉普拉斯算符 $\nabla=\frac{\partial^2}{\partial x^2}+\frac{\partial^2}{\partial y^2}+\frac{\partial^2}{\partial z^2}$,则可推出三维自由运动粒子

$$\nabla^2\phi+\frac{2m}{\hbar^2}(E-U)\phi=0 \tag{13.30}$$

(2)上面得到的薛定谔方程为非相对论下,在力场中运动的粒子其定态物质波所遵从的规律。遵从式(13.30)的每一个解,就表述了粒子运动的一种定态,而与此相应的常数 E 就是粒子在该定态时所具有的总能量。只有为某些特定值时,才能求解。这些能量值 E 都是量子化的,因而粒子所处定态也是量子化的。

有关势阱、势垒和谐振子问题,都是应用薛定谔方程的具体例子。

(3)由势场中含时间 t 的薛定谔方程

$$\frac{\hbar^2}{2m}\nabla^2\Psi-U(x,y,z)=-i\hbar\frac{\partial\Psi}{\partial t} \tag{13.31}$$

量子力学便由此展开了更新的篇章。

13.7 激光的基本原理

自激光问世至今已有半个世纪了,有人将激光与计算机并称为20世纪的重大发现。50年来,激光发展十分迅速,激光器件已经成为了数千亿美元的全球产业,并已在政治、经济、军事、医疗、环境保护、人民生活各领域产生了不可磨灭的影响。介绍当代激光的主要成就,更广泛更深入地普及激光知识,对于推动我国知识创新、科技创新的进程,加速各行业现代化步伐,提高我国人民的高新技术水平都是极其重要的。要充分认识激光所具有的惊人魅力并了解其巨大潜力。激光不仅仅是一门科学,而且是一种实实在在的能推动生产力发展、提高综合国力、加强国防、改善人民生活的重要产业之一。

本节介绍激光的发展史、基本概念、参数、特点、种类、重要技术及激光产业等。激光在各行各业的应用包括激光在光电信息技术、材料加工、生物医学和生命科学、激光检测、军事安全、环保检测、文体展示、光通信和邮政等领域的应用,难以一览无遗,但任何一个成功的运用,都是综合应用当代各种科学技术的结果,而不仅仅是应用激光就能做到的,但正是由于采用了激光,才使这些应用产生了巨大的经济效应和社会效应。

13.7.1 激光器的设想和实现

激光科学是20世纪以后发展起来的一门新兴科学技术。它是现代物理学的一项重大成果,是量子理论、无线电电子学、微波波谱学以及固体物理学的综合产物,也是科学与技

术、理论与实践紧密结合的成果。激光科学从它的孕育到初创和发展，凝聚了众多科学家的智慧。现代光学就是指 20 世纪 60 年代激光出现以后光学的新进展，其中包括激光科学、量子光学、激光光谱学、非线性光学、全息技术、信息光学等方面。

1. 爱因斯坦的受激辐射概念

爱因斯坦（Albert Einstein）早在 1916 年就奠定了激光的理论基础。不过，爱因斯坦并没有想到利用受激辐射来实现光的放大。直到 1933 年，在研究反常色散问题时才触及光的放大。

1946 年，瑞士科学家布洛赫（F. Block）在斯坦福大学研究核磁感应，实验中他和他的合作者观察到了粒子数反转的信号。布洛赫并没有把这一新现象联系到粒子集居数问题，更没有想到要利用这一现象来实现粒子数反转。1949 年，法国物理学家卡斯特勒（A. Kastler）发展了光泵方法，所谓光泵，实际上就是利用光辐射改变原子能级集居数的一种方法。他也因此获得了 1971 年诺贝尔物理学奖。

2. 微波激射器的发明

汤斯（C. H. Townes）1939 年在加州理工学院获得博士学位后进入贝尔实验室。他设想如果将介质置于谐振腔内，利用振荡和反馈，信号就可以放大。汤斯把他的研究组成员召集起来，开始按他的新方案进行工作。这个组的成员有博士后齐格尔（H. J. Zeiger）和博士生戈登（J. P. Gordon）。后来齐格尔离开哥伦比亚，由中国学生王天眷接替。汤斯选择氨分子作为激活介质，这是因为他从理论上预见到，氨分子的锥形结构中有一对能级可以实现受激辐射，跃迁频率为 23 870 MHZ。从 1951 年开始，汤斯小组历经两年的实验，花费了数万美元。1953 年的一天，汤斯正在出席波谱学会议，戈登急切地奔入会议室，大声说道："它运转了。"这就是第一台"微波激射放大器"。英文名为"Microwave Amplification by Stimulated Emission Radiation"，简称 MASER（脉塞）。1958 年，许多物理学家活跃在分子束微波波谱学和微波激射器的领域里，他们自然会想到，既然微波可以放大量子，为什么不能推广到可见光，实现光的放大？

最先发表激光器详细方案的是汤斯和肖洛（A. L. Schawlow）。1957 年他们开始考虑"红外和可见光激射器"的可能性。肖洛和汤斯的论文《红外区和光学激射器》1958 年 12 月在《物理评论》上发表后，引起强烈反响。这是激光史上有重要意义的历史文献。在肖洛和汤斯理论的指导下，许多实验室开始研究如何实现光学激射器，纷纷致力于寻找合适的材料和方法。汤斯和他的小组也在用碱金属进行实验。在贝尔实验室，肖洛开始研究把红宝石当作工作介质的激光器，他认为："在气体中所做到的任何事情，在固体中都能做得更好。"但是他误以为红宝石的 R 线（红谱线）不适于产生激光。肖洛没有做成红宝石激光器，却启发梅曼（Theodore Harold Maiman）做出了第一台激光器。

3. 梅曼与世界第一台激光器

梅曼是美国休斯研究实验室量子电子部年轻的负责人。他于 1955 年在斯坦福大学获博士学位，研究的正是微波波谱学。梅曼能在红宝石激光器的研究中首先做出突破，并非偶然，因为他已有用红宝石进行微波激射器研究的多年经验，他预感到红宝石作为激光器的可能性，这种材料具有相当多的优点，例如能级结构比较简单，机械强度高，体积小巧，无须低温冷却等。他重新测量了红宝石的量子荧光效率，竟然意外发现其荧光效率达到 75%。通过计算，他还认识到最重要的是要有高色温（大约 5 000 K）的激励光源，于是决定利用氙（Xe）灯。他把红宝石棒插在具有螺旋状结构的氙灯管中，红宝石棒直径大约为 1 cm，长为 2 cm，红宝石两端真空蒸镀银膜，银膜中部留一小孔，让光逸出，如图 13-12 所示。

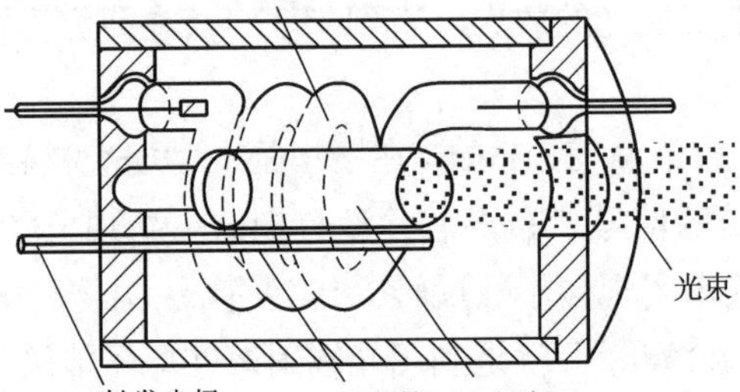

图 13-12　红宝石激光器

就这样，梅曼经过 9 个月的奋斗，花了 5 万美元，在 1960 年 5 月做出了第一台激光器。梅曼后来在《纽约时报》上宣布了这一消息，并将论文寄到英国的《自然》杂志去发表。第二年，《物理评论》发表了他的详细论文。

4. 氦氖激光器的诞生

氦氖激光器是 20 世纪 60—80 年代广泛使用的一种激光器。它是紧接着固体激光器出现的一种以气体为工作介质的激光器。它的诞生首先应归功于多年对气体能级进行测试分析的实验和理论工作者。汤斯的另一名研究生是来自伊朗的贾万（A. Javan），1954 年他以微波波谱学的研究获博士学位后，就留在哥伦比亚大学任教。贾万的基本思路是利用气体放电来实现粒子数反转，他认为这要比光泵方法更有效，因为这是气体而不是固体。1959 年贝尔实验室的英国学者桑德尔斯（J. H. Sanders）和贾万同时发表了用电子碰撞激发原子的理论。不过，贾万考虑得更深入、更具体，他在分析了各种碰撞情况后，提出可以由两种原子的混合气体来实现粒子数反转，并且推荐了氪 - 汞和氦 - 氖两种方案。

贾万最初得到的激光束是红外谱线 1.15 μm。氖有许多谱线，后来通用的是 6 328 Å。贾万和他的合作者在直径 1.5 cm，长 80 cm 的石英管两端贴有蒸镀 13 层介质膜的镜片，放在放电管中，用射电频率进行激发。在 1960 年 12 月 12 日终于获得了红外辐射。1962 年，贾万转到麻省理工学院任教。实验工作由他的同事怀特（A. D. White）和里顿（Rigden）继续进行，他们获得了 6 328 Å 的激光束。氦氖激光器不仅第一次实现了激光束的连续输出，另一方面，也证明了可以用放电方法产生激光，只要在两种不同的工作介质中选定适当的能级，就有可能实现光的放大，为激光器的发展展示了多种渠道的可能性。然而，真正为光学激射器起名为 LASER 的，却是当时哥伦比亚大学的博士研究生古尔德（Gorden Gould）。1957 年 10 月，他取英文“Light Amplification by Stimulated Emission of Radiation”（靠辐射受激发射的光放大）的首字母缩写为光学激射器起名为 LASER。

13.7.2　激光的基本概念与特性

1. 激光的基本概念

可毫不夸张地说，激光已成为信息时代的核心，包括在 DVD 影碟机中，在电脑的光驱中（帮助读出光盘信息），激光打印机，通信系统中的激光二极管（LD），激光切割、焊接、打标、打孔、光刻等，医院里的激光美容、整容，军事上的激光制导炸弹、测量距离、跟踪目标，还有节日里的各色激光划破夜空，舞厅、体育馆、世博会等公众场所里激光显示的各种图案，都离不开激光。

一般情况下，普通光源（自然光或称荧光）发出的光，光子与光子之间，毫无关联，即频率（或波长）、相位、振动方向、传播方向并不一样。而在激光光束中，所有光子都相互关联，它们的频率、相位、振动方向、传播方向均一致。如一支纪律严明的光子队列，行动一致，因而有极强的“战斗力”。

20 世纪 50 年代末，提出的制造激光器的方案主要如下。

汤斯和肖洛：用碱金属蒸气（K 和 Ce）作为激光物质，金属气体放电灯作为泵浦源。

贾万：用氦氖混合气体作为激光物质，采用气体放电将氦，氖原子激发到高能级。

梅曼：用人造红宝石晶体作为激光器工作物质，用氙灯作为泵浦源，于 1960 年首先获得成功，制成了世界上第一台激光器。

实际上后来三种方案均获得成功，制成了碱金属激光器和氦氖激光器。

1961 年，我国也研制成功了这种氦氖激光器，但当时叫法很多：“莱塞”“雷射”（台湾、香港、东南亚等一些地区和国家沿用至今）、“光受激发射放大器”“光激射器”“光量子放大器”“光量子振荡器”等，不利于学术交流。1964 年 12 月，科学家钱学森给《光受激辐射》杂志写信，建议将其称作“激光”，以后统一使用激光、激光器等名称。

激光就是由受激辐射产生的光，激光光束所有光子都是相互关联的，它们的频率一致、相位一致、偏振方向一致，即激光是单色性好、方向性好、亮度极高的光源。

2. 激光的特点

经过了 50 多年的发展，世界上已经出现很多种类的激光器，但它们具有一些共同的特点。

1）单色性好

光是一种电磁波。一个光源发射的光谱线宽度越窄，其颜色越单纯，即光源的单色性好。

例：激光出现之前，最好的单色光源是氪灯，在 λ=6 047 Å 处，$\Delta\lambda$=0.004 7 Å；而氦氖激光器的 λ=6 328 Å，$\Delta\lambda=1\times10^{-7}$ Å。分别比较其单色性：

$$\begin{cases} \text{Kr}: \dfrac{\Delta\lambda}{\lambda}=7.8\times10^{-7} \\ \text{He-Ne}: \dfrac{\Delta\lambda}{\lambda}=1.6\times10^{-11} \end{cases}$$

其对应的相干长度分别为 0.78 m（Kr）和 4×10^4 m（He-Ne）。

目前，由不同的激光物质产生的激光谱线已多达上万条，覆盖从紫外到远红外的光谱范围，可以满足不同的应用需要，有些激光器的波长还能通过各种方法调谐，能在一定的波长范围产生窄线宽激光。近年来，激光波长已扩展到软 X 射线和 X 射线波段。对一些特殊的激光器，其单色性还要好。可见，激光是世界上发光颜色最单纯的光源，其波长范围越来越宽，谱线线宽也越来越窄。

2）高亮度

高亮度是激光器又一突出优点。将单位面积、单位光谱宽度、单位立体角内发出的光辐射强度定义为光源的单色亮度 B_λ。

$$B_\lambda=\frac{P}{\Delta S\Delta\nu\theta^2} \tag{13.32}$$

其中，P 为光功率。

尽管太阳发射总功率很高，但光辐射宽度 $\Delta\nu$ 很宽，发散角 θ 很大，单色亮度仍很小。而激光 $\Delta\nu$、θ 均很小，所以其单色亮度很高，有的高功率激光器，B_λ 甚至比太阳高 100 万亿倍。

3）方向性好

由激光产生机理可知，在单横模运转，激光介质均匀的条件下，激光的发散角 θ 仅受衍射所限

$$\theta=\frac{1.22\lambda}{D} \tag{13.33}$$

通常，$\theta_{气体}<\theta_{固体}<\theta_{半导体}$

例如，地球与月球的平均距离约 3.8×10^5 km，最好的激光束射达月球，直径仅几十米。借助光学手段可将激光聚焦到很小的光斑中，使其迅速而准确地在目标上移动，这特别适合于光盘读取、激光印刷、激光打印、激光扫描、激光打标等。例如用双光头扫描的 Nd：YAG 激光束，聚焦在塑料、金属、玻璃、橡胶或纸张上，快则每秒可打印 600 个大小为 1 mm^2 的字母。而要获得更小的光斑，应选用波长短、光束质量好的单横模激光器，它可使光盘存储密度更高，打印机的分辨率更高。

4）相干性好

光产生相干现象的最长时间间隔，称为相干时间 τ，在相干时间内，光传播的最远距离叫作相干长度。

$$L_c=c\cdot\tau=\frac{\lambda}{\Delta\lambda} \tag{13.34}$$

由于激光带宽 $\Delta\lambda$ 很小，相干长度 L_c 很长。例如，利用特制的单模稳频氦氖激光器，其相干长度理论上可达 2×10^7 km，由 LD 泵浦的固体激光器构成的干涉臂也可达 4 km。实际上，单色性好，相干性就好，相干长度也就长。激光在通信、全息显示、测量、光谱分析，信息存储等领域获得广泛应用。

5）高功率与高能量

许多连续、准连续或脉冲激光器，均能产生很高的激光能量，甚至高达 1.8 MJ，如化学激光器、CO_2 激光器、灯泵浦或 LD 泵浦固体激光器、半导体激光器的激光能量能够在许多方

面满足军事、航空、工业、医学等要求。激光器在极短的时间内（如飞秒～皮秒量级），产生极高的峰值功率，如核聚变用激光器输出峰值功率达 10^{18}W，能使两氘核或一氘一氚核克服核间排斥力，实现核聚变反应。随着激光超短脉冲技术的发展，人们已能从锁模的掺 Ti 蓝宝石激光器中，利用脉冲放大技术获得的峰值功率 P 高达 10^{15} W。又在激光打微孔、非线性光学、激光拉曼效应技术等方面均有应用。

6）高速调制与明显的光压效应

如对半导体激光器直接进行高速调制，调制速度几万兆赫或几万兆比特，加上半导体激光器体积小、效率高、寿命长、价格低且能聚焦成很小光斑诸多特点，使之特别适合光通信、光存储、光计算及光印刷等信息领域的需要，半导体激光器已成为当代信息技术心脏。

光有动量（有光压），即光照到物体上能产生使之运动的力。20 世纪 70 年代，人们就进行了利用光辐射所产生的力来移动或抓住小粒子的实验。

生物领域：俘获活细胞、病毒、细菌等；生理应用方面的“光学镊”。

微电子领域：利用激光辐射压力清洗半导体芯片。

研究领域：利用激光辐射压力来冷却原子或离子，使之处于近似停止状态，以制成高稳定性、高精度的时间标准（原子钟误差 ±1 s/150 万年）。

但由测不准关系

$$\Delta t \cdot \Delta \nu \approx \hbar \tag{13.35}$$

不可能制成频谱很窄同时又输出很窄脉冲的激光器。

3. 光与物质的相互作用

1）原子定态假设

一切物质都是由原子构成的。原子系统只能处于一系列不连续的能量状态。在原子核周围，电子的运行轨道是不连续的，原子处于能量不变的稳定状态，称作原子的定态。对应原子能量最低的状态称为基态。

如果原子处在外层轨道上的电子从外部获得一定的能量，则电子就会跳到更外层的轨道运动。原子的能量增大，此时原子称作处于激发态的原子。

2）频率条件

原子从一个定态 E_1 跃迁到另一个定态 E_2，频率 ν 由下式决定

$$h\nu = E_2 - E_1 \tag{13.36}$$

一种单色光对应一种原子间跃迁产生的光子，$h\nu$ 是一个光子的能量。

辐射场与物质的相互作用，特别是共振相互作用，为激光器的问世和发展奠定了物理基础。当入射电磁波的频率和介质的共振频率一致时，将会产生共振吸收（或增益），激光产生以及光与物质相互作用都会涉及场与介质的这种共振作用。

3）受激吸收

设原子的两个能级为 E_1 和 E_2，并且 $E_2>E_1$，如果有能量满足式（13.36）的光子照射，原子就有可能吸收此光子的能量，从低能级的 E_1 态，跃迁到高能级的 E_2 状态。这种原子吸收光子，从低能级跃到高能级的过程称为原子的受激吸收，如图 13-13（a）所示。

4)自发辐射

原子受激发后处于高能级的状态是不稳定的,一般只能停留 10^{-8} s 量级,它又会在没有外界影响的情况下,自发地返回到低能级状态,同时向外辐射一个能量为 $h\nu=E_2-E_1$ 的光子,这个过程称为原子的自发辐射,如图 13-13(b)所示。自发辐射是随机过程,辐射的各个光子发射方向和初位相都不相同,各原子的辐射彼此无关,因而自发辐射的光是不相干的。

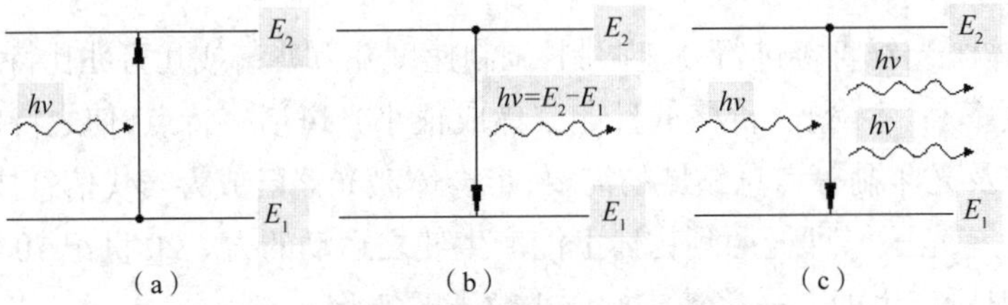

图 13-13 受激吸收、自发辐射和受激辐射

(a)受激吸收 (b)自发辐射 (c)受激辐射

5)受激辐射和光放大

处在激发态能级上的原子,如果在它发生自发辐射之前,受到外来能量 $h\nu$ 并满足式(13.36)的光子的激励作用,就有可能从高能态向低能态跃迁,同时辐射出一个与外来光子同频率、同相位、同方向,甚至同偏振态的光子,这一过程称为原子的受激辐射,如图 13-13(c)所示。

如果一个入射光子引发受激辐射而增加一个光子,这两个光子继续引发受激辐射又增添两个光子,以后四个光子又增值为八个光子…… 这样下去,在一个入射光子的作用下,原子系统可能获得大量状态特征完全相同的光子,这一现象通称为光放大,即入射光得到了放大。因此,受激辐射过程致使原子系统辐射出与入射光同频率、同相位、同传播方向、同偏振态的大量光子,即全同光子。受激辐射引起光放大正是激光产生机理中一个重要的基本概念。

4. 粒子数反转

从上述自发辐射和受激辐射的讨论中可以看到,普通光源的发光机理是自发辐射占统治地位。然而,激光器的发光却主要是原子的受激辐射。那么,怎样才能在一个原子系统中实现受激辐射占主导地位而使其发出激光来呢?

受激辐射的发生当然有个跃迁概率的问题。

为了使受激辐射持续进行,必须使处于 E_2 状态的原子数目多于处于 E_1 状态的原子数目,这种状态叫作粒子数反转,亦称粒子数布居反转。下面进行具体分析。

1)受激吸收与受激辐射的关系

1916—1917 年,爱因斯坦从辐射场与物质相互作用的量子论观点出发,提出相互作用应包含原子的自发辐射跃迁、受激吸收和受激辐射跃迁三种过程,并给出了三种过程跃迁系数的定量关系。就构成激光器的物理思想而言,辐射场与物质相互作用的三种过程,是激光器利用的三种基本物理机制。

在光与物质原子相互作用时,受激吸收、自发辐射和受激辐射往往是同时存在的。爱因斯坦从理论上证明,在两个能级之间,受激吸收跃迁和受激辐射跃迁具有相同的概率。受激吸收过程使入射光子数减少,而受激辐射过程则使入射光子数得到放大。哪一个过程占优势,由原子系统中处于低能态的原子和处于高能态的原子的多少来决定。

当 $N_1>N_2$ 时,总的效果是光被吸收,而当 $N_1<N_2$ 时,总的效果是光的放大,如图 13-14 所示。

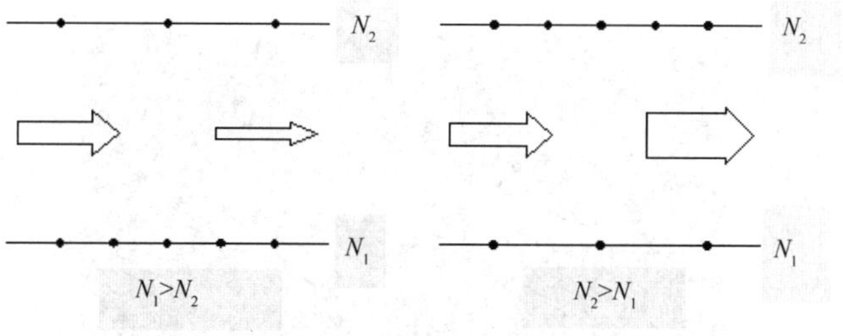

图 13-14　光的吸收与放大

2)粒子数按玻尔兹曼定律分布

热力学与统计理论讨论了粒子按能量值的分布问题,玻尔兹曼从理论上给出了系统达到平衡态时粒子按能量分布的规律。

$$N_i = Ae^{-E_i/(kT)} \tag{13.37}$$

温度(T)一定时,系统中能级低(E_i 较小)的粒子数总是多于能级高(E_i 较大)的粒子数。显然,在通常的热平衡情况下,$N_1>N_2$,如图 13.15 所示。

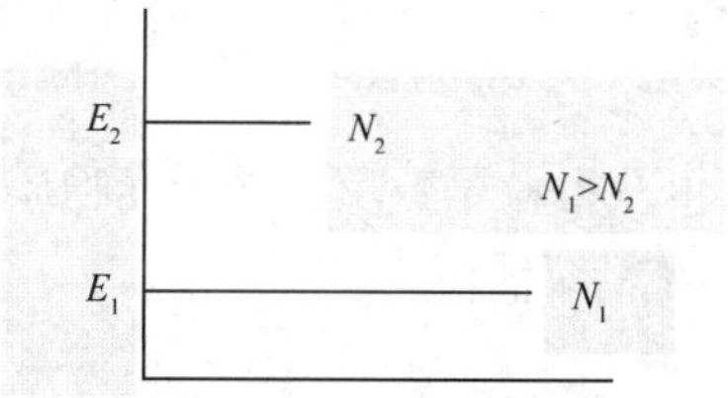

图 13-15　热平衡状态

3)粒子数布居反转

那么,要使受激辐射占据主导地位,应该设法改变原子系统处于热平衡时的分布,使处于高能级的原子数超过处于低能级的原子数,即实现粒子数布居反转。

为了实现"粒子数反转状态",必须从外界向系统输入能量,使系统中尽可能多的粒子吸收能量后从低能级跃迁到高能级,这个过程称为"激励"或"泵浦",俗称"光泵"。激励的方法一般有光激励、气体放电激励、化学激励、核能激励等。例如,红宝石激光器采用的是光激励,氦氖激光器采用的是气体放电激励,而染料激光器使用的是化学激励。

13.7.3 激光振荡的基本原理和基本条件

1. 激光器的基本结构

激光器的含义实际上是“受激辐射光振荡器”。激光器有各种类型,结构各不相同,但在原理上大体相同,以最常用的氦氖激光器为例,其构成如图 13-16 和图 13-17 所示。

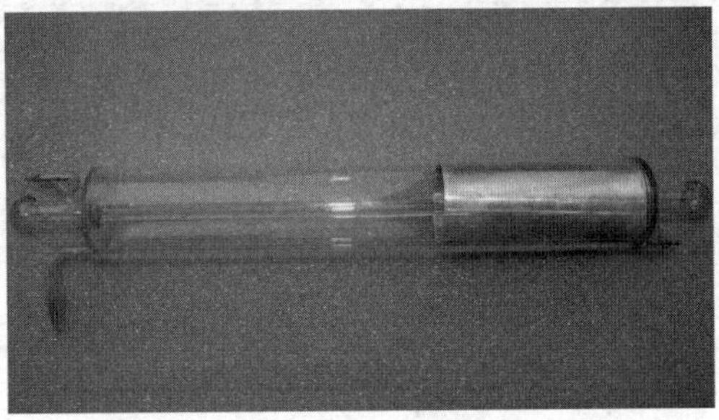

图 13-16 氦氖激光器实物图

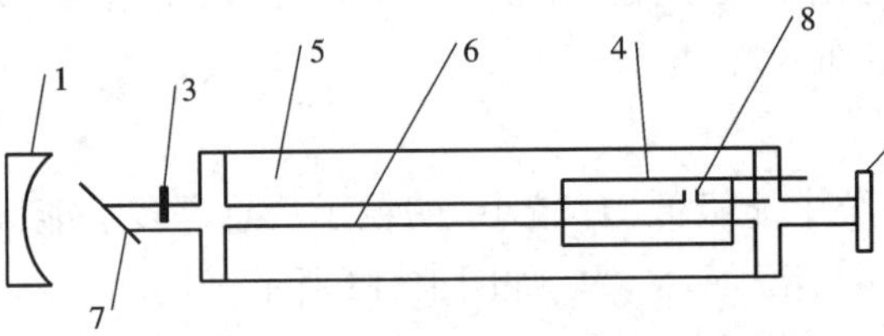

图 13-17 外腔式氦氖激光器结构示意图

1—全反镜;2—输出镜;3—阳极;4—阴极;5—贮气室;
6—毛细管;7—布儒斯特腔;8—贮气室与毛细血管通道

氦氖激光器的工作物质为可获得粒子数反转的激光物质;光学谐振腔由一组反射镜构成;激励电源为用于激励原子系统的泵浦源。

2. 激光振荡原理

在实现了粒子数反转的工作物质内(如采用光激励或电激励),可以使受激辐射占主导地位,但是最先引发受激辐射的光子却是由自发辐射产生的,而自发辐射是随机的。因此,受激辐射实现的光放大,从整体上看也是随机的,这就需要增加一系列的装置。

1)光学谐振腔

在工作物质两端安置两面相互平行的反射镜,因而在两镜间就构成一个光学谐振腔,其中一面是全反射镜,另一面是部分反射镜。

在向各个方向发射的光子中,除沿轴向传播的光子外,都很快离开谐振腔,只有沿轴向的光可不断得到放大,在腔内往返形成振荡。因而在激光管中,步调整齐的光被连续不断地放大,形成振幅更大的光,这样,光在管子两端相互平行的反射镜之间来回进行反射,然后,经过充分放大的光通过一个部分反射镜,向外出射相位一致的单色光。

2）光振荡的阈值条件

从能量观点分析，虽然光振荡使光强增加，但同时光在两个端面上及介质中的吸收、偏折和透射等，又会使光强减弱。只有当增益大于损耗时，才能输出激光，这就要求工作物质和谐振腔必须满足一定的条件，即“增益大于损耗”，称为阈值条件。

3）频率条件

光学谐振腔的作用不仅是增加光传播的有效长度，还能在两镜之间形成光驻波。实际上，只有满足驻波条件的光才能被受激辐射放大。

在激光管中受激辐射产生的频率，由式（13.36）得

$$v = \frac{E_2 - E_1}{h} \tag{13.38}$$

4）驻波条件

由

$$L = K\frac{\lambda_n}{2} \quad (k = 1, 2, 3, \cdots)$$

其中，$\lambda_n = \dfrac{\upsilon}{v} = \dfrac{c}{nv}$

所以
$$v = k \cdot \frac{c}{2nL} \tag{13.39a}$$

或

$$\Delta v = \frac{c}{2nL} \tag{13.39b}$$

为使频率 v 满足式（13.38）和式（13.39），需对谐振腔的腔长进行调整。

概括起来，形成激光的基本条件是：

（1）工作物质在激励源的激励下能够实现粒子数反转；

（2）光学谐振腔能使受激辐射不断放大，即满足增益大于损耗的阈值条件；

（3）满足频率条件式（13.38）和式（13.39）。

3. 激光纵模与横模振荡

1）纵模

前面已经分析，光学谐振腔之间能形成光驻波，光驻波只是存在着与激光器中受激辐射产生的光频率和 $c/(2nL)$ 整数倍的频率相一致的频率，实际上也就是说只有驻波产生的光被受激辐射放大。

现在讨论的激光谱线宽度，一般比 $c/(2nL)$ 大，因而在这个宽度内产生几个不同频率的光驻波，即在这个宽度内有几条振荡谱线同时振荡，并满足式（13.38）。每一种谐振频率代表一种振荡模式，对于沿轴向传播的光振动，称为轴模或纵模。

振荡谱线为 1 条时叫单纵模振荡，振荡谱线为 2 条及以上时称为多纵模或多模振荡。而只有增益大于损耗的那些频率才能形成激光。

如图 13-8 所示，只有这些纵模频率落在光谱线宽度内，并满足阈值条件的那些模式（频率）方能形成激光，称为激光的纵模频率，其频率间隔由式（13.38）决定

$$\Delta\nu=\frac{c}{2nL}\approx\frac{c}{2L} \tag{13.40}$$

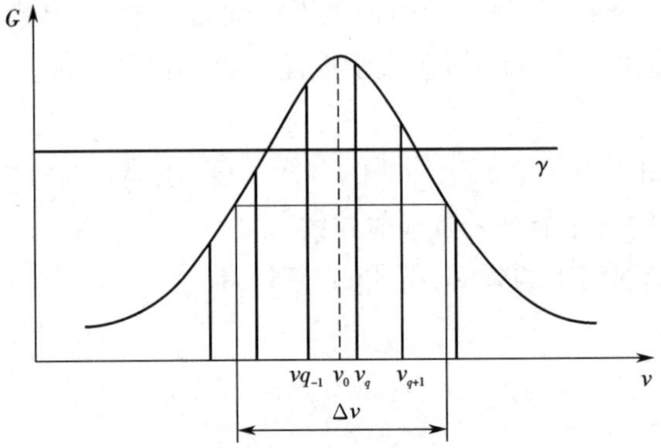

图 13-18 纵模振荡

一般气体激光器 $n\approx1$,显然,纵模的频率间隔与谐振腔长度成反比。但激光输出功率一般与腔长成正比。

2)横模

激光器谐振腔端面反射镜对腔内光波起反射作用,由于反射镜孔径尺寸的有限性,因而对光波多次反射的衍射效应不能忽视。这种衍射作用改变了光束原来分布的状态,使得激光的光斑出现各式各样的花纹分布,这种光束形式垂直于腔轴方向,所以称为横模。

激光的纵模肉眼观察不到,只能探测,而激光的横模(即激光光束断面)是可以观察到的。除了可以看到对称的圆形光斑以外,有时还会看到一些形状复杂的光斑。具体分析和讨论如下。

(1)把中心部分光的强度最强而周围模糊光较弱的圆形模叫单横模,这也是最理想的模。

(2)形状复杂的模叫作多模,有轴对称,也有旋转对称,有时还会形成简并模。一般产生多模振荡的激光,整体的功率输出大,但相干性较差。

(3)对于激光振荡来说,单纵模与单横模同时实现是最佳方式,不但光强集中,而且单色性、相干性都很好。

13.7.4 光的放大与光学谐振腔

激光是靠原子或分子体系的受激辐射产生大量光子所形成的。受激辐射所产生的光子与引起辐射的光子处于同一个光子态,具有很高的光子简并度。原子体系与辐射场的作用过程中,原子的自发辐射、受激辐射和受激吸收三种过程同时存在。要产生激光必须使受激辐射在三种过程中占优势。

1. 光子态与光子简并度

由光子的基本性质,不同种类的光子以其能量、动量、运动质量、偏振等特征加以区分,这些由不同特征所决定的光子状态就叫作光量子态,简称光子态。

$$\begin{cases}\varepsilon = h\nu \\ p = mc = h/\lambda \\ m = h\nu/c^2\end{cases} \tag{13.41}$$

光子服从玻色－爱因斯坦统计分布，称为玻色子，即处于同一状态的光子数不受限制。由量子力学中海森堡测不准关系，微观粒子的坐标和动量不可能同时测准

$$\begin{cases}\Delta x \cdot \Delta p_x \geqslant \hbar/2 \\ \Delta y \cdot \Delta p_y \geqslant \hbar/2 \\ \Delta z \cdot \Delta p_z \geqslant \hbar/2\end{cases} \tag{13.42}$$

$\hbar = h/(2\pi)$ ，所以，在三维运动的情况下，测不准关系为

$$\Delta x \cdot \Delta y \cdot \Delta z \cdot \Delta p_x \cdot \Delta p_y \cdot \Delta p_z \geqslant (\hbar/2)^3 \tag{13.43}$$

在六维相空间中，一个光子状态对应的最小相空间体积元即称为相格。光子的某一运动状态只能定域在一个相格中，同一相格中的光子是无法区分的，它们属于同一个光子态。

$$\Delta V_{\text{相}} = (\hbar/2)^3 \tag{13.44}$$

可以证明一个光波模式在相空间也占一个相格，所以光波模、光子态和相格是等价的概念。

处于同一状态的光子，或处于同一模式的光显然是相干的

$$\Delta x \cdot \Delta y \cdot \Delta z = \frac{(\hbar/2)^3}{\Delta p_x \cdot \Delta p_y \cdot \Delta p_z} \tag{13.45}$$

即相格或光子态的空间体积即为相干体积。

在量子力学中，能级图中的每个能级可以对应若干量子态，这种能级叫作简并的能级，所对应的量子态数目叫作该能级的简并度或统计权重。而处于同一光子态的平均光子数称为光子简并度。显然，光子简并度也可称为同态光子数，同一模式的光子数，即处于同一相格、同一相干体积、偏振态相同的光子数。

所以简单说，激光是一种光子简并度极高的光源。

2. 实现光放大的条件

使受激辐射大于受激吸收，必须使粒子数分布达到反转状态。设上、下能级简并度 g_1=g_2，在热平衡条件下，处于 E_1 和 E_2 上的粒子数遵从玻尔兹曼分布

$$\frac{n_2}{n_1} = \exp\left(-\frac{h\nu}{kT}\right) \tag{13.46}$$

对两个能级的原子系统，用辐射方法不可能实现粒子数反转。因为粒子吸收外来光可以从下能级激发到上能级，但同样可能的是上能级的粒子在外来光的激励下也会跃迁到下能级，所以，最多只能是上、下能级的粒子数相等。

为使受激辐射引起光子密度增加，大于因受激吸收引起光子密度的减少，则应有 $n_2>n_1$，当 g_1=g_2 时，

$$\frac{n_2}{g_2} > \frac{n_1}{g_1} \tag{13.47}$$

即上能级每个子能级的平均粒子数密度大于下能级每一子能级的平均数密度，亦即要打破

原子体系热平衡条件下按能量状态的正常分布,实现粒子数布居反转。

对两个以上的能级系统,如三能级或四能级系统,粒子数反转能实现。在室温下,绝大多数粒子都处在基态,把粒子从基态激发到高能级以便在某两个能级之间实现粒子数反转的过程称为抽运。它不但把粒子激发到高能级,而且必须实现粒子数的反转状态,容易想到的方法是提高抽运的速率。

3. 实现抽运的几种方法

1)光泵抽运

用外来光照射工作物质,使处在基态 E_0 的粒子吸收外来光子而跃迁到高能级 E_2,结果在 E_2 与 E_1 之间实现粒子数反转,如图 13-19(a)所示。这是固体激光器中常用的方法,如YAG 激光器。

2)电子碰撞

让电子通过气体介质,在适当的气压与电场作用下,碰撞气体原子或分子,把它激发到高能级以实现粒子数反转,如图 13-19(b)所示,这是某些气体激光器中使用的方法,如 Ar^+ 激光器。

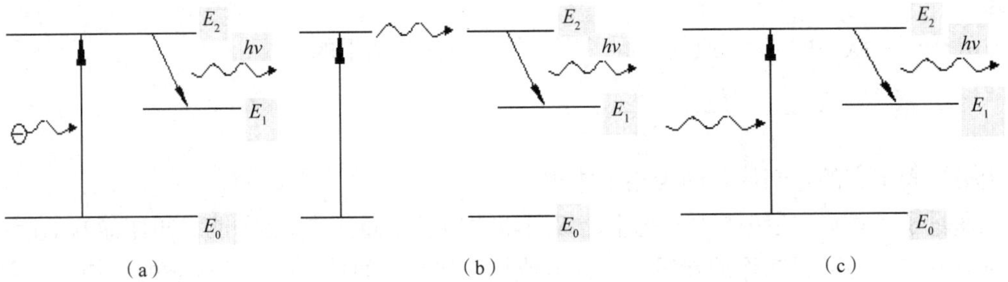

图 13-19 抽运的几种方法

(a)光泵抽运 (b)电子碰撞 (c)共振转移

3)共振转移

把两种激发能相同或相近的原子 A 和 B 以适当的比例混合在一起,通过气体放电的形式先将 A 原子激发到激发态。若这个激发态是亚稳态(其寿命比一般能级长得多),它不能以辐射跃迁的方式回到基态,但是可以与处在基态的 B 原子碰撞,将激发能转移给 B,把 B 激发到 E_2,这样在 B 原子的 E_2 与 E_1 之间实现粒子数反转,如图 12-19(c)所示。

$$A \xrightarrow[\text{电子碰撞}]{\text{气体放电}} A^* \text{(* 表示激发态)} \tag{13.48a}$$

$$A^* + B \xrightarrow{\text{共振转移}} A + B^* \tag{13.48b}$$

4)化学反应

通过化学反应产生一种处于激发态的原子或分子,以实现粒子数反转。这样制成的激光器叫化学激光器。

4. 多能级系统

1)三能级系统

粒子从 E_1 态首先被激发到能级 E_3,粒子在 E_3 能级上是不稳定的,很快地衰变到 E_2(亚稳态)，在亚稳态 E_2 上可以积聚更多的粒子，在 E_2 与 E_1 之间实现粒子数反转。可见，亚稳态在实现粒子数反转的过程中起着重要作用。由于激光跃迁的下能级是基态，为达到粒子数反转必须把半数以上的基态粒子抽运到上能级，因此要求很高的抽运功率，如图 13-20(a)所示。

2)四能级系统

原子从 E_1 态被激发到 E_4 态，通过无辐射跃迁快速衰变到 E_3(亚稳态)上，而能级 E_2 上基本上是空的，这样 E_3 与 E_2 之间就比较容易实现粒子数反转。凡是被激励到 E_3 上的粒子对反转布居几乎都做出贡献，如图 12-20(b)所示。

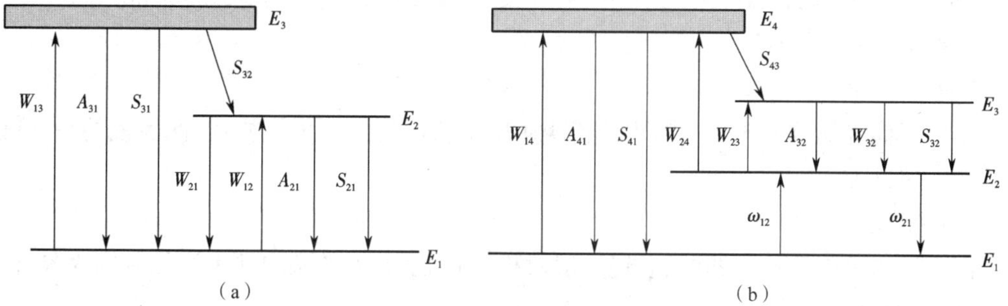

图 13-20　多能级系统

(a)三能级系统　(b)四能级系统

5. 谐振腔的类型和作用

光学谐振腔一般由两块或几块几何面很精确的光学镜面构成，腔镜可为平面或球面，镜面上镀有反射系数被严格控制的介质膜。谐振腔按类型可分为开腔、闭腔和波导腔；按腔内是否存在激光物质又可分为无源谐振腔(腔内无激光介质)和有源谐振腔(腔内有激活介质)。

1)提供光学反馈作用

激光器的受激辐射过程具有自激振荡的特点，即振荡的产生不是靠外界输入信号，而是靠工作物质的自发辐射，在腔内多次通过处于粒子数反转状态的工作物质，从而不断经历受激辐射光放大作用，并最后形成持续的或有一定重复率的相干振荡。

谐振腔的反馈作用，使得振荡光束每在腔内行进一次，除由于腔损等因素引起的光能量减少外，尚能保证有足够能量的光束继续在腔内多次往返和形成持续的振荡。即谐振腔应具有足够高的光学反馈能力，保证振荡光子在腔内有足够长的寿命。光子在腔内的寿命或引起的腔损耗由两个因素决定：一是腔镜两个镜面的反射率；另一个是反射镜的形状和组合方式。

2)限制模式

限制模式表现为对腔内振荡光束的方向和频率的限制。通过腔的设计和采取特殊的选模措施，谐振腔可以限制模式数，提高光子简并度，获得单色性好，方向性强的相干光。

谐振腔还可以调节腔的几何参数、控制横模、谐振频率及光束发散角等，以及通过改变几何参数和腔镜反射率，从而改变腔内损耗，控制激光输出功率。

6. 谐振腔的腔型

谐振腔按不同的形式分类很多，除了上述提到的，还有如平行平面腔和球面腔，高损耗腔和低损耗腔，驻波腔和行波腔，两镜腔和多镜腔等。常见的开腔型谐振腔按稳定性又可进行如下分类。

（1）稳定腔：属低损耗腔，腔内近轴光束往返多次不逸出腔外，如双凹腔中的共焦腔和半共焦腔。

（2）介稳腔：只对特殊光束（如旁轴光线）往返多次不逸出腔外，如平行平面腔和共心球面腔等。

（3）非稳腔：属高损耗腔，几乎对所有光束，往返多次后逸出腔外，如双凸腔。

7. 谐振腔常见结构

1）平行平面腔

平行平面腔简称平平腔，由两块相距为 L，平行放置的反射镜构成，两腔镜的平行度误差一般不超过 1′。

2）凹面反射镜腔

凹面反射镜腔简称双凹腔，腔镜一般对称，由相距为 L 的两块曲率半径分别为 R_1 和 R_2 的凹面反射镜构成。

（1）共焦腔：双凹面镜焦点在腔内相重合，对称共焦腔（图 13-21（a））有 $R_1=R_2=L$。

（2）共心腔：两凹面镜曲率中心在腔内相重合，$R_1+R_2=L$；对称共心腔（图 13-21（b））有 $R_1=R_2=L/2$。

（3）一般双凹腔：除上述特征以外的双凹腔。

3）平凹反射谐振腔

平凹反射谐振腔简称平凹腔（图 12-21（c）），是由一平面反射镜和一块曲率半径为 R 的凹面镜构成的腔。

（1）共焦平面腔：$L=R$，谐振腔腔镜的曲率半径与腔长相等。

（2）半共焦腔（图 13-21（d））：$L=R/2$，这种平凹腔相当于半个共焦平面腔，与对称共焦腔在光学上等效。

4）平凸反射谐振腔

由相距为 L 的一块平面反射镜和一块曲率半径为 R 的凸面反射镜构成。

5）双凸反射谐振腔

由相距为 L 的两块曲率半径分别为 R_1 和 R_2 的凸面反射镜构成。

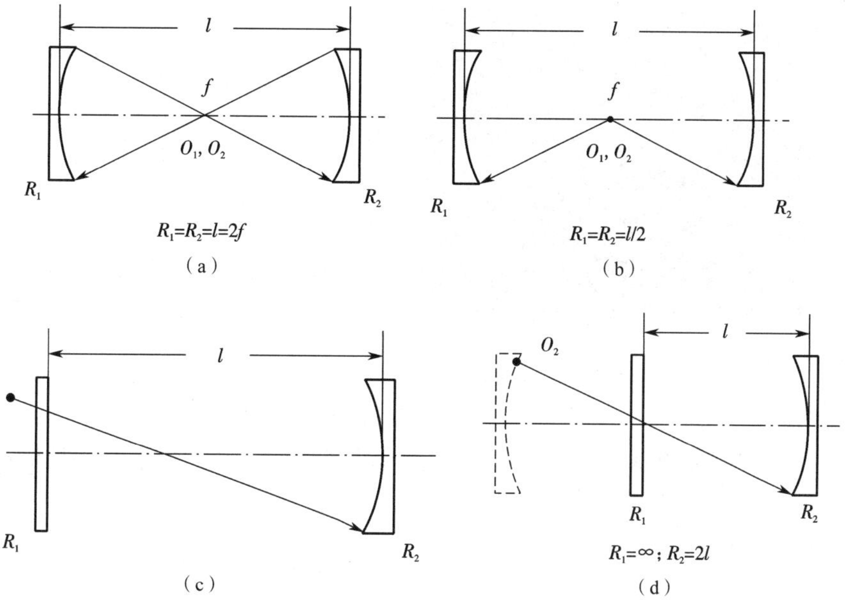

图 13-21　几种特殊谐振腔

(a)对称共焦腔　(b)对称共心腔　(c)平凹腔　(d)半共焦腔

7. 多镜腔

由三个或更多的反射镜所构成的光学谐振腔，称为多镜谐振腔。

(1)折叠腔：由多个反射镜将光路折叠，减小长度，以提高器件单位长度内的输出功率。

(2)环形腔：指能够实现多边形振荡回路的谐振腔，它还能够实现单色行波或双向行波振荡，消除通常驻波激光器中的空间烧孔效应。

可以证明，由一个凹面镜作为端反射镜，它可以和任意多个平面镜构成折叠腔。

(3)激光陀螺(图 13-22)：即环形激光器，由自激振荡产生的沿顺时针和逆时针传播的两束激光是独立的，它们有不同的频率，基于这种双向环形激光器的拍频原理，频率之差由环形腔的转动角速度决定。因此测出这个频率之差，就可以决定环形腔以及腔体所依附的物体——如飞行器的转动，从而精确测量体系转动的角速度。

最早的一个理想圆形干涉仪，于 1913 年由塞格纳克(Sagnac)提出，后来在 1925 年，迈克尔孙与盖勒根据塞格纳克提出的原理来测定地球的转动。计算出两套干涉条纹之间的位移所产生的光程差约为 $\lambda/4$。但这种环形腔是无源的，需要有一个外部的光源，且灵敏度极低。

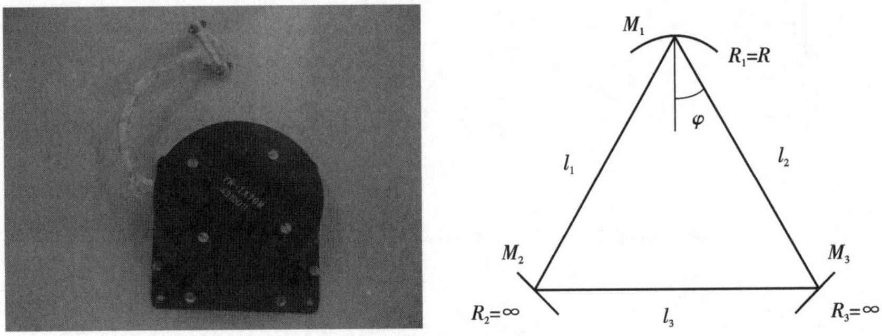

（a） （b）

图 13-22 激光陀螺

（a）激光光纤陀螺 （b）环形激光器示意图

但是，如果把系统做成有源的，即在腔内充入增益介质，使它本身产生激光振荡，则可推出

$$\frac{\Delta\gamma}{v}=\frac{\Delta L}{L} \tag{13.49}$$

例如，以边长为 13 cm 的正三角形腔为例，得到拍频 $\Delta v=v_{+}-v_{-}=59$ Hz（可利用光混频方法测出）。所以激光防螺作为转动传感器灵敏度大大提高，主要应用于飞船或飞弹等的制导系统中。如果在飞船中安置三个正交的激光陀螺，再把测量结果输入专用计算机，就可决定飞船的方位并加以控制。目前国外的激光陀螺已进入实用阶段，精度约为 10^{-6} rad/s。

习 题

13.1 已知某单色光照射到一金属表面产生了光电效应，若此金属的逸出电势是 U_0（使电子从金属逸出需做功 eU_0），则此单色光的波长 l 必须满足（ ）。

A.$\lambda \leqslant hc/(eU_0)$ B.$\lambda \geqslant hc/(eU_0)$

C.$\lambda \leqslant eU_0/(hc)$ D.$\lambda \geqslant eU_0/(hc)$

13.2 用频率为 n 的单色光照射某种金属时，逸出光电子的最大动能为 E_K；若改用频率为 $2n$ 的单色光照射此种金属时，则逸出光电子的最大动能为（ ）。

A.$2E_K$ B.$2hn-E_K$

C.$hn-E_K$ D.$hn+E_K$

13.3 电子显微镜中的电子从静止开始通过电势差为 U 的静电场加速后，其德布罗意波长是 0.4 Å，则 U 约为（ ）。（普朗克常量 $h=6.63\times10^{-34}$ J·s。）

A.150 V B.330 V

C.630 V D.940 V

13.4 不确定关系式 $\Delta x\cdot\Delta p_x \geqslant \hbar$ 表示在 x 方向上（ ）。

A. 粒子位置不能准确确定

B. 粒子动量不能准确确定

C. 粒子位置和动量都不能准确确定

D. 粒子位置和动量不能同时准确确定

13.5　设粒子运动的波函数图线分别如下图，那么其中确定粒子动量的精确度最高的波函数是图(　　)。

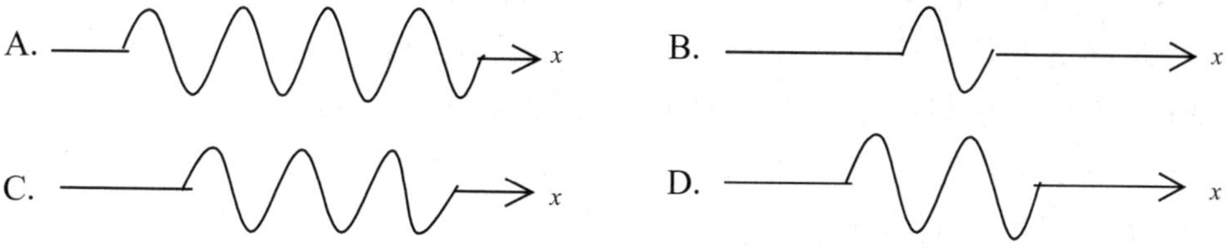

13.6　光子波长为 l，则其能量 =_________；动量的大小 =________；质量 =_________。

13.7　以波长 l=0.207 mm 的紫外光照射金属钯表面产生光电效应，已知钯的红限频率 n_0=1.21 × 10^{15} Hz，则其遏止电压 $|U_a|$ =_____________V。（普朗克常量 h =6.63 × 10^{-34} J · s，基本电荷 e =1.60 × 10^{-19} C）

13.8　在光电效应实验中，测得某金属的遏止电压 $|U_a|$ 与入射光频率 n 的关系曲线如题图所示，由此可知该金属的红限频率 n_0=___________Hz；逸出功 A =_________eV。

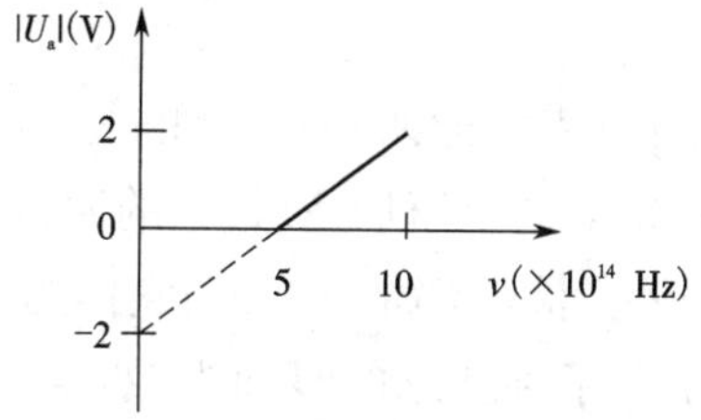

题 13.8 图

13.9　在戴维孙－革末电子衍射实验装置中，自热阴极 K 发射出的电子束经 U = 500 V 的电势差加速后投射到晶体上。这电子束的德布罗意波长 l =__________nm（电子质量 m_e= 9.11 × 10^{-31} kg，基本电荷 e =1.60 × 10^{-19} C，普朗克常量 h =6.63 × 10^{-34} J·s）

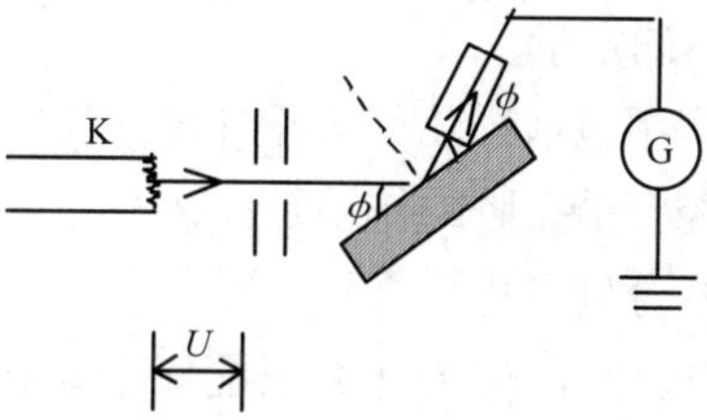

题 13.9 图

13.10　设描述微观粒子运动的波函数为 $\Psi(\boldsymbol{r},\ t)$，则 $\Psi\Psi^*$ 表示 ____ 粒子在 t 时刻在（x,y,z）处出现的概率密度 _____；$\Psi(\boldsymbol{r},\ t)$ 须满足的条件是 _____；其归一化条件是 _____。

13.11　热核爆炸中火球的瞬时温度高达 10^7 K，试估算辐射最强的波长和这种波长的能量子的能量。

13.12　太阳在单位时间内垂直照射在地球表面单位面积上的能量称为太阳常数，其值

为 s=1.94 cal/(cm^2 · min)。日地距离 R_1 约为 1.5×10^8 km,太阳半径 R_2 约为 6.95×10^5 km,用这些数据估算一下太阳的温度。

13.13 某物体辐射频率为 6.0×10^{14} Hz 的黄光,这种辐射的能量子的能量是多大?

13.14 已知一单色点光源的功率 P=1 W,光波波长为 589 nm。在离光源距离 R=3 m 处放一金属板,求单位时间内打到金属板单位面积上的光子数。

13.15 钾的光电效应红限波长是 550 nm,求钾电子的逸出功。

13.16 试求:(1)红光($\lambda=7 \times 10^{-5}$ cm);(2)X 射线($\lambda=2.5 \times 10^{-9}$ cm);(3)γ 射线($\lambda=1.24 \times 10^{-10}$ cm)的光子的能量和动量。

13.17 计算质量为 1.67×10^{-27} kg 的中子的康普顿波长。

13.18 计算氢原子的电离电势(把电子从基态氢原子中电离出去所需要的电压)。

13.19 试求:(1)氢原子光谱巴耳末线系辐射能量最小的光子的波长;(2)巴耳末线系的线系限波长。

13.20 氢原子放出 489 nm 的光子之后变换到激发能为 10.19 eV 的状态,试确定初始态的能级。

13.21 用 12.2 eV 能量的电子激发气体放电管中的基态氢原子,确定氢原子所能放出的可能辐射波长。

13.22 计算质量 m=0.01 kg,速率 v=300 m/s 子弹的德布罗意波长。

13.23 计算电子经过 U=100 V 的电压加速后,它的德布罗意波长 λ 是多少?

13.24 电子和光子的德布罗意波长都是 0.2 nm,它们的动量和总能量各是多少?

13.25 如果一个电子处于原子某状态的时间为 10^{-8} s,试问该能态的能量的最小不确定量为多少? 设电子从上述能态跃迁到基态,放出的能量为 3.39 eV,试确定所辐射光子的波长及该波长的最小不确定量。

13.26 试求下列两种情况下,电子速度的不确定量:(1)电视显像管中电子的加速电压为 9 kV,电子枪枪口直径取 0.10 mm;(2)原子中的电子。(原子的线度为 10^{-10} m)。

13.27 氦氖激光器发出波长为 632.8 nm 的激光,谱线宽度 $\Delta\lambda=10^{-9}$ nm,求这种光子沿 x 方向传播时,它的 x 坐标的不确定量。

13.28 光与物质的相互作用包括哪几种跃迁过程? 各自的特点是什么?

13.29 什么是激光谐振腔? 谐振腔的作用是什么?

13.30 激光的纵模与横模分别是指什么?

13.31 写出激光抽运的几种方式,为什么三能级系统比四能级系统要求更高的抽运功率?

13.32 形成激光的基本条件是什么?

附录 1　矢量基本知识

物理学中有各种物理量。像质量、密度、能量、温度、体积、压强、电量等物理量，它们只有大小，没有方向，叫**标量**。还有一类物理量，如速度、加速度、力、动量、电场强度等，不仅有大小，还有方向，叫**矢量**（或**向量**）。本部分即介绍关于矢量的基本知识。

1. 矢量的表示和矢量的分解

矢量用黑体表示，如 $\boldsymbol{A}$。但在手写时，为方便，一般是在字母上加上矢量符号，如 $\vec{A}$。在作图时，用一个带箭头的线段表示矢量，线段的长度表示矢量的大小，线段的方向表示矢量的方向。

矢量 $\boldsymbol{A}$ 的大小又称为**模**，是标量，用 A 或 $|\boldsymbol{A}|$ 表示：

$$A=|\boldsymbol{A}| \tag{1}$$

大小为 1 的矢量称为**单位矢量**。对于矢量 $\boldsymbol{A}$，可以用 $\hat{\boldsymbol{A}}$ 表示沿 $\boldsymbol{A}$ 方向的单位矢量，此时有

$$\boldsymbol{A}=A\hat{\boldsymbol{A}}=|\boldsymbol{A}|\hat{\boldsymbol{A}} \tag{2}$$

它同时表示了大小和方向。一些特定的单位矢量不用加小尖帽，如 $\boldsymbol{i}, \boldsymbol{j}, \boldsymbol{k}, \boldsymbol{n}, \boldsymbol{\tau}$ 等，它们是约定俗成的。根据式（2），$\boldsymbol{A}$ 方向的单位矢量可用下式表示：

$$\hat{\boldsymbol{A}}=\frac{\boldsymbol{A}}{A}=\frac{\boldsymbol{A}}{|\boldsymbol{A}|} \tag{3}$$

矢量可以合成和分解，满足**平行四边形法则或三角形法则**。在附图 1-1 中，我们说矢量 $\boldsymbol{A}$ 和 $\boldsymbol{B}$ **合成**为矢量 $\boldsymbol{C}$，或者说矢量 $\boldsymbol{C}$ **分解**为矢量 $\boldsymbol{A}$ 和 $\boldsymbol{B}$。此时，

$$\boldsymbol{A}+\boldsymbol{B}=\boldsymbol{C} \tag{4}$$

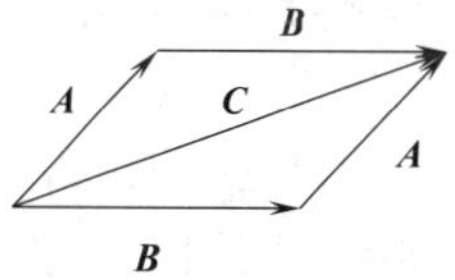

附图 1-1　矢量的分解与合成

可以看出，矢量是可以平移的。如果是多个矢量相加，可以直接将它们首尾相接，连接起点和终点的矢量就是它们的和。这可以称为**首尾相接法则**，是平行四边形法则的直接推论。

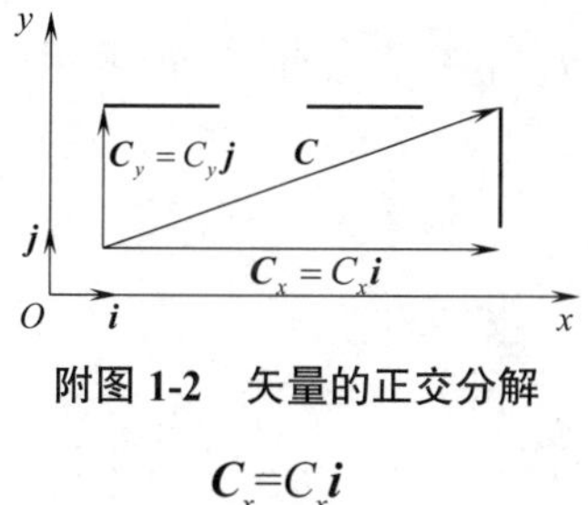

附图 1-2　矢量的正交分解

一个矢量的分解是任意的。但为方便，我们常常采用**正交分解**。在附图 1-2 中画出了平面直角坐标系 Oxy 以及沿两个正方向的单位矢量 $\boldsymbol{i}$，$\boldsymbol{j}$。这两个单位矢量又称为**基矢**。矢量 $\boldsymbol{C}$ 可沿这两个方向作**正交投影**，得到

$$\boldsymbol{C}=\boldsymbol{C}_x+\boldsymbol{C}_y$$

此处，$\boldsymbol{C}_x$，$\boldsymbol{C}_y$ 是两个方向上的**分矢量**。它们又可写为

$$\boldsymbol{C}_x=C_x\boldsymbol{i}$$
$$\boldsymbol{C}_y=C_y\boldsymbol{j}$$

其中，C_x（C_y）称为矢量 $\boldsymbol{C}$ 沿 x（y）方向或 $\boldsymbol{i}$（$\boldsymbol{j}$）方向的**投影**或**分量**。（注意区分“分矢量”和

“分量”的概念和符号）故

$$\boldsymbol{C}=\boldsymbol{C}_x+\boldsymbol{C}_y=C_x\boldsymbol{i}+C_y\boldsymbol{j} \tag{5}$$

根据勾股定理可知，

$$C^2=C_x^2+C_y^2 \tag{6}$$

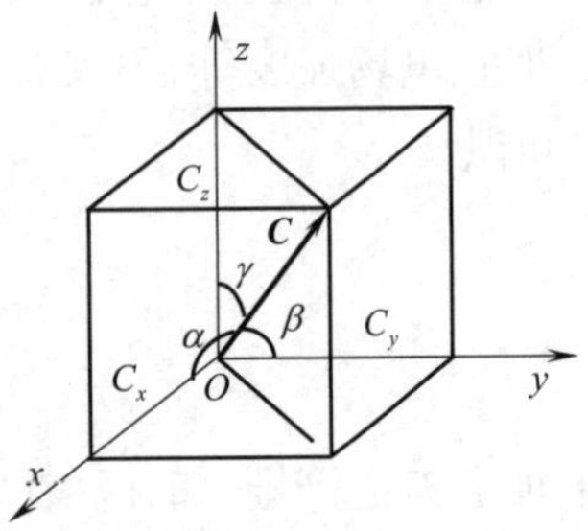

附图 1-3 三维直角坐标系

对于三维直角坐标系（见附图 1-3），矢量的正交分解为

$$\boldsymbol{C}=\boldsymbol{C}_x+\boldsymbol{C}_y+\boldsymbol{C}_z=C_x\boldsymbol{i}+C_y\boldsymbol{j}+C_z\boldsymbol{k} \tag{7}$$

而分量满足

$$C^2=C_x^2+C_y^2+C_z^2 \tag{8}$$

设矢量 $\boldsymbol{C}$ 与 x,y,z 轴的夹角分别为 α,β,γ，则

$$\begin{cases} C_x = C\cos\alpha \\ C_y = C\cos\beta \\ C_z = C\cos\gamma \end{cases} \tag{9}$$

这三个余弦值称为该矢量的**方向余弦**。根据式（8）和式（9）知，方向余弦满足下面的等式：

$$\cos^2\alpha+\cos^2\beta+\cos^2\gamma=1 \tag{10}$$

当坐标系确定时，矢量的分量唯一地确定了该矢量。故矢量有时又用一组有序数表示。例如，$\boldsymbol{C}=(1,2)$表示 $\boldsymbol{C}=1\boldsymbol{i}+2\boldsymbol{j}=\boldsymbol{i}+2\boldsymbol{j}$，$\boldsymbol{C}=(2,1,3)$表示 $\boldsymbol{C}=2\boldsymbol{i}+\boldsymbol{j}+3\boldsymbol{k}$。注意矢量 $\boldsymbol{C}$ 的分量 C_x 是**代数量**，可正可负。作为对比，其大小 $C=|\boldsymbol{C}|$ 是**算术量**，不能为负。有时不太严格，会出现 $C<0$ 的情况，此时的实际情况是，矢量 $\boldsymbol{C}$ 与某正方向相反，而 C 只是沿该正方向的分量而已。

2. 矢量的点积

矢量的加减法即是平行四边形法则。矢量之间还有乘法，有三种，分别是点积、叉积和并矢（张量积）。**矢量没有除法**。这里只介绍前两种乘法。

两个矢量的**点积**又称为**标积**、**内积**，其结果是一个标量。其定义是

$$\boldsymbol{A}\cdot\boldsymbol{B}=AB\cos\theta \tag{11}$$

其中，θ为$\boldsymbol{A}$、$\boldsymbol{B}$之间的夹角。因此，矢量的**点积关于因子是对称的**：

$$\boldsymbol{A}\cdot\boldsymbol{B}=\boldsymbol{B}\cdot\boldsymbol{A}$$

可以看出，当 $\boldsymbol{A}$、$\boldsymbol{B}$ 平行时，$\boldsymbol{A}\cdot\boldsymbol{B}=AB$；当 $\boldsymbol{A}$、$\boldsymbol{B}$ 反平行时，$\boldsymbol{A}\cdot\boldsymbol{B}=-AB$；当 $\boldsymbol{A}$、$\boldsymbol{B}$ 垂直时，$\boldsymbol{A}\cdot\boldsymbol{B}=0$。而 $\boldsymbol{A}$ 与自身的点积 $\boldsymbol{A}\cdot\boldsymbol{A}=A^2$。

根据该定义，我们有

$$\begin{cases} \boldsymbol{i}\cdot\boldsymbol{i}=1 \\ \boldsymbol{j}\cdot\boldsymbol{j}=1 \\ \boldsymbol{k}\cdot\boldsymbol{k}=1 \\ \boldsymbol{i}\cdot\boldsymbol{j}=\boldsymbol{j}\cdot\boldsymbol{i}=0 \\ \boldsymbol{j}\cdot\boldsymbol{k}=\boldsymbol{k}\cdot\boldsymbol{j}=0 \\ \boldsymbol{k}\cdot\boldsymbol{i}=\boldsymbol{i}\cdot\boldsymbol{k}=0 \end{cases} \tag{12}$$

如果把矢量 $\boldsymbol{A}$、$\boldsymbol{B}$ 都作正交分解

$$\boldsymbol{A}=A_x\boldsymbol{i}+A_y\boldsymbol{j}+A_z\boldsymbol{k}$$

$$\boldsymbol{B}=B_x\boldsymbol{i}+B_y\boldsymbol{j}+B_z\boldsymbol{k}$$

那么

$$\begin{aligned}\boldsymbol{A}\cdot\boldsymbol{B}&=(A_x\boldsymbol{i}+A_y\boldsymbol{j}+A_z\boldsymbol{k})\cdot(B_x\boldsymbol{i}+B_y\boldsymbol{j}+B_z\boldsymbol{k})\\&=A_xB_x\boldsymbol{i}\cdot\boldsymbol{i}+A_xB_y\boldsymbol{i}\cdot\boldsymbol{j}+A_xB_z\boldsymbol{i}\cdot\boldsymbol{k}+\cdots\end{aligned}$$

根据式(12),以上展开式中的交叉项都为0,只剩下自身的点积项。最后得到

$$\boldsymbol{A}\cdot\boldsymbol{B}=A_xB_x+A_yB_y+A_zB_z \tag{13}$$

上式是已知矢量分量时的点积计算式。

矢量的幂次通常是没有意义的,例如 $\boldsymbol{A}^3$、$\boldsymbol{A}^{1/2}$、$\boldsymbol{A}^{-1}$ 都没有意义(最后一个正是矢量做"除法")。但有时出现 $\boldsymbol{A}^2$ 这样的符号,其意义是 $\boldsymbol{A}^2\equiv\boldsymbol{A}\cdot\boldsymbol{A}=A^2$。于是**只有矢量的平方才有意义**。

3. 矢量的叉积

先谈三维直角坐标系的**手征性**问题。确定相互垂直的 $\boldsymbol{i}$、$\boldsymbol{j}$ 方向后,$\boldsymbol{k}$ 的方向如何确定?它当然垂直于 $\boldsymbol{i}$、$\boldsymbol{j}$ 所构成的平面(即与 $\boldsymbol{i}$、$\boldsymbol{j}$ 都垂直),但此时仍有相反的两个方向可以选择。通常是这样选择的(附图1-4):设想基矢 $\boldsymbol{i}$ 转90 ℃到基矢 $\boldsymbol{j}$,这确定了一个转动方向。把右手四指沿上述转动方向弯曲,则大拇指的指向就是 $\boldsymbol{k}$ 的方向。此时,我们说,$\boldsymbol{i}$、$\boldsymbol{j}$、$\boldsymbol{k}$ 满足**右手螺旋关系**。这样确定的坐标系称为**右手系**。因此,$\boldsymbol{i}$、$\boldsymbol{j}$、$\boldsymbol{k}$(或 $\boldsymbol{j}$、$\boldsymbol{k}$、$\boldsymbol{i}$,或 $\boldsymbol{k}$、$\boldsymbol{i}$、$\boldsymbol{j}$,注意顺序和**轮换关系**,如附图1-5)构成右手系,而 $\boldsymbol{j}$、$\boldsymbol{i}$、$\boldsymbol{k}$(或 $\boldsymbol{k}$、$\boldsymbol{j}$、$\boldsymbol{i}$,或 $\boldsymbol{i}$、$\boldsymbol{k}$、$\boldsymbol{j}$)构成左手系。国际惯例都采用的是右手系。矢量的**叉积**又称**矢积**、**外积**,其结果是一个矢量。该矢量的大小为

$$|\boldsymbol{A}\times\boldsymbol{B}|=AB\sin\theta \tag{14}$$

其方向垂直于 $\boldsymbol{A}$ 和 $\boldsymbol{B}$,并按右手螺旋定则确定,即右手四指按先 $\boldsymbol{A}$ 后 $\boldsymbol{B}$ 的方向弯曲,大拇指的指向就是 $\boldsymbol{A}\times\boldsymbol{B}$ 的方向。因此,矢量的**叉积关于因子是反对称的**:

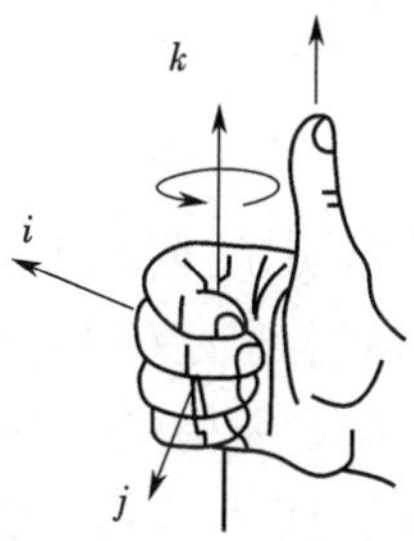

附图1-4　右手螺旋关系

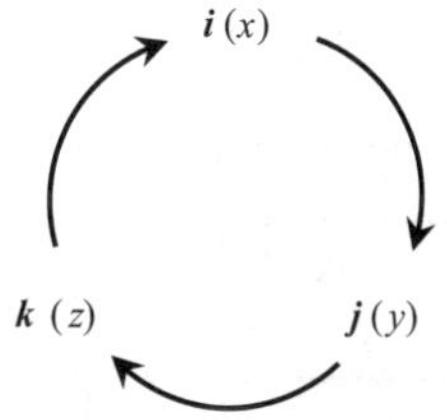

附图1-5　轮换关系

$$\boldsymbol{A}\times\boldsymbol{B}=-\boldsymbol{B}\times\boldsymbol{A}$$

叉积有很好的几何意义:叉积的大小就是由 $\boldsymbol{A}$、$\boldsymbol{B}$ 所构成的平行四边形的面积,叉积的方向则垂直于该四边形。因此,当 $\boldsymbol{A}$、$\boldsymbol{B}$ 平行或反平行时,$\boldsymbol{A}\times\boldsymbol{B}=0$;当 $\boldsymbol{A}$、$\boldsymbol{B}$ 垂直时,

$|\boldsymbol{A}\times\boldsymbol{B}|=AB$，达到最大。而 $\boldsymbol{A}$ 与自身的叉积 $\boldsymbol{A}\times\boldsymbol{A}=0$。

根据该定义，我们有

$$\begin{cases}\boldsymbol{i}\times\boldsymbol{i}=\boldsymbol{j}\times\boldsymbol{j}=\boldsymbol{k}\times\boldsymbol{k}=0\\ \boldsymbol{i}\times\boldsymbol{j}=-\boldsymbol{j}\times\boldsymbol{i}=\boldsymbol{k}\\ \boldsymbol{j}\times\boldsymbol{k}=-\boldsymbol{k}\times\boldsymbol{j}=\boldsymbol{i}\\ \boldsymbol{k}\times\boldsymbol{i}=-\boldsymbol{i}\times\boldsymbol{k}=\boldsymbol{j}\end{cases}\tag{15}$$

如果把矢量 $\boldsymbol{A}$、$\boldsymbol{B}$ 都作正交分解，那么

$$\begin{aligned}\boldsymbol{A}\times\boldsymbol{B}&=(A_x\boldsymbol{i}+A_y\boldsymbol{j}+A_z\boldsymbol{k})\times(B_x\boldsymbol{i}+B_y\boldsymbol{j}+B_z\boldsymbol{k})\\&=A_xB_x\boldsymbol{i}\times\boldsymbol{i}+A_xB_y\boldsymbol{i}\times\boldsymbol{j}+A_xB_z\boldsymbol{i}\times\boldsymbol{k}+\cdots\end{aligned}$$

根据式（15），以上展开式中的自身的叉积项为 0，而剩下交叉项，最后得到

$$\begin{aligned}\boldsymbol{A}\times\boldsymbol{B}&=(A_yB_z-A_zB_y)\boldsymbol{i}+(A_zB_x-A_xB_z)\boldsymbol{j}+(A_xB_y-A_yB_x)\boldsymbol{k}\\&=\begin{vmatrix}\boldsymbol{i}&\boldsymbol{j}&\boldsymbol{k}\\A_x&A_y&A_z\\B_x&B_y&B_z\end{vmatrix}\end{aligned}\tag{16}$$

上式是已知矢量分量时的叉积计算式，其中用行列式来表达更紧凑。

在记忆关系式式（15）和式（16）时，注意如附图 1-5 所示的轮换关系很重要。

4. 矢量的三重积

三重积 $\boldsymbol{A}\times\boldsymbol{B}\cdot\boldsymbol{C}$ 是个标量，称为**三重标积**，类似的还有 $\boldsymbol{A}\cdot\boldsymbol{B}\times\boldsymbol{C}$。此时点积和叉积同时存在，必然是先叉乘后点乘，而不用管二者的次序。这是因为，如果先点乘，那么将得到一个标量；而标量与另一个矢量的叉乘是没有意义的。故

$$\boldsymbol{A}\times\boldsymbol{B}\cdot\boldsymbol{C}=(\boldsymbol{A}\times\boldsymbol{B})\cdot\boldsymbol{C}$$

$$\boldsymbol{A}\cdot\boldsymbol{B}\times\boldsymbol{C}=\boldsymbol{A}\cdot(\boldsymbol{B}\times\boldsymbol{C})$$

考虑 $\boldsymbol{A}$、$\boldsymbol{B}$、$\boldsymbol{C}$ 的直角分解式，并利用式（16）和式（13）计算叉积和点积，可以得到

$$\boldsymbol{A}\times\boldsymbol{B}\cdot\boldsymbol{C}=\begin{vmatrix}A_x&A_y&A_z\\B_x&B_y&B_z\\C_x&C_y&C_z\end{vmatrix}\tag{17}$$

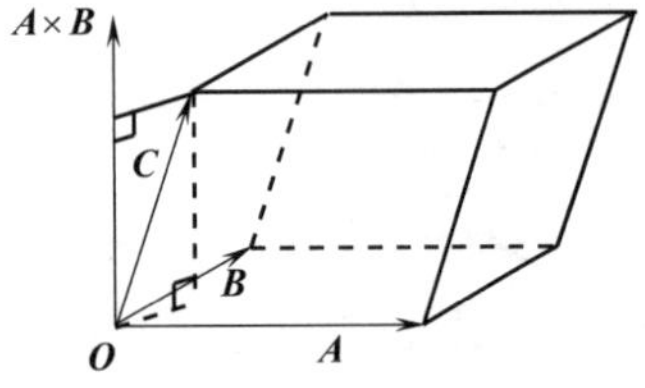

附图 1-6 三重标积的几何意义

$\boldsymbol{A}\times\boldsymbol{B}\cdot\boldsymbol{C}$ 的几何意义非常明显（附图 1-6）：$\boldsymbol{A}\times\boldsymbol{B}$ 是垂直于 $\boldsymbol{A}$、$\boldsymbol{B}$ 平面的，它点乘 $\boldsymbol{C}$ 后得到该叉积大小与 $\boldsymbol{C}$ 的垂直分量的乘积。同时，考察由 $\boldsymbol{A}$、$\boldsymbol{B}$、$\boldsymbol{C}$ 所构成的平行六面体。叉积 $\boldsymbol{A}\times\boldsymbol{B}$ 的大小是 $\boldsymbol{A}$、$\boldsymbol{B}$ 所构成的平行四边形底面的面积，而 $\boldsymbol{C}$ 的垂直分量则相当于高。所以，

$$\boldsymbol{A}\times\boldsymbol{B}\cdot\boldsymbol{C}=\pm V(\boldsymbol{A},\boldsymbol{B},\boldsymbol{C})\tag{18}$$

其中，$V(\boldsymbol{A},\boldsymbol{B},\boldsymbol{C})$ 表示由 $\boldsymbol{A}$、$\boldsymbol{B}$、$\boldsymbol{C}$ 所构成的平行六面体体积。如果 $\boldsymbol{A}$、$\boldsymbol{B}$、$\boldsymbol{C}$ 构成右手系，上式取正号；如果 $\boldsymbol{A}$、$\boldsymbol{B}$、$\boldsymbol{C}$ 构成左手系，则取负号。

考虑式（17）和式（18），马上可以得到

$$\begin{vmatrix} A_x & A_y & A_z \\ B_x & B_y & B_z \\ C_x & C_y & C_z \end{vmatrix} = \pm V(\boldsymbol{A},\boldsymbol{B},\boldsymbol{C}) \tag{19}$$

该式表明了行列式的几何意义。

注意式(18)的右边,它只决定于 $\boldsymbol{A}$、$\boldsymbol{B}$、$\boldsymbol{C}$ 三者的手征性和它们所构成的六面体体积。显然,如果轮换 $\boldsymbol{A}$、$\boldsymbol{B}$、$\boldsymbol{C}$,这并不会改变三者的手征性,更不会改变它们所构成的六面体体积。所以 $\boldsymbol{A}\times\boldsymbol{B}\cdot\boldsymbol{C}$ 关于三者的轮换是不变的:

$$\boldsymbol{A}\times\boldsymbol{B}\cdot\boldsymbol{C}=\boldsymbol{C}\times\boldsymbol{A}\cdot\boldsymbol{B}=\boldsymbol{B}\times\boldsymbol{C}\cdot\boldsymbol{A}$$

同时,由于点积关于其因子是对称的,故上式中点乘号的两边可以交换。故有

$$\begin{aligned} \boldsymbol{A}\times\boldsymbol{B}\cdot\boldsymbol{C} &= \boldsymbol{C}\times\boldsymbol{A}\cdot\boldsymbol{B} = \boldsymbol{B}\times\boldsymbol{C}\cdot\boldsymbol{A} \\ &= \boldsymbol{C}\cdot\boldsymbol{A}\times\boldsymbol{B} = \boldsymbol{B}\cdot\boldsymbol{C}\times\boldsymbol{A} = \boldsymbol{A}\cdot\boldsymbol{B}\times\boldsymbol{C} \end{aligned} \tag{20}$$

这意味着,叉乘和点乘的顺序是没关系的。因此,有时又将三重标积写为下列形式:

$$\boldsymbol{A}\times\boldsymbol{B}\cdot\boldsymbol{C}=[\boldsymbol{ABC}] \tag{21}$$

矢量的三重积还有**三重矢积**$(\boldsymbol{A}\times\boldsymbol{B})\times\boldsymbol{C}$ 和 $\boldsymbol{A}\times(\boldsymbol{B}\times\boldsymbol{C})$。此时两个叉乘的先后次序对结果会有影响,故这里的括号是重要的。下面不加说明地给出结果:

$$\begin{cases} (\boldsymbol{A}\times\boldsymbol{B})\times\boldsymbol{C} = \boldsymbol{B}(\boldsymbol{A}\cdot\boldsymbol{C}) - \boldsymbol{A}(\boldsymbol{B}\cdot\boldsymbol{C}) & \text{(22a)} \\ \boldsymbol{A}\times(\boldsymbol{B}\times\boldsymbol{C}) = \boldsymbol{B}(\boldsymbol{A}\cdot\boldsymbol{C}) - \boldsymbol{C}(\boldsymbol{A}\cdot\boldsymbol{B}) & \text{(22b)} \end{cases}$$

这可以用口诀记忆:提中间,两边点乘,减去提(括号内的)一边,剩下的点乘。

5. 矢量的积分

经常会遇到关于矢量的积分,例如

$$\int \boldsymbol{F}\mathrm{d}t \quad \int \boldsymbol{F}\cdot\mathrm{d}\boldsymbol{r} \quad \int \frac{\mathrm{d}q}{4\pi\varepsilon_0 r^2}\boldsymbol{e}_\mathrm{r} \quad \int \frac{\mu_0}{4\pi}\frac{I\mathrm{d}\boldsymbol{l}\times\boldsymbol{e}_\mathrm{r}}{r^2} \quad \int \boldsymbol{B}\cdot\mathrm{d}\boldsymbol{S} \quad \int I\mathrm{d}\boldsymbol{l}\times\boldsymbol{B} \quad \int \boldsymbol{v}\times\boldsymbol{B}\cdot\mathrm{d}\boldsymbol{l}$$

本书虽不会深入涉及这些积分的计算,但如何在原则上计算这些积分,仍是需要掌握的。

首先,积分的本质就是求和。所以,涉及矢量的积分,无非就是一些涉及矢量的表达式之和而已。作为每个表达式本身,如上面的 $\boldsymbol{F}\mathrm{d}t$、$\boldsymbol{F}\cdot\mathrm{d}\boldsymbol{r}$、$I\mathrm{d}\boldsymbol{l}\times\boldsymbol{B}$ 等,需要用前面的关于矢量代数的知识进行计算,然后再把这些结果加起来。如果表达式的结果是矢量,那么把矢量相加时就需要把每个矢量进行正交分解,再把各分量加起来。

像 $\int \boldsymbol{F}\mathrm{d}t$、$\int \frac{\mathrm{d}q}{4\pi\varepsilon_0 r^2}\boldsymbol{e}_\mathrm{r}$ 之类的积分,它们是一系列矢量的和:

$$\int \boldsymbol{F}\mathrm{d}t = \boldsymbol{F}_1\Delta t_1 + \boldsymbol{F}_2\Delta t_2 + \boldsymbol{F}_3\Delta t_3 + \cdots$$

对于其中每一个都进行正交分解,得到

$$\boldsymbol{F}\mathrm{d}t = \boldsymbol{i}F_x\mathrm{d}t + \boldsymbol{j}F_y\mathrm{d}t + \boldsymbol{k}F_z\mathrm{d}t$$

于是原积分就拆解为三个分量积分:

$$\int \boldsymbol{F}\mathrm{d}t = \boldsymbol{i}\int F_x\mathrm{d}t + \boldsymbol{j}\int F_y\mathrm{d}t + \boldsymbol{k}\int F_z\mathrm{d}t$$

像 $\int \boldsymbol{F}\cdot\mathrm{d}\boldsymbol{r}$、$\int \boldsymbol{B}\cdot\mathrm{d}\boldsymbol{S}$ 之类的积分,它们是一系列标量的和,只是每个标量的计算需要用到

矢量代数知识

$$\boldsymbol{F}\cdot \mathrm{d}\boldsymbol{r}=F_x\mathrm{d}x+F_y\mathrm{d}y+F_z\mathrm{d}z$$

于是，

$$\int \boldsymbol{F}\cdot \mathrm{d}\boldsymbol{r}=\int F_x\mathrm{d}x+\int F_y\mathrm{d}y+\int F_z\mathrm{d}z$$

其他积分可以类似处理。例如$\int I\mathrm{d}\boldsymbol{l}\times \boldsymbol{B}$，需先用式(16)计算叉积，得到三个分量，再分别对三个分量积分。又如$\int \boldsymbol{v}\times \boldsymbol{B}\cdot \mathrm{d}\boldsymbol{l}$，需先用式(17)得到混合积(标量)，再把结果进行积分。

在一些特殊情况下，可以不用上述通用程序进行计算，而只是利用某些条件进行简单处理即可得到结果。例如$\int I\mathrm{d}\boldsymbol{l}\times \boldsymbol{B}$是一个线积分。如果在曲线上和曲线附近$\boldsymbol{B}$是一个常矢量，那么就可以提出来($I$默认为是常数)：

$$\int I\mathrm{d}\boldsymbol{l}\times \boldsymbol{B}=I\left(\int \mathrm{d}\boldsymbol{l}\right)\times \boldsymbol{B}$$

提出矢量时要注意矢量的位置。对于叉积，矢量位置是关系到计算结果的。于是问题化为计算$\int \mathrm{d}\boldsymbol{l}$。这是曲线上一系列矢量$\Delta \boldsymbol{l}_1,\Delta \boldsymbol{l}_2,\Delta \boldsymbol{l}_3,\cdots$的和。根据平行四边形法则，或者根据多矢量相加时的首尾相接法则，它们的和就是由曲线起点到终点的矢量。

习　题

1. 有三个矢量，$\boldsymbol{A}$=(0,1,2)，$\boldsymbol{B}$=(1,1,-1)，$\boldsymbol{C}$=(2,1,3)，计算下列结果：

A, B, $\hat{\boldsymbol{A}}$, $\hat{\boldsymbol{B}}$, $\boldsymbol{A}\cdot\boldsymbol{B}$, $\boldsymbol{B}\cdot\boldsymbol{A}$, $\boldsymbol{A}\cdot\boldsymbol{C}$, $\boldsymbol{B}\cdot\boldsymbol{C}$, $\boldsymbol{A}\times\boldsymbol{C}$, $\boldsymbol{C}\times\boldsymbol{A}$, $\boldsymbol{B}\times\boldsymbol{C}$, $\boldsymbol{A}\cdot(2\boldsymbol{B}+\boldsymbol{C})$, $\boldsymbol{A}\times(2\boldsymbol{B}+\boldsymbol{C})$, $\boldsymbol{A}\cdot\boldsymbol{B}\times\boldsymbol{C}$, $(\boldsymbol{B}\cdot\boldsymbol{A})\boldsymbol{C}$, $(\boldsymbol{A}\times\boldsymbol{B})\times\boldsymbol{C}$, $\boldsymbol{A}\times(\boldsymbol{B}\times\boldsymbol{C})$。

2. 证明：

(1)由式(22a)证明式(22b)。

(2)$(\boldsymbol{A}\times\boldsymbol{B})\cdot(\boldsymbol{C}\times\boldsymbol{D})=(\boldsymbol{A}\cdot\boldsymbol{C})(\boldsymbol{B}\cdot\boldsymbol{D})-(\boldsymbol{A}\cdot\boldsymbol{D})(\boldsymbol{B}\cdot\boldsymbol{C})$。

(3)$(\boldsymbol{A}\times\boldsymbol{B})\times(\boldsymbol{C}\times\boldsymbol{D})=\boldsymbol{B}(\boldsymbol{A}\cdot\boldsymbol{C}\times\boldsymbol{D})-\boldsymbol{A}(\boldsymbol{B}\cdot\boldsymbol{C}\times\boldsymbol{D})=\boldsymbol{C}(\boldsymbol{A}\times\boldsymbol{B}\cdot\boldsymbol{D})+\boldsymbol{D}(\boldsymbol{B}\times\boldsymbol{A}\cdot\boldsymbol{C})$。

附录 2　国际单位制（SI）

1948 年召开的第九届国际计量大会做出了决定，要求国际计量委员会创立一种简单而科学的、供所有米制公约组织成员国均能使用的实用单位制。1954 年第十届国际计量大会决定采用米（m）、千克（kg）、秒（s）、安培（A）、开尔文（K）和坎德拉（cd）作为基本单位。1960 年第十一届国际计量大会决定将以这六个单位为基本单位的实用计量单位制命名为“国际单位制”，并规定其符号为“SI”。之后 1974 年的第十四届国际计量大会又决定将物质的量的单位摩尔（mol）作为基本单位。因此，目前国际单位制共有七个基本单位。

国际单位制有两个辅助单位，即弧度和球面度。

SI 导出单位是由 SI 基本单位按定义式导出的，其数量很多，有些单位具有专门名称。

国际单位制是计量学研究的基础和核心。特别是七个基本单位的复现、保存和量值传递是计量学最根本的研究课题。

1. SI 基本单位及其定义

SI 基本单位见附表 2-1。

附表 2-1　SI 基本单位

物理量名称	单位名称	单位符号	
		中文	国际
长度	米	米	m
质量	千克	千克	kg
时间	秒	秒	s
电流	安培	安	A
热力学温标	开尔文	开	K
物质的量	摩尔	摩	mol
发光强度	坎德拉	坎	cd

长度单位米（m）是光在真空中在 1/299 792 458 s 的时间间隔内所行进路径的长度（这是 1983 年 10 月第十七届国际计量大会通过的米的定义）。

质量单位千克（kg）是国际计量局保存的铂铱合金国际千克原器的质量。

时间单位秒（s）是铯 -133 原子基态的两个超级精细能级之间跃迁所对应的辐射的 9 192 631 770 个周期的持续时间。

电流单位安培（A）简称安，是在真空中相距 1 m 的两条长度无限而圆截面可以忽略的平行直导线内，通以相等的恒定电流，当每米导线上受力为 2×10^{-7} N 时，导线中的电流。

热力学温度单位开尔文(K)简称开，等于水的三相点的热力学温度的 1/273.16。

物质的量单位摩尔(mol)简称摩，是一系统的物质的量，该系统中所包含的基本单元数与 0.012 kg 碳 12 的原子数目相等。在使用摩尔时，基本单元应予指明，可以是原子、分子、离子、电子和其他粒子，或是这些粒子的特定组合体。

发光强度单位坎德拉(cd)简称坎，是一光源在给定方向上的发光强度，该光源发出频率为 540×10^{12} Hz 的单色辐射，且在此方向上的辐射强度为 1/683 W 每球面度。

2. SI 辅助单位及其定义

SI 辅助单位见附表 2-2。

附表 2-2 SI 辅助单位

物理量名称	单位名称	单位符号	
		中文	国际
平面角	弧度	弧度	rad
立体角	球面度	球面度	sr

(1)弧度就是在一圆内两条半径间的平面角，这两条半径在圆周上截取的弧长与半径相等。

(2)球面度是一个顶点位于球心、在球面上截取的面积等于以球半径为边长的正方形面积的立体角的大小。

3. SI 词头

SI 词头见附表 2-3。

附表 2-3 SI 词头

因数	名称		符号	
	英文	中文	国际	中文
10^{18}	Exa	艾可萨	E	艾
10^{15}	Peta	拍它	P	拍
10^{12}	Tera	太拉	T	兆
10^{9}	Giga	吉咖	G	吉
10^{6}	Mega	兆	M	兆
10^{3}	kilo	千	k	千
10^{2}	hecta	百	h	百
10^{1}	deca	十	da	十

续表

因数	名称		符号	
	英文	中文	国际	中文
10^{-1}	deci	分	d	分
10^{-2}	centi	厘	c	厘
10^{-3}	milli	毫	m	毫
10^{-6}	micro	微	μ	微
10^{-9}	nano	纳诺	n	纳
10^{-12}	pico	皮可	p	皮
10^{-15}	femto	飞母托	f	飞
10^{-18}	atto	阿托	a	阿

4. SI 中具有专门名称的导出单位

SI 中具有专门名称的导出单位见附表 2-4。

附表 2-4　SI 中具有专门名称的导出单位

物理量名称	单位名称	单位符号		单位的其他表示
		中文	国际	
频率	赫兹	赫	Hz	s^{-1}
力	牛顿	牛	N	kg·m/s
压强、应力	帕斯卡	帕	Pa	N/m^2
功、能量、热量	焦尔	焦	J	N·m
功率、辐射通量	瓦特	瓦	W	J/s
电量、电荷	库仑	库	C	A·s
电势、电动势	伏特	伏	V	W/A
电容	法拉	法	F	C/V
电阻	欧姆	欧	Ω	V/A
电导	西门子	西	S	A/V
磁通量	韦伯	韦	Wb	V·s
磁感应强度	特斯拉	特	T	Wb/m^2
电感	亨利	亨	H	Wb/A

附录 3　常用物理常数

物理量	符号	数值
真空中光速	c	299 792 458 m/s（定义）
真空磁导率	μ_0	$4\pi \times 10^{-7}$ N/A^2（定义）
真空介电常数	$\varepsilon_0 = \dfrac{1}{\mu_0 c^2}$	$8.854\ 187\ 817\cdots \times 10^{12}$ F/m^1（定义）
万有引力常数	G	$6.674\ 2(10) \times 10^{11}$ m^3·kg^{-1}·s^{-2}
普朗克常数	h	$6.626\ 069\ 3(11) \times 10^{-34}$ J·s
	$\hbar = \dfrac{h}{2\pi}$	$1.054\ 571\ 7(2) \times 10^{-34}$ J·s
基本电荷	e	$1.602\ 176\ 53(14) \times 10^{-19}$ C
电子静止质量	m_e	$0.910\ 938\ 26(16) \times 10^{-30}$ kg
电子荷质比	$-e/m_e$	$-1.758\ 819\ 62(53) \times 10^{11}$ C/kg
质子静止质量	m_p	$1.672\ 621\ 171(29) \times 10^{-27}$ kg
里德伯常数	R_∞	10 973 731.534(13) m^{-1}
玻尔半径	a_0	$5.291\ 772\ 108(18) \times 10^{-11}$ m
阿伏伽德罗常数	N_A	$6.022\ 141\ 5(10) \times 10^{23}$ mol^{-1}
普适气体常数	R	8.314 510(70) × J·mol^{-1}·K^{-1}
玻耳兹曼常数	k	$1.380\ 650\ 5(24) \times 10^{-23}$ J·K^{-1}
气体摩尔体积 （T=273.15 K；p=101 325 Pa）	v_m	22.414 10(29) L/mol
斯特藩－玻尔兹曼常数	σ	$5.670\ 400(40) \times 10^{-8}$ W·m^{-2}·K^{-4}
电子伏（特）	eV	$1.602\ 176\ 53(14) \times 10^{-19}$ J
原子质量单位	u	$1.660\ 538\ 86(28) \times 10^{-27}$ kg
标准大气压	atm	101 325 Pa
标准重力加速度	g_n	9.806 65 m/s^2

参考书目

1. 东南大学等七所工科院校. 物理学 [M].5 版. 北京:高等教育出版社,2006.

2. 程守洙,江之永. 普通物理学 [M].5 版. 北京:高等教育出版社,1998.

3. 张三慧. 大学基础物理学 [M]. 北京:清华大学出版社,2003.

4. 吴伯诗. 大学物理(新版)[M]. 北京:科学出版社,2001.

5. 王少杰,顾牧. 大学物理学 [M].3 版. 上海:同济大学出版社,2006.

6. 王纪龙,周希坚. 大学物理 [M].3 版. 北京:科学出版社,2007.

7. 郭奕玲,沈慧君. 物理学史 [M].2 版. 北京:清华大学出版社,2005.

8. 周公度,段连运. 结构化学基础 [M].2 版. 北京:北京大学出版社,1995.

9. 夏树伟,夏少武. 简明结构化学学习指导 [M]. 北京:化学工业出版社,2004.

10. 陈泽民. 近代物理与高新技术物理基础:大学物理续编 [M]. 北京:清华大学出版社,2001.

11. 德国物理学会. 新世纪物理学 [M]. 中国物理学会,译. 济南:山东教育出版社,2002.

12. 夏学江. 工科大学物理课程试题库 [M].3 版. 北京:清华大学出版社,2003.